武器装备研制工程管理与监督

主　审　张文健

主　编　殷世龙

副主编　闫恒庄

石永红

国防工业出版社

·北京·

图书在版编目(CIP)数据

武器装备研制工程管理与监督 / 殷世龙主编. —北京:国防工业出版社,2023.1 重印
ISBN 978 - 7 - 118 - 08094 - 0

Ⅰ. ①武... Ⅱ. ①殷... Ⅲ. ①武器装备 - 研制 - 工程管理 Ⅳ. ①E139

中国版本图书馆 CIP 数据核字(2012)第 105348 号

※

国防工业出版社出版发行
(北京市海淀区紫竹院南路 23 号 邮政编码 100048)
北京虎彩文化传播有限公司印刷
新华书店经售

*

开本 710×1000 1/16 **印张** 35¼ **字数** 657 千字
2023 年 1 月第 1 版第 5 次印刷 **印数** 12001—13000 册 **定价** 85.00 元

国防书店:(010)88540777 发行邮购:(010)88540776
发行传真:(010)88540755 发行业务:(010)88540717

前　言

武器装备是军队履行使命任务的物质基础，是军队现代化水平的主要标志，是现代科学技术尖端成果之集大成者，军事领域的革命性变化，通常源于武器装备的突破性进步。二十世纪八十年代以来，世界各国加速推进以信息化为核心的军事变革和转型建设，积极验证实践新型作战理论和作战样式，努力探索新质战斗力生成，武器装备已经成为大国博弈的重要支柱，显著改变了战争形态和作战样式。

武器装备研制及其工程管理与监督都是非常复杂的系统工程。我国武器装备的研制工程管理和监督，伴随国防科技和武器装备建设的发展，先后经历了完全按照国外维护、修理的装备引进修理阶段，初步建立质量检验制度的测绘仿制阶段，学习引进先进管理模式方法的自主研制阶段，以及逐步建立具有中国特色工程管理和监督的改革创新阶段，走过了一段艰难的发展历程。尽管武器装备基本满足了当时国防建设的需要，但在研制管理和监督管理思想、理论、方法、程序和标准上，还与现代武器装备的体系化、系统化、集成化和信息化建设特点不相适应，迫切需要一套科学、实用、高效的现代武器装备研制工程管理与监督方法提供指导，以确保武器装备研制能够满足战技性能、进度、质量、经费和风险控制等要求，为实现武器装备的快速发展提供支持。空军装备部科研订货部为了规范武器装备研制和军事代表的质量监督，提高武器装备训练和作战适应能力，组织编写了本书。

本书依据国家有关法律法规、国家军用标准的规定，系统阐述了武器装备研制工程管理与监督内容、方法和要求，内容包括概论、研制工程管理、系统策划设计、技术工程管理、技术状态管理、环境试验管理、专业工程综合管理、质量工程管理和监督管理等章节，针对军工战线广大科技人员和军事代表实施质量控制和监督工作的特点，为做什么提供了思路,为怎样做提出了工作方法和程序,为做到什么程度明确了工作标准,从理论上解决了以往武器装备研制工程管理过程中,质量保证要求贯彻不到位、试验项目理解差错、以及贯彻法规和国家军用标准存在欠使用状态等概念不清的问题,是质量控制和监督的一本实用工具书,是作者44年从事装备研制工程管理监督实践经验的结晶和升华。对规范武器装备研制的技术管理和质量控制与监督、提高装备研制水平和产品质量、完善对部队装备技术服务质量,具有重要的应用价值。

本书由空军装备部科研订货部部长张文健主审;殷世龙主编,闫恒庄、石永红副主编;殷波、殷涛、王刚参加了编写、制图;苏涛、田坤、刘金刚参加了编写、核对;邓建汉、陆寿根、林彬、谢丹微专审。

作者感谢空军装备部科研订货部及各级机关在本书编写过程中提供的支持和帮助,感谢空军驻上海地区军事代表局和中航集团607所、驻无锡地区军事代表室、南京科瑞达电子装备有限责任公司、驻924厂军事代表室、上海航空电子公司及驻公司军事代表室、驻安徽地区军事代表室的大力协助,感谢空军级专家齐会来、马少林、陈小帮同志的指导帮助。对朱伯伟、姚志成、牛章峰、吴强、方越平、孙江河、张津雅等同志提出的宝贵意见和建议,在此一并表示衷心感谢。

编 者

2012.02

目　录

第一章　概　论

第一节　工 程 管 理

工程管理是规划、协调、监督、评价和控制某项工程所进行的一系列活动的总称。现代工程管理是现代系统工程理论在工程管理实践中的应用,同时也促进了系统工程理论的发展。

一、工程管理的内涵

(一) 工程管理概念

工程管理一般体现在环境工程管理、人机工程管理和装备工程管理等方面,而本书所讲工程管理则是一个特定的专用概念,它是针对武器装备开展工程研制(工程研制就是按照批准的研制总要求进行的具体设计、试制、试验的过程。GJB 1405A)产生的实物与过程,而进行的科学的、系统的、全面的管理。与此同时,装备研制工程管理不仅包含了对武器装备研制的各个阶段、维护使用全过程所涉及的文件资料、实物样品以及相关设备、相关单位、部门、个人及其管理等内容,还包含了承制方和使用方的决策层、管理层和执行层的管理理念、管理机制、管理机构、规划计划、管理制度、运行程序、手段方法等。

(二) 系统工程

系统集成思想是系统工程的基础,也是工程管理的核心。在武器装备的研制和生产过程中,贯彻系统集成思想,就是把握高新武器装备技术发展的新特点,根据系统工程的方法,按照顶层设计、系统综合的模式,从系统论证、系统设计、系统试验、系统调试、系统测试、系统考核等系统集成的管理机制,自上而下推进武器装备全系统、全寿命的工程管理。

1. 基本内涵

系统工程学科是系统学理论在工程技术方面的发展。第二次世界大战中,由于战争的需要发展了军事运筹学,在此基础上,逐步形成了系统工程的概念。一项重大武器装备本身就是一个大的系统,由于重大武器装备技术复杂程度日益提高,研制费用不断增加,如何加强研制管理,避免研制失败,在预计的经费范围内实现技术性能和进度目标,就成为需要研究的重大问题。自第二次世界大战以来,系统工程的重要性日益被人们所了解并受到越来越大的关注。现代重大武器系统的研制和生产集中了大量新的科学学科，而这些科学技术必须要通过管理才能转化为产品。随着管理问题的复杂性正在成几何级数在增长，管理问题已成为研制、生产成败的关键。因此，要求人们自觉地应用系统工程的原理和方法，以确保研制的系统不但能满足任务的要求，而且是可生产的、可使用的、可保障的。阿波罗登月计划就是大型研制项目应用系统工程而取得成功的一个典型实例。

迄今为止，国内外对系统工程的解释仍是众说纷纭，从不同的角度有着不同的理解。下面引述一些有代表性的定义。

1962 年，日本工业标准 JIS 8121 指出："系统工程是为了更好地达到系统目标，而对系统的构成要素、组织结构、信息流动和控制机构等进行分析与设计的技术"。

1967 年，美国学者切斯纳认为："系统工程中的每个分系统都是由许多不同的特殊功能部分所组成，而这些功能部分之间又存在着相互关系。但是每一个分系统都是完整的整体，每一个分系统都有一定数量的目标。系统工程则是对各个目标进行权衡，全面求得最优解的方法，并使各组成部分能够最大限度地互相适应"。

1969 年，美国质量管理学会系统委员会强调，系统工程是应用科学知识技术和制造系统的一门特殊工程学。

1971 年，日本寺野寿郎对系统工程的解释："系统工程是为了合理的进行开发、设计和运用系统而采用的思想、步骤、组织和方法等的总称"。

1977 年，日本三浦武雄对系统工程的解释：系统工程与其他工程不同之点在于它是跨许多学科的科学，而且是填补这些学科边界空白的一种边缘科学。因为系统工程的目的是研究系统，除了需要某些纵向技术以外，还要有一种技术从横向把它们组织起来，这种横向技术就是系统工程，即研制系统所需的思想、技术、手法和理论等体系化的总称。

1978 年，我国科学家钱学森指出：把极其复杂的研制对象称为系统，即由相互作用和相互依赖的若干组成部分结合成具有特定功能的有机整体，而且这个系统本身又是它所从属的一个更大系统的组成部分。系统工程则是组织管理这种系统的规划、研究、设计、制造、试验和使用的科学方法，是一种对所有系统都具有普遍意义的科学方法。

美国军用标准 MIL－STD－499A 要求"将科学和工程工作应用于：(a) 通过运用定义、综合、分析、设计、试验和评价的反复迭代过程将任务需求转化为一组系统性能参数和系统技术状态的描述；(b) 综合有关的技术参数，确保所有物理的、功能的和程序的接口的兼容性，以便优化整个系统的定义和设计；(c) 将可靠性、维修性、安全性、生存性、人素工程和其他有关因素综合到整个工程中去，以满足费用、进度、保障性和技术性能指标。”

1994 年 12 月，EIA 发布的 IS－632《系统工程》中讲到，一种涵盖全部技术工作的跨学科方法，通过这种方法逐渐形成并验证一套由人员、产品和过程等要素有机组成，在整个寿命周期始终保持平衡并满足用户需求的系统方案。

1994 年 9 月 26 日发布的 IEEEP 1220《系统工程过程应用和管理标准》中提到，一种跨学科的协同工作方法，通过这种方法逐渐形成并验证一项目在整个寿命周期始终保持平衡，满足用户期望，并为公众所接受的系统方案。

综上所述，系统工程是一门跨学科的科学，是多学科综合的学科。它强调系统的整体性，要求通过权衡达到系统整体目标优化；强调系统的综合性，要求通过横向技术把系统内多学科组织起来；强调系统在整个寿命周期始终保持平衡并满足用户需求。它是研制系统所需的思想、步骤、组织和方法等的总称。

20 世纪 60 年代以来，许多学者对系统工程的方法进行了大量的研究工作。论证比较全面而又有较大影响的是美国学者霍尔在 1969 年所提出的系统工程三维结构，为工程设计人员、工艺人员、质量管理人员在武器装备研制、生产过程中提供了一种工作思维方法。

系统工程三维结构为解决规模较大，结构复杂，涉及因素多的大系统，提供了一个统一的思想方法。三维结构是由时间维、逻辑维和知识维组成的立体空间结构，如图 1－1 所示。

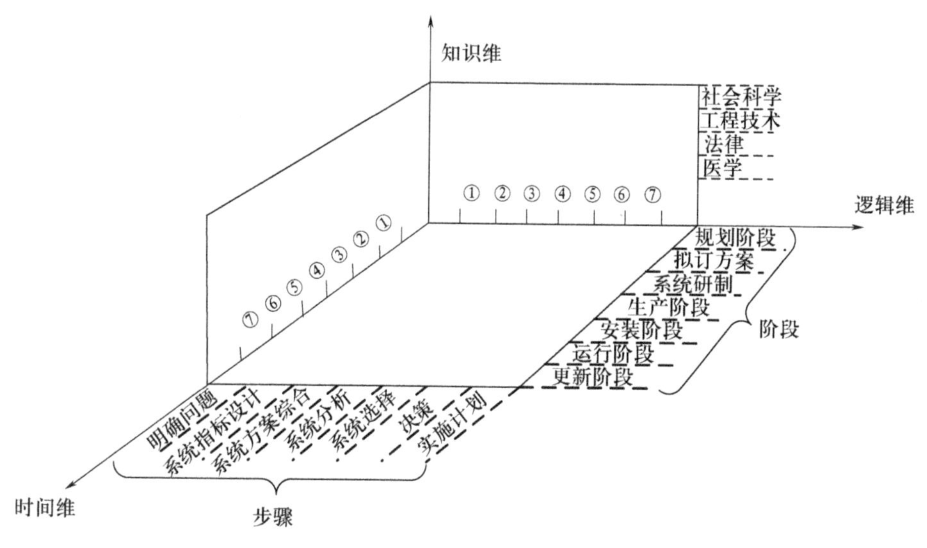

图 1－1　系统工程三维结构

三维结构中的时间维表示系统工程发展的全过程中经历的各个相互联系的阶段在时间上的排列顺序。霍尔将这一过程分为 7 个阶段。

三维结构中的逻辑维是对每一工作阶段在使用系统工程方法来解决问题时

的思维过程。霍尔将这一思维过程分为7个步骤。

三维结构中的知识维是为完成上述各阶段,各思维步骤所需要的知识和各种专业技术。

将各工作阶段和逻辑步骤归纳在一起形成表格,称为系统工程活动矩阵,如表1-1所列。

表1-1　系统工程活动矩阵

时间维(阶段) \ 逻辑维(步骤)		1	2	3	4	5	6	7
		明确问题	系统指标设计	系统方案综合	系统分析	系统选择	决策	实施计划
1	规划阶段	a11						
2	拟定方案			a23				
3	系统研制					a35		
4	生产阶段						a46	
5	安装阶段				a54			
6	运行阶段		a62					
7	更新阶段							a77

矩阵中的a表示系统工程的一组具体活动,例如,a11表示在规划阶段中的明确问题这一思维步骤进行的活动,a35表示在系统研制阶段中系统选择这一思维步骤所进行的活动。

2. 我国系统工程发展回顾

在我国国防工业领域,最早提出采用系统工程技术手段的应用,即技术状态管理是始于1987年国务院、中央军委联合发布的《军工产品质量管理条例》。《军工产品质量管理条例》在“产品质量主要是设计、制造出来的,而不是检验出来的”思想指导下,强调了对产品研制、生产过程中的质量控制。提出了“承制方要建立技术状态管理制度”,要在研制、生产过程中实行技术状态管理的要求,并规定了技术状态管理的四项内容,即技术状态标识、技术状态控制、技术状态纪实和技术状态审核。

为了理解和贯彻这一要求,1988年,国防科学技术工业委员会(简称国防科工委)设专题对技术状态管理进行研究,并于1988年11月在成都召开了第一次技术状态管理研讨会。根据讨论情况,会议认为:技术状态管理是武器装备研制系统工程管理的重要组成部分,是实施研制、生产质量保证的重要手段。我国在武器装备研制过程中,各单位都不同程度地逐步形成了自己的一套技术状态管理方法,但还都不够系统,不够完善,不够严密,应学习国外行之有效的管理经验,把我们的技术状态管理再提高一步。

与此同时,航空工业部301所对与美国合作开展的82工程(已简述)项目合同进行了研究。合同中引用大量标准,对研制、生产过程中如何实施系统工程管理提出了详细要求。其中,技术状态管理是在整个寿命周期中都要实施的一项重要管理内容。

在对82工程合同中引用的工程管理标准进行初步研究的基础上,301所原所长杨育中同志就美军武器装备研制系统工程管理问题向原国防科工委领导进行了汇报。科工委副主任谢光、怀国模同志对此都十分重视,当场决定筹建"全国武器装备系统工程管理军用标准化技术委员会",在研究国外系统工程管理标准的基础上,结合我国国情,研究、制定我国自己的工程管理军用标准(1998年颁发了GJB 3206)。1992年9月,"全国武器装备系统工程管理军用标准化技术委员会"成立。不久,该组织建立了工程管理国家军用标准体系框架,如图1-2所示。

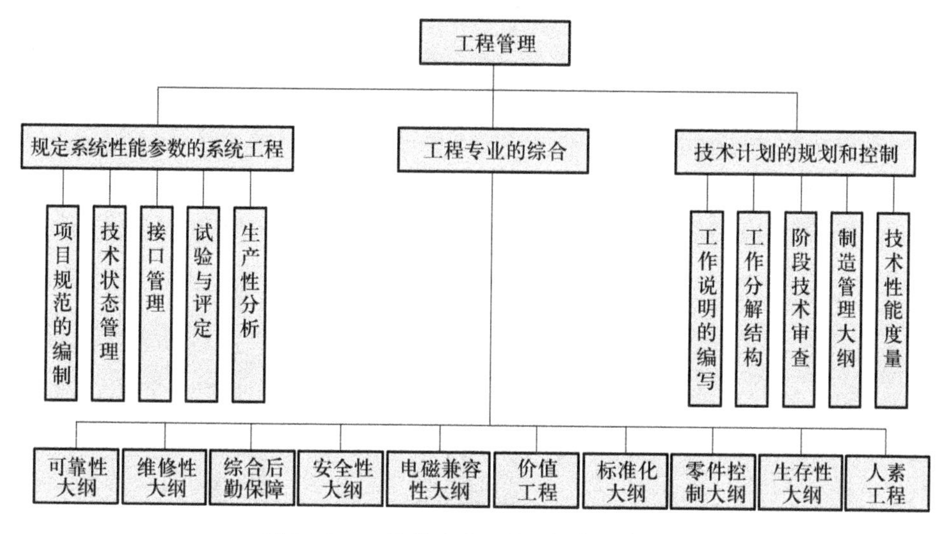

图1-2 工程管理国家军用标准体系框架

由此框架图可见,技术状态管理在系统工程中占有重要地位,可以说技术状态管理是系统工程管理的中心环节。

1995年,国防科工委组织制定的国家军用标准体系表中,也把工程管理标准纳为通用基础类标准中的重要一项。

1998年,新国防科工委成立后,时任国防科工委副主任栾恩杰同志于2000年在几次有关标准化工作的讲话中都特别强调了工程管理标准在研制高、新武器装备中的重要作用,要求国防科技工业标准化要与国际接轨。他认为目前我们"非常严肃的系统工程技术工作都没有成熟的标准去约束,从设计开始到设计完成有很多漏洞",因此,标准化一定要和国际接轨。他说:"你们和麦道、波音公司都有接触，你们得有人研究他们研制过程的标准化工作，技术密集型产业在研制过程中对规范化要求是强烈的，国外先进企业在产品设计第一步的时候，规范就进去了，不知道你们各位在设计的时候，是不是任务书一到，规范就进去了。要有一批人去研究它，熟悉它，才能把研制过程的规范化搞起来。研究标准化工作改革，我认为，应把研制过程的规范化作为标准化工作的内涵，并将由此引起的标准化范畴的拓宽和拓展等作为标准化工作改革的重要方面进行研究"。因此，他在提出要抓设计、工艺、试验规范的同时，也提出要抓好工程管理标准的制定与实施工作。他相继提出"随机性工程是搞不好的"，"标准化是对研制过程中的不利过程的约束，所谓不利活动或不利过程就是指不经意的动作或不规范的过程导致的错误、损失或失败"，"标准化要使型号研制过程从面上和线上规范化。从面上规范化，是指保障体系和研制体系都要有规范，按规范办事。NASA 是一切都有规范而我们是靠责任心，这是不小的差距"等观点。我们理解，研制过程的标准化和反对随机性工程，就是在研制、生产过程中要采用系统工程方法，用一套工程管理标准把研制过程规范起来。

3. 系统工程管理介绍

美国防务系统管理学院出版的《系统工程概论》，对系统工程管理给出了明确的定义和详细的说明，并由三大类活动构成描述了系统工程管理的实质。这三大类活动分别为分阶段研制、系统工程过程和寿命周期综合，具体结合如图 1-3 所示。

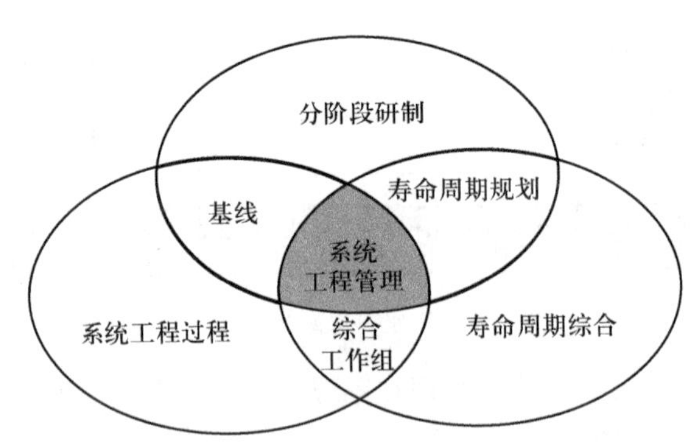

图 1-3　系统工程管理的三大类活动

1）分阶段研制

系统工程管理的第一大类活动——分阶段研制，体现了系统工程三维结构中的时间维概念。

分阶段进行研制是系统工程管理的前提，如不进行分阶段研制，就不可能有系统工程管理，也就不可能进行技术状态管理。分阶段研制的目的主要有两个：一是控制设计工作；二是建立技术管理工作与整个采办工作（采办表示研制、生产和技术服务保障的全过程，主机承制方始于论证阶段，辅机承制方始于方案阶段，终止于最后一批生产产品交付给部队）之间的联系。所谓控制设计工作，就是分阶段进行设计，通过在各阶段建立各级设计基线来控制各级设计、研制工作。所谓建立技术管理工作与采办工作的联系，主要是在每一阶段转入下一阶段之前，都应进行阶段技术审查，检查上阶段的工作是否达到要求，并提出对下一阶段的要求。经审查未达到要求时，研制工作不能进入下一阶段（分阶段研制在我国常规武器、战略武器和人造卫星的研制工作中已采用）。

（1）方案探索和定义阶段（阶段0）。

这一阶段为阶段0，其系统工程的主要输入为任务需求和需求分析等文件。通过对系统的性能、成本、进度、风险等的权衡分析，制定出多个概念性的备选系统方案，提出系统级的要求，并就进入阶段Ⅰ的技术途径进行技术审查，达成肯定性结论，支持里程碑Ⅰ决策，为阶段Ⅰ提供输入。

美国国防部把整个采办过程分为5个阶段。如图1－4所示。

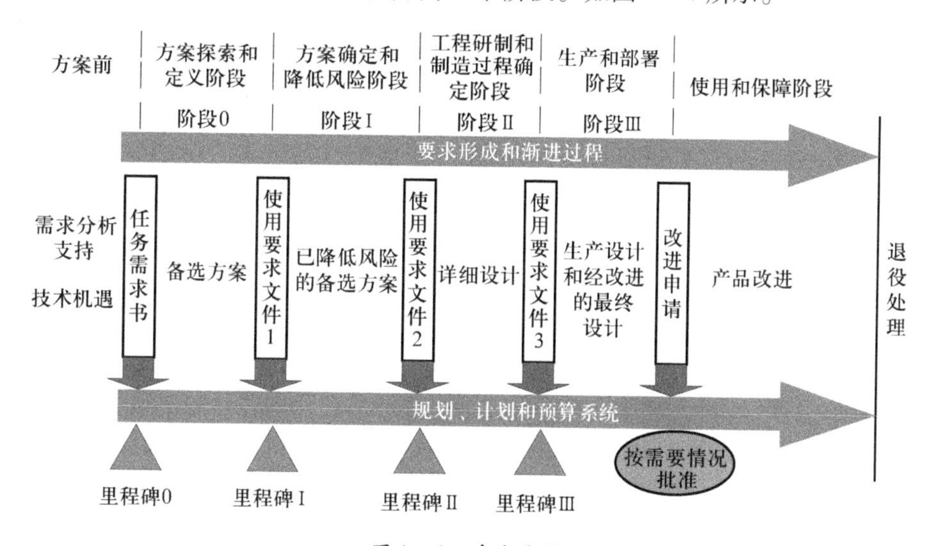

图1－4　采办阶段

由阶段0进入阶段Ⅰ之间设有里程碑Ⅰ。里程碑是转阶段的决策控制点，由里程碑决策者控制。里程碑决策者、重大采办项目，由主管采办和技术的国防部副部长出任，其他项目由三军军部负责采办的官员出任。在各里程碑处，军方要对系统性能、单件生产费用估算、寿命周期费用、风险管理等问题进行全面考虑与审查，获得满意结果后，研制工作才能进入下一阶段。

（2）方案确定和降低风险阶段（阶段Ⅰ）。

这一阶段为阶段Ⅰ。系统工程的主要输入为阶段0输入的概念性备选方案和使用方提出的使用要求文件。在此基础上，进行系统初步设计，制作系统和分系统样机;进行减少风险的试验、验证;继续进行设计权衡;以文件的形式形成一套完整的系统级技术要求——系统规范(专用项目的系统规范)。系统规范经军方同意后,建立系统级技术状态基线——功能基线。功能基线是进行系统、分系统研制的基础。

(3) 工程研制和制造过程确定阶段(阶段Ⅱ)。

这一阶段为阶段Ⅱ。系统工程的主要输入为功能基线和经修订的使用要求文件。本阶段中又包括3个小阶段:即初步设计阶段,详细设计阶段,生产准备阶段。在初步设计阶段中,根据系统规范进行分系统和部件的研究和初步设计,制定出分系统和部件的性能规范,经技术审查后,建立分配基线。在详细设计阶段,根据分配基线所提出的设计要求,进行有关部件的详细设计,形成生产这些产品所必需的完整的产品设计,即产品规范(项目详细规范)、工艺规范、材料规范和进行生产所必备的所有图样。经技术审查后,产生受控的产品基线(受控的产品基线为经过技术审查的产品规范、工艺规范、材料规范、生产图样,可按其进行初始生产,但尚未正式建立产品基线)。在生产准备过程中,需继续完成详细设计,系统验证和初始生产。上述三项目活动并行开展,根据试验和生产的反馈修改完善设计,不断完善细化受控的产品基线。之后,进行功能基线审核和分配基线审核,以确认已制成的系统、分系统的性能是否符合功能基线与分配基线。通过上述三项目活动,为生产决策做好准备。这一阶段的详细流程如图1-5所示。

(4) 生产、部署、使用和保障阶段(阶段Ⅲ)。

在这一阶段中进行武器系统的全额生产。首先进一步完善产品技术状态文件,进行物理技术状态审核,确认受控的产品基线与所生产的系统是否相符,正式建立产品基线,确定全套技术文件。这时生产的产品即完全处于功能基线、分配基线和产品基线的控制之下,批准进行成批生产。同时,还将继续进行质量管理,使用试验,训练使用维护人员等工作。

2) 系统工程过程

系统工程管理的第二大类活动——系统工程过程,体现了系统工程三维结构中的逻辑维的概念。

系统工程过程是系统工程管理的核心,其目的是构建一个既合理又具有灵活余地的工作框架。系统工程过程的定义为:“将使用需求转变为系统性能参数的描述和优选的系统技术状态所应遵循的工作和决策的逻辑过程。”这一逻辑过程是为了圆满的完成设计任务而总结出来的统一规律。通过这一过程,将输入的需求和要求转化为系统的说明和描述(主要是各类规范等设计文件,这些文件随研制级别向下扩延而增加数量,而且愈益详细)。系统工程过程的基本活动是要求分析、功能分析和功能分配、设计循环和设计综合,最后得到系统

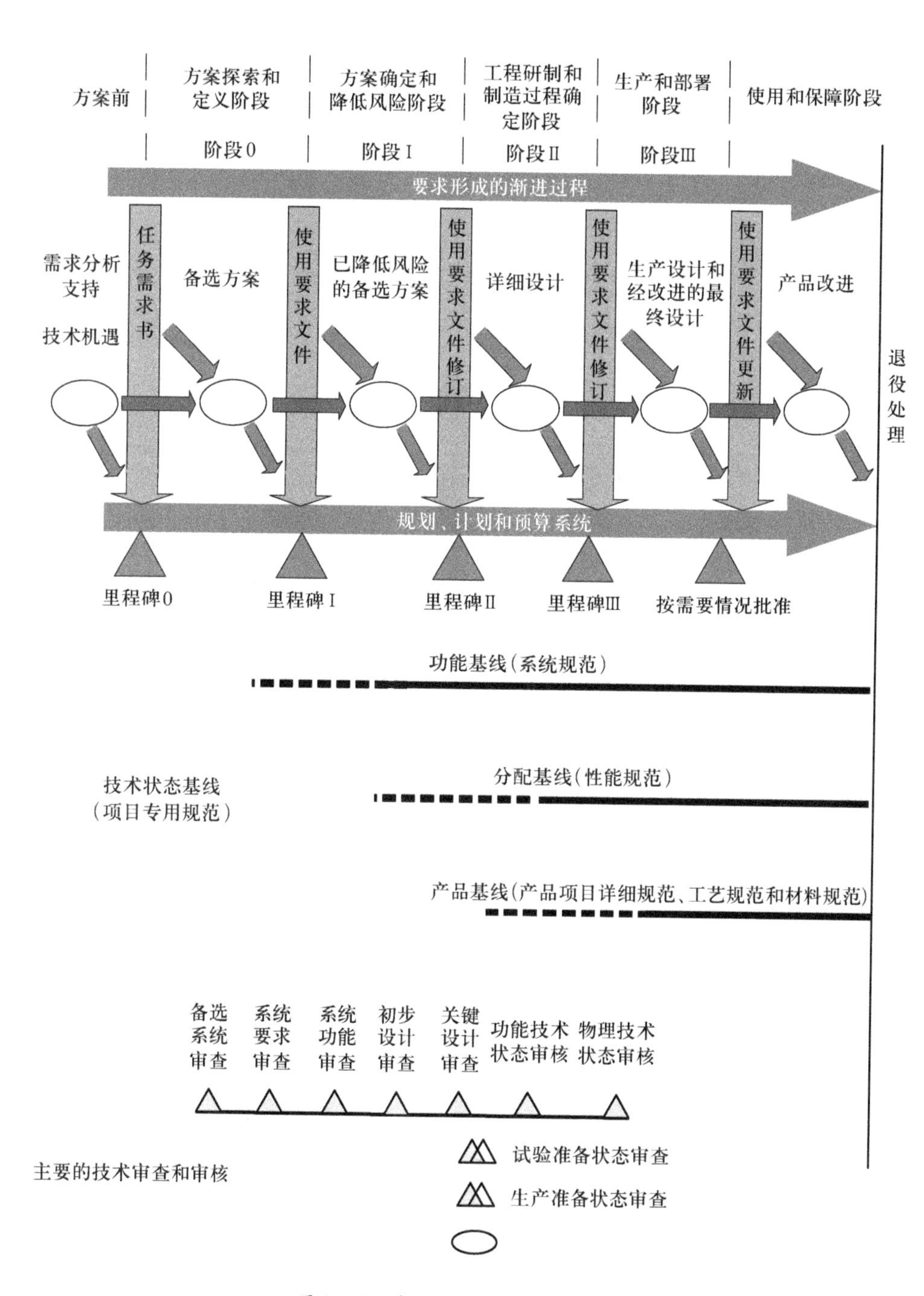

图1-5　系统工程与采办寿命周期

或分系统说明,如图 1 - 6 所示。而所有这些活动都要通过系统分析和控制来实行平衡(技术状态管理为其重要内容之一)。

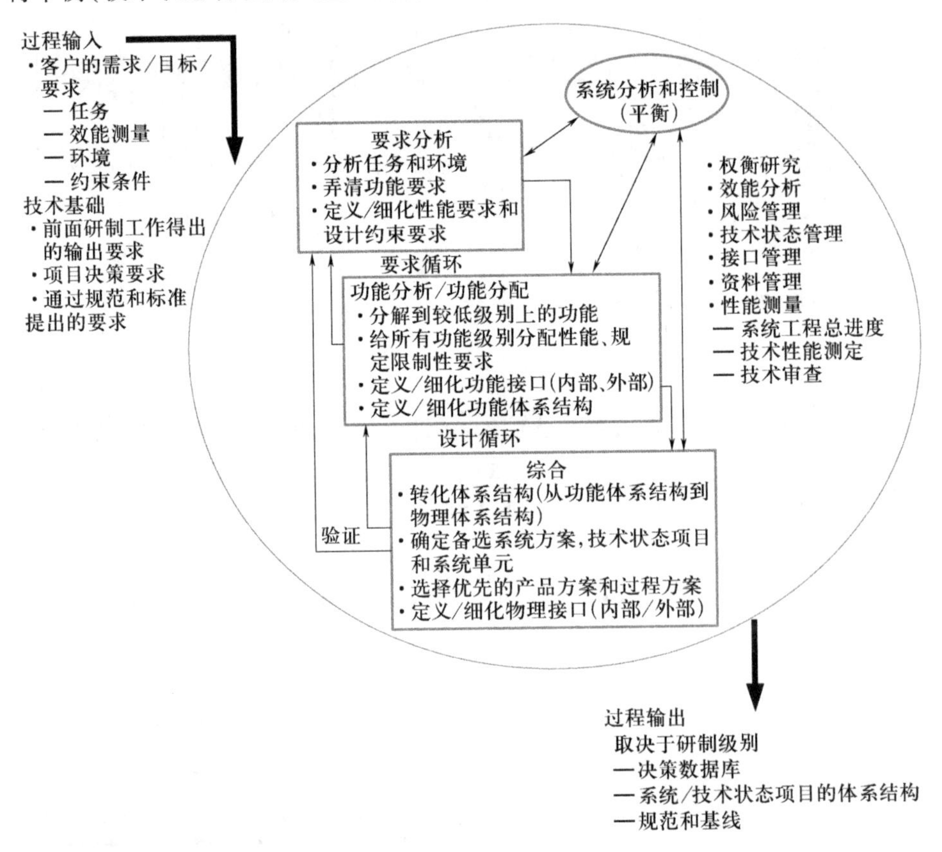

图 1 - 6 系统工程过程

系统工程过程是一个全面综合、反复迭代、循环递进、按自上而下的顺序解决问题的过程。在每一研制阶段,都要进行本阶段的系统工程过程。如在阶段 0,通过该阶段的系统工程过程,得出系统备选方案;在阶段 Ⅰ,通过该阶段的系统工程过程,得出功能基线等。每阶段的输出都是下一阶段的输入。每通过一个阶段的系统工程过程,都使对产品描述的详细程度前进一步。此外,系统工程过程还逐步产生系统的体系结构,它是项目工作分解结构(WBS)建立的基础。

3) 寿命周期综合

系统工程管理的第三大类活动——寿命周期综合,其中的专业技术综合体现了系统工程三维结构中的知识维的概念。

所谓寿命周期,是指系统的研究、研制、试验、生产、使用直至最后处理等各阶段的总和。它包括了图 1 - 5 中所列出的各阶段。系统工程管理要求在研制过程中要综合考虑系统在整个寿命周期内达到最优化要求。这就需要进行寿命周期综合。寿命周期综合通过综合研制实现。所谓综合研制就是在研制过程中要通盘考虑寿命周期研究、研制、生产、使用中的各种需求。这些需求包括在研制过程中及时研究相关的专业技术学科,如可靠性、维修性、保障性、安全性等,并把它们综合到总体设计中去,从研制开始就需要考虑综合后勤保障(ILS),从而实现缩短研制周期、降低研制成本、提高作战使用效能的目的。

4. 系统工程内容简述

1)系统确定

通过系统工程过程工作把系统各方面的特性设计确定下来。GJB 630A《飞机质量与可靠性信息分类和编码要求》第三章定义,系统确定采用顶层设计方法,自顶层开始,逐步向下层次即系统级、分系统级、设备级、组件级、部件级、零件等分解,通过在各层次上的系统工程过程工作,反复迭代渐进完成整个系统的设计,确定整个系统的特性。

2)建立基线

技术状态基线是系统寿命周期的某个特定时刻正式确认的三个基线,即功能基线、分配基线和产品基线所形成的技术状态文件。系统级的系统规范、分系统级的研制规范、设备以下级的材料、工艺、软件和产品规范等,都是技术状态文件。需要说明一点,并非所有的技术文件都是技术状态文件。技术状态文件通常是直接作为产品研制、生产和使用保障依据的技术文件。主要包括规范、图样及其他需要的技术文件。更详细的技术状态文件,以武器系统为例,常见的技术状态文件参见 GJB 3206A 表 C.1。GJB 6387《武器装备研制项目专用规范编写规定》对专用规范文件的格式、内容以及编写要求都有明确规定,这些文件经技术审查确定下来,就形成技术状态基线,这些系统研制的技术基准,未经批准任何人不能随意更改。

3)工程专业综合

工程专业综合就是将武器装备研制中某些专门要求,如可靠性、维修性、保障性、人机工程、安全性、电磁兼容性、价值工程、标准化、运输性等与产品的功能、性能设计结合起来,以保证完成对系统设计的要求。由于武器装备的高速发展,过去仅应用“传统”工程学科(结构学、热力学、空气动力学、电子学等)设计出的系统,远远不能满足武器装备系统效能(对系统能达到一系列具体任务要求的程度的度量)和适用性(装备在外场使用令人满意的程度)的要求,必须同时研究和应用有关的“专业”工程学科,包括可靠性、维修性、保障性、安全性、人素工程、电磁兼容性、价值工程、运输性、标准化等。在系统工程过程中,同时进行这些专业的研究,把各专业的要求纳入系统工程过程中去,并进行反复迭代,综合优化，使系统的主体设计与各专业的要求相协调，实现规定的系统效能与适用性。

4）技术审查

技术审查是为基线的形成、确定、发展和落实而进行的技术审查。应根据武器装备的技术复杂程度（产品层次）、承制方的能力、经费和进度等综合情况进行裁剪，在合同中指定技术状态项并对审查项目和内容做出规定。研制过程中，技术审查的类别：系统要求审查、系统设计审查、软件需求规格说明审查、初步设计审查、关键设计审查、测试准备审查、功能技术状态审查、物理技术状态审查、生产准备审查等九种。装备研制过程中，在关键事件点上进行技术审查，以评估系统的设计进展情况，设计成熟程度，技术风险消除情况等，各类别审查的详细内容和要求，见 GJB 3273《研制阶段技术审查》，以确定研制工作是否可进入下一个研制阶段或层次（级别）。可想而知，技术审查是建立与确立技术状态基线所必要的手段。

5）综合保障

综合保障就是国外所说的综合后勤保障（ILS），考虑到中文对后勤含义的理解容易出现歧义，国内把它称为综合保障要求（见 GJB 3872《装备综合保障通用要求》），其目的是以合理的寿命周期费用实现系统战备完好性要求。综合保障的主要任务，一是确定装备系统的保障性要求；二是在装备设计过程中进行保障性设计；三是规划并及时研制所需的保障资源；四是建立经济而有效的保障系统，使装备获得所需的保障。一个完整的系统应不仅具有主装备本身，而应同时具有为保障其有效工作所必须的各种设施、设备、器材、劳务、软件、技术资料及人员等要素。它应是一个综合的、自给自足的整体。因此，在系统、分系统、设备、组件、部件和零件的设计中，应进行保障性分析，综合考虑保障问题，制定各方面的保障要求，以便在使用阶段能以最低的费用提供有效的保障。综合保障是在系统的整个寿命周期内都要进行的管理和技术活动。

6）风险管理

风险管理是指采用装备研制风险分析的通用要求和有关风险分析的步骤和方法对装备研制阶段的风险分析活动，具体方法按照 GJB 5852《装备研制风险分析要求》的规定。所谓风险即不希望事件发生的概率及发生后的严重性。也就是说，在规定的技术、费用和进度等约束条件下，对不能实现装备研制目标的可能性及所导致的后果严重性的度量。风险对任何项目都是固有的，包括技术风险、费用风险和进度风险，在装备研制的任何阶段或状态都可能产生。在装备研制中应控制的风险有 5 个方面，即技术风险、计划风险、保障性风险、费用风险和进度风险。风险发生的可能性及后果严重性分析方法：风险评价指数法；故障模式、影响及危害性分析（FMECA），具体方法按照 GJB/Z 1391《故障模式、影响及危害性分析指南》的规定；故障树分析（FTA），具体方法按照 GJB/Z 768A《故障树分析指南》的规定；可靠性预计，具体方法按照 GJB 813《可靠性模型建立和可靠性预计》的规定；建模与仿真等 5 种分析方法。风险管理的中心任务是辨识和控制那些可能引起有害变化的区域或事件。因此，在研制过程的每一阶段都要进行风险规划、风险评估、风险分析和风险处理。特别是在系统研制的早期阶段更应对风险管理予以高度重视。如采取风险排序方法即专家多次投票法、专家会签法、两两比较法和风险评价指数排序法等，在方案阶段确定和降低风险之后的里程碑决策点上，必须证实主要的研制风险已经排除或能够受控，才能转入工程研制阶段。

为减少武器装备的研制风险，GJB 2993 要求承担武器装备研制任务的使用方和承制方应遵循风险管理的原则。

① 严密分析研究，明确并冻结战术技术指标要求；

② 严格控制系统技术状态的更改；

③ 尽量采用现有的，并为实践证明是有效的技术和成品；

④ 控制新上项目的比例，在武器装备项目的研制中，新研产品的比例一般不应超过 20% ~30%；

⑤ 武器装备研制中采用的新技术、新成品、新材料和新工艺必须经过充分验证；

⑥ 在采用某些重大技术项目时，应考虑其后备方案；

⑦ 进入工程研制阶段，不允许存在任何高风险项目；

⑧ 合理安排研制进度，留有适当的时间裕度，以防意外情况发生时对进度造成冲击；

⑨ 保证用于武器装备的资源（人力、资金、物资、器材和设备等）是充分的和可供使用的；

⑩ 只选择持有“武器装备研制许可证”的单位作为新成品的供应单位；

⑪ 对影响武器系统使用安全的关键部件要实施多余度设计。

为加强武器装备研制风险管理，使用方和承制方都应履行各自的职责。为控制研制风险，使用方应做好以下工作：

① 将风险管理要求列入武器装备研制管理任务的一项重要内容，并写入合同工作说明；

② 将风险作为评估承制方总体研制方案的程序之一；

③ 根据武器装备研制项目的风险大小确定研制合同类型，并规定和承制方分担风险的程度；

④ 监控武器装备研制中存在的高风险和中等风险科目以及承制方采取的减少风险的活动与措施；

⑤ 将风险列为各个阶段(状态)技术评审必须审查的项目之一;

⑥ 按研制合同的规定支付风险管理费用。

在武器装备研制的不同阶段,承制方应开展以下风险分析和管理工作:

(1) 在论证阶段,承制方应在方案选择中进行风险权衡,并对中选方案的技术风险进行评估。

(2) 在方案阶段,承制方应做好以下工作:

① 采用工作分解结构对系统的各个工作单元进行风险评估;

② 对确认出的风险进行定量的估计,以确定高风险、中等风险和低风险项目;

③ 制定并实施风险管理计划;

④ 定期提交风险状态报告,中等以上的风险项目的风险状态报告,应提交总设计师和行政总指挥;

⑤ 在方案阶段结束前,应对设计方案进行抉择,不准任何高风险项目进入工程研制阶段。

(3)在工程研制阶段,承制方应做好以下工作:

① 对整个武器装备系统进行评估,以确定整个系统风险的大小;

② 继续执行风险管理计划以降低研制风险;

③ 严密监控各项目验证试验。

(4)在定型阶段,承制方应做好以下工作:

① 对生产过程中的更改和改进进行风险评估;

② 对试用过程进行监控和跟踪。

7) 系统工程管理计划

在项目的早期,就要规划项目寿命周期的系统工程管理活动,制定出项目的系统工程管理计划。在每个里程碑审查时都要审查系统工程管理计划的执行情况,并制定出新的系统工程管理计划,对以后的(特别是下一阶段的)系统工程管理活动做出统筹安排。

二、工程管理的意义

(一) 工程管理的重要性

装备研制、生产的过程,是装备系统工程管理实施的重点。承制方在工程管理中要遵循装备系统工程的基本规律和基本方法,进行产品的状态策划、实施状态控制,才能保证产品状态目标的实现。对装备研制、生产进行“系统工程”化的管理,才能使装备研制、生产的每一步工作、每一过程,都能有序地、高质量地推进,才能保证装备的研制、生产、修理质量满足部队的装备需求。

因此,承制方只有强化和改进工程管理,才能使逐步形成装备研制生产、修理保障能力和管理水平不断提升。步入21世纪武器装备研制的工程管理,再不能用引进修理、测绘仿制时代的管理理念、管理机制和手段方法替代跨越发展时期武器装备研制的手段方法。一句话，第四代武器装备研制工程管理只能用装备跨越发展的理念、需求以及技术先进的手段和方法。绝不能，也不应该再采用引进修理、测绘仿制（实际上是20世纪50年代—70年代仿苏联的管理模式）时期的武器装备研制的工程管理模式。即使是跨越时期中的测绘仿制产品，其产品的质量要求仍应执行新时期质量管理模式规定。

（二）工程管理的必要性

建国63年来，我国武器装备研制大致经历了四种不同状态的工程管理模式，即引进修理、测绘仿制、自主研制、跨越发展。每一种状态体现了各自历史时期的管理理念、机制、运行程序和手段方法。21世纪的今天，我国的武器装备研制早已进入跨越发展状态，其工程管理一定是运用系统工程的理论和观点，分析装备研制工程、装备生产工程的特点，树立了武器装备研制、生产中的系统管理理念，建立了一整套武器装备研制、生产实施系统工程管理的方式方法。我们进一步认识到，装备的跨越发展与装备研制、生产过程工程管理是紧密相连的，装备技术的进步离不开装备工程管理，没有系统的工程管理理念及先进的方式方法，装备的跨越发展是可望不可及的。

三、工程管理的内容

工程管理是按照上报或批复的研制总要求或技术协议书，对武器装备开展工程研制，即方案论证、工程设计、试制、试生产、试验验证，直至装备形成等全过程进行的技术管理。本节从工程管理中的设计开发、保证产品质量和持续改进等内容入手，在管理的规律及基本原则、制度、管理评审和持续改进机制运行等方面，提出了建设性意见，明确了工程管理的一般性内容和要求。

（一）设计开发管理

设计开发的管理包括系统策划、技术状态管理、工艺技术管理、软件工程化管理、试验验证、信息工程、设计和工艺评审、标准化管理、定型管理9个方面。

1. 设计开发与控制

常规武器研制的论证阶段，一是新型号论证阶段之初，总设计师单位要根据新型号的作战使用需求或参考国外先进战术技术特点及主管部门要求，编制新型号装备设计总体方案，经专家评审修改后，形成报告材料，即《×××装备研制的立项综合论证报告》；二是主管部门组织业内专家对《×××装备研制的立项综合论证报告》进行审查，形成批复意见后，承制方依据《×××装备研制的立项综合论证报告》及批复的意见，编制《装备研制的×××研制总要求》，形成二报材料上报机关逐级审批；与此同时，承制方还应依据上报的《×××装备研制的研制总要求》，草拟系统规范，并将系统层次的技术状态标识，在系统规范中确定分系统、设备等产品层次（GJB 630A《飞机质量与可靠性信息分类和编码要求》和 GJB 6117《装备环境术语》)，明确产品层次的集成要素；描述系统的功能特性、接口要求、验证以及质量要求等，系统规范完全与《主要作战使用性能》的技术内容协调一致。系统规范一般由承制方从论证阶段开始编制，随着研制工作的进展逐步完善，到方案阶段结束前经订购方主管研制项目的业务机关正式批准(实际操作是经业内专家评审通过并备案后)，作为方案阶段产品研制的输入依据。

2. 总流程设计及要求

用系统工程管理的三维(时间维、知识维和逻辑维)活动方法，制定研究装备研制工程管理总计划(计划网络图)(GJB 2993 中 5.4.2.e 条要求)，实现总流程，提出影响总进度的关键项目和解决途径；同时也显现了技术管理、工艺设计和质量评审(含设计、工艺和产品质量评审)以及阶段(或状态)审查的时间节点及技术要求。计划网络图是技术管理、工艺工作策划和质量工作策划的依据，在计划网络图的引领、规范下，编制工艺工作的总体方案、技术设计工作的总体方案和质量管理工作的总体方案，从而使装备研制工作进入并行工程状态。

3. 工艺工作设计

工艺工作是一项专门的技术及管理工作，涉及产品实现的全过程及对内、对外的众多方面，及早开展工艺设计，拟定工艺总方案，并按 GJB 1269A 进行工艺评审，及时建立起一个工艺文件体系(含工艺管理文件、工艺技术文件、型号工艺文件和生产工艺文件等)，形成产品论证、设计开发过程中，设计和工艺有机结合、并行开展的管理机制，保证工艺设计的正确性、可行性、先进性、经济性和可检验性，起到事半功倍的作用。

4. 验证工作及要求

在产品的试制或试生产过程中，对产品形成的验证工作是非常重要的，它不仅关系到一个产品的形成，更重要的是关系到小批试生产中一批又一批装备的使用质量。由此，验证试验必须贯彻研制总要求或技术协议及相关国家军用标准的要求，按产品规范的规定，编制试验项目计划，编写试验大纲和试验规程，拟制、填写试验表格，完成试验报告等。

5. 成本工作

承制方必须建立由质量部门、财务部门、计划部门及其他有关部门组成的质量成本管理机构，明确职责分工，按照《军工产品价格管理办法》和《中华人民共和国会计法》规定制定成本管理及核算制度，在财务管理部门设立常设机构，视情确定等级核算机制，编制年度计划成本并在及时核算的同时加强成本控制。要按国家规定的成本列支项目登记和收集成本资料。对型号工时、材料和费用成本进行分析，对关键问题进行诊断，并提出改进和控制措施。

成本设计是承制方加强和改进工程管理的一个重要方面。因此，建立机构要充分考虑体系结构的基本要素，要解决好管理机构设置、文件化的制度和程序编制、配置人员以及运行机制。

6. 标准化工作

标准化工作是装备研制工作的重要组成部分，贯穿装备研制工作的全过程。装备研制标准化工作是使用方和承制方的共同任务，其共同的目标：保证和提高装备的性能和质量；缩短研制周期，节省全寿命周期费用；提高装备的通用化、系列化、组合化水平。使用方和承制方应当密切配合、大力协同、共同完成。

标准化工作设计，承制方应编制切实可行的标准化工作程序，按国务院、中央军委《武器装备质量管理条例》第五条，“武器装备论证、研制、生产、试验和维修应当执行军用标准以及其他满足武器装备质量要求的国家标准、行业标准和企业标准；鼓励采用适用的国际标准和国外先进标准”的要求。优先贯彻国家军用标准，当确需采用行业、企业标准时，其技术规定和质量要求，必须高于国家军用标准的规定，并得到使用方确认，在标准实施过程中，认真落实标准化要求。

在装备研制过程中，承制方必须按照 GJB 114A《产品标准化大纲编写指南》规定和要求，完成型号标准化大纲的编写，并附有强制贯彻和优先采用的标准目录，评审后经军事代表审签。

按照 GJB/Z 113《标准化评审》的规定，搞好标准化审查。在设计定型前的技术审查和小批试生产条件审查的同时，要积极开展设计标准化和工艺标准化的审查，尤其是对新产品制造标准化工作目标、实施方案和计划、措施的检查。

承制方应建立标准化工作的责任部门，负责本单位标准化工作的学习宣贯、专业指导、型号研制标准化工作的组织落实和新标准的编制计划，申请及编制工作，基本要求如下：

(1) 组织论证装备提出标准化要求；

(2) 建议承研单位建立新型号标准化工作系统；

(3) 组织编写《新产品标准化大纲》；

(4) 监督相关部门编制系统规范或研制规范；

(5) 参与通用化、系列化、组合化方案的编制工作，对其必要性、可行性的分析和论证进行审查会签；

(6) 参加研制各阶段的标准化工作评审；

(7) 组织协调有关标准化工作。

(二) 研制生产条件及其管理

承制方装备研制生产条件的管理主要是指设计现场、试制和生产现场、试验现场的管理。特别是生产现场的设施建设、能力建设、物流管理以及人力资源管理是承制方工程管理的末梢，容易受到忽视，但生产现场确实是影响产品实现和影响产品质量的重点环节。承制方对生产现场的条件管理，应编制生产现场各类管理制度，明确管理职责，做到工艺管理机构和职责设置合理、现场工装设计完备、工艺技术文件齐全规范、工艺控制到位、生产现场技术管理规范等。

1. 设施建设

承制方应重视产品研制生产过程中的定置管理、设备（含监视和测量设备）的管理和办公环境的管理及控制等工作，制定相关管理制度和要求，并检查督促落实。具体要求如下：

（1）定置管理。承制方应重视设计基础设施、现场设备、产品和安全布局的定置管理方案的论证、评审工作，经会签、批准，按设备安装、产品摆放、工作场所和安全通道等设计定置管理图标，实施定置管理。

（2）设备管理。承制方应制定设备的购置、校验、维修的年度计划。加强设备的现场标识管理，实时做好工作记录。

（3）环境控制。承制方应按相关规定，对文明生产、工作秩序、多余物控制、电磁辐射控制、环境条件等进行管理和控制，形成记录并满足要求。

2. 能力建设

武器装备发展到现代，已经是社会化、工业化的产物，必须进行生产线建设、生产设备和试验设备的购置（或设计制造）及安装、工装设施的设计制造等既是基础的、又是“硬”条件建设，加上“人员”轮流的培训、随机文件、材料的编制等“软”条件建设。是实施武器装备生产工程必须的。另外就是充分利用社会上有能够满足装备研制生产需要的设施和资源，经严格的考察分析和相关组织确认，可以成为“外协”伙伴。生产能力足不足，不仅关系到装备能不能制造出来，同样关系到能不能制造出合格的、批量的、质量稳定的装备来，因此生产能力也是保证产品质量的一个重要方面。

承制方应重视配套设施的建设管理和厂房的管理工作，制定相关管理制度和要求，并检查督促落实，具体要求如下：

（1）配套建设。承制方应加强对周转、储运库、废品库等配套设施的建设和管理，以确保配套建设符合使用需求。

（2）厂房管理。承制方应对厂房的维修、修缮等应制定年度修理计划，加强维修和视情实施修理，以确保厂房质量符合使用要求。

3. 物流管理

承制方应重视产品防护、生产工夹量器具和库房的管理，根据批量生产的要求，对库房规模、设备数量精度、工装模具夹具制造比率、标准样件样板等内容进行设计、制造、验证和改进工作，使其满足批生产要求。制定相关管理制度和要求，并检查督促落实。具体要求如下：

（1）产品防护。在产品的研制生产过程中，承制方应加强产品静电防护、运储过程防护和产品环境防护，以免产品意外受损。承制方应识别、验证、保护和维护供其使用或构成产品一部分的顾客财产，如果顾客财产发生丢失、损坏或发现不适用的情况，应及时向顾客通报，并保持记录。

（2）工具管理。承制方应制定工具购置、检测或校验、维修的年度计划。严格控制专用、特殊工夹量器具的使用寿命，以确保产品质量一致性。

（3）库房管理。承制方对原材料元器件库、配套库、半成品库、成品库、特种库等实施分类、分区管理。库房管理要符合相关规定。

4. 资源管理

在装备的研制生产质量管理中，承制方人力资源的管理是尤为重要的，人员的素质，是装备研制工程管理最基础、最重要的资源保证。人员的质量意识、责任心、自觉性和技能等，都能影响承制方各项工程管理工作的展开和落实，更会直接影响产品质量和质量管理体系的有效运行。

按照科学发展观以人为本的理念，要保证和不断提高产品质量，提高工程管理建设水平，必须要在人员素质的教育、培养、提高及相关工作的管理上下功夫。由此，在工程管理以及研制生产条件管理方面，应该把人员素质列为产品工程管理的重点要素，主要包括在以下几个方面：

（1）承制方应根据产品任务及建设发展规模，重视人力资源编配，制定人力资源计划，做到编配合理、比例协调、适时调整、动态管理，为产品研制工程保证提供人力资源保障。

（2）承制方应重视岗位培训。一是重视培训机构及计划，设立培训管理机构，配置适宜的人员和设施，制定符合标准要求的岗位培训计划，经批准后实施；二是重视培训大纲及教材，按年度岗位培训计划，编制各类培训大纲及教材，经评审后实施；三是重视培训考核，建立培训考核制度，编制培训考核方案和计划并在培训后实施考试，做好考核记录。

（3）承制方应建立岗位考核制度，编制岗位考核计划并实施检查，做好考核记录。对发现的问题，经研究后实施调整。

（4）承制方应重视工程管理和工程质量等教育工作，在年度质量计划中，应策划教育的类型、内容和方式，安排专门时间进行工程管理和工程质量教育，并做好教育记录。

（5）承制方应加强对特殊专业资职人员的管理，制定特殊专业资职人员的管理制度和年度培训计划，适时派送专业培训，取得资格证后，方能上岗。严格持证上岗制度，严格岗前、岗后的考核工作，做好记录并归档。

（三）系统控制管理

1. 型号三师系统

根据国务院和中央军委的规定，任何一个国家批准立项研制的武器装备型号研制管理，必须成立“三师系统”。GJB 2993《武器装备研制项目管理》5.1 条组织机构规定，承制方应根据《武器装备研制设计师系统和行政指挥系统工作条例》，建立型号研制项目的行政指挥系统、设计师系统和质量师系统，负责完成国家指令性计划，并履行研制合同要求。

有些大型武器装备研制工程，还成立一些其他总师系统。例如，总会计师系统，是在行政指挥系统总指挥的领导和总设计师的指导下，负责编制研制总概算，组织开展目标成本管理和定费设计，审核研制经费的预、决算和成本核算，并对研制经费使用情况进行监督和检查。再如，标准化师系统、工艺师系统、计量师系统和技术状态管理委员会，负责装备研制的标准化、工艺、计量和技术状态的管理工作。

2. 研制项目系统管理

我国的武器装备研制是由使用方、承制方为研制项目的管理机构，代表使用部门和研制部门对武器装备研制项目，按常规武器装备研制项目、战略武器装备研制项目和人造卫星研制项目的阶段划分进行归口管理。

GJB 2993《武器装备研制项目管理》是指导使用方、承制方拟订合同工作说明和合同安排研制工作的依据性标准。它适用于武器装备研制项目从论证阶段至生产定型阶段的管理。

武器装备研制项目是指已列入国家武器装备研制计划，由国家拨款或委托研制并进行管理的项目。研制项目在运行过程中变为型号，型号转换为产品，标准规定产品是分层次的，不同的产品层次研制的产品等级和产品名称是不一样的。按照 GJB 6117 中 2.1.3 规定，产品由简单到复杂的纵向排列顺序，一般为零件、部件、组件、设备、分系统和系统。研制项目管理，是指为实现型号研制的总目标，在计划、组织、指导、协调、控制和审批等方面对该型号所进行的管理。所以，研制项目的系统管理，是指系统与分系统间、分系统与分系统、分系统与设备以及设备与设备间、设备与组件间、组件与组件间、组件与零件间以及零件与零件间的管理，常规武器装备、战略武器装备和人造卫星的研制，应分别按照《常规武器装备研制程序》、《战略武器装备研制程序》和《人造卫星研制程序》开展，并根据研制程序进行分阶段管理和决策。在每一研制阶段结束前或重要节点，使用方、承制方应按合同工作说明要求，根据有关标准开展审查工作，以确定该阶段的研制工作是否达到了合同的要求。只有达到要求后方可进入下一步研制工作。

3. 规范性管理

承担武器装备研制的承研承制和承试单位，必须按照 GJB 9001B《质量管理体系要求》的要求，建立质量管理体系，将其形成文件，加以实施和保持，并持续改进其有效性。该组织通过了新时代的第三方认证考核，获取了武器装备研制的资质，并能证实其具有提供满足顾客要求和适用的法律法规要求的产品的能力;通过体系的有效应用,包括体系持续改进过程的有效应用,以保证符合顾客要求和适用的法律法规要求,增强顾客满意度。

质量管理体系组织有一整套武器装备研制管理制度和质量管理体系文件,其内容包括:一是形成文件的质量方针和质量目标;二是质量手册;三是形成文件的程序和记录;四是有组织确定的为确保其过程有效策划、运行和控制所需的文件。

组织编制和保持了质量手册,其内容包括:一是质量管理体系的范围,包括任何删减的细节和正当的理由;二是质量管理体系编制的形成文件的程序或对其引用;三是质量管理体系过程之间的相互作用的表述。

为提供符合要求及质量管理体系有效运行的证据而建立的记录,应得到控制和监督。组织编制了形成文件的程序,以规定记录的标识、储存、保护、检索、保留和处置所需的控制。记录应保持清晰、易于识别和检索。

第二节　工程管理基本要求

一、管理理念

武器装备研制模式的变化,即从测绘仿制向自主式研制模式的转变,承制方的管理理念也应进行相适应的改变。以经济为基础,以专业任务开展为支点,经过调整、改进,形成确保任务完成的管理思路。目前在工程管理的方式方法上,承制方主要存在封闭式发展理念,处于一种习惯性思维模式上,囿于“引进修理”时期传统的国有企业管理的框架,用“引进修理、测绘仿制”时期的“符合性”质量管理要求,用来满足自主式研制和跨越式发展时期武器装备发展建设的质量管理要求,换句话说,就是用第一代装备工程管理的质量要求,用于第三代武器装备的研制生产。有些承制方按照所谓的“流程改造”,把一条条研制生产线变成几个独立的单位进行管理,使本来应当从设计、工艺、质量管理等方面实施系统管理的,都变成“小单位”、“小部门”管理;还有些承制方把争取到的装备研制项目仍然当作以往的科研项目一样进行管理(装备科研有 5 种类型:即预先研究、研制、军内科研、技术革新和技术基础等);把投入小批量生产后交付部队使用的产品生产管理,仍然按以往做原理样机的方式方法进行管理。这些做法表明,承制方的管理理念仍然停留在“军内科研”或“技术革新”的管理模式上,没有适时转变到“研制工程管理”或“生产工程管理”上来。从运行过程、文件资料和定型鉴定方式等都不符合装备研制要求。综上所述,从当前承制方研制工程管理的情况看,创建先进的管理理念、改进适应新装备发展的管理机制,是改进工程管理的首要问题。

二、管理机构

机构包括研制开发、技术(工艺)、标准化、质量、财务及成本、物流、人员等。

当前承制方的管理结构,在传统的管理理念下,以满足和保证单位承担的主要业务工作构建的,并且以编制的形式固定化。例如,研究所,除了所领导,一切业务管理都在“科技处”,而一切具体的管理和执行工作又汇集在“研究室”,装备项目的具体完成单位均为“课题组”等。这样的管理结构,对于一个项目是可以的,对于装备研制工程管理就很难展开和实施,更难实施装备或产品的生产工程管理了。由此,作为研究所要承担装备研制工程、装备生产工程任务,都必须进行管理结构上的调整改革,完善生产管理、技术管理、工艺管理、质量管理、物流管理、成本管理、技术服务等管理部门。作为承制方要承担装备研制工程或装备改进改型工程任务,都应当进行管理结构上的调整改革,使其技术设计与管理、工艺设计与管理等职能和管理部门的职责、配置与装备工程管理的要求相适应。要有培训、有反馈、可追溯。每个承制方、每一个部门、每一个岗位或每一个人,如果都能按照五句话(做什么? 怎么做? 按照什么标准做? 做到什么程度? 为什么这么做?)去做,其承制方管理结构上的差异,将会大大减少。换言之,对于研究所应完成装备研制到生产的转移,加强装备生产过程的工程管理,保质量、保进度;对于承担改进改型研制任务的企业(与设计所分离),就必须要加强顶层系统策划,就质量要求而言,只有在装备论证时策划质量要求,研制阶段提出质量要求,生产过程用工艺管理、过程控制保证产品质量,然后在部队使用才能体现好的产品质量。

三、管理机制

管理上的运行机制,部分承制方实行的是行政一把手负责的管理原则,业务工作的领导责任由行政一把手负全责,分工其他领导抓实施。在实施过程中,很多单位建立起了大量的管理制度,但仍处于“领导说了算”、“老大点头定”的状况,经验型领导方法、随意性工作指导,使得很多管理制度和规定经常被“束之高阁”,不能很好地被执行和落实。不少单位还没有养成用制度管事、管人的习惯和风气。例如,质量管理体系的各类程序文件编的多而齐全,但在工程管理中,部门之间遇到争议的问题,仍然去找领导解决,而不是依照程序文件的规定处理。这种“人治”的方式已不能适应当前装备工程管理的需要。在装备研制跨越式发展过程中,装备工程管理工作需要克服以下几方面的问题:

(1) 用行政管理替代技术管理,即领导(非业务主管)表态技术或业务工作的事,真正的技术人员和业务主管只有随从。

(2) 用质量管理替代技术状态管理,即技术状态管理常设机构设在质量部门,技术状态管理的组织工作有质量部门负责。

(3) 用质量管理体系的程序文件替代技术标准，即在指导性技术文件的“引用文件”栏中，不引用国家标准、国家军用标准等，常常只引用“程序文件”。如在某企业编制的型号质量保证大纲中，推荐引用40多份“程序文件”，而对如何开展质量保证工作，在大纲中却没有具体内容和措施。

(4) 用工艺规程的工序控制文件替代产品最终检验文件，即检验规程是产品的质量保证文件，质量部门对产品实施最终检验时，应该用产品的检验规程实施质量检验，合格后方可提交军事代表检验验收，而是用工艺规程的工序检验的内容替代最终产品质量。

因此，承制方在武器装备研制的管理机制上应建立起系统管理、系统策划的管理机制。建立健全装备研制、生产、修理、保障工程管理模式；规范装备研制、生产、修理、保障工程管理工作。

四、管理原则

一个单位要承担装备研制生产和修理任务，就必须按照国家、军队的要求，改进和加强工程管理技术机构建设。改进管理的前提是承制方的领导必须转变观念、更新思路，以当前和今后一个时期内承担的装备工程的相关任务为目标，切实制订出改进计划，要以本单位未来发展的规划为方向设计改进规划，并且把规划和计划的实施有机地结合起来，着眼于全局，稳妥地打好基础，分步推进实施。

在新装备跨越发展的体系中，装备工程管理必须遵循系统工程管理理念，实施分阶段研制和技术状态管理以及并行运转推进的原则。在产品实现过程中，承制方一般应从建立健全管理技术机构，按零级网络图的墨迹与思路做好顶层技术设计工作。

第三节　工程管理技术与方法

一、三维结构法

三维结构法是系统工程的一般方法。该方法是指系统工程过程中思考和处理问题的基本思路和做法，是一种最著名、也是最有代表性的系统工程方法，该方法是由美国贝尔电话研究中心的霍耳在1969年归纳总结出的方法。

(一) 时间维

三维结构法的时间维是整个工作过程的描述。一般分为7个阶段：

(1) 规划阶段——拟订系统工程活动的方针、设想及总体规划。

(2) 拟订方案阶段——研究提出工程项目的具体实施计划方案，经评审、批准后执行。

(3) 研制阶段——实现工程项目(也称系统,下同)的研制方案。同时提出试制生产计划。

(4) 生产阶段——按生产计划生产出工程项目的零部件及整个系统,并制定出系统安装(产品装配)计划。

(5) 安装试验阶段——系统安装、调整、试验,通过试验确定系统运行计划。

(6) 运行阶段——系统按照预定的目标,以期望的功能运行或按预定的用途服务。

(7) 更新改进——通过技术手段,对系统进行改进或更新,进一步提高系统功能或效率。

(二) 逻辑维

逻辑维实际上就是思维过程,系统工程过程中的每一个工作阶段的实施,一般也要经历 7 个步骤,也是在运用系统工程方法时思考、分析和处理问题的步骤:

(1) 明确问题——即弄清面对和须解决问题的情况及实质。一般需要通过周密调查、全面收集相关资料、了解问题的历史和现状、分析预测发展趋势,为制定解决问题的目标提供依据。

(2) 选择目标——提出解决问题的最终目标的可评价功能指标,明确目标的相关函数。选定对目标的评价方法、并对预定的目标方案进行比较和评价。这一步亦称评价系统设计。

(3) 形成方案——按照问题的性质和目标(功能)要求,形成几个解决问题的方案,以供分析评价和决策。这一步也称为系统整合。

(4) 建立模型——简称“建模”或称系统分析。主要是指为了对多个系统方案进行评价或分析比较,往往通过建立数学模型或系统框图进行。

(5) 方案优化——或称系统选择。即在一定限制条件下,寻求最优的系统方案。评价最优方案的标准,一般分为单目标或多目标两种。在一些可行方案中寻求最优化方案的过程,常常是一个多次反复甚至是多次迭代的过程。

(6) 做出决策——有时优化过程筛选出的方案可能不止一个,或者除了定量目标外,还要考虑一些定性目标,例如,一些与人和社会因素有关的、不能用数量表示的目标需要考虑时,就必须由决策者全面考虑后,对一个或极少数个方案做出决策后,予以试行。

(7) 付诸实施——即实施项目计划或实施工程项目研制。这是按照选定的方案,将系统项目计划付诸具体实施的过程。在这个过程中,如比较顺利或没有多大的问题,对方案略作修改或完善,即可最终确定项目方案,该阶段即告完成。如果问题较多,证明方案不合适,就得回到前面某个阶段,重新做起。

（三）知识维

三维结构中的知识维，是指完成上述各阶段、各步骤的工作中，所需的各种知识和各种专业技术。霍尔把这些知识和技术分为工程、医学、建筑、商业、法律、管理、社会科学和艺术等。

随着系统工程理论的推广应用和研究发展，世界上的很多管理学者和科学家，曾经对霍耳的“三维结构”提出过很多有见解的理论补充，例如，提出在具体工程项目的系统过程中应增加一个“资源维”或“成本维”，形成系统过程的“四维结构”方法。意指任何一个具体工程项目，如武器装备工程，在实施的任何一个步骤中，都伴随着资源的保证，特别是各类“成本”费用的发生，而经费保证及项目成本的控制管理，在现代管理学中同样是一个重要的方面，而且“成本维”也可以分出诸如“论证、选定目标、设计、控制、校正、更新”等阶段。到了20世纪90年代，随着计算机和网络技术的应用，人们用信息论的观点研究系统工程过程，认为系统工程的全部过程中，信息构成了“信息流”，对系统工程的每个步骤都产生着重要的作用，影响着每一步骤的工作、每一个措施和每项决策，应该存在一个“信息维”。无论是“成本维”、“信息维”以及“资源维”的提法，客观上向人们提出了一个重要的问题，在系统工程的过程中，确实需要对伴随着的“成本”、“信息”、“器材原料”以及人力资源等进行系统管理，否则，影响系统工程过程效果。

二、并行工程

并行工程是装备系统工程中的一种新方法。随着系统工程的理论研究和实践发展，系统工程方法在不断得到改进和发展，特别是进入世界军事技术革命时代，形成了更科学、更规范的做法。

（一）概述

并行工程是改变传统程序设计思路，在综合分析、仿真模拟、网络技术等工程技术的支持下，将本来应该按常规程序（也称顺序工程或串行工程）依次展开的工程项目，经过精心设计后形成并行展开的程序。当前，对“并行工程”的定义和解释有许多说法，美国防御分析研究所在1988年在R－388报告中给出的定义：并行工程（CONCURRENT ENGINEERING，CN）是对产品及其相关过程（包括制造过程和支持过程）进行一并研究、一体化设计的一种系统化工作模式。其内涵应当是，组织跨部门、多学科的研发小组，并行协同地工作，对产品设计、制造工艺、使用保障等相关的各个方面同时考虑和并行交叉设计、构思，及时沟通交流信息，使问题和不足之处尽早暴露并共同研究解决，使产品研发方案更科学更合理更细密。从而达到缩短产品研发周期，提高产品质量，降低研发费用和产品成本，增强企业竞争力的目的，而且指导思想是“一次成功”。

（二）基本特征

并行工程是现代系统工程的一个先进的方法，要求集成地、并行地设计产品及相关过程，充分体现了并行性、约束性、协调性、一致性和主动性的本质特征。

（1）并行性。要求同时进行产品设计和下游过程的设计，强调一切设计工作都必须在试制或生产开始之前完成。从时间和流程角度观察，并行工作模式是将相邻下游环节的起始时间提前，使对下游过程的表达与对上游过程结果的理解同时进行，体现出明显的效率观念和并发特性。

（2）约束性。着眼于发现问题。在产品方案和技术设计时，试图通过产品可制造性（通常也称"工艺性"）、易装配性、测试性、维修性等多专业方面的设计正确性来避免早期设计不成熟的不利后果。由于考虑了相关方面（环节）的约束，有利于减少不确定、不成熟的决策，可以成功地避免设计的反复。

（3）协调性。利用多部门、多专业、多环节人员的协同和共同研究，促使设计的优化和不断改进。强调从总体上把握对象，采用综合权衡、综合处理的方法来把握产品生命周期中各个环节本质联系，揭示这些环节在分割状态（单个出现）下不能呈现的特征，协调其相互间的冲突，使各环节能协同地运作或作业。

（4）一致性。通过对产品研发过程中相邻环节（阶段）输入、输出的反复权衡和协调，使各个环节的输入、输出关系满足一致性要求，实现相邻环节（过程）的有机联接，减少设计反复，可使设计获得一次成功。

（5）主动性。在顺序工程中，各种问题的发现都是随机的、滞后的，人们对问题的反映是被动的，问题的解决也是滞后的。通常情况下，当问题发生时，往往木已成舟，已对研制工程带来无法挽回的损失，严重时造成"程序性"颠覆、失败。而按并行工程的模式，强调参与人员在产品设计开发和整个研制过程中充分发挥主动性，交流信息、揭示问题、寻求及早解决，主动避免反复和损失。

（三）工程应用

并行工程作为系统工程的一种新方法，研究成型和成熟，一般认为应在20世纪80年代之后至今。但追溯起来，早在第二次世界大战前后美国和日本的一些大公司，就组织起人数较少、专业集成的多专业工作小组，来实施军用硬件设备的开发，取得了较好成效。由于并行工作模式不仅对传统的管理模式是一种挑战，对各种技术应用要有新思路，同样也存在着一定的风险性。因此，并行工程的研究和应用，在20世纪50年代至70年代，未见有重大突破和成功的典型。进入80年代以来，随着计算机技术、网络技术特别是数字化仿真技术取得长足发展和进步之时，世界上很多国家都十分注重进行推广和实际应用。

1992 年,美国洛克希德导弹与空间公司接受美国国防部的用于“战区高空领域防御”的新型导弹开发计划。美国国防部要求 24 个月内完成开发计划,而该公司新导弹的常规开发周期一般需要 60 个月(5 年)。面对这个要求和挑战,洛克希德公司破例将并行工程应用于新型导弹的开发中,组织了集成产品开发团队,着力改进产品开发流程,建设网络通信环境实现信息集成和共享,首次全面运用了数字化仿真设计技术。实现了在 24 个月中完成一个全新型号导弹的设计开发和原型试制,产品开发周期较以往缩短了 60%,取得了显著的技术和经济效益。因此,美国在捕鲸叉式舰对舰导弹项目、第四代战斗机 F-22 和未来联合攻击机(JSF)等装备的研发中也都采用了并行工程的模式和方法,取得了技术先进、缩短周期、降低成本、减少差错的显著成效。20 世纪 90 年代以来,在西欧、日本乃至全球,并行工程的应用已经是个热点,应用范围也日趋扩大和深入。

在我国,并行工程的研究和应用,大致是从 20 世纪 90 年代的国家高技术(863)计划开始的。1995 年 10 月—1997 年 12 月,航天部二院在国家 863/CIMS 领域“并行工程”研究项目的支持下,在某型导弹复杂结构件的设计开发中综合应用了并行工程模式,使得总体设计开发周期压缩了 60%,试制件成品合格率提高到 70%~80%,成本降低 20% 左右;中国第一飞机设计院和西飞公司合作,在歼轰-7 等重点装备型号研制中,也运用了并行工程的集成产品开发团队及设计、工艺准备并行开展的做法,运用数字化设计技术进行全机三维设计仿真,基本取代了实物样机,大大缩短了研制周期和成本。但总的来看,我国对于并行工程的应用还处于“局部的”、“不全面的”和“无意识的”状况,还有没有达到“热门”的程度,还有很多问题需要研究解决。主要是应用并行工程将对承制方传统的管理思想、管理模式产生冲击,技术上还存在全数字化仿真设计技术不高、产品数据库建设不配套等薄弱环节制约了其发展。

三、系统集成

(一)基本概念和内涵

系统集成作为一种现代系统工程管理的新方法,是 20 世纪 80 年代研究和形成的,也是信息化时代和军事高科技革命的产物,它起源于美国。

系统集成在军事领域应用的初始阶段,是军事战略学家为策划设计一个大军事系统的建设而产生一种超常规的思路。是先设计一个大的“框架”,把各军事分系统构思后放在“系统框架”内,然后通过调整、迭代进行整合,使大系统科学合理、运行高效,取得信息优势,从而大幅度提高作战能力。然后依据总体功能,要求各分系统进行建设。此后随着研究工作的深入发展,其概念发生了质的变化和发展。首先,这是一种先进的系统思维方式,运用于军事领域就是现代军事“大系统”模式。应用于装备研制中,就是一种系统工程管理模式,要求树立

“大系统”的观念，“先整体再个体”，注重“系统”为先、整体协调、纵横一体、横向互通。

（二）基本特征

系统集成有几个不同于常规思维模式的本质特点，充分说明它的先进性、科学性。

（1）突出“系统”功能。依据需求出发，从顶层谋划设计开始，着眼于“系统”功能，构思“大系统”，使“系统”充分满足需求。是以“系统”谋功能、谋创新、谋突破、谋整体能力和水平。既把“系统”构成放在现有分系统的水平、能力的基础上，又把“系统”功能的实现作为策划设计的首位，在综合权衡、反复迭代、多方案对比的基础上，运用新的理论、技术、方法来达到“系统”功能的实现。

（2）高技术集成。不论是一个军事系统还是一型新的装备系统，其构成都是一些能满足“系统”要求的分系统和要素，要形成一个功能优良的“系统”，分系统的技术也必须处于先进的水平上；不仅如此，分系统集成过程中，又必须以高技术手段来支持，如分系统的接口技术，电磁兼容技术、误差协调技术、系统测试技术、系统集成试验技术、信息技术、软件技术等。

（3）信息集成。进入信息化时代，一个系统内分系统间的协调，靠的就是信息，系统集成某种程度上讲就是信息集成，信息是“系统”神经源、是血液、是动力。装备进入信息化时代，就是靠“系统集成”的信息集成功能来实现的。

（4）综合权衡。任何一个系统构成从理论上讲，都是要素的集合体，各要素的发展和水平，在同一时期不可能没有差别、没有高低之分。在集成系统过程中，必须从系统功能出发来选择各要素，这里就包含了“权衡”。就是从系统匹配协调和满足功能作为衡量标尺，来选定或确定各要素的水平。换句话说，有些水平一般的要素可能会被选中，而系统却发挥得很好。

（三）工程应用

系统集成的理论和方法一提出，就受到美、英、俄、日等国家的重视，并进行了潜心研究和应用。原苏联在装备研制工程中运用“系统集成”是最早取得成功经验的国家。当20世纪70年代末、80年代初，苏制米格25飞机问世时，其功能的先进性和作战能力水平，引起了美、英等西方国家的极大震动，运用了间谍等一切手段来收集情报，企图发现其核心技术秘密。最后运用重金收买策反飞行员及制造侵犯领空事件的两重手段，迫使一架米格25飞机在日本降落，经过充分研究才发现，原来是系统匹配设计得十分巧妙，其实各种设备水平并不十分先进。看来这就是航空武器装备研制中成功运用“系统集成”理念和模式的最早例子。之后，在世界各国都掀起了应用热潮。

我国在装备研制工程中运用“系统集成”的模式，开始得并不是很晚，有的做的成效还很高，但由于我军武器装备研制生产模式，从测绘仿制向自主开发研制的转变的时间并不长，自主开发研制武器装备的经验也不足，所以，“系统集成”的应用一直处于忽隐忽现的状况，运用得不自觉、不全面、不规范。如某型飞机的火控系统，尽管试制中进行了地面和装机后的联试联调，使科研试飞中的导弹打靶成功，可是设计定型试生产时就不再安排联试联调，造成多架飞机导弹打靶没有成功，只得在全机群复查补做有关工作。再如某特种飞机的任务系统，系统总师单位在研制中实施系统集成联试时，竟没有编制系统、分系统联调联试大纲、规范和测试检查要求，仅把系统联试看作为“意思一下”等，这些现象都说明，“系统集成”这个现代系统工程管理模式的自觉运用，在我国还需要有一段时间。还有认识问题、管理制度和一系列技术问题需要解决。

（四）系统集成试验

系统集成试验是系统工程管理的重要步骤，是验证系统设计、功能性能，以及战斗力生成与保持的关键环节。型号装备的系统和分系统必须进行系统的集成试验。各系统、分系统的承制方，应策划系统、分系统的集成试验方案，组织评审后，报总设计师批准。系统、分系统集成试验大纲、规程应经军事代表签署。系统、分系统集成试验的承制方，应注重集成试验的条件建设，按试制、试生产和批生产的要求，不断加大投入，建成先进的系统、分系统集成试验场所。

试验计划、试验大纲、试验报告均需报送总设计师单位备案。

四、信息综合技术

建立装备质量信息系统的顶层规划应与装备建设紧密结合，信息系统建设须坚持一体化发展，坚持科学组织、确保质量、注重效益的原则，并与装备其他信息系统相协调。要建立高效、灵活，覆盖装备全系统、全寿命质量信息管理的闭环网路系统，并具有开放性、扩展性，关键是应综合利用管理和技术手段，注重提高系统的自动化和智能化水平。在武器装备研制工程管理中，常见的信息综合技术和用途有：

（一）信息系统

总设计师系统为了加强武器装备研制管理，在方案阶段之初开始建立型号装备研制质量信息系统，利用有效资源对产品采取系统集成，对研制工程的工作采取系统管理，保证所有研制质量信息原始记录的真实、完整、可追溯。在装备系统工程管理中，信息流是客观存在的，对于管理者和管理部门来说，如何获得全面、真实、有价值的信息，是采取信息管理措施、进行管理决策的重要环节。因此，要建立严格的信息报告制度，实施周密的现场记录管理，特别关键和重要的环节实施自动监视等都是十分必要的。重视开展统计分析，把管理基础建立在信息化管理的平台上。

（二）软件工程化管理

总设计师单位在方案阶段就应组织专家拟制《型号装备软件工程化管理》的专项规定，软件产品工程过程的目的是为了一致地执行一个经过完整定义的工程过程，该过程综合了所有软件工程活动，以便高效生产出正确而一致的软件产品。软件产品工程过程按照GB/T 8566—2001“信息技术软件生存周期过程”和GJB 2786A《军用软件开发通用要求》规范的软件过程以及适当的方法和工具去实施一系列工程任务，以便建立和维护软件产品。软件产品工程过程相关的软件开发文档应按照GJB 438A《武器系统软件开发文档》等模板编写。软件产品工程过程由系统需求分析与设计、软件需求分析、软件设计、编码和单元测试、软件集成和测试、软件合格性测试、系统集成和测试、验收和交付以及运行和维护9个活动组成，如图1-7所示。这9个活动是软件开发的基础活动，可根据项目的特征，将这些基本活动进行有机组合，各活动可以是重叠或相互有关联的，也可以是反复交替的，从而形成最合适的软件生存周期模型。

（三）构建FRACAS系统

建立故障报告、分析和纠正措施系统（FRACAS）的目的是及时报告产品的故障、分析故障的原因，制定和实施有效纠正措施，以防止故障再现，从而改善其可靠性和维修性。武器装备研制之初，总设计师单位为解决武器装备研制过程的质量问题，应按标准规定建立并有效运行型号装备研制故障报告、分析与纠正措施系统，做好与分承包单位FRACAS的衔接。在装备研制过程中，对所有故障、故障原因的调查和分析、采取的纠正措施及实施效果、故障审查活动等均应进行记录并保存，将这些记录编制成有统一编号的故障文件，以便于检索、查阅和审查。故障文件除了故障报告、故障分析报告和纠正措施实施报告外，还应编制故障归零报告，确保对研制过程中发生的质量问题的处理，做到技术和管理“双五条”归零。

（四）数字化平台研制管理

在当前某些产品的试制和小批试生产过程中，产品的部分生产过程的工艺技术和工艺管理高度数字化，与传统意义上的工艺管理及现场技术管理产生很大区别，而且现场纸制文件和数字化文件交替使用，按照现行的法规标准难以实施评估，这是装备研制生产中遇到的新问题。鉴于产品数字化生产管理新模式的推广，建议装备研制管理部门设立专题，对工艺技术文件、工艺规程在生产现场的数字化运用和质量过程的管理和考核进行规范。

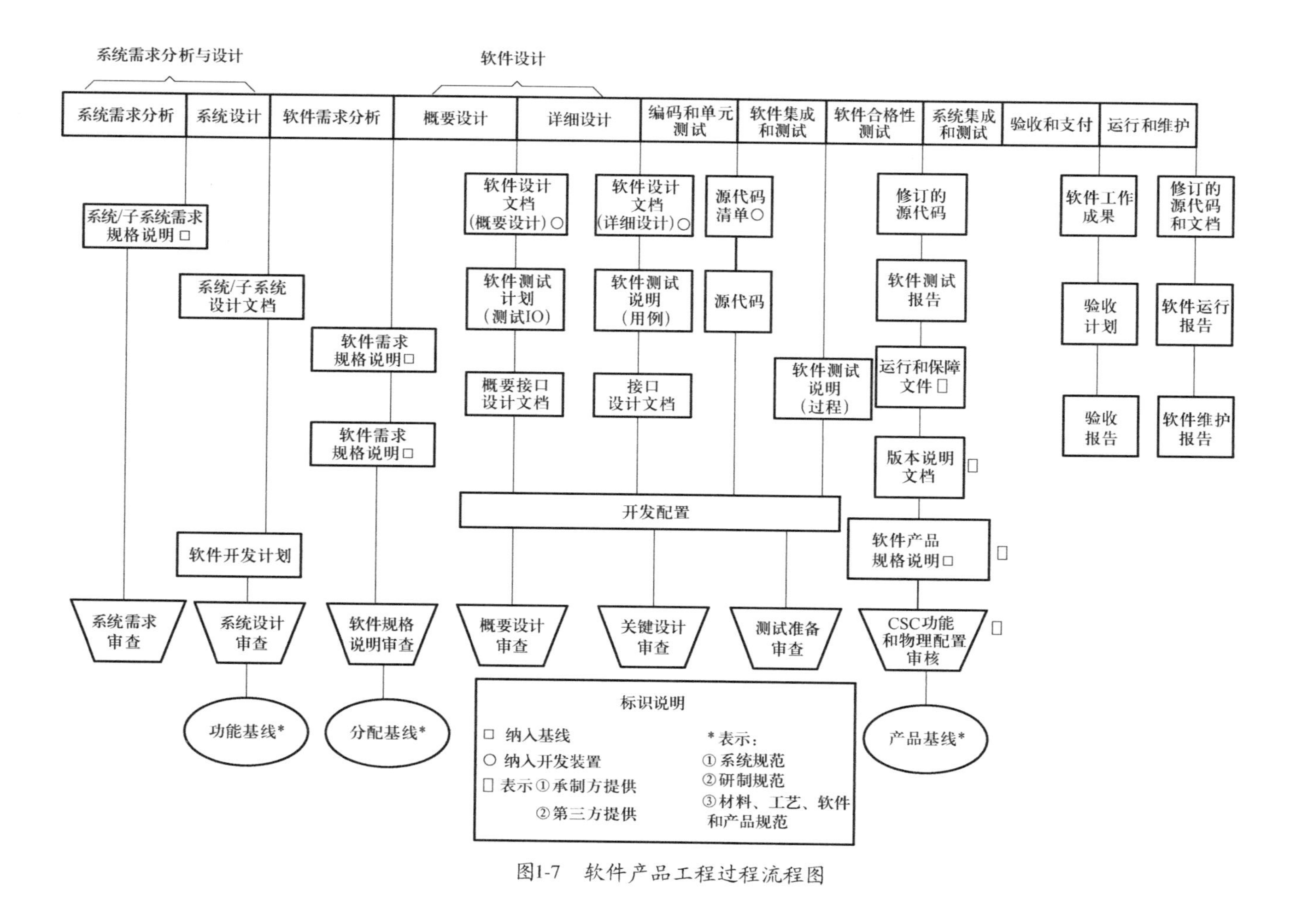

图1-7 软件产品工程过程流程图

第四节　工程管理运行

一、专业工程管理

（一）专业综合

专业工程管理是武器装备研制过程中特指的专用名词，主要是指武器装备研制中某些专门要求［诸如可靠性、维修性（含测试性、互换性）、保障性、人机工程、安全性、电磁兼容性、价值工程、标准化、运输性等］相结合的一个整体，以保证完成对系统设计的综合要求。武器装备研制过程专业工程管理，首先应将武器装备工程项目的可靠性、维修性、保障性、人机工程、安全性、标准化、运输性等结合成整体而进行的论证、设计、试验、评估和管理。

编制专业工程管理的技术管理文件，规范专业工程的论证、设计、试验、评估和管理的要求。

为专业工程管理的工作质量，要编制质量管理体系中的程序文件，明确工作要求和检查考核机制。

（二）工程综合设计

一个现代高科技大型复杂武器系统的成功或一个系统工程阶段的成功，都不可能是某一专业工程的成功，而是各专业工程综合应用的结果，即系统工程是专业工程综合的结果。传统的专业工程，如机械工程、电子工程、电气工程、空气动力工程、热力工程等；现代专业工程，如可靠性工程、维修性工程、综合保障工程、信息工程、人机工程、价值工程等，另外还包含试验工程、生产工程、质量管理工程等。实践证明，专业综合程度越高，专业技术队伍素质的要求就会越高。由此，承制方在专业工程设计队伍中，应围绕型号工程研制发展和需求，从现代专业工程角度设置机构，在技术设计、工艺管理和质量控制管理等方面培养一支规范化的、专家式的复合型人才队伍。

（三）工程专门验证

1. 试验项目选取

各工程专门试验项目选取原则，首先要根据产品层次（零件、部件、组件、设备、分系统、系统）划分，越趋向系统级，综合试验的项目、内容就越多，系统要求就越明确。其次，要区别电子产品、机械产品和机电产品的试验内容和试验方法。由于产品类型的区别，试验的项目、内容、方法和质量要求是不一样的，这些内容和质量要求都需在各类型的技术规范中规定（GJB 3363《生产性分析》4.5.a 条明确，技术规范包括系统规范、研制规范、产品规范、工艺规范、材料规范等，下同）。然后是试验项目在产品层次中的相关项目、内容及要求的衔接、接口要符合追溯性的管理要求，使最终产品的提交状态满足装备环境适应性要求。在装备研制过程中，电子产品的研制试验按 GJB 150《军用设备环境试验方法》和有关标准或产品规范要求实施的项目至少有高温试验、低温试验、温度—高度试验、淋雨试验、振动试验、湿热试验、冲击试验等，如果研制总要求或技术协议书另有规定，还应按研制总要求或技术协议书的要求，增加试验项目来适应其环境要求。

在“设备”满足环境要求的同时，有一点承制方应特别注意，此时的设备不一定满足功能要求，因为有些功能并没有逐级做验证试验，也没有在专用规范中，由系统规范或研制规范逐级向下明确要求和试验方法，产品最后鉴定或定型考核时，未能将验证试验做完整，有的产品都定型了，但试验项目缺失。例如：产品的互换性试验、运输性设计验证试验、电源特性试验、电磁兼容试验，往往是容易被遗忘或项目做不全。究其原因，一是承制方没有系统建立型号研制功能基线、分配基线、产品基线的技术文件（如系统规范、研制规范以及产品基线的材料、工艺、软件和产品规范）；二是顶层设计时，在武器装备研制项目专用规范的“要求”和“验证”章节中，未提出明确的要求和试验方法；三是对国家军用标准的实施存在欠使用和认识不到位的问题。在军事代表工作条例第十三条第二款要求：影响产品战术技术性能、结构、强度、互换性、通用性的修改，应按国家有关军工产品定型工作的规定办理。虽然互换性试验耗时短、经费少，却是影响成批性质量问题的关键指标。

所以，装备在研制过程中，研制试验和功能、性能试验的概念是不一样的，产品只有完成并满足了功能、性能试验的要求后，再做研制试验结果是有效的，否则就是无效的。功能不全的研制试验，环境适应性也是不真实的。

2. 工程专门试验

按照 GJB 2993《武器装备研制项目管理》5.5.2.1.C 条的内容及要求，认真开展试制和试验，进行各种类型的研制试验（如静力、动力、疲劳、各工程专门试验、系统软件测试、地面模拟试验等），是保证产品满足符合性与适用性要求的必要环节，研制试验是实验室环境试验的形式之一，也是武器装备研制过程中为了增强产品环境适应性，必须要进行的一组早期试验。各工程专门试验是装备工程研制试验的组成部分。GJB 6117《装备环境工程术语》6.1.1.2.2 条解释，各工程专门试验的主要目的是为寻找工艺明显缺陷，采取纠正措施，增强产品环境适应性，在工程研制阶段早期进行的试验。

3. 试验技术和方法

承制方应从方案阶段开始，就要按照 GJB 2993《武器装备研制项目管理》5.4.2.L 条要求，开展可靠性、维修性、标准化等工程工作，制定各种工程专门计划；并采用网络技术，构造网络图，确定每项作业的进度日程，寻找关键路线，实现时间、资源的优化配置；采用价值工程，通过选择产品、功能分析、信息收集、备选方案开发、备选方案成本分析、试验与验证等有组织的活动，以最低的总成本实现必要的功能；采用模拟技术，按建立的模型及编制的程序，在计算机上模拟零件加工、试验及网络运行，从而解决关键或瓶颈问题。

在工程研制阶段，将武器装备工程项目的可靠性、维修性、保障性、人机工程、安全性、标准化、运输性等结合成整体的论证、设计、试验、评估和管理的系列要求，及时而恰当地综合到武器装备工程设计或试制中。

（四）工程试验与评估

在装备的研制、生产和使用中，可靠性、维修性、安全性、测试性和运输性等的设计、试验验证和评估，应按相关专业工程领域的标准、规范和指南等提供的方法、程序进行，并将有关保障的要求和保障资源的约束条件反应在装备的设计方案中，且进行分级分阶段的评审和审查，完善不同阶段的设计方案；在定型阶段，广泛征求空地勤人员对装备的试用意见，协调并确定系统战备完好性要求。可靠性、维修性等设计特性的试验与评估也反映了保障性特性的试验与评估，其目的是通过试验与评价发现设计和工艺缺陷，采取纠正措施并验证可靠性、维修性是否满足合同及技术协议书的要求。可靠性、维修性特性的试验与评价应按研制规范、产品规范的要求和验证方法实施试验和评估，为确定和调整保障资源需求等提供输入。

二、研制工程管理

（一）“研制”的由来

“研制”是由《中国人民解放军装备科研条例》第七条第三款明确规定，我军装备科研包括预先研究、研制、军内科研、技术革新和技术基础建设等的一种类型，这种类型是专指的武器装备的研制。武器装备研制是根据国家和军队的计划安排及批准立项的决策，按照《武器装备研制总要求》的要求，开展一系列论证、设计、试制、试验试飞、鉴定定型、小批试生产、批生产等具体工作的综合，是把装备当作一个庞大的系统、一项复杂的工程来对待、来认识，所以称研制工程，这个工程全部的活动过程也称研制工程管理。

武器装备研制工程是以国务院、中央军委批准的武器装备研制中长期计划或按计划程序批准的项目为依据，实行国家指令性计划下的合同制。武器装备研制是严格执行两报两批制度，即论证阶段的《主要作战使用性能》或《武器装备研制方案论证报告》与《××型研制总要求》和《××型系统规范》的报批。例如，凡新型、改型（原战术技术指标有重大的改变）和仿制的常规武器装备研制和管理工作，均应执行《常规武器装备研制程序》。在2004年以前，改型、仿制或小型武器装备研制项目，经原国防科工委批准，可对研制阶段进行剪裁；对随主装备批准立项的配套装备研制，只报批《××型研制总要求》，每个阶段的工作按《常规武器装备研制程序》规定的要求完成后，方可转入下一阶段。常规武器装备研制设计定型或生产定型后，总承包单位、承制方、各分承包单位按财政部、原国防科工委有关规定编制专项决算。

（二）研制单位的性质

目前，国内参与武器装备研制生产、修理试验的单位，大致可分为四大类型，他们或多或少承担着我国武器装备研制的承研承制、承修承试工作，一般分为以下几种：

（1）各种不同规模、不同专业或不同业务范围的“承研承制承试单位”；

（2）各类装备研究所，试验基地；

（3）各类院校；

（4）具备军工产品资质时间不长的民营企业。

20 世纪 80 年代后期，我国装备研制进入自主研制时代，武器装备研制工程管理也相应得到加强，工程管理能力和水平有一定程度的提高，但在新的形势下，与新装备管理思想、需求和国内外先进的管理水平相比，我国承制方在工程管理上的差距是明显的、多方面的，迫切需要改进和提高。

（三）研制工程管理的基本内容

研制指的是武器装备形成全过程的所有活动内容。研制工程管理，主要从武器装备研制的基本概念、研制工作类型、研制管理形式出发，重点介绍和描述从研制工程管理发展及举措到研制工程管理的要求、体制和研制工程阶段管理。系统策划设计，主要描述武器装备在研制之初的总体综合论证策划、装备研制的技术方案论证策划、工艺策划、标准化工作要求。技术工程管理从技术设计入手，主要描述装备研制中的总体技术方案设计和专业综合设计、可靠性设计、维修设计、规范设计、试验规范设计和图样设计要求等的设计工作以及工艺技术方面的设计，尤其是总体方案的工艺设计，工艺流程与分工设计，设计图样工艺性审查，工艺文件编制，试制和生产现场技术管理等内容；同时将装备研制过程中的试验项目、装备研制的信息技术进行了介绍，并对质量信息管理提出了具体实施方法和要求。技术状态管理，主要从技术状态管理基本内容和现实中技术状态管理的现状，描述技术状态管理的活动内容和要求，讲解武器装备研制过程中，如何实施技术状态管理，并给出技术状态管理程序的模板。环境试验管理，通过试验计划管理中对试验类型，试验项目，试验要点及要求，讲述试验大纲的编制、评审、审批和试验规程的编制、评审和会签；通过对试验过程管理，简述试验准备阶段管理、试验实施管理、试验总结阶段管理的内容和要求。专业工程综合管理，主要讲述专业工程大纲设计、保障性验证和装备保障性。描写可靠性试验验证与评估，维修性试验验证与评价，测试性验证与分析，安全性验证与评价，互换性验证与分析和保障资源评估等内容和要求以及保障规划与管理，规划保障，研制与提供保障资源，装备系统部署保障和保障性试验与评价等内容和要求。质量工程管理,通过讲述装备发展后,质量工程管理的要求如何提高才能适应武器装备发展的需求以及对武器装备研制管理的这个平台,即质量管理体系建设和持续改进机制,明确内容,提出要求,并从全过程质量要求设计,提出论证、工程、生产、使用过程的具体质量要求。监督管理,主要讲述军事代表质量监督的活动内容,如计划合同、成本监督、技术监督、试验监控、质量保证监督、质量问题查处、质量管理体系监督和对产品定型准备工作监督等内容。

第二章　研制工程管理

第一节　武器装备研制

一、基本概念

“装备”一词按照 GJB 1405A《装备质量管理术语》2. 1 条款解释，是指实施和保障军事行动所配备的武器、武器系统及其配套军事技术器材等的统称。装备在研制、定型、生产阶段亦称军工产品，因此装备也称产品。

在现代军工企业里一般将装备也称为“武器装备”，但它不同于“军事装备”，也不同于“军事器材”。在现代化的军队中，武器系统是专指如各类军舰、飞机、坦克、导弹、雷达阵地、各类战车等。因此，武器装备的基本内涵应该是适用军队作战使用的各类武器系统。

武器装备是一个国家保卫安全、统一和建设成果的国防物资基础，是军队战斗力的重要组成。武器装备的现代化是军队现代化和国防现代化的重要标识。武器装备对于一个国家、一支军队，不仅关乎到能否保卫领土、保卫国家安宁和社会稳定，也体现了这个国家和军队的实力、军事高科技的水平，体现国家国防工业的能力和基础水平，体现一个国家和军队的高科技工程管理能力。

二、研制工程的内容

研制工程是我军装备科研工作的一种类型。我国武器装备研制工程包含三类研制项目，即常规武器装备研制项目、战略武器装备研制项目和人造卫星研制项目。每类研制项目的研制阶段划分及状态标识和名称及管理方法是完全不一样的。由此，承制方在研制项目的技术文件、管理文件及资料方面，应严格区别建档管理。三种类型的武器装备研制项目的研制阶段按如下划分。

（一）常规武器装备研制

1. 总则

为加强常规武器装备研制工作的管理，促进常规武器装备发展，总装备部［1995］技综字第 2709 号文编制下发了《常规武器装备研制程序》，常规武器装备研制以国务院、中央军委批准的武器装备研制中长期计划或按计划程序批准的项目为依据，实行国家指令性计划下的合同制。凡新型、改型（原战术技术指标有重大的改变)和仿制的常规武器装备研制和管理工作,均应执行《常规武器装备研制程序》。

2. 阶段划分

常规武器装备研制一般划分为论证阶段、方案阶段、工程研制阶段、设计定型阶段、生产定型阶段等五个阶段。对改型、仿制或小型武器装备研制项目,经批准,可对研制阶段进行剪裁;对随主装备批准立项的配套装备研制,只报批《××型研制总要求》。

每个阶段的工作按规定的要求完成并经评审后,方可转入下一阶段。

3. 阶段代码

GJB 630A《飞机质量与可靠性信息分类和编码要求》5.2.1条对常规武器装备产品寿命各阶段,规定用大写字母标识。装备研制寿命周期各阶段的代码见表2-1。

表2-1 所处阶段代码

所处阶段	代码	所处阶段	代码
论证阶段	A	设计定型阶段	D
方案阶段	B	生产定型阶段	E
工程研制阶段	C	使用阶段	F

需说明的是产品生产定型批复后,承制方和使用方应联合评审,进一步完善小批试生产和生产定型资料审查时,需修改的技术、工艺和质量管理文件资料后,装备转入使用阶段,此时所处代码用F表示。

在武器装备研制工程管理中,我国的武器装备研制项目在五个阶段内,是以研制产品的迭代实施技术状态控制的。因此,武器装备研制工程管理中,承制方和使用方更关注的是产品在某阶段内的技术状态,只有在某阶段内完成了规定的功能和技术指标,才能进入下一个阶段(或状态)。

(二)战略武器装备与人造卫星研制

1. 战略装备研制阶段划分

战略武器装备研制项目一般划分为论证阶段、方案阶段、工程研制阶段和定型阶段。

2. 人造卫星研制阶段划分

人造卫星研制项目一般划分为论证阶段、方案阶段、初样研制阶段、正样研制阶段和使用改进阶段。

3. 阶段术语与工作差异

战略武器装备研制项目、人造卫星研制项目与常规武器装备研制项目的阶段名称,承制方之间常有混用和错用现象。造成初学者和军工企业的新人概念分不清、基础概念难以建立。例如,阶段标识与状态标识分不清、混用,造成主机研究所与主机之间、主机与辅机之间技术文件的要素、术语不协调,不一致,不规范;阶段术语用词不一样,内涵不一样,如常规武器装备研制项目的工程研制阶段的工程设计状态的初样机和样机制造状态的正样机与人造卫星研制项目初样和正样研制阶段混用等。这些问题都需要通过学习后,加以澄清或逐步更正,从而使武器装备研制项目的文件化管理真正做到无缝连接、规范化管理。

武器装备研制项目不同,其研制阶段的表示方法也不尽相同,管理的模式、方法差异较大,更重要的是装备研制中的质量要求完全不一样。因此,假如某承制方既有常规武器装备研制项目的任务,又有人造卫星研制项目的任务,那么,该承制方必须在《质量手册》的 7.3 条款中,明确两种管理模式并编制程序文件,即产品实现栏目中应分别明确或增加该单位的职能或能力。也就是说,该承制方既具有常规武器装备项目研制能力,又具有人造卫星项目的研制能力。在实际的技术管理中,是要严格区别的。

三、常规武器装备研制简述

(一) 研制程序概述

我国的武器装备研制项目管理,是分别按照《常规武器装备研制程序》、《战略武器装备研制程序》和《人造卫星研制程序》开展研制工作,并根据研制程序进行分阶段管理和决策。在每一个研制阶段结束前或重要节点,使用方和承制方按合同(或技术协议书)要求,根据国家有关军用标准开展审查工作,以确定该阶段的研制工作是否达到了合同(或技术协议书)要求。只有达到要求后方可进入下一研制阶段(或状态)。

在常规武器装备研制程序的工程研制阶段,型号研制(指主机承制方)的程序术语与设备研制(指辅机承制方)的程序术语稍有不同,原因在于型号研制的样机类型分为初步研制型、试制型、设计定型型、试生产型和生产定型型,分别在工程研制、设计定型、生产定型阶段产生;设备研制常规武器装备研制程序第十四条规定,“除飞机、舰船等大型武器装备平台外,一般进行初样机、正样机两轮研制”。然而,设备研制的样机类型 GJB 9001A《质量管理体系要求》3.12 条定义为原理样机、模型样机、初样机和正样机,分别在方案阶段、工程研制、设计定型阶段产生。由于型号研制和设备研制的研制过程、样机类型和具备定型状态时机略有不同,由此,特将型号研制和设备研制的程序分别进行描述。

(二) 型号研制程序及内容

(1) 在论证阶段,主机厂所完成总体技术方案论证后,编制并完成立项综合论证报告的一报工作,批复后再形成《××型研制总要求》的二报,在拟定的《××型研制总要求》的基础上,草拟完成型号系统规范,作为方案阶段的输入依据或与辅机单位签订技术协议书的依据。

（2）方案阶段的主要工作是根据经批准的《××型研制总要求》开展武器系统方案设计、关键技术攻关、系统原理试验，进一步完善系统规范，编制研制规范，并进行武器装备系统或分系统的研制与试验验证工作，形成研制方案论证报告，同时完成与配套厂家技术协议书的签订。

（3）工程研制阶段的主要工作是根据系统规范和研制规范进行初步研制型样机的设计、试制和试验工作并进行评定，编制初步的产品规范、工艺规范、材料规范和软件规范。根据配套厂家提供的具备设计定型状态的产品质量保证文件及检验规程，编制辅机产品的验收规程，验收配套厂家提交的具备设计定型状态的产品。

在试制型样机完成试制、试验验证工作后，配装具备设计定型状态的产品，经系统地面试验、系统空中试飞后，进入科研试飞状态，按试飞大纲要求，完成科研试飞项目，经评审进入设计定型状态。

在工程研制阶段，对主机装备而言，只有两种状态，即样机制造状态和装备科研试飞状态，但样机却是一种。实质上在工程研制阶段，样机的类型已经发生了较大的变化，已由试制型转变为具备设计定型型样机。样机在工程研制阶段，直接转入样机制造、试验、联试。地面鉴定试验结束，才能转入空中的科研试飞（也称调整），调整试飞结束后，飞机具备设计定型状态，才能转入设计定型试验试飞。

（4）设计定型阶段的主要工作是，科研试飞结束后，型号装备按大纲的要求，进行设计定型试飞，完成全部试飞科目并评审通过，才能进行设计定型会议审查，待批复后，设计定型工作结束。

（5）生产定型阶段的主要工作是通过武器装备的小批生产和部队试用，解决设计定型过程中的遗留问题，完善制造工艺，稳定产品质量，实现生产线的正常运转，并对产品批量生产条件进行全面考核，使其达到批量生产的标准。这一阶段应开发完整的生产工艺和足够的工艺装备，不断开展系统工程管理和技术状态管理，开展综合保障工作，使投入使用的武器系统具有充分的保障能力。型号研制的程序如图 2－1 所示。

（三）设备研制程序及内容

（1）在论证阶段，辅机承制方的主要工作：了解主机需求，做好型号主管部门和主机承制方的投标、竞标工作。

（2）在方案阶段辅机承制方的主要工作：与主机签订技术协议书后，完成技术方案的编制，原理样机、模型样机设计与验证工作，编制研制规范，草拟工艺总方案，编制各类大纲并进行评审。同时完成外协外包厂家技术协议书的签定工作。

（3）工程研制阶段的主要工作：根据研制规范的要求，进行初样机的工程设

型号研制	论证阶段	方案阶段	工程研制阶段		设计定型阶段			生产定型阶段			使用阶段
阶段代码	A	B	C		D			E			F
		方案论证	样机制造	装备科研试飞（调整）	定型试验试飞	设计定型会议审查	审批设计定型	小批试生产	生产定型会议审查	生产定型批复	
样机类型		初步研制型	试制型		设计定型型			试生产型	生产定型型		
状态标识	K	F	C	S	D			P			F

注：阶段代码按GJB 630A标识，样机类型按GJB 431标识。“产品状态”按GJB 726A 4.2条标识，状态标识为军工系统通用认可的字母。

图 2－1　型号(主机)研制阶段(状态)划分

计、试制和试验工作并进行评定，编制初步的产品规范、工艺规范、材料规范和软件规范。根据配套厂家提供的检验规程，编制辅机外协外包产品的验收规程，验收外协外包厂家提交的产品。

在初样机完成试制、试验验证、安全性等环境试验工作后，转入正样机状态，并完成各类试验大纲的编制，完善产品规范、工艺规范、材料规范和软件规范，根据外协外包厂家提供的检验规程，编制外协外包产品的验收规程；验收外协外包厂家提交的，具备设计鉴定状态的产品；经验证试验、鉴定试验、放飞评审，满足设计鉴定条件后，提交主机承制方参与科研试飞。

在工程研制阶段，对辅机产品而言，有两种状态研制，即工程设计状态(产品类型为初样机)和样机制造状态(产品类型为正样机)，每个状态的功能、技术指标和质量要求是不一样的。所以说转状态研制不一定要转阶段，其可能仍在该阶段内。2002 年《空军装备研制管理工作条例》第 49 条明确要求，研制过程中，按照合同规定组织各种技术审查或者参加承研单位主管部门组织的各种技术评审，结束工程设计转入样机制造前，组织空军有关单位进行技术审查，审查承研单位是否在分配基线的规范下，进行详细设计，以保证研制工作的风险减至最小。

(4) 设计定型阶段的主要工作是，随主机科研试飞结束后，进行设计定型试飞,完成全部试飞科目并评审通过,才能进行设计定型会议审查,待批复后,设计定型工作结束。

(5) 生产定型阶段的主要工作是通过武器装备的小批生产和部队试用,解决设计定型过程中的遗留问题,完善制造工艺,稳定产品质量,实现生产线的正常运转,并对产品批量生产条件进行全面考核,使其达到批量生产的标准。这一阶段应开发完整的生产工艺和足够的工艺装备,不断开展系统工程管理和技术状态管理,开展技术服务工作,使武器系统投入使用时具有充分的保障能力。设备研制的程序如图 2-2 所示。

设备研制	论证阶段	方案阶段	工程研制阶段		设计定型阶段			生产定型阶段			使用阶段
阶段代码	A	B	C		D			E			F
			工程设计	样机制造	定型试验	设计定型会议审查	审批设计定型	小批试生产	生产定型会议审查	生产定型批复	
样机类型		模型/原理样机	初样机	正样机	设计定型样机			生产定型样机			
状态标识	K	F	C	S	D			P			F

注:阶段代码按GJB 630A标识,样机类型按GJB 431标识。"产品状态"按GJB 726A 4.2条标识。状态标识为军工系统通用认可的字母。

图 2-2 设备(辅机)研制阶段(状态)划分

四、研制管理

(一) 研制管理形式

1. 承制方研制管理

1) 研制质量满足合同要求

承制方必须保证产品的设计及其制造工艺的质量,符合研制总要求(技术协议书)和合同的要求。研制总要求(技术协议书)和合同的要求,是开展研制工作及其质量管理的目标和依据,准确、全面的反映了使用单位的各种需求,包括产品的性能、寿命、可靠性、维修性、安全性，以及研制周期、费用和质量保证要求。当研制总要求（技术协议书）和合同确需更改时，供需双方必须进行充分论证、协商，按规定报经主管机关批准；技术协议书确需更改时，供需双方必须进行充分论证，与军事代表协商同意后，可以补充协议书的方式，完善技术协议书的内容。实施要求是：一是承制方和使用方应对研制总要求草案中的质量保证要求进行分析、确认。二是承制方应建立研制总要求（技术协议书）和合同评审的程序文件，以保证正确理解其所提要求。分析合同并予以确认：规定的要求是合适的；与投标不一致的要求已得到解决；具有满足合同所提要求的能力。三是分析结果要形成文件。四是承制方在进行分析活动时，应与军事代表交换意见，以保证双方在研制总要求（技术协议书）和合同所提要求的一致性，并明确接口关系。

2）分阶段控制

承制方应按《常规武器研制程序》的要求，结合产品的特点，在质量管理手册中明确划分产品的研制阶段，制定具体的研制程序和网络图，并严格组织实施。在每个阶段中设立质量控制点，分阶段进行控制，前一阶段（或状态）的工作没有达到要求，不能转入下一阶段。

3）分层控制

新技术、新器材的发展和应用，是提高产品质量的重要途径。按研制程序实施分层控制：一是积极支持新技术、新器材的发展和应用；二是严格控制新技术、新器材的采用和零、部、组件和新设备的试验程序。新技术、新器材必须经过充分论证、试验和鉴定，方可引入新产品设计。重要零、部、组件和新设备必须经检测、试验、鉴定合格后，方能装机进行整机试验。

承制方在型号研制过程中，必须做到四个防止：一是防止新技术、新器材未经预先研究、鉴定而在设计中采用；二是防止零、部、组件未经试验合格而装上整机（设备）试验；三是防止整机（设备）试验不合格而进入系统试验；四是防止分系统未经试验室试验合格或试验不充分而进行系统使用状态试验。

4）按产品层次控制

GJB 6117 规定，产品层次为系统、分系统、设备、组件、部件和零件。控制方法：一是制定并执行新产品研制程序，明确规定各产品层次各阶段研制内容和工作要求；二是按产品层次制定和实施分阶段质量控制办法，如通过评审、试验、检测、鉴定等手段，控制各阶段各状态产品质量；三是按研制程序控制新技术、新器材的采用；四是重要零、部、组件、设备、分系统的试验必须逐级进行。

2. 军方监督管理

1）监督管理概述

军方对武器装备研制的监督管理是反映在三个层面上：决策层、管理层和执行层。科研订货部以上领导及机关属决策层，科研订货部机关属管理层，军事代表局以下属执行层。决策层的作用是决定做什么、怎么做、按什么标准做、如何做。管理层的作用是代表国家、军队制定法规性文件，提要求，编制实施办法。执行层显然是军事代表，现场代表通过国家赐予的权利和法规、标准的手段及方法实施质量监督，即用“程序”来解决做到什么程度的问题，其主要反映在三个方面：

① 发挥执行层主导作用；

② 军事代表首先应是装备质量控制的工程师。否则，没有质量监督的资质，就不可能有话语权；

③ 军事代表的主导需要有四个方面的支撑，一是熟悉装备研制工程管理和质量控制；二是能发现产品的问题，提出解决问题的意见和建议；三是协助、参入承制方解决产品的问题；四是能对企业工程管理、质量控制的内容、方法进行交流，提出意见、建议。

2）质量监督职责

军事代表质量监督在《中国人民解放军驻厂军事代表工作条例》中规定履行下列职责：一是经授权，代表军队签订经济合同，履行经济合同规定的相应权利、义务和经济责任；二是对军工产品进行检验、验收，对生产过程进行质量监督，严格防止不合格产品交付部队使用；三是按国家有关规定参与新产品研制、老产品改进改型、产品转厂生产等有关工作；四是了解承制方与订货产品有关的经济活动，对产品提出订价意见，协商价格方案，办理货款结算事宜；五是加强军队与承制方之间的联系，及时向承制方反馈军品质量信息，会同承制方做好为部队技术服务工作；六是平时协助承制方做好动员生产线的图样资料、专用设备、工装模具的保管封存工作，战时协助承制方迅速组织恢复或者扩大生产，实现动员生产计划。

3）质量监督要点

（1）订货合同管理监督。

① 军事代表接到军队主管订货部门下达的航空武器装备及零备件年度订货计划和追加订货计划后，应抓紧与承制方协商，在规定的时限内签订订货合同，落实订货计划。

② 军厂双方应严格履行合同，军事代表应经常了解合同执行情况，确保按质、按量、按时交付产品，并按规定，及时上报合同完成和产品交付情况。

③ 军事代表和承制方接到上级下达的战时或专项紧急订货计划后，应立即签订合同，通力协作，迅速组织生产交付，坚决完成任务。

（2）研制过程的质量监督。

① 军事代表经授权，应依据研制总要求签订研制合同，合同中应明确规定军事代表参加合同管理的责任和权利，并向授权单位负责。厂际间配套产品型号研制合同（技术协议）时，双方军事代表应作为第三方参加，了解情况，提出意

见。合同(技术协议)及以后的修改补充部分均应及时提供双方军事代表。研制合同(技术协议)中必须有质量保证条款。

② 军事代表从工程研制阶段开始,按照国家有关规定,依据合同及上级指示,参与型号研制过程的质量保证工作,实施质量监督,其主要任务是:了解型号研制是否满足作战使用要求和战术技术指标;了解型号研制进展和研制质量情况;参加鉴定、定型试验;参加型号主要研制阶段的质量、技术评审,并提出意见;会同型号研制单位提出产品定型(鉴定)申请,并对定型(鉴定)文件签署意见。

③ 军事代表应认真审查承制方编制的型号研制质量保证大纲并会签。在研制过程中,军事代表应检查了解型号研制具体程序的制订和执行情况;适用标准的贯彻和标准化工作情况;技术状态管理制度的建立和执行情况;分级、分阶段的设计、工艺、产品质量评审制度的建立和执行情况。

④ 参加主要研制阶段的质量评审。设计评审:军事代表依据研制总要求或技术协议书、合同和有关标准、规范,参加分级分阶段的设计评审,对设计方案、技术关键、可靠性、维修性等重点问题提出评审意见。工艺评审:军事代表依据产品图样、设计文件、合同和有关标准、规范,参加工艺评审,对工艺总方案、生产说明书等指令性工艺文件,以及关键件、重要件、关键工序的工艺规程、特种工艺文件等是否满足设计要求,提出评审意见。产品质量评审:军事代表依据设计文件、工艺文件、合同和质量保证大纲,参加对产品质量和质量管理情况的评审,对产品能否提交分系统、系统试验,提出评审意见。

⑤ 军事代表应参加承制方对新产品试制前的准备工作质量和大型、重要试验前的准备状态的检查评审,督促承制方处理检查中发现的问题。

⑥ 参加鉴定、定型试验。军事代表应参加型号研制项目采用的新技术、新工艺、新器材的鉴定;凡验证设计计算和保证工艺质量、保证主要系统功能和解决设计技术关键所必需的验证性试验,承制方应向军事代表提供试验计划、试验任务书和试验大纲,军事代表应了解掌握试验情况,参加重要试验的结论分析;凡考核各项设计指标需进行的鉴定性试验,承制方提出的试验项目,编制的试验任务书和试验大纲,应经军事代表会签,军事代表应参加试验现场监督,并会签试验结论;由国家考核的各项定型试验,承制方编制的试验大纲应经军事代表会签,其中试飞、试车大纲应上报审批。凡在承研单位进行的定型试验,军事代表应参加试验现场监督,并会签试验结论报告;凡在专门承试单位进行的定型试验,军事代表应了解掌握试验情况,参加试验结论讨论;承试单位应向军事代表提供必要的现场试验记录等试验资料并签署,试验报告应抄送军事代表。

⑦ 为保证新产品的正常使用,设计定型前承制方应当编制随机技术文件、工具、备件、设备的目录,经军事代表审查会签后上报批准。

⑧ 军事代表应按照军工产品定型工作规定,全面检查设计定型准备情况,

确认符合设计定型标准和要求后，会同承制方提出设计定型申请，并按规定参加设计定型工作。

⑨ 未经设计定型(或鉴定)的产品，除因特殊需要经批准外，一律不得投入批量生产。随提交设计定型批带出的少量产品，若研制合同中规定定型后要交付部队使用的，军事代表应按提交设计定型的图样、产品规范进行预先检查，并在检查记录上签字，但不签署合格证明文件，待批准设计定型后，再补办验收签字手续。交付部队的产品必须符合设计定型状态。

⑩ 军事代表应按照军工产品定型工作规定，参加对产品试生产批产品和生产条件的审查，确认符合生产定型标准和要求后，会同承制方提出生产定型申请，并按规定参加生产定型工作。

⑪ 在型号研制过程中，承制方应及时向军事代表通报研制工作情况，提供有关资料。产品设计定型(或鉴定)后，承制方应向军事代表提供全套完整的产品图样、产品规范和其他有关的设计定型文件。生产定型后，承制方应向军事代表提供有关定型文件和生产定型前修改补充的技术资料。

(3) 成品的检验验收。

① 军事代表必须对承制方提交的成品进行检验验收。对产品的规格、性能、可靠性、配套完整性等作出最终判定，确认合格后，才能予以接收。对于不符合合同规定、配套不全的产品，应拒绝验收。未经军事代表验收的成品不得出厂或交付部队使用。

② 军事代表对成品的检验验收范围一般包括：交付使用的航空武器装备；单独订货的航空零备件；为外厂航空军工产品配套的成品件；送厂修理和退厂返修的产品；委托代验的产品。

③ 军事代表对成品的检验工作应当符合下列要求：在承制方检验合格提交后，独立进行检验，不宜重复进行检验的项目，可与承制方联合进行检验。按照产品定型时批准的图样、产品规范、试验规程、标准样件(标准实样)等技术标准和合同规定进行检验；按照产品规范或技术文件规定进行定期(定批)例行试验、可靠性验收试验。

④ 成品检验验收包括日常检验验收、例行试验和(或)可靠性验收试验等。成品的日常检验验收，通常分为全数检验验收和抽样检验验收，由军事代表根据产品类别、技术要求、批量大小、质量状况等具体情况确定。

(4) 生产过程的产品质量监督。

① 军事代表对生产过程的产品质量监督的范围，包括对零部件质量和与零部件质量直接有关的生产条件的监督检查。

② 军事代表对生产过程的产品质量监督重点：产品技术标准；关键件(特性)、重要件(特性)和关键工序；重要原材料、元器件、毛坯、外购成品及外协件；

特种工艺、特种检验、重要项目的理化测试和试验等工艺过程;工装、设备、计量器具的质量状况及生产环境、秩序;关键工序、特种检验操作者的上岗资格。

③ 军事代表实施生产过程的产品质量监督的基本方式:控制技术状态更改和审签技术资料,固定项目提交检验,机动检查和了解质量动态。

(5) 质量管理体系管理监督。

① 军事代表对质量管理体系监督,应以国家有关军工产品质量管理体系要求为依据,以促进承制方建立健全质量管理体系及其正常有效地运转为重点,有计划、有重点地开展监督检查活动,协助承制方不断提高质量保证能力,确保武器装备的质量。

② 军事代表应督促承制方编制和修订各类质量保证文件;承制方编制的质量手册及程序文件应征求军事代表意见;产品质量保证大纲和其他重要的质量保证文件应经军事代表会签。

③ 军事代表应帮助承制方按照《质量管理体系要求》,进行自检、审核取证和复查活动,对承制方审核遗留问题的解决和体系各部门、各环节运行情况进行监督检查,及时发现管理工作中的薄弱环节,帮助承制方采取纠正措施,保持和提高质量保证能力,使体系正常有效地运转。

④ 军事代表应了解承制方质量保证组织机构设置和实施分级管理的情况,支持其充分发挥质量职能;协助承制方质量审核部门,按照《质量手册》和程序文件的要求,对承制方的质量管理和测试、检验、计量、理化、标准化、外购器材、外场服务等机构的工作质量进行检查;对承制方产品检验工作质量进行复核性检验;对质量管理问题较多的业务技术部门和单位,实施重点检查和监督。

⑤ 军事代表应对承制方有关部门、车间质量责任制的建立、执行情况进行检查和了解。承制方从事不合格品审理人员的资格,须经总军事代表确认。

⑥ 军事代表应有重点地对承制方贯彻执行质量管理法规文件和各项制度的情况进行检查,针对发现的问题,帮助承制方改进管理工作,修订完善质量管理文件和制度,同时,应了解承制方制定的年度质量计划并协助贯彻落实。

⑦ 军事代表应督促并协助承制方建立质量和可靠性信息中心,制订信息管理办法;检查了解各种质量记录的系统性、完整性、正确性、可追溯性和实行闭环管理的状况。军厂双方应及时交流信息,共享共用,促进工作。

⑧ 军事代表对承制方质量管理工作的监督检查,一般有定期审核、日常监督、随机校正三种方式。可以和承制方联合组织进行,也可以单独组织进行。通过参加承制方组织的质量管理活动、参加质量审核、进行专项调研评价和从产品质量问题追溯质量管理工作问题等方法开展。

⑨ 军事代表应把对生产过程质量管理工作的监督检查结果、评价意见及改进建议,以书面形式向承制方有关部门或承制方领导提出;承制方应认真研究军

事代表的意见，制定纠正措施并通知军事代表；军事代表应对措施的落实情况进行复查；对于严重影响正常生产和产品质量的重大质量管理问题，军事代表应要求承制方迅速采取有效措施加以解决；必要时，经总军事代表同意，可暂停产品的验收工作并建议承制方进行整顿。

⑩ 为便于军事代表开展质量管理工作的监督，承制方应通知军事代表参加有关会议，并提供有关质量管理和质量保证文件等资料。

（6）技术服务。

① 军事代表应会同承制方为部队做好技术服务工作，及时解决产品在使用中出现的问题，不断改进和提高产品质量。

② 军事代表应督促承制方设立技术服务工作的专门机构或指定专职人员负责技术服务工作，并结合实际制定技术服务工作的细则。

③ 新产品首次交付部队使用前，军事代表应根据上级指示和合同规定与承制方商定对部队使用、维修人员的技术培训计划，确定培训内容、方式、地点与培训质量考核办法，协助承制方组织实施。

④ 新产品首次交付部队后，由军事代表配合承制方组成以主机厂为主的现场技术服务组，负责提供技术援助，解决产品质量问题，指导部队全面掌握使用、维修技术，协助部队研究处理使用中发生的问题，确保新产品的有效使用；军事代表要督促承制方加强对现场技术服务工作的领导，定期检查服务质量，及时解决技术服务工作中的问题。

⑤ 部队和修理承制方需要向承制方临时求援军用器材、工具设备和技术资料，联系修理产品、委托科研试验等事宜时，应通过军事代表与承制方协商办理。承制方向使用部队提供的器材，按规定应经军事代表检查验收的，必须有军事代表签署的合格证明文件。

⑥ 军事代表应督促承制方制定产品使用质量信息收集、处理和使用的管理办法，协助承制方建立与部队的信息网络，建立故障报告分析制度和采取纠正措施制度。军事代表应收集产品质量可靠性信息，建立产品在部队使用的主要技术质量档案，及时向承制方反馈质量信息并提出改进质量的建议。

⑦ 军事代表应会同承制方组织质量外访或召开用户座谈会，调查使用情况，征求使用意见，处理质量问题。

⑧ 在战时或特殊紧急情况下，军事代表应按上级要求全力协助承制方做好技术服务工作，组成必要的抢修小组，确保部队的武器装备迅速恢复良好。

（7）成本监督。

① 为经济地研制、生产武器装备，军厂双方都应严格执行国家的成本价格政策和审批程序。产品定价和调价时，承制方要向军事代表提供成本核算资料和报价依据。军事代表应根据国家制订的财务、成本、价格政策法规，对承制方

报价资料及时进行认真分析、仔细查对并提出具体意见。

② 军事代表应了解承制方型号研制费预算的编制情况和配套产品协议价格，并提出意见；根据研制合同，对承制方研制各阶段经费实际使用情况进行定期了解分析，并按合同规定办理付款手续；对承制方编制的型号研制费年度决算和项目总决算报告进行审查。

③ 订货产品的货款结算，必须在产品经军事代表检查验收、签发合格证明文件后进行，军事代表对承制方出具的结算单据和凭证认真审查并确认无误后，方可按有关规定办理货款结算手续。

④ 军事代表可参与承制方与订货产品有关的经济活动，了解承制方的经营管理情况，协助承制方开展质量成本管理，收集和积累成本、价格资料。承制方应向军事代表及时提供与订价产品有关的资料。

（二）计划合同管理要求

1. 概述

武器装备研制工程计划合同管理工作是武器装备研制工作的重要组成部分，是武器装备全系统、全寿命管理的关键环节，是完善武器装备体系，提高武器装备水平，增强部队战斗力的重要保证。

2. 计划合同管理要求

（1）武器装备的研制，应以国务院、中央军委批准的武器装备研制中长期计划或计划程序批准的项目为依据，实行国家指令性计划下的合同制。

（2）计划管理与合同管理应协调。武器装备研制中长期计划和按计划程序批准的项目是订立研制合同的依据。经审批的研制合同是制定武器装备研制年度计划、国防科研经费拨款计划的基础。

（3）武器装备研制合同的订立和管理应遵循《武器装备研制合同暂行办法》、《武器装备研制合同暂行办法实施细则》和《国防科研项目的计价管理办法》的规定。

（4）只有根据《武器装备研制单位资格审查暂行办法》取得“武器装备研制许可证”的单位方可承担武器装备研制任务，参加合同的投标。合同的招标和投标应遵循《武器装备研制项目招标管理办法》的规定。合同的审批和备案应遵循《武器装备研制合同审批备案实施办法》的规定。

（5）常规武器装备、战略武器装备和人造卫星的研制，应分别按照《常规武器装备研制程序》、《战略武器装备研制程序》和《人造卫星研制程序》开展研制工作，并根据研制程序进行分阶段管理和决策。在每一研制阶段结束前或重要节点，使用方和承制方应按合同或技术协议书，根据有关国家军用标准开展审查工作，以确定该阶段的研制工作是否达到了合同的要求。只有达到要求后方可进入下一研制阶段。

(6) 武器装备研制经费应按合同规定的研制进度和相应的投资强度进行拨款，研制经费的核算应遵循国家财务会计制度以及国防科研费核算管理的有关规定。为支持和保证研制条件需要由国家投资安排的基本建设投资或技术改造经费，由承制方研制主管部门(有关工业部、工业总公司、科学院等)报国家主管部门解决。

(三) 质量成本管理

质量成本属于"管理性成本"范畴，承制方应当定期对质量成本进行核算与分析，控制和降低故障损失，提高经济效益。

1. 设立科目

承制方必须设立质量成本科目。质量成本包括质量鉴定费用、预防费用和内部、外部故障损失费用。质量对承制方的经济效益的影响至关重要。质量成本是用以揭示质量与成本之间内在联系的一种手段，它可以衡量质量管理体系在提高本单位经济效益中所发挥的作用，并为本单位经营决策提供依据。

承制方要根据《武器装备价格管理办法》及合同要求，设立质量成本科目，以发现技术上、管理上的薄弱环节，减少故障损失，经济的满足用户要求。

鉴于新产品研制的复杂性和特殊性，质量成本工作可结合本单位的具体情况，从记载、分析质量花费入手，逐步建立质量成本科目。

2. 核算与分析

1) 概述

记录和收集与质量有关的各种费用，主要是向各级领导提供信息，针对质量问题作出正确决策。所以，承制方应定期对质量成本进行核算和分析，揭示质量上的薄弱环节和提出需要采取的纠正措施，以降低故障损失，提高经济效益。

虽然质量成本属于"管理性成本"范畴，但从实践说明，当前单纯依靠统计核算，不仅不能巩固持久，而且在一定程度上缺乏准确性。需要规定以会计核算和统计核算相结合的方法，进行质量成本核算，并逐步向以会计核算为主过渡，以达到程序化，制度化。

2) 核算方法

承制方应采用会计核算与统计核算相结合的质量成本核算方法，具体方法见附表。(方法见 GJB/Z 4 附录 A)

3) 核算对象类别

承制方必须根据管理需要，确定适当的核算对象类别。供选用的核算对象类别如下：

a 类：产品，产品系列，零部件；

b 类：部门，车间，分厂(或厂)；

c 类：缺陷类型，缺陷原因。

4）核算期

承制方可以根据实际情况以月或季为周期进行核算，也可以根据分析的需要，确定其他核算期。

3. 分工及职责

承制方必须建立由质量部门、财务部门及其他有关部门组成的质量管理体系。该体系由承制方主管质量的行政领导（或总质量师）和总会计师共同分工负责，并在行政正职领导下行使职权。各个部门的职能如下。

1）质量部门职能

（1）组织开展质量成本管理工作；

（2）组织制定质量成本管理制度；

（3）向编制质量成本计划的部门提供质量成本计划草案；

（4）组织实施质量成本计划，并对计划外质量费用控制管理；

（5）协调质量成本管理活动，仲裁质量缺陷责任；

（6）制定报告传递、反馈程序，提出质量成本综合分析报告，跟踪其处理结果。

2）财务部门职能

（1）编制质量成本计划，或向编制质量成本计划及其草案的编制部门，提供有关资料并参与编制质量成本计划；

（2）会同质量部门制定质量成本管理制度，提出质量成本核算办法；

（3）组织收集、核算、汇总质量成本数据；

（4）定期向计划部门提供质量成本报表及其他经济效果考核资料；

（5）定期或不定期向有关领导和主管部门提供质量成本经济分析报告。

3）计划部门职能

（1）组织编制或编制质量成本计划（一般编制成本由计划部门编制）；

（2）下达质量成本计划指标和考核完成情况。

4）其他部门职能

（1）执行质量成本计划，提出落实措施；

（2）组织本部门质量成本核算和分析；

（3）向财务部门和质量部门提交有关的质量成本报表和分析报告。

4. 实施程序

1）建立质量成本管理体系

按第3条质量成本管理的分工及职责，建立质量成本管理体系。

2）建立质量成本管理制度

（1）明确各有关部门职能和领导职责；

（2）确定预防费用、鉴定费用、内部损失和外部损失等四个质量成本项目，并规定质量成本的明细项目及其开支范围；

(3) 制定核算程序及办法；

(4) 明确分析报告，传递和反馈程序、内容和格式；

(5) 制定考核办法。

3) 质量成本管理工作准备

(1) 组织质量成本管理知识的宣传教育和业务培训；

(2) 收集和分析历史资料。

4) 编制质量成本计划

(1) 根据企业年度生产计划、产品质量水平和质量改进措施，编制质量成本计划；

(2) 按照质量成本计划组织实施，对质量成本进行控制管理。

5) 改进与控制

(1) 对质量成本分析报告中提出的关键问题进行诊断；

(2) 根据产品质量水平和诊断意见，提出质量改进措施；

(3) 实施和评价质量改进措施；

(4) 总结本期工作，转入下一周期质量成本计划的编制。

6) 资料积累

承制方应当利用质量成本分析资料，完善质量管理体系。分析资料要能从经济上反映产品质量在其形成过程中，是否处于受控状态，质量管理的效能如何，哪里是薄弱环节等。应充分利用质量成本分析资料，将其作为加强质量控制、完善质量管理体系的一个要素，正确规定下一阶段改进质量、降低成本的新目标。

(四) 定型工作要求

1. 定型要求综述

军工产品定型是指国家军工产品定型机构按照《军工产品定型工作规定》的权限和程序，对军工产品进行考核，确认其达到研制总要求和规定标准的活动；军工产品鉴定是指由定委组织或经定委授权，由总部分管有关装备的部门、军兵种装备部或承研承制方，参照《军工产品定型工作规定》，对军工产品组织实施试验考核，确认其达到规定的标准和要求，并办理审批手续的活动。军工产品定型工作的依据是《军工产品定型工作规定》和一级定委制定的工作规定。

定型(鉴定)准备工作是指在设计定型或生产定型审查会之前，承制方设计定型阶段或生产定型阶段工作完成后，一级或二级产品按《军工产品定型工作规定》，三级及以下产品按《空军三级航空产品鉴定工作实施细则》的程序和要求，所做的产品试验结果检查、文件资料准备等工作。

军工产品定型包括设计定型和生产定型。

2. 定型原则

军工产品定型应遵守以下原则：

（1）军工产品先进行设计定型，后进行生产定型；

（2）生产量很小且关键工艺、生产条件与设计定型试验样品相同的军工产品，可以只进行设计定型；

（3）只进行设计定型或设计定型后短期内不能进行生产定型的军工产品，在设计定型时，应对承研承制方的关键性生产工艺进行考核，并在设计定型后进行部队试用；

（4）军工产品设计定型时，涉及到战术技术指标调整的，应按照规定的权限审批后方可重新申请办理定型；

（5）按照引进图样、资料制造的军工产品，可以只进行生产定型；

（6）军工产品应配套齐全，凡能够独立进行考核的分系统、配套设备、部件、器件、原材料、软件，应在军工产品定型前进行定型或鉴定；

（7）拟正式装备军队的技术简单的军工产品，经改进、改型、技术革新后未改变原有主要战术技术性能和结构的装备，以及一般装备研制项目的配套设备、配套软件及相关部件、器件、原材料等军工产品，可以鉴定方式考核；

（8）由国外购买（引进）的产品配套于国内已定型军工产品使用时，凡影响主产品基本性能的，在正式列装前应组织试验和鉴定。

3. 定型权限

1）设计定型工作权限

设计定型工作的组织实施和审批权限，按《军工产品定型程序和要求》执行。二级定型委员会应了解和分析研制试验情况，对达到设计定型试验要求的科研试验项目，可予以承认，在设计定型试验中不再进行。

2）生产定型工作权限

生产定型工作的组织实施和审批权限，按《军工产品定型程序和要求》执行。生产批量很小的产品，可不进行生产定型，由研制主管部门会同使用部门组织生产鉴定。

4. 定型试验要求

1）试验要求综述

申请定型的装备必须按设计定型试验和生产定型试验的项目进行试验，并达到规定的指标和要求。进行定型试验的人员必须掌握被试产品的性能。飞行试验必须由熟悉被试产品操作方法，并经考核合格的人员承担。定型试验由地面试验和飞行试验组成，按先地面试验后飞行试验的顺序进行，只有地面试验合格的产品才能允许飞行试验。飞行试验必须在拟定的配套机型上进行。经允许，也可以在使用部门和研制单位商定的机型上实施。试验中所有测量仪器、仪表的误差应小于产品被测性能参数允许误差的1/3。

如对于辅机产品首先是完成地面的电磁兼容鉴定试验、环境鉴定试验、可靠性鉴定试验和分系统的地面联试联调试验,试验合格通过并符合技术协议书要求即具备设计定型会议审查条件后,产品交付主机,同主机进行地面联试、空中试验和定型试验。

2）设计定型试验要求

（1）定型试验目的。设计定型试验是在实用或模拟实用条件下对定型样机的性能进行全面的定量考核,鉴定其设计是否达到了规定的战术技术指标和使用要求。

（2）试验项目一般包括:

① 电磁兼容鉴定试验;

② 电源特性试验;

③ 环境鉴定试验;

④ 可靠性鉴定试验;

⑤ 交联试验;

⑥ 装机试验;

⑦ 飞行试验。

（3）签署产品规范。环境试验开始前一个月,研制单位应将技术负责人签署批准的产品规范送交驻厂(地区)军事代表室,由总代表签署同意。

（4）样机技术状态。

定型样机的技术状态包括:

① 在正常环境条件下的技术性能指标;

② 指示(显示)方式、声响判别方式和操作使用方式;

③ 产品组成和在飞机上的安装位置及安装状态;

④ 与机上其他设备的交联接口关系。

（5）定型样机的一致性。定型样机一般不得少于三部,技术状态必须一致。

（6）定型样机必须具备:

① 批准的战术技术指标;

② 审定的技术状态;

③ 与交联设备接口关系已经明确并达到要求;

④ 与地面设备配套使用的产品,系统战术技术性能指标已经确定,被试产品战术技术性能指标已经明确;

⑤ 关键性质量问题基本解决,完成了地面试验和飞行试验,并达到了要求的战术技术性能指标,有各种试验报告;

⑥ 整机专用检测设备和专用工具已鉴定。

3）生产定型试验要求

（1）定型试验。生产定型试验是产品成批生产前对小批试生产的产品进行试验，鉴定其性能是否符合设计要求。

（2）定型试验项目包括：

① 环境试验；

② 在研制总要求或技术协议书中有可靠性指标的成熟期目标值（正确提法是目标值）要求的，应做可靠性验收试验；

③ 部队试用试验；

④ 对于批量生产工艺与设计定型试验样品工艺有较大变化，并可能影响产品主要战术技术性能的，应进行生产定型试验；

⑤ 对于产品在部队试用中暴露出影响使用的技术、质量问题的，经改进后应进行生产定型试验；

⑥ 根据试用情况和产品质量状况所确定的飞行试验。

4）地面试验实施

环境鉴定试验、可靠性鉴定试验由承试或承研单位按大纲要求，在军事代表的监督下实施，定型试验结束后，由总工程师和总军事代表共同签署试验报告。当试验设备不具备时，可委托具有试验条件的单位进行试验并提出报告。

交联试验由主机承制方会同有关抓总单位组织实施，根据产品的战术技术性能指标和有关技术协议对产品是否满足系统和飞机配套要求作出报告。军事代表及相关主要设备厂所军事代表监督试验工作。

装机试验由主机承制方组织实施并提出报告。军事代表及相关主要设备厂所军事代表监督试验工作。

5）飞行试验实施

试验由专门的试验场（技术鉴定单位）按有关标准和批准的大纲组织实施并提出鉴定报告。对于使用部门确定由部队进行飞行试验的产品，必须有技术鉴定单位参加鉴定，按有关标准和批准的大纲进行试验，试验单位会同技术鉴定单位负责提出鉴定报告。

年度试验计划由主管工业部门于前一年 10 月底前提请试验场主管单位和使用部门安排，并送航定委备案。

试验大纲由技术鉴定单位依据产品的战术技术性能指标和定型样机的技术状态，参考研制单位的试验情况拟制，报航定委审批后实施。

试验开始前两个月，研制单位应向航定委及技术鉴定单位提供由总工程师签署的产品规范、科研试飞结果和定型样机环境鉴定试验、可靠性鉴定试验报告以及图实一致的产品电原理图、技术说明书（初稿），生产定型试验应向技术鉴定单位提供经设计定型批准的有关技术文件和必要的图样资料和试验报告。

6）部队试用

部队试用是考验试生产的产品及专业检测设备和工具，在实用条件下是否满足战术技术性能指标和试用要求。

部队试用由使用部门指定的部队承担，按使用部门下达的试用大纲和产品的战术技术性能指标及维护使用要求进行。

试用产品由驻厂所军事代表从检验验收合格的产品中选取，数量一般为3部~10部。具体数量由使用部门和生产部门商定。每部产品试用期一般为0.5年~1年，空中工作时间不得小于100h。试用结束后，试用部队要及时提供试用报告。

7）试验结论和试验资料

每项试验结束后，试验单位或技术鉴定单位要向航定委提出试验报告，并对其负责，同时抄送有关单位。试验报告内容包括：

（1）测试数据；

（2）鉴定结论；

（3）产品发生故障的原因和采取的措施；

（4）飞行员评语、机务人员使用维护意见；

（5）存在问题和改进建议等。

环境鉴定试验、交联试验、装机试验，可用同一技术状态的产品分别进行。飞行试验可取同一技术状态的多部产品分项目试验所取得的数据作为结论依据（具体试验项目的分配，待所有被试产品调试合格后，由技术鉴定单位选定）。

研制单位必须提供定型样机可靠性设计报告和整机可靠性测定试验报告。根据以上报告和定型样机在地面试验和飞行试验中的故障统计，对设计定型样机的可靠性指标作出初步结论。

生产定型时，研制生产单位必须提供小批试生产产品整机可靠性验收试验报告。根据整机可靠性验收试验结果和产品在部队试用时的故障统计，对生产定型产品的可靠性指标作出鉴定结论。

第二节　研制工程管理发展

一、研制工程的发展

60多年来，我国武器装备研制工程的建设发展大致经历了四个阶段，每个阶段既代表了我国武器装备研制工程的建设发展，也为我国武器装备留下了建设发展的轨迹。每个阶段的建设发展，都有每个阶段的武器装备建设发展的质量要求。武器装备建设的能力提升了，武器装备建设发展的质量要求就前进了一步，事实说明，武器装备建设发展的技术水平越高，与之对应的质量要求就会越高。武器装备建设发展过程与过程质量要求的对应关系见表2-2。

表2-2　装备发展与质量要求的对应表

	20世纪50年代初	20世纪50年代末	20世纪80年代中期	20世纪90年代中期
武器装备建设发展过程	引进修理	测绘仿制	自主研制	跨越发展
过程质量要求	符合型	适用型	满意型	卓越型

（一）装备引进修理

在我国国防工业建设初期，我们的军工企业只有简单的轻武器生产和修理能力。对当时部队使用的武器装备，仅仅借助国外专家的指导，依据与装备同时引进的维护手册和修理工艺以及制造技术条件、试验技术条件等，完全按照国外维护、修理的方式方法进行维护、修理工作，处于一种符合型质量保证的模式。

（二）装备测绘仿制

从第一个五年计划开始，在苏联援助下进行重点建设，建立了我国国防工业的基础，并学习苏联模式，建立了一套严格的质量检验制度，在厂长直接领导下设置强有力的检验机构。检验人员从原材料进厂、投料、加工、装配到成品出厂，根据设计图样和工艺文件的要求，进行一系列的检测和试验，经验证合格后，再提交军事代表检查验收。即从产品的形成过程到最终产品的检验验收，完全是依照苏联武器装备的制造生产、试验和检验方式进行质量保证的，这样的方式是一种适用型质量把关模式。这样一套检验制度，在当时以测绘仿制后的小批生产为主的情况下，对保证产品质量起到了极其重要的作用。

（三）装备自主研制

谈到自主式研制，我国军工产品研制的教训和经验参半。从2009年12月的一份《环球时报》可以看出，20世纪80年代中期，美国政府为了拉中抗苏开放技术，主动与中国搞战机交易。我们知道，美国对华军用技术出口管制政策几十年来始终是非常严格的。不久前，在美国总统奥巴马访华期间，中国要求美方放松高技术管制，美方则表示正对现行管制政策进行重新评估。而在20多年前，为对付共同的威胁，中美两国曾有一项有关武器交易的“和平典范”计划，该计划当时是突破“巴黎统筹委员会”（即“输出管制统筹委员会”，1994年解散）限制的一个典型案例，也是中美曾经走过的一段蜜月期的见证。

对抗苏联，美国主动提出“和平典范”计划。20世纪70年代，受苏联扩张主义的威胁，中美出于各自的利益考虑，走到了一起，1979年两国正式建交，开始了长达10年的“蜜月期”。当时，苏联在远东部署大量米格-25MR高速战斗机和图-22M3型轰炸机，作战半径甚至能涵盖到中国四川、湖北等腹地，对中国安全构成严重威胁。而中国此时只有新推出的歼－8Ⅱ战斗机能在速度上与之抗衡，但落后的制导系统使其拦截效能大打折扣。

1987年，美国总统里根正式宣布执行“和平典范”（“peace pearl”，又译“和平珍珠”）计划。美国习惯将对外战斗机方面的合作和交易以“peace”命名，据说为满足中国需求，所以要选择一个与中国人民空军英文名称打头字母一样的单词，结果计算机随机抽取了“pearl”。这是中美建交以来最大的一次武器交易。里根解释说，实施该项目的理由是“中国人民解放军需要一种新型战斗机布置在中苏边境，以抵御苏联轰炸机对其领空的侵犯”。当然，美国乐意看到中苏对抗。

根据五角大楼对外公布的资料，“和平典范”计划主要是向中方提供50套机载雷达火控系统和5套备份。实际上，整个“和平典范”计划绝不是几十套雷达那么简单，为吸引中国的目光，美国还热情地提出对歼－8Ⅱ飞机的外形修改建议，甚至不惜出售尖端的F404发动机（它是美国海军F/A－18战斗轰炸机的标准动力装置）。

如果“和平典范”计划完全落实，歼－8Ⅱ战斗机将能同时携带4t弹药作战，不仅能挂载美制AGM－65“小牛”空地导弹，必要的话还可挂载美制AGM－84/“鱼叉”反舰导弹，对入侵的苏联舰队展开攻击。当然，改进后的歼－8Ⅱ战斗机最重要的价值体现在能发射美制AIM－7M“麻雀”中程空空导弹，可在视线外拦截苏联轰炸机，这正是中国空军所需要的。

交易中不忘暗中牵制。1987年，中方正式将两架歼－8Ⅱ战斗机和一架实体模型运抵美国格鲁门公司的比斯派格承制方。1988年，双方完成了飞机航空电子系统的安装与测试。首架装有美制雷达的歼－8Ⅱ于1988年首飞成功，随后飞抵爱德华兹空军基地进行全面试飞。在此次试飞中，美方甚至动用爱德华兹基地“空军飞行试验中心”的第6510中队，美方试飞项目主管是有5700飞行小时经验的资深试飞员，曾撰写美军飞行学校教材。与此同时，中方约20名技术人员前往格鲁门公司承制方——代顿空军基地进行培训学习。

当然，华盛顿对北京的慷慨从来都不是绝对的，他们在最关键的雷达系统上做了一定的“手脚”。在“和平典范”计划中，美国官方把握着这样的尺度：既要提高中国战斗机的全天候作战和拦截低空目标能力，又要防止中国完全吃透美国技术。美国卖给中国的编号为“PRcF－8Ⅱ”的AN/APG－66雷达，性能几乎与出口巴基斯坦的F－16A/B战斗机的机载雷达持平。

即便如此，到1989年完成第一阶段试飞时，经改进的歼－8Ⅱ仍然让中国军人感到振奋，毕竟它的性能基本满足了对抗苏联高速轰炸机和战斗机的需求。

东欧剧变后，美国单方面粗暴中止合作。事实上。中国并不满足于提高飞机雷达性能，这不足以整体提升中国航空工业水平。随着戈尔巴乔夫上台，他所倡导的“新思维”运动也悄悄改变着僵化的苏联外交，莫斯科希望与北京恢复军事往来，并不惜出让尖端的航空技术。就在美国帮助改装歼－8Ⅱ的同时，苏联也积极向中国推销全新的米格－29战斗机及其使用的RD－33涡轮风扇发动机。

与处心积虑的美国人相比，苏联在提供先进技术和装备方面要开放得多。作为昔日的“战友”，苏联非常了解中国的需要。中苏有关RD－33发动机的谈判一开始就以开诚布公的态度进行，苏联欢迎中方单独采购RD－33发动机或引进许可证在中国生产。这是当时第一个不附带任何政治条件，愿意无条件向中国出售先进航空动力系统的国家。

就在同一时期，随着东欧剧变和中国1989年政治风波的发生，自以为打赢冷战的美国粗暴地单方面中止“和平典范”计划，并对中国实施全面军事禁运。这使中国再次感受到“背信弃义”的滋味。美国格鲁门公司向中国政府表示，虽然美国政府正在实施对华制裁，但他们愿意继续进行这个项目，但条件是中方须增加2亿~3亿美元投资，理由是需要改进的地方过多，超出原来的预算。在这种情况下，中国政府果断终止该项目，而早先运送到美国的两架歼－8Ⅱ原型机和实验用1:1模型直到1992年才回到中国。

“和平典范”计划虽然最终夭折，但影响是深远的。虽然西方军事观察家认为中国花费大笔资金却一无所获，但此项目工程对中国航空事业的发展却具有决定性意义。“和平典范”虽没有直接成果，但进一步明确了中国战斗机技术追赶世界一流水平的方向和道路。

与此同时，中国技术人员切实学习到了美方设备和军企人员的先进技术，更重要的是深刻体验了西方航空技术的整体性、可发展性和前瞻性。在中美合作取消后不久，歼－8Ⅱ改进型的指标已远超出“和平典范”水平，发展出歼－8ⅡM等若干改进型。可以说，“和平典范”是中国战斗机发展中的重要转折点。此后，中国战斗机设计完全以西方标准贯穿始终，从而真正向自行研制第三代歼－10战斗机这一目标发起了冲击。

1991年的第一次海湾战争给我国军队很大的震撼，使我军必须面对现实，那就是“资讯时代的现代化军队”，必须是高科技的军队，不然就会远远地落伍。

（四）装备跨越发展

为适应未来军事斗争需要，加快我军武器装备现代化建设进程，空军重点航空武器装备研制生产工作已全面展开。根据中央军委、总部的有关指示要求，为在保证质量的前提下，加快研制生产进度，确保实现重点武器装备的研制生产计划，在坚持现行研制生产法规和制度的基础上，针对重点武器装备研制生产的特殊情况，采取了一系列加强重点武器装备研制生产的管理措施和针对重点型号的实施办法,有利地推动了重点武器装备的建设发展。如:抓好提前投产决策,合理确定交付状态,科学组织试验试飞,积极促进综合保障工作,重视配套成品同步研制管理,加快定型(鉴定)工作,提前开展审价定价工作,及时签订订货合同等许多切实可行的措施,使我国的国防实力跨上大台阶,向攻防兼备型的国防目标前进了一大步。在短短的15年内,航空武器装备的建设取得了长足地发展,歼-10飞机、空警-2000、空警-200和轰-6导弹机先后设计定型,交付部队使用。

我国导弹技术的一枝独秀,给外国的科学家们留下了深刻印象。2007年1月11日,一枚中国导弹以超过4mile/s的速度击中一颗卫星。此外,中国已将"遥感-11"作为其首个军事专用卫星发射升空,该卫星可引导其导弹追踪目标。

尤其值得庆贺的是2011年1月,我国自主研制隐形设计的第五代歼-20飞机完成了首次测试飞行,举世瞩目。从而成为世界上继美、俄之后第三个掌握新一代战机技术的国家。

二、研制工程发展举措

(一) 研制与生产交叉

装备跨越式发展,我们就不得不谈谈研制与生产交叉。2000年,为适应未来军事斗争需要,加快武器装备现代化建设进程,空军根据中央军委、总部的有关指示要求,为在保证质量的前提下,加快研制生产进度,确保实现重点武器装备的研制生产计划,在坚持现行研制生产法规和制度的基础上,针对重点武器装备研制生产的特殊情况,将有关问题的处理办法予以明确:一是抓好提前投产决策;二是合理确定交付状态;三是科学组织试验试飞;四是严格审查技术文件;五是促进综合保障工作;六是重视配套成品监督管理;七是强化质量监督工作;八是加快定型(鉴定)工作;九是提前开展审价定价工作;十是及时签订订货合同;十一是加强经费保障和监控力度。

上述措施有力加快了武器装备研制进程,承制方按照武器装备建设总体计划,重点型号在研制工作达到一定成熟程度或进入设计定型状态后,需要做出提前投产决策的,上报提前投产建议。

(二) 提前投产决策

当装备研制达到下述条件时,承制方可以会同军事代表向机关报出《××型号装备提前投产建议书》(以下简称《建议书》),建议书中应重点表述新研装备技术审查、适应性试验、重大风险、综合保障和技术改造等工作的完成情况。此时提前投产建议应符合下列原则:

(1) 新研装备规定的有关技术审查已经通过,部队适应性试验已基本完成(特别情况下不能进行的,可针对使用需要的项目,提前进行必要的试验验证),

重大风险已经排除，设计定型状态已确定，重大结构和重要分系统设计不再有根本性变更；

（2）主要新研配套成品已进入设计定型状态；

（3）综合保障工作已基本满足部队启动接装工作的要求；

（4）承制方技术改造计划能满足小批投产进度的需要。研制与生产交叉见图2－3所示。

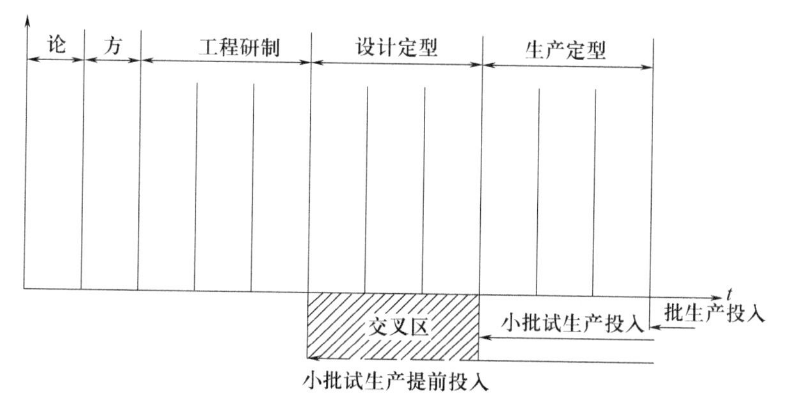

图2－3　研制与生产交叉图

第三节　研制工程管理要求

一、概述

武器装备研制工程管理是一个大的概念，在军队装备系统中，“工程”是一个代名词，特别是在当代系统工程理论的发展和广泛应用之后，“武器装备系统工程”已经是军事学者和管理学者们的重点研究课题。武器装备研制工程管理的“系统”方法，即系统工程管理的原则是分阶段研制，系统工程管理的技术手段是技术状态管理。系统工程管理得到军工企业及其管理者广泛深入研究并在装备研制管理过程中推广应用。本节介绍的武器装备研制工程管理要求，重点简述研制工程管理要求、体制和研制工程管理一般内容。

二、要求

武器装备研制应以实现武器装备系统作战效能和作战适应性为主要研制目标，反复进行经费、性能和进度之间的权衡，逐步确定优化的设计方案。武器装备研制项目的系统工程管理应遵循以下要求。

（一）保证设计完整性

设计应完整，使所研制的武器装备系统能够及时地投入使用或执行某种作战使命。所设计的系统除主装备外，还应包括支持主装备作战的其他保障要素（保障设备、设施人员、备件等），并使二者相匹配。

（二）实施系统工程管理

应进行顶层设计，按 GJB 2116 的要求，进行武器装备研制项目工作分解，随着研制工作的深入，自上而下（由系统向分系统、设备级，分系统向设备级，设备向组件、部件及零件级）逐级分配要求，逐级进行各种分析、权衡研究、系统综合，产生各种类型的研制项目（型号）专用规范，作为研制工作的具体技术依据。研制项目专用规范的编制要求见 GJB 6387。

（三）确保接口设计兼容性

应按照 GJB 2737 规定，提出武器装备系统接口控制的要求，以及制定武器装备系统内部与系统之间的接口控制要求（这些要求可在研制项目专用规范的适当章条中规定，亦可通过专门的接口控制文件或图样来规定），进行接口控制，以保证接口设计的兼容性和接口修改信息及时有效的传输。

（四）贯彻“三化”要求

设计应贯彻 GJB 114A 规定的通用化、系列化、组合化（模块化）和互换性要求的原则，最大限度地采用成熟的技术和现有的项目来满足装备的研制要求，并根据新产品研制工作任务和范围的不同，进行设计标准化评审和工艺标准化评审。

（五）实施工程综合设计

应将可靠性（GJB 450A）、维修性（GJB 368A）、保障性（GJB 3872）、人机工程（GJB 2873）、安全性（GJB 900）、电磁兼容性（GJB 1389A）、运输性（GJB 1443）等内容和要求，及时而恰当地综合到武器装备的战术技术指标、功能特性、物理特性以及使用维护保障的设计中去。

（六）工艺工作并行设计

应及早开展工艺设计，按照 GJB 2993 要求，在方案阶段拟定工艺总方案等工艺文件，并按照 GJB 1269A 进行工艺评审；在工程研制阶段早期按照 GJB/Z 106A 编制工艺标准化综合要求和工艺标准化大纲，保证工艺设计的正确性、可行性、先进性、经济性和可检验性。

（七）规范软件开发设计

软件产品或计算机软件是武器装备系统的一个重要组成部分，承制方应按照 GJB 5000A 的要求，建立研制和维护活动中的主要软件管理过程和工程过程的平台，按照 GJB 2786A 的要求予以开发管理。

在武器装备研制过程中，软件产品和产品软件的管理模式是不一样的，软件产品按技术状态项管理；产品软件无特殊要求时，一般随硬件实施管理，不形成整套技术文件。

（八）实施技术状态管理

武器装备分解之后，应按照 GJB 190 进行特性分析，编制关键件、重要件汇总表，并确定技术状态项，按照 GJB 3206A 的要求，实施技术状态管理。

（九）控制研制风险

应按照 GJB 2993 附录 A 的要求和 GJB 5852 的内容及方法，进行研制风险分析和控制，降低研制风险。承制方必须在武器装备研制的各阶段认真进行过程中的研制风险分析，有针对性采取解决措施和规避风险，形成阶段风险分析报告，并分阶段实施评审。

（十）质量要求设计

应按照《武器装备质量管理条例》的要求，进行武器装备研制的质量管理。研制过程中，应按照 GJB 1406A 的规定，编制型号质量保证大纲，规范产品质量保证工作；按照 GJB 909 要求，对关键件和重要件进行质量控制；按照 GJB 939 的要求，对外购器材的质量管理；按照 GJB 2366A 对试制过程的质量控制；按照 GJB 841 的要求，建立故障报告、分析和纠正措施系统；按照 GJB 571A 进行不合格品管理。

（十一）技术资料要求

应按照 GJB 906A 和 GJB 3206A 的要求，完备全套技术资料及技术状态项文件，并按照 GJB 5881、GJB 726A 的要求，进行产品标识，具有可追溯性；产品定型会议审查之前，按照 GJB 1362A 的要求，准备定型文件和相关资料。

三、研制工程管理体制

（一）管理机构要求

使用方、承制方应明确项目的管理机构，代表使用部门和研制部门对武器装备研制项目进行归口管理。研制项目管理机构应包括熟悉工程技术、经费管理、进度安排、技术状态管理、合同管理、综合保障、试验和质量保证等方面工作的人员。

承制方还应根据《武器装备研制设计师系统和行政指挥系统工作条例》，建立研制项目的设计师系统和行政指挥系统，负责完成国家指令性计划并履行研制合同。

（二）承制方管理机构

我国武器装备研制的管理机构如图 2－4 所示，由中国航空工业集团公司、中国电子科技集团公司、中国兵器装备集团公司等十几家公司组成，负责同军兵种签订武器装备研制、订货合同，分别组织近百家航空研究院、所、工业飞机有限公司、航空电子有限公司、电控研究所、兵器工业公司和几百、上千家工厂、院校及私营企业，开展武器装备的预先研究、研制、军内科研、技术革新、技术基础等工作。

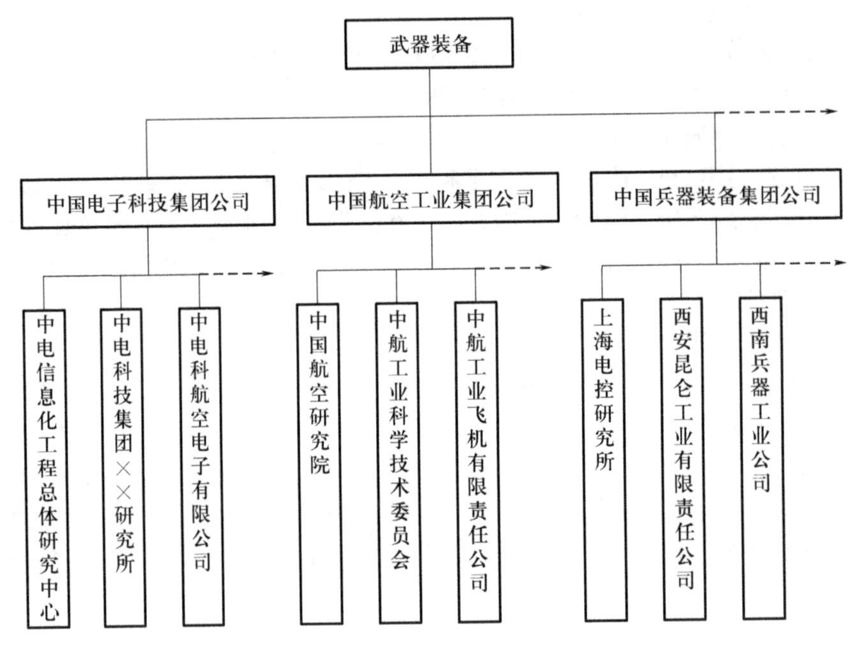

图 2－4　承制方研制工程管理机构

（三）使用方管理机构

武器装备的研制任务由总装备部下达，各军兵种主管武器装备研制的装备部门与各集团公司协商并签订武器装备研制合同，将相关工作任务分解到各地区军事代表局、军事代表室。对武器装备研制合同，由系统级与分系统级、设备级签订技术协议书；设备级与组件级、部件级和零件级签订技术协议书。驻承制方军事代表作为第三方参加技术协议书的签订工作，并履行职责。使用方研制工程监督管理结构如图 2－5 所示。

（四）武器装备研制阶段划分

我国武器装备研制项目有三种类型，一类是常规武器装备研制项目；二类是战略武器装备研制项目；三类是人造卫星研制项目。各类型武器装备研制项目的阶段划分如下：

（1）常规武器装备研制项目一般划分为论证阶段、方案阶段、工程研制阶段、设计定型阶段和生产定型阶段；

（2）战略武器装备研制项目一般划分为论证阶段、方案阶段、工程研制阶段和定型阶段；

（3）人造卫星研制项目一般划分为论证阶段、方案阶段、初样研制阶段、正样研制阶段和使用改进阶段。

本书中武器装备研制工程管理主要以常规武器装备研制项目的阶段划分进

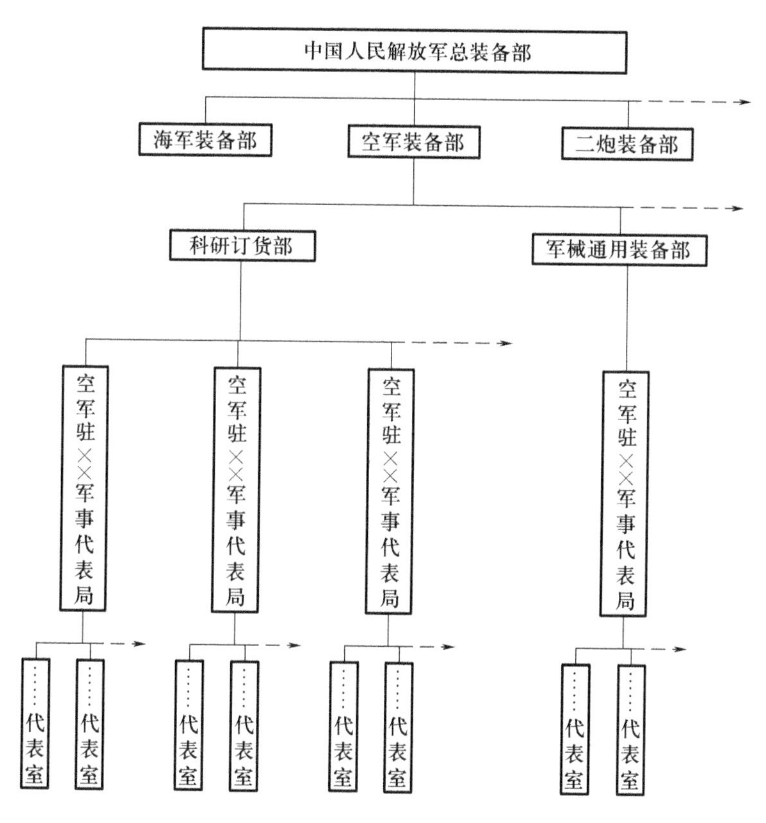

图 2-5　使用方研制工程监督管理机构

行讲述,战略武器装备研制和人造卫星研制可作为参考。

四、研制阶段工程管理

(一) 论证阶段工程管理

论证阶段的主要任务是通过论证和必要的试验,初步确定战术技术指标、总体技术方案以及初步的研制经费、研制周期和保障条件,编制《××型研制总要求》。使用方、承制方管理内容包括以下方面。

(1) 论证工作由使用方组织进行,使用方应根据武器装备研制中长期计划和武器装备的主要作战使用性能提出初步的战术技术指标以及经费、进度的控制指标,并据此邀请一个或数个持有武器装备许可证的单位进行多方案论证。

(2) 研制单位应根据使用方的要求,组织进行技术、经济可行性研究及必要的验证试验,向使用方提出可达到的战术技术指标和初步总体技术方案以及对研制经费、保障条件、研制周期预测的报告。

(3) 使用方会同研制主管部门对各总体技术方案进行评审,对技术、经费、周期、保障条件等因素综合权衡后，选出或优化组合一个最佳方案并选定武器装备研制的承制方，按照 GJB 2993 附录 A 进行风险评估。应根据经论证的战术技术指标和初步总体技术方案，编制《××型研制总要求》和《论证工作报告》。

(4) 论证工作结束时，使用方应会同研制主管部门将《××型研制总要求》(附《论证工作报告》)按相关程序报国家有关部门进行审查。审查通过后，批准下达《××型研制总要求》，承制方应编制型号系统规范，作为后续阶段研制工作的基本依据。

(二) 方案阶段工程管理

1. 管理综述

方案阶段的主要任务是根据经批准的《××型研制总要求》和《××型系统规范》，开展武器系统研制方案的论证、验证，形成《研制规范》。

方案论证、验证工作由承制方组织实施，承制方应按照《武器装备研制设计师系统和行政指挥工作条例》的要求，在方案阶段早期建立武器装备研制设计师系统和行政指挥系统，具体组织进行系统方案设计、关键技术攻关和新部件、分系统的试制与试验，根据装备的特点和需要进行模型样机或原理性样机与试验工作(在方案阶段主机的技术状态)。

2. 签订合同或技术协议书

使用方应根据经批准的《武器系统研制总要求》，按照《武器装备研制合同暂行办法实施细则》的规定，与承制方签定研制合同，承制方与供方完成技术协议书的签署，通过技术要求文件提出更加具体的战术技术指标要求，通过合同工作说明或技术协议书提出更加明确的研制工作要求。

3. 开展论证和验证工作，其主要如下：

(1) 按照 GJB 2116 对武器装备系统进行逐级分解，形成工作分解结构，为确定技术状态项目、进行费用估算、进度安排和风险分析提供依据；

(2) 根据主要战术技术指标、使用要求和初步的总体技术方案，按照有关国家军用标准制定系统规范，在系统规范经批准后建立功能基线；

(3) 针对主要分系统、配套设备和保障设备，按照国家有关军用标准，编制研制规范；

(4) 按照 GJB 2737 制定接口控制文件；

(5) 制定研究工作总计划(含计划网络图)，提出影响总进度的关键项目和解决途径；

(6) 制定试验与评定总计划(含系统、分系统和单项设备的试验计划)，提出所必要的试验条件；

(7) 提出研制经费的概算及产品成本、价格的估算；

(8) 汇总确定新技术、新产品、新材料和新工艺项目,对其进行定量的评估,确认分析项目,制定相应的解决措施,并按照 GJB 2993 附录 A 的要求,开展风险的控制工作;

(9) 分析研制条件,提出研制所需的重大技术改进项目、技术引进项目;

(10) 选定成品的承制方(供方),签定成品研制合同;

(11) 制定综合保障计划,按照 GJB 1371 进行系统级和分系统级各保障要素的保障性分析;

(12) 开展可靠性、维修性、标准化等工程工作,制定各工程专门计划;

(13) 落实研制、协作、加工、物资、引进、技术改造、基本建设等计划;

(14) 提出试制工艺总方案,并按照 GJB 1269A 进行工艺评审工作;

(15) 进行样机的设计、制造和审查。

(三) 工程研制阶段工程管理

1. 管理概述

工程研制阶段的主要任务是根据经批准的《研制规范》进行武器装备的设计、试制和试验。

2. 设计工作

(1) 完成全套试制图样,按照 GJB 6387 要求,编写产品规范、工艺规范、材料规范和软件规范;

(2) 按照 GJB 1269A 对试制图样进行工艺评审,评审设计的可生产性;

(3) 按照 GJB 2786A 要求,进行软件的开发测试;

(4) 完成样品试验件的制造和相应技术文件的编制;

(5) 制定试生产计划,确定生产所需的人力、物力并计算试制批成本;

(6) 完善综合保障计划,进行各保障项目的设计、试验和鉴定。

3. 关键设计审查

应按照 GJB 1710A 的要求,进行试制和生产准备状态的检查,以确定:

(1) 系统预期的性能能否达到;

(2) 技术关键是否已经解决;

(3) 各类风险是否确已降到可以接受的水平;

(4) 试制生产是否已做好准备。

在关键设计审查通过后,方可转入试制与试验。

4. 试制与试验

承制方应根据研制合同,开展试制与试验工作,其主要任务包括:

(1) 进行试生产准备,开展工装的设计、生产、安装和调试工作;

(2) 进行零件制造、部件装配、武器装备的总装和调试;

(3) 进行各种类型的研制试验(如静力、动力、疲劳试验、各工程专门试验,系统软件测试,地面模拟试验等);

(4) 开展武器装备的验证试验。

(四) 设计定型阶段工程管理

设计定型的主要任务是对武器装备性能和使用要求进行的全面考核,以确认其是否达到《××型研制总要求》和技术协议书的要求。设计定型工作准备应根据GJB 1362A的要求,了解设计定型工作程序,熟悉申请设计定型试验的条件,联合申请设计定型试验,拟制或制定设计定型试验大纲,参加设计定型试验等,并系统的准备产品研制过程文件和定型文件,提交定型会议审查。

1. 熟悉定型程序

军工产品设计定型一般按照下列工作程序进行:

(1) 申请设计定型试验;

(2) 制定设计定型试验大纲;

(3) 组织设计定型试验;

(4) 申请设计定型;

(5) 组织设计定型审查;

(6) 审批设计定型。

2. 掌握定型试验条件

当军工产品符合下列要求时,承研承制方须与军事代表联合申请设计定型试验:

(1) 通过规定的试验和软件测试,证明产品的关键技术问题已经解决,主要战术技术指标能够达到研制总要求;

(2) 产品的技术状态已确定;

(3) 试验样品经军事代表机构检验合格;

(4) 样品数量满足设计定型试验的要求;

(5) 配套的保障资源已通过技术审查,保障资源主要有保障实施、设备、维修(检测)设备和工具,必须的备件等;

(6) 具备了设计定型试验所必需的技术文件,主要有产品研制总要求,承研承制方技术负责人签署批准并经总军事代表签署同意的产品规范,产品研制验收(鉴定)试验报告,工程研制阶段标准化工作报告,技术说明书,使用维护说明书,软件使用文件,图、实一致的产品图样,软件源程序及试验分析评定所需的文件资料等。

3. 申请定型试验

申请定型试验是设计定型阶段的第一个状态。当产品满足申请设计定型试验的条件时，按照规定的研制程序，承研承制方应会同军事代表机构或军队其他有关单位向二级定委提出设计定型试验书面申请，内容一般包括研制工作概况、样品数量、技术状态、研制试验或承制方鉴定试验情况、对设计定型试验的要求和建议等。

二级定委经审查认为产品已符合要求后，批准转入设计定型试验状态，并确定承试单位，不符合规定要求的，将申请报告退回申请单位并说明理由。

4. 拟制试验大纲

1）试验大纲的制定

设计定型试验大纲由承试单位依据研制总要求规定的战术技术指标、作战使用要求、维修保障要求和有关试验规范拟制，并征求总部分管有关装备的部门、军兵种装备部、研制总要求论证单位、军事代表机构或军队其他有关单位、承研承制方的意见。承试单位将附有编制说明的试验大纲呈报二级定委审批，并抄送有关部门。二级定委组织对试验大纲进行审查，通过后批复实施。一级军工产品设计定型试验大纲批复时应报一级定委备案。三级或三级以下产品的试验大纲，由承制方自行编制，军事代表审签，报驻各地区军事代表局备案。

2）试验大纲内容和要求

设计定型试验大纲应满足考核产品的战术技术指标、作战使用要求和维修保障要求，保证试验的质量和安全，贯彻有关标准的规定，试验大纲内容通常应包括以下内容：

（1）编制大纲的依据；

（2）试验目的和性质；

（3）被试品、陪试品、配套设备的数量和技术状态；

（4）试验项目、内容和方法（含可靠性、维修性、测试性、保障性、安全性实施方案和统计评估方案）；

（5）主要测试、测量设备的名称、精度和数量；

（6）试验数据处理原则、方法和合格判定准则；

（7）试验组织、参试单位及试验任务分工；

（8）试验网络图和试验的保障措施及要求；

（9）试验安全保证要求。

3）试验大纲编制说明

试验大纲编制说明应详细说明试验项目能否全面考核研制总要求规定的战术技术指标和作战使用要求，以及有关试验规范的引用情况以及剪裁理由等。

4）试验大纲变更

试验大纲内容如需变更，承试单位应征得总部分管有关装备的部门、军兵种装备部同意，并征求研制总要求论证单位、承研承制方、军事代表机构或军队其他有关单位等单位的意见，报二级定委审批，批复变更一级军工产品设计定型试验大纲时应报一级定委备案。

5. 开展定型试验

1）试验要求

设计定型试验包括试验基地（含总装备部授权或二级定委认可的试验场、试验中心及其他单位）试验和部队试验。试验基地试验主要考核产品是否达到研制总要求规定的战术技术指标。部队试验主要考核产品作战使用性能和部队适应性，并对编配方案、训练要求等提出建议。部队试验一般在试验基地试验合格后进行，两种试验内容应避免重复。当试验基地不具备试验条件时，经一级定委批准，试验基地试验内容应在部队试验中进行。

2）试验组织实施

设计定型试验由承试单位严格按照批准的试验大纲组织实施。

3）试验顺序

设计定型试验顺序一般如下：

（1）先静态试验，后动态试验；

（2）先室内试验，后外场试验；

（3）先技术性能试验，后战术性能试验；

（4）先单项、单台（站）试验，后综合、网系试验，只有单项、单台（站）试验合格后方可转入综合、网系试验；

（5）先部件试验，后整机试验，只有部件试验合格后方可转入整机试验；

（6）先地面试验或系泊试验，后飞行或航行试验，只有地面试验或者系泊试验合格后方可转入飞行或航行试验。

4）试验中断处理

试验过程中出现下列情形之一的时候，承试单位应中断试验并及时报告二级定委，同时通知有关单位：

（1）出现安全、保密事故征兆；

（2）试验结果已判定关键战术技术指标达不到要求；

（3）出现影响性能和使用的重大技术问题；

（4）出现短期内难以排除的故障。

5）试验恢复处理

承研承制方对试验中暴露的问题采取改进措施，经试验验证和军事代表机构或军队其他有关单位确认问题已经解决,承试单位向二级定委提出恢复或重新试验的申请,经批准后,由原承试单位实施试验。

6）承研承制方的责任

承研承制方应负责以下的工作:

（1）按申请设计定型试验的条件的要求,向承试单位提供设计定型试验样品和试验所需的技术文件;

（2）派专人参加试验并负责解决试验中有关的技术问题。保证试验样品处于良好的技术状态;

（3）向承试单位提供技术保障。

7）试验记录

承试单位应做好试验的原始记录,包括文字数据记录、电子数据记录和图像记录等,并及时对其进行整理、建立档案、妥善保管,以备查用。承试单位应向承研承试单位和使用部门提供相关试验数据。

8）试验报告

试验结束后,承试单位应在30个工作日内完成设计定型试验报告,上报二级定委,并抄送总部分管有关装备的部门、军兵种装备部、研制总要求论证单位、军事代表机构、承研承制方等有关单位。一级军工产品的设计定型试验报告应同时报一级定委。

设计定型试验报告通常包括以下内容:

（1）试验概况;

（2）试验项目、步骤和方法;

（3）试验数据;

（4）试验中出现的主要技术问题及处理情况;

（5）试验结果、结论;

（6）存在的问题和改进建议;

（7）试验样品的全貌、主要侧面、主要试验项目照片,试验中发生的重大技术问题的特写照片;

（8）主要试验项目的实时音像资料;

（9）关于编制、训练、作战使用和技术保障等方面的意见和建议。

6. 申请定型审查

1）提出申请报告

产品通过设计定型试验且符合规定的标准和要求时,由承研承制方会同军事代表机构或军队其他有关单位向二级定委提出设计定型书面申请。承研承制方与军事代表机构或军队其他有关单位意见不统一时,经二级定委同意,承研承制方可以单独提出军工产品设计定型申请,军事代表机构或军队其他有关单位应对军工产品设计定型提出意见。

2）申请报告内容

设计定型申请报告通常包括以下内容：

（1）产品研制任务的由来；

（2）产品简介和研制、设计定型试验概况；

（3）符合研制总要求和规定标准的程度；

（4）存在的问题和解决措施；

（5）设计定型意见。

3）申请报告附件

申请报告附件一般包括以下内容：

（1）产品研制总要求（或技术协议书）；

（2）产品研制总结（见 GJB 1362A 附录 A）；

（3）军事代表机构质量监督报告；

（4）质量分析报告；

（5）价值工程和成本分析报告；

（6）标准化工作报告；

（7）可靠性、维修性、测试性、保障性、安全性评估报告；

（8）设计定型文件清单；

（9）二级定委规定的其他文件。

4）产品模型

条件具备时，承研承制方应向定委提交产品模型。

7. 接受会议审查

设计定型会议审查是设计定型阶段的第二个状态。此时，设计定型会议审查的文件、资料已准备完毕，产品状态已冻结，汇报材料已定稿。承制方在会期间认真听取、收集专家的意见，了解、掌握修改完善方法。对于在设计定型审查会中确定的遗留问题，承制方应按会议要求彻底解决和验证效果，并修改完善资料。

产品通过设计定型审查后，承研承制方应按照定型审查提出的意见和要求，修改、补充、完善定型文件，并按照 GJB 1362A7.2 的规定进行编写整理，待产品批准定型后，会同军事代表机构或军队其他有关单位上报二级定委。对于涉及产品关键技术的文件（如数学模型），由承研承制方和军事代表机构或军队其他有关单位共同加密保存，上报二级定委的定型文件中可只列目录。计算机软件文件上报按照《军用软件产品定型管理办法》的要求办理。

上报书面文件的同时，按照 GJB 5159 的有关规定上报定型电子文档。

8. 定型文件盖章

二级定委、承研承制方、军事代表机构或军队其他有关单位等持有的产品全套图样、底图、产品规范、各种配套表、明细表、汇总表和目录等定型文件,必须加盖设计定型专用章。未加盖设计定型专用章的技术文件不得用于产品的生产。

(五)生产定型阶段工程管理

生产定型(工艺定型)的主要任务是对产品批量生产条件和质量稳定情况进行的全面考核,以确认是否达到批量生产的标准。

生产定型工作准备主要是根据 GJB 1362A 的要求,了解定型条件和时间,熟悉定型程序,掌握试用、试验产品,组织工艺和生产条件考核,申请部队试用,制定部队试用大纲,组织部队试用,申请生产定型试验,制定生产定型试验大纲,组织生产定型试验,申请生产定型会议审查等工作内容,并系统准备产品研制过程文件和定型文件,经定型会议审查。

1. 定型条件和时间

需要生产定型的军工产品,在完成设计定型并经小批量试生产后,正式批量生产前,应进行生产定型。

军工产品生产定型的条件和时间,由定委在批准设计定型时明确。

2. 定型程序

军工产品生产定型一般按照下列工作程序进行:

(1) 组织工艺和生产条件考核;

(2) 申请部队试用;

(3) 制定部队试用大纲;

(4) 组织部队试用;

(5) 申请生产定型试验;

(6) 制定生产定型试验大纲;

(7) 组织生产定型试验;

(8) 申请生产定型;

(9) 组织生产定型审查;

(10) 审批生产定型。

3. 掌握试用、试验产品要求

1) 部队试用产品

部队试用产品是试生产并交付部队试用的装备,一般选择已经通过工艺和生产条件考核的产品。试用产品的数量应综合考虑产品的特点,以及列装编制规模等,由二级定委与有关部门协商确定。

2) 生产定型试验产品

生产定型试验产品应从试生产批中,军事代表检验验收合格的产品中抽取。试验产品应包括试验主产品、备用产品和配套设备,其数量应满足生产定型试验的要求。

4. 组织工艺和生产条件考核

总装备部分管有关装备的部门、军兵种装备部应会同国务院有关部门和有关单位，按照生产定型的标准和要求，对承研承制方研制的一级装备进行生产工艺和条件组织考核，并向定委提交考核报告。军兵种装备部应会同各集团公司和有关单位，按照生产定型的标准和要求，对承研承制方研制的二级装备进行生产工艺和条件组织考核，并向定委提交考核报告。

工艺和生产条件考核工作一般结合产品试生产进行，主要包括以下内容：

(1) 生产工艺流程；

(2) 工艺指令性文件和全套工艺规程；

(3) 工艺装置设计图样；

(4) 工序、特殊工艺考核报告及工艺装置一览表；

(5) 关键和重要零部件的工艺说明；

(6) 产品检验记录；

(7) 承研承制方质量管理体系和产品质量保证的有关文件；

(8) 元器件、原材料等生产准备的有关文件。

5. 申请部队试用

产品工艺和生产条件基本稳定、满足批量生产条件时，承研承制方应会同军事代表机构或军队其他有关单位向二级定委提出部队试用书面申请，内容一般包括：试生产工作概况、产品技术状态和质量情况、工艺和生产条件基本情况、检验验收情况、对部队试用的要求和建议等。

二级定委经审查认为已符合要求的，批准转入部队试用阶段，并商有关部门确定试用部队。不符合规定要求的，将申请报告退回申请单位并说明理由。

试用部队一般为生产产品的列装部队，确定试用部队时应考虑地理、气象条件和试用期限等方面的需要和可能。

6. 制定部队试用大纲

部队试用大纲由试用部队根据装备部队试用年度计划，结合部队训练、装备管理和维修工作的实际拟制，并征求有关部门、研制总要求论证单位、承研承制方、军事代表机构或军队其他有关单位等单位的意见，报二级定委审查批准后实施。必要时，也可以由二级定委指定试用大纲拟制单位。

部队试用大纲应按照部队接装、训练、作战、保障等任务剖面安排试用项目，应能够全面考核产品的作战使用要求和部队适用性，以及产品对自然环境、诱发环境、电磁环境的适应性，并贯彻相关标准。部队试用大纲基本内容如下：

（1）试用目的和性质；

（2）试用内容、项目和方法；

（3）试用条件和要求；

（4）试用产品的数量、批次、代号和技术状态；

（5）试用应录取和收集的资料、数据及处理的原则和方法；

（6）试用产品的评价指标、评价模型、评价方法及说明；

（7）试用部队、保障分队的编制和要求；

（8）试用的其他要求及有关说明。

部队试用大纲内容如需更改，使用部队应征得有关部门同意，并征求研制总要求论证单位、承研承制方、军事代表机构或军队其他有关单位等单位的意见，报二级定委审批。批复变更一级军工产品部队试用大纲时应报一级定委备案。

7. 组织或参加部队试用

1）部队试用的实施

试用部队应严格按照批准的部队试用大纲组织实施军工产品部队试用。

有关部门应向试用部队提供与试用产品相适应的作战训练、维修等资料。承研承制方应参与对试用部队的技术培训、提供必要的技术资料、设备、备件、派专业技术人员参与使用工作。

部队试用工作应按照以下要求组织实施：

（1）参试指挥员、操作人员、技术保障人员的技能、体能、文化程度、军龄、作战训练经历，对同类装备的使用经验等应具有代表性，达到与使用产品相适应的程度；

（2）应确定能够充分验证试用产品作战使用性能的作业周期和强度，大型复杂产品的试用周期不应少于春、夏、秋、冬四个季节；

（3）对试用周期较长的试用产品，应建立试用情况信息反馈制度。

2）部队试用报告

试用报告由试用部队提出，在试用结束后30个工作日内完成。试用报告应由试用部队报二级定委，并抄送有关部门、研制总要求论证单位、军事代表机构或军队其他有关单位、承研承制方等有关单位。其中，一级军工产品的试用报告同时报一级定委备案。试用报告主要内容包括：

（1）试用工作概况；

（2）主要试用项目及试用结果；

（3）试用中出现的主要问题；

（4）试用结论及建议。

8. 申请生产定型试验

对于批量生产工艺与设计定型试验样品工艺有较大变化，并可能影响产品主要技术指标的,应进行生产定型试验:对于产品在部队试用中暴露出影响使用的技术、质量问题的,经改进后应进行生产定型试验。

生产定型试验申请由承研承制方会同军事代表机构或军队其他有关单位向二级定委以书面形式提出。申请报告内容提出包括以下内容:

(1)试生产情况;

(2)产品质量情况;

(3)对设计定型提出的有关问题、设计定型阶段尚存问题和部队试用中发现问题的改进及解决情况;

(4)产品检验验收情况;

(5)对试验的要求和建议。

9. 制定生产定型试验大纲

生产定型试验大纲参照设计定型试验大纲的规定拟制和上报。

10. 开展生产定型试验

生产定型试验参照设计定型试验的规定组织实施。

生产定型试验通常在原设计定型试验单位进行,必要时也可在二级定委指定的试验单位进行。生产定型试验由承试单位严格按照试验大纲组织实施,在试验结束30个工作日内出具试验报告。

11. 申请生产定型

1)提出申请报告

产品通过工艺和生产条件考核、部队试用、生产定型试验后,承研承制方认为已达到生产定型的标准和要求时,即可向二级定委申请生产定型。申请报告由承研承制方会同军事代表机构或军队其他有关单位联合提出,并抄送有关单位。

2)生产定型申请报告应包括以下内容:

(1)产品试生产概况及生产纲领;

(2)试生产产品质量情况;

(3)试生产过程中解决的主要生产技术问题;

(4)工艺和生产条件考核、部队试用、生产定型试验情况;

(5)设计定型和部队试用提出的技术问题的解决情况;

(6)产品批量生产条件形成的程度;

(7)生产定型意见。

3)申请报告附件一般包括以下内容:

(1)产品试生产总结(内容见GJB 1362A附录A);

(2)军事代表机构质量监督报告;

(3)质量分析报告;

(4) 价值工程分析和成本核算报告;

(5) 工艺标准化工作报告;

(6) 可靠性、维修性、测试性、保障性、安全性评估报告;

(7) 生产定型文件清单;

(8) 二级定委规定的其他文件。

12. 接受会议审查

生产定型会议审查是生产定型阶段的第二个状态。此时,生产定型会议审查的文件、资料已准备完毕,产品状态已经固化,汇报材料已定稿。对于在设计定型审查会中确定的遗留问题,承制方已彻底解决并已验证效果,资料已修改完善。

承制方在会议期间认真听取、收集专家的意见,了解、掌握修改完善方法。产品通过生产定型审查后,承研承制方应按照定型审查提出的意见和要求,修改、补充、完善定型文件,并按照 GJB 1362A7.3 的规定进行编写整理,待产品批准定型后,会同军事代表机构或军队其他有关单位上报二级定委。对于涉及产品关键技术的文件(如数学模型),由承研承制方和军事代表机构或军队其他有关单位共同加密保存,上报二级定委的定型文件中可只列目录。计算机软件文件上报按照《军用软件产品定型管理办法》的要求办理。

上报书面文件的同时,按照 GJB 5159 的有关规定上报定型电子文档。

13. 定型文件盖章

二级定委、承研承制方、军事代表机构或军队其他有关单位等持有的产品全套图样、底图、产品规范、各种配套表、明细表、汇总表和目录等定型文件,必须加盖生产定型专用章。未加盖生产定型专用章的技术文件不得用于产品的批生产。

(六) 定型文件准备

1. 定型文件种类

定型文件包括技术文件、产品图样、产品照片和录像片。

2. 定型文件清单

1) 设计定型文件

(1) 设计定型审查意见书;

(2) 设计定型申请报告;

(3) 军事代表机构或军队其他有关单位对设计定型的意见;

(4) 设计定型试验大纲和试验报告;

(5) 产品研制总结(按照 GJB 1362A 附录 A);

(6) 研制总要求(或技术协议书);

(7) 研制合同;

(8) 重大技术问题的技术攻关报告;
(9) 研制试验大纲或试验报告;
(10) 产品标准化大纲、标准化工作报告和标准化审查报告;
(11) 质量分析报告;
(12) 可靠性、维修性、测试性、保障性、安全性评估报告;
(13) 主要的设计和计算报告(含数学模型);
(14) 软件(含源程序、框图及说明等);
(15) 软件需求分析文件;
(16) 软件设计、测试、使用、管理文档;
(17) 产品全套设计图样;
(18) 价值工程和成本分析报告;
(19) 产品规范;
(20) 技术说明书、使用维护说明书、产品履历书;
(21) 各种配套表、明细表、汇总表和目录;
(22) 产品像册(片)和录像片;
(23) 二级定委要求的其他文件。

2) 生产定型文件

(1) 生产定型审查意见书;
(2) 生产定型申请报告;
(3) 产品试生产总结(按照 GJB 1362A 附录 A);
(4) 工艺和生产条件考核报告;
(5) 部队试用大纲和试用报告;
(6) 生产定型试验大纲和试验报告;
(7) 产品全套图样;
(8) 工艺标准化大纲;
(9) 工艺、工装文件;
(10) 工艺标准化工作报告和审查报告;
(11) 软件(含源程序、框图及说明等)
(12) 软件需求分析文件;
(13) 软件设计、测试、使用、管理文档;
(14) 可靠性、维修性、测试性、保障性、安全性评估报告;
(15) 配套产品、原材料、元器件及检测设备的质量和定点供应情况报告;
(16) 产品质量管理报告;
(17) 产品价值工程分析和成本核算报告;
(18) 产品规范;

（19）技术说明书；

（20）使用维修说明书；

（21）各种配套表、明细表、汇总表和目录；

（22）二级定委要求的其他文件；

（23）军事代表机构或军队其他有关单位对生产定型的意见。

3. 定型文件制作要求

（1）技术文件格式。技术文件的编写应符合以下要求：一是幅面采用A系列规格纸张的A4幅面，上下边距分别为25mm，左右边距分别为30mm；二是字号按照有关标准或行政规定执行；三是封面和扉页的样式见GJB 1362A附录B。

（2）产品图样绘制。产品图样绘制应符合以下要求：一是幅面、格式、代号、符号、标识、填写要求等应符合有关标准；二是按照有关规定进行签署；三是图样为蓝图；四是封面和扉页的样式见GJB 1362A附录B。

（3）产品照片和录像片。产品照片应能够反映产品全貌，主要侧视面、主要工作状态（战斗状态、行军状态）和主要组成部分，幅面为120mm×90mm或240mm×180mm。

录像片的放映时间一般不超过20min，并附有解说词文本。解说词应实事求是、简明扼要、通俗易懂，主要内容包括：产品研制生产概况，产品主要组成、用途和性能，主要试验项目和试验结果、评语等。

（4）文件整理。定型文件应按照以下要求整理：一是技术文件和产品图样一般分别装订；二是技术文件要分类装订成册，每册要有目录，厚度不超过25mm；三是图样应装订成册，并编张号，每册厚度不应超过50mm；四是定型文件一般采取穿线装订，产品技术说明书、使用维修说明书等也可以按照图书装订；五是定型文件成册后应有硬质封面，不应用塑料和漆布面，设计定型文件的封面为天蓝色，生产定型文件的封面为紫红色；六是定型文件的封面应使用产品的正式命名名称，文件中也可以沿用产品的研制代号，随产品交付的文件一律使用产品的正式命名名称。

4. 定型文件的使用

定型文件只用于产品生产和检验验收。定委保存的定型文件，作为发生重大技术质量问题时查证产品设计、制造情况的依据。持有定型文件的单位负有保守国家军事秘密、技术秘密、知识产权的责任和义务，如有违反，依照国家和军队的有关法律、法规追究其责任。

5. 定型文件的修改

已批准定型产品的定型文件的修改，按照下列规定办理：一是改变产品主要战术技术性能和关键结构的修改,由总部分管有关装备的部门、军兵种装备部审查后报二级定委审批;二是不改变产品主要战术技术性能和关键结构但影响其通用性,互换性的修改,由总部分管有关装备的部门、军兵种装备部审批后,报二级定委备案;三是凡不涉及本条一、二项的修改,由承研承制方和军事代表机构或军队其他有关单位商定,并上报采购部门备案。

第三章　系统策划设计

第一节　总体综合论证策划

一、论证概述

本节主要是以常规武器装备研制项目为主，介绍其武器装备研制之初的主要策划工作内容。总体论证是武器装备研制论证阶段的主要工作，其内容是进行战术技术指标、总体技术方案的论证及研制经费、保障条件、研制周期的预测并上报型号立项综合论证报告批复后，再编制《××型研制总要求》实施二报，与此同时完成系统规范的编制经评审通过后，规范武器装备的研制工作。

二、论证设计

总体论证是对装备研制多种设计方案进行论述与证明及择优的过程。总体论证是型号研制阶段首项重要工作，论证工作由使用部门根据国家批准的武器装备研制中长期计划和武器装备的主要作战使用性能进行战术技术指标论证，在主要战术技术指标初步确定后，即可进行总体技术方案论证。

使用部门通过招标或择优的方式，邀请一个或数个持有该类武器装备研制许可证的单位进行多方案论证。

研制单位应根据使用部门的要求，组织进行技术、经济可行性研究及必要的验证试验，向使用部门提出初步总体技术方案和对研制经费、保障条件、研制周期预测的报告。

经批准的装备研制立项，是组织研制项目招标、开展装备研制工作、制定装备研制计划和订立装备研制合同的依据。其立项论证内容主要包括：装备的作战使命任务，主要作战使用性能，初步总体方案，研制周期、经费概算，预研关键技术突破和经济可行性分析，作战效能分析，订购价格与数量预测，命名建议等。

使用部门会同研制主管部门对各方案进行评审，在对技术、经费、周期、保障条件等因素综合权衡后，选出或优化组合一个最佳方案。根据论证的战术技术指标和初步总体技术方案，编制武器系统研制总要求附论证工作报告，按相关程序报国家有关部门进行审查。审查通过后，批准下达武器系统研制总要求，作为后续阶段研制工作的基本依据。需要国家解决的保障条件，由研制主管部门提出解决意见，报国家有关综合部门。

三、论证工作报告

论证工作报告的主要内容如下：

(1) 武器装备在未来作战中的地位、作用、使命、任务和作战对象分析；

(2) 国内外同类武器装备的现状、发展趋势及对比分析；

(3) 主要战术技术指标要求确定的原则和主要指标计算及实现的可能性；

(4) 初步总体技术方案论证情况；

(5) 继承技术和新技术采用比例，关键技术的成熟程度；

(6) 研制周期及经费分析；

(7) 初步的保障条件要求；

(8) 装备编配设想及目标成本；

(9) 任务组织实施的措施和建议。

四、研制总要求

1. 总要求综述

《××型研制总要求》是型号研制的依据性文件。在武器装备研制的论证阶段前期，使用部门通过招标或择优的方式，向投标单位发出邀请函。研制单位应根据使用部门的要求，组织进行技术、经济可行性研究及必要的验证试验，向使用部门提出初步总体技术方案和对研制经费、保障条件、研制周期预测的报告。使用部门会同研制主管部门对各方案进行评审，在对技术、经费、周期、保障条件等因素综合权衡后，选出或优化组合一个最佳方案。

确定装备研制单位后，组织相关承制方根据国家批准的武器装备研制中长期计划和武器装备的主要作战使用性能进行战术技术指标、总体技术方案的论证及研制经费、保障条件、研制周期的预测等论证工作。在上报的主要战术技术指标初步确定或批复后，即可进行总体技术方案论证。论证阶段后期形成《××型研制总要求》(附《论证工作报告》)，上报总装备部。需要国家解决的保障条件，由研制主管部门提出解决意见，报国家有关综合部门。

研制单位根据批准或草拟的《××型研制总要求》，编制武器装备研制的功能基线文件，即系统规范，经研制主管部门组织业内专家评审，作为方案阶段研制的依据性文件。

2. 研制总要求的主要内容

《××型研制总要求》的主要内容如下：

(1) 作战使命、任务及作战对象；

（2）主要战术技术指标及使用要求；

（3）初步的总体技术方案；

（4）研制周期要求及各研制阶段的计划安排；

（5）总经费预测及方案阶段经费预算；

（6）研制分工建议。

第二节 技术方案论证策划

一、方案论证概述

技术方案论证是武器装备研制方案阶段的主要工作，其论证是根据批准或草拟的《武器系统研制总要求》和型号系统规范，进行装备系统研制方案的论证、验证，形成《研制规范》，并同配套承制方签订配套技术协议书。

二、方案论证、验证设计

方案论证、验证工作由研制主管部门或研制单位组织实施，进行系统方案设计、关键技术攻关和新部件、分系统的试制与试验，根据装备的特点和需要，进行模型样机或原理型样机研制与试验。在关键技术已解决、研制方案切实可行、保障条件已基本落实的基础上，由研制单位编制《研制方案论证报告》，并编制《研制规范》，报研制主管部门和使用部门。

三、编制论证报告

《型号研制方案论证报告》的主要内容如下：

（1）总体技术方案及系统组成；

（2）对主要战术技术指标调整的说明；

（3）质量、可靠性及标准化的控制措施；

（4）关键技术解决的情况及进一步解决措施；

（5）武器装备性能、成本、进度、风险分析说明；

（6）产品成本和价格估算。

四、签订配套协议

在方案阶段，总体技术方案及系统组成确定后，武器装备研制系统与配套单位应签订分研制合同或技术协议书，形成配套产品研制技术方案，经研制主管部门和使用部门组织业内专家审查后，进行关键技术攻关和新部件、组件进行模型样机或原理性样机研制的试制与试验，在关键技术已解决、研制方案切实可行、保障条件已基本落实的基础上，由研制单位编制《研制规范》，评审通过后，作为工程研制阶段的依据性文件。

第三节 工 艺 策 划

一、工艺策划概述

在方案阶段根据 GJB 2993《武器装备研制项目管理》5.4 条要求，承制方应组织进行系统方案设计、关键技术攻关和新部件、分系统的试制与试验，根据装备的特点和需要进行模型样机或原理性样机设计、试制与试验工作。同时依据技术设计方案和相关工作说明，编制产品试制状态工艺总方案，并按照 GJB 1269A 要求，进行分级分阶段工艺评审，使其规范性指导各阶段（或状态）的工艺工作。

二、总流程设计

流程设计是对武器装备实施系统工程管理的有效工具。GJB 2993 中 5.4 条明确规定，型号在方案研制阶段的管理中，承制方应研究工作总计划，编制或制定计划网络图，提出影响总进度的关键项目和解决途径。承制方应根据型号研制总要求或草拟的型号研制周期要求及研制阶段的计划安排，编制型号研制周期及各研制阶段的工作计划，策划研制节点及工作内容，明确提出过程和节点质量控制要求，提出外协外包的节点、控制方法和质量要求，系统策划技术状态控制项、纪实要求和审查节点，研究解决影响总进度的技术状态项和时间节点，形成零级网络图。工艺和质量部门应根据零级网络图编制各职能部门的计划网络图，对文件的形成以及产品的评审、试验、试制和审查等过程，策划流程、内容和要求。

三、工艺总方案设计

工艺总方案是工艺工作的顶层文件，也是动态管理文件，应根据武器装备研制和生产过程的工作进展情况适时修订、完善和评审，以能在装备的寿命周期内连续使用。

工艺总方案的编制应对产品的特点、结构、特性要求的工艺分析进行说明，应有产品制造分工路线的说明和工艺薄弱环节及技术措施计划；有材料消耗定额的应确定其控制原则和制造过程中产品技术状态的控制要求；有产品研制的工艺准备周期和网络计划，以及实施过程的费用预算和分配原则；有对工艺（文件、要素、装备、术语、符号等）标准化的说明和对工艺总方案的正确性、先进性、可行性、可检验性、经济性和制造能力的评价；有对工艺装备、试验和检测设备以及产品数控加工和检测计算机软件的选择、鉴定原则和方案。工艺总方案的整体设计应满足产品设计要求和保证制造质量要求及分析。

四、工艺评审

工艺评审是指从技术上和经济上，有组织地对加工制造方法的设计（含技术文件、资料）进行审查、评价的活动。工艺评审是及早发现和纠正工艺设计缺陷的一种自我完善的工程管理方法，在不改变技术责任制的前提下，为批准工艺设计提供决策性的咨询。因此，对产品的工艺设计，承制方应根据管理级别和产品研制程序，建立分级、分阶段的工艺评审制度，针对具体产品确定产品的工艺设计阶段，设置评审点，并列入型号研制计划网络图，组织分级分阶段的工艺评审，未按规定要求进行工艺评审或评审未通过，则不得转入下一阶段工作。

承制方的每一工艺评审，应吸收影响被评审阶段质量的所有职能部门代表参加，重要阶段（C 转 S、设计定型和生产定型）、关键工艺文件（工艺总方案、工艺标准化综合要求、工艺标准化大纲、关键件和重要件工艺规程等）的评审，应邀请使用方或其代表及其配套厂专家代表参加。在各项工艺设计文件付诸实施前，对工艺设计的正确性、先进性、经济性、可行性、可检验性进行分析，审查和评议。

工艺评审的依据包括产品设计资料、技术协议书和合同、有关的法规标准、工艺规范和技术管理文件以及质量管理体系的程序文件。工艺评审的重点对象是工艺总方案、工艺说明书等指令性工艺文件，关键件、重要件、关键工序的工艺规程和特殊过程的工艺文件。工艺工作的全过程应按技术状态项纪实管理，并形成文件。工程研制阶段的初样机（C 状态）工艺评审和正样机（S 状态）工艺评审的评审文件模板见本书附录 1 和附录 2。

第四节　标准化工作要求

在武器装备研制中，标准化文件的完整性是至关重要的。在产品层次之间，承制方与供方之间，标准化文件要做到无缝连接。系统、分系统、设备标准化文件应配套协调，形成各层次有侧重的文件系统。标准化文件应有编制、审批、贯彻实施、监督检查、信息反馈等方面的标准化工作规定，有一个完整的标准体系，包括保障作战使用效能和产品研制的相关要素标准（基础标准、零部件标准、元器件标准、材料标准、制造标准、工程管理标准等）。标准化工作设计也是按不同阶段策划、要求、实施、评审和审查的。

一、论证阶段标准化工作要求

标准化工作是武器装备研制论证阶段装备论证工作的组成部分，也是装备研制工作的重要依据。装备研制标准化工作应当从论证开始，根据装备类型，分别按照相关的标准和要求进行论证，并按规定的格式编制论证报告。论证阶段标准化工作的主要任务是两件事：首先是贯彻武器装备体制、系列；其次就是提出标准化要求。论证阶段标准化工作的主要内容，包含四个方面的工作：一是贯彻武器装备体制、系列，使主要战术技术指标符合各类装备的系列要求；二是在提出战术技术指标、初步总体方案时,明确贯彻的标准和保证武器装备总体性能、可靠性、维修性、安全性、电磁兼容性、互换性、环境适应性、保障性和人机工程等方面的标准化要求;三是在对系统、分系统、设备(含硬件、软件)进行分析的基础上,在初步总体方案中提出装备的通用化、系列化和组合化要求;四是将确定的通用化、系列化、组合化要求及标准、规范选用清单(范围)纳入装备研制总要求。

二、方案阶段标准化工作要求

方案阶段是确定装备标准化工作要求和计划的关键阶段,方案阶段的标准化工作是方案阶段装备研制工作的组成部分。方案阶段标准化工作的主要任务:一是建立装备标准化工作系统;二是进行标准化方案论证,提出标准化方案。标准化工作的主要内容如下:

(1) 明确标准化工作系统的组成、工作方式和职责,并开展有关标准化活动;

(2) 在方案论证中,从标准化的角度对装备方案及其先进性、合理性和完整性等提出意见和建议;

(3) 开展装备的通用化、系列化、组合化工作;

(4) 在标准化方案论证的基础上编写《标准化方案论证报告》;

(5)《新产品标准化大纲》;

(6) 编制装备标准体系表和标准选用范围;

(7) 提出缺项目标准的制(修)订项目;

(8) 分系统和设备之间的标准化工作;

(9) 提出装备标准化工作的保障条件;

(10) 编写《方案阶段标准化工作报告》;

(11) 初步建立标准化信息系统,并在研制的全过程中不断完善,正常运转。

标准化工作在论证的基础上,应编写标准化方案论证报告,其内容包括:装备标准化目标及实现的可能性和实现途径的分析;实施重要新标准的必要性和可行性的分析;剪裁标准的原则;实施标准的主要难点及解决措施;急需补充制(修)订标准项目的分析与论证和标准化效果的预测。

三、工程研制阶段标准化工作要求

(一) 工作概述

工程研制阶段是具体贯彻标准和标准化要求的实施阶段,标准化工作应当紧密结合设计、试制和试验工作实施。

在装备工程研制阶段,标准化工作的主要任务是实施型号标准化大纲,编制和实施型号工艺标准化综合要求。

（二）工作内容

依据国家军用标准和法规性文件规定，在工程研制阶段标准化的主要工作：一是健全标准化工作系统；二是进行通用化、系列化、组合化设计；三是实施标准；四是编制《设计文件的标准化要求》；五是对工艺总方案提出意见和建议；六是进行设计文件的标准化检查；七是进行软件的标准化评审；八是处理标准的超范围选用；九是协调与处理设计、试制和试验中出现的标准化问题；十是对标准实施情况进行统计和分析，编写《阶段性标准化工作报告》；十一是修订和补充《产品标准化大纲》。

（三）评审

工程研制阶段是装备由图样、样机转变为初样机试制、正样机试生产（设计定型后称小批试生产）产品的关键阶段，从工程角度讲是由方案确定转入工程设计状态，再进入样机制造状态形成产品的关键阶段。这两个变化是武器装备形成的关键。根据 GJB/Z 113《标准化评审》的要求，在工程研制阶段后期必须进行标准化评审，以审查本阶段标准化工作的贯彻落实情况，其主要内容如下：

（1）通用化、系列化、组合化设计以及技术继承性的情况；

（2）设计是否按研制规范进行；

（3）工程研制阶段实施标准和标准化要求的情况与效果；

（4）标准、规范选用清单（范围）的贯彻执行情况，包括未实施的标准项目及情况；

（5）软件的标准化评审；

（6）设计文件编制的标准化要求及贯彻执行情况；

（7）标准化文件的完整性；

（8）其他方面是否符合《新产品标准化大纲》的要求。

四、定型阶段标准化工作要求

（一）定型文件通用要求

定型阶段是对装备研制标准化工作进行全面考核和评价的时期。然而定型阶段的定型文件，即是直接反映装备研制中是否贯彻落实标准化工作的一面镜子。从设计或生产定型文件中可以看出标准是否贯彻、规定是否执行、签署是否正确、问题是否解决等情况。为了满足定型阶段设计或生产定型文件的审查要求，特整理出定型文件标准化的要求：一是定型文件的标准化总体要求；二是定型文件实施标准要求；三是定型文件的完整性要求；四是定型文件的标识要求；五是借用型号设计文件的有关规定；六是定型文件的签署要求或规定；七是临时性技术文件和研制过程遗留标准化问题的处理规定。

（二）设计定型标准化工作要求

设计定型阶段是对装备研制标准化工作进行全面考核和评价的阶段，确认是否已达到《型号标准化大纲》规定的目标和要求。设计定型阶段标准化工作的主要内容：一是编制设计定型文件的标准化要求；二是对提交设计定型的图样和技术文件进行标准化检查，以保证其质量符合要求，达到完整、正确和协调；三是协调和处理设计定型中出现的标准化问题；四是进行标准（有关设计定型的）实施情况的统计和分析；五是进行标准化经济效果分析，编写《标准化经济效果分析报告》；六是对《型号标准化大纲》实施情况进行总结，并编写《设计定型标准化工作报告》；七是编写《设计定型标准化审查报告》。

（三）生产定型标准化工作要求

生产定型阶段是对产品小批试生产标准化工作进行全面考核的阶段，它的主要任务是：建立健全小批试生产技术标准体系、生产管理标准体系和工作标准体系；根据设计定型资料及《新产品工艺标准化综合要求》，对产品的生产工艺和生产条件及质量控制等方面的标准化工作进行全面审查。其内容主要：一是对提交生产定型的图样和技术（含工艺、工装）文件进行标准化检查，以保证其质量符合要求，达到完整、正确和统一；二是解决生产中标准更新替代和其他与设计有关的标准化问题；三是完善和实施生产技术标准、生产管理标准和工作标准；四是实施各种工艺、工装标准并对其进行监督和检查；五是对《新产品工艺标准化综合要求》实施情况进行总结，编写《生产定型标准化工作报告》；六是编写《生产定型标准化审查报告》。

（四）生产定型工艺标准化审查

生产定型阶段只有产品通过工艺和生产条件考核、部队试用、生产定型试验后，承研承制方认为已达到生产定型的标准和要求时，即可向二级定委申请生产定型。在此期间，第一项任务是对工艺和生产条件考核，考核什么，按什么标准考核，是我们关注的话题。下面重点介绍一下新产品工艺标准化审查及其审查报告的主要内容。

1. 审查内容

（1）工艺标准化大纲的内容是否满足型号标准化大纲的要求，并对其实施情况进行分析与评价；

（2）工艺、工装标准选用范围的贯彻情况，未实施的标准项目及情况分析，超范围选用的项目及情况分析；

（3）工装的通用化、系列化、组合化设计是否按《工艺标准化大纲》进行；

（4）工艺标准化文件的完整性。

2. 报告内容

（1）工艺标准化大纲的实施情况；

（2）工艺、工装文件及生产管理文件的完整性是否符合标准化要求；

（3）生产管理标准的完善程度和实施情况；

（4）工艺、工装的标准化程度和标准化经济效果分析；

（5）存在的标准化问题及处理的建议；

（6）审查结论。

五、批生产标准化工作要求

（一）实施定型文件的标准

生产定型批复后，承研承制方必须实施法律、法规以及规范性文件规定强制执行的标准，以及装备生产合同、型号文件规定执行的各类标准。批生产过程中，标准化工作系统或承制方标准化职能机构应加强标准实施的内部监督，进行图样、技术文件的标准化检查，组织批生产过程的标准化评审，将标准实施监督工作纳入质量保证系统。

（二）版本更新的有关问题

当型号文件规定实施的标准有新版标准时，应结合型号具体情况进行技术经济分析和综合权衡，尽可能采用和实施新版标准。采用新版标准代替原规定的标准时，应提出相应的实施要求和措施，解决新旧标准过渡期间的互换性与协调问题。

批生产过程实施标准和开展标准化工作所需经费摊入产品成本。

为了方便广大读者在武器装备研制生产中，更全面、更系统、更规范地做好武器装备研制生产过程的标准化管理和监督工作，特列出型号标准化文件贯彻标准情况一览表，见表3－1，供读者参考。

表3－1　型号标准化文件贯彻标准情况一览表

序号	文件名称	方案	工程研制		设计定型	生产定型
			工程设计	样机制造		
1	型号标准化体系表	○	→→	→→	→→→→→	→→→→→
2	型号标准化工作年度计划	○	○	○	○	○
3	型号标准化研究课题计划	○	○	○		
4	型号标准化文件制定计划	○	○	○		
5	标准制（修）定建议	○	○			
6	型号标准化过程管理规定	○	○	○	○	○
7	型号公文、批复、函件	○	○	○	○	○

（续）

序号	文件名称	方案	工程研制		设计定型	生产定型
			工程设计	样机制造		
8	型号标准化工作系统管理规定	○				
9	标准化方案论证报告	○				
10	产品标准化大纲	△	→→	→→	→→→→→	
11	工艺标准化综合要求		△	○	→→→→	
12	工艺标准化大纲					△
13	大型试验标准化综合要求		○	→→	→→→→	
14	设计文件编制标准化要求	○	→→	→→		
15	工艺文件编制标准化要求		○	○	→→→→	→→→→
16	工装设计文件编制的标准化要求		○	○	→→→→	→→→→
17	设计定型标准化要求				○	
18	工艺定型标准化要求					○
19	产品设计“三化”方案与要求	○	→→	→→		
20	工装设计“三化”方案与要求		○	→→	→→→→	→→→→
21	试验设备“三化”方案与要求		○	→→		
22	标准选用范围	○	→→	→→	→→→→	→→→→
23	标准件选用范围	○	→→	→→	→→→→	
24	原材料选用范围	○	→→	→→	→→→	→→→→
25	元器件选用范围	○	→→	→→	→→→	→→→→

(续)

序号	文件名称	方案	工程研制		设计定型	生产定型
			工程设计	样机制造		
26	大型试验标准选用范围		○	→→	→→	
27	工艺工装标准选用范围		○	→→	→→→→	→→→→
28	标准实施规定	○	○	○	○	○
29	重大标准实施方案	○	○			○
30	标准实施有关问题管理办法	○	○	○		
31	新旧标准对照表	○	○	○	○	○
32	新旧标准过渡办法	○	○	○	○	○
33	技术要素的统一化规定	○	○			
34	设计定型标准化工作报告和审查报告				△	
35	生产定型标准化工作报告和审查报告					△
36	标准化评审申请报告	○	○	○	○	○
37	标准化评审结论和报告	○	○	○	○	○
38	标准化工作(阶段)检查报告	○	○	○		
39	图样和技术文件标准化检查记录		○	○	○	○
40	标准化经济效果分析评估报告				○	○
41	标准化工作总结				○	○
42	标准化问题处理记录		○	○	○	○
43	标准实施信息		○	○	○	○

（续）

序号	文件名称	方案	工程研制		设计定型	生产定型
			工程设计	样机制造		
44	标准化文件更改信息		○	○	○	○
45	标准化声像资料		○	○	○	○

注：△ 表示必须编制并单独成册；

○ 表示根据需要编制，可单独成册，也可与其他文件合并编制；

→ 表示需要进行动态管理。

型号研制标准化工作标准和法规有：

GJB/Z 106A《工艺标准化大纲编制指南》；

GJB/Z 113《标准化评审》；

GJB/Z 114A《产品标准化大纲编制指南》；

GJB 1269A《工艺评审》；

GJB 1310A《设计评审》；

总装备部〔2006〕装法4号《装备全寿命标准化工作规定》；

空军〔2002〕装科382号《空军装备研制标准化工作实施细则》；

国防科工委〔2004〕176号《武器装备研制生产标准化工作规定》。

质量管理体系审核时，应依据GJB 9001B7.3.1g“提出并实施产品标准化要求，确定设计和开发中使用的标准和规范”对上述内容进行审核时，承制方提供不出《产品标准化大纲》、《工艺标准化大纲》、《工艺标准化综合要求》、《定型标准化审查报告》的，应开具不符合项报告

第四章　技术工程管理

第一节　技 术 设 计

一、技术设计概论

技术设计是装备研制工程管理中的核心问题，也是武器装备研制工程管理的核心。从工程管理的标准知道，所谓标准就是一种最基础、易懂易操作、适应我国环境条件和研制生产条件的一种模式，在现行的武器装备研制生产实践中，运用的系统管理、系统集成、并行工程、风险管理和技术状态管理等，都属于系统工程管理中的核心技术。尤其是技术状态管理技术，经过武器装备研制生产近25年的实践和运用，已经渗透到我国武器装备研制工程管理系统中。本章讨论的武器装备研制技术工程管理，着重从系统工程管理总体技术方案策划、专业工程综合设计、工艺技术设计、试验技术设计和信息技术来讨论武器研制过程的质量管理。

二、总体技术方案

武器装备研制应以实现武器装备系统作战效能和作战适应性为主要研制目标，反复进行经费、性能和进度之间的权衡，逐步确定优化的设计方案。武器装备研制项目的系统工程设计应遵循以下要求：

（一）完整性设计

设计应完整，使所研制的武器装备系统能够及时投入使用或执行某种作战使命。所设计的系统除主装备外，还应包括支持主装备作战的其他保障要素（保障设备、设施、人员、备件等），并使二者相匹配。

（二）系统工程设计

随着研制工作的深入，自上而下（由系统级到分系统级、设备级）逐级分配要求，逐级进行各种分析、权衡研究、系统综合，产生各种类型的、产品层次研制项目（型号）的专用规范，作为研制工作的具体技术依据。研制项目专用规范的编制要求，参见GJB 0.2、GJB 6387要求。

（三）接口兼容性设计

接口设计应制定武器装备系统内部和系统之间的接口控制要求（这些要求可在研制项目专用规范的章条中规定，亦可通过专门的接口控制文件或图样来规定），进行接口控制，以保证接口设计的兼容性和接口修改信息及时有效的传输。接口设计也应贯彻“三化”原则，即贯彻通用化、系列化、组合化（模块化）原则，最大限度地采用成熟的技术和现有的项目来满足装备的研制要求。

（四）工艺设计

应及早开展工艺设计，拟定工艺总方案等工艺文件，并按照 GJB 1269A 进行工艺评审，保证工艺设计的正确性、可行性、先进性、经济性和可检验性。

（五）控制研制风险

应按照 GJB 2993 附录和 GJB 5852 的要求，进行研制风险分析和控制，降低研制风险。风险分析过程一般分为三个步骤，第一步为风险识别；第二步为风险发生的可能性及后果严重性分析；第三步为风险排序。承制方在武器装备的研制过程中，至少应对如下内容进行风险分析：装备研制合同或技术协议书；装备研制风险管理的目的和目标；风险管理计划；风险分析方法选取准则、风险排序准则和风险接受准则；装备工作分解结构及研制阶段；装备研制经费概算；计划进度要求；装备已有的可利用的信息和试验数据等。风险分析的输出应包括风险源清单、风险排序清单和风险分析报告等文档。

（六）规范软件开发

计算机软件应当作为武器装备系统的一个重要组成部分，按 GJB 2786A 的要求予以开发管理。承制方在软件开发过程中，首先应建立一个与合同要求一致的软件开发过程，这个过程应包括下列活动：①项目策划和监控；②软件开发环境建立；③系统需求分析；④系统设计；⑤软件需求分析；⑥软件设计；⑦软件实现和单元测试；⑧单元集成和测试；⑨CSCI 合格性测试；⑩CSCI/HWCI 继承和测试；⑪系统合格性测试；⑫软件使用准备；⑬软件移交准备；⑭软件验收支持；⑮软件配置管理；⑯软件产品评价；⑰软件质量保证；⑱纠正措施；⑲联合评审；⑳测量与分析；㉑风险管理；㉒保密性有关活动；㉓分承制方管理；㉔与软件独立验证和确认（IV&V）机构的联系；㉕与相关开发方的协调；㉖项目过程的改进。

其中③～⑭为软件开发的基本活动；⑮～⑳为软件开发的支持活动；其他为软件开发的管理活动。

这些活动可以重叠或迭代应用，对不同的软件元素可以应用不同的活动，并且不必按上面列出的次序执行。针对具体软件，可对这些活动进行剪裁。软件开发过程应在软件开发计划中描述。

（七）质量保证设计

在装备研制过程中，质量保证设计也是非常重要的环节，往往在技术设计工作中，不重视过程的质量管理策划和设计，造成技术设计的目的实现困难。因此，为保证产品设计工作质量，规范设计人员的工作行为，承制方应根据相关标准要求，将质量保证设计的内容规范化，并形成制度和实施程序，定期检查落实情况。质量保证设计的内容包括：

(1) 制定产品技术设计的程序或规范，形成文件并批准实施，确保贯彻到产品设计的各项目工作中。

(2) 承制方在方案阶段，根据研制输入展开技术方案设计时，应按照 GJB 1269A 中 5.1.5 和 GJB 1362A 中 4.3.f 条的要求，严格控制不成熟技术的应用，对采用的新结构、新技术、新材料、新工艺，要经过试验、验证、评审和技术鉴定。

(3) 在产品技术方案中，对影响产品功能和性能的要素按照 GJB 190 的要求进行特性分析，形成特性分析报告并编制特性项目明细表。

(4) 对设计输入的内容按照 GJB 2993 的要求，进行研究和评审，形成记录，以确保输入是充分的、适宜的，各种要求是完整的、准确的。

(5) 承制方应根据产品结构、技术特点和工艺技术要求，策划设计产品的实现流程，形成转包生产、外协生产项目表和控制要求，以及总体分工项目表，经评审并提供军事代表审签。

(6) 对产品的技术文件及图样、资料等设计输出(系统规范、研制规范、产品规范等)应符合 GJB 6387 的要求，并进行专家评审或审查，必要时进行试验验证，输出前必须经过批准。技术文件及图样、资料质量控制应开展以下工作：

① 进行技术状态标识；

② 密级标注；

③ 版次标识；

④ 更改控制及标注；

⑤ 质量、工艺会签；

⑥ 标准化审查；

⑦ 借用和外来图样的管理。

(7) 对技术状态项和最终产品的检验设计。关键、重要件一般应编制检验规程，检验合格后，作为固定项目提交军事代表检验，合格后方可进入工序流程，最终产品必须按 GJB 1442A 的规定，编制检验规程，经检验合格后，提交军事代表检验验收。

(八) 柔性制造技术

柔性制造技术是采用计算机技术、电子技术、系统工程理论和现代管理科学与方法，能快速响应市场需求且能适应生产环境变化的自动化制造技术。柔性制造技术是柔性制造系统的核心，其系统由数控加工设备、物料运储装置和计算机控制系统等组成的自动化制造系统，适用于多品种、中小批量生产。

柔性制造系统的加工子系统，在柔性制造系统中，完成机械加工及其管理、检测及控制的工作站；柔性制造系统的控制子系统，在柔性制造系统的控制过程中，对各柔性制造单元及相对独立子系统运行的监控与协调；柔性制造系统的物料运储子系统，在柔性制造系统中，由计算机控制的、能自动导引的运输车；柔性制造系统仿真器是一种在计算机上对柔性制造系统建模并进行试验，以评估和研究系统特性的软件，用于柔性制造系统的设计、分析和运行的决策支持。

三、专业工程综合设计

（一）可靠性设计与分析

1. 设计与分析综述

产品可靠的唯一办法就是将产品设计得可靠，所以产品的可靠性首先是设计出来的。可靠性设计是由一系列可靠性设计与分析工作项目来支持的，可靠性设计与分析的目的是将成熟的可靠性设计与分析技术应用到产品的研制过程，选择一组对产品设计有效可靠性工作项目，通过设计满足订购方对产品提出的可靠性要求，并通过分析尽早发现产品的薄弱环节或设计缺陷，采取有效的设计措施加以改进，以提高产品的可靠性。

早期的设计决策对产品的寿命周期费用产生重要影响，为此，应强调提前进行有效的可靠性设计与分析，尽可能早地在产品研制中开展可靠性设计与分析工作，有效地影响产品设计，以满足和提高产品的可靠性水平。

对每个产品都有其特定的要求，应通过裁剪可靠性工作项目来适应这些要求。

（1）对新的或重新设计的产品（尤其是装备），建立可靠性模型、可靠性分析、FMEA，制定可靠性设计准则（如降额设计、热设计等）、元器件或原材料选择与控制、确定可靠性关键产品等可能是最基本的可靠性工作项目；

（2）对有可靠性要求的机械类关键产品的有限元分析、耐久性分析等可能是需要考虑的可靠性工作项目；

（3）对任务和安全关键的航天、航空产品、潜在通路分析、电路容差分析（最坏情况分析）可能是需要考虑的可靠性工作项目。

2. 建立可靠性模型

（1）为了进行可靠性分配、预计和评价，应建立装备、分系统或设备的可靠性模型。可靠性模型包括可靠性框图和相应的数学模型，建立可靠的模型的基本信息来自功能框图。功能框图表示产品各单元之间的功能关系，可靠性框图表示产品各单元的故障如何导致产品故障的逻辑关系。

（2）一个复杂的产品往往有多种功能，但其基本可靠性模型是唯一的，即由产品的所有单元（包括冗余单元）组成的串联模型。任务可靠性模型则因任务不同而不同，既可以建立包括所有功能的任务可靠性模型，也可以根据不同的任务剖面（包括任务成功或致命故障的判断准则）建立相应的模型，任务可靠性模型一般是较复杂的串－并联或其他模型。

(3) 应尽早建立可靠性模型,即使没有可用的数据,通过建模也能提供需采取管理措施的信息。例如,可以指出某些能引起任务中断或单点故障的部位。随着研制工作的进展,应不断修改完善可靠性模型。

3. 可靠性分配

(1) 可靠性分配时将产品(装备)的可靠性指标逐级分解为较低层次产品(分系统、设备等)的可靠性指标,是一个由整体到局部、由上到下的分解过程。

(2) 在研制阶段早期就应着手进行可靠性分配,一旦确定了装备的任务可靠性和基本可靠性要求,就要把这些定量要求分配到规定的产品层次,并做好以下工作:

① 使各层次产品的设计人员尽早明确所研制产品的可靠性要求,为各层次产品的可靠性设计和元器件、原材料的选择提供依据;

② 为转包产品、供应品提出可靠性定量要求提供依据;

③ 根据所分配的可靠性定量要求估算所需人力、时间和资源等信息。

(3) 可靠性分配应结合可靠性预计逐步细化、反复迭代地进行。随着设计工作的不断深入,可靠性模型逐步细化,可靠性分配也将随之反复进行。应将分配结果与经验数据及可靠性预计结果相比较,来确定分配的合理性。如果分配到某一层产品的可靠性指标在现有技术水平下无法达到或代价太高,则应重新进行分配。

(4) 应按规定值进行可靠性分析。

分配时应适当留有余量,以便在产品增加新的单元或局部改进设计时,不必重新进行分配。利用可靠性分析结果可以为其他专业工程如维修性、安全性、综合保障等提供信息。

4. 可靠性预计

(1) 可靠性预计是为了估计产品在规定工作条件下的可靠性而进行的工作。可靠性预计通过综合较低层次产品的可靠性数据依次计算出较高层次产品(设备、分系统、装备)的可靠性,是一个由局部到整体,由下到上的反复迭代过程。

(2) 可靠性预计作为一种设计工具主要用于选择最佳的设计方案,在选择了某一设计方案后,通过可靠性预计可以发现设计中的薄弱环节,以便及时采取改进措施。此外,通过可靠性预计和分配的相互配合,可以把规定的可靠性指标合理地分配到产品的各组成部分。通过可靠性预计可以推测产品能否达到规定的可靠性要求,但是不能把预计值作为达到可靠性要求的依据。

(3) 产品的复杂程度、研制费用及进度要求等直接影响着可靠性预计的详细程度,产品不同及所处研制阶段不同,可靠性预计的详细程度及方法也不同。根据可利用信息的多少和产品研制的需要,可靠性预计可以在不同的产品层次上进行。约定层次越低,预计的工作量越大。约定层次的确定必须考虑产品的研制费用、进度要求和可靠性要求,并应与进行故障模式、影响及危害性分析(FMECA)的最低产品层次一致。

(4) 为了有效地利用有限的资源,应尽早地利用可靠性预计的结果。可靠性预计可为转阶段决策提供信息,所以进行可靠性预计的时机非常重要,应在合同及有关文件中予以规定。

(5) 在方案阶段,可采用相似法进行预计,粗略估计产品可能达到的可靠性水平,评价总体方案的可靠性。在工程研制阶段早期,已进行了初步设计,但尚缺乏应力数据,可采用元器件计数法进行预计,发现设计中的薄弱环节并加以改进。在工程研制阶段的中、后期,已进行了详细设计,获得了产品各组成单元的工作环境和使用应力信息,应采用元器件应力分析进行预计,可为进一步改进设计提供依据。应按照 GJB 813 和 GJB/Z 299 或订购方认可的其他方法进行预计。

(6) 基本可靠性预计应全面考虑从产品接收到退役期间的可靠性,即应是全寿命期的可靠性预计。产品在整个寿命期内除处于工作状态外,还处于不工作(如待命,待机等)、储存等非工作状态。在确定了工作与非工作时间后,应分别计算各状态下的故障率,然后加以综合,预计出产品(装备)的可靠性值,任务可靠性预计应考虑每一任务剖面及工作时间所占的比例,预计结果应表明产品是否满足每一任务剖面下的可靠性要求。

(7) 通过预计,若基本可靠性不足,可以通过简化设计,采用高质量等级的元器件和零部件,改善局部环境及降额等措施来弥补。若任务可靠性不足,可以通过适当的冗余设计,改善应力条件,采用高质量等级的元器件和零部件,调整性能容差等措施来弥补。但是,采用冗余技术会增加产品的复杂程度,降低基本可靠性。必要时,应重新进行可靠性分配。

(8)可靠性预计值必须大于规定值。可靠性预计结果不仅用于指导设计,还可以为可靠性试验、制定维修计划、保障性分析、安全性分析、生存性评价等提供信息。

5. 故障模式、影响及危害性分析(FMECA)

(1) FMECA 应在规定的产品层次上进行。通过分析发现潜在的薄弱环节,即可能出现的故障模式,每种故障模式可能产生的影响(对寿命剖面和任务剖面的各个阶段可能是不同的),以及每一种影响对安全性、战备完好性、任务成功性、维修及保障资源要求等方面带来的危害。对每种故障模式,通常用故障影响的严重程度以及发生的概率来估计其危害程度,并根据危害程度确定采取纠正措施的优先顺序。

(2) FMECA 应与产品设计工作同步并尽早开展,当设计、生产制造、工艺规程等进行更改，对更改部分重新进行 FMECA。

（3）FMECA 的对象包括电子、电气、机电、机械、液压、气动、光学、结构硬件和软件，并应深入到任务关键产品的元器件或零件级。应重视各种接口（硬件之间、软件之间及硬件软件之间）的 FMECA，进行硬件与软件相互作用分析，以识别软件对硬件故障的响应。

（4）应进行从设计到制造的 FMECA，应对工艺文件、图样（如电路板布局、线缆布线、连接器锁定）、硬件制造工艺等进行分析，以确定产品从设计到制造过程中是否引入了新的故障模式，应以设计图样的 FMECA 为基础，结合现有工艺图样和规程进行分析。

（5）除另有规定外，承制方应按下列任一原则，确定进行 FMECA 的最低产品层次：

① 与实施保障性分析的产品层次一致，以保证为保证性分析提供完整输入；

② 可能引起灾难和致命性故障的产品；

③ 可能发生一般性故障但需要立即维修的产品。

（6）FMECA 的有效性取决于可利用的信息、分析者的技术水平和能力及分析结论等。

（7）FMECA 的结果可用于以下方面：

① 设计人员可以采用冗余技术来提高任务可靠性，并确保对基本可靠性不至于产生难以接受的影响；

② 提出是否进行一些其他分析（如电路容差分析）；

③ 考虑采取其他的防护措施（如环境保护等）；

④ 为评价机内测试的有效性提供信息；

⑤ 确定产品可靠性模型的正确性；

⑥ 确定可靠性关键产品；

⑦ 维修工作分析。

（8）FMECA 应为转阶段决策提供信息，在有关文件（如合同、FMECA 计划等）中规定进行 FMECA 的时机和数据要求。

6. 故障树分析（FTA）

（1）FTA 是通过对可能造成产品故障的硬件、软件、环境和人为因素等进行分析，画出故障树，从而确定产品故障原因的各种可能组合方式和（或）其发生概率的一种分析技术。它是一种从上向下逐级分解的分析过程。首先选出最终产品最不希望发生的故障事件作为分析的对象（称为顶事件），分析造成顶级事件的各种可能因素，然后严格按层次自上向下进行故障因果树状逻辑分析，用逻辑门连接所有事件，构成故障树。通过简化故障树，建立故障树数学模型和求最小割集的方法进行故障树的定性分析。通过计算顶事件的概率,重要度分析和灵敏度分析进行故障树定量分析,在分析的基础上识别设计上的薄弱环节,采取相应措施,提高产品的可靠性。

(2) FTA 应随研制阶段的展开不断完善和反复迭代。设计更改时,应对 FTA 进行相应的修改。FTA 作为 FMECA 的补充,主要是针对影响安全和任务的灾难性与致命性的故障模式。FTA 可按照 GJB/Z 768 进行。

7. 潜在分析

(1) 潜在分析的目的是在假设所有部件功能均处于正常工作状态下,确定造成能引起非期望的功能或抑制所期望的功能的潜在状态。大多数潜在状态必须在某种特定条件下才会出现,因此,在多数情况下很难通过试验来发现。潜在分析是一种有用的工程方法,它以设计和制造资料为依据,可用于识别潜在状态、图样差错以及与设计有关的问题。通常不考虑环境变化的影响,也不去识别由于硬件故障、工作异常或对环境敏感而引起的潜在状态。

(2) 应该用系统化的方法进行潜在分析,以确保所有功能只有在需要时完成,并识别出潜在状态。可参照潜在电路分析线索表(见 GJB 450A 附录 B)来识别有关的潜在状态。SCA 通常在设计阶段的后期设计文件完成之后进行。潜在分析难度大,也很费钱。因此,通常只考虑对任务和安全关键的产品进行分析。

8. 电路容差分析

(1) 符合规范要求的元器件容差的累积会使电路、组件或产品的输出超差,在这种情况下,故障隔离无法指出某个元件是否故障或输入是否正常。为消除这种现象,应进行元器件和电路的容差分析。这种分析是在电路节点和输入、输出点上,在规定的使用温度范围内,检测元器件和电路的电参数容差和寄生参数的影响。这种分析可以确定产品性能和可靠性问题,以便在投入生产前得到经济有效的解决。

(2) 电路容差分析应考虑由于制造的离散型、温度和退化等因素引起的元器件参数值变化。应检测和研究某些特性如继电器触点动作时间、晶体管增益、集成电路参数、电阻器、电感器、电容器和组件的寄生参数等。也应考虑输入信号如电源电压、频率、带宽、阻抗、相位等参数的最大变化(偏差,容差),信号以及负载的阻抗特性。应分析诸如电压、电流、相位和波形等参数对电路的影响。还应考虑在最坏情况下的电路元件的上升时间、时序同步、电路功耗以及负载阻抗匹配等。

(3) 电路最坏情况分析(WCCA)是电路容差分析的一种方法,它是一种极端情况分析,即在特别严酷的环境条件下,或在元器件偏差最严重的状态下,对电路性能进行详细分析和评价。进行 WCCA 常用的技术有极值分析、平方根分析和蒙特卡罗分析等。

(4) 电路容差分析费时费钱,且需要一定的技术水平,所以一般仅在关键电路上应用。功率电路(如电源和伺服装置)通常是关键的,较低的功率电路(如中频放大级)一般也是关键的。由于难以精确地列出应考虑的可变参数及变化范围,所以仅对关键电路进行容差分析,要确定关键电路、应考虑的参数,以及用于评价电路(或产品)性能的统计极限准则,并提出在此基础上的工作建议。

9. 制定设计准则

(1) 产品的固有可靠性首先是设计出来的,提高产品可靠性要从设计做起。制定并贯彻实施可靠性设计准则是提高固有可靠性,进而提高产品设计质量的最有效的方法之一。

(2) 承制方应根据产品的可靠性要求、特点和类似产品的经验,制定专用的可靠性设计准则。在产品设计过程中,设计人员应贯彻实施可靠性设计准则,并在执行过程中修改完善这些设计准则。为使可靠性设计准则能切实贯彻,应要求承制方提供设计准则符合性报告。在进行设计评审中,应将这些准则作为检查清单继续审查。

(3) 简化设计是可靠性设计应遵循的基本原则,尽可能以最少的元器件、零部件来满足产品的功能要求。简化设计的范畴还包括:优先选用标准件、提高互换性和通用化程度;采用模块化设计;最大限度地压缩和控制原材料、元器件、零、组、部件的种类、牌号和数量等。

(4) 优先选用经过考验、验证、技术成熟的设计方案(包括硬件和软件)和零、部、组件,充分考虑产品设计的继承性。

(5) 应遵循降额设计准则。对于电子、电气和机电元器件根据 GJB/Z 35 对不同类别的元器件按不同的应用情况进行降额。机械和结构部件降额设计的概念是指设计的机械和结构部件所能承受的负载(称强度)要大于其实际工作时所承受的负载(称应力)。对于机械和结构部件,应重视应力强度分析,并根据具体情况,采用提高强度均值、降低应力均值、降低应力和强度方差等基本方法,找出应力与强度的最佳匹配,提高设计的可靠性。

(6) 应进行电路的容差设计。设计电路,尤其是关键的电路,应设法使由于器件退化而性能变化时,仍能在允许的公差范围之内,满足所需的最低性能要求。可以采用反馈技术,以弥补由于各种原因引起的元器件参数的变化,实现电路性能的稳定。

(7) 防瞬态过应力设计也是确保电路稳定、可靠的一种重要方法。必须重视相应的保护设计,例如:在受保护的电线和吸收高频的地线之间加装电容器;为防止高电压超过额定值(钳位值),采用二极管或稳压管保护;采用串联电阻以限制电流值等。

(8) 在产品设计中应避免因任何单点故障导致任务中断和人员损伤，如果不能通过设计来消除这种影响任务或安全的单点故障模式，就必须设法使设计对故障的原因不敏感(即健壮设计)或采用容错设计技术。冗余设计时最常用的是容错技术，但采用冗余设计必须综合权衡，并使由冗余所获得的可靠性不要被由于构成冗余布局所需的转换器件、误差检测器和其他外部器件所增加的故障率所抵消。

(9) 产品出现故障常与所处的环境有关，正确的环境防护设计包括：温度防护设计；防潮湿、防盐雾和防霉菌的三防设计；冲击和振动的防护设计以及防风沙、防污染、防电磁干扰以及静电防护等。此外，要特别注意综合环境防护设计问题，例如采用整体密封结构，不仅能起到三防作用，也能起到对电磁环境的防护作用。

(10) 为了使设计的产品性能和可靠性不被不合适的热特性所破坏，必须对热敏感的产品实施热分析。通过分析来核实并确保不会有元器件暴露在超过线路应力分析和最坏情况分析所确定的温度环境中。电子产品的可靠性热设计可参照 GJB/Z 27 进行。

(11) 除了设备本身发生故障以外，人的错误动作也会造成系统故障。人的因素设计就是应用人类工程学与可靠性设计，从而减少人为因素造成设备或系统的故障。

(12) 除硬件产品外，对于软件产品也应根据软件设计的特点制定相应的可靠性设计准则。具体的设计准则可参照 GJB/Z 102。

10. 器材的选择与控制

(1) 通过元器件、零部件和原材料的选择与控制，尽可能地减少元器件、零部件、原材料的品种，以保持和提高产品的固有可靠性，降低保障费用和寿命周期费用。

(2) 元器件和零部件是构成组件的基础产品，各种组件还要组合形成最终产品，这里所谓最终产品可能是一台电子设备，一颗卫星或一艘核潜艇。如果在研制阶段的早期就开始对元器件的选择、应用和控制给以重视，并贯穿于产品寿命周期，就能大大提高产品的优化程度。

(3) 在制定控制文件时，应该考虑以下因素：任务的关键性、元器件和零部件的重要性(就成功地完成任务和减少维修次数来说)、维修方案、生产数量，元器件、零部件和原材料的质量，新的元器件所占百分比以及供应和标准状况等。

(4) 订购方应在合同中明确元器件、零部件、原材料质量等级的优先顺序以及禁止使用的种类，承制方应该根据订购方的要求尽早提出控制文件。一个全面的控制文件应包括以下内容：

① 控制要求；

② 标准化要求；

③ 优选目录；

④ 禁止和限制使用的种类和范围；

⑤ 应用指南，包括降额准则或安全系数；

⑥ 试验和筛选的要求和方法；

⑦ 参加信息交换网的要求等。

（5）应编制和修订元器件、零部件和原材料优选目录，对于超出优选目录的，应规定批准控制程序。必须首先考虑采用标准件，当标准件不能满足要求时，才可考虑采用非标准件。当采用新研元器件和原材料时，必须经过试验验证，并严格履行审批手续。

（6）承制方应制定相应的应用指南作为设计人员必须遵循的设计指南，包括元器件的降额准则和零部件的安全系数、关键材料的选择准则等。例如随着应力的增加，元器件的故障率会显著增高（即可靠性下降），所以必须严格遵守这些准则，只有在估计了元器件的实际应力条件、设计方案以及这种偏离对产品可靠性影响是可以接受的条件下，才允许这种偏离。

（7）必须重视元器件的淘汰问题。在设计时就要考虑元器件的淘汰、供货和替代问题，以避免影响使用、保障及导致费用的增加。

（8）可靠性、安全性、质量控制、维修性及耐久性等有关分析将从不同的角度对元器件、零部件、原材料提出不同的要求，应权衡这些要求，制定恰当的选择和控制准则。

11. 确定关键产品

（1）可靠性关键产品是指该产品一旦故障会严重影响安全性、可用性、任务成功及寿命周期费用的产品。对寿命周期费用来说，价格昂贵的产品都属于可靠性关键产品。

（2）可靠性关键产品是进行可靠性设计分析、可靠性增长试验、可靠性鉴定试验的主要对象，必须认真做好可靠性关键产品的确定和控制工作。

（3）应根据如下判别准则来确定可靠性关键产品：

① 其故障会严重影响安全、不能完成规定任务及维修费用高的产品；

② 故障后得不到用于评价系统安全、可用性、任务成功性或维修所需的必要数据的产品；

③ 具有严格性能要求的新技术含量较高的产品；

④ 其故障引起装备故障的产品；

⑤ 应力超出固定的降额准则的产品；

⑥ 具有已知使用寿命、储存寿命或经受诸如振动、热、冲击和加速度环境的产品或受某种使用限制，需要在规定条件下对其加以控制的产品；

⑦ 要求采取专门装卸、运输、储存或测试等预防措施的产品；

⑧ 难以采购或由于技术新，难以制造的产品；

⑨ 历来使用中可靠性差的产品；

⑩ 使用时间不长，没有足够证据证明是否可靠的产品；

⑪ 对其过去的历史、性质、功能或处理情况缺乏整体可追溯性的产品；

⑫ 大量使用的产品。

(4) 应把识别出的可靠性关键产品列出清单，对其实施重点控制。要专门提出可靠性关键产品的控制方法和试验要求，如过应力试验、工艺过程控制、特殊检测程序等，确保一切有关人员（如设计、采购、制造、检验和试验人员）都能了解这些产品的重要性和关键性。

(5) 应确定每一个可靠性关键产品故障的根源，确定并实施适当的控制措施，这些控制措施如下：

① 应对所有可靠性关键的功能、产品和程序的设计、制造和试验文件作出标记以便识别，保证文件的可追溯性；

② 与可靠性关键产品有关的职能机构（如器材审理小组、故障审查组织、技术状态管理部门、试验评审小组等）应有可靠性职能代表参加；

③ 应跟踪所有可靠性关键产品的鉴定情况；

④ 要监视可靠性关键产品的试验、装配、维修及使用问题。

(6) 可靠性关键产品的确定和控制应是一个动态过程，应通过定期评审来评定可靠性关键产品控制和试验的有效性，并对可靠性关键产品清单及其控制计划和方法进行增减。

12. 可靠性影响因素

(1) 储存和使用寿命是产品需要着重考虑的因素。为了保证这些产品能经受可预见到的使用和储存影响，可以进行分析、试验或评估，以确定包装、运输、储存、反复的功能测试等对它们的影响。从这些分析和试验得到的信息，有助于通过综合权衡来调整设计准则。

(2) 对于功能测试、包装、储存、装卸、运输和维修，如果考虑不周，都会对产品的可靠性产生不利影响。例如，包装方式和包装材料不符合规定要求，会大大降低产品的储存可靠性；某些不合适的包装材料在长期存放状态下，本身就可能与被包装产品发生化学反应并引起分解；产品的包装与运输方式不匹配会显著增加产品的故障率；不适当的装卸，同样会降低产品的可靠性；产品经过长期储存，由于内部特性的变化（如老化、腐蚀、生锈等）和外部因素（如温度、湿度、太阳辐射、生物侵袭或电磁场等）的作用，都可能导致产品可靠性的降低。

(3) 对产品定期进行检查、功能测试和维护可以监控产品可靠性的变化，但过多地进行功能测试，对某些产品来说（尤其是长期储存一次使用的产品）可能会影响其可靠性。

（4）对长期储存一次使用的产品应进行储存设计（选择合适的材料和零部件，采用防腐的措施等）、控制储存环境、改善封存条件等减少储存环境下的故障，以确保产品处于良好的待用状态。

13. 有限元分析

（1）有限元分析（Finite Element Analysis，FEA）主要用于产品结构强度、稳定性、动力响应、热传导、三维多体接触、弹塑性等力学性能的分析计算，以及结构性能的优化设计，对于增加产品可靠性、发现潜在设计问题、缩短研制周期、节约研制费用具有重要作用。NASTRAN、ABAQUS、ANSYS 等常用 FEA 软件各有特色，广泛运用于装备研制领域，如飞机整机已经开展有限元建模和分析。

（2）FEA 典型求解步骤包括前处理、加载求解、后处理三个部分。其中，几何建模、网格划分、载荷施加、算法选择等会对计算结果产生很大影响。因此在分析计算时，应当针对设计对象特点，合理选择有限元分析软件，准确模拟产品特征。

（3）提高装备可靠性，FEA 是最为常用的方法之一。对于机械产品，主要用来分析振动、强度、疲劳等问题；对于电子产品，主要用来分析振动和热设计问题。FEA 适用于方案阶段的原理样机建模、工程研制阶段详细设计、定型阶段的试验仿真，也适用于各个阶段的技术状态更改或者设计优化。FEA 是一种近似数值分析方法，虽然能够有效减少工程试验次数，但是不能代替工程试验结论。

（4）可结合装备特点，有选择地考虑对一些必需的和影响安全的关键部件开展有限元分析，主要包括以下内容：

① 关键重要件；

② 新技术的应用；

③ 热、力等载荷苛刻的环境。

14. 耐久性分析

（1）耐久性通常用耗损前的时间来衡量，而可靠性常用平均寿命和故障率来度量。耐久性分析传统上适用于机械产品，也可用于机电和电子产品。耐久性分析的重点是尽早识别和解决与过早出现损耗故障有关的设计问题。它通过分析产品的损耗特性还可以估算产品的寿命，确定产品在超过规定寿命后继续适用的可能性，为制定维修策略和产品改进计划提供有效的依据。

（2）估计产品寿命必须以所确定的产品损耗特性为依据。如果可能，最好的办法是进行寿命试验来评估，也可以通过使用中的损耗故障数据来评估。目前威布尔分析法是常用的一种寿命估算方法，它利用图解分析来确定产品故障概率（百分数）与工作时间、行驶里程和循环次数的关系。

(3) 耐久性分析的基本步骤如下:

① 确定工作与非工作寿命要求;

② 确定寿命剖面,包括温度、湿度、振动和其他环境因素,从而可量化载荷和环境应力,确定运行比;

③ 识别材料特性,常常采用手册中的一般材料特性,若考虑采用特殊材料,则需要进行专门试验;

④ 确定可能发生的故障部位;

⑤ 确定在所预期的时间(或周期)内是否发生故障;

⑥ 计算零部件或产品的寿命。

(二) 维修性设计与分析

1. 概述

(1) 维修性设计与分析是赋予产品良好维修性的根本途径。维修性设计是由一系列维修性设计与分析工作项目来支持的。维修性设计与分析的目的是将成熟的维修性设计与分析技术应用到产品的研制过程,选择一组对产品设计有效的维修性工作项目,通过设计满足订购方对产品提出的维修性要求,并通过分析尽早发现产品的薄弱环节或设计缺陷,以满足和提高产品的维修性水平。

(2) 早期的设计决策对产品的寿命周期费用产生重要影响,为此,应尽可能早地在产品研制中开展维修性设计与分析工作,有效地影响产品的设计,以满足和提高产品的维修性水平。

(3) 每个产品都有特定的要求,应通过剪裁维修性工作项目来适应这些要求。如:对新研制的产品,建立维修性模型、维修性分配、维修性预计、制定维修性设计准则、维修性信息分析等可能是最基本的维修性工作项目。

2. 建立维修性模型

(1) 建立模型是一种旨在预计产品参数的系统分析过程。模型可以是简单的功能流程图或框图,也可以是描述整个产品的复杂流程图,还可以是描述产品参数和产品特性关系的数学关系式。模型可以用手工,也可以通过计算机程序来实现。它们可以专门用作维修性设计手段,以便进行分配、预计、设计或保障方案的选择权衡。

(2) 利用维修性模型可以确定一个变量的变化对产品研制费用、维修性或维修操作特性的影响。可能时,应将维修性模型与费用模型、系统战备完好性模型及其他适用的高层次保障性分析模型关联和协调。这些模型也可以用来确定故障检测率、故障隔离率、故障的频数、平均修复时间、规定百分位的最大修复时间、维修停机时间率等因素的变化所带来的影响。还可以将维修性模型进行扩展用于分析、确定和评价产品的维修级别,其分析方法参见 GJB 2961。

（3）维修性模型的必要性通常与产品的复杂程度有关。例如，对雷达系统的设计来说，模型几乎是必须的。但是对于简单设备（如便携式发报机）模型可能是不必要的。因此，在确定本工作项目是否需要及其应用范围时，预想的产品复杂程度应当是考虑的重要问题。

（4）只要硬件设计许可，即使还没有可利用的定量的输入数据，也应尽早建立模型，利用早期的模型，能够发现需要采取的措施。

（5）在方案阶段，利用模型可以设定和评定各种设计和保障的备选方案。在工程研制阶段，可以对以前建立的模型进行修改，用于考察研制进度是否可以达到规定的要求和设计指标以及对工程变更的后果进行评定。

3. 维修性分配

（1）承制方应该以一个或几个具体的维修性指标或要求开始维修性设计过程。指标或要求可以表示为平均修复时间、维修工时率、故障检测率、故障隔离率等。为了有助于实现产品的维修性指标，必须将这些指标转换为产品各组成部分的维修性要求，这个转换过程就是维修性分配。

（2）进行维修性分配的目的：一是为产品或产品各组成的设计人员提供维修性设计指标，以便产品最终符合规定的维修性要求；二是提供一种维修性记录和跟踪手段；三是在涉及几个供方或供应方时，维修性分配可以作为承制方的一种维修性管理工具。

（3）可以由订购方、承制方或由双方联合组织分配。如果由订购方承担产品的（设计）综合任务时，则由订购方进行分配，并将分配的结果作为要求列入与下层产品承制方签订的单独的合同中。当产品是由承制方综合时，则整个产品的维修性由总师单位或联合承制方负责进行维修性分配，并要保证与其供方共同实现合同规定的维修性要求。不同层次产品的承制方（或供方）负责将其所承担的指标要求分配给更低的设计或组装层次。

（4）应将合同中要求的维修性规定值分配到较低的产品层次，作为产品的维修性设计的初始依据。完成初步的维修性分配后，应利用低层次产品的维修性数据，通过维修性预计，初步预计能够达到的维修性水平，并与要求值进行比较。在方案和工程研制的早期，尽管由于不掌握设计的细节，不能获得准确的预计值，但对于方案比较和确定合理的分配模型是有意义的。应重复进行上述的分配和预计，直到获得合理的分配值为止。

（5）应按维修性要求对应的维修级别进行分配，而且只需要进行到对所分配的维修性指标值有直接影响的硬件层次。例如，如果对基层级维修的平均修复时间规定了指标，而没有对中继级和基地级规定，则维修性只分配到基层级维修的可拆装单元。

（6）在分配过程中应给每个有关的产品做出初步的维修性估计。估计值可以从以下来源得到：

① 维修性预计；

② 类似产品得来的数据；

③ 从类似产品得来的经验；

④ 根据个人的经验和判断得出的工程估计值。

(7) 应尽可能在研制的早期阶段开始分配工作，因为此时进行权衡和重新定义要求的灵活性最大，尽早开始的另一个理由是可以有时间确定较低层次的维修性要求（将系统的要求分配给分系统，将分系统要求分配给其下各层次）。此外，还必须把这些要求固定下来，以便给设计人员规定具体的要求。

(8) 初步设计评审和详细设计评审中都应评审分配的指标、结果和存在的问题。

4. 维修性预计

(1) 为了保证规定的产品维修性要求（及分配值）得到满足，需要在整个研制过程中定期对其维修性进行评估。

(2) 在方案阶段，维修性预计是选择最佳设计方案的一个关键因素。由于在这个阶段可利用的具体数据量有限，所以维修性预计主要依赖于历史数据和经验。

(3) 在工程研制阶段初期，维修性预计可以用来确定产品的固有维修性特征、建议的技术状态更改对维修性的影响，还可支持产品特性的权衡。在这个阶段有更多的具体的产品信息可以利用，所作预计一般要比在方案阶段更准确。这些预计方法所需要的信息如下：

① 维修方案；

② 功能方框图；

③ 工作原理；

④ 可更换单元清单；

⑤ 可更换单元的可靠性估计值；

⑥ 诊断方案的诊断能力。

(4) 在工程研制的中期，一旦确定了详细功能方框图和完整的装配方案，就可以采用详细预计方法，详细预计所用的方法与初步预计相似，使用这些方法所需要的信息如下：

① 维修和诊断方案，包括状态显示面板、操作员控制面板的布局、机内测试设备的使用和能力、接口数据、拆装和更换工作的方案，产品安装的安排及可达性的详细说明。

② 功能方框图；

③ 工作原理；

④ 详细的零部件清单及可拆装单元的简图或线路图；

⑤ 每一可拆装单元的可靠性估计值；

⑥ 可拆装单元的草图和图样。

注：上述前5项信息与早期预计所要求的信息相似，但更为翔实，因为项目进展到此时，工程判断和假设已被设计决策所代替，部分设备已经结束草图设计而进入正式图样阶段，已经选定了供货单位和供方，并且在许多情况下，各个可拆装单元已经经过功能试验和测试。

（5）所选择的预计方法必须与规定的维修性参数相适应。GJB/Z 57 为维修性的若干参数规定了几种优先选用的预计方法。这些方法能把测试性特点和原理（诸如产品不同层次的故障检测率、隔离率及隔离等级与诊断方案等）结合到预计中去，也可以采用其他预计方法。预计所需要的数据种类取决于设计参数、有关的产品层次及维修级别。另外，也有预计预防性维修工作量的方法。

（6）维修性预计在整个项目过程中是反复迭代的，而且与可靠性分配、产品技术状态项目分析工作等密切关联，在论证和工程研制阶段，订购方均应对维修性预计提出要求。此外，在维修性验证之前，也应进行维修性预计。

（7）维修性预计结果是可用度分析、故障性分析和维修性工程分析的输入。

5. 故障模式及影响分析

（1）维修性信息——故障模式及影响分析用来确定与故障检测隔离及修复有关的维修性设计所需要的信息。它特别与下列活动有关：故障指示器的确定和设计、测试点的布置、故障诊断方案的制定、故障检测隔离系统设计特性的确定等。无论是哪一级维修，故障检测隔离的效果和效率都是决定维修性的关键因素。为了有效进行故障检测及隔离设计，需要确定故障模式及其与故障征兆的关系。通过损坏模式及影响分析还可以发现影响抢修性的设计弱点。

（2）在进行故障（损伤，下同）模式及影响分析时，要用到工程图表、可靠性及试验数据。

（3）在故障模式及影响分析中，首先必须确定可更换单元以上各层次产品的所有重要的故障模式，对产品使用没有影响或是出现概率很小的故障模式可以忽略。如果故障不会导致安全性后果，下一步是确定每一故障模式的故障影响。故障影响定义为故障模式对产品的使用、功能或状态导致的后果。故障影响是依据产品工作时显示的信号、输出的方式或向另一个产品提供信号或输出的方式加以描述的。针对下列主要因素，通过对功能方框图或简图进行分析和研究，可以编制故障影响清单：

① 向其他产品输送的信号；

② 向操作者输出的信号；

③ 状态和监控面板的显示信号；

④ 其他性能监控信息。

（4）故障模式及影响分析的深度和范围决定于维修性要求与产品的复杂程度及其优点。对于简单设备，其要求可能只限于基层级维修性，譬如说预期在基层级只有5个或更少的可更换单元，那么将只要求小范围的故障模式及影响分析，分析深度只到这些可更换单元。对比较复杂的设备，可能对基层级和中继级维修性都有要求。譬如预期在基层级会有10个或更多的可更换单元，每一基层级可更换单元又至少包括10个中继级可更换单元，这种设备的故障模式及影响分析范围会比较大，分析深度要求达到中继级可更换的单元。

（5）故障模式及影响分析或有关的分析也可能被规定为可靠性和安全性工作及其计划的一部分，此时，应该尽量将这些分析协调和结合起来。

（6）由于确定故障模式、影响及纠正措施涉及许多不同专业的知识和技术，其分析需要从各工程专业活动获得输入。无论是哪个工程小组进行分析，都应该确保掌握FMEA的设计工程师在其中起重要作用。所有可能用到FMEA分析所产生的知识和结果的各个专业都必须对FMEA结果进行严格检查。因此，应该把对FMEA的分析结果及其应用情况的评审作为项目正式评审的要求。

6. 维修性分析

（1）维修性工作是为了通过设计活动形成能够满足产品使用所要求的维修能力，维修性分析是其中一项关键性的工作项目，主要目的：一是确立能够提供所需要的产品特性的设计准则；二是为通过备选方案的评定和利用权衡研究做出的设计决策创造条件；三是有助于确定修理和保养策略及实现维修性特性的关键性保障；四是证实设计符合维修性要求。

（2）维修性分析工作的安排必须与整个研制进展及阶段决策点相匹配。本工作项目很可能与保障性分析工作发生交叉，必须加强协调，保证各分析工作的一致，并避免重复。

（3）维修性要求及其相关约束直接影响产品的设计方案，因此应对维修性要求有关约束进行分析与分解，准确理解设计要求对设计方案的影响，并将设计要求细化为与具体设计相关的描述。维修性分析把各维修级别的维修性要求以及有关维修策略、方案及维修性保障计划的信息作为输入。维修策略指实施维修的一些规则或规定（谁，在哪里，如何维修）。维修方案是实施各维修级别维修策略、实现维修绩效目标的措施或途径。而维修保障计划则是实现这个方案的详细方法和安排。

（4）综合权衡是维修性分析的重要内容，不仅要为产品备选方案评定在产品顶层进行权衡，还要在其以下层次进行，作为选择详细设计方案的依据。综合权衡是确定与使用、保障费用、设计方案、设计细节和维修策略有关的维修性指标的有效手段。同时，还应对设计方案中的维修性进行权衡，确保产品各层次、各类型的维修性要求协调一致,整个方案科学合理,费效良好。

(5) 维修时间是维修性的主要体现,通常有许多组成部分,各时间要素的不同取值直接影响产品设计方案和实现途径。因此,应对维修时间组成进行分析,推断不同取值对设计方案的影响以及对实现技术途径的要求。维修时间分析一般应考虑以下时间要素:

① 故障诊断与检测时间;

② 拆卸时间;

③ 修复时间;

④ 重新装配时间;

⑤ 调整调校时间;

⑥ 检查测试时间。

(6) 维修性在许多情况下决定于测试和诊断系统设计的恰当性和有效性。因此,维修性分析应该包括对测试和诊断系统的构成以及设计的相应分析。

① 可供考虑的测试如下:

a. 外部自动硬件测试;

b. 外部自动软件测试;

c. 内部自动硬件测试;

d. 内部自动软件测试;

e. 人工操作软件测试;

f. 人工测试;

g. 半自动(人工与自动的组合)测试;

h. 维修辅助手段和其他诊断程序。

② 可供考虑的诊断系统的类型如下:

a. 硬件测试通常是通过激励源向产品及其组成提供输入,对其输出进行监测。故障隔离的层次也可能正好就是被测试产品。硬件测试也可能包含用正常的功能输入来监测性能。

b. 利用软件进行测试仍然要求激励源和监测,但它还要对测试得到的输入和输出进行预订的逻辑分析。因此与硬件测试相比,如果假设输入与输出相同,利用软件测试可以将故障隔离到更低的产品层次。

c. 机内测试设备是设计在产品中的专用设备,用以使产品或其若干组成完成待定的自检功能。

d. 外部测试设备可能是通用也可能是专用设备。通用设备用来对多种设备进行一般功能测试,如信号发生器、测量仪表和显示器等。

e. 人工测试基本是利用标准的现成测试设备和某种程度的“试探”技术,测试过程中通常会反复的置换和调整。对于非常简单的或不复杂的设备来说,这种测试可能是最有效的。

f. 使用自动测试设备也可能要反复置换和调整,但对于复杂产品,可以明显提高其测试效率。

g. 值得注意的是,产品在正常工作显示的同时,也在某种程度上输出了判别和隔离故障的信息,可以利用这些信息进行故障定位(特别是在设备级)。

h. 检测手段与维修辅助手段综合应用可提供良好的检测诊断能力,包括诊断程序,修理规程和维修经验数据、便携式维修辅助装置(PMA)、交互式电子技术手册(IETM)。

(7) 人的因素是影响维修能力和效率的重要因素,维修性分析应针对主要的维修活动进行人素工程分析,主要项目如下:

① 力量与疲劳分析。主要分析维修人员在特定操作空间和姿势下,能否提供足够的力量,是否能够持续完成规定的作业。

② 可达性分析。主要分析维修人员能否够得到测试点、维修点、操作点,包括徒手操作和使用工具操作等情况。

③ 维修操作活动空间分析。主要分析装备是否为维修人员、被拆卸零部件提供了足够的、连续的操作和移动空间。

④ 可视性分析。主要分析维修人员在维修操作过程中是否可以看得见被操作对象,是否提供了足够的照明条件等。

⑤ 维修安全性分析。主要分析高压、高温、腐蚀、辐射等对维修人员健康和安全的影响,也应包括对装备的安全性分析。

(8) 经济性也是维修性的一个重要目标。设计过程中必须对维修费用进行预测和分析,尽量避免不合理因素的引入。费用分析不仅要考虑故障件的成本,还要考虑所需工具、设备等因素。需要时,还应考虑由于特殊技术或工艺要求所产生的费用影响。

(9) 维修性分析过程中应注意以下事项:

① 装备—维修人员—维修工具或设备必须作为一个整体来考虑。

② 测试系统必须作为产品设计的一个组成部分,在研制早期就应当考虑。

③ 测试系统常常是在产品主要功能之外附加的硬件和软件。

④ 测试系统往往会有一定的局限,如不能检测出所有的故障,对部分故障难以隔离定位,甚至有时产品尽管正常工作,但却被指示为故障等,这些质量特性影响着维修性、保障性要求与战备完好性目标的实现。

⑤ 测试系统的费用在产品的总费用中占有相当大的比重,维修性分析在确定测试系统的设计构成的同时,还要确定测试系统的质量特性。

(10) 维修性分析应该有助于确定产品及其各层次组成的修理策略,这种分析的结果应通知订购方所属的保障性分析人员作为保障性分析的输入,与这些人员取得必要的协调，以避免重复工作。

(11) 维修性分析对实装或实物样机的依赖限制了维修性分析的开展，目前虚拟实现(VR)技术已经成熟并在设计领域得到广泛应用，尤其是随着电子样机出现，维修性分析也应充分利用各种仿真技术(如虚拟维修仿真技术)及时尽早开展。

(12) 维修性分析所需的输入信息主要来源如下：

① 可靠性分析和预计；

② 维修有关的人的因素的研究；

③ 安全性分析；

④ 制造工艺分析；

⑤ 费用分析。

7. 抢修性分析

(1) 抢修性是在预定的战场条件下和规定的时限内，装备损伤后经抢修恢复到能执行某种任务状态的能力。抢修性分析目的是分析评价潜在的战场损伤抢修的快速性与资源要求，并为战场抢修分析提供相应输入，而战场抢修分析是制定装备战场损伤评估与修复(BDAR)大纲进而准备抢修手册及资源的一种重要手段。分析的目标是在战时以有限的时间和资源使装备保持或恢复执行任务所需的基本功能。

(2) 与一般维修不同，战场抢修允许采用一些非常规的方式方法，在战场条件下尽快恢复装备的基本功能，常见的抢修方式有切换、切除、重构、拆换、替代、原件修复、制配等。抢修方法不同，其所需要的资源、时间、难度和装备的可恢复程度也不同，应当通过战场抢修分析加以选择。当不能选择适用有效的抢修方法时，应提出改进建议，战场抢修分析可参见 GJB 4803。

(3) 抢修性分析对预想的战场损伤及其抢修法的快速、方便、有效性进行评估。主要内容如下：

① 抢修性要求与其他特性权衡；

② 损伤评估与修复时间分析；

③ 损伤评估与修复时间预计；

④ 损伤快速检测与定位有效性分析；

⑤ 损伤评估与修复安全性分析；

⑥ 损伤评估与修复资源评估。

(4) 进行战场抢修和抢修性分析，应收集如下信息：

① 装备概况；

② 装备的作战任务及环境的详细信息；

③ 可能的作战威胁情况；

④ 产品故障和战斗损伤的信息；

⑤ 装备维修保障信息；

⑥ 战时可能获得的保障资源信息；

⑦ 类似装备的上述信息等。

8. 制定设计准则

(1) 为了将维修性要求及预期的使用约束条件转换为实际的有效的硬件设计，必须确定和采用通用和专用的设计准则、标准及技术措施，以满足人员和保障约束条件及战备完好性、任务成功性等目标。

(2) 维修性分配、综合权衡、维修性分析，是确定产品及各组成部分定量、定性要求和制定设计准则的基础。

(3) 通用设计准则。

第一，为减少维修造成的停用时间，可以采取以下措施：

① 无维修设计；

② 标准的零部件；

③ 简单、可靠和耐久的设计和零部件；

④ 减轻故障后果的故障保护机构；

⑤ 模块化设计；

⑥ 从基层级到基地级的有效的综合诊断装置。

第二，为减少维修停用时间，可以通过设计使下列工作迅速可靠：

① 预测或检测故障或性能退化；

② 受影响的组件、机柜或单元的故障定位；

③ 隔离到某个可更换或可修复的模块或零件；

④ 通过更换、调整或修复排除故障；

⑤ 确定排除故障与保养的适用性；

⑥ 识别零件、测试点及连接点；

⑦ 校准、调整、保养及测试。

第三，为减少维修费用，可通过设计减少以下事项：

① 故障对人员和设备的危害；

② 全套专用维修工具；

③ 对于基地或承制方维修的要求；

④ 备件、材料和费用的消耗；

⑤ 不必要的维修；

⑥ 人员的技能要求。

第四，为降低维修的复杂程度，可以采用下列设计：

① 系统、设备和设施的兼容性；

② 设计、零件及术语的标准化；
③ 相似零件、材料和备件的互换性；
④ 最少的维修工具、附件及设备；
⑤ 适当的可达性、工作空间和工作通道。
第五，为降低维修人员要求，可以采用下列设计：
① 合理有序的职能和工作分配；
② 搬运的方便性、机动性、运输性和储存性；
③ 最少的维修人员和维修工种；
④ 简单而有效的维修规程。
第六，为减少维修差错，可以采用设计措施以减少以下事项：
① 未检测出的故障或性能退化的可能性；
② 无效维修，疏忽、滥用或误用维修；
③ 危险的或难处理的工作内容；
④ 维修标识和编码含混不清。

（4）拟定设计准则必须有助于分析人员选择维修性的定量设计特征，从而把最佳的维修性设计到产品中去。

（5）设计准则的拟订，应该使那些能够确保产品整个寿命周期内维修保障经济有效的特征在设计中得到考虑。

（6）确定是否符合准则的最好方法是检查产品功能图、简图、设备组装、外形、配合及功能，技术规程以及对照设计评审核对表的内容，这种确认是否符合准则的过程应在整个工程研制阶段持续进行，并在研制过程中能根据所提出的技术状态更改规定迭代进行，每次检查均应形成设计准则符合性报告。

9. 维修保障与保障性分析

（1）维修保障计划和保障性分析准备输入，是以确定和准备数据为主的一项工作，其目的在于逐步获得适用且有效的数据，并跟踪与协调维修性分析工作和保障性分析工作，避免不必要的重复。

（2）数据的种类、数量和有效程度，随产品的型号和研制阶段不同应有差异。通常，结构简单的产品易于达到符合实际的有效数据。相反，结构复杂的产品，要得到有效的数据就比较困难。在研制阶段的早期，可能只能得到相似产品的数据或预计的数据，误差较大。随着研制工作的进展，特别是1∶1样机的制成，数据会变得更有效。

（3）维修保障计划和保障性分析的输入要求见GJB 1371，有关的主要维修性数据如下：
① 产品的结构与安装特点；
② 产品的性能检测和故障诊断特性；

③ 与维修性有关的产品技术状态；

④ 维修性预计结果；

⑤ 在各维修级别上所要求的不同种类的维修工作；

⑥ 在每一维修级别开展维修工作所需的工具、设备、场地以及各种技术手册等；

⑦ 每一维修级别要求的人员技术水平与种类。

(4) 在工程研制开始之前,应该提供确定保障要求所需数据;在工程研制过程中,关键设计评审之前,应该提供保障性分析所需数据。

(三) 测试性设计与分析

1. 设计与分析综述

测试性设计的目的是把测试设计到产品中去,使之能满足测试性要求,通过分析来预计可能达到的测试性水平。GJB 2547 工作项目 202 和工作项目 203 的主要区别是前者的输出是可测试的硬件设计,后者的输出是满足规定要求的故障检测和故障隔离水平。测试性的预计是根据测试序列的应用来进行的(无论 BIT 或者脱机设备测试程序)。固有测试性的评价则只根据系统或产品的设计而不是根据序列的应用来进行的。

由于测试性设计是针对详细设计的,所以它主要用于工程研制阶段。

2. 测试性设计技术

在工程研制阶段的详细设计期间,工程研制阶段的初步设计中采用的测试性设计技术将进一步细化。在人工测试与自动测试的权衡、BIT 与 ATE 的权衡、BAT 和脱机测试的配合和 UUT 与 ATE 的兼容性、BIT 软件和系统级 BIT 等为初步设计提供的指南也同样适用于详细设计。

3. 固有测试性评价

在工程研制阶段样机制造状态(详细设计),GJB 2547 附录 A 固有测试性评价也适用于详细设计。固有测试性评价应该在详细设计评审之前完成。

4. 预计的测试性

在完成系统或设备设计时,应生成测试序列并评价测试性。在 BIT 或 TPS 完成之前,建议使用故障模拟的方法,通过注入大量的模拟故障,分析测试性水平。分析结果可用于 TPS 或 BIT 软件的设计,也可用于产品的设计,以改进测试性。对于那些未被检测或不易隔离的故障,可作如下处理:

(1) 如果故障不能用任何测试序列检测出来,则这样的故障应从故障总体中删除;

(2) 如果故障能检测出来,但是测试序列不完全,则应在测试序列中增加测试激励模式;

(3) 如果故障能检测出来,但是产品的硬件设计妨碍了合理的使用测试序列，则应重新设计，提供附加的测试控制和观测。

测试性度量包括以故障率或故障数为基础的度量和费用效益度量。

1）故障检测率

计算故障检测率的公式为

$$r_{fd} = \lambda_d/\lambda = \sum_{i=1}^{k}(\lambda_i/\lambda)$$

式中 r_{fd}——故障检测率；

λ_i——所检测到的第 i 个故障模式的故障率；

K——检测到的故障模式数；

λ_d——检测到的所有故障模式的故障率之和；

λ——总故障率。

2）故障隔离率

规定故障隔离率指标时应该规定相应的模糊度。故障隔离率的计算公式为

$$r_{fi} = \lambda_r/\lambda_d = \sum_{i=1}^{P}(\lambda_{Li}/\lambda_d)$$

式中 r_{fi}——故障隔离率；

L——模糊度；

P——隔离模糊度不大于 L 的故障模式数；

λ_{Li}——P 中第 i 个故障模式的故障率；

λ_r——P 中所有故障模式的故障率之和；

λ_d——检测到的所有故障模式的故障率之和。

3）故障潜伏时间

故障潜伏时间是指从故障发生到给出故障指示所经历的时间，故障检测时间是故障潜伏时间的一部分。故障潜伏时间对说明 BIT 快速处理致命故障的能力十分有用。通常要求所有致命故障的故障潜伏时间不大于 1min，95% 的致命故障的潜伏时间不大于 1s，85% 的严重故障的潜伏时间不得大于 1min。

4）故障隔离时间

使用 BIT 或脱机测试进行维修期间，故障隔离时间通常是修复时间中最长、最难预测的部分。测试性工作不仅应设法减少故障隔离时间，而且应按照 GJB 368B 的要求给维修人员提供故障隔离时间的精确预计值。故障隔离时间可以用平均时间或最大时间（按规定的百分位）表示。这个时间不仅与诊断测试序列的长度有关，而且还必须包括人工干预所需的时间。

5. 故障模拟

在一个产品中实际注入足够的故障来确定产品对测试序列的响应显然不现实。即使在该产品中注入为数不多的典型故障，所花费的时间和费用也是不允

许的，而且注入故障还受到电路封装的限制。可行的办法是用计算机程序把大量的故障注入到硬件产品的软件模型中。该程序可以模拟含有某个故障的产品对激励的响应情况。在注入大量故障之后，按照故障检测率和故障隔离率来评价测试激励。计算机程序可以模拟数字电路的故障状态，以此评审 TPS 的测试能力，也可以用该程序评定 BIT 的性能。另外，还可用程序为模拟器自动生成测试序列。对于模拟电路的故障状态，也可以用计算机程序来模拟，不过必须人工提供测试激励。这种方法的实用性取决于模型反映实际故障的准确性。建立的产品模型必须包括所由关键的故障模式。在模拟故障之前，必须验证产品的无故障特征，验证的方法是采用功能测试并把模型的响应与正确的响应进行比较。

6. 测试性费用数据

所有测试性能的度量最终都要转化为费用影响。一般来说，测试质量越高，生产费用也越高，但使用和维修费用越低，系统的寿命周期费用也越低。在通过保障性分析确定测试性要求时，这些费用数据很重要，应该把系统或设备研制生产过程中收集的测试性费用数据放入数据库，供以后保障性分析使用。

1）非再现费用

非再现费用是整个寿命周期中一次性投入的费用，这里是指与系统或设备的测试性有关的研制费用，主要包括以下几项：

（1）制定测试性工作计划费用；

（2）测试性设计费用；

（3）测试模拟和分析费用；

（4）测试性资料准备费用。

2）再现费用和代价

再现费用是按年度重复出现的费用，这里是指与系统或设备的测试性有关的生产、使用和维修费用及代价，主要包括下列几项：

（1）实现 BIT 和测试性要求所需的附加硬件的费用；

（2）附加硬件、连接器和提高模块化程度所需的体积和重量；

（3）附加硬件所需的功率；

（4）BIT 软件所需的计算机储存器；

（5）由于 BIT 电路故障引起系统中断的可能性；

（6）附加硬件对可靠性的影响。

3）研制和生产阶段费用评定

应从以下几个主要方面估计测试性对工程研制阶段和定型阶段费用的影响：

（1）测试生成费用；

（2）定型阶段的测试费用；

（3）测试设备费用；

（4）接口装置费用。

4）使用和维修阶段费用评定

应从以下几个主要方面估计测试性对使用和维修阶段费用的影响：

（1）测试和修复费用；

（2）测试和修复时间；

（3）人力费用；

（4）备件费用；

（5）培训费用。

7. 使用测试性

使用测试性用于评价实际使用和维修环境对系统或设备测试性的影响。为了度量系统或设备在使用或维修环境下的测试性，应按收集有关的测试性数据制定数据收集计划。应注意的是，纠正使用中的测试问题有很多方法（例如，人员变动、组织机构变动和步骤上的变动等）并不一定能导致工程设计的更改。使用中的测试性度量涉及以下内容：

（1）测试设备的自动化程度——提供的测试设备和安排的人员的培训和技能水平是否一致；

（2）BIT 故障检测率——BIT 能否及时准确地检测故障，而尽量不依赖于人工检测；

（3）BIT 虚警率——BIT 虚警率是否高到影响使用可用性和维修工作量；

（4）重测合格问题——在某一级维修中检测出的故障是否能在更高维修级别中也检测出来；

（5）BIT 故障隔离时间——BIT 是否支持平均修复时间（MTTR）要求和系统可用性要求；

（6）脱机故障隔离时间——ATE 和相应的 TPS 是否支持基地测试速度要求；

（7）故障隔离率——BIT 和 ATE 的故障隔离率是否低到影响备件供应；

（8）BIT 可靠性——BIT 可靠性是否差到影响任务功能。

（四）安全性设计与分析

1. 初步危险表

承制方应尽早地提出初步危险表，订购方可根据其结果决定后续危险分析（初步危险分析、分系统危险分析等）的范围。

2. 初步危险分析

初步危险分析是方案阶段或设施订购的规划和要求确定进行的危险分析的初步工作。

初步危险分析的目的是全面地识别危险状态及所有由此带来的系统的问

题,初步危险分析也适用于初步考察现役系统的安全性状态。初步危险分析是其他危险分析的基础。

(1) 初步危险分析至少应包括以下内容:

① 评审相应的安全性历史资料;

② 列出主要能源的分类表;

③ 调查各种能源,确定其控制措施;

④ 确定系统必须符合的有关人员安全、环境安全和有毒物质的安全性要求以及其他有关规定;

⑤ 提出纠正措施的建议。

(2) 因为初步危险分析需在研制的初期进行,其分析资料可能不完整或不准确,所以应选择便于修改的分析模型,以便随设计的进行不断地修改和完善。若分系统的设计已达到可进行详细的分系统危险分析,则应终止初步危险分析。进行初步危险分析需要以下信息:

① 各种设计方案的系统和分系统部件的设计图样和资料;

② 在各系统预期的寿命期内,系统各组成部分的活动、功能和工作顺序的功能流程图及有关资料;

③ 在预期的试验、制造、储存、修理、使用场所和以前类似系统或活动中与安全性要求有关的背景资料。

3. 分系统危险分析

(1) 应考察每个分系统或部件,以确定与使用或故障模式有关的危险,尤其是要确定部件的使用或故障对整个系统安全性的影响,还应确定消除已判定的危险或降低其风险所必需的措施。

(2) 当分系统的设计已足够详细或设施的订购进入方案设计阶段时,就可以进行系统危险分析。分析应随设计的进行不断修改,也应评价部件的设计更改是否影响系统的安全性,应仔细选择分系统危险分析技术,以尽量减少给系统危险分析带来的问题。

(3) 若分系统中的软件是按照 GJB 137、GJB 139 要求开发的,在评价软件对分系统危险分析的影响时,承制方应监控和应用软件开发过程各阶段的输出结果,并向订购方报告需要纠正的软件问题,以便于及时处理。

4. 系统危险分析

(1) 在初步设计评审点或设施方案设计评审点,就应开始系统危险分析,并应在设计完成前不断地修改,应评价设计更改以确定对系统及其分系统的安全性影响。在系统危险分析中应提出消除已判定的危险或降低其风险的纠正措施。

(2) 系统危险分析应考察所有的分系统接口的下列内容:

① 符合在系统或分系统要求文件中规定的安全性准则;

② 对系统或人员会产生危险的独立或从属故障的各种可能组合，应考虑控制装置和安全装置的故障；

③ 系统及分系统的正常使用会怎样降低系统的安全性；

④ 对设备或人员会产生新危险的系统、分系统的接口、逻辑与软件的设计更改。

应仔细选择系统危险分析技术，以尽量减少给系统危险分析与其他危险分析的综合分析带来的问题。

（3）若系统中的软件是按照 GJB 137、GJB 139 要求开发的，在评价软件对系统危险分析影响时，承制方应监控和应用软件开发过程各阶段的输出结果，并向订购方报告需纠正的软件问题，以便于及时处理。

5. 使用和保障危险分析

（1）承制方应对以下活动进行使用和保障危险分析：系统制造、部署、安装、装配、试验、使用、维修、运输、储存、改装、退役和处理。当系统的设计或使用条件变动时，承制方应修改使用和保障危险分析，使用和保障危险分析也可有选择地应用在设施订购中，以保证使用和维修手册中含有合理的安全性及健康要求。

（2）应尽早地进行使用和保障维修分析，为系统设计提供输入信息，在系统试验和使用前也应进行本分析，使用和保障危险分析工作作为闭环重复过程是非常有效的。所以在系统的设计更改前，应采用使用和保障危险分析，评价技术状态更改建议，使用和保障危险分析需要以下信息：

① 系统、保障设备和设施的说明；

② 规程和操作手册草案；

③ 初步危险分析、分系统危险分析和系统危险分析报告；

④ 有关的要求、约束条件和人员能力；

⑤ 人素工程资料和报告；

⑥ 经验教训，包括以往人为差错造成的事故。

（3）为有效地实现使用和保障危险分析的目标，应将其分析结果发到各有关部门，应仔细选择使用和保障危险分析技术，以尽量减少给使用和保障危险分析与其他危险分析的综合分析带来的问题。

6. 职业健康危险分析

（1）职业健康危险分析的第一步是确定涉及系统保障的潜在有毒物质数量或物理因素的量级；下一步是分析这些物质或物理因素与系统及保障的关系。根据这些物质或物理因素的量级、类型以及保障的关系，评价人员可能接触的场合、方式及接触频度；最后一步是在系统及其保障设备或实施的设计中采用经济效益好的控制措施，将人员与有毒物质或物理因素的接触降低到可解除水平。若控制措施的寿命周期费用很高，则需考虑更改系统设计方案。

(2) 职业健康危险分析不是要求按健康防护来支配系统的设计,而是保证决策人员了解系统中的健康危险及其影响,以便权衡作出合理的决策。

(3) 应考虑以下与系统及其保障有关的因素:

① 物质的毒性、数量及物理状态;

② 有毒物质或物理因素的使用及释放;

③ 意外接触的可能性;

④ 产生的危险废物;

⑤ 有毒物质的装卸、输送与运输要求;

⑥ 防护服或保护设备的需求;

⑦ 定量接触水平所需的检测设备;

⑧ 可能处于危险下的人数;

⑨ 可能用到的工作控制手段,例如:隔离、封闭、通风、噪声或辐射屏蔽等。

(4) 订购方应根据对化学物理因素接触极限的有关规定,或与生物环境工程部门(医务部门)协商,确定健康危险的可接受水平。

7. 技术状态更改安全性评审

必须评价技术状态更改对系统安全性的影响。往往纠正一个缺陷时,由于疏忽可能引入另外的缺陷,所以需进行技术状态更改的安全性评审,以防止引入新的危险。若技术状态更改降低了系统的安全性水平,则必须得到订购方认可。

8. 安全性培训

(1) 系统安全性主管负责人资格。某些系统明确要求系统安全性主管负责人要具有特定的资格,其资格要求可采用主管负责人的部分或全部规定,或者由订购方规定的最低资格要求,必要时,应对有关人员进行培训,以提供获取资格的机会。

(2) 培训。一是安全性大纲要求对系统研制、试验和使用人员进行资格培训。为设计无危险的系统,设计人员必需懂得基本的系统安全性原理。完善的培训计划首先应培训工程设计人员和负责人,使其认识到及早地进行安全性设计的重要性,以避免重新设计或更改设计;二是必需对试验人员进行设备的安全装卸、操作及试验方面的培训;三是可用不同的方法进行各类培训,培训结束按大纲要求进行考核,培训资料归档备查;四是安全性培训计划应在系统安全性工作计划中详细叙述。

9. 软件系统安全性

1) 软件系统安全性工作的目的

(1) 确定系统和系统中软件的安全性要求;

(2) 确保安全性说明书中的要求准确地转化为系统或部分系统说明书和软件需求规格说明的要求,并将系统或部分系统说明书和软件需求规格说明中的安全性要求准确地转化为软件的设计和编程；

（3）确保在系统或部分系统说明书和软件需求规格说明中明确地规定需用的安全性准则，包括故障安全保护、故障可起动、故障可用、故障仍可工作或故障可自动恢复等；

（4）确定控制或影响安全性关键的硬件功能的计算机软件部分，这些成分应指定为安全性关键的计算机软件成分；

（5）对为会导致或促成影响安全性的事件、故障和环境而设计或执行的安全性关键的计算机软件成分及其系统接口进行分析；

（6）分析安全性设计要求的实现，以确保达到要求的目标，分析应验证不存在损害安全性特性的单个或可能的多重故障，安全性要求的实现应不会引起新的危险或对其他安全性要求有不利的影响；

（7）确保实际编制的软件不会引起危险的功能或妨碍正常的功能，而产生危险状态；

（8）有效地减轻系统硬件危险的异常现象；

（9）确保测试安全性设计要求，包括故障测试。

2）软件系统安全性分析技术和方法

（1）软件故障树分析；

（2）软件潜在分析；

（3）设计预排；

（4）编程预排；

（5）皮特里网络分析；

（6）软件与硬件综合的关键路径分析；

（7）核安全性交叉校验分析；

（8）交叉参考列表分析。

由于各种技术和方法有不同的侧重点，故对具体软件成分详尽的软件危险分析可能需应用多种方法。此外，应用良好的软件工程经验是设计安全和便于分析的软件所必不可少的。

软件系统安全性分析必须在论证阶段的早期开始，并应设计得易于修改。为确保有效的分析，需要以下信息：

（1）系统或部分系统说明书、软件需求规格说明、接口要求说明书和其他说明系统各种软件—软件、软件—硬件、软件—操作员的接口和系统可能遇到的正常和异常环境的配置文件；

（2）在系统预期的寿命周期内，系统各组成部分的活动、功能和工作顺序和时序的功能流程图、时序图和相关资料；

（3）计算机程序功能流程图（或其相当的功能资料）、程序的设计语言、储存和时序配置图以及其他的程序机构文档；

（4）涉及计划的测试、生产、运输、装卸、储存、修理、预期的工作和保障环境及类似程序或活动的经验教训的与安全性要求有关的基本信息；

（5）已知的危险事件源，包括能源和有毒物质源，特别是可由软件控制的事件源；

（6）软件开发计划、软件质量评估计划、软件配置管理计划和其他的系统和分系统开发计划文档；

（7）系统测试计划、软件测试计划和其他测试文档。

应将软件危险分析整理成文，作为系统安全性危险分析报告的组成部分。

3）软件需求危险分析

（1）软件需求危险分析应利用初步危险表和系统级的初步危险分析的结果，应从总体上检查安全性关键的计算机软件成分，已获得软件系统的初步安全性评价。软件需求危险分析的结果可作为其他安全性分析的输入。安全性关键的计算机软件成分要用概要设计危险分析和详细设计危险分析作进一步的分析。

（2）软件需求危险分析工作在作系统要求分配时开始。首先，软件需求危险分析应建立软件安全性需求的跟踪系统，记录每个需求的实现情况。本分析也应完整地评审和分析软件的需求，旨在确定现行的需求（以及由初步危险表和系统级的初步危险分析得出的需求），并保证把那些需求准确地纳入软件需求规格说明中。

此外，分析应得出需要和建议的工作，以消除判定的危险，或将有关的风险减少到可接受水平，并提出初步测试需求。本工作一般包括以下内容：

（1）评审系统、分系统说明书、软件需求规格说明、接口要求说明书和其他系统方案及要求文件，一是确保已将安全性要求分配到软件；二是已确定出初步危险表和系统级的初步危险分析得出的危险；三是由系统说明书到详细软件规格说明中的安全性要求的可跟踪性。

（2）分析功能流程图（或其相应的功能资料）、程序设计语言、数据流图、储存和时序分配图表及其他程序文档，以确保满足规格说明和安全性需求。

4）概要设计危险分析

概要设计危险分析在软件要求评审后开始，并根据软件需求危险分析细化概要设计危险分析，它应包括以下内容：

（1）确定由初步危险分析、分系统危险分析和软件需求危险分析判定的危险与具体的计算机软件成分的关系，并将控制或影响危险的计算机软件成分确定为安全性关键的计算机软件成分；

（2）检验软件以确定计算机软件成分之间是否相关和相关程度，直接或间

接影响安全性关键的计算机软件成分的软件单元也要确定为安全性关键的计算机软件成分,并分析其不希望的影响;

(3) 分析安全性关键的计算机软件成分的概要设计是否符合安全性需求,并将分析结果送交软件设计人员和系统负责人;

概要设计危险分析的结果应在概要设计评审时提交,并作为评审内容的一部分。

5) 详细设计危险分析

(1) 承制方可应用软件需求危险分析和概要设计危险分析的结果分析软件的详细设计。分析工作应在概要设计评审后开始,根据概要设计危险分析而细化,是概要设计危险分析的继续。分析应在软件编制前基本上完成,其结果在详细设计评审时提交。

(2) 本分析应包括分析输入或输出时序、多重事件、失序事件、事件失败、错误事件、不恰当的数值、不利环境、死锁和硬件故障敏感性等可能引起的错误。

(3) 本分析应包括以下内容:

① 确定由初步危险分析、软件需求危险分析和概要设计危险分析判定的危险与具体的低层次计算机软件成分的关系,并将控制或影响危险的成分确定为安全性关键计算机软件成分。必须分析其正确性及其不希望的影响。

② 考察软件以确定低层次软件成分之间是否相关和相关的程度,直接或间接影响安全性关键的计算机软件成分的软件单元也确定为安全性关键的计算机软件成分,必须分析其正确性及其不希望的影响。

③ 分析安全性关键的计算机软件成分的详细设计是否符合安全性设计要求,并将分析的结果送交软件设计人员和系统负责人。

④ 确定要包括在测试计划、说明和规程中的需求。

⑤ 确定要包括在计算机系统操作员手册、软件用户手册、计算机系统诊断手册、固件保障手册以及其他手册中的需求。

⑥ 确保程序编制人员了解哪些是安全性关键的计算机软件成分,向程序编制人员提供与安全性有关的编制建议和需求。

本分析的结果和本分析前进行的所有安全性分析的结果应在详细设计评审时提交,并作为评审内容的一部分。

6) 软件编程危险分析

软件编程危险分析考察,是计算机软件成分和其他计算机软件成分的源程序和目标程序的安全性的关键,以验证设计实现情况。该工作必须与编程同时开始,并不断修改直至完成软件的测试。危险分析应确定消除已判定的危险后将有关的风险减少到可接受水平所需的工作。分析人员应参与程序的评审、预排及程序的匹配评审。危险分析应考查以下工作:

(1) 安全性关键的计算机软件成分的正确性及输入或输出时序,多重事件、错误事件、失序、不利环境、死锁、不恰当的数值和其他敏感类型。

(2) 软件成分中可能导致或促成影响安全性的不希望事件的设计或编程错误。

(3) 安全性关键的计算机软件成分是否符合适用的系统或部分系统说明书或软件需求规格说明中提出的安全性准则,必须在源程序和目标程序级以及在概要和详细设计层次考察软件的安全性关键的部分。

(4) 安全性关键的计算机软件成分的安全性设计需求的实现情况,以确保满足需求的目标,分析人员应确保外围硬件或其他模块的单个或可能的多重故障不会影响软件的安全性特性。进行的软件测试应能测试出安全性特性,包括故障模式和中止路径测试。

(5) 使系统在危险方式下运行的独立、从属或交叉相关的硬件或软件故障,非设计的程序转移。单个或多重事件、或失序事件的可能组合;

(6) 过界、过载输入状态或它们的多重组合。

此外,软件编程危险分析的结果应在测试准备状态评审时提交,作为评审内容的一部分。编制程序时,必须及时向程序员提供低层次单元的软件编程危险分析结果。

7) 软件安全性测试

完成一个软件单元的编程后应立即开始测试较低层次的单元,软件的系统级测试在通过测试准备状态评审后开始,承制方的安全性工作人员进行的测试和测试保障包括以下内容:

(1) 对安全性改进的计算机软件成分进行适当的安全性测试以确保所发现的危险已经消除或已将风险减少到可接受水平;

(2) 为了测试安全性改进的计算机软件成分的安全和正确地运行,应向测试工作人员提供测试过程、用例和输入;

(3) 确保按批准的测试过程测试所有的安全性关键的计算机软件成分,并准确地记录测试结果;

(4) 不仅在正常的状态下还要在异常的环境和输入状态下测试软件,确保在这些状态下软件正确地和安全地运行;

(5) 进行软件应力测试和验收测试以确保软件在应力状态下正确地和安全地运行;

(6) 无论是否修改了外购软件,均需确保该软件在系统内正确地和安全地运行;

(7) 无论是否修改了订购方提供的软件,均需确保该软件在系统内正确地和安全地运行;

（8）确保在系统综合和系统验收测试中发现的危险和缺陷已得到纠正和重新测试，以保证无遗留问题。

8）软件与用户接口分析

应确定用户与程序的接口以确保系统安全地工作，甚至在做完所有的安全性分析和设计更改后，系统中仍能存在不能通过设计消除或严格控制的危险，因此，必须制定下列工作规程：

（1）通过检测危险征兆或潜在危险状态的方法以预防危险的发生；

（2）控制危险使得只有在特殊的情况下和操作员特定的命令下才发生；

（3）向操作员、用户和其他人员提供报警的功能，指示可能即将出现或正在出现的潜在危险状态；

（4）确保发生危险后系统能够生存；

（5）若预防和控制规程失败，或维修已经发生，提供损坏控制和恢复规程；

（6）提供在Ⅱ级危险状态下生存和恢复的规程；

（7）根据需要，提供安全地中止或取消一个事件、过程或程序的能力；

（8）向操作员提供系统或软件故障报警的功能，并确保操作员了解所有同时存在的故障，这可能会改变消除或超越故障的方式；

（9）确保危险数据显示明确，并向操作员提供作出安全性关键决策所需的所有数据。

9）软件更改危险分析

更改危险分析时考察和分析说明书、要求、设备、软件设计、源程序和目标程序的更改（包括修改和修补）对安全性的影响。若不进行更改分析，则更改后系统就不能认为是最安全的，分析应包括以下内容：

（1）分析系统、分系统、接口、逻辑、规程和软件的设计更改以及程序更改对安全性的影响，确保更改不会产生新的危险，不会影响已解决的危险，不会使现存的危险变的更严重，以及不会对任何有关的（或接口的）设计或程序有不利的影响；

（2）对更改进行测试，以确保新的软件中不包含危险；

（3）确保将更改适当和正确地纳入编程中；

（4）评审和修改有关文档以反映这些更改；

（5）将执行本工作项目的方法和过程纳入软件配置管理计划。

四、规范设计

（一）概述

“规范”一词按照GJB 1405A中2.38的定义就是“要求”，同时还解释，规范可能与活动有关（如：程序文件、过程规范和试验规范）或与产品有关（如产品规范、性能规范和图样）。在GJB 0.2的6.6条“规范名称”中定义，规范名称应包括中文名称和英文名称。英文名称排在中文名称的下面。规范的中文名称由订购对象的名称和“通用规范、详细规范”或“规范”组成。在 GJB 6387 中，规范亦称研制项目专用规范。必要时，在订购对象的名称前加适当的限定词，以明确主题。

示例 1：重机枪通用规范；

示例 2：CAK 型固体电解质旦电容器详细规范；

示例 3：雷达低压电源用模块规范；

示例 4：专用规范指系统规范、研制规范、产品规范等 6 个规范。

本节主要讲述专用规范的编制。编制规范首先“要求”要明确，其次是“验证”内容应与要求一一对应，并给出明确验证的方法、程序以及结论，其技术指标及要求应符合研制总要求或技术协议书的规定。

在武器装备研制项目中，专用规范是用以规定技术状态、特定工艺、特定材料的基本技术要求（包括确定这些要求是否得到了满足所需的检查、试验程序和方法）的一种文件。它是使用方和承制方签订合同、进行交付或验收活动的依据。

（二）编制一般要求

1. 编制要求

承制方应有计划、有步骤的按研制阶段编制系统、研制和产品等六个规范以及试验规程。

2. 管理要求

研制管理机构负责规范编制、修订后的审查、评审和监督管理工作。

（三）技术规范

1. 技术规范内涵

技术规范又分设计规范和试验规范，设计规范一般包括系统规范、研制规范、产品规范、工艺规范、软件规范、材料规范和试验规范（或规程）（GJB 1405A 中 3.18 条的定义是阐明产品试验过程应遵循的技术准则、程序、方法等基本要求的文件。在 GJB 0.1 附录 D“试验规程类标准的要求要素框架”明确，军事装备鉴定或定型的试验规程中，技术要素的“要求”一般包括下述内容与 GJB 1405A 中 3.18 条的定义是一致的，所以也称规程）等类型，都是陈述产品设计、试验过程中应遵循的技术程序、程序、验证内容及方法的标准化文件，作为指导设计、试验工作和控制其质量的依据。编制设计、试验规范，也是标准化工作的重要组成部分。承制方应当通过编制设计、试验规范，不断积累经验，推进研制过程的规范化，控制设计、试验质量，提高工作效率。

2. 编制时机及要求

在装备研制过程中，实施技术状态管理，需要对选定的技术状态项建立技术状态基线,即功能基线、分配基线和产品基线。这 3 种基线是通过分阶段研制、系统工程过程和寿命周期综合逐步完善并经批准(审查)而形成的相应成套技术状态文件,分别由系统规范、研制规范、产品规范、软件规范、材料规范和工艺规范等 6 类组成。

(1) 功能基线主要由系统规范构成。系统规范描述系统的功能特性、接口要求和验证要求等,其应与《主要作战使用性能》的技术内容协调一致。系统规范一般由承制方从论证阶段开始编制,随着研制工作的进展逐步完善,到方案阶段结束前经订购方主管研制项目的业务机关正式批准,纳入方案阶段的研制合同。

(2) 分配基线主要由研制规范构成。研制规范描述分系统或产品的功能特性、接口要求和验证要求等。属研制规范范畴的软件规范描述软件产品的工程需求、合格性需求和验证要求及接口需求、数据要求和验证要求等,其应与《××型研制总要求》的技术内容协调一致。《研制规范》一般由承制方从方案阶段开始编制,随着研制工作的进展逐步完善,到工程研制阶段技术设计结束前经订购方主管研制项目的业务机关正式批准,纳入工程研制阶段的研制合同。

(3) 产品基线主要由产品规范、重要特殊原材料或半成品(如新材料)的材料规范、重要特殊工艺(如专用的新工艺)的工艺规范构成。对软件规范而言,软件需求规格说明和接口需求规格说明属研制规范范畴,而软件产品规格说明则属产品规范范畴。

产品规范描述产品的功能特性、物理特性和验证要求等。属产品规范范畴的软件规范描述软件产品(含用于产品中的软件)的软件设计与编译/汇编程序和验证要求等;材料规范描述材料的性能、形状和试验要求;工艺规范描述用于产品或材料制造的专用工艺所需的材料、设备及加工等的控制要求。这类规范一般由承制方从工程研制阶段早期开始编制,随着研制工作的进展逐步完善,到工程研制阶段详细设计结束前经订购方主管研制项目的业务机关组织的审查或批准,纳入分承包的研制合同。

下面简述 6 类专用规范编制方法及格式、表述要求与内容导则,以满足武器装备研制的系统工程过程中实施技术状态管理的需要。产品规范的模板见本书附录 3 所示。

3. 编制方法及要求

以下编制方法及要求以 GJB 6387 为依据。

1) 范围

(1) 主题内容。

① 专用规范的第 1 章“范围”是必备要素。

② 范围不应包含要求,其具体内容如下:针对本专用规范的实体,明确其主题内容。主题内容的典型表述形式为“本规范规定了××××(标明实体的代

号和（或）名称）的要求。”

（2）实体说明。根据需要，简要描述本专用规范所针对的实体。简要描述实体在其所隶属的武器装备《工作分解结构》中的层次。必要时，可列出该实体下一层次各组成部分的代号和名称。

2）引用文件

（1）概述。

专用规范的第2章“引用文件”只应汇总列出下列要素中“要求性”内容提及的文件：

① 要求（第3章）、验证（第4章）、包装（第5章）；

② 规范性附录；

③ 表和图中包含要求的段与脚注。

引用文件不应汇总列出下列要素中资料性内容提及的文件：专用规范的前言、引言、范围、说明事项、资料性附录、示例、条文的注与脚注、图注、表注以及不包含要求的图和表的脚注。这些内容提及的文件可列入参考文献，具体格式及要求参见GJB 6387中5.16条。

专用规范有引用文件时，应列出其引用文件一览表，并以下述引导语引出：

“下列版本文件中的有关条款通过引用而成为本规范的条款，其后的任何修改单（不包括勘误的内容）或修订版本都不适用于本规范，但提倡使用本规范的各方探讨使用其最新版本的可能性。”

专用规范无引用文件时，应在“2）引用文件”下另起一行空两字起排“本章无条文”字样。

（2）引用文件的排列顺序。引用文件的排列顺序一般为：国家标准，国家军用标准，行业标准，部门军用标准，企业标准，国家和军队的法规、条例、条令和规章，ISO标准，IEC标准，其他国际标准。国家标准、国家军用标准、ISO标准和IEC标准按标准顺序号排列；行业标准、部门军用标准、企业标准、其他国际标准先按标准代号的拉丁字母顺序排列，再按标准顺序号排列。

（3）引用文件一览表的编排。

① 每项引用文件均左起空两个字起排，回行时顶格排，结尾不加标点符号。

② 标准编号和标准名称之间空一个字的间隙。标准的批准年号一律用四位。标准的名称不加书名号。

③ 引用国家和军队的法规性文件时，应依次列出其名称（加书名号）、发布日期、发布机关及发布文号，每项内容之间空一个字的间隙。

3）要求

（1）作战效能/功能。本条规定如下：

① 作战使命任务，根据作战需求，规定实体预期完成的任务、行动或活动。

② 作战使用方式，根据作战使命任务，规定实体使用的指挥关系、协同方式、人员编成及各种状态与方式等。需要实体以一个以上的状态或方式运行时，本条宜明确相应状态与方式，诸如空载、准备、战斗（工作）、训练、紧急备用、平时与战时等。宜采用表格描述状态与方式同各项要求间的关系。

（2）性能。本条规定有关表征实体能力的指标要求，包括相应的参数及其使用条件下的允许偏差，以表征实体应具备的能力。例如飞机的作战半径，雷达的射频工作频率，通信装备的地域覆盖能力，导弹的射程、命中精度和突防能力，舰船的稳性、航速和续航能力，火炮的口径与射程，坦克的装甲防护能力等。

适用时，还要规定实体在意外条件下所需具备的运行特征、防误操作措施，以及在紧急情况下保证连续运行所需要的各种预防措施。

（3）作战适用性/通用质量特性。本条规定实体的作战使用特性，可根据实体的作战功能从下列参数中选取适用的参数：

① 战备完好性参数，通常有下述几种：

a. 固有可用度 A_i 与使用可用度 A_o，即实体在任一随机时刻需要和开始执行任务时，处于可使用状态的程度；

b. 装备完好率，例如资源准备完好率或待机准备完好率；

c. 能执行任务率，例如飞机的出动架次率、舰船的在航率等。

② 任务成功性参数，通常有下述几种：

a. 任务可靠度 R，即实体在规定的任务剖面条件下和规定的一个时间周期内完成基本任务功能的概率，诸如行使可靠度、发射可靠度、飞行可靠度、运载可靠度、待命可靠度、储存可靠度等；

b. 任务成功率，即实体在规定的任务剖面内完成规定任务的概率。

③ 使用寿命 L_{se}，即实体从首次使用直至退役之间的时间长度或循环次数。

（4）环境适应性。本条规定实体在运输、储存、维护保养和使用中适应预期环境的能力，以其寿命周期内预期经历的环境条件描述。

① 自然环境：

a. 气象条件，例如，温度、湿度、盐雾、砂尘、霉菌、雨、雷电、风、压力、雪、冰、霜等；

b. 水文条件，例如，水深、海流、潮汐、温度与密度、盐度、风浪、波高与周期、表层流速及流向等；

c. 地理条件，例如，经纬度、江河、湖泊、地形、森林、沼泽、桥梁、道路、海拔高度等。

② 特殊环境，包括实体在未来战争中可能经受的由于使用核、化学、生物、电磁、光波与激光等武器所造成的环境效应。

③ 诱发环境，包括实体在作战、训练、试验、运输、储存等过程中可能经受的

冲击、振动、倾斜、摇摆、噪声、高温等。

(5) 可靠性。本条规定实体在无故障、无退化或不要求保障系统保障的情况下执行其功能的能力。实体的可靠性定量要求用相应的可靠性参数指标表示。可靠性参数宜按照 GJB 1909 的规定选取。

确定可靠性指标时,应明确以下事项:

① 寿命剖面;

② 任务剖面;

③ 故障判别准则;

④ 维修方案及维修级别;

⑤ 验证时机、验证方法,还包括置信水平、接受和拒收判据;

⑥ 达到指标的时间或阶段;

⑦ 其他假设或约束条件。

初次规定可靠性定量要求时,可用目标值(和)或门限值表示。

(6) 维修性。本条规定实体在规定的维修条件下和规定的维修时间内,按规定的程序和方法进行维修时,保持和恢复到规定状态的能力。实体的维修性定量要求用相应的维修性参数指标表示。维修性参数宜按照 GJB 1909 的规定选取。

确定维修性指标时,应明确(5)条中①至⑦的各项内容。

初次规定维修性定量要求时,可用目标值或门限值表示。

(7) 保障性。本条规定实体满足平时战备要求能力及战时使用要求能力的设计特性和计划保障资源,并以相应的保障性设计参数与保障资源参数指标表示。

保障性设计参数及保障资源参数宜按照 GJB 3872 规定的原则进行选取,指标从战备完好性要求导出。

初次规定保障性定量要求时,可用目标值或门限值表示。

(8) 测试性。本条规定实体易于及时、准确地检测其状态(可工作、不可工作或性能下降)的能力和隔离其内部故障的能力。实体的测试性参数宜按照 GJB 1909 的规定选取。

确定测试性指标时,应明确与检测、隔离和报告故障等有关的诊断能力,主要包括以下内容:

① 机内测试;

② 自动测试;

③ 手工测试;

④ 维修辅助措施;

⑤ 技术资料;

⑥ 人员和培训；

⑦ 其他。

规定测试性定量要求时，可以单个产品为对象确定相关的参数指标；条件具备时，可以系统为对象综合确定相关的参数指标，以满足系统的任务要求。

（9）耐久性。本条规定实体在规定的使用与维修条件下，直到极限状态前完成规定功能的能力。实体的耐久性定量要求可视情采用下述多个适用的参数指标表示：有用寿命、经济寿命、储存寿命、总寿命、首翻期与翻修间隔期限等。确定耐久性指标时，应明确以下事项：

① 实体的类别及使用特点（例如具有耗损失效特征）；

② 实体所采取的维修方案或储存方案。

规定耐久性寿命参数的定量要求时，还应综合权衡实体的极限状态和经济性。

（10）安全性。本条规定如下：

① 实体在规定条件下和规定时间内，以可接受的风险执行规定功能的能力。实体的安全性定量要求可用总事故风险参数指标表示。总事故风险参数指标由实体各类事故风险参数指标之和统计确定。风险参数指标不能量化时，采用风险分析方法对灾难、严重、轻度、轻微等四个事故严重性等级的事故发生概率做出预估。

② 实体防止危害性事故发生的设计限制条件，主要包括以下内容：

a. 实体为保护自然环境、人员、设备及信息安全所应固有的安全性特征；

b. “失效保险”和紧急操作的限制条件；

c. 健康与安全准则，包括考虑有害物质、废料与副产品的毒害效应、离子化与非离子化辐射及其对环境造成的影响；

d. 软件预防无意识动作或非动作的措施；

e. 各类机械、电气设备在安全措施方面所用的各类探测报警装置等；

f. 核安全等特定的安全规则。

（11）信息安全。本条规定如下：

① 实体在警戒、情报、指挥、控制、通信和对抗等重要系统中，以可接受的风险执行规定功能的能力。实体信息安全的定量要求可用信息泄露率参数指标和数据完整性（表明数据未遭受以非授权方式所作的篡改或破坏）要求表示。

② 实体为确保信息安全的设计要求和措施，主要包括：

a. 密码保护：根据实体所涉信息的密级，采取相应级别的密码保护措施及密钥管理措施。

b. 安全保护：根据实体所涉信息的密级，采取加扰、屏蔽等安全防护措施，防止明信息流或纯密钥流输出。

c. 计算机安全:根据实体所涉信息的密级,对实体中配置的计算机机内软件和信息进行安全隔离,并采用存储管理、容错、防病毒、防入侵、防复制等保护措施。

d. 访问控制:限定数据系统的访问权和被访问权,采取必要的访问控制手段。

e. 信息交换控制:根据交换信息的密级,制定相应的加密协议和数据验收协议。

f. 人员控制:对涉密人员进行必要审查,确保人员可信。

(12) 隐蔽性。本条规定实体的物理场不易被敌方发现、跟踪、识别的能力。实体的隐蔽性定量要求可视实体的具体情况,以下述一个或数个物理场强度的参数指标表示:雷达波反射、电磁辐射、声辐射、光辐射、红外辐射、放射性辐射、磁特性、声目标强度、压场、流场、暴露率等。

确定隐蔽性要求时,应明确以下事项:

① 实体与其相关物理场的技术状态;

② 实体与其相关物理场的隐蔽或伪装措施。

(13) 兼容性。本条规定如下:

① 实体与其处于同一系统或同一环境中的一个或多个其他实体互不干扰的能力,包括相应参数指标表示的电磁兼容性、声兼容性和火力兼容性等的定量要求:根据实体的使用环境和 GJB 151、GJB 1389 等标准的要求,确定实体在规定频率范围内的电磁发射和敏感度的电磁兼容性定量要求;根据实体的使用环境和有关的噪声检验标准的要求,确定实体在规定频率范围内的噪声限值和抗背景噪声能力的声兼容性定量要求;根据实体的使用环境和武器、弹药的变动特性与空间状态,确定实体在规定的作战战术原则下所需的时间安全域和空间安全域的火力兼容性定量要求。

② 实体与其所在系统内的其他实体同时存在或同时工作时,不对其他实体发生干扰的能力或能防止危害性事故发生的能力,以及实现这一能力所需的下列设计限制条件:实体在不同状态与方式下开启的时间特性及频率工作范围;实体对其周围人员、装备、燃油、电子器件危害的界限;实体对其天线布置、电缆敷设、线路排列、信号处理等方面的限制;实体在其布置、屏蔽、隔振、阻尼、隔声、消声、吸声等方面需要采取的措施;实体对各类报警装置选用的限制;实体对其周围武器的使用优先级别的确定;实体软硬件需要有效采取的安全控制措施等。

(14) 运输性。本条规定实体通过各种运输工具实施输送的固有能力。实体的运输性要求可用实体为实施其有效输送而需要的运输方式、运输工具、流动路线、部署地点和装卸能力表示。确定运输性要求时,一是要明确采用的运输设施;二是要明确实体要素和保障项目的限定条件。

（15）人机工程。本条规定实体和与之相关的人与环境的要求，以及三者之间的相互关系、相互作用与相互协调的方式，以最优组合方案获取最佳综合效能。实体的人机工程要求，包括通用要求和专用要求。

根据实体的使用状况和 GJB 2873 等标准的要求，确定人机接口要求、人员工作环境（含照明、颜色、温度、湿度、噪声、冲击、振动等）要求和人员工作强度要求等人机工程通用要求。

对于可能引起特别严重后果的特定区域或特定实体的下述因素提出人机工程专用要求：操作十分灵敏或功效十分关键之处，对操作者的约束，对操作者的信息处理能力与极限要求；正常和极端条件下可预见错误（例如关键信息的输入、显示、控制、维护与管理）的预防与纠正要求；实体处在系统总体特定环境（包括保障环境、训练环境和作战环境）下所需的特殊要求。

（16）互换性。本条规定实体在尺寸和功能上与其他一个或多个产品（包括零部件）能够彼此互相替换的能力。实体的互换性要求可用实体实行产品（包括零部件）互换或代替的组装层次表示。

确定互换性要求时，应明确：实体的设计条件；完成实体规定层次的替换所需的时间。

（17）稳定性。本条规定实体控制理化性能变化以满足其预定用途及预定寿命所必需的的能力。实体的稳定性定量要求可用实体的抗老化、抗腐蚀、抗倾覆等参数指标表示。

确定稳定性定量要求时，应明确：实体的各种稳定性所对应的该实体的理化性能；实体的环境适应性；实体的储存寿命与使用寿命。

（18）综合保障。本条规定实体的保障要求，以及与之相互匹配的保障系统的要求。实体的保障要求包括维修规划和设计接口；保障系统包括实体在其寿命周期内使用和维修所需的所有保障资源。

① 规定实体的维修规划时，应明确：实体的维修方案，包括实体预定维修级别划分、维修策略和各维修级别的主要任务；实体的维修计划，包括每一级别的维修工作所需的保障资源、维修程序和维修方法等实施实体维修的说明。

规定实体的设计接口时，应依据实体的保障性设计参数和保障资源参数，提出实体的保障性设计和保障系统设计两者间的设计接口要求。

② 规定实体的保障资源要求时，应明确以下事项：

a. 保障设备要求。提出保障实体的使用和维修所需通用保障设备和专用保障设备的类型、功能、性能、数量和编配关系等要求。

b. 供应保障要求。针对初始供应保障和后续供应保障，提出供应品的供应方法、储存地点及分布，备品、备件和专用工具的提交要求等。

c. 包装、装卸、储存和运输要求。参照 GJB 1181 的规定，提出关于实体及其保障设备、备品、供应品等的包装、装卸、储存和运输的所需资源、过程、方法及设计等要求。

d. 计算机资源保障要求。提出保障实体中计算机系统的使用和维修所需的设施、硬件、软件、人力和人员等方面的约束条件,例如采用的计算机语言、软件开发环境等。

e. 技术资料要求。提出保障实体的使用和维修所需的技术资料的要求及有关约束条件。

f. 保障设施要求。提出与实体的研制方案和使用方式相适应的各类必需的建筑物与配套装置的要求及其相关约束条件。

g. 人力和人员要求。提出平时和战时保障实体的使用、维修与管理所需人员的数量及其文化程度、专业及技能等要求。

h. 训练和训练保障要求。提出训练要求、训练责任、训练器材的种类及其数量要求、训练方式与训练计划等。

(19) 接口。

① 本条规定实体的外部接口和内部接口,即规定本实体与其他一个或数个实体之间,以及本实体内部各组成部分之间的共同边界上需要具备的诸多特性,诸如功能特性、电气电子特性、机械特性、液压气压特性、光学特性、信息特性、软件特性等。

规定接口时,应尽量采用标准接口或通用接口,少用专用接口;应说明接口要求,明确其作用或用途。可能时,量化地规定各个接口的要求。若不同的工作状态有不同的接口要求,则要对不同的工作状态提出相应的接口要求。每一外部、内部接口应以名称标明,且宜引用相应的标识文件(如接口控制文件),并可采用外部、内部接口图做出说明。接口要求也可制定为单独的文件,供引用。

② 实体外部接口的主要内容包括:确定实体接口优先顺序;有关接口型式实现的要求;与实体相互配合所需要的各种接口特性。

③ 对由设计确定的内部接口,应说明设计确定所考虑的各种主要因素及接口型式。对由强制确定的内部接口,主要内容包括:需要执行的标准或文件的名称、版次及主要相关内容;有关接口型式实现的要求;与实体内部各组成部分相互配合所需要的各种接口特性。

(20) 经济性。

① 本条规定实体在满足项目经济承受性条件下实现任务目标的能力。

② 规定实体的经济性要求时,应通过对以下项目费用的测算,进行全寿命、周期费用分析:研制成本(含论证费用);生产成本;使用与保障费用;退役与处置费用。

(21) 计算机硬件与软件。本条规定如下:

① 实体对计算机硬件的要求：处理器的最大许用能力；主存储器的能力；输入/输出设备的能力；辅助存储器的能力；通信/网络能力；故障检测、定位、隔离以及必要的冗余能力。

② 实体对计算机软件的要求：软件运行能力，包括响应时间、目标处理批数、数据处理精度、目标指示精度等；综合显示能力，以数据或标准图形符号的形式显示各种目标特性；运行周期时间，软件全功能、满负荷运行周期所需的时间；灵活性，当实体功能降级重组或某组成部分发生故障时，软件仍能支持实体降功能或全功能运行；实时性，不可重入的任务执行时间；可移植性，软件从一个计算机系统或环境转移到另一个计算机系统或环境的容易程度；可测试性，测试准则的建立及按准则对软件进行评价的程度；人机界面，用户与计算机之间的接口状态。

③ 实体对与计算机配套使用的相关设备的选择要求，例如服务器、适配器、控制器和路由器等。

(22) 尺寸和体积。本条规定实体在外形尺寸和体积上的限制性定量要求、允许偏差与配合要求。必要时还应规定实体的体积中心位置要求。

(23) 重量。本条规定实体在重量上的限制性定量要求、允许偏差与配合要求。必要时还应规定实体的重心位置要求以及实体各组成部分的重量要求。

(24) 颜色。本条从安全性、警示性、隐蔽性、耐脏性、协调性、舒适性和美观性等方面的要求出发，规定实体颜色的限制性要求。可能时，规定对应的定量要求，如孟塞尔明度。

(25) 抗核加固。本条对于有可能在受核攻击的情况下执行关键任务的实体规定抗核加固要求。

(26) 理化性能。本条规定实体的理化性能要求，例如，成分、浓度、硬度、强度、延伸率、热膨胀系数、电阻率以及其他类似性能等。

(27) 能耗。本条规定实体直接消耗能源的品种、参数及能耗指标。必要时还规定实体重要组成部分的能耗指标。

(28) 材料。本条依据实体的预定用途与性能，以及人体健康与环境保护的要求，规定实体所用材料的下列限制性要求或预防性措施要求：性能要求，例如，抗拉强度、硬度、冲击值、疲劳强度等；防腐性要求；阻燃性要求；防电化学腐蚀要求；无毒或低毒要求；时效性要求。

(29) 非研制项目。本条规定实体采用非研制项目（含标准零部件、组件）的要求。

(30) 外观质量或加工质量。本条规定实体的表面粗糙度、波纹度、防护涂镀层、缺陷、锈蚀、毛刺、机械伤痕、裂纹、表面加工的均匀性、一致性等外观质量以及感官方面的要求。提出的要求应能确切反映对实体外观质量的需要，并能作为判断实体外观质量是否合格的依据。

(31) 标识和代号。本条规定实体的标识和代号的要求,包括以下内容:

① 标识的位置、内容及其顺序和制作方面的要求。标识的位置应明显。标识的内容主要包括:实体的型号或标记;制造日期或生产批号。

② 代号的编号方法、含义及印制要求。代号应简短,一般不超过 15 个字符。

③ 适用时,功能或标识码专用代号(如有颜色的文字、线条、圆点)的含义以及实体上打印或压印字符(如标准合金牌号或条形码)的含义。

(32) 主要组成部分特性。必要时,本条下设若干下一层次的条,分别规定实体各主要组成部分的性能特性要求和物理特性要求,并明确说明构成各主要组成部分的零部件、组件在其交付和安装之后可能需要进行的检验。

(33) 生产图样和技术文件。本条包括类似于下述的说明性内容:"应对×××(实体名称)提供下列生产(含加工和装配)用的生产图样和技术文件(含编号及名称)"。

(34) 标准样件。适用时,本条规定标准样件,说明标准样件所应展示的具体特性以及从该标准样件上能观察到这些特性的程度。标准样件应尽量少用,应只用来描述或补充描述下述品质和特性:由于没有详细的试验程序或设计数据而难以描述的;或难以用其他方式描述或准确表述的,例如皮毛的纹理、织物的颜色或木材的细度等。

4) 验证

(1) 检验分类。

① 确定检验分类的基本原则。应根据实体的特点、约束条件,以往检验类似实体的实践经验等选择合适的检验类别及其组合。确定检验分类时应遵循以下原则:具有代表性,能反映实际的质量水平;具有经济性,有良好的效费比;具有快速性,能及时得出检验结果;具有再现性,在相同条件下能重现检验结果。

② 检验类别的划分。检验类别可分为以下三大部分:研制试验与评定,如设计验证;使用试验与评定,包括初始使用试验与评定,如模拟试验和后续使用试验与评定,如定型(鉴定)试验等;生产验收试验与评定,如首件检验、质量一致性检验、其他类别检验与包装检验等。

③ 检验分类的表述确定的检验类别及其组合应采用下述表述形式:

"4.1 检验分类

本规范规定的检验分类如下:

a. ……(见 4.×);

b. ……(见 4.×);

c. ……(见 4.×)。"

（2）检验条件。

① 检验条件的主要内容如下：一是被试实体状态，包括技术状态、配套要求、安装调试要求等；二是试验环境，包括气候环境、地理环境及特定环境等；三是试验场地，包括场地的二维或三维尺度、场地的物理属性等；四是试验保障，包括保障设施、安全保障及兵力保障等。

② 检验条件应采用下列表述形式：

“4. ×检验条件

除另有规定外，应按×××（标明相应试验方法标准号与章条号或本规范相应的章条号）规定的条件进行所有检验。”

或采用如下形式：

“4. ×检验条件

除另有规定外，应在下列条件下进行所有检验：

a）……；

b）……；

c）……。”

（3）设计验证。若需通过设计验证来验证设计方案是否满足实体技术要求，可采用模型和仿真验证、演示验证和系统联调试验等，本条则规定检验项目、检验顺序、受检样品数及合格判据。宜用表列出检验项目、相应的规范第3章要求和第4章检验方法的章条号。

（4）模拟试验。若选择了模拟试验，则应模拟威胁条件，并在模拟平时和战时两种条件下由典型的操作人员使用和维修的系统或产品项目上进行，本条则规定检验项目、检验顺序、受检样品数及合格判据。宜用表格列出模拟试验检验项目、相应的规范第3章要求和第4章检验方法的章条号。

（5）定型（鉴定）试验。若选择了定型（或鉴定）试验，本条则规定检验项目、检验顺序、受检样品数及合格判据。宜用表列出定型（或鉴定）检验项目、相应的规范第3章要求和第4章检验方法的章条号。

（6）首件检验。若选择了首件检验，本条则规定检验项目、检验顺序、受检样品数及合格判据。宜用表列出首件检验项目、相应的规范第3章要求和第4章检验方法的章条号。

（7）质量一致性检验。若选择了质量一致性检验，本条则规定检验项目、检验顺序、受检样品数及合格判据。宜用表列出质量一致性检验项目、相应的规范第3章要求和第4章检验方法的章条号。

质量一致性检验是否分组，分几个组，应视情确定。质量一致性检验组别划分的一般原则见GJB 0.2的附录C。

（8）其他类别的检验。若选择了其他类别的检验，例如型式检验、例行检验、出厂检验、交收检验等，本条则规定检验项目、检验顺序、受检样品数及合格判据。宜用表列出检验项目、相应的规范第 3 章要求和第 4 章检验方法的章条号。

(9) 包装检验。若需要对包装件进行检验，本条则规定检验项目、检验顺序、抽样方案、检验方法及合格判据。

(10) 复验。若需要，本条则规定复验规则，例如，允许复验的项目、条件、次数及结果的判定等。

(11) 抽样。

若检验采用抽样，本条则确定以下内容：

① 组批规则，包括组批条件、方法和批量。

② 抽样方案，包括检查水平(IL)、可接受质量水平(AQL)或其他类型的质量水平，以及缺陷分类等；若采用非标准抽样方案，应包括置信水平、质量水平和缺陷分类等。

③ 抽样条件(必要时)，如过筛、筛选、磨合、时效条件等。

④ 抽样或取样方法(必要时)。

所规定的组批规则、抽样方案、抽样条件、抽样或取样方法应能保证样本与总体的一致性。

确定组批规则和抽样方案时应考虑实体的特点、风险的危害程度和成本。

(12) 缺陷分类。分类的缺陷可按下述规定编码：

① 1 ~ 99 致命缺陷；

② 101 ~ 199 严重缺陷；

③ 201 ~ 299 轻缺陷。

如需要分更多的类，可用 301、401、501 等数列进行编码。若某一类的缺陷数量大于 99，则对超出部分用字母为后缀从头开始编码，如 101a、102a、103a 等。

(13) 检验方法。本条规定用于检验的方法，包括分析法、演示法、检查法、模拟法和试验法。若所用方法为分析法、演示法，本条标题也可改为“验证方法”。

若所用的检验方法已有适用的现行标准，则应直接引用或剪裁使用。若无标准可供引用，则应规定相应的检验方法。

检验方法的主要构成及其编排顺序如下：

① 原理；

② 检验用设备、仪器仪表或模型及其要求；

③ 被试实体状态，包括技术状态、配套要求及安装调试要求；

④ 检验程序；

⑤ 故障处理；

⑥ 结果的说明，包括计算方法、处理方法等；

⑦ 报告,如试验报告等。

5）包装

当实体要求包装时,则专用规范的第5章“包装”应规定防护包装、装箱、运输、储存和标识要求。若有适用的现行标准,则应直接引用或剪裁使用。若无标准可供引用,则应根据需要规定如下:

（1）防护包装,包括清洗、干燥、涂覆防护剂、裹包、单元包装、中间包装等要求;

（2）装箱,包括包装箱,箱内内装物的缓冲、支撑、固定、防水,封箱等要求;

（3）运输和储存,包括运输和储存方式、条件,装卸注意事项等;

（4）标识,包括防护标识、识别标识、收发货标识、储运标识、有效期标识和其他标识,以及标识的内容、位置等。有关危险品的标识要求应符合国家有关标准或条例的规定。

6）说明事项

专用规范的第6章“说明事项”不应规定要求,只应提供下列说明性信息:

（1）预定用途;

（2）分类;

（3）订购文件中应明确的内容;

（4）术语和定义;

（5）其他。

上述内容可酌情取舍,各项说明性信息应按照GJB 0.2中6.12.2~6.12.6的规定编写。

（四）试验规范

试验规范是试验过程中应遵循的试验技术程序、程序、验证内容及方法的标准化文件,作为指导试验工作和控制其质量的依据,是编制试验大纲、试验程序、试验表格和试验报告的规范性文件。

1. 框架结构

军事装备鉴定或定型的试验规程中,技术要素的“要求”一般包括下述内容:

（1）基本要求,一般包括如下内容。

① 试验目的;

② 试验大纲要求;

③ 试验实施计划要求;

④ 试验应具备的条件;

⑤ 试验故障处理要求。

（2）试验项目和试验程序(或试验方法)。

(3) 试验数据录取和处理。

(4) 试验结果评定。

(5) 试验报告编写。

2. 编制内容

1) 基本要求

(1) 试验目的。应阐明试验目的。

(2) 试验大纲。试验大纲是试验的依据,其基本内容如下:

① 试验目的和依据;

② 被试装备技术状态;

③ 试验所需设备及技术要求;

④ 试验方案和试验条件;

⑤ 试验项目和要求;

⑥ 试验的组织分工和兵力保障;

⑦ 提供的试验文件资料;

⑧ 试验数据录取和处理要求;

⑨ 试验结果评定;

⑩安全控制要求等。

(3) 试验实施计划。根据试验大纲的要求提出试验实施计划的内容。

(4) 试验应具备的条件。

① 被试装备进试验场条件。应明确被试装备进试验场前必须满足的条件,包括装备的技术状态、配套要求、安装调试要求等。如定型试验时,被试装备进试验场,一是鉴定试验合格后的装备;二是与设计文件、图样相符;三是应完整齐套(包括专用检测设备、专用工具和备品、备件);四是在进场交验前,应在规定时间内完成安装、调试并处于正常工作状态。

② 技术文件。应列出试验所需的技术文件和数量。

③ 测量仪器和试验设备。一是应列出试验所用的各种专用测试仪器、仪表(常用除外)及其准确度等级要求;二是应提出仪器、仪表的检定要求,如试验所用测量仪器、仪表必须经过计量检定机构的鉴定合格,并在有效期内。进入试验场后应进行计量复查,复查合格后给出准用证;三是应对承制方提供的试验设备提出要求,如试验设备应符合试验环境所要求的条件,并得到订购方认可,试验设备应性能稳定、安全可靠,不应对被试设备造成非关联试验失败;四是试验设备应经过效验。

④ 参试设备。应明确参试装备的要求。

⑤ 大气条件。若试验对试验场所的大气条件有要求,则应具体提出。如试验应在以下标准大气条件下进行,温度:15℃ ~35℃,湿度:20% ~80%,气压为

试验场所在地气压。

⑥ 试验场地。若试验对试验场地有要求,则应提出具体要求。

⑦ 试验保障。一是应对试验场的试验保障设施提出要求;二是当试验过程可能涉及人员、装备和现场安全时,应提出安全保障要求;三是若对参试的兵力保障有要求,则应提出具体要求。

(5) 试验故障处理。

① 设备和备品,备件更换。应规定试验过程中设备和、备品备件更换的原则要求和审批要求。

② 试验中止。当试验无法进行而必须中止试验时,应规定试验中止的条件。凡发生下列之一时,由承担试验单位报请批准中止试验:一是试验过程中,主要战术技术指标达不到要求,并且在规定时间内不能排除故障;二是被试装备出现在现场条件下不能恢复的故障;三是发生意外情况,影响试验结论。

2) 试验项目和试验程序

(1) 试验项目。应按实际试验大纲规定的顺序列出试验项目。

(2) 试验程序。一是应明确每项试验项目的实施程序;二是试验步骤包括准备工作和试验中的实施步骤,如预热加电,必要时的恢复条件以及试验前、中、后的测试。若所用的试验方法已有标准,则应直接引用。若对所引用的试验方法进行剪裁,则应该说明;三是采用的实施程序应尽可能模拟实际使用情况;四是必要时,可说明试验原理。在 GJB 0.2 中 6.10.12 的试验方法,其内容如下:

① 原理;

② 材料或试剂及其要求;

③ 试验仪器、设备或装置及其要求;

④ 对受试设备的要求或试样的制备与保存要求;

⑤ 试验条件;

⑥ 试验程序;

⑦ 数据记录;

⑧ 结果的说明,包括计算方法、处理方法等;

⑨ 试验报告。

在编制试验规程中必须说明两点:一是上述内容可根据不同产品层次酌情取舍;二是化学分析方法的一般构成及编排顺序见 GB/T 20001.4。

3) 试验数据录取和处理

(1) 应列出试验所要录取的各项参数及数据录取的要求;

(2) 应给出试验数据的处理方法。

4) 试验结果评定

应给出试验结果的评定方法及评定标准。

5）试验报告编写

（1）应列出试验报告的主要内容；

（2）应给出试验报告的编写格式要求。

五、图样设计要求

（一）图样控制制度

承制方必须建立图样的校对、审核、批准三级审签制度，工艺和质量会签制度，软件产品（含嵌入式产品软件）文档审查制度，标准化检查制度，确保设计图样、工艺文件（标准实样、线模）等技术档案完整、准确、协调、统一、清晰。图样是对产品技术状态的标识和说明，是工艺、制造的依据。图样编制形成后，严格实施校对、审核、工艺和质量会签，标准化检查、批准等过程控制，防止设计人员的疏忽或经验不足而带来图样上的差错和缺陷。

（二）质量会签要求

质量会签是指质量保证组织对那些有关设计图样及技术资料进行审查和签署。其性质是，对符合质量保证文件要求的正确性和产品质量的可检验性负责。一般包括如下内容：

（1）研制合同（技术协议书）中质量保证条款；

（2）可靠性、维修性、保障性等设计文件；

（3）软件产品（含嵌入式产品软件）文档；

（4）型号的6项专用规范；

（5）型号各类试验大纲（电磁兼容、环境适应性、电源特性、可靠性、科研试飞、定型试飞等）；

（6）重大故障分析报告和纠正措施；

（7）功能特性分析报告；

（8）关键件（特性）、重要件（特性）项目明细表；

（9）生产说明书；

（10）特种工艺和关键工序的工艺规程，以及工艺规程的检验工序等；

（11）图样，包括整机及零件、部件、组件结构图、安装图、随机工具图、地面设备图及各类工装图等。

（三）图样实施要求

（1）建立成套设计图样，软件文档的审签制度，工艺会签制度，质量会签制度，标准化审查制度，技术档案管理制度，更改和审批制度等，明确规定各职能部门的责任和权力；

（2）建立完整的技术档案，对研制过程中形成的各种论证、分析、计算、评审、试验报告，协调更改记录，均应及时加以整理，分产品层次（设计项目）分门别类归档；

（3）对设计图样的形成过程和更改、发放实施有效的监督控制，应具有可追溯性。

六、技术文件编制与要求

（一）文件编制综述

技术文件是指产品研制、生产过程中产生的包括技术、综合管理范畴的全部文件。GJB 0.1《军用标准和技术文件编写规定》对指导性技术文件的定义是，为军事技术和技术管理等活动提供有关资料或指南的一类标准。规范技术文件或技术状态文件编写、版本标识的国军标：GJB 0.1《军用标准和技术文件编写规定》、GJB 5881《技术文件版本标识及管理要求》，对技术文件各都有详细规定。GJB 726A《产品标识和可追溯性要求》4.1 条规定，承制方应依据产品的特点及生产和使用的需要，对采购产品、生产过程的产品和最终产品，采取适宜的方法进行标识。GJB 726A4.2 和 4.3 条更为明确的指出："承制方应针对监视和测量的要求，对产品的状态进行标识，并能识别可追溯性要求，在有可追溯性要求的场合，应控制并记录产品的唯一性标识"。产品标识可标注在产品上或载体上。产品表示的文字、图案和代号要清晰、完整，处于醒目或文件、图样指定的位置，易于识别和追溯。在产品接收、生产、储存、包装、运输和交付过程中，产品标识应与产品同步流转。有关产品标识的记录应纳入质量记录的控制程序，并于正常运行。当标识丢失使得产品变得不确定时，该产品应视为不合格品。

（二）版本标识设计

1. 标识设计概述

型号（代号）+产品名称+文件主题的编写是按照 GJB 114A《产品标准化大纲编制指南》4.4 条的要求。关于型号（代号）的选用问题，什么时间用代号，什么时间用型号，一般情况下，研制项目在工程研制阶段之前，因为武器装备《研制总要求》没有批复，还没有型号，此时技术文件可以用代号（或草拟的型号）+产品名称+文件主题；研制项目在工程研制阶段之中，尤其进入样机制造状态后，技术文件、图样和质量管理文件的标识应用型号，以免鉴定或定型时造成大批文件修改变动。从 GJB/Z 106A《工艺标准化大纲编制指南》5.3 条示例 YZL－14＋液压助力器＋工艺标准化大纲（或工艺标准化综合要求）可以看出，YZL－14 就是型号，液压助力器是产品名称，工艺标准化大纲（或工艺标准化综合要求）就是文件的主题。所以，文件名称的全称是由产品型号（或代号）＋产品名称＋文件主题组成，见本书附录 4。

2. 标识号

每一次发放/换版的技术文件都应有一个对应的版本标识号。标识号为拉丁字母，应用大写，标识顺序应按照拉丁字母顺序，以防止混淆，不应单独或组合使用字母"I、O、Z"，即首次发放的技术文件的版本从 A 开始记录，第一次更换版本时用版本 B,第二次更改换版时用版本 C,依次类推。当字母表上的字母用完后,则按照顺序选用字母组合 AA、AB、AC、…、BA、BB、…、YY。技术文件版本标识号在技术文件标识中的位置按图 4-1 所示。

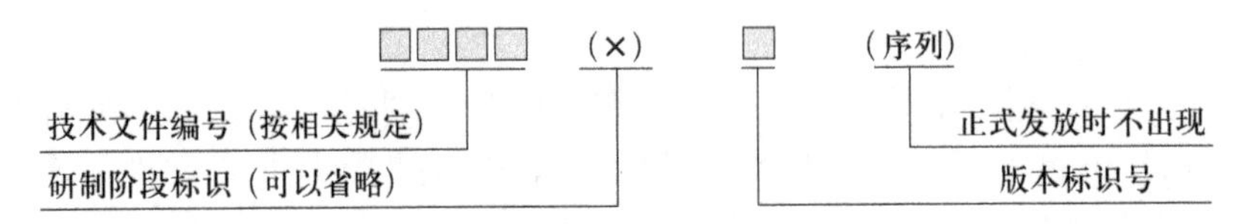

图 4-1　技术文件版本标识

3. 临时更改文件

在产品研制过程中,当技术文件不进行换版,而编制临时更改来修改文件时,则该临时更改文件与原版技术文件共同构成该技术文件的有效集合。

针对某一产品技术状态,对包含临时更改文件的技术文件进行配置,形成技术文件试用状态,其标识应为技术文件试用版本与试用的临时更改文件号的组合。

4. 序列

序列是指技术文件发放前阶段性的一次设计记录。技术文件发放或换版之前,通过序列反映协调编辑完善的过程,可作为预防、审批状态的技术文件标识,其标识号应采用两位自然数顺序,从 01 开始,依次增序编排。其标识位置应在技术文件标识(带版本标识)后面,用分隔符(分隔符形式根据 PDM 系统自定)分开。

(三) 管理要求

1. 一般要求

(1) 技术文件应实行版本管理来反映其追溯性,使用时应遵循最新版适用原则。

(2) 技术文件换版后,应保留旧版本,用于适用对象或作为追溯性文件。

(3) 技术文件的版本变化宜采用线性版本模型。

(4) 在数字化定义中,表达某一对象(如零部组件)的几何定义文件(二维图样、三维模型及其他相关信息)的版本应始终保持一致。

(5) 与某一对象(如零部组件)相关联的其他可单独管理的技术文件(如产品规范、工艺文件)版本可与几何定义文件(二维图样、三维模型及其他相关信息)版本不一致。

(6) 技术状态更改影响“功能、形状、配合和互换性”时,应对技术文件重新标识,编制新的技术文件。技术状态更改不影响“功能、形状、配合和互换性”时,相关技术文件应通过换版实施更改。

2. 版本模型

线性版本模型是根据版本产生的时间顺序依次排列的。每个版本最多只有一个父版本,且只能有一个子版本。在线性模型中每个版本只能有唯一的标识,产生的新版本自动插入链尾。模型示意图如图 4 -2 所示,图中箭头所示为从源版本指向目标版本,F 版是技术文件的当前适用版本,即 F 版是在 A 版的基础上通过设计信息的添加、修改、删除,并经过 B 版、C 版、D 版、E 版而得到的最终版本。

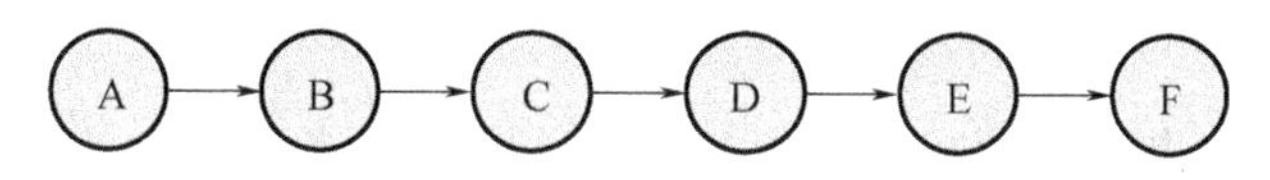

图 4 -2 线性版本模型

3. 版本管理

(1) 上级装配图不应引用下级零部组件的具体版本,上级装配图版本变化不受下级零部组件组合的换版影响。

(2) 当技术文件的更改影响产品的性能、形状、配合、互换性要求时,则该技术文件应变号,成为一个新的对象。当技术文件的更改不影响产品的性能、形状、配合、互换性要求时,则采用换版本的方式更改。图 4 -3 为一个更改的版本升级管理说明。

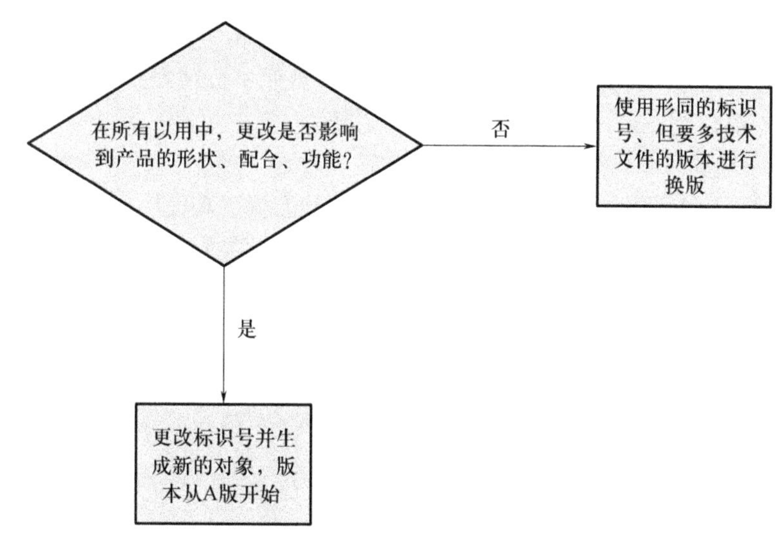

图 4 -3 变号与换版逻辑流程图

(3) 临时更改达到一定数量,或产品研制到了一定阶段(如鉴定、定型等)时,应通过合并临时更改文件对技术文件进行换版。

4. 版本标识号与使用

在技术文件标识中,版本标识号是否出现,由技术文件应用而定,具体要求如下:

(1) 当技术文件的应用中是指某特定版本时,版本标识号应出现在技术文件的标识中；

(2) 当技术文件的应用与特定版本无关，随技术文件最新版本而变化时，版本标识号则不应出现在技术文件的标识中。

(四) 特性分类文件设计

1. 分类综述

特性是指产品的性能、参数和其他技术要求，主要特性有功能、互换、寿命、安全和协调等。分析就是根据特性的重要程度对其实施分类的过程，即技术指标分析、设计分析和选定检验单元等。产品的特性分为三类，即关键特性、重要特性和一般特性。关键特性是指，如有故障，可能危及人身安全，导致武器系统或完成所要求使命的主要系统失效的特性；重要特性是指该特性虽不是关键特性，但如有故障，可能导致最终产品不能完成所要求使命的特性；一般特性是指该特性虽与产品质量有重要的关系，但如有故障，一般不会影响产品的使用性能。

2. 分类的目的

在武器装备的研制中，对产品特性实施分类，有利于设计部门提高设计质量，便于生产部门了解设计意图；有利于质量部门在实施质量控制中分清主次，控制重点，保证产品质量的稳定性和可追溯性；更便于合理安排检验力量以及使用方对产品研制质量、实施过程的控制和监督。

3. 一般要求

在武器装备研制之初，设计部门应根据产品的特点和使用方要求，对装备进行技术状态标识的同时，对产品进行特性分类。特性类别的划定，应根据产品出现故障的严重程度、器材的重要度和安全性等级而定。划定的特性类别应保持与特性分析的一致性。在划定特性类别之前，应对产品进行特性分析（技术指标分析、设计分析和选定检验单元）提出特性分析资料，并征集有关部门的意见。根据特性分析资料和 GJB 190 的规定，在设计文件上标注特性分类符号。

4. 分类内容

1) 技术指标分析

依据产品预定的使命，对其规定的要求进行分析。其内容如下：

(1) 功能。分析该产品在执行任务期间规定完成的全部功能。

(2) 持续工作时间。分析该产品每一项功能所要求的持续工作时间。

(3) 环境条件。分析适合该产品使命要求的极端环境条件，产品可能承受的环境变化范围。

(4) 维修性。分析产品在使用中维修的可能性以及产品在恶劣条件下能进行哪些维修。

(5) 失效。分析产品是否允许部分或完全失效,失效对完成产品使命的影响。

2) 设计分析

对产品能否承担其使命以及有效地完成其使命所需具有的质量指标进行分析。

(1) 材料。分析材料性能对产品性能和质量的影响,及选择的材料对于保证完成其规定使命所起的作用。

(2) 工艺要求。分析加工、装配、试验和检验过程对材料性能和保证产品质量的稳定性所带来的影响。除可观察到的影响外,还应注意那些不易观察和检测到的影响。

(3) 互换性。分析为了满足产品的互换性要求,哪些尺寸、参数以及公差最为重要。

(4) 协调性。分析为了满足较高级装配件的需要而应提出的系统性要求。如装配件之间的尺寸、重量、电源要求等。

(5) 寿命。分析哪些因素决定其寿命。

(6) 失效。分析失效的类型及失效对产品性能、人身、财产的安全等方面造成的危害。

(7) 安全。分析产品在正常使用、运输、储存中能否对人身、财产的安全造成危害。

(8) 裕度。分析产品是否采用裕度设计(如采用并联储备设计时,可以适当降低其特性类别)。

3) 选定检验单元

依据技术指标分析和设计分析所需保证的关键或重要特性及其该特性在零件或装配件上检验的可能性和经济型,进行综合分析后选定。

具备下列条件之一,可被选定为一个检验单元:

(1) 最终产品;

(2) 维护或修理最终产品所需的备件;

(3) 从使用或安全的角度出发要求更换的产品;

(4) 仅在使用条件下才能决定其性能的产品(必须进行破坏性试验);

(5) 在较高级装配后不能检验、修理和更换或需要高成本方能检验、修理和更换的产品。

5. 分类符号

特性分类符号由特性类别代号、顺序号组成,必要时增加补充代号。

1) 特性类别代号

用大写汉语拼音字母表示:

关键特性:G

重要特性:Z

一般特性:不规定

2）顺序号

在同一图(代)号的设计文件上,按阿拉伯数字顺序表示在特性类别代号后。

关键特性:G1 ~ G99

重要特性:Z101 ~ Z199

一般特性:不规定

3）补充代号

用大写汉语拼音字母表示在顺序号后:

A——产品单独销售时,该特性被分类为关键特性或重要特性,而在高一级装配中检验或试验则为一般特性;

B——装配前复验;

C——工艺过程数据作为验收数据;

D——要求特殊的试验和检验。

6. 符号标注

1）图样上的标注

(1) 尺寸公差特标的标注。当某尺寸极限偏差被分类为关键特性或重要特性时,应在其极限偏差数值后标注特性分类符号并加括号。如该尺寸上、下极限偏差具有不同的特性类别时,则上极限偏差加“ + ”号,下极限偏差加“ - ”号,具体如图 4 - 4 ~ 图 4 - 8 所示。

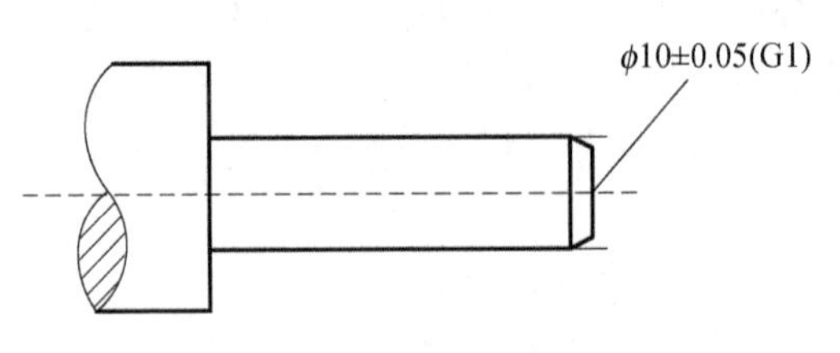

图 4 - 4

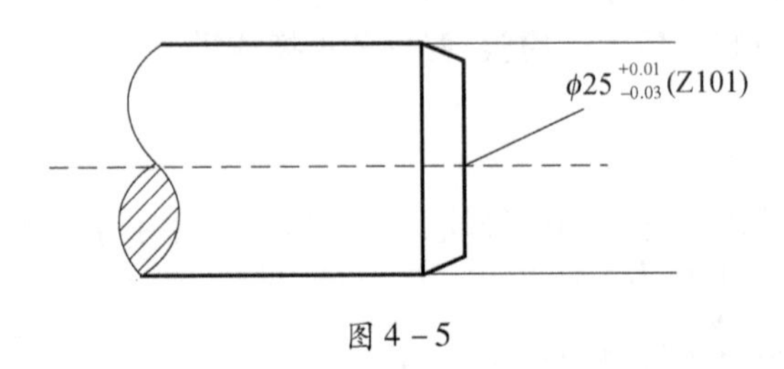

图 4 - 5

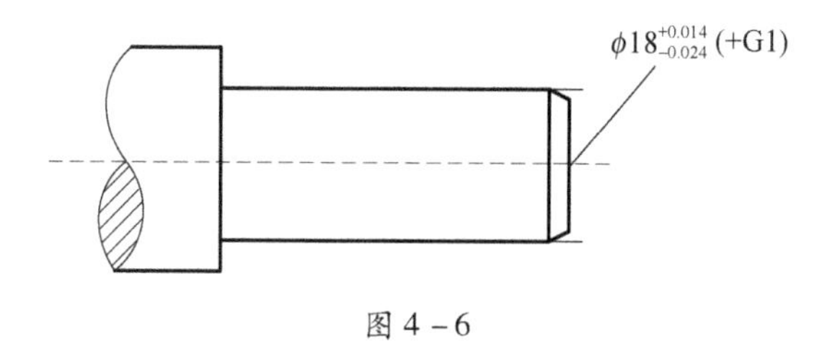

图 4－6

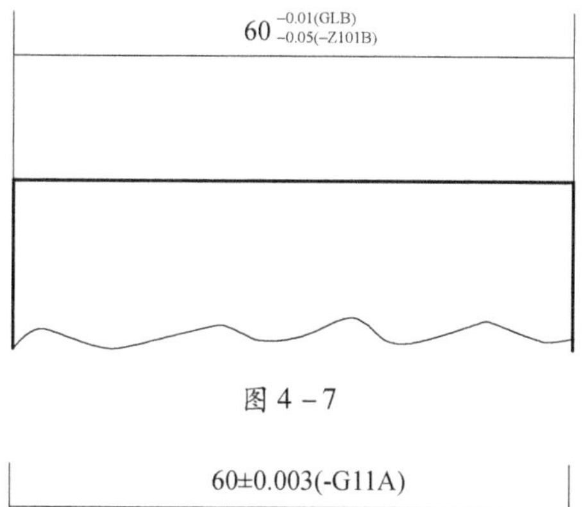

图 4－7

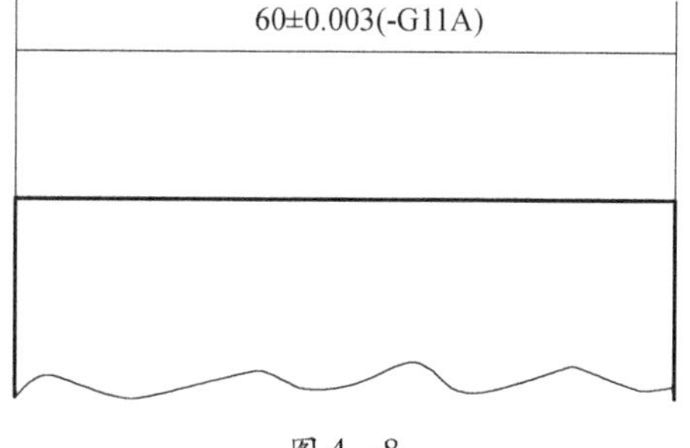

图 4－8

① 上、下极限偏差均为关键特性。

② 上、下极限偏差均为重要特性。

③ 上极限偏差为关键特性，下极限偏差为一般特性。

④ 上极限偏差为关键特性，下极限偏差为重要特性，均在装配前复检。

⑤ 作为单独销售的产品时，下极限偏差为关键特性。在高一级装配件中为一般特性。

（2）形位公差特性的标注。当某项形位公差被分类为关键特性或重要特性时，应在该项形位公差框格后标注特性分类符号并加括号，如图 4－9 和图 4－10 所示。

① 同轴度要求为重要特性，在装配前复检。

② 平行度要求为关键特性。

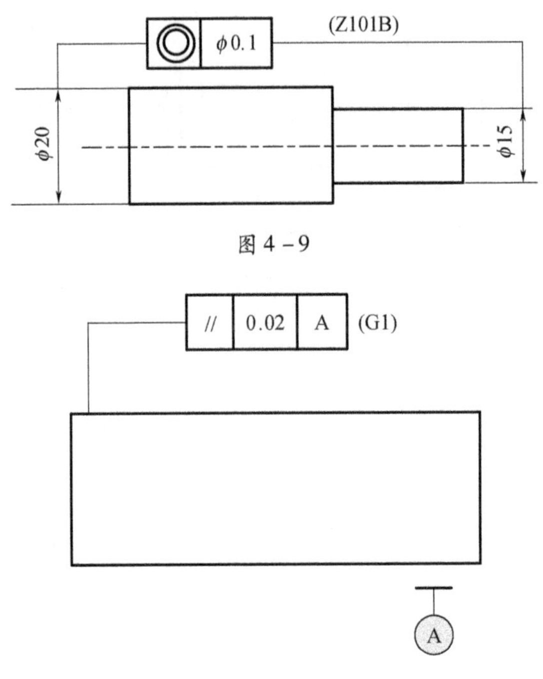

图 4-9

图 4-10

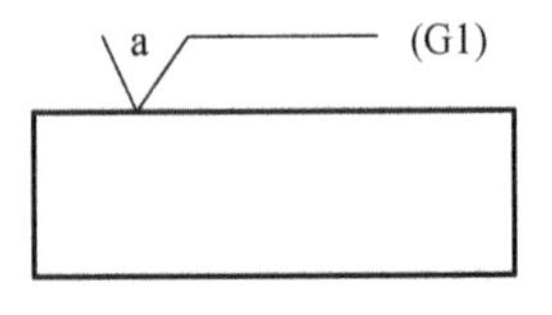

(3) 表面粗糙度特性的标注。当某项表面粗糙度被分类为关键特性或重要特性时,应在该项表面粗糙度代(符)号后标注特性分类符号并加括号。如图 4-11 所示。

图 4-11

(4) 图样上技术要求特性的标注。当某项技术要求被分类为关键特性或重要特性时,应在该项技术要求后或技术要求序号前标注特性分类符号并加括号,但对同一产品其标注位置应一致。

① 某技术要求为重要特性,装配前复检。(Z101B)零件外表面应无划伤,裂纹。

② 硬度值为重要特性,工艺数据为验收数据。

热处理硬度为 32HRC~36HRC(Z102C)。

(5) 材料特性的标注。当零件的材料为关键特性或重要特性时,在零件图样上的材料栏标注特性分类符号并加括号,如图 4-12 所示。

圆钢45GB 699—65 (Z101)	氟橡胶26—41 HG2—53C—74 (G9)

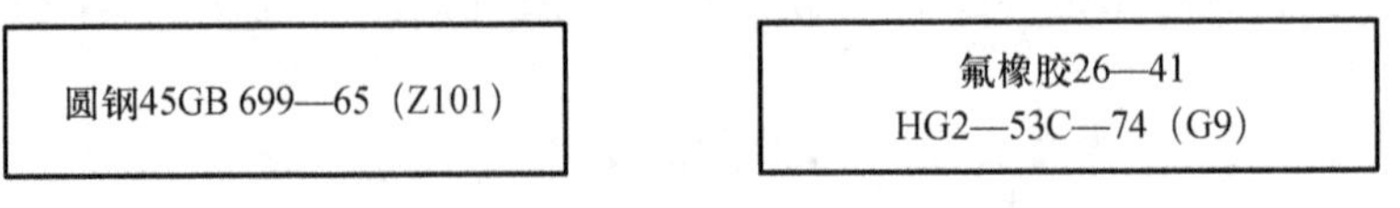

图 4-12

2）设计文件上标注

在文件内容的设计文件上，具有关键特性或重要特性的条款时，应在该条款后标注特性分类符号并加括号。

（1）某条技术要求为关键特性。平台平均无故障工作时间不小于×××h（G1）。

（2）某条技术要求为重要特性，并以试验数据作为验收数据。发动机比推力为×××±××s（Z101C）。

（五）风险性分析文件设计

1. 文件设计概述

风险是指在规定的技术、费用和进度等约束条件下，对不能实现装备研制目标的可能性及所导致的后果严重性的程度。风险对任何项目都是固有的，包括技术风险、费用风险和进度风险，在装备研制的任何阶段都可能产生。风险性分析是进行风险识别、风险发生的可能性及后果严重性分析、风险排序的过程，是风险管理的一部分。

2. 通用要求

（1）风险分析过程一般分为三个步骤，即风险识别、风险发生的可能性及后果严重性分析和风险排序，如图4－13所示。

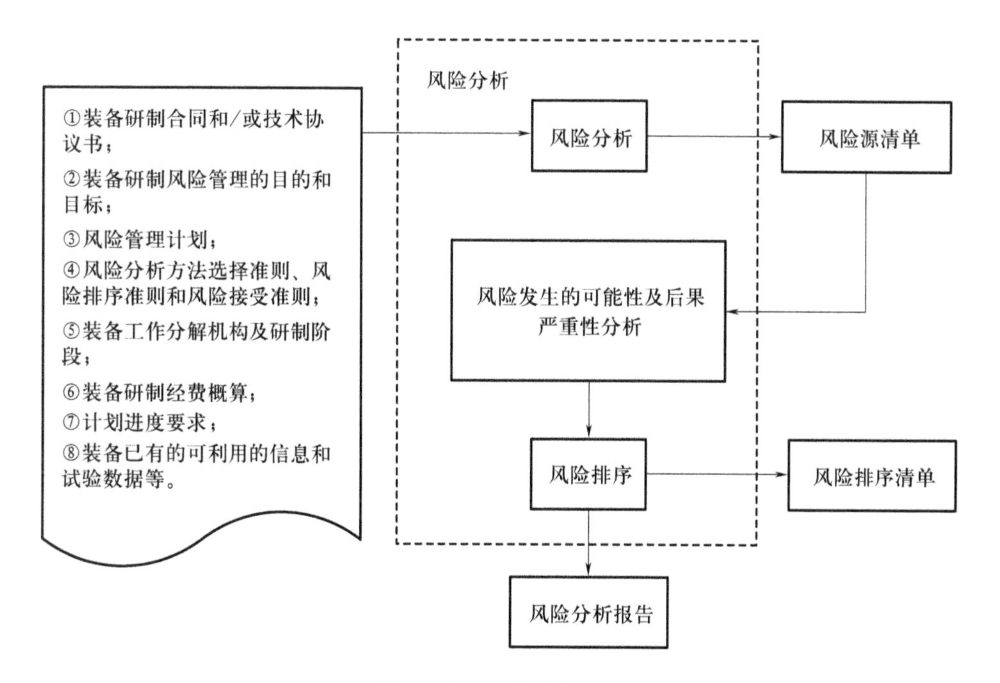

图4－13　风险分析过程

(2) 风险分析过程的输入至少应包括以下内容:装备研制的合同和/或技术协议书;装备研制风险管理的目的和目标;风险管理计划;风险分析方法选择准则、风险排序准则和风险接受准则;装备工作分解机构及研制阶段;装备研制经费概算;计划进度要求;装备已有的可利用的信息和试验数据等。

(3) 风险分析的输出包括风险源清单、风险排序清单和风险分析报告等文档。

(4) 风险分析作为风险管理的关键过程之一,应按风险管理计划开展,随着装备研制的进展反复迭代、不断深入,并贯穿于整个装备研制的全过程。

(5) 风险识别一般应在装备研制的各阶段,按装备的工作分解结构逐一仔细辨别风险。

(6) 在装备可用资源充分的情况下应尽量采用定量风险分析方法。

(7) 风险分析报告的编写、校对、审批应按照审批程序执行。

(8) 风险分析应由项目负责人组织实施,风险分析人员应具备装备研制经验和风险分析能力。

(9) 风险分析应配备必要的技术和物质资源。

(10) 风险分析过程中,应将有关信息及时传递并上报装备研制风险管理部门。

3. 分析步骤及方法

1) 风险识别

(1) 风险识别的输入。风险识别是对装备研制的各个方面,特别是关键技术过程进行考察研究,从而识别和记录风险源的过程,即确定风险源。识别风险源是风险分析工作的基础。识别风险源的输入:装备研制技术风险、进度风险和费用风险的判据;相似装备的经验、教训及有关数据;工程模型、样机研制及试验结果或预测数据;其他可利用信息;专家意见等。

(2) 风险识别的方法。风险识别应参考相似装备的研制经验。装备研制风险识别可采用如下方法:

① 检查单法。根据经验和可获得的信息,将装备研制可能的风险源列在检查清单上,检查装备研制是否存在检查单中所列出的或类似的风险源并统计汇总。装备研制各阶段识别风险源的是流程图法。给出装备研制的工作流程、各个线索表参见 GJB 5852 附录 A。

② 阶段之间的相互关系,帮助风险识别人员分析和了解装备研制的具体环节,通过对装备研制流程的分析,发现和识别存在风险的环节。

③ 头脑风暴法。采用会议的方法,与会者提出自己的意见,充分交流,互相启迪,总结归纳形成结论。

④ 反复函询法。将风险识别有关的问题征求专家意见,并将返回意见经过

整理、归纳，将结果反馈给专家，再次征求意见，如此反复直到专家的意见稳定。

（3）风险识别的输出。风险源清单是风险识别的输出，为风险发生的可能性及后果严重性提供信息输入，至少应包括风险源名称、风险源编号、风险发生的原因和风险可能导致的后果等项目。风险源清单格式示例见图4－14。

装备名称：　　　　　　　　　　装备研制阶段

序号	风险源	风险源编号	风险发生的原因	风险可能导致的后果	备 注
注①：风险源编号由装备代号+研制阶段代码+数字编码三部分内容组成。 ②：各阶段代码：方案阶段—B,工程研制阶段—C,设计定型阶段—D,生产定型阶段—E					

编写　　日期　　审核　　日期　　第 页　　共 页

图4－14　风险源清单格式示例

2）风险发生的可能性及后果严重性分析

（1）概述。风险发生的可能性及后果严重性分析是对识别出来的风险特别是重大风险进一步分析，确定每一个风险事件发生的可能性，判定后果严重性和关键过程对预期目标偏离的程度。

（2）风险发生的可能性及后果严重性分析方法。

① 风险评价指数法。由熟悉装备每个风险区及产品分解结构的分析问题的专家，在进行风险识别的基础上，分析风险发生的可能性及其后果严重性，确定风险等级及风险处理的优先次序。

② 故障模式、影响及危害性分析（FMECA）。确定所有可能的故障，根据对每一个故障模式的分析，确定故障模式的影响，找出单点故障，并按故障模式的严酷度及其发生概率确定其危害性。FMECA分两步骤完成，即故障模式及影响分析（FMEA）和危害性分析（CA）。具体方法按照GJB 1391的规定。

③ 故障树分析（FTA）。是一种逻辑关系因果图，描述系统中各种事物之间的因果关系，将拟分析的重大风险作为"顶事件"。"顶事件"的发生是由于若干"中间事件"的逻辑组合所导致，"中间事件"又是由各个"底事件"逻辑组合所导致。这样自上而下地按层次进行因果逻辑分析，逐层找出风险发生的必要而充分的所有原因和原因组合。具体方法按GJB/Z 768A的规定。

④ 可靠性预计。根据以往积累的信息，运用自下而上综合的方法对未来的产品的可靠性进行预先计算的过程。可靠性预计作为风险分析的一种方法，找出重点关注的单元和环节并确定其影响程度，进行定量分析，作为进行风险处理

的依据。具体方法按照 GJB 813 的规定。

⑤ 建模与仿真。在计算机或实体上建立系统的有效模型，虚拟地复制产品或过程，并在获得和易于操作的真实环境中模仿这些产品或过程，采用建模和仿真发现系统或过程存在的问题，可作为分析风险问题的有力手段。

3）风险排序

（1）风险排序是对风险发生可能性及其后果严重性的综合量化结果进行排序，找出关键和重要的风险。除考虑综合影响外，对于发生的可能性大或后果影响严重的风险应给予特别的关注。风险排序清单是风险处置的依据。

（2）风险排序有以下几种方法。

① 专家多次投票法。专家组成员分别就每项风险的顺序进行投票，统计投票结果，并将投票结果反馈给专家组，专家组成员则再次投票，如此反复直到结果不再有任何变化。一般只经过几次投票就会产生最后的结果。如果风险数目很大，可将风险分为若干组进行排序，一般情况下，每次投票中需要排序的对象不应超过 10 项。

② 专家会签法。专家组成员分别对每项风险进行打分，如认为是最重要风险的打 10 分，最次要的风险打 1 分。根据自己的经验对其余的按相对重要性分别打 1 分～10 分，汇总各位专家打分的结果，统计每个风险所得分数的总和，按得分的多少排序。

③ 两两比较法。专家组集体讨论，将各待排序的风险两两比较，将比较结果进行矩阵运算，获得各风险的排序。具体过程如下：

用 a_{ij} 表示风险 i 比 j 的相对重要程度，

风险 i 比风险 j 绝对重要　　$a_{ij}=9$

风险 i 比风险 j 重要得多　　$a_{ij}=7$

风险 i 比风险 j 重要　　$a_{ij}=5$

风险 i 比风险 j 稍微重要　　$a_{ij}=3$

风险 i 比风险 j 一样重要　　$a_{ij}=1$

介于中间的 a_{ij} 为 2、4、6、8，$a_{ij}>0$，$a_{ji}=1/a_{ij}$，$a_{ii}=1$。

将两两比较结果列在一个判断矩阵中：

$$
\begin{array}{c|ccccc}
 & A_1 & A_2 & A_i & A_j & A_n \\
\hline
A_1 & a_{11} & a_{12} & a_{1i} & a_{1j} & a_{1n} \\
A_2 & a_{21} & a_{22} & a_{2i} & a_{2j} & a_{2n} \\
A_3 & a_{i1} & a_{i2} & a_{ii} & a_{ij} & a_{in} \\
A_4 & a_{j1} & a_{j2} & a_{ji} & a_{jj} & a_{jn} \\
A_5 & a_{n1} & a_{n2} & a_{ni} & a_{nj} & a_{nn}
\end{array}
$$

将判断矩阵的每一行分别相加，再将所得的列向量归一化（每一项处以列中各行之和），即得出各项风险 A_1、A_2、…、A_n 的相对重要度，依次排序。

④ 风险评价指数排序法。对装备研制的风险进行排序，排序的过程是对风险进一步评价的过程，从风险发生可能性的大小及可能造成的后果的严重性进行综合度量。以风险评价指数量化排序结果的示例见图 4－15，图中风险指数（R）为严重性和可能性的乘积。纵坐标是风险发生的可能性，横坐标是风险的后果严重性。以可能性和严重性的等级乘积表示风险指数，指数越高，风险越大。

可能性 \ 严重性	1	2	3	4	5
5	5	10	15	20	25
4	4	8	12	16	20
3	3	6	9	12	15
2	2	4	6	8	10
1	1	2	3	4	5

风险指数

图 4－15　风险排序图

（3）风险接受准则。已排序的风险应按照风险接受准则确定其可接受或不可接受。按照风险评价指数排序法进行风险排序所确定的风险接受准则示例见表 4－1。

表 4－1　风险接受准则示例

风 险 指 数	风 险 级 别	说 明
$R \geqslant 20$	最大风险	不可接受风险
$15 \leqslant R < 20$	高风险	不可接受风险
$10 \leqslant R < 15$	中等风险	不可接受风险
$4 \leqslant R < 10$	低风险	可接受风险
$R < 4$	最小风险	可接受风险

（4）风险排序清单。综合考虑风险发生的可能性及后果的严重性，根据风险接受准则，对已识别的风险按照采取措施的优先次序排序，排序结果列入风险排序清单。推荐的风险排序清单格式示例见图 4－16。

4）风险分析报告

风险分析应形成文件，跟踪并记载风险分析过程所进行的活动和分析结果，装备型号名称：　　　　　　　　　　　　　　　　研制单位：

排序	风险源编号	最大风险	高风险	中等风险	低风险	最小风险	风险类型	备注
		*	*	*	*	*	**	
注①：风险源编号与图4-14一致； ②：(*)根据风险接受准则适当地标记风险值数值； ③：(**)指出风险类型，例如：技术、费用或进度。								

填写　　　日期　　　审核　　　日期　　　　共　　页　　第　　页

图 4－16　风险排序清单格式示例

编写风险分析报告。风险分析报告应履行审批手续。报告至少应包括如下内容：

（1）概述。描述被分析对象的名称、功能特点、任务要求、工作分解结构中所处位置、所处的研制阶段等。

（2）风险分析过程。描述进行风险分析的过程及分析方法、风险等级划分准则、风险排序准则和接受准则等。

（3）分析结果。列出风险源清单和风险排序清单，必要时可对高风险项目提出处置措施建议。

（4）结论。总结风险分析工作，得出结论和建议。

（5）附件。

（六）技术说明书设计

1. 说明书设计综述

航空军工产品技术说明书（以下简称技术说明书）是了解、使用航空装备的重要依据，其内容应全面、准确地反映产品的技术状况，说明产品的工作原理，必要时它还应包括使用限制和操作维修原理及要求。其主要用于产品的使用维护人员理解掌握产品的工作原理和使用维护方法。

2. 说明书的内容

产品技术说明书的内容如下：

（1）产品用途和功能；

（2）产品性能和数据；

（3）产品的组成、结构和工作原理；

（4）产品技术特点；

（5）产品配套及其交联接口关系；

（6）产品在使用维修中的限制和注意事项；

（7）附录、附图；

（8）索引。

3. 产品的用途、功能及性能

（1）产品用途和功能。产品用途和功能要叙述产品（系统、分系统、设备）的使用和功能，也要叙述它与其他关系（系统、分系统、设备）交联后的功能。

（2）产品性能和数据。产品性能和数据，应是上级批准或合同规定的性能和数据。

4. 产品组成、结构和工作原理

产品组成可按系统或配套产品的形成叙述，也可按功能组件叙述；产品结构要指明产品（系统、分系统、功能组件）的基本构造；产品（系统、分系统、设备）的工作原理主要叙述产品（系统、分系统、设备）实现用途和功能所给予的物理、化学、数学等基本原理。叙述时应结合产品（系统、分系统、设备）的具体情况，以定性概念为主，配以适当的框图、线路图、分解图和数学公式，尽量避免冗长的理论论证和数学推导。电子计算机及其控制的系统不必详细地叙述源程序和设计原理。

5. 产品技术特点

产品技术特点，通常包括以下内容：

（1）战术技术性能特点；

（2）技术体制性能特点；

（3）技术措施（途径、方案）特点；

（4）结构特点；

（5）采用新材料、新工艺特点；

（6）环境适应性特点；

（7）可靠性、维修性特点。

6. 产品配套及其交联接口关系

技术说明书应对产品的配套状况及外部交联接口（包括机械、电气、管路等）进行详细的说明，有定量数据的应列出其数据。

7. 注意事项

（1）必要时，技术说明书应对产品（系统、分系统、设备）在使用中有关安全、保密及特殊问题加以说明。

（2）根据需要，可用编写索引。

（3）技术说明书编制指南参见本书附录5。

第二节　工 艺 技 术

一、总体方案的工艺设计

承制方应根据规模和产品研制生产技术特点,设置工艺管理部门,配置能满足产品实现的工艺工作需要的工艺人员,规定参与产品工艺实现策划及设计的职责和任务要求,赋予充分的管理职能和责任,建立整套工艺管理制度及管理模式、运行机制。总体方案的工艺设计必须做好:

(一) 健全管理制度

工艺管理必须做到管理制度齐全、要求明确,各项重大控制行为和活动均有计划、实施有记录、结果有报告。承制方应在产品生产现场加强工艺纪律检查活动,要形成年度计划及适宜的检查频次,实施要有记录。

(二) 明确机构和职责

根据承制方的规模和产品研制生产技术特点,设置工艺管理部门,赋予充分的管理职能和责任,形成整套工艺管理制度及管理模式、运行机制。制订工艺管理文件,承制方工艺管理活动,使工艺管理运行有序。工艺人员配置能满足产品实现的工艺工作需要,规定了工艺人员参与产品实现策划、产品设计的职责和任务要求。

二、编制工艺总方案

根据产品实现需要和对技术方案的工艺性分析,编制产品工艺总方案,规范产品工艺设计、流程设计、工艺分工、工艺技术研究和生产线建设等工作,内容齐全,经过评审,管理控制和执行到位,并经军事代表确认。

三、工艺流程与分工设计

(一) 编制关键过程目录

根据产品的特性分类和工艺技术特点,编制产品《关键过程目录》,明确关键工序的控制要求(GJB 1405A 定义关键过程就是关键工序)。

(二) 确认特殊过程项目

根据产品的特性分析和工艺技术要求,确认特殊过程项目,编制产品《特殊过程确认项目表》,明确特殊过程确认控制要求。

(三) 确认首件鉴定项目

根据产品试制和工艺技术需要,确定首件鉴定项目,编制型号《首件鉴定项目表》,明确首件鉴定控制要求,并适时组织首件鉴定。

(四) 确认复验项目及技术要求

根据产品技术设计要求和工艺技术特性,编制型号《原材料入厂复验项目及技术要求》文件，经评审确认。

（五）确认二次筛选项目及技术要求

根据产品技术设计要求和工艺技术特性，编制型号《电子元器件二次筛选项目及技术要求》文件，经评审确认。

（六）毛坯设计及总目录

对于大型机械产品，工艺部门应按承制方产品大型零组件的毛坯设计形成《××产品制造毛坯总目录》，并提出毛坯制造质量控制要求。

四、设计图样工艺性审查

在产品技术设计完成、投入试制前，由工艺管理部门组织工艺人员开展设计图样和资料的工艺性审查，完成图样资料的工艺审签后，提交试制准备情况检查。图样资料的工艺性审查，应有审查的具体规定和技术要求，审查过程应有记录，重大问题的设计改进建议应有文字分析报告。工艺性审查的图样及工艺技术资料有：

（一）图样审查

包括整机及零件、部件、组件结构图、安装图、随机工具图、地面设备图及各类工装图等。

（二）文件资料审查

按承制方质量管理体系文件的要求，对照相关国家军用标准要求，进行检查文件资料的完整性、齐套性和规范性。

（三）更改文件审查

按承制方质量管理体系文件的规定，对已更改后的文件实施会签、标准化检查和批准。

（四）其他文件审查

如论证、设计、制造、试验等方面与生产有关的其他技术文件的审查。

五、工艺文件编制

工艺管理部门组织编制各项目工艺技术的通用技术文件，其技术原理、技术要求、适用范围等准确具体，经过评审和批准，在产品技术设计、工艺设计和技术培训教育等工作中发挥作用良好。

（一）编制工艺标准化文件

1. 标准化文件综述

工艺标准化文件含工艺标准化综合要求和工艺标准化大纲。按照GJB/Z 106A标准编制型号工艺标准化综合要求（设计定型后为工艺标准化大纲），经过评审并按规定经军事代表确认。编制、评审过程中，检查《工艺标准化综合要求》是否满足设计文件和工艺总方案的要求，并与产品标准化大纲协调一致;检查《工艺标准化综合要求》的内容是否正确、合理、完整、可行,符合标准要求,并形成标准化审查工作报告。

2. 标准化文件总则

根据《武器装备研制生产标准化工作规定》的要求,工艺标准化大纲(生产定型阶段)或工艺标准化综合要求通常应规定:工艺、工装标准化目标及工作范围;实施标准要求;工装的"三化"要求;工艺文件、工装设计文件的完整性、正确性、统一性要求;应完成的主要任务、工作项目。

3. 工艺、工装标准化目标及工作范围

1)目标

根据型号的总目标及性能、费用、进度、保障性等项要求,制定具体型号的工艺、工装标准化目标。通常应考虑下列内容:

(1) 保证产品质量和产品标准化大纲目标的实现;

(2) 工艺标准化要达到的水平;

(3) 采用国际标准和国外先进标准的目标;

(4) 引进产品工艺标准的国产化目标;

(5) 预计要达到的工装标准化系数及其效果;

(6) 建立一个先进、配套、实用的工艺、工装标准体系。

2)工作范围

根据型号的工艺、工装标准化目标和各项具体要求,确定工艺、工装标准化的工作范围。通常应考虑下列内容:

(1) 提出工艺、工装标准的选用范围;

(2) 制(修)定型号所需的工艺、工装标准,完善工艺、工装标准体系;

(3) 制定工艺、工装标准化文件;

(4) 实施工艺、工装标准,协调实施过程中的问题;

(5) 开展工装通用化、系列化、组合化(以下简称"三化")工作;

(6) 进行工艺文件和工装设计文件的标准化检查;

(7) 开展工艺文件定型的标准化工作。

4. 实施标准要求

承制方应根据型号的需求和单位实际情况,提出具体的实施要求。通常应考虑下列内容:

(1) 在一般情况下,应将需实施的工艺、工装标准限制在《标准选用范围(目录)》内,对超范围选用做出规定,并要求办理必要的审批手续;

(2) 对法律、法规及规范性文件规定强制执行的标准,以及型号研制生产合同和型号文件规定执行的标准,提出强制执行的要求,并提出具体实施方案;

(3) 组织制定重要工艺、工装标准的实施计划,包括技术和资源准备;

(4) 对需实施的标准,必要时提出具体的实施要求,如剪裁、优选、限用、压缩品种规格等;

(5) 制定新旧标准替代实施细则,提出在新旧标准过渡期间保证互换与协调的措施;

(6) 组织新标准的宣贯和培训;

(7) 根据《标准选用范围(目录)》,配齐实施标准所需的有关资料;

(8) 组织检查工艺、工装标准的实施情况和转阶段的标准化评审;

(9) 编写重要标准实施总结报告。

5. 工装的"三化"要求

承制方应根据产品生产特点,结合单位实际情况,提出具体的工装"三化"要求。通常应考虑下列内容:

(1) 根据型号工艺总方案,提出工装的"三化"目标。

(2) 在工程研制阶段,将工装的"三化"目标转化为具体实施方案,根据样机试制数量少、时间紧、变化大的特点,提出最大限度减少专用工装数量的原则;根据样机制造的需要和承制方工装的实际情况,提出采用现有和通用工装以及采用组合夹具的要求和清单;对专用工装的设计提出采用通用零部件的要求。

开展工装的"三化"设计工作,将具体实施方案落实到工装设计图样中。

(3) 在设计定型阶段,检查和总结工装"三化"工作,提出改进措施。

(4) 在生产(工艺)定型阶段,针对批量生产的特点,综合考虑"三化"的效果和加工效率,调整工装"三化"方案。

根据产品"三化"程度,提出继续扩大采用既有和通用工装的要求,开展工装的"三化"设计工作。

在生产(工艺)定型阶段后期,检查和总结工装的"三化"对批量生产的适应性,作必要的修改和调整后,最终固化工装的"三化"成果。

6. 规范工艺、工装设计文件

为保证工艺文件和工装设计文件的完整、正确、统一,通常应考虑下列内容:

(1) 按产品研制阶段分别提出工艺文件、工装设计文件的完整性要求;

(2) 制定(或引用)工艺文件、工装设计文件格式及编号方法的规定;

(3) 制定(或引用)工艺文件、工装设计文件的编制、签署、更改、归档等规定;

(4) 对工艺文件、工装设计文件进行标准化检查。

7. 阶段任务与要求

承制方应依据型号的研制生产要求和单位实际，列出各阶段应完成的主要任务和工作项目，见表4－2。

表4－2　产品研制各阶段工艺标准化主要任务和工作项目

研制阶段	主要任务	工作项目
工程研制阶段	制定工艺标准化综合要求及其支持性文件并组织实施	① 制定工艺标准化综合要求； ② 编制工艺、工装标准体系表； ③ 编制工艺、工装标准选用范围（目录）； ④ 制定有关工艺文件、工装设计文件的标准化要求； ⑤ 提出制（修）订标准的项目和计划建议； ⑥ 组织制定新的型号专用工艺、工装标准； ⑦ 开展工装“三化”设计工作； ⑧ 开展对工艺文件、工装设计文件的标准化检查； ⑨ 收集资料，做好贯彻标准的技术和物质准备； ⑩做好阶段工艺标准化工作总结和评审
设计定型阶段	配合设计定型，为制定工艺标准化大纲做准备	① 全面检查工艺、工装标准的实施情况； ② 配合设计定型，对图样和技术文件中有关工艺、标准的生产可行性进行检查并提出意见； ③ 对工艺标准化综合要求进行总结和评审，为转化为工艺标准化大纲做准备
生产（工艺）定型阶段	制定并实施工艺标准化大纲，做好工艺定型标准工作	① 以工艺标准化综合要求为基础，进一步修改和补充，形成工艺标准大纲； ② 修订工艺、工装标准选用范围（目录）； ③ 提出工艺定型标准化方案和相关标准化要求； ④ 对定型工艺文件和工装设计文件进行标准化检查； ⑤ 继续开展工装“三化”设计工作； ⑥ 协调和处理工艺定型出现的标准化问题； ⑦ 全面检查工艺、工装标准的实施情况，编制生产（工艺）定型标准化审查报告； ⑧ 总结生产（工艺）定型标准化工作并做好评审

（二）编制工艺规程

1. 规程编制综述

工艺规程（含试验规程、调试规程、检测规程等）是装备研制生产过程中，工艺设计的重要文件，对保证产品设计技术的实现、保证产品质量的一致性和稳定性起到十分重要的作用。工艺规程能否起到“规范生产流程、规范工艺技术要求、规范操作行为(是编制随工流程卡或流程卡的依据性文件)、规范设备及工装、规范质量控制及检验要求”的作用,是承制方工程能力、技术水平和技术管理水平的集中反映。可以说工艺规程是产品质量保证的重要技术文件,也是产品生产中唯一的指令性文件。承制方必须根据产品技术和工艺设计要求,编制产品整套《工艺规程》(含《试验规程》、《调试规程》、《检测规程》)等工艺文件,关键件、重要件和关键工序的工艺规程,须按规定评审并经军事代表确认。

2. 工艺规程的作用

产品的工艺规程是指导工人操作、检验零(组)件和产品过程质量、编制生产计划和安排生产任务、编制材料消耗工艺定额和工时定额、培训工人和配备人员、工艺装备和非标准设备订货及设计、调配设备和组建生产线以及编制工艺装备明细表的依据。

3. 工艺规程的类型

1) 按研制过程划分

(1) 研制工艺规程。研制工艺规程是工程研制阶段“C,S”状态(指设备以下级)工艺规程。在工程研制阶段的工程设计状态,产品还是初样机,此时的工艺规程常称“C”状态工艺规程(或C型工艺规程);在工程研制阶段的样机制造状态,产品是正样机状态,此时的工艺规程是“S”状态工艺规程。上述工艺规程是以C型S型设计文件为依据编制的,只能在工程研制阶段使用。

(2) 试生产工艺规程。以试生产工艺方案为依据编制的工艺规程,称D状态工艺规程(或D型工艺规程)。在设计定型阶段使用,并经设计定型会议审查通过后,能满足试生产阶段使用要求,并同设计定型文件批复后,状态表示为P型工艺规程,在生产定型阶段使用。

(3) 批生产工艺规程。以批生产工艺方案为依据修编的工艺规程,称P状态工艺规程(或P型工艺规程)。在生产定型阶段使用,经生产定型会议审查通过后,能满足批生产使用要求,并同生产定型文件批复后,状态表示为使用阶段的F状态工艺规程(或F型工艺规程)永久固化。

2) 按使用性质划分

(1) 专用工艺规程。针对一个产品或零(部)组件所编制的工艺规程。

(2) 典型工艺规程。是结构相似采用相同加工方法和过程的工艺规程。

(3) 临时性工艺规程。为某些临时任务(如零、部、组件返修,产品排放,攻关试验等)编制的工艺规程,一次性使用有效。

4. 编制依据

(1) 产品图样和工艺总方案、工艺标准化综合要求或工艺标准化大纲(生产定型阶段)等技术文件;

(2) 各阶段经评审通过的工艺总方案、车间分工明细表、生产说明书及其他有关工艺文件；

(3) 各种技术标准、手册等；

(4) 本企业的生产条件和技术水平；

(5) 机床、设备、仪器仪表的使用说明书及有关工装资料；

(6) 有关技术管理制度等。

5. 编制基本要求

(1) 工艺规程是直接指导现场生产操作的重要技术文件，做到正确、完整、统一、协调、清晰，用词严密、简练。

(2) 工艺规程是要保证产品设计文件的要求。在保证质量的前提下，尽量提高生产效率和降低物质消耗。

(3) 编制工艺规程必须要考虑安全生产、环境保护和工业卫生。

(4) 工艺规程中采用的术语、符号、代号、计量单位等，要符合相应标准的规定。

(5) 在充分利用本企业现有生产条件的基础上，尽可能采用国内外先进工艺技术和经验。

(6) 工艺规程中材料栏应注明材料名称、牌号、材料规范等；每道工序卡片一般应绘制工艺附图(根据需要，工艺附图的幅画可以按标准扩大)，视图准确，比例适当，尺寸公差、形位公差、表面粗糙度均应符合相应标准。

(7) 工艺规程编制要求。

① 编制研制工艺规程应利用承制方现有物质技术和条件，采用通用手段，在保证质量的前提下提出“0 批”专用工艺装备订货。工序尽量集中，内容叙述简单准确，C 型、S 型工艺规程可采用白纸工艺卡片。

② 编制 D 型工艺规程时要正规，以零(部)组件为单位编制工艺路线表和工序卡片，工序划分详细，内容具体。工序卡片一般应绘制工艺附图；对操作注意事项、加工和装配过程中所使用的工艺装备、非标准设备，仪器仪表应详细填写。为保证质量和提高生产效率，可提出适当专用工艺装备(Ⅰ批)订货，以满足批量生产；凡对过程检验有特殊要求的，对检验项目、检验方法及检验过程中使用的量具应明确规定或说明。

③ P 型工艺规程是在 D 型工艺规程的基础上为适应批生产需要，对 D 型工艺规程进行完善和补充而编制的，可补充提出Ⅱ批专用工艺装备订货。

(8) 特种工艺的工艺卡片，应将操作时要控制的工艺参数(如压力、温度、时间、速度、介质、电流、电压等)和工序前的预处理或工序的后处理，做出明确规定。

(9) 在下列情况下，应编制检验卡片或检验规程：

① 复杂件、重要件、关键件的有关工序；

② 零(部)组件跨车间周转时;

③ 完成全部工序后,进行成品检验时。

(10) 对容易生锈的金属零(组)件的工序间应注明防锈措施。

(11) 不同生产阶段的工艺规程,应按标准要求明显标识。

(12) 关键工序应有明显标识,工步说明应详尽,对实施控制的工艺参数要有控制和检验的方法。

(13) 工序编号一般采用5的倍数递增编号(05,10,15,…),两道工序之间的空格不少于两行,以便工序增减或更改资料时保持图面清晰。

(三) 编制其他工艺文件

各类工艺用表格、随工流程卡(流转卡)、各类工艺用工装汇总表、设备汇总表、工艺通知单、更改单等。

六、试制、生产现场技术管理

(一) 关键工序管理

关键工序在装备研制生产过程中具有重要地位。关键特性的偏离许可,不仅直接影响装备质量,也影响承制方质量管理体系有效运行。为了保证产品质量,关键工序是需要严格控制、经常检查的重点过程,在现行的法律法规和标准中,都将关键工序列入了重点控制项目。因此,在质量管理体系认证审核和评价中,更应该把关键工序列为产品质量控制的重点要素进行审核和评价。例如:承制方应根据策划确定的关键工序项目,按照相关制度及标准要求,实施关键工序的"三定"工作,对图样资料、工艺规程标识应清晰、准确,现场有作业指导书,特性参数指标有百分之百检验和实测记录,对控制的有效性应在关键工序控制表中体现。

(二) 工艺控制

1. 原材料入厂复验

原材料入厂复验含电子元器件二次筛选。原材料入厂复验工作必须按照《××型产品原材料入厂复验项目及技术要求》(或电子元器件二次筛选)及相关操作规程的要求实施,记录齐全,重大问题处理应有分析和试验测试报告。

2. 工艺更改

按相关标准及制度规定,对工艺更改必须实施控制管理,重大更改必须经试验验证,并经军事代表同意。

3. 工艺流程超越

承制方应对工艺流程严格实施控制,已经优化的工艺流程一般不允许超越,确需变更时,要经过实验验证后更改。

4. 生产过程试验

承制方应重视产品零部件生产过程中的各类试验,根据产品的技术和工艺设计特点及要求,编制试验规程,形成试验结论并作好试验记录。

（三）工艺鉴定

工艺鉴定一般在设计定型和生产定型之前进行，其鉴定的内容一般有7个方面，即工艺文件的鉴定；零、部、组件的鉴定；工艺装备的鉴定；电子计算机软件的鉴定；新材料、新工艺、新技术的鉴定；技术关键问题的解决和互换、替换性检查等。

承制方应重视产品的工艺鉴定工作，首先对试制中的新工艺必须完成技术鉴定。对优化、细化和基本成熟的生产工艺，要适时展开产品的工艺鉴定，并固化工艺文件，按规定比例配齐工、夹、器、量具，每项工艺鉴定都要形成文件和记录，可追溯。

1. 工艺文件的鉴定

按照产品规范和产品图样的要求，编制的各类工艺文件，所引用的数据是正确的，规定的工艺容差是合理的，使用的词句是确切的。

各类工艺文件（含指令性工艺文件、生产线工艺文件、管理性工艺文件），经小批试生产的使用，能生产出符合产品图样、产品规范、交接状态等要求的产品，并达到完整、配套、正确、协调为鉴定合格。底图更改完毕，在首页上加盖鉴定的印章。

工艺规程要进行试贯、填写试制原始记录表，对所记录的全部问题都有明确的处理意见。工人、检验员、工艺员认为符合鉴定要求时，填写工艺规程鉴定合格证明文件，底图更改完毕后，在工艺规程首页上加盖鉴定的印章。

在鉴定过程中，当工艺规程的工艺程序及工艺参数有重大更改时，应对更改部分重新组织试贯，直至鉴定合格。

2. 零、部、组件的鉴定

零、部、组件的鉴定含锻、铸毛坯，不含标准件。制造零、部、组件的用料，应与产品图样规定的材料相结合，代用材料必须经过规定的审批手续。

全机有《关键零件目录》。关键零件，在产品图样及工艺文件上有明显的标识。

按照工艺文件和工艺装备生产的零、部、组件，符合产品图样、产品规范和交换状态的要求，经过装配或加工鉴定合格，质量稳定，填写产品零件装配、毛坯加工合格证明文件。制造单位按合格证明文件，对该项零、部、组件办理鉴定手续。

3. 工艺装备的鉴定

1）工艺装备鉴定的一般要求

（1）制造工艺装备多用的各类工（量）具、平台、仪器，以及划线钻孔台、型架装配机等设备，必须符合规定的技术要求；

（2）标准工艺装备和样板要成套制造，经协调、检查合格，才能用于工艺装备制造；

（3）工艺装备均须贯彻合格证明书制度和定期检修制度。

2）模线样板

（1）模线样板，必须符合产品图样、产品规范和工艺文件的要求；

（2）零件样板，经过使用和零件装配鉴定合格后，填写定型样板清单。按定型样板清单，在零件样板工艺单上加盖鉴定的印章，在零件样板上作出鉴定的标识；

（3）夹具样板，必须待工艺装备鉴定合格后，填写夹具样板鉴定合格证明文件。按合格证明文件，在夹具样板工艺单上加盖鉴定的印章，在夹具样板上作出鉴定的标识；

（4）模线，经过全面复查，符合产品图样，产品规范及工艺文件，对生产中提出的问题，已全部处理完毕，在模线上作出鉴定的标识。

3）标准工艺装备

标准工艺装备，经过使用，发现的故障和不协调问题已经排除，用标准工艺装备协调制造的工艺装备已经鉴定合格，经过订货、设计、制造单位鉴定合格时，填写标准工艺装备鉴定合格证明文件，并在标准工艺装备合格证明书首页上加盖鉴定的印章，将底图更改完毕，在标准工艺装备图样上加盖鉴定的印章，在标准工艺装备上作出鉴定的标识。

4）生产用工艺装备

工艺规程所规定的全部生产用工艺装备（含“00”批，“0”批，“1”批模具，夹具，型架，专用刀、量、工具，地面、试验、检验设备，专用样板等）必须配齐（生产批量不大时，可以只配到“0”批）。经过小批试生产的使用，发现的故障和不协调问题已经解决，可以制造出符合工艺规程、产品图样，产品规范和交接状态的产品，工艺装备图样完善齐全，工艺装备的工作部分与图样一致。经承制方工人、检验员、工艺员鉴定合格时，填写工艺装备鉴定合格证明文件。底图更改完毕后，在工艺装备图样上加盖鉴定的印章，在工艺装备合格证明书首页上加盖鉴定印章，在工艺装备上作出鉴定的标识。

5）标准实样

以标准实样为依据制造零件的单位，接到零件使用单位的零件装配合格证明文件后，在标准实样的证明文件或清册上加盖鉴定的印章。

4. 电子计算机软件的鉴定

（1）按照电子计算机软件生产的零件，符合产品图样、产品规范和交接状态，经装配鉴定合格，质量稳定，填写产品零件装配合格证明文件。制造单位按合格证明文件，在该项零件的电子计算机软件上作出鉴定的标识。

（2）按照电子计算机软件绘制的模线、制造的工艺装备，当该模线、工艺装备已经鉴定合格时，在该模线、工艺装备的电子计算机软件上作出鉴定的标识。

（3）用电子计算机软件存储的工艺技术资料，当工艺技术资料鉴定合格时，在该电子计算机软件上作出鉴定的标识。

5. 新材料、新工艺、新技术的鉴定

新材料、新工艺、新技术，按有关规定鉴定合格，确认质量稳定，并具备可靠的生产和检测手段，由配套的技术文件（技术说明书、工艺规程、产品规范等）。

外购新材料（含锻、铸毛坯）已经鉴定，定点供应。

6. 技术关键问题的解决

解决小批试生产制造中的技术关键，写出技术总结，并经过鉴定批准。

7. 互换、替换性检查

按照 HB/Z 99.7《飞机制造工艺工作导则》、《飞机零部件互换与替换工作条例》进行规定项目的互换、替换性检查（改型机只检查更改部分），达到规定的技术要求。

第三节　试　验

一、环境应力筛选试验

（一）试验概述

环境应力筛选是对产品设计实施综合应力极限考核的试验，即在电子产品上施加随机振动机温度循环应力，以鉴别和剔除产品工艺和元器件引起的早期故障的一种工序或方法，它包括缺陷剔除试验和无故障检验试验两个部分组成。

环境应力筛选试验是产品研制、生产过程的工序环节，通常我们在验收前检查筛选的过程和结论等情况，一般不列为固定提交项目。但对重要的环境应力筛选试验（ESS 试验）大纲，使用方可以列为审签文件，重点审查大纲的合理性、科学性，并结合筛选的效果确认其有效性。环境应力筛选方案是动态的，如果筛选后产品质量稳定，说明措施有效，应力合理；如果产品使用中问题多，说明筛选效果不好，没有有效的剔除早期失效和潜在缺陷，使用方可以会同企业修改试验方案，对试验应力进行调整。科学制定筛选方案应是“剔除早期失效和潜在缺陷循环”+“验证筛选效果循环”，试验中的应力大于使用环境应力，是加速应力，目的是在相对短的时间内把故障集中剔除。

（二）一般要求

1. 筛选对象

研制阶段和批生产阶段初期的全部产品均应进行环境应力筛选；在批生产中、后期可根据产品批量及产品质量情况调整筛选方案，抽样方案见表 4－3。

表 4－3　环境应力筛选试验的抽样

抽样方案	简化方案
抽样选择原则应按照 GB 8052 进行。在所有的情况下，无论是环境应力筛选中的缺陷剔除试验阶段还是无故障检验阶段，产品都不应出现任何一次失效，否则即应判该批产品不通过	对全数试验和抽样试验可设法简化筛选程序，即无故障检验可从缺陷剔除试验时就开始计起，在最大 120h 的范围内，要求有至少 40h 的连续无故障工作时间。若前 40h 不出现故障则可免去其后的试验

2. 被试产品要求

（1）所有试验产品应具有检验合格证明；

（2）所有试验产品应去除包装物及减震装置后再进行试验。

3. 试验的大气条件

1）标准大气条件

温度:15℃ ~35℃

相对湿度:不加控制的室内环境；

大气压力:试验场所的当地气压。

2）仲裁大气条件

温度:23℃ ±2℃；

相对湿度:(50 ±5)%；

大气压力:86kPa ~106kPa。

4. 试验条件允差

1）温度试验允差

除必要的支撑点外,试验产品应完全被温度试验箱内空气包围。箱内温度梯度(靠近试验产品处测得)应小于1℃/m;箱内温度不得超过试验温度 ±2℃的范围,但总的最大值为2.2℃(试验产品不工作)。

2）随机振动试验允差

振动试验控制点谱形允差见表4－4。对功率谱计算器允差的分贝数(dB)按式(4－1)计算:

$$dB = 10\lg \frac{W}{W_c} \tag{4-1}$$

式中 W——实测的加速度功率谱密度,g^2/Hz；

W_c——规定的加速度功率谱密度,g^2/Hz。

表4－4 振动试验控制点谱形允差

<table>
<tr><th>频率范围/Hz</th><th>分析带宽/Hz</th><th>允差/dB</th></tr>
<tr><td>20 ~200</td><td>25</td><td rowspan="3">±3[1]</td></tr>
<tr><td>200 ~500</td><td rowspan="2">50</td></tr>
<tr><td>500 ~1000</td></tr>
<tr><td>1000 ~2000</td><td>100</td><td>±6[2]</td></tr>
<tr><td colspan="3">注:① 如有困难时,频率范围在500Hz ~1000Hz 的允差放宽到 －6dB,但累计宽带应在100Hz 以内；
② 如有困难时,允差放宽到 －9dB,但累计带宽应在300Hz 以内</td></tr>
</table>

均方根加速度允差不大于1.5dB,其允差分贝数(dB)按式(4－2)计算:

$$dB = 20\lg \frac{G_{RMS}}{G_{RMSO}} \tag{4-2}$$

式中　G_{RMS}——实测的均方根加速度,g;

G_{RMS0}——规定的均方根加速度,g。

3）试验时间允差

试验时间的允差为试验时间的 ±1%。

5. 试验设备要求

1）温度循环试验箱

① 试验产品在箱内安装应保证除必要的支点外,全部暴露在传热介质即空气中。

② 应具有足够的高低温工作范围,温度变化速率(平均值)不小于 5℃/min。

③ 试验箱热源的位置分布不应使辐射热直接到达试验产品。

④ 用于控制箱温的热电偶或其他型式的温度传感器应置于试验箱内部的循环气流中,并要加以遮护以防辐射影响。

⑤ 高低温循环的气流应适当导引以使试验产品周围的温度场均匀。如果有多个试验产品同时进行试验时,应使试验产品之间及试验产品与试验箱壁之间有适当间隔,以便气流能在试验产品间和试验产品与箱壁间自由循环。

⑥ 箱内空气及制冷系统的冷却介质——空气的温度和湿度应加以控制,使其在试验期间产品上不出现凝露。

2）随机振动试验设备

任何能满足 GJB 1032 规定的随机振动条件的振动激励装置都可用于振动筛选试验。

3）振动试验夹具

夹具在规定的功率谱密度频率上限 2000Hz 以内不应有谐振频率存在,即在 20Hz ~ 2000Hz 范围内沿振轴方向的传递函数必须保持平坦,其不平坦允差不得超过 ±3dB。如设计不易满足时允许放宽条件,见表 4-5。

表 4-5　允许放宽条件表

频率范围/Hz	传递函数不平坦允差/dB
20 ~ 500	±3①
500 ~ 2000	
①:如有困难时,频率范围在 500Hz ~ 2000Hz 的允差放宽到 ±6dB,但累计带宽应在 300Hz 以内	

4）通用仪表

通用监测仪表应满足要求:应具有计量合格证明;测试准确度不应低于试验条件测试参数允差的 1/3。

6. 失效记录、分析和纠正措施

(1) 在环境应力筛选期间,应能有效地采集数据、分析和及时记录改正措施。

（2）应采集的对象为试验件、试验件之间的接口、试验仪器仪表、试验装置、试验程序、试验人员和操作说明。

（三）筛选条件

环境应力筛选故障寻求方案见 GJB 1032 附录 A。总试验时间的理论指导，见 GJB 1032 附录 C 中的 C3。

1. 温度循环试验条件

（1）对试验产品要求：对无冷却系统的试验产品，在升温和高温保持阶段，试验产品应通电，在降温及低温保持阶段，应断电，见图 4－17（a）；对有冷却系统的试验产品，试验时间应同时将冷却介质进行高低温循环，见图 4－17（b）。

（2）高低温设定值是指试验箱内的空气温度，具体由相关产品规范确定。

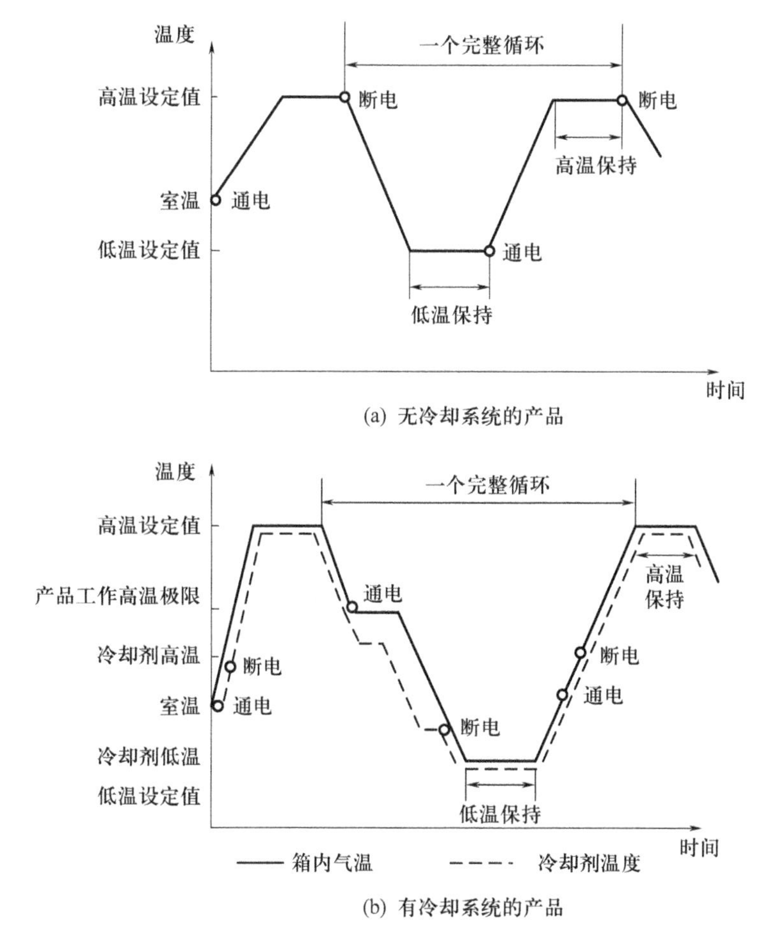

(a) 无冷却系统的产品

(b) 有冷却系统的产品

图 4－17　温度循环图

一般取产品的工作极限温度,也可取非工作温度。

(3) 高低温保持时间:按照 GJB 1032 附录 B 的方法由试验确定。

(4) 温度变化速率:5℃/min。

(5) 一次循环时间:3h20min 或 4h。

(6) 温度循环数及温度循环试验时间:在缺陷剔除试验中,温度循环次数为 10 次~12 次,相应试验时间为 40h。在无故障检验中温度循环次数为 10 次~20 次或 12 次~24 次,时间为 40h~80h。

2. 随机振动试验条件

1) 随机振动谱

随机振动功率谱密度要求如图 4-18 所示。

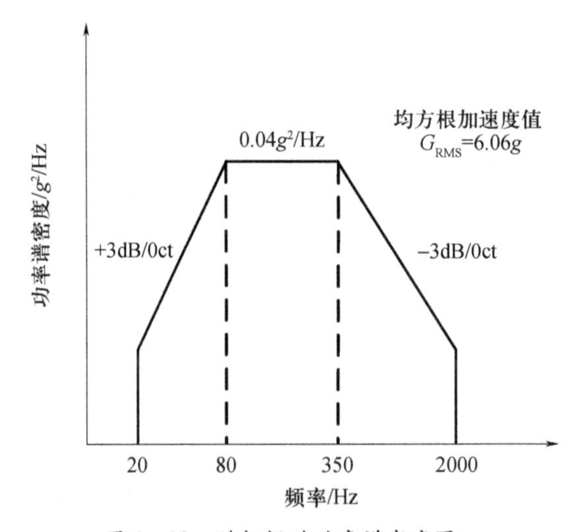

图 4-18　随机振动功率谱密度图

2) 施振轴向的确定

施振方向的选择取决于产品的物理结构特点,内部部件布局以及产品对不同方向振动的灵敏度。一般情况只选取一个轴向施振即可有效地完成筛选,必要时亦可增加施振轴向以使筛选充分。在筛选试验前应通过产品的振动特性试验,为确定施振轴向提供依据。

3) 施振时间

在缺陷剔除试验阶段为 5min;无故障检验阶段为 5min~15min。

4) 控制点

控制点应选夹具或台面上的最接近产品的刚度最大的部位。对大型整机可采用多点平均控制。

5) 监测点

监测点应选在试验产品的关键部位处,使其均方根加速度不得超过设计允许最大值,若超过则应进行谱分析,查出优势频率所在,允许降低该处谱值,以保证不使试验产品关键部位受到过应力作用。

6）通电监测

在研制阶段及批生产初期的产品,应通电监测性能;在批生产阶段的产品试验时可不通电,或视产品规范而定。

3. 环境应力筛选条件剪裁

应力筛选的条件要根据产品的具体情况,以 GJB 1032 为基础进行适当的剪裁,得出具体产品的筛选条件。在筛选执行过程中,还要根据产品的工艺成熟程度及使用方的质量反馈信息对筛选条件进行调整,甚至采用简化或抽样的筛选方案,具体方法见 GJB 1032 附录 D。

（四）筛选程序

环境应力筛选程序由初始性能检测、缺陷剔除试验、无故障检验及最后性能检测等组成。筛选程序由图 4-19 给出。

1. 初始性能检测

试验产品应按有关标准或技术文件进行外观、力学及电气性能检测并记录,凡检测不合格者不能继续进行环境应力筛选试验。

2. 缺陷剔除试验

试验产品应施加规定的随机振动和温度循环应力,以激发出尽可能多的故障。在此期间,发现的所有故障都应记录下来并加以修复。

（1）故障处理。在随机振动试验时出现的故障,待随机振动试验结束后排除;在温度循环试验时出现的故障,每次出现故障后,应立即中断试验,排除故障再重新进行试验。

（2）中断处理。试验因故中断后再重新进行试验时,中断前的试验时间应计入试验时间,对温度循环则需扣除中断所在循环的中断前试验时间。

3. 无故障检验试验

本试验目的在于验证筛选的有效性,应先进行温度循环,后进行随机振动。所施加的应力量级与缺陷剔除试验相同。不同的是温度循环时间增加到最大为 80h,随机振动增加到最长为 15min。

（1）通过判据。试验过程应对试验产品进行功能监测,在最长为 80h 内只要连续 40h 温度循环期间不出现故障,即可认为产品通过了温度循环应力筛选;在最长 15min 内连续 5min 不出现故障,即可认为产品通过了随机振动筛选。

（2）故障处理。若在 80h 温度循环试验中,在前 40h 出现的故障允许设法排除后继续进行无故障检验试验,同样对随机振动试验,若 10min 前出现的故障允许排除后继续试验。

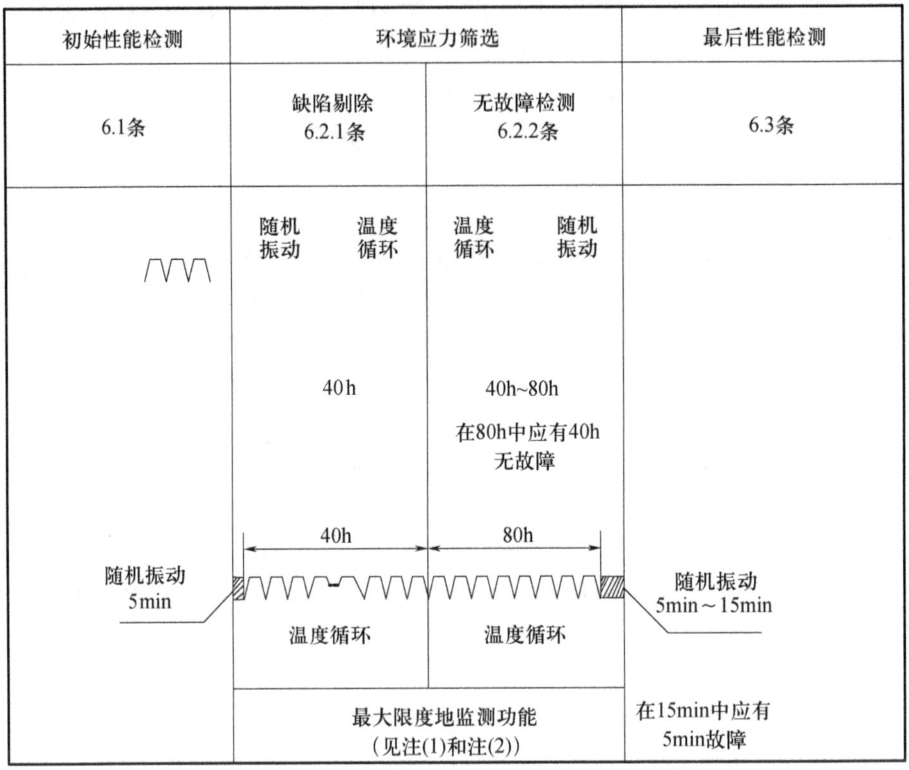

初始性能检测	环境应力筛选		最后性能检测
6.1条	缺陷剔除 6.2.1条	无故障检测 6.2.2条	6.3条
随机振动 5min	随机振动 温度循环 40h 40h 温度循环	温度循环 随机振动 40h~80h 在80h中应有40h无故障 80h 温度循环	随机振动 5min～15min
	最大限度地监测功能 (见注(1)和注(2))		在15min中应有5min故障

注：(1) 在最后4次温度循环和整个无故障检验随机振动时间内必须进行百分之百的功能监测。

(2) 环境试验期间，若监测的参数足够充分，则最后性能检测一般不应算做无故障检测的一部分；但若发现故障，则需要重新进行无故障检验。

图 4－19　环境应力筛选试验的组成及程序

4. 最后性能检测

将通过无故障检验的产品在标准大气条件下通电工作,按产品规范要求逐项检测并记录其结果,将最后性能与初始测量值比较,对筛选产品根据规定的验收功能极限值进行评价。

（五）工程应用注意事项

（1）GJB 1032 提供的方法主要适用于电子产品,也可用于电气、机电、光电和电化学产品,不适用于机械产品。电子产品的 ESS 应以 GJB 1032 和 GJB/Z 34 规定的方法为基础,进行适当剪裁后进行。非电子产品 ESS,尚没有相应的标准,其筛选应力种类和量值只能借鉴 GJB 1032 并结合产品结构特点确定。对于已知脆弱、经受不住筛选应力的硬件,可以降低应力或不参与筛选,不参与筛选的硬件必须在适当的文件中说明。

（2）ESS 的主要目的是剔除制造过程中使用的不良元器件和引入的工艺缺

陷，以便提高产品的使用可靠性，ESS 应尽量在每一组装层次上都实施，例如电子产品，应在元器件、组件和设备等各组装层次上进行，以剔除低层次产品组装成高层次产品过程中引入的缺陷和接口方面的缺陷。

（3）ESS 所使用的环境条件和应力施加程序应着重于能发现引起早期故障的缺陷，而不需对寿命剖面进行准确模拟。环境应力一般是依次施加，并且环境应力的种类和量值在不同装配层次上可以调整，应以最佳费用效益加以剪裁。

（4）ESS 可用于装备的研制和生产阶段及大修过程。在研制阶段，ESS 可作为可靠性增长试验和可靠性鉴定试验的预处理，用以剔除产品的早期故障以提高这些试验的效率和结果的准确性，生产阶段和大修过程可作为出厂前的常规检验手段，用以剔除产品的早期故障。

（5）承制方应制定 ESS 方案并应得到订购方的认可，方案中应确定每个产品的最短 ESS 时间、无故障工作时间，以及每个产品的最长 ESS 时间。

（6）由于产品从工程研制向批生产转移，制造工艺、组装技术和操作熟练程度在不断地改进和完善，制造过程引入的缺陷会随这种变化而改变，这种改变包括引入缺陷类型和缺陷数量的变化，因此，承制方应根据这些变化对 ESS 方法（包括应力的类型、水平及施加的顺序等）作出改变。工程研制阶段制定的 ESS 方案可能由于对产品结构和应力响应特性了解不充分，以及掌握的元器件和制造工艺方面有关信息不确切，致使最初设计的 ESS 方案不理想。因此，承制方应根据筛选效果对 ESS 方法不断调整，对工程研制阶段的 ESS 结果应进一步深入分析，作为制定生产中用 ESS 方案的基础。对小批试生产状态 ESS 的结果及试验室试验和使用信息也应定期进行对比分析，以及时调整 ESS 方案，始终保持进行最有效的筛选。

二、电源特性试验

（一）特性试验要求

1. 飞机供电系统

1）飞机供电系统性能

用电设备输入端的供电特性应分别符合其交流和直流供电特性的要求。设计供电系统时应考虑到用电设备输入端的供电特性符合标准的技术要求，任一供电系统故障和保护时不应损害其他供电系统的性能。

2）发电系统电源特性

对发电系统在调压点测得电源特性应在发电机相应的专用规范规定的极限之内，在与配电系统组合后能向用电设备端提供符合标准所规定特性的电能。

3）保护装置

保护装置应独立工作而与控制和调节无关。

4）交流供电系统

（1）典型系统。交流供电的典型系统是额定电压为115/200V、额定频率为400Hz或规定范围的Y形连接中线接地的三相四线制系统。

（2）相序。三相交流供电系统和用电设备的A、B、C三相时序都应符合GJB 181A图1规定。

5）直流供电系统

直流供电系统应是在额定电压为28V或270V(电源系统调压点的额定电压)的直流两线制或负线接地的系统。

2. 用电设备

1）一般要求

用电设备使用符合GJB 181A第(三)条的交流供电特性和第(四)条的直流供电特性要求的供电系统供电时,应具有规定的性能,并且不会使供电系统的供电特性超出规定的范围。在供电系统任何工作状态,用电设备的工作不应对供电系统有不良影响或引起故障。当规定的供电特性不能满足用电设备要求时,用电设备可自备电源变换装置,以满足用电设备的特殊要求。

2）供电兼容性

用电设备必须与规定的供电特性兼容。用电设备不应要求较标准规定的质量更高的电源。用电设备还应与有关控制闪电、电磁脉冲和电源转换等引起的电磁干扰和电压尖峰等的飞机规范的要求兼容。电磁干扰和电压尖峰的要求应符合GJB 151和GJB 1389的相关规定。

3）工作

（1）正常工作。在供电系统正常工作状态,用电设备应达到其专用规范规定的性能指标。

（2）非正常工作。在供电系统非正常工作期间,关键飞行设备和重要任务设备的输出性能应符合其专用规范的要求。只要重要任务设备和一般用电设备的专用规范对供电系统非正常工作状态没有规定要求,则对其不作性能要求,但不应影响在随后正常供电条件下的工作性能。在供电系统恢复正常工作时,各类用电设备应自动恢复规定的性能。

（3）转换工作。除非专用规范对性能指标另有规定,用电设备在转换工作状态可以不作性能要求。当供电系统恢复正常工作时,各类用电设备应自动恢复规定的性能。

（4）应急工作。关键飞行设备和重要任务设备在专用规范中规定应急工作状态时,应保证专用规范中规定的保证飞行或安全所必须的性能指标。在供电系统恢复正常工作时,各类用电设备应自动恢复规定的性能。

（5）起动工作。在起动工作状态接入电网的用电设备应达到专用规范中规定的在起动工作期间所必须的性能指标。

4）电源故障

在任何用电设备端，直流或交流电源的断电或交流电源一相或多相的断电，都不应使用电设备处于不安全状态或损坏。

5）用电设备故障

用电设备故障不应影响其他用电设备的工作或引起供电系统故障。

3. 外部电源

外部电源在飞机用电设备输入端所提供的供电特性应符合标准的规定。考虑飞机外部电源插座和飞机用电设备之间允许的电压降，外部电源插座的电压应如下所示：

（1）交流系统：113V ~ 118V。

（2）28V 直流系统：24V ~ 29V。

（3）270V 直流系统：260V ~ 280V。

4. 试验要求

所要求的设备试验是为了验证用电设备同供电特性的兼容性。用电设备的试验要求符合设备专用规范。所要求的装机试验是为了验证飞机供电系统特性在飞机所有工作状态及其用电设备的所有工作状态都在标准规定的范围之内。装机试验要求应符合飞机专用规范。

（二）转换工作特性

在电源转换状态或汇流条，电压和频率的变化应在零和正常工作极限之间，且时间不大于 50ms。正常瞬变就可能发生在完成转换期间。

（三）交流供电特性

1. 恒频交流供电系统

（1）正常工作。正常工作特性应按表 4-6。

表 4-6　交流正常工作特性

正常工作特性	范　围
稳态电压	108.0V ~ 118.0V，均方根值
电压不平衡	3.0V，均方根值　　最大
电压调制幅度	2.5V，均方根值　　最大
电压相位差	116° ~ 124°
畸变系数	0.05 最大
畸变频谱	GJB 181A 图 2

（续）

正常工作特性	范　围
波峰系数	1.31～1.51
直流分量	0.10V～－0.10V
稳态频率	393Hz～407Hz
频率调制幅度	4Hz
瞬态峰值电压	271.8V 最大
电压顺变	GJB 181A 图 3
频率顺变	GJB 181A 图 4

（2）非正常工作。过压和欠压值应在 GJB 181A 图 5 规定的极限之内。过频和欠频应在 GJB 181A 图 6 所示的极限之内。

（3）应急工作。供电系统的应急工作状态的所有供电特性应与正常工作状态相同。

2. 变频交流供电系统

1）正常工作

（1）稳态特性。变频交流三相供电系统除稳态频率范围为 320Hz～640Hz，其余参数应符合表 4－6 的规定。

（2）瞬态特性。

① 在频率为 320Hz～420Hz 范围内，瞬变电压应符合 GJB 181A 图 3 的规定。

② 频率高于 420Hz 时，瞬变电压极限范围应为 GJB 181A 图 3 规定的上限值乘以 $f/420$ 的比值。

2）非正常工作

在频率为 320Hz～420Hz 范围内，过压和欠压值应在 GJB 181A 图 5 规定的极限之内。频率高于 420Hz 时，过压和欠压的极限值应为 GJB 181A 图 5 规定的极限值乘以 $f/420$ 的比值。

3）应急工作

供电系统的应急工作状态的所有供电特性应与正常工作状态相同。

（四）直流供电特性

1. 28V 直流供电系统

（1）正常工作。正常工作特性应符合表 4－7 的规定。

（2）非正常工作。过压和欠压值应在 GJB 181A 图 9 规定的极限之内。

(3) 应急工作。应急工作状态的稳态直流电压应为18V~29V。

(4) 电启动。在电启动工作状态,直流电压应为12V~29V。辅助动力装置的电启动(不是蓄电池启动)应属正常工作性能,不包括在电启动状态之中。

2. 270V 直流供电系统

(1) 正常工作。正常工作特性应符合表4-7的规定。

表4-7 直流正常工作特性

正常工作特性	范围	
	28V 直流系统	270V 直流系统
稳态电压	22.0V~29.0V	250.0V~280.0V
畸变系数	0.035 最大	0.015 最大
畸变频谱	GJB 181A 图7	GJB 181A 图10
脉动幅度	1.5V 最大	3.0V 最大
电压顺变	GJB 181A 图8	GJB 181A 图11

(2) 非正常工作。过压和欠压值应在GJB 181A 图12 规定的极限之内。

(3) 应急工作。应急工作的所有供电特性应与正常工作状态相同。

(五) 用电设备

1. 供电系统

用电设备应优先采用(一)1.4)交流供电系统和(一)1.5)直流供电系统规定的供电系统。

2. 电源变换

当用电设备必须采用标准规定的(五)1.条的供电系统时,可采用电源变换装置,该电源变换装置应作为用电设备的一部分。交流变换直流供电不应采用半波整流。

3. 对电气系统的影响

用电设备由飞机供电系统供电工作时,在该用电设备输入端的供电特性不得超出(三)条的要求。为限制用电设备对电气系统的影响,用电设备应满足下列要求:

(1) 未经过飞机设计部门的许可,交流用电设备总畸变电流的均方根值不得超过基波电流有效值的10%;

(2) 对于使用脉冲功率的用电设备,其电流变化率和脉冲幅值应尽量小,它的使用应与飞机设计部门协调;

(3) 应尽量不使直流电流反馈到交流供电系统(如单相半波整流的用电设备);

(4) 用电设备的电流波动不应使供电系统的电压调制、脉动和电压瞬变超过(三)条的交流供电特性和(四)条的直流供电特性的要求。

4. 用电设备的供电

1) 三相用电设备

对要求交流供电大于0.5kW的用电设备应设计成三相稳态平衡供电。

2) 单相用电设备

单相用电设备的稳态交流输入功率不大于0.5kW。对大于0.5kW的单相用电设备,应与飞机供电系统设计师协调。对单相用电设备,如有可能,应力求将用电设备从内部分为三个单相负载,以使其能采用三相供电。单相交流供电只使用线对中线供电。

3) 负载不平衡

三相用电设备,各相的负载和功率因数应尽量相等。在各相电压平衡的情况下,用电设备负载不平衡应限制在GJB 181A图13的极限之内。当总负载大于30kW时,用电设备负载不平衡应不大于它三相总负载的3.33%。

4) 功率因数

交流用电设备在各种工作状态下应有尽可能高的功率因数。用电设备在额定输入功率时,功率因数最小应不小于GJB 181A图14极限1和2规定的范围。允许采用异步电动机,其功率因数最小值不小于GJB 181A图14极限3规定的值。

5) 相故障

三相用电设备的某项如果发生故障,不应引起不安全状态。

5. 准备功率

用电设备处于准备工作状态所需要的准备功率应尽量小。

6. 功率容差

用电设备在额定工作状态下,其实际输入功率与额定输入功率之差不应超出输入功率的10%。功率容差不包括生产期间因技术上的更改而引起输入功率的变动。

7. 电压尖峰

用电设备对系统不应产生超出规定的电压尖峰,具体要求按照GJB 1389和GJB 151的有关规定。

8. 瞬变特性

用电设备在标准规定的电压或频率瞬态极限范围内应能正常工作,用电设备工作状态的转换不应引起超出标准规定的电压或频率瞬态极限范围。

三、电磁兼容试验

(一) 试验概述

1. 总要求

系统内所有分系统和设备之间应是电磁兼容的,系统与系统外部的电磁环境也应兼容。

承制方应在系统上进行系统电磁兼容性的验证。对安全有关键性影响的功能,应证明在系统内是电磁兼容的,并在使用之前证明它与外部环境是电磁兼容的。

2. 验证

验证应考虑到系统全寿命的所有状态或阶段,包括正常的工作、检查、储存、运输、搬运、包装、维护、加载、卸载和发射等,还要考虑实现上述各阶段(或状态)相应的正常操作程序。

(二) 安全裕度

承制方应根据系统工作性能的要求,系统硬件的不一致性以及验证系统设计要求有关的不确定因素,确定安全裕度。

1. 安全裕度要求

对于安全或者完成任务有关键性影响的功能,系统应具有至少 6dB 的安全裕度。

2. 电起爆装置安全裕度

对于需要确保系统安全的电起爆装置,其最大不发火激励(MNFS)应具有至少 16.5dB 的安全裕度;对于其他电起爆装置的最大不发火激励(MNFS)应具有 6dB 的安全裕度。

在测量安全裕度期间,安装在系统部件中的测试仪应捕获最大的系统响应,同时不应对部件的正常响应特性产生不利的影响。当采用低于规定电平的环境模拟时,对于具有线性响应的部件(如热桥丝的电起爆装置)可以外推至规定电平,当响应低于测量仪器的灵敏度时,应采用仪器的灵敏度作为外推的基础;对于具有非线性影响(如半导体桥式电起爆装置)的部件,不允许采用外推法。

符合性应由试验、分析或其组合来验证。

(三) 系统内电磁兼容性

1. 概述

系统自身应是电磁兼容的,以满足系统工作性能要求,符合性应采用系统级试验、分析或其组合来验证。

2. 船壳引起的互调干扰

对于水面舰船,当用船上接通天线的接收机探测同船安装的高频发射机的互调干扰时,若测不到19阶及19阶以上互调产物,则认为满足系统内的电磁兼容要求。

符合性应采用系统级试验、分析或其组合来验证,即通过测量系统天线上接收到的电平并评估这些电平对降低接收机性能的可能性来验证。

3. 船舰内部电磁环境

舰(船)载发射机的有意发射在甲板下产生的电场(峰值)不应超过下述电平:

1) 水面舰船

(1) 金属:	10V/m	10kHz ~ 18GHz
(2) 非金属:	10V/m	10kHz ~ 2MHz
	50V/m	2MHz ~ 1GHz
	10V/m	1GHz ~ 18GHz
2) 潜艇	5V/m	10kHz ~ 1GHz

符合性应通过测量当所有正常工况工作天线(甲板上和甲板下)辐射时,在甲板下产生的电场来验证。

4. 电源线瞬变

不同平台的电源线瞬变要求:

(1) 飞机,直升机:持续时间小于50μs的电压瞬变不应超过额定直流电压的+50%或-150%,或不应超过额定交流的线——中电压(rms)的±50%;

(2) 运载工具和导弹:短持续时间(小于50μs)非周期性瞬态和长持续时间非周期性瞬态中的短持续时间分量,其峰值应小于额定负载电压的3倍,脉冲强度小于0.14×10^{-3}V·s;

(3) 舰船:电源分电箱处的尖峰传导发射电压不大于1.75倍电源电压(额定值)或最高不超过300V(取其小者)。

5. 二次电子倍增

对于空间应用,分系统和设备应无二次电子倍增效应。符合性应通过试验和分析来验证。

(四) 外部射频电磁环境

系统应与规定的外部射频电磁环境兼容,以使系统的工作性能满足要求,外部射频电磁环境包括(但不限于)来自于如平台(如编队飞行的飞机、带有护卫舰编队航行的舰船和彼此相邻的地面指挥系统)、友方的发射机和敌方的发射机的电磁环境。

外部电磁环境的数据平台:

(1) 外部射频电磁环境应优先采用经订购方同意的实测或预测分析的数据。当无相应数据时可采用表4-8~表4-13的数据;

表4-8　舰船甲板上工作的外部电磁环境

频率/Hz	飞行甲板		露天甲板	
	电场/(V/m)		电场/(V/m)	
	峰值	平均值	峰值	平均值
10k~2M	45	45	—	—
2M~30M	100	100	200	200
30M~150M	61	61	61	61
150M~225M	61	61	61	61
225M~400M	61	61	61	61
400M~700M	151	71	751	71
700M~790M	162	95	162	95
790M~1G	1125	99	1125	99
1G~2G	550	112	550	180
2G~2.7G	184	158	184	158
2.7G~3.6G	2030	184	2030	184
3.6G~4G	290	200	290	200
4G~5.4G	290	200	290	200
5.4G~5.9G	345	200	345	200
5.9G~6G	345	200	345	200
6G~7.9G	345	200	345	200
7.9G~8G	345	200	345	200
8G~8.4G	345	200	345	200
8.4G~8.5G	483	200	483	200
8.5G~11G	510	200	510	200
11G~14G	310	200	310	200
14G~18G	310	200	310	200
18G~40G	200	200	200	200
40G~45G	200	200	200	200

注:① 峰值场强基于发射机的最大允许使用功率和天线最大增益减去系统损耗(如损耗未知则估为3dB)。

② 平均场强基于平均输出功率,平均输出功率时发射机的最大峰值输出功率与最大占空比的乘积。占空比是脉冲宽度与脉冲重复频率的乘积。平均场强只适用于脉冲信号系统,非脉冲信号的平均功率与峰值功率是相同的(没有调制存在)。

③ 下面表4-9~表4-13中峰值场强和平均值场强的意义相同

表 4－9 在舰船上发射机主波束下工作时的外部电磁环境

频率/Hz	电场/(V/m)		频率/Hz	电场/(V/m)	
	峰值	平均值		峰值	平均值
10k～2M	—	—	4G～5.4G	160	160
2M～30M	200	200	5.4G～5.9G	3500	160
30M～150M	20	20	5.9G～6G	310	310
150M～225M	10	10	6G～7.9G	390	390
225M～400M	25	25	7.9G～8G	860	860
400M～700M	1940	260	8G～8.4G	860	860
700M～790M	15	15	8.4G～8.5G	390	390
790M～1G	2160	410	8.5G～11G	13380	1760
1G～2G	2600	460	11G～14G	2800	390
2G～2.7G	6	6	14G～18G	2800	310
2.7G～3.6G	27460	2620	18G～40G	7060	140
3.6G～4G	9170	310	40G～45G	570	570
注：本表中数据是指在各种舰船上发射机主波束 15.25m(50 英尺)处的场强					

表 4－10 空间和运载系统的外部电磁环境

频率/Hz	电场/(V/m)	
	峰值	平均值
10k～100M	20	20
100M～1G	100	100
1G～10G	200	200
10G～40G	20	20
40G～45G	—	—

表 4－11 地面系统的外部电磁环境

频率/Hz	电场/(V/m)	
	峰值	平均值
10k～2M	25	25
2M～250M	50	50
250M～1G	1500	50
1G～10G	2500	50
10G～40G	1500	50
40G～45G	—	—

表 4－12 陆军直升机的外部电磁环境

频率/Hz	电场/(V/m)		频率/Hz	电场/(V/m)	
	峰值	平均值		峰值	平均值
10k～150M	264	264	4G～6G	21270	860
150M～249M	3120	3120	6G～7.9G	3750	860
249M～500M	2830	260	7.9G～8G	2500	390
500M～700M	1940	260	8G～8.4G	8000	860
700M～790M	1550	240	8.4G～8.5G	8000	390
790M～1G	3480	460	8.5G～11G	13380	1760
1G～2G	8420	588	11G～14G	2800	390
2G～2.7G	21270	490	14G～18G	2800	350
2.7G～3.6G	27460	400	18G～40G	7060	420
3.6G～4G	21270	390	40G～45G	570	570

表 4-13　固定机翼飞机(不包括船舰上工作)的外部电磁环境

频率/Hz	电场/(V/m)		频率/Hz	电场/(V/m)	
	峰值	平均值		峰值	平均值
10k~100k	50	50	1G~2G	3300	160
100k~500k	60	60	2G~4G	4500	490
50k~2M	70	70	4G~6G	7200	300
2M~30M	200	200	6G~8G	1100	170
30M~100M	30	30	8G~12G	2600	1050
100M~200M	90	30	12G~18G	2000	330
200M~400M	70	70	18G~40G	1000	420
400M~700M	730	80	40G~45G	—	—
700M~1G	1400	240			

(2) 对于可能在舰船上工作的系统(包括飞机和直升机),当在甲板上工作时,采用表 4-8 的电磁环境数据,当可能在发射机主波束下工作时,可采用表 4-9 的电磁环境数据;

(3) 对于空间和运载工具系统,采用表 4-10 的电磁环境数据;

(4) 对于地面系统,采用表 4-11 的电磁环境数据;

(5) 对于陆军直升机,采用表 4-12 的电磁环境数据;

(6) 对于飞机(不包括舰船上工作的飞机),采用表 4-13 的电磁环境数据。

(7) 系统暴露于不止一个规定的电磁环境时,应采用适用的电磁环境最严重情况的组合。

符合性应通过系统、分系统和设备级试验、分析或其组合来验证。

(五) 雷击静电防护试验

对于雷电的直接效应和间接效应,系统都应满足其工作性能的要求。当在暴露状态下,经受一个临近的雷击以后,或在储存条件下经受一个直接雷击以后,军械应满足其工作性能要求。在经受暴露条件下的直接雷击期间和以后,军械应保证安全。

符合性应通过系统、分系统、设备和部件(如结构件和天线罩)级试验、分析或其组合来验证。

(六) 电磁脉冲

在承受电磁脉冲环境以后,系统应满足其工作性能要求,提出该项要求时,订购方应给出电磁脉冲环境的验收和试验波形。

仅在订购方有明确要求时,该条要求才适用。符合性应由系统、分系统和设备级试验、分析或其组合来验证。

(七) 分系统间的电磁性

1. 电磁性目的

为了使整个系统满足所有相应的要求,每一个分系统和设备应满足电磁干扰控制要求(如 GJB 151 的传导发射、辐射发射、传导灵敏度和辐射灵敏度的要求。)

符合性应通过与每项要求一致的试验来验证(如 GJB 152 的试验方法验证 GJB 151 的要求)。

2. 非研制项目和商业项目

非研制项目和商业项目应满足系统电磁干扰控制要求。符合性通过试验,分析或组合来验证。

3. 舰船直流磁场环境

当分系统和设备在直流磁场环境(如 GJB 1446.41 中规定的环境)中工作时,其性能不应降低。符合性通过试验、分析或其组合来验证。

(八) 静电电荷控制

1. 概述

系统应控制和消除由沉积静电效应、液体流动、空气流动、废气流动、人员活动、运载工具(包括发射前的状态)和空间飞行器运动,以及其他电荷产生机理引起的静电电荷的积累,以避免点燃燃料和危害军械,防止人员的电击危害和防止电子产品的性能降低或损害。

符合性应通过试验、分析、检查或其他组合来验证。

2. 垂直起吊和空中加油

当系统经受 300kV 的静电放电时,应满足其工作性能要求。该要求适用于直升机、任何飞行中加油的飞机和由直升机外部吊挂或运输的系统。

符合性应通过试验(例如,用于军械的 GJB 573A 中方法 601 静电放电试验)、分析、检查或其组合来验证。试验方法是用一个 1000pF 的电容,通过一个最大为 1Ω 的电阻器向系统放电。

3. 沉积静电

为保证系统工作性能满足要求,系统应控制沉积静电对装在系统上或主平台上的接有天线的接收机的干扰。系统应防止结构材料、保护层的击穿以及防止累积电荷的冲击危害。

符合性应通过试验、分析、检查或其组合来验证。

4. 军械分系统

当军械分系统经受由于人员的操作引起的 25kV 的静电放电时,不应意外点火或哑弹。

符合性应通过试验来验证(如 GJB 573A 中方法 601 静电放电试验)。试验方法是用一个 500pF 的电容器,通过一个 500Ω 的电阻器向军械分系统(如电接口、壳体和操作点)放电。

(九) 电磁辐射危害性

1. 危害性概述

系统设计应保护人员、燃油和军械免受电磁辐射的危害影响。符合性应通过试验、分析、检查或其组合来验证。

2. 对人体的危害

系统应满足现行的关于保护人员免受电磁辐射的国家军用标准要求。符合性应通过试验、分析或其组合来验证。

3. 对燃料的危害

燃油蒸汽不应由于辐射的电磁环境诱导的电弧而意外点燃。电磁环境包括装备平台上的发射机产生的和外部的电磁环境,见(四)条的外部射频电磁环境的要求。

符合性应通过试验、分析或其组合来验证。试验前应计算出射频辐射源的危害距离,以保证测试人员的安全。

4. 对军械的危害

对于电起爆装置的直接射频感应激励和电点火电路的意外起动两种情况,军械中的电起爆装置暴露在规定的外部电磁环境期间不应意外点火,暴露后不应降低性能。

应优先采用订购方认可的实测和预测的外部电磁环境数据。若无外部电磁环境数据,可采用表4-14(对于直升机,当电磁环境"不受限制"时,应采用表4-12)所示的外部环境数据。

表4-14中的受限制和不受限制与军械的状态有关(见表4-15)。符合性应通过试验和分析来验证。

表4-14 电磁辐射对军械危害的外部电磁环境

频率/Hz	电场/(V/m)			
	不受限制的电磁环境		受限制的电磁环境	
	峰值	平均值	峰值	平均值
10k~2M	70	70	70	70
2M~30M	200	200	100	100
30M~150M	90	61	50	50
150M~225M	90	61	90	61
225M~400M	70	70	70	70
400M~700M	1940	260	1500	100
700M~790M	290	95	290	95
790M~1G	2160	410	1500	100
1G~2G	3300	460	2500	200
2G~2.7G	4500	490	2500	200
2.7G~3.6G	27460	2620	2500	200
3.6G~4G	9710	310	2500	200
4G~5.4G	7200	300	2500	200
5.4G~5.9G	15790	300	2500	200
5.9G~6G	320	320	320	200
6G~7.9G	1100	390	1100	200

（续）

频率/Hz	电场/(V/m)			
	不受限制的电磁环境		受限制的电磁环境	
	峰值	平均值	峰值	平均值
7.9G～8G	860	860	860	200
8G～8.4G	860	860	860	200
8.4G～8.5G	390	390	390	200
8.5G～11G	13380	1760	2500	200
11G～14G	2800	390	2500	200
14G～18G	2800	350	1500	200
18G～40G	7060	420	1500	200
40G～45G	570	570	200	200

注：①“受限制的电磁环境”表示人员与军械直接接触（组装/拆卸、装卸/卸载）的环境，要防止人员暴露在危险的电磁能量电平中接触电流。
②“不受限制的电磁环境”表示军械暴露于最严酷的环境中。
③ 对于用平均值表示的受限制的电磁环境，为保护人员安全，在某些频率范围按时间平均的人员暴露限值满足 GJB 1389A 5.8.2 的要求

表4－15　军械状态和相关环境

储存安全的状态分类	电 磁 环 境	储存安全的状态分类	电 磁 环 境
运输/储存	不受限制	装备装载	不受限制
组装/分解	受限制	装载在平台上	不受限制
加载/卸载	受限制	发射后的瞬间（Immediate post-launch）	不受限制

（十）电磁环境效应控制

在设计规定的寿命期内，系统应满足系统工作性能和电磁环境效应要求。该寿命期包括维护、修理、检测和腐蚀控制。符合性应通过试验、分析、检验或其组合来验证，还应说明维修性、可达性和可测试性以及检测性能降低的能力。

四、强度和刚度试验

（一）试验概述

强度和刚度试验的目的是规定了武器装备各受力部件应满足强度和刚度要求。如直升机承受飞行、着陆、地面及其他局部载荷的所有受力部件（其中主要的是旋翼、尾桨、机身、辅助升力面和尾面、浮筒、着陆装置、发动机架、操纵系统、传动系统、牵引和系留设备固定接头等，以及它们的固定结构）都应满足强度和

刚度要求。由于旋翼强度和刚度试验过程中，必须用到载荷、疲劳和损伤容限、地面试验、飞行试验和振动、机械及气动弹性不稳定性等（GJB 720）。下面以直升机为例，讲述旋翼的强度和刚度试验内容和要求。

（二）试验目的

旋翼的强度和刚度试验必须通过可靠的分析和（或）试验验证，证实直升机各部件满足各种设计使用情况下的静强度、疲劳强度和振动、机械及气动弹性不稳定性要求。

（三）试验项目及要求

（1）总体要求。旋翼桨叶、旋翼桨毂及它们的附件和连接件的强度和刚度，均应符合本条规定。

（2）旋翼载荷。旋翼的载荷和应力，可用任何一种有根据的和合理的计算方法或试验确定。计算时，应考虑旋翼的气动弹性效应，必要时，还应考虑各运动自由度之间的耦合。

（3）静强度。确定旋翼静强度应考虑主要受载情况、飞行受载情况、地面受载情况以及使用中可预期的其他严重受载情况。

（4）疲劳强度。旋翼的疲劳强度设计和疲劳鉴定应按 GJB 720.4 疲劳和损伤容限和 GJB 720.6 地面试验的要求进行。飞行应力实测按 GJB 720.7 飞行试验的有关规定执行。

（5）振动、机械及气动弹性不稳定性。在旋翼的动力学设计中，应通过改变结构的刚度、质量及其分布来调整旋翼桨叶结构（含桨毂支臂）的固有特性，使其在全部设计使用情况下和给定的使用寿命期内，不发生由于旋翼桨叶（含桨毂支臂）的固有频率与气动激振力频率相接近而产生的有害振动，特别应注意那些通过旋翼桨毂、自动倾斜仪传递到机体，并对机体振动有明显影响的旋翼桨叶振动，以降低全机的振动水平。

在直升机的全部设计使用情况下，旋翼桨叶的摆振刚度和减摆器的减摆力矩应满足避免“地面共振”的要求。

应通过改变结构的有关参数（诸如阻尼特性、固有特性及振动各自由度之间的耦合关系等），使旋翼在全部设计使用情况下和给定的使用寿命期内，不发生颤振、发散及其他气动弹性不稳定性现象。其设计准则按照 GJB 720.5 执行。

（6）旋翼桨叶的其他要求。如刚度，抗撞击、耐弹伤能力，耐磨蚀能力，蒙皮强度和复合材料旋翼桨叶的补充规定试验和验证要求等。

（7）旋翼桨毂及其附件的其他要求。如铰链接头内摩擦力矩、轴承强度、拉扭条强度、减摆器强度、限动块强度试验等。

（8）旋翼的附加试验要求。如动力试验、旋翼桨毂铰链接头的适用性试验、减摆器疲劳试验、弹性轴承拉扭条疲劳试验、桨叶的撞击和（或）弹击试验。

五、定型试验

(一) 工艺鉴定

工艺鉴定是产品生产定型工作的核心。设计定型时,主要是对样机的功能性能进行考核和评价,对新工艺、新材料能否应用做出了鉴定,未对批生产的工艺技术及工艺规程进行系统考核。转入批生产后,没有先进的工艺技术、稳定的工艺过程和规范的工艺管理,就不可能批量生产出优质产品,装备的技术质量和战斗力生成就无法保证。

在生产定型工作中,工艺鉴定的重点:一是对零、部组件鉴定。生产的零、部组件,应符合工艺文件的要求,所用用料,应符合规定材料的要求,代用材料,必须经过规定的审批手续。零、部组件经过装配或加工鉴定合格,质量稳定,填写合格证明文件,并办理生产鉴定手续。二是软件产品鉴定。国务院、中央军委颁布的《军用软件产品定型管理办法》规定,"当软件通过设计定型后,如果所属武器系统需要办理生产定型时,可一并进行生产定型。软件生产定型重点是对软件载体的版本选择、生产、灌装、安全检测等进行进一步考核"。三是新材料、新工艺鉴定。新材料、新工艺应按有关规定技术鉴定合格,确认质量稳定,并具备可靠的生产和检测手段,有配套的技术说明书、工艺规程、产品规范等,办理生产鉴定手续。外购新材料(含锻、铸毛坯)已经鉴定,质量稳定,并纳入合格供方名录。

工艺鉴定是对产品实现过程中的工艺技术的先进性、方法要求的适用性、工艺流程的正确性、工艺过程的稳定性、工艺管理的规范性的检查、考核,并做出结论。其内容通常包括:工艺文件鉴定,零、部组件鉴定,工艺装备鉴定,软件鉴定,新材料、新工艺、新技术鉴定,关键技术问题的解决验证,互/替换性鉴定等。

(二) 工艺性试验鉴定

承制方应根据工艺设计,确定工艺性试验项目(如组合件的扣压力试验、焊接强度试验、样件装配后的电磁兼容试验等)。按照工艺文件要求,进行逐项工艺试验鉴定,考核试验方法和试验参数,保证工艺状态的稳定性。在产品规范的技术要求中,应明确互换性的试验项目,验证章节应明确试验方法和合格判据,并按照规定开展互换性试验,保证产品工艺性要求。

(三) 定型试验

在设计定型阶段,研制样品满足 GJB 1362A 中 5.2 条要求时,承研承制方应会同军事代表机构或军队其他有关单位向二级定委提出设计定型试验书面申请。二级定委经审查认为产品符合要求后,批准转入设计定型试验状态,并确认承试单位,按照批复的设计定型试验大纲的内容和要求,编制试验规程,完成设计定型试验。

在生产定型阶段,当工艺鉴定完成、文件资料审查并形成考核结论后,承制方应会同军事代表组织定型批的产品生产，同时展开生产定型试验的一系列准备工作，当样机初选后，联合上报定型试验申请，按照批复的生产定型试验大纲，编制试验规程，完成生产定型试验。

生产定型试验是对装备战术技术指标、质量一致性、工艺稳定性的考核，是对批量装备技术状态最终验证和固化，是决定装备能否进行生产定型、能否转入批量生产的关键环节，主要包括战术技术指标、作战使用状态、环境适应性、寿命（首翻期）。

在研制总要求和技术协议书中有可靠性、成熟期、目标值规定的产品，应进行可靠性验收试验。

第四节　信息技术

一、信息技术管理综述

进入信息化时代，信息已经成为任何管理工作的重要资源，尤其在技术工程管理领域，信息技术是保证装备质量和质量管理体系有效运行的重要资源。有效地实施质量信息技术管理，是质量管理的一个重要方面，能否对质量信息的收集、储存、分析、传递、处理等实施有效的管理，并形成质量信息控制系统，保证信息质量，这是衡量承制方技术工程管理先进性的重要尺度。其标识显现在：

（1）承制方设立了质量信息管理机构，建立质量信息管理制度，确定质量信息管理机构的职能和职责，并编制了质量管理体系程序文件。

（2）承制方对收集的质量信息（包括采购信息）进行了分析、处理和应用，开展有效性评价，并形成信息管理记录。产品质量信息管理应满足顾客的需要。

（3）承制方重视了网络技术的应用，根据产品建设的发展和质量管理的需求，建立承制方内部局域网络，并制定局域网络管理制度和局域网络保密制度，利用网络开展质量信息管理工作。

（4）承制方根据质量管理工作和产品研制生产的需要，重视数据库建设，制定数据库管理工作制度和规定。对收集的数据进行分析、处理和应用，并形成数据库管理记录。

（5）承制方在质量信息管理工作中，按标准要求开展数据分析工作，利用统计分析等技术，收集、分析、处理质量信息，并形成应用记录。

（6）承制方根据文档管理相关标准的要求，重视质量信息文档的管理，制定质量信息文档的制度和规定，实施过程有记录。

二、软件工程化管理

承制方应对软件开发设计实施软件工程化管理，形成软件需求说明、软件设计说明、软件验证与确认计划和软件验证与确认报告，形成文档并按相关标准进行五个评审、三个审查，确保软件工程质量。

（一）需求设计

在产品研制的方案阶段，承制方应根据技术协议书或软件开发任务书的要求，开展软件需求研究，确定软件功能、性能、接口、数据、环境需求、软件安全、保密安全等内容和要求，形成需求分析文件，编制需求说明、数据要求说明及其他文档，并进行审查和评审。

在软件开发设计中，承制方应根据装备需求，进行软件开发的系统要求分析、软件需求分析、概要分析和详细设计等内容的设计，按照软件验证与确认计划完成软件单元测试、软件部件测试、软件配置项目集成和测试，以及系统合格性测试，形成相关文件并适时评审。

软件开发设计完成后，承制方应采取适宜的方法（如审查、分析、演示或测试），以验证软件设计与软件需求说明、代码以及代码与软件需求说明的一致性。形成软件验证与确认的评审、检查和测试等执行结果的报告。

（二）逻辑模块设计

承制方应按自顶向下、逐步求精的方法把软件需求说明中所规定的软件需求转换成软件的体系结构和处理逻辑结构，并建立它们与软件需求说明的追溯关系。对于规模较大的软件项目可分为单独的体系结构设计和详细设计两个阶段，较小规模的软件项目可把它们合并为一个阶段。

在体系结构设计中，承制方必须确保设计精确地依据需求，且只指明层次特性而不描述过程特性。体系结构设计应将系统分解成多个部件，保证部件之间的独立性，并完整地描述每个部件的静态/动态特性，同时进行模块度控制，既细化以减少模块的复杂性又不过多而增加接口的复杂性。

在详细设计中，承制方应完备地标识程序的每一个输入、输出和数据库成分，其描述应达到可以编码的程度。详细设计应说明并包含程序的所有操作步骤，给出每一个决策点的所有出口转向，考虑所有可能的情况和条件并指明在出现异常情况和不正当输入的情况下的行为。

（三）编程设计

在编程阶段，承制方应按照合同或有关标准的规定和要求，选择有效的编码语言和规范实现每个软件单元，同时维护软件代码到软件设计说明的双向可追溯性。

编程阶段应完成计算机指令和数据定义的编码，建立数据库并将数据值填入数据库和其他数据文件中，以及其他为实现设计所需的活动。

承制方应在编程阶段按照代码抽查准则，选择源代码进行评审并记录评审报告。代码抽查重点检查安全性要求高的代码、关键等级高的代码、核心代码、可靠性要求高的代码、影响效率的代码。

（四）配置管理设计

“配置”源于1987年颁发的《军工产品质量管理条例》提出了要实行技术状态管理的要求，并明确了技术状态管理的内容就是Configuration，该词的直译为外形、轮廓，构造、构型，配置等。但从Configuration的定义看，显然不仅是外形或构造。当时用法较多的是构型、技术状态和配置。由此，在软件工程中，根据软件研制的特点和习惯，采用了“配置”的提法，配置管理也就是技术状态管理。

承制方应在武器装备研制、生产、修理和技术服务保障过程中，按相关标准的要求成立软件配置管理（SCM）机构，建立软件配置管理系统，在整个软件生存周期实施软件配置管理，保证软件产品的完整性和可追溯性。

软件配置管理机构负责策划配置管理活动，编制配置管理计划和制度，建立软件三库（开发库、受控库、产品库），对纳入软件配置管理的软件配置项目进行入库、更改和出库管理，形成文件并作好记录。

软件配置管理过程包括配置标识、配置控制、配置状态纪实、配置评价、软件发行和交付等活动。该过程不仅适用于对软件本身的配置管理，也适用于对项目的工作产品如标准、规程和复用库等的配置管理。它覆盖的是执行配置管理功能的活动，适用于置于配置管理之下的所有工作产品。

（五）测试程序设计

承制方应按要求建立测试环境，选择合适的测试方（自测试或第三方测试），对软件进行单元测试、集成测试及合格性测试。

承制方应按照不同测试阶段的各自要求，准备测试环境，拟定测试计划，设计测试用例并提交评审。承制方在测试过程中应做好测试记录，测试完成后撰写测试问题报告，进行必要的回归测试等工作，确保测试过程的科学性、完备性和有效性，确保测试文档的完整性、正确性和规范性。

三、数据库管理

承制方应根据武器装备研制的过程管理、产品管理和工作管理以及项目管理的需要，积极推进数据库建设和管理发展，制定数据库管理工作制度和规定。通过有效的数据库管理，承制方对过程管理、产品管理和工作管理以及项目管理的研制、生产技术服务保障等数据进行收集、分析和有效处理，并形成应用记录。

承制方应建立涵盖研制、生产、修理和技术服务保障管理所出现的数据、文档、规范等信息的数据库，实施持续的型号项目管理与监督，加强过程资产管理和过程改进，提高信息检索和复用度，保证型号质量，不断拓展型号管理过程域。

通过有效的数据库管理，承制方可保证研制生产数据的完整性和一致性，促进数据标准化，提高数据共享率，加强设计、试验、生产和技术服务保障的沟通，同时通过权限控制保证数据的安全性，并利用数据库系统的备份和恢复机制提高数据的故障恢复能力。

四、远程诊断

随着武器装备向着电子化、集成化方向不断发展,武器装备的故障诊断越来越复杂,单靠使用者的能力很难快速完成故障排查。承制方应当建立远程诊断系统,帮助使用者在现场有限的条件下尽快定位和解决故障。

远程诊断将故障诊断和远程通信技术结合起来,专家通过与现场人员的沟通复现故障,分析问题,提供解决方案。远程诊断系统在经济成本、时间效率、管理效果上都极大优于传统的故障诊断系统。

承制方应通过远程诊断系统,快速排除设备故障,减少故障待机时间,尽可能提高故障诊断的准确性和保持装备的可靠性,并记录故障原因及解决措施,形成专家系统,为后续故障诊断提供参考。

由于武器装备研制生产的特殊性,承制方建设远程诊断系统时不能采用公共网络,应根据相关法律法规和顾客的要求,采用合适的方式实现远程沟通。

五、信息交流

信息技术的迅速崛起引起了信息交流的巨大变革,一方面引入了更多的虚拟的电子化信息;另一方面突破了信息交流的时空限制,拓展了交流的范围。这些变化给武器装备的承研承制和承试单位的信息交流管理带来新的挑战。

信息交流在个体知识和社会知识的进化过程中有着不可替代的作用,它推动交流主体对传统观念和行为方式提出疑问和挑战,孕育知识创新,使知识的价值在交流中螺旋上升。同时,人们对于信息污染、信息安全的焦虑及对知识产权的保护又在一定程度上限制了信息的充分交流。

承制方应建立合理的信息交流机制,在不泄露国家秘密的前提下积极提高信息交流程度,保证项目顺利进行。承制方应制定内部及外部信息交流规程,完善审批制度,正确运用管理和技术手段,做到信息交流的受控、及时、准确和规范。

六、文件控制

随着信息化技术的深入发展,武器装备研制生产过程中产生的大量信息都是以电子文件的形式保存,对这些涉密文件的控制和保护尤为重要,同时也带来一些新的课题。承制方在项目执行过程中既应根据业务性质和人员角色合理设置权限,控制知悉范围,保证信息资源的安全性,又能方便文件运行过程的编制、校对、审查、会签和批准。

承制方在工作过程与访问控制的主要环节:如组织结构,用户,用户的工作岗位或业务角色,用户需完成的任务或工作职能,业务流程,使用方需要访问的信息资源等,应按照国家和国家军用标准建立一整套规定及实施办法。

(1) 明确权限等级。组织是一些需完成研制、生产、修理、技术服务保障和管理活动的用户构成的一个群体。承制方应根据其组织结构,确定文件控制的范围、使用、管理的权限等级。

(2) 履行工作职能。用户是访问控制的主体,他们属于承制方装备研制、生产、修理、技术服务保障和管理活动的某个组织,根据其岗位或业务完成组织分配的任务,发挥其岗位工作技能、履行工作职责。

(3) 使用方监督权。在承制方装备研制、生产、修理、技术服务保障和管理活动的文件访问控制中,使用方需要分配一定的访问权限才能履行其使用方的监督管理权限,设计其工作岗位或业务角色,这个工作岗位或业务角色是使用方在承制方所处的职位或充当的工作角色,具有一定的现实意义。

(4) 信息资源控制。在装备研制、生产、修理、技术服务保障和管理活动中,信息资源是访问控制的主体,企业中的信息众多,存储分散,相互联系密切,由不同的组织机构、部门和用户在不同的任务中创建,且用户只有根据需要才能访问相关资源。

在日常工作中承制方应制定相关标准流程,对文件的密级、用途、内容、格式等作出统一的规定,对文件的产生、传递、存储、销毁等过程进行严格监控,确保国家秘密慎之又慎,同时满足工作需要,提高工作效率。

七、质量信息管理

(一) 信息管理概述

装备质量信息是反映装备质量要求、状态、变化和相关要素及相互关系信息,包括数据、资料、文件等。装备质量信息管理是对装备质量信息的需求分析、获取、处理和使用的计划、组织与控制活动。

在武器装备研制过程中由人员、机构以及计算机和配套设施、设备、软件等组成的,按照规定的程序和要求完成装备质量信息需求分析、获取、处理和使用任务的人机系统是装备质量信息系统。

(二) 信息管理总则

1. 质量信息管理的目的

装备质量信息管理的目的是充分开发和有效利用装备质量信息资源,为装备全系统全寿命质量管理提供决策依据和信息服务,提高装备系统效能,降低装备寿命周期费用。

2. 质量信息管理的任务

装备质量信息管理的任务包括以下内容:

(1) 建立装备质量信息机构和管理机制,规划、计划和实施装备质量信息的管理;

(2) 进行装备质量信息需求分析,确定信息的来源和输出要求;

(3) 确定装备质量信息的获取、处理、使用的程序和要求;

(4) 开发与维护装备质量信息系统;

(5) 为装备研制、生产与使用过程中评价和提高装备质量提供决策依据和信息服务。

3. 质量信息管理的原则

装备质量信息管理应遵循如下原则:

(1) 集中领导、统筹规划、分级管理、部门负责;

(2) 与装备建设紧密结合,协调发展;

(3) 遵循装备全系统全寿命管理原则,充分运用系统工程方法;

(4) 以提高装备质量为目标,以装备质量信息需求为牵引,充分开发和有效利用信息资源;

(5) 实施信息的闭环管理,实现信息的共享;

(6) 确保质量信息的准确、及时、完整、规范、安全和可追溯。

4. 质量信息管理的标准化要求

装备质量信息管理应按国家和军队有关法规和标准,进行装备质量信息内容、分类、格式和编码的标准化管理;进行质量信息需求分析、获取、处理、使用、上报、交换和反馈的标准化管理;进行信息系统建设的标准化管理。

各类装备质量信息系统所采用信息单元的定义、标识名及其缩写,以及信息项及其缩写和信息代码,应与 GJB 1775、GJB 3837 等国家军用标准中的有关规定相一致。

5. 质量信息管理的安全保密要求

装备质量信息管理工作应遵守如下安全保密要求:

(1) 执行国家和军队安全保密规定,按照国家和军队有关信息网络安全保密技术体制和管理要求,制定质量信息管理安全保密制度;

(2) 按国家和军队有关信息安全和保密规定,对装备质量信息和信息载体划分密级,按密级管理和使用;

(3) 综合运用管理和技术手段,提供安全保密防范能力,严格落实安全保密措施,杜绝出现安全漏洞。

(三) 信息来源、分类及内容

1. 信息来源

根据装备质量信息管理要求,应明确质量信息的来源。质量信息的主要来源如下:

(1) 装备论证中提出的装备质量要求;

(2) 装备研制、试验、定型与生产过程中的质量信息;

(3) 装备交付与验收中的质量信息;

（4）装备使用、维修、保管、运输、退役等过程中的质量信息；

（5）装备质量监督过程中的质量信息；

（6）装备引进过程中的质量信息。

2. 信息分类

根据装备质量信息管理需要，应对质量信息进行分类，常用的分类方法如下：

（1）按不同的质量特性区分，分为功能特性信息、可靠性信息、维修性信息、保障性信息、安全性信息、测试性信息、环境适应性信息、互用性信息等；

（2）按装备寿命周期阶段区分，分为论证阶段信息、方案阶段信息、工程研制阶段信息、设计定型阶段信息、生产定型阶段信息、使用阶段信息和退役阶段信息等；

（3）按信息处理的深度区分，分为A类信息和B类信息。A类信息是现场收集到的数据及加工处理形成的报告、文件、资料，B类信息是在A类信息基础上综合形成的手册、案例，以及质量活动的工程与管理经验等；

（4）按产品质量状态区分，分为正常质量信息和质量问题信息，质量问题信息又分为一般质量问题信息、严重质量问题信息和重大质量问题信息；

（5）按质量信息的密级区分，分为绝密信息、机密信息、秘密信息、内部信息和一般信息。

3. 信息内容

根据装备质量管理需要，应明确质量信息的内容。装备质量信息的内容如下：

（1）国内外同类装备有关质量特性指标及相应的使用环境和保障条件；

（2）国内外同类装备及其配套产品的故障统计数据，及重大质量问题案例；

（3）装备论证中提出的质量特性要求，包括使用要求和合同要求；

（4）寿命剖面、任务剖面、故障判据、试验方法、保障方案及环境条件等；

（5）执行GJB 1406A、GJB 3872、GJB 450A、GJB 368A、GJB 900制定的质量保证要求和质量保证大纲、可靠性计划和工作计划、维修性计划和工作计划、综合保证计划和工作计划等；

（6）执行GJB 841、GJB 9001B、GJB 1371、GJB 3837、GJB 1391、GJB 1378、GJB 2961、GJB 1364等标准产生的信息；

（7）可靠性、维修性、保障性等质量特性设计准则与手册；

（8）关键件、重要件和关键工序质量控制情况；

（9）产品的关键特性和重要特性；

（10）软件的质量信息；

（11）不合格品分析、纠正措施及其效果；

(12) 在产品研制监控和验收、交付过程中出现的质量问题、纠正措施及其效果；

(13) 质量分析报告和质量审核报告；

(14) 装备定型试验结果及试验条件；

(15) 装备定型遗留及生产与使用中发现的主要质量问题分析、纠正措施及其效果；

(16) 故障报告、分析和纠正措施及其效果；

(17) 装备使用、储存及保障过程中时间、故障、维修、保障资源消耗等数据；

(18) 误操作、维修差错及其后果的统计分析；

(19) 装备研制与使用阶段的技术状态标识与纪实；

(20) 进行装备系统战备完好性评估所收集的信息及评估结果；

(21) 质量成本；

(22) 有关维修方式、周期和作业内容的重大更改及加、改装的技术通报；

(23) 质量工作中积累的工程和实践经验；

(24) 可靠性数据集(手册)、装备故障模式集(手册)、重大故障案例集(手册)等数据集(手册)。

(四) 信息需求管理

1. 信息需求管理要求

各级信息机构应根据所承担的任务和主管部门、上级信息机构的要求,按规定的程序和要求合理确定信息需求,并按信息需求确定所收集信息的用途、内容、范围、来源、分类、项目、格式及统计指标体系。

2. 信息需求的提出

信息需求一般由信息用户根据装备质量工作要求提出。信息用户包括:装备论证、研制、试验、生产、订购、使用与维修保障等部门或单位。

3. 信息需求分析

信息需求分析的任务是对所需信息的必要性和信息收集的可行性进行论证,确定信息的用途、内容、范围、来源、分类、项目和格式,设计质量信息收集表格,提出信息输出要求和标准化要求。

有关信息机构应协助信息用户进行需求分析,提出信息需求分析报告,经上级信息机构审查确认后,报主管部门批准实施。

4. 信息需求分析报告的审批

审批信息需求分析报告时,应对信息的有效性、系统性和经济性进行审查,以保证收集的信息既能满足工作的需要,又能避免因重复收集而造成的资源和人力浪费。报告一经批准,信息机构即应按其要求开展工作,如需对其进行修订,必须经上级信息机构审查确定,并报主管部门批准。

（五）信息获取

1. 信息获取要求

信息机构应根据信息需求，拟定信息获取计划并提出具体要求。装备质量信息的获取，包括对质量信息的识别、收集和录入，应当正确运用管理和技术手段，做到信息准确、完整、及时和规范。

2. 确定获取信息的内容、范围和来源

应在需求分析的基础上，按照信息收集和分析处理的任务目标，确定需要收集的信息内容、范围和信息量。

根据需要收集的信息内容和来源，确定信息收集单位和收集要求，并将需要收集的信息单位事先设置到信息收集单位的业务报表中。

3. 确定信息获取的方法和时限

按照信息需求和标准化要求，确定信息收集的方法，明确信息收集表格，规定信息记录方法和要求。

信息收集人员通过规定的手段，从信息收集单位的业务报表、自动采集装置或其他信息系统提取所需要的信息，并将信息录入预订的信息表格。

按信息需求确定信息收集时限，包括实时、定期和不定期等。

4. 信息的审核和提交

信息收集单位对信息收集人员提取和收集的信息进行审核，在确认信息符合要求后，按规定的时限，及时将信息向上级信息机构提交。

各级信息机构对下级信息提交的或来自其他信息系统的信息进行审查，确认符合要求后，将信息分类汇总并录入数据库。同时，保存下级信息机构提交的原始信息以备查询。

5. 重大质量问题信息的收集

各级信息机构应根据信息需求和有关规定，确定重大质量问题信息的内容范围、收集方法和提交时限，组织重大质量问题信息的收集和提交。

（六）信息处理

1. 信息的处理要求

各级信息机构应制定质量信息分析处理指导文件，对收集到的原始信息应按信息处理程序和方法进行加工处理，对装备质量信息的加工处理应做到及时、准确、实用、完整和安全。

2. 信息处理程序

（1）信息的审查和筛选。对收到的原始信息应按信息处理的要求进行审查，以保证信息的真实性、实用性，对错误或不符合要求的信息应向提供单位提出质疑或根据需要进行必要的筛选，但应妥善保存原有的信息记录，以备查询。

(2) 信息的分类和汇总。对经过审查和筛选的信息,应按对信息进行分析处理的需要进行分类与汇总,并存放到相应的数据库中。

(3) 信息的统计分析。各级信息机构对需分析处理的各类质量信息,应按需求分析确定的内容、范围和输出要求,进行统计、评估和分析工作,并将分析结果用规范的格式予以存储或输出。

通过汇总集成,形成系统的信息资源,存储到相应的数据库中。信息的集成应做到分类清楚、表达规范、便于添加、易于使用。

(4) 信息的综合分析。各级信息机构应定期或适时地利用各类信息进行综合分析,评价装备及相关工作的质量水平和发展趋势,分析存在的主要问题和薄弱环节及可能造成的结果,并提出改进建议。

(5) 编写信息报告。对经分析处理的信息,按上报或反馈的输出要求,编写质量信息简报、分析评价报告或专题报告等。

3. 质量信息数据集

1) 数据集的编制

各级信息机构应充分利用所积累的信息,适时地编制质量信息数据集。编制数据集的一般要求如下:

(1) 数据集的编制应当充分考虑其使用价值和编制的可行性,并随着信息工作的发现不断扩展其范围和内容;

(2) 应对数据来源、样本数量、环境条件及采用的统计、评估方式作必要的说明;

(3) 数据集应经有关专家评审,确认其可用性及实用价值;

(4) 数据集应经主管部门批准,在规定的范围内发布使用;

(5) 数据集应有便于检索、查询的电子版,并纳入相应的数据库。

2) 数据集的类型

数据集一般包括以下类型:

(1) 产品故障率数据集;

(2) 产品定型故障模式及影响数据集;

(3) 重大质量问题案例集;

(4) 产品维修工时数据集;

(5) 现役与在研装备可靠性、维修性、保障性等指标数据集;

(6) 装备元器件优选手册;

(7) 可靠性、维修性、保障性、安全性等工程经验选编;

(8) 装备使用与维修保障工作经验选编;

(9) 国外装备可靠性、维修性、保障性等数据集;

(10) 国外装备可靠性、维修性、保障性、安全性等工程经验选编。

4. 信息的存储

1）信息的存储要求

（1）根据信息机构应用计算机等信息载体妥善地存储质量信息，以备查询和利用。

（2）信息的存储应按集中与分散相结合的原则进行，即各级信息机构应按其质量信息管理范围，对获取的和处理过的信息进行存储；基层信息机构应将获取到的原始信息经整理后进行存储。

（3）在信息的存储期内，应安全、可靠和完整地保存各类质量信息，并能方便地进行查询和检索，以保证信息的可追溯性。

2）信息的存储期限

（1）凡对装备建设有长期利用价值的质量信息应列为长期存储信息，如装备的主要作战使用性能及其论证报告、装备的定型资料、重大质量问题及其分析与纠正措施报告等。

（2）凡在一定时期内对装备研制、生产、改装和保障工作有利用价值的质量信息应列为定期存储信息，其存储期限的长短可参照档案管理规定确定。

5. 信息的修改和删除

（1）对产品故障和质量问题记录的源文件，不得进行修改。

（2）对长期存储的信息进行补充和修改时，应得到主管部门的批准，但要妥善保存补充和修改前的信息。对定期存储的信息进行修改或删除时，应经本部门主管领导批准。

（3）信息的修改和删除应由授权的信息管理人员实施，并由专人进行校核。

（七）信息上报与交换

1. 要求

各级信息机构应按规定的程序和时间要求，及时、真实和安全地上报、反馈与交换质量信息。在装备寿命周期中，订购方和承制方相互反馈和交换的装备质量信息参照图4－20和图4－21确定。

2. 信息上报

（1）对不同的质量信息，应根据其重要性和紧迫程度确定上报和反馈的时限要求，一般可分为定期、适时和实时三种，对重大质量事故和质量问题应及时进行反馈。

（2）各级信息机构对经汇总的反馈信息应定期或适时地以质量信息简报或专题报告的形式上报给主管部门。

（3）各级信息机构对装备的质量状况及所发现的质量问题以及所采取的纠正措施应按有关规定上报和反馈给有关单位和主管部门。

（4）各有关部门之间应制定质量信息反馈制度或协议，信息反馈应严格地

论证和方案阶段	工程研制和定型阶段	生产和使用阶段
①国内外同类装备有关质量特性的指标数据和资料； ②总体技术方案满足质量特性要求的程度和存在问题及处理意见； ③质量保证大纲、可靠性工作计划、维修性工作计划、综合保障工作计划等及其评审报告； ④其他相关信息	①质量特性设计准则与手册； ②装备及其分系统和主要设备的可靠性、维修性等模型； ③装备及其分系统和主要设备的可靠性、维修性等定量要求的分配与预计数据； ④装备及其分系统和主要设备的故障模式、影响及危害性分析资料； ⑤关键件、重要件清单； ⑥元器件优选目录； ⑦故障报告、分析和纠正措施及其效果的汇总资料； ⑧装备重大质量问题、分析和纠正措施及其效果； ⑨可靠性、维修性、增长计划及其实施情况； ⑩装备性能试验、环境应力筛选、寿命试验、可靠性维修性保障性试验与评价方案与结果及其评估分析报告； ⑪产品设计质量、工艺质量和产品质量评审结论及评估分析报告； ⑫首件产品或设计定型时产品的质量特性分析报告及其遗留问题； ⑬保障计划和保障资源要求清单与说明； ⑭产品图纸、技术资料； ⑮其他相关信息	①设计定型遗留的及生产与使用中发现的主要质量问题及纠正措施和效果； ②产品验收及例行试验统计分析； ③根据现场使用与维修保障信息进行的质量特性的验证评估结论及分析报告； ④产品的改进、改型及改装方案及其效果； ⑤主要外购件验收及使用中的质量信息； ⑥其他相关信息

图 4-20　承制方向订购方提供的信息

论证和方案阶段	工程研制和定型阶段	生产和使用阶段
①装备寿命剖面和使用环境； ②装备的任务剖面； ③国内外同类装备有关质量特性的指标数据和资料； ④装备研制总要求与合同中有关质量特性的定性、定量要求（含故障判据、验证方法等）； ⑤初始保障方案； ⑥质量保证要求、可靠性计划、维修性计划、综合保障计划等机器评审报告； ⑦其他相关信息	①国内同类装备及其配套产品的故障统计数据，主要故障模式及其比例，重大质量问题案例； ②国内同类装备保障方案及有关质量特性的统计数据和存在的问题； ③部队装备保障现状，如保障体制、人员编制和技术水平、可用的保障设施、设备状况等； ④军事代表系统在对产品研制监控过程中发现的主要质量问题； ⑤其他相关信息	①装备的使用状况； ②产品检测及故障记录和统计数据； ③计划维修和非计划维修程序、工时记录及统计数据； ④产品的换件率及非预期的备件消耗； ⑤维修工具、设备的满足率及其适用性； ⑥技术资料种类、数量的适用性； ⑦维修差错及其后果的统计； ⑧根据使用信息进行的质量特性验证、评估结论及分析报告； ⑨有关维修方式、作业内容和周期的重大更改及加、改装的技术通报； ⑩装备退役时的质量状况； ⑪其他相关信息

图 4-21　订购方向承制方提供的信息

按其规定的信息流程和要求予以实施。

3. 信息交换

(1) 部门内部及其与相关部门之间应按有关规定做好质量信息交换工作,以实现信息的共享。

(2) 相关部门之间应制(签)定质量信息交换制度或协议,并由其信息机构负责具体实施。

(3) 信息用户提出的信息需求,如超出有关规定的信息交换范围时,应经主管部门批准后再提供。

(4) 各级信息机构应定期或适时地按密级编制质量信息索引,在规定的范围内发布,供有关人员查询和咨询。

第五章　技术状态管理

第一节　技术状态管理综述

一、状态管理简述

技术状态管理是系统工程管理的一个重要组成部分。随着在大型武器装备研制中系统工程管理的发展和成熟，技术状态管理也逐步完善起来。20世纪60年代末期，美国国防部开始制定有关系统工程管理的标准。1968年，发布了MIL－STD－480《技术状态控制——技术状态更改、偏离许可和让步》，以后又陆续发布了MIL－STD－481《技术状态控制——技术状态更改（简要形式）、偏离许可和让步》、MIL－STD－482《技术状态状况纪实数据元素及有关特性》。1970年，发布了MIL－STD－483《系统、设备、军需品与计算机程序的技术状态管理》，使技术状态管理标准趋于完善。经多年实践，1992年，发布了MIL－STD－973《技术状态管理》，内容更加完整、明确，代替了上述原有一套标准。1995年，国际标准化组织发布了ISO 10007《技术状态管理指南》，技术状态管理标准成为各类产品研制、生产中普遍通用的程序。1997年3月，国家技术监督局等同采用ISO 10007，发布了GB/T 19017《质量管理技术状态管理指南》，作为推荐性国家标准在全国通用。什么是技术状态？ISO国际标准和美国军用标准中对Configuration一词均有相同的明确的定义。简言之，一个系统的技术状态就是该系统的特性——即功能特性和物理特性（功能特性包括性能、可靠性、维修性等，物理特性包括外形、尺寸、配合等），而这些特性又必须是在各种文件中标识清楚，在研制、生产中如何实现它的功能特性和物理特性，控制这些特性的更改变化，记录并报告变化的信息，并对系统实际达到的特性进行审核，就产生了技术状态管理的概念。也就是说，技术状态管理包括了四个方面的技术的和管理的活动，即：技术状态标识、技术状态控制、技术状态状况纪实和技术状态审核。技术状态管理使得系统、分系统、设备等技术状态项的研制、生产工作能有序地进行。一个具有良好的技术状态管理的项目可以确保设计的可追溯性，更改受到控制并形成文件，接口得到定义并便于理解，产品与其支持文件保持一致。

二、状态管理现状

我国早在1987年5月国务院、中央军委批准，原国防科工委发布的《军工产品质量管理条例》中第九条质量保证组织的主要职责第(三)款要求，参与新产品方案论证、设计和工艺评审、大型试验、技术鉴定及产品定型，实施有效的技术状态控制；第二十七条还要求，承制方应当建立技术状态管理制度。对零部(组)件、加工工序、工艺装备、材料、设备的技术状态更改，必须进行系统分析、论证和试验，并履行审批程序。时隔11年，直到1998年GJB 3206《技术状态管理》才颁布实施。但在我国武器装备的测绘仿制年代和老装备改进改型时期，军工企业没有掌握、贯彻好这个标准，主要原因有：

(1) GJB 3206《技术状态管理》标准是直译MIL－STD－973《技术状态管理》标准，内容一样，但装备研制的平台是不一样的，从文字的理解上有一定的难度，执行标准就可想而知了。

(2) 部分承制方新装备研制工程管理的理念，仍停留在第一、二代装备引进修理或测绘仿制时期工程管理的水平上。第三、四代装备技术先进了，质量要求也高了，但装备研制管理的机制没有改变，很明显，第三、四代武器装备研制工程管理采用第一、二代装备的引进修理或测绘仿制时期工程管理的方法和老路子已经不适应了。

(3) 第三、四代装备研制质量要求应该由引进修理或测绘仿制时期的符合型或适用型，提升到现阶段的满意型和卓越型，第三、四代武器装备研制质量管理采用第一、二代装备引进修理或测绘仿制时期的质量管理的要求也已经不适应了。

因此，承制方加强对装备研制、生产以及老装备的技术状态管理是非常有必要的。技术状态管理工作必须要从技术状态管理的源头做起，即首先要对新装备研制进行技术状态标识。

第二节　技术状态管理定义

一、技术状态

技术状态定义为："在技术文件中规定的并且在产品中达到的功能特性和物理特性"。该定义明确了产品的技术状态就是产品的特性，并将产品特性分为功能特性和物理特性两部分，这些特性应在技术文件中明确规定，并在按文件要求所生产出的产品中实际达到。只有这样才能确认该产品的技术状态。

GJB 3206《技术状态管理》将功能特性定义为："产品的性能指标、设计约束条件和使用保障要求。"这就明确显示，对武器装备产品不能只要求性能指标，而必须同时注重其使用效能和适用性的要求。所以,在 GJB 3206 的 3.1.1 中规定功能特性"包括诸如使用范围、速度、杀伤力等性能指标以及可靠性、维修性和安全性等"反映使用效能和适用性的保障性要求。

GJB 3206 中对物理特性定义:"产品的形体特性"。标准中列举的"组成、尺寸、表面状态、形状、配合、公差、重量等"形体特性过去都有要求,这里综合起来给出了物理特性这一新的概念。对于 Configuration 一词的译法,从 20 世纪 80 年代中期这一名词引进后,就有多种不同意见。在《英汉技术词典》上,该词的直译为外形、轮廓;构造、构型;配置等。但从 Configuration 的定义看,显然不仅是外形或构造。当时用法较多的是构型、技术状态和配置。1987 年颁发的《军工产品质量管理条例》提出了要实行技术状态管理的要求,并明确了技术状态管理的内容就是 Configuration 的内容。为了与上级文件保持一致,之后的有关资料均将 Configuration 译为技术状态。但在民用飞机研制过程中,认为"构型"的提法更符合他们的实际情况,至今仍采用"构型"的概念。GJB 3206 沿用了技术状态这一术语。在软件工程中,根据软件研制的特点和习惯,采用了"配置"的提法。

二、技术状态项

技术状态项定义为:"能满足最终使用功能,并被指定作为单个实体进行技术状态管理的硬件、软件或其集合体"。标准的定义中明确了技术状态项可以是硬件,也可以是软件或其集合体。就是说武器装备中使用的软件也和硬件一样,要从中选择确定技术状态项进行技术状态管理(软件称配置管理)。什么项目可作为技术状态项,进行技术状态管理,定义中明确了两个条件:一是能满足最终使用功能,即该项目具备功能特性和物理特性;二是被指定为单个实体,也就是说,它是一个独立的单个的实体。只有这种项目才能对其功能特性和物理特性进行标识控制和审核,才有进行技术状态管理的必要。所以,技术状态管理是以技术状态项作为单元来进行的。

三、技术状态文件

(一) 状态文件定义

技术状态文件定义为:"规定技术状态项的要求、设计、生产和验收所必须的技术文件。技术状态文件分为功能技术状态文件、分配技术状态文件、产品技术状态文件。这三种技术状态文件,在不同的研制阶段进行编制、批准和保持,且在内容上逐级细化"。定义中明确规定技术状态文件,是规定技术状态项的要求所必须的文件,就是说,只有技术状态项才编制技术状态文件,其他项目则根据其自身情况,编制其所必须的技术文件。

(二) 状态文件分类

技术状态文件分为功能技术状态文件、分配技术状态文件、产品技术状态文件。这是一个新的概念。三种技术状态文件在不同的研制阶段编制,它们的形成过程体现了随着研制阶段的发展,产品的研究和设计逐步发展成熟的渐进过程。所以说,研制阶段划分的主要目的之一就是控制产品设计。

在装备研制的论证阶段,首先制定系统级的功能技术状态文件,即系统规范;根据功能技术状态文件的要求,在下一阶段即方案阶段中,制定描述各技术状态项的分配技术状态文件,即研制规范;根据分配技术状态文件要求,进一步制定产品制造所必须的各类文件、图样,即产品技术状态文件,如材料规范、工艺规范、软件规范和产品规范等。与此同时,对于外协外包设备、组件、部件及零件也应建立相应的技术状态文件。随着各技术状态文件的发展,产品设计渐趋完善。所以定义中规定:"这三种技术状态文件,在不同的研制阶段进行编制、批准和保持,且在内容上逐级细化。"

(三) 功能技术状态文件

功能技术状态文件是规定武器装备系统或独立研制的重大技术状态项的功能特性、接口特性以及验证上述特性是否达到规定要求所需进行的检查的文件。

在论证阶段承制方应按合同要求,编制形成系统功能基线所要求的功能技术状态文件。功能技术状态文件,对武器装备系统而言,是系统规范;对单独研制的重大项目而言,是项目研制规范加上其他适用文件。系统规范是系统的功能、性能、验证和质量保证的规范,其主要内容为:功能特性(如系统能力、可靠性、维修性、环境条件、运输性、电磁兼容性、生产性、互换性、安全性、人机工程、计算机资源要求、综合保障要求等)、接口要求和验证要求等,详细内容见GJB 6387。

(四) 分配技术状态文件

分配技术状态文件是规定技术状态项下列内容的文件:从武器装备系统或高一层技术状态项分配给该技术状态项的功能特性和接口特性、技术状态项的接口要求,附加的设计约束条件、验证上述特性是否达到规定要求所需进行的检查。

在方案阶段承制方应按合同要求编制形成各技术状态项分配基线所要求的分配技术状态文件。"分配技术状态文件包括项目研制规范(对软件配置项目来说是软件规范)、相关接口控制文件及其他适用文件。项目性能规范的主要内容为:功能特性(从武器装备系统或高层技术状态项分配给技术状态项的能力、可靠性、维修性、环境条件、运输性、电磁兼容性、生产性、互换性、安全性、人机工程、计算机资源要求、综合保障要求等)、接口要求、附加的设计约束条件和验证要求等。"

(五) 产品技术状态文件

产品技术状态文件是规定技术状态项下列内容的文件:技术状态项所有必

须的功能特性和物理特性,被指定进行质量一致性检验的生产验收试验的功能特性和物理特性,为保障技术状态项合格所需的验证试验。

在工程研制阶段,承制方应按合同要求进行各技术状态项的工程设计和产品试制,编制形成各技术状态项的产品基线所要求的产品技术状态文件。"产品技术状态文件包括产品项目研制规范、工艺规范、材料规范、工程图样、软件规范和其他技术文件。产品技术状态文件应说明技术状态项必需的物理特性和功能特性,以及证明达到这些特性要求所必需的验收检验方法。"这些文件共同构成技术状态项的成套技术资料。

技术状态文件应循序渐进地描述武器装备系统与技术状态项的要求。功能技术状态文件是编制分配技术状态文件的依据和基础,分配技术状态文件是编制产品技术状态文件的依据和基础。从功能技术状态文件到分配技术状态文件再到产品技术状态文件是一级接一级的。三者之间应相互协调,具有可追溯性,后者应对前者进行扩展和细化。如果三者之间出现矛盾,其优先顺序是功能技术状态文件、分配技术状态文件和产品技术状态文件。

四、技术状态基线

(一) 基线概述

技术状态基线是技术状态项研制过程中的某一特定时刻,被正式确认,并被作为今后研制、生产活动基准的技术状态文件。

GJB 3206 中 5.1.2 条明确规定了,技术状态基线"一般应建立三种技术状态基线,即功能基线、分配基线和产品基线。"并规定了建立各技术状态基线的时间段,各技术状态基线要求的技术状态文件和建立技术状态基线的程序和责权。

(二) 基线内涵

技术状态基线并不是一份具体文件,而是围绕功能基线、分配基线和产品基线等活动内容所发生的所有文件。

(1) 功能基线。经正式确认的用以描述产品系统或独立研制的重大技术状态项,包含下列内容的文件:功能特性;接口特性;验证上述特性是否达到规定要求所需的检查。

(2) 分配基线。经正式确认的用以描述技术状态项,包含下列内容的文件:从产品系统或高一层技术状态项分配给该技术状态项的功能特性和物理特性;技术状态的接口要求;附加的设计约束条件;验证上述特性是否达到规定要求所需的检查。各技术状态项分配基线的总合,形成满足产品系统功能基线目标的技术途径。

(3) 产品基线。经正式确认的用以描述技术状态项,包含下列内容的文件:技术状态项所有必需的功能特性和物理特性;被指定进行生产验收试验的功能特性和物理特性；为保障技术状态项合格所需的试验要求、项目及方式方法。

（三）基线时间段

论证阶段后期武器装备的系统级，需编制草拟的系统规范，作为单独系统进行管理的高层次重大项目的系统功能基线；方案阶段中期编制各技术状态项功能的分配基线技术文件，研制规范；工程研制阶段中期建立编制各技术状态项产品基线文件，即材料规范、工艺规范、软件规范和产品规范；在各级的功能技术状态审核和物理技术状态审核后，经设计定型审查批准，在生产定型阶段的小批试生产状态确立产品基线。

（四）基线顺序

在各研制阶段，承制方应按合同要求，通过系统工程过程工作，制订出各级技术状态文件，经订购方确认后（技术审查或评审），建立各级技术状态基线。即：在论证阶段承制方制定系统级功能技术状态文件，即草拟系统规范，方案阶段初期，经订购方与承制方共同进行技术审查并经订购方确认后，建立系统级的功能技术状态基线，即确立系统规范；在方案阶段承制方制定各技术状态项的分配技术状态文件，即草拟研制规范，经转阶段评审后，作为工程研制阶段的输入性文件，在工程研制阶段初期，经订购方与承制方共同进行技术审查并经订购方确认后，逐项目建立各技术状态项的分配技术状态基线，即确立研制规范；在工程研制阶段，承制方进行各技术状态项的工程设计（习惯用初步设计）和样机制造（习惯用详细设计），制定出产品技术状态文件后，经技术审查和初步确认，生产出S状态正样机，订购方和承制方共同进行功能技术状态审核和物理技术状态审核，经设计定型机构批准后，在生产定型阶段小批试生产状态确立产品基线。因此，技术状态基线的建立，是承制方与订购方共同协调的结果，而对建立技术状态基线的最后决策权在订购方。

技术状态管理工作还应包括接口管理工作和资料管理工作。这两项工作都有专门的标准和规定，这里不再赘述。

第三节　技术状态管理活动

一、建立技术状态管理委员会

技术状态管理委员会是装备技术状态管理的最高机构，各承制方应按GJB 3206标准的要求，成立技术状态管理委员会，在设计管理部门建立技术状态管理常设机构，实施技术状态管理，负责日常技术状态管理的事物性工作。对新研制的型号建立功能基线、分配基线和产品基线。承制方应把基线作为型号研制的依据，凡涉及基线的更改，必须经批准，确保型号研制、生产、交付产品的技术状态文实一致，可追溯。

技术状态管理委员会，由厂所主管领导、产品/项目技术负责人、主任（副主任）设计师及技术管理、工艺管理、生产计划和质量管理等部门代表组成，负责按决策权限审查技术状态更改建议和偏离许可、让步申请，预审Ⅰ类技术状态更改，审批Ⅱ类技术状态更改。

二、制定技术状态管理制度

技术状态管理制度是承制方在武器装备研制工程管理过程中，实施技术状态管理的法规性、指导性文件，必须按照有关国家军用标准的要求，编制技术状态管理制度，并严格遵守。承制方在建立的技术状态管理制度中，应明确其技术状态管理组织机构与人员，规定各部门技术状态管理职能和职责以及对技术状态项审查等级、范围和工作程序及要求；明确技术状态项接口的管理关系，以及对转承制方技术状态项的控制办法、措施和要求等内容；同时还应确定技术状态管理常设机构日常工作职能和任务，技术状态管理知识培训、学习和考核；重要的技术状态管理活动策划、组织和时间安排等工作的筹备事宜，以及技术状态管理制度纳入质量管理体系的程序文件管理范畴，根据实际情况，适时修订、完善技术状态管理制度等；内部报告和向顾客提供报告，以及报告的分发和控制要求等管理工作，必须在技术状态管理制度中阐明和规定，以便于技术状态管理工作正常运转。

三、编制技术状态项控制程序

（一）状态项控制程序简述

技术状态项控制程序就是策划、编制装备研制技术状态项控制的总路线，明确各阶段或各状态主要控制工作内容，如标识（分解）、控制、纪实、审核的特点、内容和要求等。在实施程序中应介绍技术状态项标识、技术状态项控制、技术状态项纪实和技术状态项审核的全部内容。本节主要是介绍在论证阶段策划技术状态项，方案阶段分解技术状态项，工程研制阶段控制技术状态项，设计定型阶段冻结技术状态项，生产定型阶段固化技术状态项的内容和要求。技术状态管理程序模板见附录6。

（二）论证阶段状态项总策划

（1）论证阶段使用方技术状态项控制的主要工作是对战术技术指标、总体技术方案论证及研制经费、保障条件、研制周期等预测、控制、审查，形成立项综合论证报告等首报材料，批复后编制《武器系统研制总要求》等二报材料，同时编制系统规范，规范装备研制工作。

（2）战术技术指标论证，根据国家批准的武器装备研制中长期计划和武器装备的主要作战使用性能进行。在主要战术技术指标初步确定后，即可进行总体技术方案论证。

使用部门通过招标或择优的方式，邀请一个或数个持有该类武器装备研制许可证的单位进行多方案论证。

研制单位应根据使用部门的要求，组织进行技术、经济可行性研究及必要的验证试验，向使用部门提出初步总体技术方案和对研制经费、保障条件、研制周期预测的报告。

使用部门会同研制主管部门对各方案进行评审，在对技术、经费、周期、保障条件等因素综合权衡后，选出或优化组合一个最佳方案。根据论证的战术技术指标和初步总体技术方案，编制《××型研制总要求》(附《论证工作报告》)，上报总装备部。需要国家解决的保障条件，由研制主管部门提出解决意见，报国家有关综合部门。

(3)《武器系统研制总要求》的主要内容如下：

① 作战使命、任务及作战对象；

② 要战术技术指标及使用要求；

③ 初步的总体技术方案；

④ 研制周期要求及各研制阶段的计划安排；

⑤总经费预测及方案阶段经费预算；

⑥研制分工建议。

(4)《论证工作报告》的主要内容应包括：

① 武器装备在未来作战中的地位、作用、使命、任务和作战对象分析；

② 国内外同类武器装备的现状、发展趋势及对比分析；

③ 主要战术技术指标要求确定的原则和主要指标计算及实现的可能性；

④ 初步总体技术方案论证情况；

⑤ 继承技术和新技术采用比例，关键技术的成熟程度；

⑥ 研制周期及经费分析；

⑦ 初步的保障条件要求；

⑧ 装备编配设想及目标成本；

⑨ 任务组织实施的措施和建议。

(5)《武器系统研制总要求》由总装备部审批(初步所需保障条件建设投资规模达到基本建设大中型标准的项目，送国家发改委等有关部门会签)，下达给使用部门和研制主管部门，并抄送有关部门。

(6) 装备研制立项综合论证经总装备部审批后，即可列入装备研制年度计划，并可开始选择通过质量认证或者持有研制许可证的承研单位，进行招标，择优订立合同。订立合同时应当组织研制费用的审核工作。

(7) 新型装备研制合同包括正文及工作说明和技术规范。在立项综合论证的基础上,形成工作说明和技术规范(含接口控制文件,下同)或者技术要求文件,为招标做好准备。

招标应当准备的文件包括:技术规范、工作说明、纲要工作分解结构、招标书、只供评标组使用的评价标准和规范。

(8) 根据上级要求或者工作需要,使用方可组建型号管理办公室,对新型装备的研制工作实施系统工程管理。主要任务如下:

① 组织协调军内外有关新型装备研制事项;

② 负责承办合同的订立和管理工作;

③ 了解和掌握研制经费使用情况,提出调整和拨款意见;

④ 参加设计定型和组织技术鉴定工作;

⑤ 指导军事代表参与新型装备研制管理工作等。

(9) 装备立项综合论证报告批准后,可适时组织成立型号管理体系,加强新型装备研制管理。论证阶段技术状态项总策划见图 5-1。

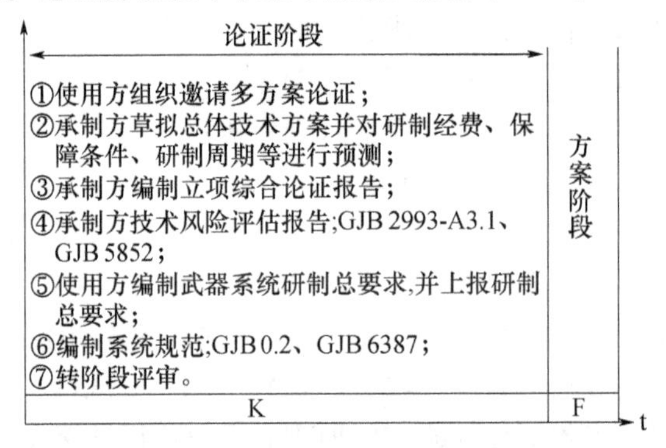

图 5-1 论证阶段技术状态项总策划

(三) 方案阶段状态项分解

方案阶段装备研制的技术状态项控制,由承研单位组织实施。使用方组织现场代表,对技术状态项控制工作实施监督,主要内容如下:

(1) 进行方案论证,并进行必要的研制试验,对初步总体方案进一步细化到分系统和设备,形成研制总体方案;

(2) 完善系统规范即功能基线和工作说明,为下一步研制工作提供依据,对形成的基线必须进行审查,以保证满足作战使用要求;

(3) 进行可靠性、系统性能精度等的合理预计和分配,保证装备的总体要求;

(4) 完成必要的模型样机制造并进行评审;

(5) 承研单位在方案阶段还应当编制研制规范即分配基线和工作说明,为下一步研制工作提供依据。所有技术状态项均应当编制研制规范。对形成的分配基线必须进行审查，同时还应审查分配到分系统和设备的功能和技术参数情况，以保证符合研制总要求和系统规范及作战使用要求。方案阶段技术状态项分解见图5－2。

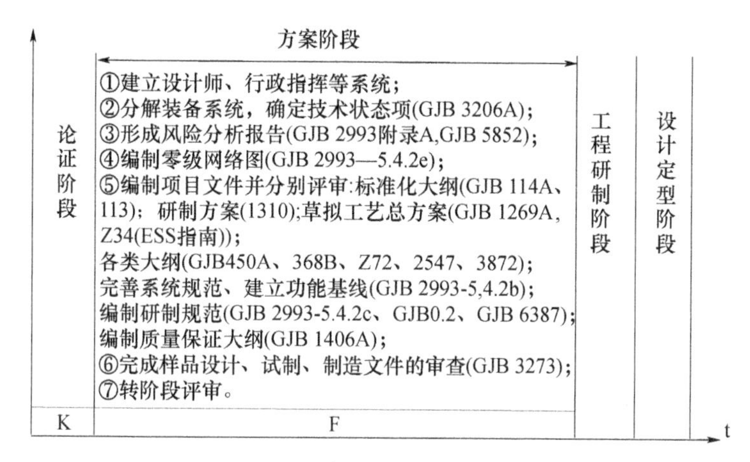

图5－2　方案阶段技术状态项分解

（四）工程研制阶段状态项控制

在工程研制阶段，使用方应在初样机试制、正样机制造前后进行定期检查合同执行情况，并组织相关专家了解研制工作进展并指导处理有关问题。技术状态项控制监督要做好以下方面工作：

（1）装备研制过程中，按照合同规定组织各种技术审查或者参加承研单位主管部门组织的各种技术评审。结束工程设计转入样机制造前，组织相关单位进行技术审查，审查承研单位是否按照分配基线的要求进行详细设计，以保证研制工作的风险减至最小。

（2）组织或者协调相关单位参加重大研制试验，保证研制质量，审查研制试验的结果，保证转入定型试验时能满足装备质量要求。

（3）装备进行重大试验试飞前，应当组织有关单位对试验试飞的准备工作进行审查，以确保试验试飞安全。

（4）要求承研单位及时提出装备到达部队时的保障资源建议书，并组织有关单位研究确定后，按照分工落实有关装备资源。

（5）如需要部队或者基地协助进行必要的试验时，应当根据需要和有关单位申请制定部队或者基地试验年度计划，经批准后，协同有关部门安排部队或者基地进行试验，并检查试验进展情况。

（6）工程研制阶段，应当严格控制重要的技术状态更改，关键或者重要偏离许可和让步等情况必须按标准规定执行。工程设计状态技术状态项内容控制见图5－3，样机制造状态技术状态项内容控制见图5－4，装备科研试飞状态技术状态项内容控制见图 5－5。

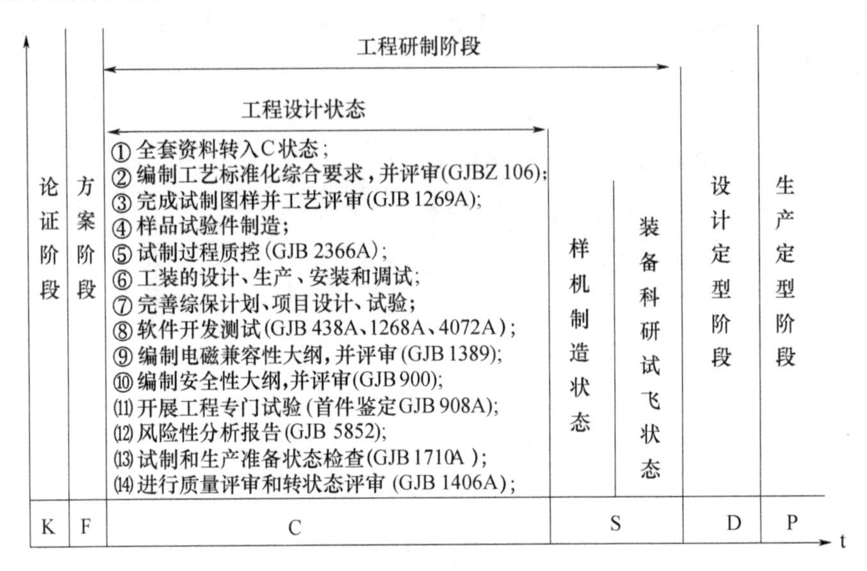

图 5－3　工程设计状态技术状态项内容控制

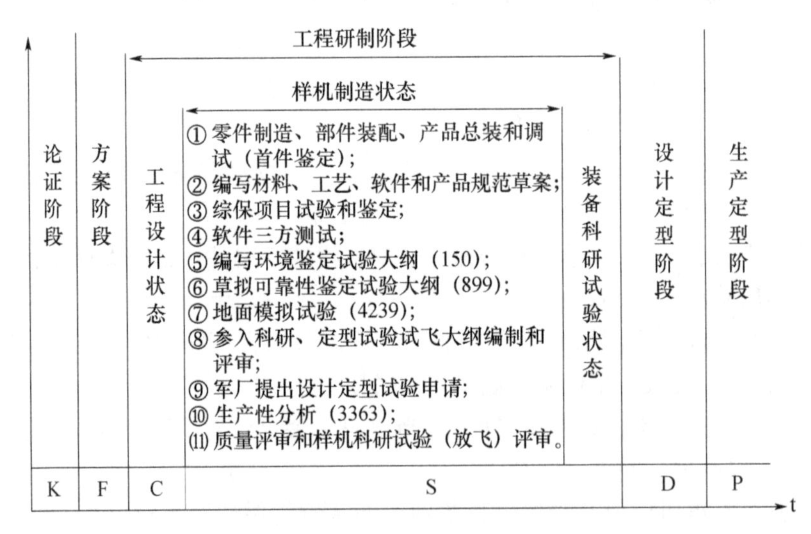

图 5－4　样机制造状态技术状态项内容控制

（五）设计定型阶段状态项冻结

（1）空军装备的定型工作按照《军工产品定型工作条例》、国家有关法规和国家军用标准的规定由航空军工产品定型委员会组织实施。

（2）拟正式装备部队的新型装备应当进行定型。定型是国家对新型装备研制进行的全面考核，确认其是否达到规定的标准和要求，并按照规定办理手续。定型分为设计定型和生产定型。新型装备研制项目分为主要装备研制项目和一

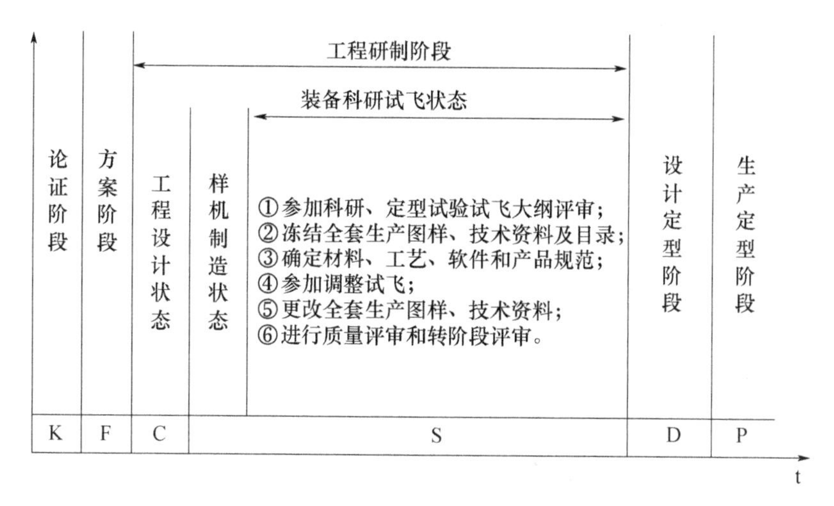

图5－5 装备科研试飞状态技术状态项内容控制

般装备研制项目。主要装备的定型由航空军工产品定型委员会审议后报国务院、中央军委军工产品定型委员会审批；一般装备的定型由航空军工产品定型委员会审批。只进行一种定型或者只进行鉴定时，应当在装备研制总要求中加以明确。鉴定的内容和方法参考定型的内容和方法确定。

（3）承制方工程研制阶段的工作结束后，经军事代表审核后会同承研单位申请设计定型试验。设计定型试验由航空军工产品定型委员会办公室组织实施。

（4）设计定型试验包括试验基地试验和部队适应性试验。试验基地试验主要考核装备性能参数是否满足批复指标的要求。部队适应性试验主要考核装备及其综合保障是否满足部队作战使用性能和使用要求。

（5）试验基地试验由试验基地实施。试验基地负责拟制设计定型试验大纲并报航空军工产品定型委员会审批后实施。试验完成后应当及时上报试验报告。

部队适应性试验任务由装备主管业务部门商请作战部下达。试验前，安排有关试验保障工作，组织部队或者基地拟制试验大纲，报航空军工产品定型委员会审批后实施。试验完成后应当及时上报试验报告。

（6）设计定型试验期间，应当组织有关研究所和军事代表进行监督。对试验中出现的严重或重大质量问题，应当审查承研单位采取的措施是否能满足要求，并监督其实施。

（7）设计定型试验结束并有合格结论后，军事代表应当审核并会同承研单位提出设计定型申请。装备主管业务部门根据设计定型试验结果和设计定型申请，认为具备设计定型条件时，按照规定程序审批同意后，由航空军工产品定型委员会办公室组织设计定型功能技术状态审查,主管科研订货工作的机关为审查组组长单位。设计定型阶段的技术状态项冻结见图5-6。

工程研制阶段　设计定型阶段

定型试验状态　会议审查　文件批复

论证阶段　方案阶段　工程设计状态　样机制造状态　装备科研试飞状态

①申请设计定型试验;
②电磁兼容鉴定试验;
③环境鉴定试验;
④可靠性鉴定试验;
⑤参加定型试飞工作;
⑥整理定型资料;
⑦质量评审;
⑧申请设计定型报告及附件;
⑨按GJB 1362A-7.2.1准备定型文件。

①参加设计定型审查会;
②修改完善定型文件;
③上报定型文件资料;
④按照GJB 5159上报电子文档。

① 审批设计定型;
② 批复后,图样、文件加盖设计定型专用章;
③ 转阶段评审。

生产定型阶段

K　F　C　S　D　P

t

图5-6　设计定型阶段技术状态项冻结

(六) 生产定型阶段状态项固化

在生产定型阶段技术状态项控制,一是通过生产定型试验考核装备性能参数和生产工艺等质量是否稳定;二是装备通过在部队正常使用条件下的部队试用,验证装备能否满足作战使用要求,为批量装备部队提供决策依据;三是生产条件鉴定主要鉴定生产条件能否满足定型装备批量生产的要求。具体的内容和要求如下:

(1) 批准设计定型后即可组织小批试生产,并安排生产定型试验、部队试用和生产鉴定,在未批准生产定型前,应当严格控制订货数量。

(2) 生产定型试验按照产品规范编制生产定型试验大纲,报航空军工产品定型委员会批准后实施。

(3) 装备主管业务部门会同有关部门共同确定试用部队、地域和期限,下达任务、组织拟定试用大纲、督促检查试用情况,并审查试用结论。

(4) 军事代表应当参与承制方的生产条件鉴定,保证批生产条件符合规范要求。

(5) 上述工作结束并有合格结论后,军事代表应审核并会同承制方提出生产定型申请。装备主管业务部门根据申请试验、试用的结果和生产定型申请,在认为具备生产条件时,按照规定程序审批同意后,由航空军工产品定型委员会办公室组织生产定型审查,装备主管业务部门为审查组组长单位。

(6) 定型(鉴定)工作结束,形成的产品规范、工艺规范、材料规范和软件规范等生产图样及其他有关技术文件,统称为产品基线,用以规范生产订货的要求。需要说明的是,在定型前要对形成的基线要在定型审查中进行物理技术状态审查,确保产品同基线的一致性。生产定型阶段技术状态项固化见图 5-7。

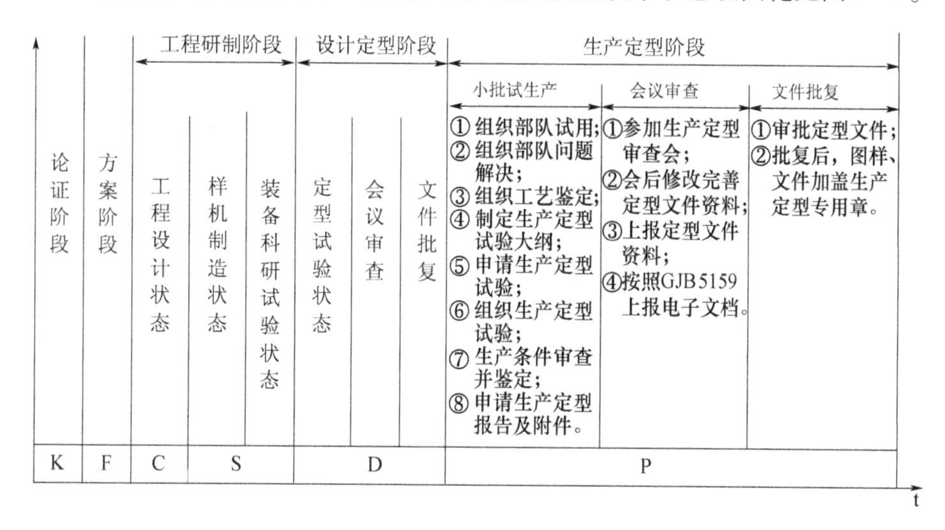

图 5-7 生产定型阶段技术状态项固化

四、实施技术状态管理

(一)技术状态标识

1. 状态标识概述

"标识"在武器装备的研制的技术状态管理过程中,专业解释就是将物体进行分解,即将系统分解为(也称标识为)分系统、设备、组件、部件和零件,形成一个个技术状态项,这些项目就是我们要管理(也是要控制、纪实、审核)的对象,所以也称技术状态项管理。技术状态项管理的前提是,每一个技术状态项必须有一整套技术状态项文件,并形成项目和项目文件汇总表,以便对技术状态项实施技术状态控制。所以,技术状态管理实际上就是要在装备研制的各个阶段或状态中,对不同产品层次及技术状态项进行技术状态标识、控制、纪实和审核,做到每个环节的工作具有可追溯性。

我们用较通俗的分解(即标识)一车香烟的方法,来解释技术状态项的分解或标识。一辆汽车装 10 箱香烟,每箱里有 50 条,每条香烟里有 10 包,每包里有 20 支香烟。问题是:这辆汽车分解了多少个技术状态项呢?我们知道,管汽车的人该管多少个技术状态项呢?是 11 个技术状态项(含包装箱);管箱子的人是多少个技术状态项呢?是 51 个技术状态项(含包装箱);管一条香烟的人是多少个技术状态项呢?是 11 个技术状态项(含包装盒);管一包香烟的人是多少个技术状态项呢？是21个技术状态项（假设每支香烟是不一样的）；那么，一辆汽车的10箱香烟，共有多少个技术状态项呢？不难算出横加的数目就是技术状态项的总数，也是我们技术状态管理即控制、纪实和审核的总项目数。可以看出，在不同的产品层次中，技术状态项的内涵是不一样的，如系统级和部件级都是技术状态项，但控制的方法、文件数量、内容要求和质量保证条款都是不一样的。

法规及标准规定，具有独立的功能特性和物理特性的物体，它就是一个技术状态项。如每只香烟就具有独立的功能特性和物理特性（假设每支香烟是不一样的），它也是一个技术状态项。问题是这辆汽车装有多少支香烟，应该就是多少个技术状态项。这个过程就是我们了解系统、分系统、设备、组件、部件和零件的分解过程，6个层次都有技术状态项，内涵是不一样的。每层的文件项目及内容、技术要求、质量要求、试验项目及内容都是有标准予以区别的，这些就是"标识"过程。GJB 2993 中 3.6 条定义，"对武器装备项目在研制和生产中所应完成的工作自上而下逐级分解形成的一个层次体系"。该层次体系要以研制和生产的产品为中心，由产品项目（硬件和软件）、服务项目和资料项目组成。这些技术状态项以时间维的方式，同时向轴向右方并行移动、发展、组成、验证，最后形成一个个需要的产品。这个过程就是不同的技术状态项在不同的承制方研制和生产形成产品的过程，也是技术状态管理过程的简单描述。为了配合读者对技术状态项标识的理解，特推荐技术状态项分解图（图5-8），供读者在装备研制和生产的质量控制、监督中参考。

技术状态标识是技术状态管理的基础，装备没有进行技术状态标识，研制过程就不可能存在技术状态管理。装备首先明确"应进行技术状态标识，为技术状态控制、技术状态纪实和技术状态审核建立并保持一个确定的文件依据。"就是说，实施技术状态管理，首先要进行技术状态标识，技术状态标识是其他三个项目活动的文件依据和前提。技术状态标识起始于武器装备研制的论证或方案阶段，就是将"系统、分系统或设备"的装备分解成组件、部件和零件，进而贯穿于研制的全过程。

2. 选定状态项（Configuration Item，CI）

技术状态项（CI），是需要进行技术状态管理又具有独立功能的单个实体。在研制中，并不是系统的每一个部件都需要进行技术状态管理，一般情况下，下列项目可定为CI进行技术状态管理：武器装备系统、分系统项目和跨单位、跨部门研制的项目；采用了新技术、新设计而具有研制风险的项目；与其他项目有重要接口的项目以及按照 GJB 190《特性分析要求》的规定，特性分析选定的关键件（特性）、重要件（特性）等项目。

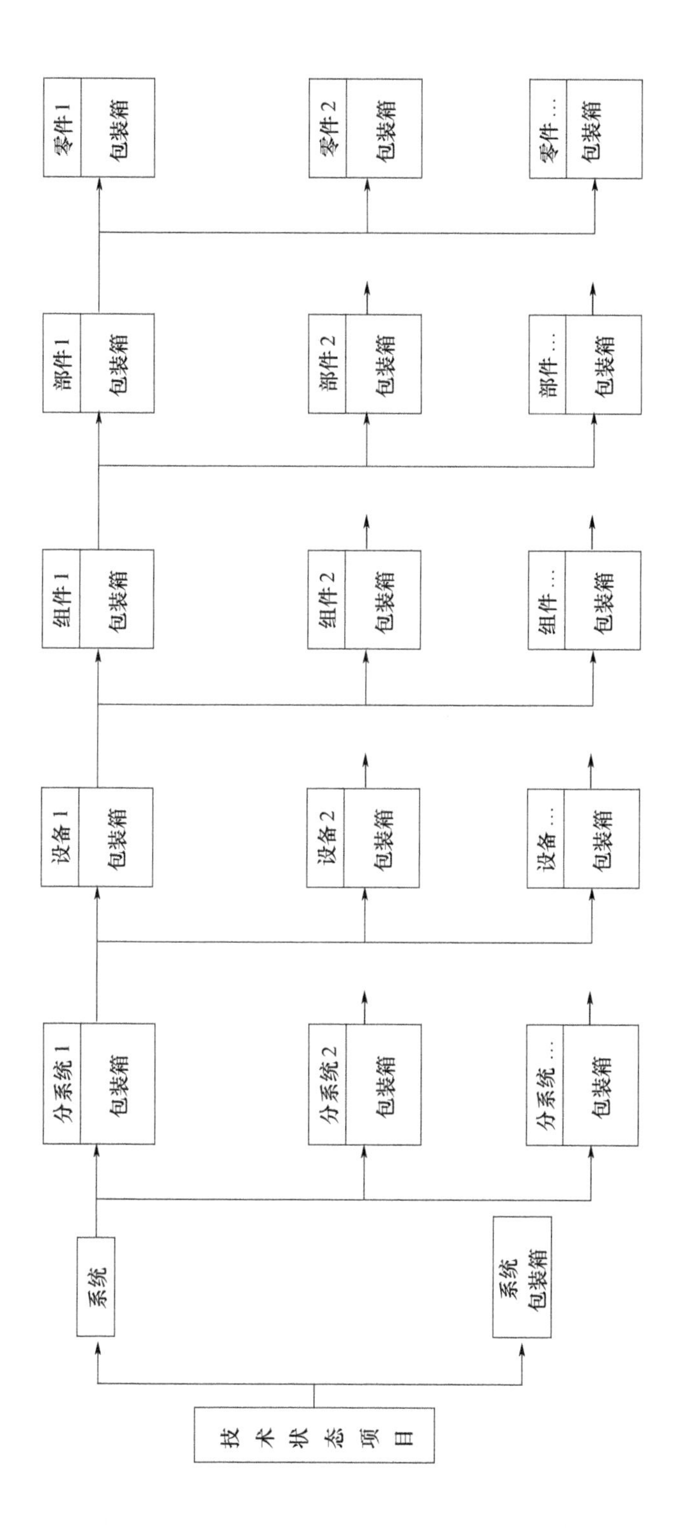

图5-8 技术状态项目分解指南（不含地面设备）

CI 的选定从论证和方案阶段开始,按照 GJB 2116《武器装备研制项目工作分解结构》、GJB 2737《武器装备系统接口控制要求》,对系统或分系统或设备的体系结构逐步形成,到工程研制阶段系统的工作分解结构 WBS(WBS 包括系统的产品项目体系结构、服务项目和资料项目体系结构,CI 应从产品项目和部分服务项目中产生)完成时终止。选择的 CI 由承制方和订购方协商提出,并在研制合同中规定。

GJB 3206 中 4.2.a 条规定“从按 GJB 2116 要求所编制出来的工作分解结构单元中选择技术状态项,确保技术状态项对工作分解结构单元的可追溯性。”GJB 2116 是 1994 年发布的一项重要的系统工程管理标准。工作分解结构由产品体系结构及与其相关的服务(如项目管理、保障项目等)项目组成。它将一项武器装备自顶而下分解为不同层次的若干单元,形成一种树状的层次结构。不同的武器装备系统按照 GJB 2116 的原则,分解出各武器装备特有的工作分解结构。技术状态项就是从组成工作分解结构的若干单元中选择出来的。随着研制工作的进展,工作分解结构不断发展和细化,技术状态项的选择也不断细化。在论证阶段和方案阶段初期,只能选择较高层次的技术状态项,如工作分解结构到三层次中的项目,较低层次的技术状态项,只有在研制过程中,由于设计工作不断深入,工作分解结构细化之后才能选定。GJB 630A 规定,一般武器装备系统的工作分解结构可以分至 6 层次,在所有层次上,都可以根据管理需要选定技术状态项。产品体系部分的工作分解结构如表 5-1 所列。

表 5-1 产品体系部分工作分解结构示意

<table>
<tr><th>产品层次</th><th>层次名称</th><th colspan="8">内 容</th></tr>
<tr><td>1</td><td>系统</td><td colspan="8">型号</td></tr>
<tr><td>2</td><td>分系统</td><td>载机</td><td colspan="5">火控</td><td>发动机</td><td>……</td></tr>
<tr><td>3</td><td>设备</td><td></td><td colspan="4">雷达</td><td>……</td><td>……</td><td>……</td></tr>
<tr><td>4</td><td>组件</td><td></td><td colspan="3">分机</td><td>……</td><td>……</td><td>……</td><td>……</td></tr>
<tr><td>5</td><td>部件</td><td></td><td colspan="2">高频部件</td><td>……</td><td>……</td><td>……</td><td>……</td><td>……</td></tr>
<tr><td>6</td><td>零件</td><td></td><td>模块</td><td>……</td><td>……</td><td>……</td><td>……</td><td>……</td><td>……</td></tr>
</table>

选择技术状态项是进行技术状态标识并进一步进行技术状态管理的前提。确立了技术状态项就确定了技术状态管理的对象和范围。因此选择技术状态项是一项十分重要的工作。

武器装备研制可根据管理需要,确定两类不同的技术状态项,一类是订购方和承制方共同进行管理的,这些项目由订购方和承制方共同协商确定,并纳入研制合同;另一类是承制方单方面进行管理的,这些项目由承制方根据管理需要自行选定,按其内部的管理制度和责权进行管理。(为叙述方便,下面论述的对技术状态项的管理和控制，均指第一类技术状态项。）

3. 编制状态项文件

技术状态文件是规定 CI 的要求、设计、生产和试验验证等功能特性和物理特性所必须的技术文件，主要是六型专用规范。规范在不同的研制阶段，有三种不同的类型。如每一 CI 所需编制的技术状态文件类型根据 CI 在 WBS 中所处的位置确定。武器装备系统或单独研制的重大项目（如航空发动机）应制定其功能特性、接口要求、验证要求等的系统规范——功能技术状态文件。分系统、设备等一般技术状态项应制定其功能特性、接口要求、附加的设计约束条件和验证要求等的研制规范——分配技术状态文件。各 CI 都应编制包括产品规范、工艺规范、材料规范、软件规范、工程图样和其他技术文件等的产品技术状态文件。这三种级别的文件相互衔接、协调，后者是对前者的扩展和细化。

GJB 3206 中 4.2.b 条规定"承制方按技术状态项在分解结构中所处的位置，确定每一技术状态项所需的技术状态文件。"由表 5-1 可见，各技术状态项在工作分解结构中占有不同的层次，由于层次不同，所要求编制的技术状态文件也不相同。如表中的"型号"应首先编制的技术状态文件为系统规范。其下一级单独研制的重大分系统（如"推进装置"、"火控"），其首先编制的技术状态文件也可以是系统规范。而其再下层次的项目，其首先编制的技术状态文件就应是技术状态项的研制规范，它是根据从系统（或重大分系统）分配下来的要求编制的。系统规范主要是规定系统的功能，技术状态项的研制规范主要是规定技术状态项的功能。在功能特性确定之后，按照研制规范的要求编制项目的产品规范、工艺规范、软件规范、材料规范、工程图样和其他技术文件等。

4. 建立标识号制度

GJB 3206 中 4.2.c 条规定，承制方应制定技术状态项标识号的编号制度，并按规定标识技术状态项、技术状态文件、技术状态更改建议以及偏离许可、让步等，发布每一技术状态项及其技术状态文件的标识号。

制定标识号编号制度和发布标识号也是技术状态标识的一项重要工作。承制方应按 GJB 726A 的要求，建立产品标识号编号制度，并对上述各项及文件发给标识号，并予以标识、发放，以便进行追溯管理和纪实。

5. 建立基线

技术状态基线是在 CI 研制过程的某一特定时刻，经承制方与使用方（评审或审查）正式确认，并被做为今后研制、生产活动基准的技术状态文件。一般应建立三种基线；即：功能基线、分配基线和产品基线。在论证阶段，系统规范开始形成，在方案阶段技术方案确立和降低风险，系统工程进一步实施过程中，正式确认系统规范，建立功能基线；在方案阶段的系统工程过程中，研制规范开始形成，经工程研制阶段的工程设计和样机制造过程的确定以及进一步系统工程过程的工作，正式确认研制规范，建立分配基线；在工程研制阶段的系统工程过程中，产品规范、工艺规范、材料规范、软件规范、工程图样等开始形成，在设计定型阶段的初始小批试生产状态，正式确认建立产品基线。这三种基线就是技术状态控制的依据，不经承制方与订购方双方批准，不得随意更改。基线的正式建立，要通过有关的技术审查和技术状态审核来进行。分阶段技术审查与基线建立如图5-9所示。

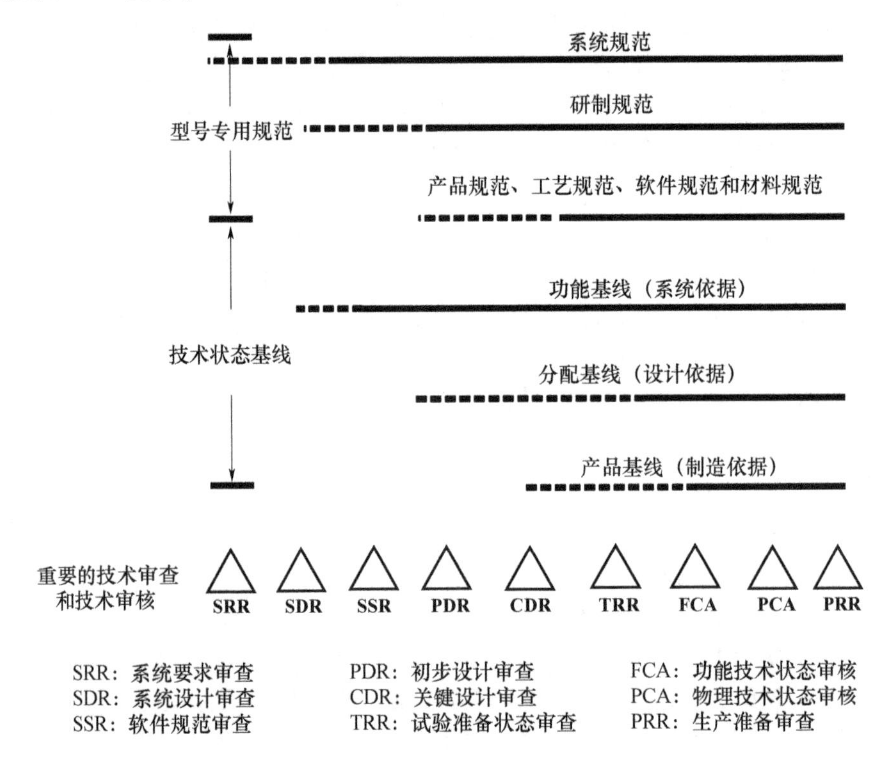

图5-9　分阶段技术审查与基线建立

因此，GJB 3206中4.2.d条规定“订购方正式确认有关技术状态文件，建立技术状态基线，作为正式技术状态控制的起点。”建立技术状态基线问题是一个新的问题，在我国国防工业企业中，在何时、通过何种手续、建立何种基线，做法上可能有所差异。所以标准的一般要求部分，只规定了最基本的要求：建立技术状态基线是技术状态标识的重要的一部分，每一技术状态项都应按规定建立其自己的基线；各技术状态项的技术状态基线通过订购方正式确认有关技术状态文件建立；技术状态基线是正式进行技术状态控制的起点。

6. 技术状态文件

GJB 3206中4.2.e条规定“承制方向有关部门发放经正式确认的技术状态

文件”。发放技术状态文件也是技术状态标识的一项重要内容。发放的对象应是所有有关部门;发放的文件应是经正式确认的;发放的范围是所有给予标识号的文件。

（二）技术状态控制

装备研制中,要严格控制设计技术状态更改,尤其在工程研制阶段,系统、分系统和设备级确需更改的,必须经上一级系统单位或上级机关批准,并报总设计师单位备案。涉及技术协议内容的更改需发协调单,并经军事代表会签。法规和国家军用标准对工程研制阶段技术状态更改的要求是非常明确的,对于设计定型后的技术状态更改,驻厂军事代表工作条例规定“已经定型的产品图纸(样)、技术文件、试验规程,任何一方不得擅自进行修改或者增减。如因生产和使用上的需要,必须变更时,应当视不同情况,按下列规定处理:勘误性的修改,由承制方处理,并通知军事代表室;影响产品战术技术性能、结构、强度、互换性、通用性的修改,按国家有关军工产品定型工作的规定办理;其他一般性修改、补充,由军事代表室和承制方双方按有关规定协商处理。变更图样,应当遵守国务院有关主管部门关于图样管理制度的规定”。

在订购方确认基线之前,承制方应对每个技术状态项的技术状态文件实施内部控制。在订购方确认基线之后,承制方应按照 GJB 3206 规定程序控制技术状态文件的更改,并将已批准的技术状态更改,纳入技术状态项及其相关的技术状态文件。

1. 状态控制概述

GJB 3206 中 4.3 条首先规定了技术状态控制的时间范围。技术状态控制是对各技术状态项已批准的技术状态文件的控制。技术状态文件始于技术状态基线,功能技术状态基线建立后,贯穿于方案阶段、工程研制阶段、设计定型阶段、生产定型阶段及其后的批生产的全过程。因此,技术状态项的技术状态基线建立之前的更改属于承制方内部的控制,一旦技术状态项的技术状态基线确立,必须控制更改,并且规定了技术状态控制的方法。

技术状态控制是在系统技术状态项基线正式确定之后,为控制系统(CI)更改而提出的更改建议,按规定程序进行的论证、评定、协调、审批和实施的活动。换句话说,技术状态控制是使系统的更改如何得到实施和管理的控制过程。

2. 技术状态更改准则

技术状态更改是指对已经确认的现行技术状态文件的更改。为便于控制,将技术状态更改分为两类,即Ⅰ类技术状态更改和Ⅱ类技术状态更改。Ⅰ类技术状态更改是订购方需要对其进行控制的更改。Ⅰ类技术状态更改的范围包括下列更改:性能;可靠性、维修性、生存性;重量、平衡、惯性矩;接口特性;电磁兼容性;规范中的其他重要要求。此外,Ⅰ类技术状态更改还包括:安全性;与其他 CI 的兼容性、共同性、互换性;合同费用、进度、交付等的更改。Ⅱ类技术状态更改是Ⅰ类技术状态更改范围以外的更改,主要是对文件进行更改,如更正错误、纠正不协调的问题、附加说明等。Ⅱ类技术状态更改由承制方自行控制,使用方备案。

为更好地对Ⅰ类技术状态更改进行控制,订购方应设立技术状态控制委员会(CCB)。其主要任务是:审查承制方或订购方提交审批的Ⅰ类技术状态更改建议;提出是否批准该技术状态更改建议的建议;CCB主任做出是否批准该项目更改的决策。其工作程序如图5-10所示。

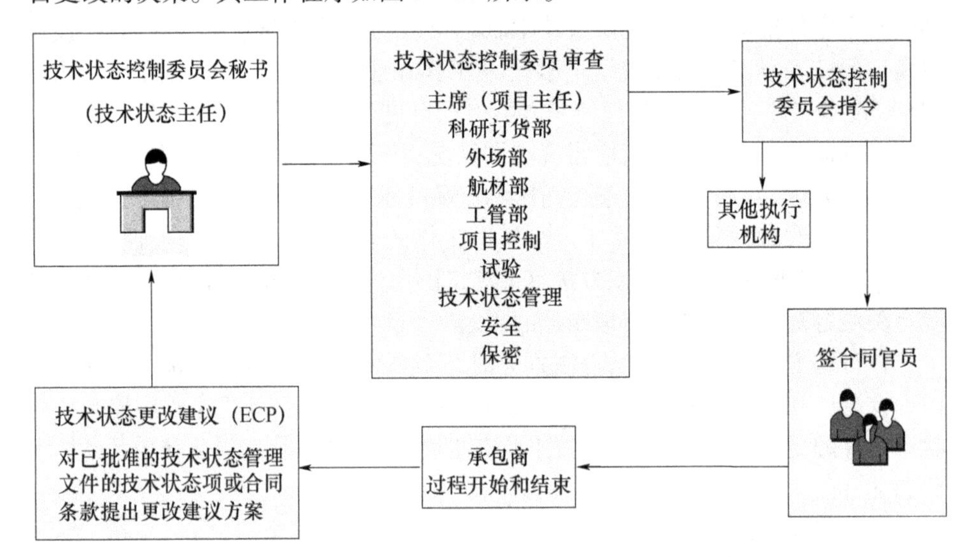

图5-10 订购方的CCB工作过程

承制方也应设立CCB(一般由常设机构承担),负责Ⅰ类技术状态更改的提出和Ⅱ类技术状态更改的管理。技术状态更改工作流程参见图5-11。

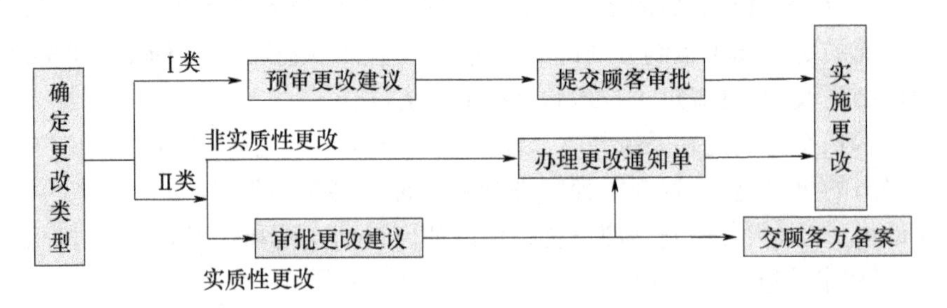

图5-11 技术状态更改工作流程

3. 对偏离许可、让步控制

偏离许可是指在CI制造之前,对该CI的某些方面在指定的数量或时间范围内,可以不按其已经批准的技术状态文件要求进行制造的一种书面认可。让步是指 CI 在制造期间或军事代表检验验收过程中,发现某些方面不符合已批准的现行技术状态文件规定要求,但同意不需修理或用批准的方法修理后仍可使用的一种书面认可。承制方办理偏离许可、让步时,应与技术状态更改图样,按照程序进行。除特殊情况外,一般不能申请涉及安全性和致使缺陷影响部队使用或维修的偏离许可或让步。涉及装备性能、可靠性、维修性、生存性、互换性、重量、尺寸和人员健康等的偏离许可或让步,应由承制方提出申请,订购方审批。偏离许可、让步均不对功能技术状态文件、分配技术状态文件、产品技术状态文件进行更改。偏离许可审批单见表 5-2。

表 5-2 偏离许可审批单

<table>
<tr><td colspan="2">产品型(代)号</td><td>产品名称</td><td colspan="2">被偏离许可技术状态文件名称</td><td colspan="2">被偏离许可技术状态文件代号</td></tr>
<tr><td colspan="2"></td><td></td><td colspan="2"></td><td colspan="2"></td></tr>
<tr><td colspan="2">偏离
许可
内容</td><td colspan="5">基线文件要求
偏离许可后要求:
提出日期:</td></tr>
<tr><td colspan="2">偏离
许可
原因</td><td></td><td colspan="2">偏离许可适用
范围期限</td><td colspan="2"></td></tr>
<tr><td rowspan="8">对其他要求的影响</td><td colspan="3">受影响的项目</td><td colspan="3">影响程度</td></tr>
<tr><td colspan="3">性能指标</td><td colspan="3"></td></tr>
<tr><td colspan="3">接口要求</td><td colspan="3"></td></tr>
<tr><td colspan="3">软件程序</td><td colspan="3"></td></tr>
<tr><td colspan="3">综合保障性</td><td colspan="3"></td></tr>
<tr><td colspan="3">进度</td><td colspan="3"></td></tr>
<tr><td colspan="3">费用</td><td colspan="3"></td></tr>
<tr><td colspan="3">其他</td><td colspan="3"></td></tr>
<tr><td colspan="2">提出(拟制)</td><td></td><td></td><td>审 核</td><td></td><td></td></tr>
<tr><td rowspan="3">会签</td><td>电路主管</td><td></td><td></td><td>校对</td><td></td><td></td></tr>
<tr><td>结构主管</td><td></td><td></td><td></td><td></td><td></td></tr>
<tr><td>质量主管</td><td></td><td></td><td>总设计师</td><td></td><td></td></tr>
<tr><td colspan="7"></td></tr>
<tr><td colspan="7">顾 客 代 表 审 批</td></tr>
<tr><td colspan="2">单位</td><td colspan="2"></td><td colspan="2"></td><td></td></tr>
<tr><td colspan="2">审批人</td><td colspan="2"></td><td colspan="2"></td><td></td></tr>
<tr><td colspan="2">日期</td><td colspan="2"></td><td colspan="2"></td><td></td></tr>
</table>

4. 技术状态更改控制

相比较而言,在设计定型之前,技术状态的更改是随意和不严谨的。其原因在于,装备在研制过程中,阶段或状态多、研制时间长,技术参数不稳定,覆盖标准多,再加上研制时间紧,改动频繁也是正常的,这个问题的解决,单靠一个标准是不能解决我们想解决的难题的。就像一种药材不能给病人治病一样,治病是依据药剂师的药方才能治百病。因此,装备研制过程中,要严格控制技术状态更改,依据一个军用标准的要求是不够的,必须把许多军用标准的要求综合分析处理,才能解决我们希望解决的问题。由此归类,技术状态更改或技术状态不易控制易混淆的环节有以下几点,我们要认真区别并加深理解,分别落实到位。技术状态更改建议审批表见表5-3。

表5-3 技术状态更改建议审批表

<table>
<tr><td colspan="4">技术状态更改建议(ECP)编号:</td><td colspan="2">第 1 页/共 2 页</td></tr>
<tr><td colspan="2">产品/项目名称</td><td colspan="2"></td><td>更改性质</td><td>□Ⅰ类 □Ⅱ类</td></tr>
<tr><td colspan="2">产品/项目目代号</td><td></td><td>合同/协议名称</td><td colspan="2"></td></tr>
<tr><td colspan="2">合同编号</td><td></td><td>建议提出单位</td><td colspan="2"></td></tr>
<tr><td>更改说明</td><td colspan="5">更改原因: □设计改进 □设计错误 □配套要求
□内部接口变化 □外部(用户)要求
更改内容: (可加附页)
更改提出人: 日期: 部门审核: 日期:</td></tr>
<tr><td colspan="6">更改方案、可行性论证及验证情况(可加附页):</td></tr>
<tr><td colspan="6">更改的迫切性:</td></tr>
<tr><td rowspan="5">更改带来的影响</td><td colspan="5">性能参数:</td></tr>
<tr><td colspan="5">可靠性、维修性:</td></tr>
<tr><td colspan="5">综合保障:</td></tr>
<tr><td colspan="5">内外接口:</td></tr>
<tr><td colspan="5">进度:</td></tr>
</table>

（续）

<table>
<tr><td>受影响的项目</td><td colspan="2">□系统、分系统：

□部件及专用工装：</td></tr>
<tr><td colspan="3">工程更改建议（ECP）编号：　　　　　　　　第 2 页/共 2 页</td></tr>
<tr><td>受影响的文件</td><td colspan="2">□技术文件：
□图样：
□软件程序：
□</td></tr>
<tr><td colspan="3">实施更改所需费用（费用计算、来源）：</td></tr>
<tr><td colspan="3">需说明的其他事项（如对已验收或已交付产品的处置）：</td></tr>
<tr><td colspan="3">产品更改的实施计划：

更改起始时间或批（套）次</td></tr>
<tr><td rowspan="5">技术状态控制委员会审批</td><td colspan="2">技术管理部门对更改类别的审查意见：
签字：　　　　日期：</td></tr>
<tr><td colspan="2">生产管理部门对已制品更改实施性的审查意见：
签字：　　　　日期：</td></tr>
<tr><td colspan="2">计划管理部门对更改影响进度、经费的审查意见：
签字：　　　　日期：</td></tr>
<tr><td colspan="2">质量管理部门对更改后测试验收性的审查意见：
签字：　　　　日期：</td></tr>
<tr><td colspan="2">型号/项目技术负责人审批/预审（Ⅱ类更改/Ⅰ类更改）：
签字：　　　　日期：</td></tr>
<tr><td colspan="3">Ⅰ类更改顾客方审批意见：
审批人职务：　　　　签字：　　　　日期：</td></tr>
<tr><td colspan="3">领导机关审批意见（重大更改）：
审批人职务：　　　　签字：　　　　日期：</td></tr>
</table>

1）质量评审后修改

装备在研制过程中，应按要求进行分级分阶段的设计评审、工艺评审和产品质量评审，对已通过了军事代表与厂（所）双方以及相关专家评审，但实践验证证明，确需改变的，须经军事代表确认或会签。

2）研制阶段技术审查

装备在研制过程中，应按照 GJB 3273《研制阶段技术审查》对其进行技术审查。GJB 3273《研制阶段技术审查》中 1.3 条明确，"规定的技术审查，是为基线的（功能基线、分配基线和产品基线）形成、确定、发展和落实而进行的技术审查"。如系统要求审查，系统设计审查，软件规格说明审查，初步设计审查，关键设计审查，测试准备审查，功能技术状态审核，物理技术状态审核，生产准备审查等，上述这些审查和审核的内容，可根据武器装备技术复杂程度（分系统、设备、组件、部件和零件）、承制方的综合情况进行裁剪，并在合同或技术协议书中对审查项目和内容做出具体规定。对已通过了军事代表与厂（所）双方评审和审查的内容，但实践验证证明，确需改变的，须经军事代表确认或会签。

3）阶段审查

装备在研制过程中，应按照 GJB 2993《武器装备项目管理》对其进行阶段审查。GJB 2993《武器装备项目管理》中 3.14 条定义，阶段审查是"在研制过程中的重要节点上为确定现阶段工作是否满足既定要求所进行的审查，该审查是决定本阶段工作能否转入下一阶段（或状态）的正式审查"。按定义内涵可知，阶段审查与其他审查是不一样的，如军事代表与厂（所）双方通过了对本阶段审查，说明了两个问题，第一点，本阶段工作满足既定要求，能转入下一阶段（或状态）的研制工作；第二点，本阶段产品的技术状态、文件资料已冻结。实践验证证明，确需改变的，须经军事代表确认或会签。

4）专题专项审查

装备在研制过程中，两级机关承制方专家联合进行的专题专项审查也是确定产品技术状态的一种形式，经审查的技术状态项文件资料已冻结。但实践验证证明，确需改变的，须经军事代表确认或会签。

5）技术协议书变更

装备在研制过程中，承制方的外协外包技术状态项，凡经军事代表会签的"两厂四方"技术协议书，但实践验证证明，技术协议内容确需更改的，经军事代表确认后，需补充签定技术协议书或发协调单相互确认，并形成补充技术协议。

以上五种情况，经军事代表确认或会签后，再按规定联合上报。

6）设计定型阶段技术状态控制

设计定型阶段（具备定型状态），承制方应将试制和试生产中的图样和技术文件进行修改完善，并经评审后，换版转入设计定型阶段，文件标识转入"D"状态标识。设计定型批复后，对随设计定型批带出并交付主机或部队使用的产品，必须按设计定型批准的技术状态进行复查复验，并更换合格证明文件或履历本。

7）生产定型阶段技术状态控制

生产定型阶段，文件标识转入“P”状态标识，生产定型批复后，涉及到产品技术性能指标的图样和技术文件的更改，必须经试验验证，并按定型条例的规定，分级上报批准后，才能在生产线上贯彻，同时应对涉及的在产、在役产品做出处理。装备在部队使用中，因安全性和系统功能、性能等问题需要更改技术状态时，应报定型主管部门批准，必要时重新对产品进行定型审查。

5. 现役装备技术状态更改

承担现役飞机加改装研制任务的单位，必须请该型飞机总设计师单位以及有关单位参加改装状态（如改装方案、加装前准备状态、加装后测试等）的评审，并向总设计师单位提供技术方案，便于总设计师单位掌握飞机总体技术状态。如发现改装项目对飞机系统、性能、电源特性、电磁兼容等有重大影响的，总设计师单位应及时上报机关。

（三）技术状态纪实

技术状态纪实是为表明研制过程和交付产品的技术状态，对已确定的技术状态文件提出的更改状况和已批准更改的执行情况所作的正式记录和报告。GJB 3206 中 4.4 条规定“技术状态文件形成后，即应进行技术状态纪实，应准确地记录每一技术状态项的技术状态，保证可追溯性。”技术状态的状况纪实是一种信息管理，它记录并报告为有效管理系统和 CI 的技术状态而需要的信息，其纪实要素包括以下几个方面。

1. 状态纪实要素

（1）已批准的技术状态文件和文件号；

（2）对技术状态文件进行技术状态更改、偏离许可、让步的状况；

（3）已批准的技术状态更改的执行情况。

技术状态纪实从建立功能技术状态基线开始，贯彻研制、生产的全过程。其内容包括以下几个方面。

2. 状态纪实内容

（1）记录各技术状态项已批准的现行技术状态文件和标识号；

（2）记录并报告技术状态更改建议提出与审批过程的情况；

（3）记录并报告技术状态审核的结果，包括不符合的情况和最终处理情况；

（4）记录并报告技术状态项所有关键的、重要的偏离许可和让步情况；

（5）记录和报告已批准更改的实施状况。

技术状态纪实情况应及时向订购方和有关供方提供，以便及时交换信息，保证技术状态的透明度、可追溯性和相互之间的协调。

(四)技术状态审核

技术状态审核是确定已制成的系统和 CI 是否符合其技术状态文件所进行的审核。技术状态审核分为两类,即功能技术状态审核(FCA)和物理技术状态审核(PCA)。

1. 功能技术状态审核(FCA)

功能技术状态审核(FCA)是在工程研制阶段的后期进行。FCA 是为证实 CI 已达到了功能技术文件和分配技术状态文件中所规定的功能特性所进行的正式审查。首先进行 CI 的审核,达到要求后,再进行系统的审核。通过对系统、CI 进行试验和分析,验证该系统和 CI 是否已达到了功能技术状态文件和分配技术状态文件中规定的性能要求。同时,也验证该系统、CI 的技术状态文件(规范、试验分析资料等)是否准确地反映了它实际的功能特性。

2. 物理技术状态审核(PCA)

PCA 是在生产定型阶段的初期,按产品技术状态文件进行一定数量的小批试生产后,在选定的 CI 制造过程中进行。依据产品技术状态文件对选定的产品进行对照,检查产品是否已经满足产品技术状态文件要求,产品技术状态文件是否准确反映了它的物理特性,做到文实相符。通过 PCA 后,全套产品技术状态文件(产品规范、工艺规范、材料规范、软件规范、工程图样和其他技术文件)被正式确认,正式建立产品基线,成为产品批量生产的依据。

技术状态审核由订购方与承制方共同负责进行。承制方负责提供审核的产品,有关技术状态文件、试验、检查状况,审查现场等进行审查所必须的条件,订购方指定有关专业人员进行审核,提出审核意见。

第六章　环境试验管理

第一节　试验计划管理

一、环境试验概述

环境试验属于单应力使用极限的考核，方式是将装备（产品）暴露于特定的环境中，确定环境对其影响的过程。环境试验是装备环境工程及其管理的重要组成部分。装备环境工程及其管理包括装备环境工程、环境工程管理、环境适应性、环境分析、环境适应性要求、环境工程剪裁、环境工程计划、环境工程工作计划、环境试验与评价计划、环境适应性设计、环境适应性验证、环境试验、虚拟环境试验、实验室环境试验剪裁、环境试验大纲、环境适应性评价、环境数据、环境因素数据、环境影响数据、环境故障数据、环境试验数据、环境信息管理和环境工程专家等内容。其中的环境试验类型如图 6－1 所示，包括自然环境试验、实验室环境试验和使用环境试验。针对武器装备研制生产和使用特点，本章节重点讲述环境试验类型、项目内容和要求。

二、环境试验类型

在装备研制、生产和使用过程中，承制方应开展各种类型的环境试验，为改进装备设计、验证装备环境适应性、验证装备生产过程稳定性和评价装备环境适应性，提供有用的信息。在装备研制的不同阶段，环境试验的内涵分别是：

（一）环境适应性研制试验

环境适应性研制试验也称工程专门试验，为寻找设计和工艺缺陷，采取纠正措施，增强装备（产品）环境适应性，承制方在工程研制阶段早期进行的试验，是装备工程试验的组成部分。

（二）环境鉴定试验

为考核装备（产品）的环境适应性是否满足要求，在规定的条件下，对规定的环境项目按一定顺序进行的一系列试验。是装备（产品）定型（鉴定）试验的组成部分，试验结果作为产品定型的依据之一。

（三）环境验收试验

环境验收试验是按规定条件对交付装备（产品）进行的环境试验。是装备

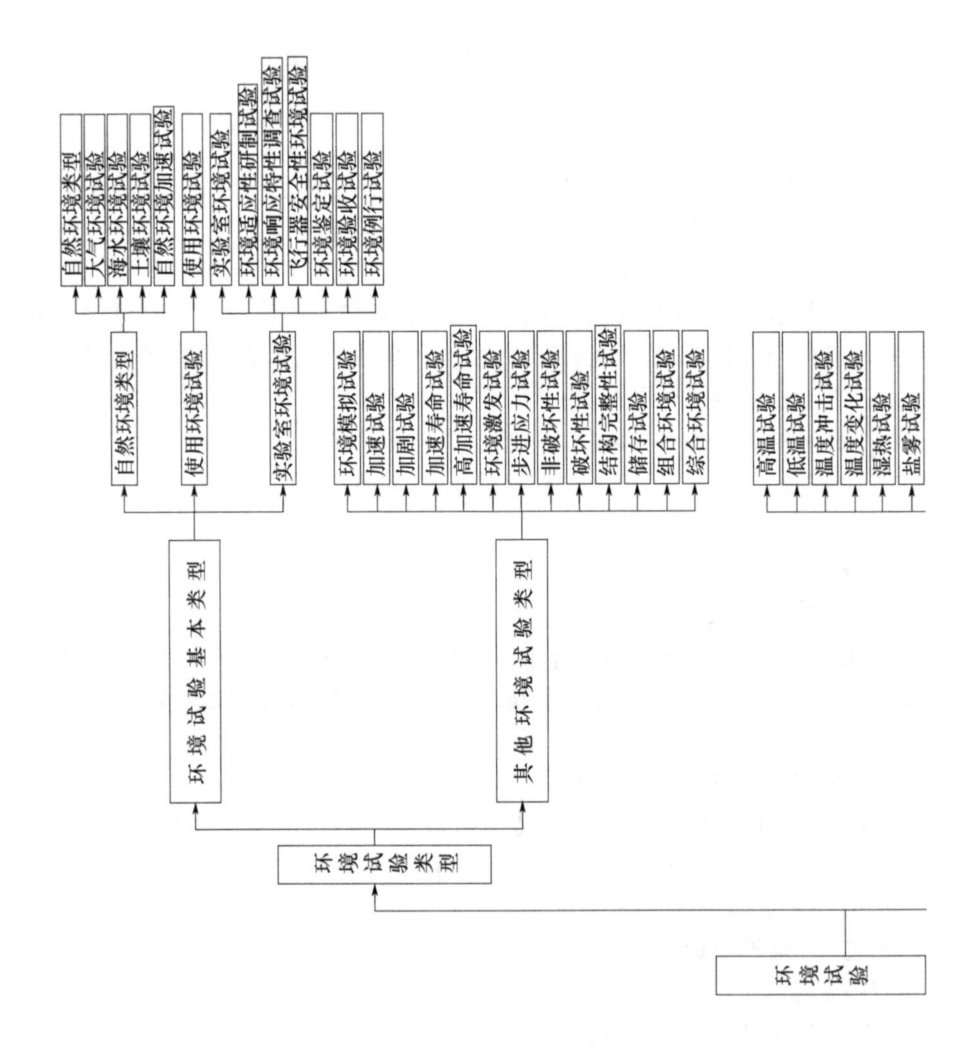
环境试验
环境试验类型
环境试验基本类型
自然环境类型
自然环境类型
大气环境试验
海水环境试验
土壤环境试验
自然环境加速试验
使用环境试验
使用环境试验
实验室环境试验
实验室环境试验
环境适应性研制试验
环境响应特性调查试验
飞行器安全性环境试验
环境鉴定试验
环境验收试验
环境例行试验
其他环境试验类型
环境模拟试验
加速试验
加剧试验
加速寿命试验
高加速寿命试验
环境激发试验
步进应力试验
非破坏性试验
破坏性试验
结构完整性试验
储存试验
组合环境试验
综合环境试验
高温试验
低温试验
温度冲击试验
温度变化试验
湿热试验
盐雾试验

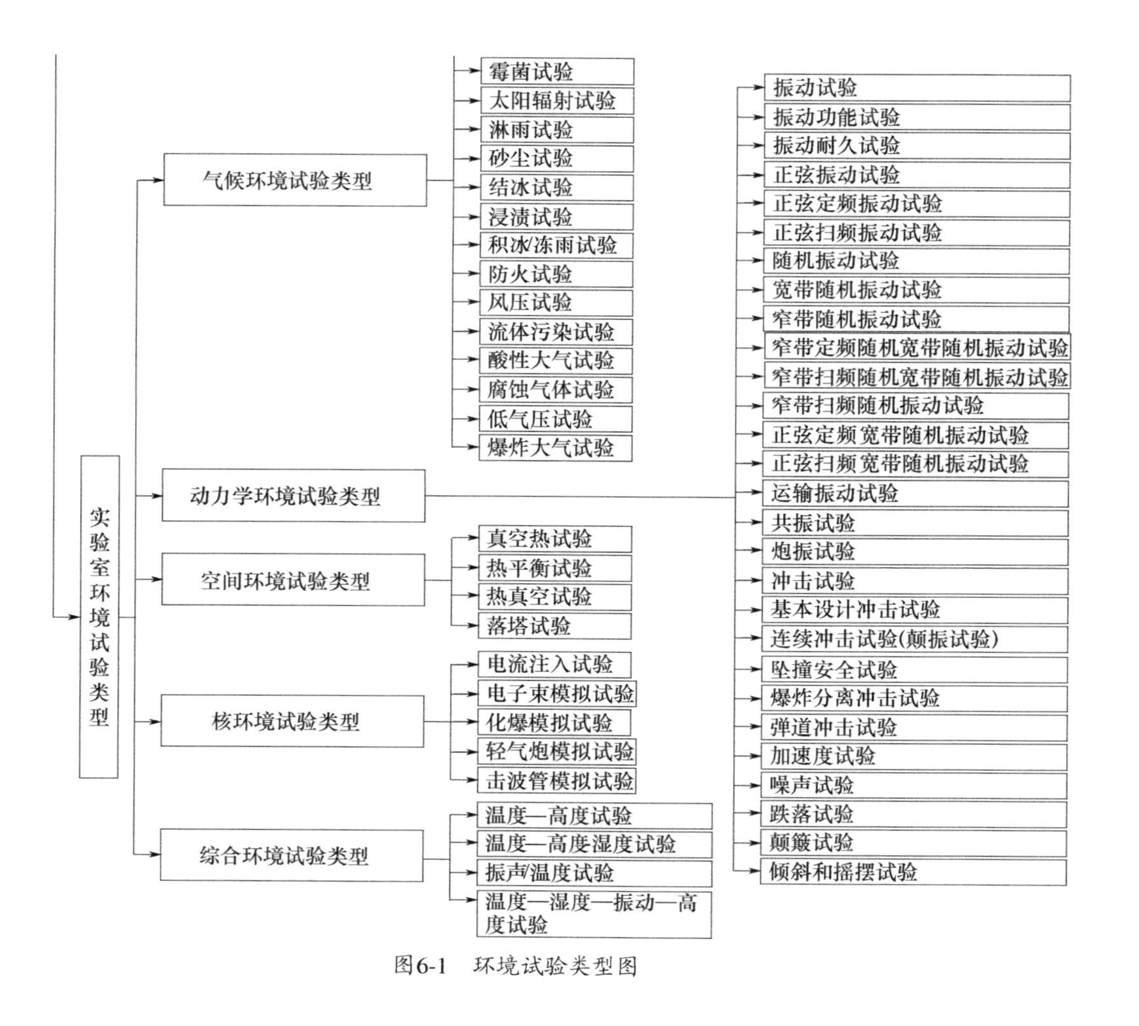
实验室环境试验类型
气候环境试验类型
霉菌试验
太阳辐射试验
淋雨试验
砂尘试验
结冰试验
浸渍试验
积冰/冻雨试验
防火试验
风压试验
流体污染试验
酸性大气试验
腐蚀气体试验
低气压试验
爆炸大气试验
动力学环境试验类型
振动试验
振动功能试验
振动耐久试验
正弦振动试验
正弦定频振动试验
正弦扫频振动试验
随机振动试验
宽带随机振动试验
窄带随机振动试验
窄带定频随机宽带随机振动试验
窄带扫频随机宽带随机振动试验
窄带扫频随机振动试验
正弦定频宽带随机振动试验
正弦扫频宽带随机振动试验
运输振动试验
共振试验
炮振试验
冲击试验
基本设计冲击试验
连续冲击试验(颠振试验)
坠撞安全试验
爆炸分离冲击试验
弹道冲击试验
加速度试验
噪声试验
跌落试验
颠簸试验
倾斜和摇摆试验
空间环境试验类型
真空热试验
热平衡试验
热真空试验
落塔试验
核环境试验类型
电流注入试验
电子束模拟试验
化爆模拟试验
轻气炮模拟试验
击波管模拟试验
综合环境试验类型
温度—高度试验
温度—高度湿度试验
振声/温度试验
温度—湿度—振动—高度试验

图6-1 环境试验类型图

(产品)出厂检验验收的组成部分,如质量一致性检验的 A 组检验。

(四) 互换性试验

两个或多个产品在性能、配合和寿命上具有相同功能和物理特征,而且除了调整之外,不改变产品本身或与之相邻产品便能将一个产品更换成另一个产品时所应具有的能力。是装备(产品)出厂检验验收的组成部分,如质量一致性检验的 B 组检验。

(五) 环境例行试验

为考核生产过程稳定性,按规定的环境项目和顺序及环境条件,对批生产中定期或定数抽样抽取装备(产品)进行的环境试验,它是批生产例行(型式)试验的组成部分。是装备(产品)出厂检验验收的组成部分,如质量一致性检验的 D 组检验。

(六) 自然环境试验

将装备(产品)长期暴露于自然环境中,确定自然环境对其影响的试验,包括大气环境试验、海水环境试验、土壤环境试验。

(七) 使用环境试验

将装备(产品)放置在规定的使用环境中,考核评定其环境适应性水平的试验。

(八) 交付试验

承制方将产品交付军事代表时,军事代表进行的某种验收性质的试验。如成批交付时,每套产品所进行的环境验收试验,定期或定数抽取产品进行的环境例行试验和可靠性验收试验等,都称为交付试验。

三、试验项目

(一) 环境适应性研制试验

在方案和工程研制阶段,承制方应进行环境适应性研制试验,必要时采用使用环境试验和自然环境试验,诱发设计缺陷,为改进设计提供有价值的信息,从而提高产品的环境适应性;还应进行环境响应特性调查试验,查明装备的环境响应特性、耐环境能力极限及薄弱环节等,为实施后续试验与制定装备综合保障计划提供有用的信息。

承制方在研制过程中应加强对产品试验验证的管理工作,形成管理规定,编制各项试验的试验计划、试验大纲、试验规程以及试验前准备检查的内容、程序和要求,实施各项试验工作,并进行试验中或试验后的质量评审。承制方应加强对试验记录的管理,建立试验前准备及检查、试验过程测试、试验更改、试验评审等节点的记录,并归档。验证试验类型有以下三种。

1. 摸底试验

在产品的设计开发过程中,承制方应进行摸底试验的策划和计划(试验任务书),明确试验的项目、内容和要求,编制试验方案并按要求实施试验,形成试验报告。

2. 设计验证试验

在产品的设计开发过程中,承制方对采用新技术、新结构的产品及功能、性能的实现进行验证试验的策划和计划(试验任务书),明确试验的项目、内容和要求,编制试验方案并按要求实施试验,形成试验报告。

3. 增长试验

在产品的研制过程中,承制方对产品的技术设计、工艺设计、产品试制、质量管理中发生的问题以及满足指标程度等,应进行策划改进。对于重大的改进项目,应有增长试验计划(试验任务书),明确试验内容和要求,编制试验方案并按要求实施试验,形成试验报告。

(二)鉴定和定型试验

1. 电磁兼容鉴定试验

承制方应按照产品规范的要求对定型样机进行电磁兼容鉴定试验。军事代表应审查承试方编制试验大纲及规程,监督试验过程,参与试验结论的评审,获取试验结论。

2. 环境鉴定试验

承制方应按照产品规范的要求和验证方法,对定型样机进行环境鉴定试验。军事代表应审查承试方编制试验大纲及规程,监督试验过程,参与试验结论的评审,获取试验结论。

3. 定型(鉴定)试验

承制方应按照产品规范的要求对型号装备的定型(鉴定)样机进行定型(鉴定)试验策划。军事代表应审查承试方编制试验大纲及规程,监督试验过程,参与试验结论的评审,获取试验结论。

(三)交付试验

承制方应按照产品规范的要求和相关标准要求,研究制定各类试验计划,编制试验大纲及试验规程,制定试验表格,形成试验记录,试验结束后,编报试验报告。交付试验的类型有:

1. 环境验收试验

承制方应按照产品规范的要求,编制交付试验大纲、试验规程和检验规程。军事代表应实施试验,形成试验测试记录,完成试验报告,并作为产品接收的依据。

2. 互换性试验

承制方应按照产品规范的要求,编制互换性试验大纲、试验规程,并协助军事代表做好样机选择、过程测试验证、试验后检查和恢复工作,形成试验记录,联合编报试验报告,形成试验结论,并作为产品批次接收的依据。

互换性试验可结合环境例行试验完成,先每批抽两套做互换性试验,合格后正常做环境例行试验批试验。

3. 环境例行试验

承制方应按照产品规范和相关标准要求,编制环境例行试验大纲及试验规程,并协助军事代表做好样机选择、过程测试、试验后检查、恢复工作,形成试验记录,联合编报试验报告,形成试验结论,并作为产品批次接收的依据。

四、试验项目要点及要求

(一) 实验室环境试验

1. 环境适应性研制试验

1) 研制试验内涵

环境适应性研制试验是通过对产品施加一定的环境应力和(或)工作载荷,寻找诱发设计缺陷和工艺缺陷,采取纠正措施,增强产品的环境适应性。

2) 研制试验要点

(1) 承制方应根据环境试验与评价总计划要求,制定一个具体的环境适应性研制试验计划,主要内容包括环境应力种类、量值和施加方法、产品的检测要求等。

(2) 承制方应根据环境适应性研制试验计划,开展环境适应性研制试验,并通过试验-分析-改进(TAAF)的反复过程逐步增强产品的环境适应性。

(3) 环境适应性研制试验可用加大应力量值的单应力和(或)综合应力进行。

2. 环境响应特性调查试验

1) 调查试验内涵

环境响应特性调查试验是确定产品对某些主要环境(如温度和振动)的物理响应特性(量值)和影响产品的关键性能的环境应力临界值,为后续试验的控制和实施以及订购方使用装备提供基本信息。

2) 调查试验要点

(1) 承制方应根据产品的特点制定环境试验与评价总计划,制定一个具体的环境响应研制试验计划,确定在研产品对温度的响应特性,包括产品温度分布、热点温度。产品在规定的环境温度下达到温度稳定的时间及产品热容量最大的部位,产品对冷、热敏感的部位和薄弱环节等。温度响应特性调查应尽可能在材料和结构等方面基本确定不变的样机上进行,以确保所获得数据的准确性。

(2) 确定在研产品对振动的响应特性,包括在研产品的共振频率和优势频率、振动响应最大的部位、对振动应力敏感的部位和薄弱环节等。振动响应特性调查应尽可能在材料和结构等方面基本确定不变的样机上进行,也确保所得数据的准确性。

（3）确定在研产品在某些其他环境作用下的薄弱环节。

（4）确定在研产品可耐受的最大环境应力值，例如在研产品保持正常工作或不损坏的实际的最高温度、最低温度、最高温度变化速率和最大振动量值等。

（5）应根据要求编制相应的试验报告。

3. 飞行器安全性环境试验

1）安全性环境试验内涵

安全性环境试验是指研制项目要求进行飞行器首飞前的安全性环境试验，以确保飞行器首飞的安全。

2）安全性环境试验要点

（1）在飞行器首飞前，承制方应根据环境试验与评价总计划，制定一个具体的安全性环境试验计划，对涉及飞行安全的产品选择关键（敏感）的环境因素安排相应的环境试验，保证首飞安全。

（2）对飞行器安全性环境试验，原则上应用那些会使产品很快产生破坏或会很快影响产品正常功能从而影响飞行器安全的环境试验项目来进行，通常不选择通过长时间作用才产生影响的环境试验项目（如振动耐久试验、霉菌试验和盐雾试验等），也不选择一些相对来说对飞行安全影响不大的其他环境试验项目。

（3）根据要求编制相应的试验报告。

4. 环境鉴定试验

1）环境鉴定试验内涵

在产品的定型阶段，进行环境鉴定试验，以验证装备环境适应性设计是否达到了规定的要求。

2）环境鉴定试验要点

（1）重要产品的环境鉴定试验应优先在独立于订购方和承制方的第三方实验室进行；

（2）环境鉴定试验应在订购方代表的监督下，在指定或认可的试验室进行；

（3）承担环境鉴定试验的单位均应通过资格认证和计量认证。

（4）承担试验的单位出具相应的试验报告。

5. 批生产装备环境（验收、例行）试验

1）环境（验收、例行）试验内涵

在批生产阶段进行环境验收试验和环境例行试验，以检查批生产过程工艺操作和质量控制过程的稳定性，验证批生产产品环境适应性是否仍然满足规定的要求。

2）环境（验收、例行）试验要点

（1）批生产产品由军事代表按产品规范的要求编制的试验规程，进行环境验收试验；

（2）批生产达到一定时间周期或达到一定数量时（抽样比例应在产品规范中明确），军事代表应在承制方的协助下进行例行试验。

3）军事代表应确定的事项

（1）环境验收试验的试验项目和试验条件；

（2）环境例行试验的试验项目和试验条件；

（3）环境例行试验的时间间隔和抽取样本数；

（4）故障判别准则；

（5）需提交的资料及其各项目的要求。

（二）自然环境试验

1. 自然环境试验内涵

研制产品进行自然环境试验，以确定自然环境各种因素综合作用对产品的影响。

2. 自然环境试验要点

（1）承制方应根据材料、构件、工艺和部件或设备本身的耐环境能力数据，以及在装备上的部位、暴露情况和寿命期可能遇到的环境，确定要进行自然暴露的材料、构件、部件和设备的清单；

（2）承制方应根据装备寿命期环境剖面，确定储存运输和作战使用中可能遇到的各种自然环境，并根据这些环境确定自然环境试验的种类，选定自然暴露试验的场地和时间。

（三）使用环境试验

1. 使用环境试验内涵

装备研制项目进行使用环境试验，以确定产品使用过程中自然环境和诱发环境对其的影响，为改进环境适应性设计和评价产品环境适应性能力提供信息。使用环境试验使产品经受自然和诱发环境以及人的因素的综合作用，是实验室环境试验和自然环境试验无法替代的实际使用环境对产品的考核。

2. 使用环境试验要点

（1）试验过程中应尽可能准确地记录故障现象及其发生的时间以及故障发生时的平台环境条件，以便提供实测环境数据，分析故障原因，并为实验室复现故障和故障分析定位提供数据支持；

（2）进行使用环境试验的环境应能充分代表产品在其寿命期中可能遇到的典型环境，以保证其试验结果的准确性；

（3）在工程研制阶段应尽可能将使用环境试验与实验室环境试验结合进行，以便利用实验室试验来复现使用环境试验中发生的故障，进行故障定位，采取纠正措施，并验证纠正措施的有效性。

第二节　试验大纲管理

一、概述

在武器装备研制过程中,实验室环境试验是必不可少的试验。试验前承制方应按照研制总要求和技术协议书及产品规范的内容和要求,编制试验计划和试验大纲,制定试验规程,才能实施试验。实验室环境试验大纲包括环境适应性研制试验、环境相应特性调查试验、飞行器安全性环境试验、环境鉴定试验、批生产装备(验收、例行)环境试验等大纲的内容。

编制环境试验大纲,必须以产品规范和试验任务书的要求为依据,实验室环境试验如果是验证或定型试验,由承制方实施的试验,其试验大纲由承制方拟制,军事代表参加。由第三方承担试验的,其试验大纲由第三方拟制,军事代表监督,经报定委或定委委托单位批准后实施;如果是定型试验的部队试验,由使用方(试验部队)按定型试验任务书规定要求,参考承制方试验结果和承制方意见进行拟制,经报定委或定委委托单位审批后实施。

二、试验大纲的编制

(一)环境试验大纲

承制方应制定并实施环境试验大纲,对产品进行环境试验,以确定各种环境因素的作用对产品的影响。环境试验大纲应包括以下内容:

(1)任务来源、试验时间、地点;

(2)试验名称、试验性质与目的;

(3)试验内容、条件、方式、方法;

(4)试验产品技术状态;

(5)测试系统技术状态;

(6)试验准备技术状态;

(7)测试项目、测试设备、测量要求;

(8)试验程序、试验记录;

(9)两个以上单位参试时,应建立试验管理的组织机构,明确分工与质量控制要求;

(10)试验现场重大问题的预案与处置原则;

(11)安全与措施;

(12)质量要求与措施;

(13)技术难点及关键试验项目的技术保障措施;

(14)试验风险分析;

(15) 试验结果评定准则;

(16) 现场使用技术文件清单与其他要求。

承制方可根据产品层次、试验性质剪裁试验项目内容。环境试验大纲模板见本书附录7。

(二) 自然环境试验大纲

承制方应制定并实施自然环境试验大纲,对产品进行自然环境试验,以确定自然环境各种因素综合作用对产品的影响。自然环境试验大纲应包括以下内容:

(1) 试验目的和内容;

(2) 试验件(试样)的类型、标记方法;

(3) 试验件(试样)的包装、储存和运输方式;

(4) 试验环境及试验场地;

(5) 试验设施要求,设备、仪器、仪表及其进度要求;

(6) 试验件(试验)和环境监测数据的记录要求和处理方法;

(7) 试验时间、检测周期及进度安排;

(8) 试验过程的组织管理和监督制度;

(9) 结果分析方案和试验记录;

(10) 试验、检测、评价方法及有关标准。

(三) 使用环境试验大纲

承制方应制定并实施使用环境试验大纲,对产品进行使用环境试验,以考核产品对其工作环境的适应能力,使用环境试验大纲应包括以下内容:

(1) 试验平台;

(2) 试验件;

(3) 平台的任务剖面;

(4) 环境测量方案(如温度和振动);

(5) 故障判据和故障记录要求。

三、试验大纲评审和审批

环境试验大纲应组织评审、会签和审批,第三方试验须经订购方批准或认可。

第三节　试验规程管理

一、概述

试验规程是按照已审查批准的试验大纲的技术准则、内容、方法编制的,属操作性文件,是产品试验操作的依据。

试验规程包括检验方法和试验方法。通常一项技术要求规定一种检验方法,同时规定两种或多种检验方法时,应规定一种仲裁方法。

二、试验规程编制

(一) 规程构成

试验规程一般构成及编排顺序如下:

(1) 产品的基本原理和功能;

(2) 材料或试剂及其要求;

(3) 试验仪器、设备或装置及其要求;

(4) 对受试产品的要求或试样的制备与保存要求;

(5) 试验条件;

(6) 试验程序;

(7) 数据记录;

(8) 结果的说明,包括计算方法、处理方法等;

(9) 试验报告。

上述内容可酌情取舍。

化学分析方法的一般构成及其编排顺序见 GB/T 20001.4。

(二) 规程编制要求

试验规程是规范试验程序、方法和要求的操作性技术文件,承制方在编制时应做到正确、完整、统一、协调、清晰、用词严密,简练。试验规程在保证试验大纲的内容和要求的前提下,同时应保证试验质量要求。编制试验规程必须考虑安全试验、环境保护和工业卫生。试验规程中采用的术语、符号、型号、计量单位等,要符合相应标准的规定。

三、试验规程评审与会签

试验规程按项目大纲编制了项目试验的一般要求、试验组成、试验条件、试验项目与考核内容、试验方法、试验程序和要求、数据处理与试验报告等内容,项目试验前,必须由鉴定或承试部门组织评审,参试单位、监督单位和承制方参加评审并会签试验规程。

第四节　试验过程管理

一、试验准备阶段管理

(一) 下达试验任务书

(1) 试验委托单位编制试验任务书,试验实施单位及有关单位会签,并履行规定的审批手续。

(2) 试验任务书内容包括:试验名称、代号、试验性质与试验目的;试验内容与条件;试验产品的技术状态,并附产品配套清单;检测测试项目、参数及其准确度要求;质量保证要求;提供试验结果的技术要求;试验结果评定规则;试验任务分工;试验进度要求和组织措施。

(3) 试验任务书应进行评审,并履行审批手续。

(二) 审查批复试验大纲

(1) 依据试验委托单位的试验任务书,试验大纲由试验实施单位和试验委托单位共同编制,或由试验实施单位一方编制,试验大纲内容符合试验任务书的要求。

(2) 试验大纲通过评审后,履行规定的审批手续。

(三) 编制试验规程

试验实施单位根据批复的试验大纲编制试验计划、试验规程,并进行了评审会签。

(四) 满足质量保证大纲要求

试验大纲及试验规程的内容、方法和要求满足质量保证大纲中质量要求和产品规范的内容及要求。

(五) 被试产品状态受控

(1) 按产品配套清单,对其质量证明文件和规定的项目进行检查、验收,并办理交接手续。

(2) 试验产品应具备下列条件:

① 按试验任务书和试验大纲要求,试验产品及其专用工具、测试设备配套齐全;

② 试验产品状态应与产品技术文件及图样相符;

③ 试验产品质量证明文件齐全,并与实物相符;

④ 通过了产品质量评审;

⑤ 进行了可靠性、风险性分析和安全性论证。

(六) 试验、测量设备完好

试验设备满足使用要求,测量设备应满足:测量设备应经计量检定合格,并在有效期内;故障维修后的测量设备,应重新检定合格方可使用;测量方法和测量设备的测量不确定度应满足测试要求。

(七) 故障报告、分析与纠正措施系统正常运行

承制方应按照 GJB 841 建立并运行故障报告、分析和纠正措施系统,参试单位应严格按其要求执行。

(八) 建立检查卡

承试方在试验过程中应实施质量跟踪卡或点线检查制度,联合编制质量跟踪卡,其内容一般包括:名称、工作内容、跟踪结果、签署;编制点线检查和联合检查表,其内容一般包括:名称、检查点及内容、检查结果、签署。

二、试验过程管理

(一) 试验前检查

在试验现场由试验总指挥组织参试单位,对参试人员、试验产品、试验仪器设备、技术文件、关键质量控制点以及试验环境条件进行试验前审查。检查的主要内容如下:

(1) 参试产品状态的符合性;

(2) 操作、指令系统状态;

(3) 试验文件配套情况及试验准备过程的原始记录;

(4) 技术保障及安全措施;

(5) 试验环境条件;

(6) 故障处置与应急预案;

(7) 参试人员资格复核;

(8) 质量控制点的控制状态;

(9) 参试产品出现问题的处理及跟踪结果;

(10) 参试产品是否有遗留问题,能否进行试验;

(11) 参试产品及试验状态的更改,是否充分论证及履行审批程序及跟踪结果;

(12) 基础设施保障措施。

(二) 试验前质量评审

(1) 按规定要求,对试验产品、试验设备、技术文件、关键质量控制点等进行质量评审;

(2) 对质量评审过程中发现的问题,实施整改并验证其实施效果的有效性,经试验总指挥批准后,方可开机试验。

(三) 试验现场管理

(1) 严格按试验程序和操用规程组织实施;

(2) 参试人员按“五定”上岗(定人员、定岗位、定职责、定协同关系、定仪器设备),试验的关键岗位应实行“双岗”或“三岗”制;

(3) 试验时对参试产品的分系统、关键环节和试验设备,应设置工作状态监视和故障报警系统;

(4) 当试验过程出现不能达到规定的试验目的时,应中断试验,待故障排除后试验方可继续,中断或继续试验命令由试验总指挥下达。

(四) 试验过程检测

(1) 按试验程序,准确地采集试验数据,做好原始记录;

（2）可重复性试验以及由系列试验组成的大型试验，在前项试验结束后，应及时组织结果分析，发现问题及时处理，不得带着问题进行下一项试验。

三、试验总结阶段管理

（一）试验结果处理

（1）汇集、整理试验记录；

（2）分析试验结果，提出试验结果评价。

（二）试验结果评价

试验接束后，应对试验情况进行归纳，对试验结果进行评价，其内容如下：

（1）试验是否达到任务书和试验大纲的要求；

（2）试验数据采集质量评价，一般包括信号采集、数据采集率、关键数据采集率、仪器设备完好率；

（3）试验结果处理及处理方法；

（4）试验结果分析与评价；

（5）故障分析与处理情况。

（三）试验状态更改

试验过程中若发生产品状态或试验状态更改，经复核后办理审批手续，并及时反映到相关的技术文件及产品图样中。

（四）试验总结

（1）编制试验总结，其内容一般包括：试验目的、试验条件；试验过程简述；试验结果分析；试验结论；改进意见。

（2）试验过程中质量控制。

（3）组织试验工作总结，提出改进措施，并对试验成功经验进行规范化处理。

第七章 专业工程综合管理

第一节 专业工程大纲设计

一、综述

产品质量的优劣,受到周期、使用环境等诸多因素的制约。过去仅应用“传统”工程学科(如结构学、热力学、空气动力学、电子学等)设计出的系统,远远不能满足武器装备系统效能(对系统能达到一系列具体任务要求程度的度量)和适用性要求。随着武器装备高新技术的发展和应用,其综合设计工作就是要在性能、寿命、可靠性、维修性、保障性、安全性等诸多设计参数之间,在目标与制约条件之间,进行全面分析、综合权衡,应用优化设计技术,选择和确定产品技术参数的最佳组合,以提高武器装备系统的使用效能。

装备的跨越式发展和建设过程中,追求工程专业综合,同时研究和应用有关的“专业”工程学科,包括可靠性、维修性、保障性、安全性、人素工程、电磁兼容性、价值工程、运输性、标准化等。在系统工程过程中,同时进行这些专业的研究,把各专业的要求纳入系统工程过程中去,并进行反复迭代,综合优化,使系统的主体设计与各专业的要求相协调,实现规定的系统效能与适用性。

现代武器装备日益复杂,可靠性在质量特性中所占地位随之愈加突出。产品设计工作,既要用专业技术去设计产品的性能,又要运用可靠性技术和维修性技术把可靠性设计到产品中去。保证产品的性能、可靠性、维修性、可生产性、经济性,主要是靠专业技术在工程设计上采取的有力措施。如方案优选、结构简化、新技术采用、安全系数的合理确定。运用可靠性、维修性技术进行分析、计算、试验、评估,是完善工程设计,推定设计工作更加全面、深入的进行的有效方法。具体实施前应首先要运用系统工程原理和优化设计技术,对经费、周期等制约因素和各种设计参数进行全面分析,综合权衡,选择和确定最佳方案。

专业工程大纲专指可靠性、维修性、保障性、安全性、测试性等大纲,编制专业工程大纲必须按照 GJB 150、GJB 450A、GJB 368B、GJB 3872、GJB 900 和 GJB 2547 的要求,对大纲的编制内容、目的、工作项目要求等进行分别介绍,同时,提供大纲的编制模板,供大家参考。

二、可靠性大纲编制

（一）编制内容概述

可靠性大纲在 GJB 450A 中称可靠性计划，为方便起见，本文暂时保留大纲的称呼。其大纲编制内容一般包括可靠性管理、可靠性设计分析和可靠性试验任务等三个方面，每个方面的任务又包括若干项工作，典型的可靠性大纲构成如图 7－1 所示。

型号工程的可靠性大纲，是该项工程在研制过程中全部可靠性工作的总体规划，包括工程的可靠性目标、要求，必须进行的各项工作及实施纲领性文件。可靠性大纲反映了工程研制单位和工程最高管理者对可靠性工作的重视程度和所做的努力，体现了对产品可靠性要求的保证程度。一项有效的可靠性大纲对提高产品使用的有效性，降低维修费用，提高管理信息是非常必要的。

可靠性是一种重要的产品质量特性，对寿命周期经费、效能有着重大影响。可靠性大纲设计要从 32 项可靠性工作项目入手，确定可靠性要求。目的是为了获得可靠的且易保障的装备，以实现规定的系统战备完好性和任务成功性的要求。因此，承制方要编制可靠性工作计划，以实现产品可靠性大纲所规定的全部内容，保证产品的可靠性。

可靠性计划是为落实可靠性大纲规定的目标和任务而制定的具体实施计划，对目标和任务进行层层分解，直到可以实行和控制。对每项规定的可靠性活动在什么阶段，什么时间完成，开始的条件，结束的标识，由谁负责，谁配合完成，输入到何处，都应详细说明和规定。对实施每个计划项目所需的设备、人力和经费加以估算并保证实施。还应在计划中规定一系列检查点、评审点，以保证对计划执行情况的监控。

可靠性大纲是编制计划的依据，计划是大纲的具体化和实施保证，大纲是节目单。而计划是每个节目的具体安排。对于不太复杂的装备，大纲与计划可合二为一；对于复杂的、研制周期长的武器系统，计划可以分阶段制订，甚至还可以制订若干计划。

可靠性大纲设计要依据 GJB 450A 的要求，建立可靠性设计、分析、试验、评估程序，纳入阶段设计评审；掌握可靠性信息，及时进行故障分析，促进可靠性增长；建立可靠性管理制度，对可靠性大纲的贯彻实施进行有效的监督控制。

（二）可靠性工作要求

可靠性工作项目是指产品在研制过程中某段时间内，未完成任务所必须做的某项可靠性工作，工作项目的选择应根据产品特点，可靠性要求和该项目对保证可靠性要求实现的作用以及资金和进度以及限制，即从费用效益的角度进行权衡和取舍。

确定可靠性及其工作项目要求，是订购方主导的两项重要的可靠性工作，是其他各项可靠性工作的前提，这两项工作的结果决定了装备的可靠性水平和可靠性工作项目的费用效益。

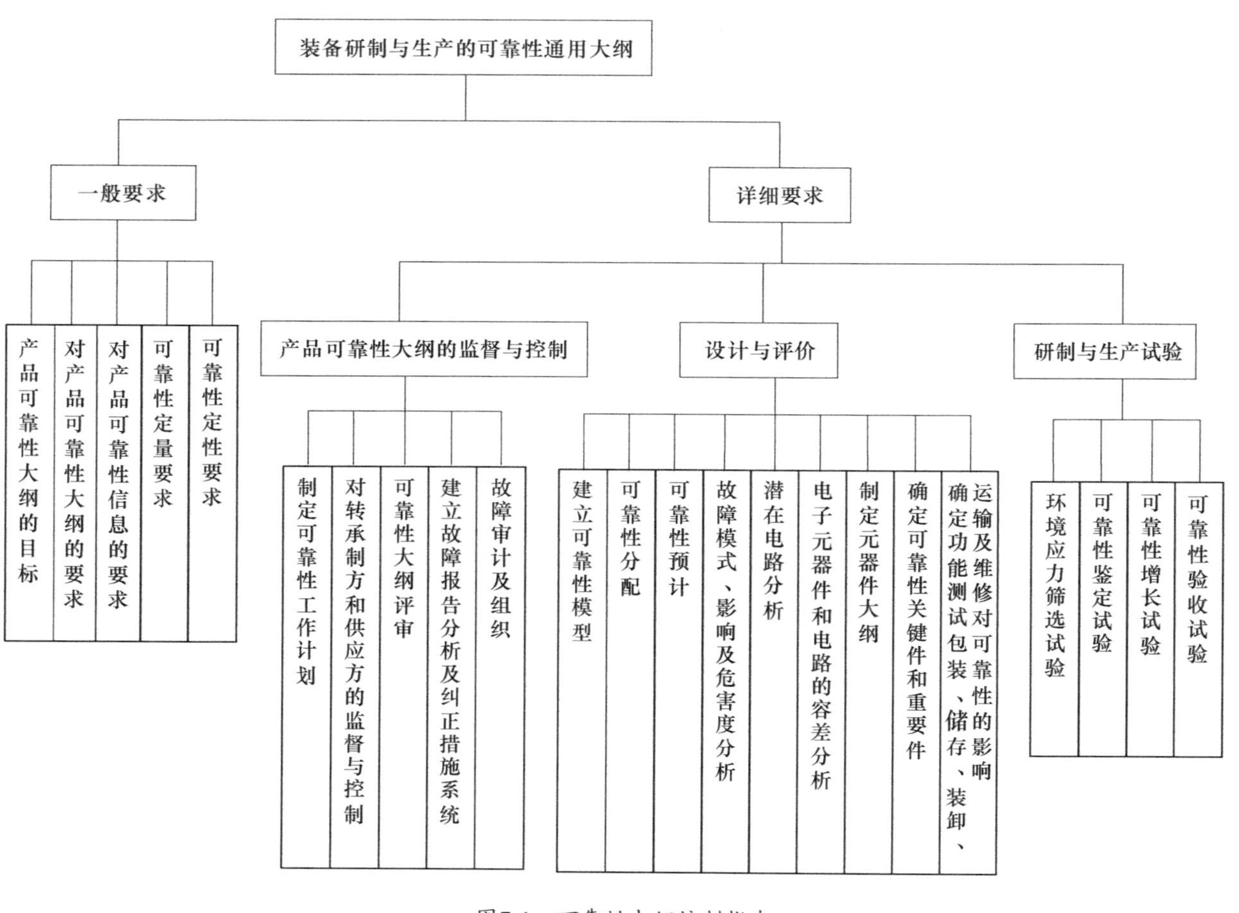

图7-1 可靠性大纲编制指南

1. 确定可靠性要求

(1) 提出和确定可靠性定量定性要求是获得可靠装备的第一步，只有提出和确定了可靠性要求才有可能获得可靠的设备，才有可能实现将可靠性与作战性能、费用同等对待。因此，订购方经协调确定的可靠性要求必须纳入新研或改型装备的研制总要求，在研制合同中必须有明确的可靠性定量定性要求。

(2) 订购方应以最清晰的表达和最恰当的术语规定可靠性定量定性要求，而不能提出模糊不清、易使人误解、自相矛盾的要求，承制方必须正确理解合同中规定的可靠性定量定性要求。为此，应加强订购方和承制方之间的沟通。

(3) 可靠性要求的确定要经历从初定到确定，由使用要求转化为合同要求的过程。一般过程如下：

① 在装备立项综合论证过程中，应提出初步的可靠性使用要求；

② 在装备研制总要求的综合论证过程中，应权衡、协调和调整可靠性、维修性和保障系统及其资源要求，以合理的寿命周期费用满足系统战备完好性和任务成功性要求；

③ 在型号方案阶段结束前，应确定可靠性使用要求的目标值和门限值，并将其转换为合同中的规定值和最低可接受值。

(4) 可靠性定量要求包括任务可靠性要求和基本可靠性要求。任务可靠性要求由影响任务成功性的可信度(D)导出，任务可靠性与可信度的关系为

$$D = R_M + (1 - R_M)M_0$$

式中 R_M——给定任务剖面下的任务可靠度；

M_0——给定任务剖面下的修复概率。

当任务期间不能维修时，$D = R_M$，可信度等于任务可靠度。一般情况下可根据任务需求直接提出任务可靠性要求。任务可靠性要求应与任务剖面相适应。

(5) 装备的基本可靠性要求由系统战备完好性要求导出，首先应根据作战任务需求确定系统战备完好性要求，例如，使用可用度 A_0、能执行任务率(MCR)、出动架次率(SGR)等，然后导出装备的基本可靠性、维修性和保障系统及其资源的要求。

在工程实践中，由系统战备完好性要求准确导出装备的基本可靠性要求是非常困难的，因为影响战备完好性的因素很多，它不但受到诸多与保障有关的设计因素，如可靠性、维修性、测试性等影响，还受到由于各保障资源引起的因素以及管理造成的延误的影响，因此确定基本可靠性要求就需要一个反复分析和迭代的过程。

工程中的一般作法是：根据类似装备的可靠性、维修性水平，考虑装备由于采用新技术产生的影响，估计其可能达到的新水平，并同时估计保障系统及其保

障资源造成的延误，通过建立仿真模型，分析实现系统战备完好性要求的可能性，经过反复分析、调整和协调，才能确定装备的基本可靠性。装备的基本可靠性应与装备的寿命剖面相适应。

（6）由系统战备完好性要求和任务成功性要求导出的是使用可靠性要求，使用可靠性要求用可靠性使用参数和使用值描述，如平均维修间隔时间（MTBM）、平均致命性故障间隔时间（MTBCF）等。使用可靠性要求需要转换为承制方在研制过程中可以控制的合同要求，合同要求用可靠性合同参数和合同值描述。可靠性合同参数一般采用可靠性设计参数，如平均故障间隔时间（MTBF）、任务可靠度 $R(t)$、故障率 λ 等。常用的可靠性使用参数示例如表 7－1 所列，常用的可靠性设计参数示例如表 7－2 所列，在选择参数的时候，应结合装备的使用特点和物理特征等慎重地选择适当的参数。

表 7－1　可靠性使用参数示例

使用特性		与使用特性或要求相关的可靠性参数
战备完好性	A_0（平时）	平均不能工作事件间隔时间（MTBDE）
	SGR（战时）	
任务成功性		平均致命性故障间隔时间（MTBCF）
维修人力和保障资源费用		平均维修间隔时间（MTBM） 平均拆卸间隔时间（MTBR）

表 7－2　可靠性设计参数示例

产品层次	装备使用特制		
	连续或间歇工作（可修复）	连续或间歇工作（不可修复）	一次性使用
装备	$R(t)$ 或 MTBF	$R(t)$ 或 MTTF	P(S)或 P(F)
分系统装备	$R(t)$ 或 MTBF	$R(t)$ 或 λ	P(S)或 P(F)
组件零件	λ	λ	P(F)

注：$R(t)$——可靠度；　MTBF——平均故障间隔时间；
P(S)——成功概率；　MTTF——平均故障前时间；
P(F)——故障概率；
λ——故障率。

（7）承制方应将装备合同中要求的任务可靠性、基本可靠性的规定值分配到较低的产品层次，作为产品的可靠性设计的初始依据。完成初步的可靠性分配后，应利用低层次产品的可靠性数据，通过可靠性预计，初步预计能够得到的可靠性水平，并与要求值进行比较。在方案和工程研制的早期，由于不具备设计的细节，尽管不能获得准确的预计值，但对于方案比较和确定合理的分配模型是有意义的。应重复进行上述的分配和预计，直到获得合理的分配值为止。

（8）可靠性定性要求是为获得可靠的产品，对产品设计、工艺、软件等方面提出的非量化要求。采用成熟技术、简化设计、模块化、规范化等要求是通用的可靠性定性要求。可靠性定性要求的具体内容往往与产品的使用特点和结构特征密切相关，例如，对飞机飞行操纵系统采用并行冗余和备用冗余的具体要求和说明；对航天航空产品采用元器件的质量等级和降额使用等级的要求；坦克发动机必须具备的启动方式的要求（电启动、空气启动和应急牵引）；车辆的操纵杆应动作准确、力度适当、手感好等要求。

2. 确定可靠性工作项目要求

（1）实施可靠性工作的目的是为了实现规定的可靠性要求。可靠性工作项目的选取将取决于产品要求的可靠性水平、产品的复杂程度和关键性、产品的新技术含量、产品类型和特点、所处阶段以及费用、进度等因素。对一个具体的装备，必须根据上述因素选择若干适用的可靠性工作项目。订购方应将要求的工作项目纳入合同文件，并在合同“工作说明”中明确对每个工作项目要求的细节。

（2）可靠性工作项目的选择取决于装备的可靠性要求，在确保实现规定的可靠性要求的前提下，应尽可能选择最少且有效的工作项目，即通过实施尽可能少的工作项目实现规定的可靠性要求。

（3）可靠性工作项目的费用效益是选择工作项目的基本依据，一般应该选择那些经济而有效的工作项目。为了选择适用的工作项目，应对工作项目的适用性进行分析，可采用表7-3所列的“工作项目重要性参数分析矩阵”的方法，得出各工作项目的重要性系数，重要性系数相对高的工作项目就是可选择地适用的项目。

表7-3中列出了需要考虑的因素，各因素可根据具体情况确定，如产品的复杂程度、关键性、新技术含量、费用、进度等。每一因素的加权系数通过打分确定（取值为1~5），一般，对于复杂的产品，大多数可靠性工作项目的加权系数取值为4~5，不太复杂的产品可取1~3。例如航天航空的关键产品，FRACAS、FMECA、SCA、元器件零部件原材料选择与控制、ESS、可靠性鉴定试验等工作项目加权系数一般取5；对机械类的关键产品，FRACAS、FMECA、FEA、耐久性分析等工作项目加权系数一般选5。确定了考虑因素并选取了加权值后，将每一个工作项目的加权系数连乘，然后按表7-3中的方法计算每一工作项目的重要性参数。

需要考虑的因素和加权系数的取值，与参与打分的专家水平和经验有关。虽然得到的重要性系数带有一定的人为性，但表示了一种相对的、经过权衡的结果。利用表7-3得到的工作项目重要性参数为订购方提出工作项目要求提供了依据。

表 7-3　可靠性工作项目重要性系数分析矩阵

工作项目	加权系数(1～5)							乘积	重要性系数
	复杂程度	关键性	产品类型及特点	新技术含量	使用环境	所处阶段	……		
101									
102									
· · ·									

注:(1) 乘积——各因素加权系数的连乘;

(2) 重要性系数:假设乘积值最大的工作项目重要性系数为10(或20、30)

$$其他工作项目的重要性系数=\frac{该工作项目乘积}{最大乘积}\times 10(或20、30)$$

(4) 最大限度地减少重复性工作,并为相关的工作提供必须的数据。例如工作项目304"故障模式、影响及危害性分析"与 GJB 368B 规定的维修性工作项目204"故障模式及影响分析-维修性信息";又如在工作项目304应明确的事项中,需要说明该项目应为"保障性分析"提供的信息,所以需要协调综合安排,避免重复。

(5) 表7-4"可靠性工作项目在各阶段的应用矩阵表"说明了各工作项目的适用阶段,为初步选择工作项目提供了一般性的指导。

表7-4参考了常规武器装备的研制阶段,战略武器装备和军用卫星可按相应研制程序划分。

表 7-4　可靠性工作项目应用矩阵表

GJB 450A 条款编号	工作项目编号	工作项目名称	论证阶段	方案阶段	工程研制与定型阶段	生产与使用阶段
5.1	101	确定可靠性要求	√	√	×	×
5.2	102	确定可靠性工作项目要求	√	√	×	×
6.1	201	制定可靠性计划	√	√	√	√
6.2	202	制定可靠性工作计划	△	√	√	√
6.3	203	对承制方、供方和供应方的监督和控制	△	√	√	√

（续）

GJB 450A 条款编号	工作项目编号	工作项目名称	论证阶段	方案阶段	工程研制与定型阶段	生产与使用阶段
6.4	204	可靠性评审	√	√	√	√
6.5	205	建立故障报告、分析和纠正措施系统	×	△	√	√
6.6	206	建立故障审查组织	×	△	√	√
6.7	207	可靠性增长管理	×	√	√	○
7.1	301	建立可靠性模型	△	√	√	○
7.2	302	可靠性分配	△	√	√	○
7.3	303	可靠性预计	△	√	√	○
7.4	304	故障模式、影响及危害性分析	△	√	√	△
7.5	305	故障树分析	×	△	√	△
7.6	306	潜在通路分析	×	×	√	○
7.7	307	电路容差分析	×	×	√	○
7.8	308	制定可靠性设计准则	△	√	√	○
7.9	309	元器件、零部件和原材料的选择与控制	×	△	√	√
7.10	310	确定可靠性关键产品	×	△	√	○
7.11	311	确定功能测试、包装、储存、装卸、运输和维修对产品可靠性的影响	×	△	√	○
7.12	312	有限元分析	×	△	√	○
7.13	313	耐久性分析	×	△	√	○
8.1	401	环境应力筛选	×	△	√	√
8.2	402	可靠性研制试验	×	△	√	○
8.3	403	可靠性增长试验	×	△	√	○
8.4	404	可靠性鉴定试验	×	×	√	○
8.5	405	可靠性验收试验	×	×	△	√
8.6	406	可靠性分析评价	×	×	√	√
8.7	407	寿命试验	×	×	√	△
9.1	501	使用可靠性信息收集	×	×	×	√
9.2	502	使用可靠性评估	×	×	×	√
9.3	503	使用可靠性改进	×	×	×	√

符号说明：√…………适用　　△…………可选用

○…………仅设计更改时适用　　×…………不适用

（三）可靠性管理

1. 可靠性管理内涵

（1）可靠性工作涉及装备寿命周期各阶段和装备的各个层次。它包括可靠性要求的确定、监督和控制、设计与分析、试验与评价、使用阶段的评估与改进等各项可靠性活动。可靠性管理是从系统的观点出发，对装备寿命周期中各项可靠性活动进行规划、组织、协调与监督，以全面贯彻可靠性工作的基本原则，实现既定的可靠性目标。

（2）订购方应在论证阶段制定可靠性计划，对装备寿命周期的可靠性工作做出全面安排，规定各阶段应做好的工作，明确工作要求。对承制方工作的要求应纳入合同。承制方根据合同和可靠性计划制定详细的可靠性工作计划，作为开展可靠性工作的依据。可靠性工作计划应经订购方认可，并随着研制工作的进展不断补充完善。

（3）开展可靠性工作需要明确相应的职能部门和各职能部门的职责，确定职能部门及其职责是落实各项可靠性工作，实施有效可靠性管理的重要保证。对可靠性工作进行监督和控制、实施可靠性评审、建立 FRACAS 和故障审查组织等是实施有效管理，确保实现规定可靠性要求的重要手段。一般应选用所需的人力、经费和资源较少的管理项目。

（4）可靠性增长管理（工作项目 207）是一项复杂的技术管理工作。可靠性研制试验（工作项目 402）、可靠性增长试验（工作项目 403）和可靠性增长管理的目的都是为使产品的可靠性得到增长，并最终达到规定的可靠性要求，因此必须根据实际情况，权衡上述三项工作的效益和费用，以选择最有效的途径实现可靠性增长。

2. 制定可靠性计划

（1）可靠性计划是订购方进行可靠性工作的基本文件。该计划除包括可靠性要求的论证工作和可靠性工作项目要求的论证工作外，还包括可靠性信息收集、对承制方的监督和控制、使用可靠性评估与改进等一系列工作的安排和要求。制定可靠性计划是订购方必须做的工作，通过该计划的实施来组织、指挥、协调、控制与监督装备寿命周期中全部可靠性工作。随着可靠性工作的开展，应不断补充、完善可靠性计划。

（2）在可靠性计划中，应明确订购方完成的工作项目及其要求、主要工作内容、进度安排以及实施单位等。要求承制方做的工作，应纳入合同文件。

（3）可靠性计划的作用是：

① 对可靠性工作提出总要求、做出总体安排；

② 对订购方应完成的工作作出安排；

③ 明确对承制方可靠性工作的要求；

④ 协调可靠性工作中订购方和承制方以及订购方内部的关系。

3. 制定可靠性工作计划

(1) 可靠性工作计划是承制方开展可靠性工作的基本文件。承制方应按计划来组织、指挥、协调、检查和控制全部可靠性工作,以实现合同中规定的可靠性要求。

(2) 可靠性工作计划需要明确为实现可靠性目标应完成的工作项目(做什么),每项工作进度安排(何时做),哪个单位或部门来完成(谁去做)以及实施的方法和要求(如何做)。

(3) 可靠性工作计划的作用是:

① 有利于从组织、人员和经费等资源,以及进度安排等方面保证可靠性要求的落实和管理;

② 反映承制方对可靠性要求的保证能力和对可靠性工作的重视程度;

③ 便于评价承制方实施和控制可靠性工作的组织、资源分配、进度安排和程序是否合适。

4. 对承制方、供方和供应方的监督与控制

(1) 对承制方的可靠性工作实施监督和控制是订购方重要的管理工作。在装备的研制与生产过程中,订购方应通过评审等手段监控承制方可靠性工作计划进展情况和各项可靠性工作项目的实施效果,以便尽早发现问题并采取解决必要的措施。

(2) 为保证转承制产品和供应产品的可靠性符合装备或分系统的要求,承制方在与供方和供应方签订合同时要提出可靠性要求并监督措施的落实。

(3) 承制方在拟定对供方的监控要求时应考虑对供方研制过程的持续跟踪和监督,以便在需要时及时采取适当的控制措施。在合同中应有承制方参与供方的重要活动(如设计评审、可靠性试验等)的条款,参与这些活动能为承制方提供重要信息,为采取必要的监控措施提供决策依据。

(4) 在转承制合同中提出有关供方纳入承制方 FRACAS 系统,它是承制方保持对转承制产品研制过程监控的重要手段。承制方及时了解转承制产品研制及生产过程出现严重故障的原因分析是否准确、纠正措施是否有效,才能对承制产品最终是否能保证符合可靠性要求做到心中有数,并在必要时采取适当措施。

(5) 订购方对转承制产品和供应品的监控要求应在相关的合同中明确,例如订购方要参加的转承制产品的评审等。

5. 可靠性评审

(1) 可靠性评审主要包括订购方内部的可靠性评审和按合同要求对承制方、供方进行的可靠性评审,另外还应包括承制方和供方进行的内部可靠性评审。

（2）可靠性定量、定性要求和可靠性工作项目要求是订购方内部可靠性评审的重要内容。可靠性定量、定性要求评审应与相关特性的要求评审结合进行，并尽可能与系统要求审查（见 GJB 3273）结合进行。评审可采用专家（包括邀请承制方专家）评审的方式进行。

（3）承制方应对合同要求的可靠性进行评审，制定详细的评审计划。计划应包括评审点的设置、评审内容、评审类型、评审方式及评审要求等。该计划应经订购方认可。

（4）无论是订购方进行的可靠性评审，还是承制方安排的可靠性评审，或是供方进行的可靠性评审，均应将评审的结果形成文件，以备查阅。

（5）应尽早做出可靠性评审的日程安排并提前通知参加评审的各方代表，并提供评审材料，以保证所有的评审组成员有准备地参加会议。在会议前除看到评审材料外，还能查阅有关的设计资料和相关报告，以提高评审的有效性。

6. 建立故障报告、分析和纠正措施系统

（1）尽早对故障原因采取措施，对可靠性增长并得到规定的可靠性要求有着重要的作用，故障原因发现的越早越容易采取有效的纠正措施。因此，要求尽早建立 FRACAS 系统是非常重要的。FRACAS 的运行应尽可能利用现有的信息系统。

（2）FRACAS 系统的效果取决于准确的输入信息（记录的故障以及故障的原因分析），因此，要求进行故障核实，必要时，要求故障复现。输入信息包括与故障有关的所有信息，以便正确的确定故障的原因，故障原因分析可采用试验、分解、实验室失效分析等方法进行。FRACAS 确定故障原因还可证明 FMECA 的正确性。

（3）应按 GJB 841 的要求，做好有关故障报告、故障分析及纠正措施的记录，并按产品的类别加以归纳，经归纳信息可以分为类似产品的故障原因分析和纠正措施提供可供借鉴的信息。

（4）从最低层的元件以及以上各层次，直至最终产品（含硬件和软件），在试验、测试、检验、调试及其使用过程中出现的硬件故障、异常和软件失效、缺陷等均应纳入 FRACAS 闭环管理。采取的纠正措施应能证明其有效并防止类似故障重复出现。对所有的故障件应作明显标记以便于识别和控制，确保按要求进行处置。

（5）订购方在合同中应规定对承制方 FRACAS 的要求，同时还应明确承制方提供信息的内容、格式及时机等。

7. 建立故障审查组织

（1）对于大型、复杂的新研和改型装备，必须建立或指定负责故障审查的组织，以便对重大故障、故障发展趋势和改进措施进行严格有效的管理，并将其纳入 FRACAS。

（2）该组织的组成和工作应与质量保证的相关组织和工作协调和结合，以免不必要的重复。

（3）订购方应派代表参加故障审查组织，并应在合同中明确在故障审查组织中的权限。

（4）承制方参加故障审查组织的应包括设计、可靠性、维修性、综合保障、安全性、质量管理、元器件、试验、制造等方面的代表。

8. 可靠性增长管理

（1）可靠性增长管理应尽可能利用产品研制过程中各项试验的资源与信息，把有关试验与可靠性试验均纳入以可靠性增长为目的综合管理之下，促使产品经济且有效地达到预期的可靠性目标。对于新研的关键分系统或设备应实施可靠性增长管理。

（2）拟定可靠性增长目标、增长模型和增长计划是可靠性增长管理的基本内容。可靠性增长目标、模型和计划应根据工程需要与现实可能性，经过对产品的可靠性预计值与同类产品可靠性状况进行分析比较，分析产品计划进行的可靠性试验与其他试验对可靠性增长的影响（贡献）后加以确定。

（3）对可靠性增长过程进行跟踪与控制是保证产品可靠性按计划增长的重要手段。为了对增长过程实现有效控制，应及时掌握产品的故障信息和严格实施 FRACAS，保证故障机理清楚、原因分析准确、纠正措施有效，并绘制出可靠性增长的跟踪曲线。可靠性大纲模板见本书附录 8。

三、保障性大纲设计

（一）大纲设计综述

GJB 3872 中表述，综合保障工作是装备研制中不可缺少的组成部分，应根据具体装备的类型、使用要求、费用、进度、所处寿命周期阶段、复杂程度和采用新技术的比例等进行裁剪。

对于新研或重大改型的大型复杂装备，一般需要全面实施标准规定的工作项目。对于只要求部分改进的装备或小型简单装备，可以只选择有关的工作项目。

经费和进度应作为剪裁的权衡因素。裁剪时应符合 GJB/Z 69 规定的基本原则和方法。

（二）保障性要求

1. 保障性与保障性参数

保障性是装备的设计特性和计划的保障资源满足平时战备和战时使用要求的能力。从保障性的定义可以看出，它一方面取决于装备本身的保障性设计的水平，另一方面取决于保障系统的能力。因此，保障性包括一系列不同层次、不同方面的与装备保障有关的特性。

本章节将反映系统级的装备和保障系统综合能力的保障性要求，也称之为系统战备完好性要求。系统战备完好性是保障性的出发点和归结点，这类保障性要求反映了装备的使用要求，是从使用角度提出的，它们不能直接用于装备的设计和保障的规划，必须将其转换为装备的保障性设计特性要求和保障系统要求。这种转换是以某一拟定的保障方案为基础的，并要求装备的设计要与保障系统中的资源要求相匹配。因此，描述保障性要求的参数可分为三类。第一类是从使用角度描述装备系统的系统战备完好性参数；第二类是从设计角度描述装备本身的保障性设计参数；第三类是保障系统及其资源的参数。各类装备在选择保障性参数时应根据其使用的要求、装备特点和复杂程度等选择适用的参数。在选择参数时还应注意参数之间的相关性和协调性。

（1）系统战备完好性参数的选择取决于作战任务需求、使用要求和装备类型等因素，某些装备系统常用的系统战备完好性参数示例见表7-5。

表7-5 系统战备完好性参数示例

装备类型	参数示例
飞机	使用可用度、能执行任务率、出动架次率
装甲车辆	使用可用度、能执行任务率、单车战斗准备时间
舰船	使用可用度
陆基导弹	使用可用度、能执行任务率
……	

（2）保障性的设计特性要求由系统战备完好性要求分解导出，也可根据使用要求直接提出。保障性设计特性参数分为两类，一类是使用参数，另一类是合同参数。使用参数一般是与系统战备完好性、维修人力和保障资源费用直接有关的可靠性维修性等使用参数。合同参数是可以直接用于设计的参数。常用的保障性的设计特性参数示例见表7-6。

表7-6 保障性设计特性参数示例

使用参数	合同参数
平均不能工作事件间隔时间、 平均系统恢复时间、 平均维修活动间隔时间、 维修活动的平均直接维修工时、 平均拆卸间隔时间、 每维修级别拆换零件总费用、 故障检测率、故障隔离率、 虚警率	平均故障前时间、平均故障间隔时间、 可靠度、故障率、平均修复时间、 维修活动的平均直接维修工时、 故障检测率、故障隔离率、虚警率 运输尺寸、重量、受油速率

（3）保障系统及其资源方面的要求是由系统战备完好性要求分解导出，也

可根据使用要求直接提出。常用的保障系统及其资源参数的示例见表7-7。

表7-7 保障系统及其资源参数示例

参数类别	参数示例
保障系统	平均延误时间、平均管理延误时间
保障资源	备件利用率、备件满足率、保障设备利用率、保障设备满足率、供油速率

2. 保障性指标的确定

保障性指标的确定要经历一个从初步拟定到最后确定的过程。系统战备完好性要求是基于使用要求和现役类似系统(选定的比较系统)提出的。但对一个新研的装备系统来说,在论证阶段,由于其设计方案和保障方案尚未确定,只能拟定初步的系统战备完好性要求,并将其分解为初步的可靠性维修性等设计要求和保障要求等。在方案阶段,通过对备选的设计方案实施可靠性维修性分配、预计和故障模式影响及危害性分析等工作项目,估计其可能达到的可靠性维修性水平,找出影响系统战备完好性和费用的关键因素,确定改进的技术途径,并评价其效果和风险。通过对备选的保障方案实施使用研究和比较分析、估计保障资源、保障费用等可能达到的水平,并通过保障性分析不断地在设计方案和保障方案之间,在要求值和可能值之间进行权衡。随着设计方案和保障方案的不断细化,对初定的系统战备完好性要求进行修正。在方案阶段结束后,应最后确定一组协调匹配的系统战备完好性参数、保障性设计特性参数和保障系统及其资源参数的目标值和门限值(至少应确定门限值),并将可靠性维修性等的目标值和门限值转换为规定值和最低可接受值。

由系统战备完好性要求(A_0)导出可靠性维修性设计要求和保障系统及其资源要求是一项难度很大的工作,需要建立包含若干经验系数的关系模型。目前在尚缺乏这方面实践和经验的情况下,可利用已选择的基准比较系统和现有类似装备,并考虑新研装备的技术改进,假定初步的可靠性维修性等设计要求和保障系统及其资源要求,并分析实现系统战备完好性要求(A_0)的可能性。

3. 保障性定性分析

保障性定性要求除了包括针对装备系统的原则性要求外,还包括一系列不同层次、不同方面与保障有关的定性要求,大致可分为三类。第一类是与装备保障性设计有关的定性要求,主要是指可靠性、维修性、运输性等定性设计要求和便于战场抢修的设计要求,如发动机的设计要便于安装和拆卸;采用模块化系列化的设计要求;有关防差错设计、热设计、降额设计的定性要求等。在装备研制中可以通过编制设计准则或核对表等,使这些定性要求纳入设计。与装备保障性设计有关的定性要求还应包括保障装备充填加挂所需的非量化的设计要求,如对燃油、润滑油类型的要求等。第二类有关保障系统及其资源的定性要求,这些定性要求反映了在规划保障时要考虑、要遵循的各种原则和约束条件。如对维修方案的各种考虑,包括维修级别及各级别维修任务的划分等就是对保障系统的定性要求。保障资源的定性要求主要是规划资源的原则和约束条件,这些原则取决于装备的使用与维修需求、经费、进度等。如保障设备的定性要求可包括:应尽量减少保障设备的品种和数量,采用通用的标准化保障设备、现有的保障设备和综合测试设备等。有时定性要求与约束条件没有明确的界限,比如维修人力和人员的约束条件就是人力和人员的定性要求。第三类是特殊保障要求,主要是指装备执行特殊任务或在特殊环境下执行任务时对装备保障的特殊要求,如坦克在沙漠和沼泽地区或在潜渡时对设计和保障的特殊要求,装备在核、生、化等环境下使用时对设计和保障的要求等。

(三) 综合保障与“三性”的关系

综合保障与可靠性、维修性和测试性等专业工程都是为满足系统战备完好性要求,降低寿命周期费用,逐步形成并发展的学科和该工程领域,它们彼此之间有着密切的联系,但又有其特定的工程内涵和作用。在论证阶段,订购方根据作战任务需求提出如使用可用度、能执行任务率等量化的系统战备完好性要求,从使用角度反映了对装备和保障系统能力的综合要求。在方案阶段,应把这些综合要求分解成装备的设计要求和保障系统要求。总之,对于装备系统,协调并确定系统战备完好性要求、保障性设计特性要求、保障系统及其资源要求三者之间的最佳关系是综合保障的一项重要工作,是“设计接口”要素的主要内涵。GJB 1371 中 200 系列的工作项目提供了协调并确定系统战备完好性、可靠性、维修性、测试性和保障系统要求的过程和方法。在协调确定要求的过程中,还需要通过实施 GJB 450A、GJB 368B 和 GJB 2547 中提供的有关工作项目分析初定的可靠性维修性要求达到的可能性。在协调确定指标的过程中要反复迭代地实施有关的保障性分析和可靠性维修性工作项目。在方案阶段和工程研制阶段,为优化设计方案和保障方案所进行的一系列有关保障性分析工作,如 GJB 1371 中 200 系列、300 系列和 400 系列的有关项目,都应充分利用由可靠性维修性等专业工程的分析工作所得到的结果。在工程研制阶段,还应通过实施 GJB 450A、GJB 368B 中的有关工作项目,确保达到规定的可靠性维修性要求。应通过实施 GJB 3872 和 GJB 1371 中的有关工作项目,规划与可靠性维修性要求相匹配的保障资源。为最终满足系统战备完好性要求,在整个工程研制阶段应反复迭代地实施 GJB 3872 及 GJB 450A、GJB 368B 等规定的工作项目。

(四) 综合保障规划与管理

1. 制定综合保障计划

综合保障计划是由订购方制定的,它是装备寿命周期各阶段开展综合保障工作的指导文件。计划中包括每一阶段要做的综合保障工作以及如何完成、由谁来完成这些工作。在论证阶段拟定初始的综合保障计划,并随着研制工作的进展不断补充完善。其中由承制方完成的工作应在合同中确定。

1）在各阶段中的主要作用

（1）在论证阶段,方案阶段和工程研制阶段早期,综合保障计划的主要作用是规划、安排研制阶段双方的综合保障工作。

（2）在工程研制阶段后期到使用阶段,综合保障计划的主要作用是指导如何在研制阶段落实综合保障要求,提供保障资源,如何进行装备及其保障资源的部署,如何对装备进行保障。

2）综合保障计划的主要内容

（1）装备的使用说明及研制要求。装备的主要作战使命、功能以及主要性能指标;装备的功能框图;装备的采购数量和部署要求;由订购方直接采购的设备的性能指标,软硬件接口要求等;在装备研制过程中应执行的法规、标准等。

（2）确定综合保障工作机构及其职责。订购方要确定综合保障工作机构,并明确综合保障工作机构中的成员、领导关系、职责及其运行方式。

（3）使用方案。装备的主要作战使命、使用方式、部署及其使用环境等。

（4）保障方案。保障方案一般包括使用保障方案、维修方案。

使用保障方案一般可包括装备动用准备方案、运输方案、储存方案、诊断方案、加注充填方案等,并应说明已知的或预计的保障资源约束条件。

维修方案包括维修级别的划分、维修原则、各种维修级别的维修范围,并应说明已知的或预计的保障资源约束条件。

（5）保障性定量和定性要求。描述订购方对装备系统的保障性定量定性要求。对定量要求,应说明每一参数的含义、各参数之间的关系以及指标考核方法。对定性要求,应说明考核方法等。

（6）影响系统战备完好性和费用的关键因素。订购方应根据比较分析的结果（GJB 1371 工作项目 203）,确定对系统战备完好性和费用具有重大影响的关键因素,并对这些关键因素的有关参数进行敏感度分析（GJB 1371 工作项目 205）,提出在新装备研制中控制关键因素的要求和原则。

（7）保障性分析工作的要求和安排。明确订购方需进行的保障性分析工作,包括工作项目、目的、范围、输入输出要求、分析方法、负责单位、进度要求等;明确承制方进行的保障性分析工作的要求,包括工作项目要求、进度要求等;应说明双方的协调关系和应提供的信息。

（8）规划保障的要求。应说明规划使用保障和规划维修的进度和输出要求;说明规划保障资源的进度和输出要求,特别应说明对规划使用保障和规划维修得到的保障资源需求进行权衡、优化和综合的要求。

（9）综合保障评审要求及安排。分别说明对承制方和订购方内部综合保障评审的要求和安排,主要包括综合保障评审的项目、目的、主持单位、参加人员、评审时间、判据、评审意见处理等方面的要求和安排。

(10) 保障性试验与评价要求。明确订购方需进行的保障性试验与评价工作,还应明确承制方进行的保障性试验与评价工作的要求,包括工作项目要求、进度要求等,主要是指保障性设计特性的试验与评价和保障资源的试验与评价。

(11) 综合保障工作经费预算。应提出综合保障工作经费预算及拨款要求。

(12) 部署保障计划。说明如何根据装备的部署计划进行装备及其保障资源的部署。

(13) 保障交接计划。主要说明如何将保障责任从承制方向订购方移交,应针对每一项保障资源分别进行说明。

(14) 保障计划。保障计划包括使用保障计划和维修保障计划,它们是使用保障方案和维修方案更详细的说明。应当注意的是,使用保障计划和维修保障计划并不能直接用于使用方的使用和维修工作,其作用是优选备选保障方案,确定保障资源要求,供使用方编制有关的技术资料(维修手册、维修规程等),指导使用和维修工作。

使用保障计划应针对每项使用保障工作,说明所需的使用保障步骤以及资源。

维修保障计划应针对每项维修工作给出维修详细步骤,应确定各维修级别应完成的维修工作以及所需的资源。

(15) 现场使用评估计划。现场使用评估主要是指在使用现场通过收集、维修、费用等数据对系统战备完好性、使用可靠性、维修性、保障系统能力、使用与维修费用等进行评估。现场使用评估计划应说明评估的目的、评估参数、数据收集和处理方法、评价准则、数据收集的时间长度和样本量、评估时机、约束条件以及所需的资源等。

(16) 停产后保障计划。停产后保障主要是考虑停产后设备的供应问题。计划中主要包括停产后保障的基本原则,如建立第二生产源、一次性采购等;停产后保障的基本要求、程序和方法等。

(17) 退役报废处理的保障工作安排。应说明进行退役报废处理的保障工作程序、方法以及所需的资源等。

(18) 工作进度表。应针对每项综合保障工作列出工作起止时间。

3) 制定并完善综合保障计划

(1) 在论证阶段,应草拟综合保证计划,主要包括装备初步说明、使用方案、初始保障方案、初定的保障性要求、综合保障工作机构、初始的影响系统战备完好性和费用的关键因素的说明、保障性分析的目标和范围、综合保障评审的要求和安排等。

(2) 在方案阶段,应制定综合保障计划,其中应包括系统描述及有关保障条件的说明,综合保障工作机构及职责、使用方案、保障方案、保障性定量定性要求,影响系统战备完好性和费用的关键因素的说明,保障性分析要求及安排、规划保障的要求、保障性试验与评价要求、经费预算、部署保障计划、保障交接安全、保障计划、现场使用评估计划等。

(3) 在工程研制阶段,应根据双方综合保障工作的结果补充停产后保障计划和退役报废处理的保障工作安排,并对方案阶段形成的有关计划进行充实、完善。

(4) 在设计定型或生产定型阶段,应根据设计定型或生产定型阶段保障性试验与评价的结果,对计划中有关内容进行适当的补充和调整。

(5) 在生产、部署和使用阶段,主要根据实际部署和使用情况对综合保障计划进行修改和调整,完善有关停产后保障计划的内容。

2. 制定综合保障工作计划

综合保障工作计划是由承制方制定的,是一份如何实施合同中规定的综合保障各项工作的指导文件。该计划应与综合保障计划相协调,需经订购方认可,并随着研制工作的进展不断补充完善。综合保障工作计划的主要内容如下:

(1) 装备说明及综合保障工作要求。给出装备说明,说明开展综合保障工作的目的、基本途径,列出必须执行的法规、标准等。

(2) 综合保障工作机构及其职责。应规定承制方内部综合保障工作的组织结构、人员及职责等,说明参与综合保障工作的人员及工作安排。

(3) 对影响系统战备完好性和费用的关键因素的改进。说明对影响系统战备完好性和费用的关键因素的改进途径、方法及效果等。

(4) 保障性分析计划。主要规定承制方进行装备保障性分析的工作项目、负责单位、进度、订购方保障性分析与其他专业工程分析工作的协调和输入/输出关系。

(5) 规划保障。规划保障包括规划使用保障、规划维修和规划保障资源。

① 规划使用保障应根据合同要求详细规定规划使用保障的工作程序、方法、负责单位、进度以及有关中间和最终结果的提交形式和时间等。

② 规划维修应根据合同要求,详细规定规划维修的工作程序、方法、负责单位、进度以及有关中间和最终结果的提交形式和时间等。

③ 规划保障资源应针对每类资源详细规定规划保障资源的工作程序、方法、负责单位、完成进度、输出要求等内容,应详细说明根据规划使用保障和规划维修所得到的保障资源需求对保障资源进行协调、优化和综合的程序和方法。

(6) 综合保障评审计划。对由订购方主持的评审,应详细规定承制方如何进行每次综合保障评审的准备、负责单位及如何配合订购方开展有关评审工作。

承制方内部综合保障评审的安排，应详细规定承制方内部进行综合保障评审的项目、目的、内容、主持单位、参加人员、评审时间、判据、评审意见处理等方面的要求和安排。

对供方的综合保障评审要求，应规定对供方综合保障评审的项目、目的、内容、主持单位、参赛人员、评审时间、评审意见处理等方面的要求和安排。

（7）保障性试验与评价计划。

3. 综合保障评审

（1）综合保障评审是评审订购方、承制方及供方综合保障工作质量和进度的主要手段。

（2）综合保障评审应分别按综合保障计划、综合保障工作计划的规定对订购方、承制方及供方开展的综合保障工作进行评审，检查其进展情况和存在的问题，研究解决措施。可以按研制和生产的进展情况，在一定的节点上进行综合评审。

（3）综合保障评审应尽可能与 GJB 368B、GJB 450A、GJB 3273 等标准规定的有关评审结合进行。

（4）对于保障资源的评审，由于各项保障资源的工作进展情况不可能同步，对每一项保障资源可以根据需要分别进行评审。评审的时机，可以根据各保障资源的特点确定。如对保障设备，可以在提出清单、研制结束（还可以按研制进展情况分若干节点）等时机进行；对技术资料，则可以在提出技术资料配套目录、各技术资料纲目、初稿、最终稿等时机进行。

（五）规划使用保障

规划使用保障应以订购方的使用方案、初步的使用保障方案为基本输入，订购方在其使用方案中明确装备的主要作战使命、使用方式、部署及其使用环境等内容，在使用保障方案中说明每项作战任务所需的保障，对现有的或预计的保障资源（特别是使用人员）的约束条件等。

承制方主要通过使用工作分析确定每项使用任务所需的使用保障步骤以及资源。

（六）规划维修

规划维修应以订购方确定的初步维修方案和已知的或预计的保障资源约束为主要输入，通过规划维修协调各项保障资源之间的关系。规划维修主要是通过故障模式影响及危害性分析、以可靠性为中心的维修分析、修理级别分析、维修工作分析和损坏模式及影响分析等保障性分析工作完成的。

故障模式影响及危害性分析主要确定装备可能存在的各种故障模式及自身系统的影响，从而确定有关装备的修复性维修要求并以可靠性为中心的维修分析提供输入。应根据 GJB 1391 规定的要求和方法进行故障模式影响及危害性分析。

以可靠性为中心的维修分析主要确定装备预防性维修工作类型以及维修的频度,确定装备的预防性维修要求。应根据 GJB 1378 规定的要求和方法进行以可靠性为中心的维修分析。

修理级别分析主要确定装备所属产品是否进行修理以及修理产品的修理级别,确定各维修级别的维修工作量及工作范围。应根据 GJB 2961 规定的要求和方法进行修理级别分析。

维修工作分析主要确定装备维修工作的具体步骤以及每一步骤所需的资源,为规划保障资源提供输入。

损坏模式及影响分析主要确定装备在作战条件下可能产生的各种战斗损伤,确定对各种战斗损伤的抢修方法,为确定战时所需的各种保障资源提供输入。应根据 GJB 1391 规定的要求和方法进行损坏模式及影响分析。

(七) 规划与研制保障资源

保障资源是装备使用与维修的重要物质基础。规划与研制保障资源是装备研制工作的一个重要组成部分。保障资源是保障系统的重要组成部分,只有形成优化的保障系统,才能更好地保障装备达到规定的系统战备完好性要求。

1. 人力和人员

规划人力和人员所需的信息包括:人力和人员约束条件、规划使用保障和规划维修的结果等。

在论证阶段,明确现有人力和人员情况以及约束条件,分析人员和技能短缺对系统战备完好性和费用的影响。

在方案阶段,初步分析平时和战时使用与维修装备所需的人力和人员,提出初步的人员配备方案。在工程研制阶段,修正人员配备方案,考虑人员的考核与录用,并与训练计划相协调。在定型阶段,根据保障性试验与评价结果,进一步修订人力和人员要求,提出人力和人员汇总报告,该报告说明所需的人员、专业、技术等级等。订购方应及时安排使用与维修人员的训练、考核和配备。

在生产、部署和使用阶段,应根据现场使用评估的结果,调整人力和人员要求,配备使用与维修人员。

2. 供应保障

规划供应保障所需的信息包括:备件和消耗品的确定原则和方法、约束条件、备件满足率和备件利用率、装备的年使用条件、零部件的故障率、规划使用保障和规划维修的结果等。

在论证阶段和方案阶段,确定约束条件、备件和消耗品的确定原则与方法等。在工程研制阶段,确定平时和战时所需备件和消耗品的品种和数量,编制初始备件和消耗品清单并按要求提供给订购方。此外,还应提出后续供应建议。根据订购方提出的装备战时使用要求,推荐装备战时所需的备件和消耗品要求。在定型阶段,根据保障性试验与评价结果,进一步修订备件和消耗品清单。

在生产、部署和使用阶段,应根据现场使用评估的结果,调整备件和消耗品清单。

3. 保障设备

规划保障设备所需的信息包括:现有保障设备清单及其功能说明、保障设备的利用率、满足率等定量和定性要求、规划使用保障和规划维修的结果等。

在论证阶段,确定有关保障设备的约束条件和现有保障设备的信息。在方案阶段,确定保障设备的初步需求。在工程研制阶段,确定保障设备需求,制定保障设备配套方案,编制保障设备配套目录,提出研制与采购保障设备的建议,并按合同要求研制保障设备。在定型阶段,完成新研保障设备的研制,根据保障性试验与评价结果,对保障设备进行改进,修订保障设备配套方案。

在生产、部署和使用阶段,应根据现场使用评估的结果,进一步对保障设备进行改进,修订保障设备配套方案。

4. 训练与训练保障

规划训练与训练保障所需的信息包括:现有训练和训练保障条件、规划使用保障和规划维修的结果,以及人力和人员需求等。

在论证阶段,确定训练和训练保障的约束条件。在方案阶段,初步确定人员的训练需求。在工程研制阶段,根据使用与维修人员必须具备的知识和技能,编制训练教材,制定训练计划,提出训练器材采购和研制建议,进行训练器材的研制,并按合同要求实施训练。在定型阶段,根据保障性试验与评价结果,修订训练计划、训练素材和训练器材建议,进行训练器材的研制和采购。

在生产、部署和使用阶段,应根据现场使用评估的结果,进一步修订训练计划、训练教材和训练器材建议。

5. 技术资料

规划和编制技术资料所需的信息包括有关约束条件及格式、质量、进度等要求;规划使用保障和规划维修的结果;有关设计和生产资料等。

在论证阶段,确定有关约束条件。在方案阶段,提出初步的技术资料项目要求,编制初步的技术资料配套目录,提出技术资料编制要求等。在工程研制阶段,确定技术资料配套目录,编制技术资料并进行初步评价。在定型阶段,应完成有关技术资料的编制和出版。

在生产定型阶段,应根据现场使用评估的结果,修订已编制的技术资料,完成全部技术资料的编制和换版。

6. 保障设施

规划保障设施所需的信息主要包括保障设施的约束条件、现有保障设施清单及功能说明、规划使用保障和规划维修的结果等。

在论证阶段,收集现有的保障设施的有关信息,确定约束条件。在方案阶段,确定保障设施的初步需求。在工程研制阶段,确定保障设施需求,提出建造和改造计划,进行设施的建造和改造。在定型、生产、部署和使用阶段,完成设施的建造和改造,并进行评价。

7. 包装、装卸、储存和运输保障

规划包装、装卸、储存和运输保障所需的信息,包括装备及其保障设备,备件对包装、装卸、储存和运输的要求、约束条件等。

8. 计算机资源保障

规划计算机资源保障所需的信息包括计算机资源保障方面的约束条件和现有资源等。

在论证阶段,确定计算机资源保障方面的约束条件。在方案阶段,提出初步的计算机资源保障需求。在工程研制阶段,确定装备所需的计算机资源保障需求。在定型、生产、部署和使用阶段,根据保障性试验与评价结果,调整计算机资源保障需求。

四、维修性大纲设计

(一) 大纲设计综述

编制维修性大纲必须从维修工作的根本目的和要求出发,确定维修性工作项目和要求。

(1) 获得易于维修保障的装备,以实现规定的战备完好性和任务成功性要求,并减少维修资源消耗,降低寿命周期费用;

(2) 通过最少且最有效的工作项目,实现规定的维修要求;

(3) 维修性及其工作项目要求是订购方主导的两项重要的维修性工作,是其他各项维修性工作的前提,这两项工作的结果决定了装备的维修性水平和维修性工作项目的费用效益。

(二) 维修性工作要求

1. 概述

(1) 确定维修性要求的根本目的是为了获得易于维修保障的装备,以实现规定的战备完好性和任务成功性要求,并减少维修资源消耗,降低寿命周期费用。

(2) 确定维修性工作项目要求的目的是为了通过实施最少且最有效的工作项目,实现规定的维修性要求。

(3) 确定维修性及其工作项目要求是订购方主导的两项重要的维修性工作,是其他各项维修性工作的前提,这两项工作的结果决定了装备的维修性水平和维修性工作项目的费用效益。

2. 确定维修性要求

（1）提出和确定维修性定量定性要求是获得装备良好维修性的第一步，只有提出和确定了维修性要求才有可能使维修性与作战性能、费用等得到同等对待，才有可能获得维修性良好的装备。因此，订购方必须协调确定维修性要求，并纳入新研或改型装备的研制总要求，在研制合同中必须有明确的维修性定量定性要求。

（2）维修性要求的确定要经历从初定到确定，由使用要求转化为合同要求的过程。一般过程如下：

① 在装备立项综合论证过程中，应提出初步的使用维修性要求；

② 在研制总要求中，应权衡、协调和调整可靠性、维修性和保障系统及其资源要求，以合理的寿命周期费用满足战备完好性和任务成功性要求；

③ 在方案阶段结束转入工程研制前，应确定使用维修性要求的目标值和门限值，并将其转换为合同中的规定值和最低可接受值；

④ 将维修性定性要求、定量要求和验证要求列入产品合同或合同附件中。

（3）维修性要求的构成及其内容必须符合《××型号研制总要求》规定的使用要求和前期保障性分析的结果，准确理解这些使用要求和保障性分析的结果，对后续的维修性工作具有重要影响。同维修性有关的装备使用要求通常表达为：

① 每单位日历时间（年、月、日）的使用小时数；

② 战备完好性和任务成功性目标；

③ 停机时间约束；

④ 机动性要求；

⑤ 自保障特性的要求；

⑥ 人力、技能等保障约束；

⑦ 反应时间要求；

⑧ 使用环境；

⑨ 使用现场的数目、位置以及装备数量；

⑩ 部署安排。

（4）装备的维修性要求由战备完好性、任务成功性等导出。

在工程实践中，由战备完好性、任务成功性要求准确导出装备的维修性要求是很困难的，因为影响战备完好性的因素很多，不但受到诸多与保障有关的设计因素，如可靠性、维修性、测试性等影响，还受到由于各种保障资源引起的以及管理造成的延误的影响，因此确定维修性要求就需要一个反复分析和迭代的过程。

工程中的一般做法：根据类似装备的可靠性、维修性水平，考虑到新装备由于采用新技术产生的影响，估计其可能达到的新水平，并同时估计保障系统及其保障资源造成的延误，通过建立仿真模型，分析实现战备完好性、任务成功性要求的可能性，经过反复的分析、调整和协调，才能确定装备的维修性要求。

(5) 为了与使用要求取得一致，应该按各个维修性级别规定相应的要求。维修性要求及约束条件涉及以下各个方面：

① 允许的维修停机时间；

② 修复所需的诊断和测试时间；

③ 每次维修活动或每个使用(工作)小时的维修工时；

④ 故障检测率、故障隔离率和虚警率；

⑤ 预防性维修和战场损伤修复的影响；

⑥ 维修级别的划分及各级别的修复能力；

⑦ 测试与诊断方案；

⑧ 维修方案；

⑨ 人员技能水平限制。

(6) 由战备完好性要求和任务成功性要求导出的是使用维修性要求，使用维修性要求用使用维修性参数和使用值描述，如平均停机时间(MDT)、维修工时率(MR)等。使用维修性要求需要转换为承制方在研制过程中可以控制的合同要求，合同要求用维修性合同参数和合同值描述，维修性合同参数一般采用维修性设计参数，如平均修复时间(MTTR)、平均维护时间(MTTS)等，表7-8是使用维修性与合同维修性的比较。

表7-8 使用维修性和合同维修性对比

合同维修性	使用维修性
(1) 用于定义、度量以及评价承制方的项目； (2) 由使用要求导出； (3) 合同维修性目标的实现应能保证可靠性和使用维修性要求； (4) 用固有值来表示； (5) 只考虑承制方能够控制的因素； (6) 只考虑设计和制造的影响； (7) 典型参数： ● MTTR(平均修复时间) ● MTTS(平均维护时间)	(1) 用来描述在计划环境中使用的性能； (2) 不能作为合同要求； (3) 用来描述在实际使用中所需要的维修性性能水平； (4) 用使用值表述； (5) 考虑所有因素； (6) 包括了设计、质量、安装环境、维修策略、修理、延误等的综合影响； (7) 典型参数： ● MDT(平均停机时间) ● MR(维修工时率) ● MTTR(平均修复时间)

(7) 通常在合同或技术协议书中规定的是装备顶层的维修性要求，允许承制方对以下各层次灵活地分配维修性要求，但经过权衡后的分配结果必须能够实现总的维修性要求。

（8）经过分析、论证和协调，应在产品规范中明确规定定性或定量的维修性要求。在按使用要求拟定规范中，必须明确地反映维修性要求的实质。规定的要求是：

① 适应当前技术发展水平和费用约束的可行的定量与定性要求；

② 能够考核与验证的要求；

③ 陈述要清晰明确，避免含糊不清，例如，“除计时器外应以插入式模块组装”就比“应尽最大可能以插入式模块组装”更明确。

（9）维修性定性要求是为使产品维修方便、经济、迅速，对产品设计、工艺、软件等方面提出非量化要求，简化装备设计与维修，具有良好的可达性、提高标准化程度和互换性、具有完善的防差错及识别标记、保障维修安全、测试准确快速和简便、重视贵重件的可修复性、要符合维修中人机环工程的要求等是通用的维修性定性要求。GJB/Z 91 对这些要求及其设计技术做了详细说明，维修性定性要求的具体内容与产品的使用特点和结构特征密切相关。

3. 确定维修性工作项目要求

（1）实施维修性工作的目的是为了实现规定的维修性要求，维修性工作项目的选取取决于要求的产品维修性水平、产品的复杂程度和关键性、产品的新技术含量、产品类型和特点、所处阶段以及费用、进度等因素，对各种具体的装备，必须根据上述因素选择若干适用的维修性工作项目，订购方应提出工作项目的要求，并在合同的工作说明中明确对每个工程项目要求的细节。

（2）维修性工作项目的选择应遵循以下原则：

① 工作项目的选择应以确保达到维修性定性与定量要求为主要目标，要从实现维修性定性和定量要求出发，选择若干必要的工作项目，同时还应鼓励承制方提出补充的工作项目、备选的工作项目和对工作项目进行改进。

② 费用效益是选择工作项目的基本依据。由于进度和资金限制，应选择经济而有效的工作项目，选择工作项目时，可根据产品维修性目标和各工作项目所需的费用，综合考虑工程项目的复杂程度、阶段划分和资金、进度要求等因素。将工作项目按先后顺序排列，一般情况下，均应选择维修性计划和工作项目，但在充分考虑装备的重要性和工程项目的复杂程度后，如确不需要维修性工作计划时，也可引用单个的工作项目。

③ 维修性工作项目应与其他专业工程（如综合保障、安全性、可靠性等）相协调，避免重复，维修性建模和分析尤其需要与保障性分析相协调，但不能重复。此外，还应保证保障性分析及其记录与维修性（含测试性）分析及其数据不重复。

④ 维修性要求的确定、工作项目的选择与裁剪、说明细节的补充、详细设计评审项目要求的制定等工作之间需要协调，选择工作项目过多、要求提供过于详

细的资料、对承制方的工作控制过度、对维修性工作及结果进行过多的审批，都会给承制方增加不必要的负担，其结果是增加合同费用，延迟工作进度。

（3）为了选择适用的工作项目，应对工作项目的适用性进行分析，可采用如表7－9所列的“工作项目重要性参数分析矩阵”的方法，得出各工作项目的重要性系数。重要性系数相对高的是可选择的适用的项目。

表7－9中需要考虑的因素可根据具体情况确定，如产品的复杂程度，关键性、新技术含量、费用、进度等，每一因素的加权系数通过打分确定（取值为1～5）。一般讲，可靠性低的产品，维修性工作项目的加权系数相对较大一些；复杂程度高的产品，维修性工作项目加权系数大一些；测试性水平低的产品，维修性工作项目加权系数要大一些。确定了考虑因素并选取了加权值后，将每一个工作项目的加权值连乘，然后按表7－9中的方法计算每一个工作项目的重要性系数。

考虑的因素和加权系数的取值，与参与打分的专家水平和经验有关。虽然得到的重要性系数带有一定的主观性，但表示了一种相对的，且经过权衡的结果。利用表7－9得到的工作项目重要性系数为订购方提出工作项目要求提供参考。

表7－9　工作项目重要性系数分析矩阵

工作项目	加权系数(1～5)							乘积①	重要性系数②
	复杂程度	关键性	产品类型及特点	新技术含量	使用环境	所处阶段	——		
101									
102									
⋮									

① 乘积＝各因素加权系数的连乘；

② 重要性系数：假设乘积值最大的工作项目重要性系数为10，其他工作项目的重要性系数＝$\frac{\text{该工作项目乘积}}{\text{最大乘积}}\times 10$

（4）表7－10参考常规武器装备的研制程序，提供在研制与生产各阶段及现役装备的改进中应该进行哪些工作项目的一般指导。依据该表可初步确定各阶段一般的维修性工作项目，在进一步查阅该工作项目详细说明的基础上，确定其是否适宜定为特定阶段的维修性工作，该表只是一般性的指南，并不能适合所有的情况。对于不同的产品，可根据其研制程序，调整阶段划分和确定相应的维修性工作项目。战略武器装备和军用卫星可按相应研制程序划分。

表 7-10 维修性工作项目应用矩阵表

GJB 368B 条款编号	工作项目编号	工作项目名称	论证阶段	方案阶段	工程研制与定型阶段	生产与使用阶段	装备改型
5.1	101	确定维修性要求	√	√	×	×	√①
5.2	102	确定维修性工作项目要求	√	√	×	×	√
6.1	201	确定维修性计划	√	√③	√	√③①	√①
6.2	202	制定维修性工作计划	△	√	√	√	√
6.3	203	对承制方、供方和供应方的监督和控制	×	△	√	√	△
6.4	204	维修性评审	△	√③	√	√	△
6.5	205	建立维修性数据收集、分析和纠正措施系统	×	△	√	√	△
6.6	206	维修性增长管理	×	√	√	○	√
7.1	301	建立维修性模型	△	△④	√	○	×
7.2	302	维修性分配	△	√②	√②	○	△④
7.3	303	维修性预计	×	√②	√②	○	△②
7.4	304	故障模式及影响分析——维修性信息	×	△②③④	√①②	○①②	△②
7.5	305	维修性分析	△③	√③	√①	○①	△
7.6	306	抢修性分析	×	△③	√①	○①	△
7.7	307	制定维修性设计准则	×	△③	√	○	△
7.8	308	为详细的维修保障计划和保障性分析准备输入	×	△②③	√②	○②	△
8.1	401	维修性检查	×	√②	√②	○②	△②
8.2	402	维修性验证	×	△②	√②	○②	√②
8.3	403	维修性分析评价	×	×	△	√②	√②
9.1	501	使用期间维修性信息收集	×	×	×	√	√
9.2	502	使用期间维修性评价	×	×	×	√	√
9.3	503	使用期间维修性改进	×	×	×	√	√

注：表中符号的含义：

√——一般适用　　△——根据需要选用

○——一般仅适用与设计变更　　×——不适用

① 要求对其费用效益作详细说明后确定；

② GJB 368B 不是该工作项目第一位的执行文件，在确定或取消某些要求时，必须考虑其他标准《工作说明》的要求。例如在叙述维修性验证细节和方法时，必须以 GJB 2072 为依据；

③ 工作项目的部分要点适用于该阶段；

④ 取决于要订购的产品和复杂程度、组装及总的维修策略

（三）维修性管理

1. 管理概述

（1）维修性工作涉及装备寿命周期各阶段和装备各层次，包括要求确定、监督和控制、设计与分析、试验与评价以及使用期间的评价与改进等各项维修性活动。维修性管理是从系统的观点出发，对装备寿命周期中各项维修性活动进行规划、组织、协调与监督，以全面贯彻维修性工作的基本原则，实现既定的维修性目标。

（2）订购方应在论证阶段制定维修性计划，对装备寿命周期，尤其是研制阶段和早期使用阶段的维修性工作做出全面安排，规定各阶段应做好的工作，明确工作要求。对承制方工作的要求应纳入合同。承制方应根据合同和维修性计划制定详细的维修性工作计划，作为开展维修性工作的依据。维修性工作应经订购方认可。订购方维修性计划和承制方维修性工作计划应随着研制工作的进展不断补充完善。

（3）开展维修性工作需要相应的组织机构及明确的职责，确定组织结构及其职责是落实各项维修性工作，实施有效维修性管理的重要环节。对维修性工作进行监督和控制，实施维修性评审，建立维修性数据收集、分析与纠正措施系统等是实施有效管理，确保实现规定维修性要求的重要手段。管理性工作项目所需的人力、经费和资源较少，但其作用和效果却非常明显，一般均应作为要求的工作项目。

（4）维修性增长管理是一项复杂的技术管理工作。维修性检查、维修性验证、维修性分析评价都包含评定产品的维修性、发现设计缺陷、制定改进措施的内容，因此必须根据实际情况，权衡上述三项工作的效益和费用，以选择最有效的途径实现维修性增长。

2. 制定维修性计划

（1）维修性计划是订购方进行维修性工作的基本文件，也是承制方制定维修性工作计划的重要依据，该计划除应包括维修性要求论证和维修性工作项目要求的论证外，还包括维修性信息收集、对承制方的监督和控制、使用期间维修性评价与改进等一系列工作的安排和要求。制定维修性计划是订购方必须做的工作，通过该计划的实施来组织、指挥、协调、控制与监督装备寿命周期中全部维修性工作。随着维修性工作的开展，应不断补充、完善维修性计划。

（2）在维修性计划中，应明确订购方完成的主要工作项目及其要求，主要工作内容，进度安排以及实施单位等，要求承制方开展的工作应纳入合同文件。

（3）维修性计划的作用如下：

① 对维修性工作提出总要求、做出总体安排；

② 对订购方应完成的工作作出安排；

③ 明确对承制方维修性工作的要求；

④ 协调维修性工作中订购方和承制方以及订购方内部的关系。

3. 制定维修性工作计划

(1) 制定维修性工作计划的主要目的是,在给定维修性保障要求(约束)和使寿命周期费用最小的条件下,确保设计满足规定的维修性要求。

(2) 维修性工作计划是承制方开展维修性工作的基本文件,承制方将按该计划来组织、指挥、协调、检查和控制全部维修性工作,以实现合同中规定的维修性要求。

(3) 维修性工作计划需明确为实现维修性目标应完成的工作项目(做什么),每项工作进度安排(何时做),哪个单位或部门来完成(谁去做)以及实施的方法和要求(如何做),由于维修性工作计划反映了承制方实现维修性要求的决心和措施,因此该计划的科学和完备程度是订购方选定承制方应考虑的重要因素。

(4) 维修性工作计划的作用如下:

① 有利于从组织、人员和经费等资源,以及进度安排等方面保证维修性要求的落实和管理;

② 反映承制方对维修性要求的保证能力和对维修性工作的重视程度;

③ 便于评价承制方实施和控制维修工作的组织、资源分配、进度安排和程序是否合适。

(5) 维修性工作计划应与可靠性工程、综合保障等领域的有关工作相互协调,避免重复。

(6) 维修性工作计划必须纳入装备研制计划,其安排与研制阶段决策点相一致并按时完成。

4. 监督与控制

(1) 对承制方的维修性工作实施监督与控制是订购方重要的管理工作。在装备的研制与生产过程中,订购方应通过评审手段监控承制方维修性工作计划进展情况和各项维修性工作项目的实施效果,以便尽早发现问题并采取必要的措施。

(2) 承制方为保证对订购方的配套产品达到维修性要求,必须采取下列监控措施:

① 选定供方时,应选择那些已被证实能够研制、生产满足维修性要求的产品的厂家;

② 对供方的产品规定维修性要求和试验要求;

③ 与供方建立密切的联系,及时解决设计中的接口和相互关系问题;

④ 进行必要的检查和评审,保证每个供方能够正确有效地进行维修性工作。

(3) 为保证转承制产品和供应品的维修性符合规定的要求,承制方在签订转承制和供应合同时应根据产品维修性定性、定量要求的高低,产品的复杂程度等提出对供方和供应方监控的措施。

(4) 承制方在拟定对供方的监控要求时应考虑对供方研制过程的持续跟踪和监督,以便在需要时及时采取适当的控制措施,在合同中应有承制方参与供方重要活动(如设计评审、维修性试验)的条款,参与这些活动能为承制方提供重要信息,为采取必要的监控措施提供重要依据。

(5) 订购方对转承制产品和供应品的直接监控要求应在相关的合同中明确,例如订购方要参加的转承制产品的评审等。

(6) 承制方应对供方的维修性工作计划进行评审,并监督其执行,其工作模式与订购方对承制方的维修性工作评审和监督类似。

5. 维修性评审

(1) 维修性评审是对维修性工作监督和控制的有效方法,在研制过程中应作为产品设计评审的一个组成部分,并在合同工作说明中规定,保证评审的人员和经费落实。

(2) 维修性评审主要包括订购方内部的维修性评审和按合同要求对承制方、供方进行的维修性评审,另外还包括承制方和供方进行的内部维修性评审。

(3) 维修性定量、定性要求和维修性工作项目要求是订购方内部维修性评审的重要内容。维修性定量、定性要求评审应与相关特性的要求评审结合进行,并尽可能与系统要求审查(见 GJB 3273)结合进行。评审可采用专家(包括邀请承制方专家)评审的方式进行。

(4) 承制方应对合同要求的正式维修性评审和内部进行的维修性评审做出安排,制定详细的评审计划,计划应包括评审点的设置、评审内容、评审类型、评审方式及评审要求等。该计划应经订购方认可。

(5) 维修性设计评审的目的是保证所选定的设计和试验方案、实施进度与维修性要求的一致性。研制期间应及时、不断地进行评审,随着设计的进展,评审的间隔时间可适当延长。订购方和承制方都应把维修性设计评审作为阶段决策的重要依据。

(6) 应尽早做出维修性评审的日程安排并提前通知参加评审的代表,提供评审材料,以保证所有的评审组成员能有准备地参加会议。在会议前除看到评审材料外,还能查阅有关的设计资料,以提高评审的有效性,评审中承制方除提供设计资料外还应提供下列有关信息;

① 预防维修性要求和约束条件;

② 对维修性有影响的硬件技术状态及可达性;

③ 必要的诊断及测试安排;

④ 需要的工具、设备、设施等有关文件资料。

(7) 无论是订购方进行的维修性评审,还是承制方安排的维修性评审,或是供方进行的维修性评审,均应将评审的结果形成文件,以备查阅。

6. 建立数据收集、分析及纠正措施系统

(1) 建立数据系统的根本目的是为系统进行维修性分析、评价、改进提供基础。系统的建立可参见 GJB 841。

(2) 应在整个研制周期中进行维修性、测试性与诊断数据收集。有关数据可通过以下工作或其结果中获得:

① 维修性分析;

② 工程试验;

③ 维修性验证结果;

④ 样机;

⑤ 部队试验与试用。

(3) 维修性数据的用途是:

① 提供保障信息;

② 查明产品的维修性缺陷,如维修的可达性、安全性不好等,并为拟定纠正措施提供依据;

③ 建立维修时间的档案,以便比较和用于预计;

④ 确定是否符合规定的维修性、测试性与诊断要求;

⑤ 检验维修性分配、预计及验证所采用的维修时间分布假设。

除上述用途外,维修性数据还可以评价技术手册、测试设备、训练要求及训练器材等维修资源的适用性,确定人员的数量和技术水平的要求,查明不必要的预防性维修,为确定合理的预防性维修的内容和频数等提供依据。

(4) 收集与报告的数据应该对承制方和订购方都能使用,数据系统应能迅速检索所有维修性数据。数据系统的范围及其内容应符合研制与生产的需求。需要收集的信息如下:

① 故障的征兆和模式;

② 故障件;

③ 修复措施;

④ 恢复功能的时间;

⑤ 维修工时;

⑥ 维修过程及发现的维修性缺陷;

⑦ 测试人员与维修人员的技术水平。

(5) 试验数据报告所提供的信息中,要能足以证实观察的结果和估计值。一般包括下列信息:

① 开始维修的时间和日期;

② 产品及其组成的识别信息;

③ 所进行的具体维修活动；

④ 所用的故障检测与隔离的方法和故障诊断的结果；

⑤ 维修情况及异常现象的具体说明；

⑥ 维修人员或维修小组的实际维修时间记录。

(6) 研制和试验阶段数据分析的主要目的是辅助设计，重点是找出维修性设计的薄弱环节，提出纠正措施，也为制定维修保障计划提供输入信息。

(7) 对所有不符合规定的产品都应进行详细分析，包括对规范、设计图样的评审，对样机或批生产产品的考察等，以便找到不合格的原因，并确定改进措施。

(8) 产品进入维修性验证以后，还需进行数据分析，以便查明有关维修性的一些未预见到的问题，并视情况对确定的维修人员和备件要求再次肯定或作必要的调整。对以前使用过的产品也可收集其维修性数据进行分析，以便进一步改进。

(9) 应在工程研制阶段之前就尽早安排用于维修性预计的数据收集，以便于工程研制和试验对有关数据的利用。

(10) 在方案阶段就应初步安排数据收集工作，并在试验开始之前在维修性验证计划中落实。

7. 维修性增长管理

(1) 维修性增长管理应尽可能利用产品研制过程中各项试验的资源与信息，把有关试验与维修性均纳入以维修性增长为目的的综合管理之下，是使产品经济且有效地达到预期的维修性目标。

(2) 拟定维修性增长目标和增长方案是维修性增长管理的基本内容，维修性增长目标和方案应根据工程需要与实现可能性，经过对产品的维修性预计值与同类产品维修性状况的分析比较，以及对产品计划进行的维修性试验与分析后加以确定。

(3) 对维修性增长过程进行跟踪与控制是保证产品维修性得以持续改进和增长的重要手段，为了对增长过程实现有效控制，必须及时掌握产品的维修性信息，严格实施维修性数据收集、分析、处理，以确保维修性缺陷原因分析准确，纠正措施有效。

(四) 维修性评价与改进

1. 概述

(1) 维修性信息收集、维修性评价和维修性改进是装备在使用期间非常重要的维修性工作，通过实施工作项目达到以下目的：

① 利用收集的维修性信息，评价装备的维修性水平，验证是否满足规定的使用维修性要求，当不能满足时，提出改进建议和要求；

② 发现使用过程中的维修性缺陷，组织进行维修性改进，提高装备的维修性水平；

③ 为装备的使用、维修提供管理信息，为装备的改型和提出新研装备的维修性要求提供依据等。

（2）使用期间维修性信息收集是维修性评价和维修性改进的基础和前提。使用期间维修性信息收集的内容、分析的方法等应充分考虑维修性评价与改进对信息的需求。维修性评价的结果和在评价中发现的问题也是进行维修性改进的重要依据，应注意三项工作的信息传递、信息共享，减少不必要的重复，使维修性信息的收集、评价和改进工作协调有效地进行。

（3）三项工作项目是装备使用期间装备管理的重要内容，必须与装备的其他管理工作协调，统一。使用期间维修性信息的收集是装备信息管理的重要组成部分，必须统一纳入装备的信息管理系统、维修性评价应与其他评价，如可靠性评估、保障性评估等协调进行，维修性改进也是装备改进的一部分，必须协调权衡。

2. 使用期间维修性信息收集

（1）应建立严格的信息管理和责任制度。明确规定信息收集与核实，信息分析与处理，信息传递与反馈的部门、单位及其人员的职责。

（2）进行使用期间维修性信息需求分析，对维修性评价及其他维修性工作的信息需求进行分析，确定维修性信息收集的范围、内容和程序等。维修性信息一般应包括以下内容：

① 维修类别；

② 维修级别；

③ 维修程度；

④ 维修方法；

⑤ 维修时间；

⑥ 维修日期；

⑦ 维修工时；

⑧ 维修费用；

⑨ 人员专业技术水平；

⑩ 维修性缺陷；

⑪维修单位。

（3）使用期间维修性信息收集工作应规范化，按 GJB 1775 等标准的规定统一信息分类、信息单元、信息编码，并建立通用的数据库等。

（4）应组成专门的小组，定期对维修性信息的收集、分析、储存、传递等工作进行评审，确保信息收集、分析、传递的有效性。

3. 使用期间维修性评价

（1）使用期间维修性评价的主要目的是对装备的维修性水平进行评价，验证是否满足部队对装备的维修性要求，发现装备的维修性缺陷，以及为装备的改进、改型和新装备的研制提供支持信息。

(2) 维修性评价应尽可能在典型的实际使用与维修条件下进行，这些条件必须能代表实际的作战和保障条件。被评价的装备应具有规定的技术状态，使用与维修人员必须经过正规的训练，各类维修保障资源按规定配备。

(3) 维修性评价在装备部署后进行，也可以结合使用可靠性评估、保障性评估等一起进行。

(4) 应制定维修性评价计划，计划中应明确参与评价各方的职责及要评价的内容、方法和程序等。

(5) 在整个评价过程中应不断地对收集、分析、处理数据进行评价，确保获得可靠的评价结果及其他有用信息。

4. 使用期间维修性改进

(1) 确定的维修性改进项目，应该是那些对减少维修消耗时间、降低维修成本、降低维修技术难度有重要影响和效果的项目。

(2) 维修性改进是装备改进的重要内容，必须与装备的其他改进项目进行充分的协调和权衡，以保证总体的改进效益。

(3) 维修性改进应有专门的组织负责管理，其主要职责是：

① 组织论证并确定维修性改进项目；

② 制定维修性改进计划；

③ 组织对改进项目、改进方案的评审；

④ 对改进的过程进行跟踪；

⑤ 组织改进项目的验证；

⑥ 编制维修性改进项目报告等。

五、安全性大纲设计

(一) 大纲设计综述

订购方必须将军用系统安全性的一般要求和管理与控制、设计与分析、验证与评定、培训、软件系统安全性等方面的工作项目，作为具体要求提出，承制方依据上述要求，制定具体的安全性大纲。由于产品层次和研制要求不同，以及各种条件的限制，因而要求订购方和承制方在签订相关文件之前，按 GJB/Z 69 剪裁原则，对安全性工作项目及其要点进行剪裁，并将费用效益作为剪裁的基本依据。

(二) 确定安全性要求

订购方应根据系统战术指标要求，提出适合具体系统的安全性大纲要求，包括定性和定量的安全性要求。这些要求以招标或其他的形式向承制方提出。承制方应根据招标或任务要求，进行分析与研究，将相应的要求列入投标文件中，经订购方、承制方双方协商和调整,最后将要求在合同或技术协议书中规定,并反映在有关技术文件中。

(三)风险评估

为决定采取什么措施解决判定的危险,必须确定有关风险水平的评价系统,有效的风险评价模型能使决策者恰当地了解有关风险程度与将风险减少到可接受水平所需的费用的关系。

为尽可能地消除危险,应确定危险严重性和危险可能性等级,以便采取解决措施。按系统安全性措施的优先次序,首先是通过设计消除危险,因此在设计初期,只考虑危险严重性的风险评价一般就能满足使风险达到最小的要求。对设计初期未能消除的危险,则应根据危险严重性和危险可能性的风险评价确定纠正措施和解决已判定的危险。

确定危险的等级可用定性分析得到可比较的风险评价,或通过发生概率的定量分析得到危险状态的指数。GJB 900 表 A1 与表 A2 给出了危险的风险评价表的两个例样,可用于达到定性的风险指数,已安排解决措施。在表 7 - 11 中,其风险指数为 1A、1B、1C、2A、2B 和 3A 的危险应立即采取解决措施;指数为 1D、2C、2D、3B 和 3C 的危险需要跟踪。在表 7 - 12 中,风险指数 1 到 20 的确定是稍带有任意性的,这张表的设计对每一种危险可能性和严重性组合都给出了不同的指数,这样可以避免在把指数作为危险的可能性和严重等级的数字乘积的情况下出现相同的结果,例如 2 ×6 =3 ×4 =4 ×3。这两个表只是风险评价方法的例样,不一定适合所有的大纲。

表 7 - 11　危险的风险评价表 1

危险可能性等级	危险的严重性等级			
	Ⅰ(灾难的)	Ⅱ(严重的)	Ⅲ(轻度的)	Ⅳ(轻微的)
A(频繁)	1A	2A	3A	4A
B(很可能)	1B	2B	3B	4B
C(有时)	1C	2C	3C	4C
D(极少)	1D	2D	3D	4D
E(不可能)	1E	2E	3E	4E

危险的风险指数	建议的准则
1A,1B,1C,2A,2B,3A	不可接受
1D,2C,2D,3B,3C	不希望有的,需订购方决策
1E,2E,3D,3E,4A,4B	订购方评审后可接受
4C,4D,4E	不评审即可接受

表 7-12　危险的风险评价表 2

危险可能性等级	危险的严重性等级			
	Ⅰ(灾难的)	Ⅱ(严重的)	Ⅲ(轻度的)	Ⅳ(轻微的)
A(频繁)	1	3	7	13
B(很可能)	2	5	9	16
C(有时)	4	6	11	18
D(极少)	8	10	14	19
E(不可能)	12	15	17	20
危险的风险指数	建议的准则			
1~5	不可接受			
6~9	不希望有的,需订购方决策			
10~17	订购方评审后可接受			
18~20	不评审即可接受			

(四) 工作项目的选择

工作项目的选择取决于系统的复杂性,系统的寿命周期阶段、投资、进度等因素。表 7-13 和表 7-14 给出了工作项目选择的通用指南。

表 7-13　系统安全性工作项目实施表

编号	工作项目	类型	战术技术指标论证	方案论证及确定	工程研制	定型生产
1	制定系统安全性工作计划	管理	G	G	G	G
2	对供方、供应方和建筑工程单位的安全性综合管理	管理	S	S	S	S
3	安全性大纲评审	管理	S	S	S	S
4	对系统安全性工作组的保障	管理	G	G	G	G
5	建立危险报告,分析、纠正措施跟踪系统	管理	S	G	G	G
6	试验的安全性	管理	G	G	G	G
7	系统安全性进展报告	管理	G	G	G	G
2.1	初步危险表	工程	G	S	S	NA
2.2	初步危险分析	工程	G	G	G	GC
2.3	分系统危险分析	工程	NA	G	G	GC
2.4	系统危险分析	工程	NA	G	G	GC
2.5	使用和保险危险分析	工程	S	G	G	GC
2.6	职业健康危险分析	工程	G	G	G	GC

（续）

编号	工 作 项 目	类型	战术技术指标论证	方案论证及确定	工程研制	定型生产
2.7	技术状态更改建议的安全性评审	管理	NA	G	G	G
2.8	订购方提供的设备和设施的安全性分析	工程	S	G	G	G
3.1	安全性验证	工程	S	G	G	S
3.2	安全性评价	管理	S	S	S	S
3.3	安全性符合有关规定的评价	管理	S	S	S	S
4.1	系统安全性主管负责人的资格	管理	S	S	S	S
4.2	培训	管理	NA	S	S	GC
5.1	软件需求危险分析	工程	S	G	G	GC
5.2	概要设计危险分析	工程	S	G	G	GC
5.3	详细设计危险分析	工程	S	G	G	GC
5.4	软件编程危险设计	工程	S	G	G	GC
5.5	软件安全性测试	工程	S	G	G	GC
5.6	软件与用户接口分析	工程	S	G	G	GC
5.7	软件更改危险分析	工程	S	G	G	GC

注：符号说明

G——试用； S——根据需要选用； 管理——安全性管理；

GC——仅设计更改时适用； NA ——不适用； 工程——安全性工程

表 7-14 设施的安全性工作项目实施表

编号	工 作 项 目	类型	规划和要求制定	方案设计	最终设计	建筑
1.1	制定系统安全性工作计划(101)	管理	S	G	G	S
1.2	对供方、供应方和建筑工程单位的安全性综合管理	管理	S	S	S	S
1.3	安全性大纲评审	管理	G	G	G	G
1.4	对系统安全性工作组的保障	管理	G	G	G	G
1.5	建立危险报告，分析、纠正措施跟踪系统	管理	G	G	G	G
1.6	试验的安全性	管理	G	G	G	G
1.7	系统安全性进展报告	管理	S	S	S	S
2.1	初步危险表	工程	G	NA	NA	NA
2.2	初步危险分析	工程	G	S	NA	NA

（续）

编号	工 作 项 目	类型	规划和要求制定	方案设计	最终设计	建筑
2.3	分系统危险分析	工程	NA	S	G	GC
2.4	系统危险分析	工程	NA	G	G	GC
2.5	使用和保险危险分析	工程	S	G	G	GC
2.6	职业健康危险分析	工程	G	S	NA	NA
2.7	技术状态更改建议的安全性评审	管理	S	S	S	S
2.8	订购方提供的设备和设施的安全性分析	工程	S	S	S	S
3.1	安全性验证	工程	NA	S	S	S
3.2	安全性评价	管理	NA	S	G	S
3.3	安全性符合有关规定的评价	管理	NA	S	S	S
4.1	系统安全性主管负责人的资格	管理	S	S	S	GC
4.2	培训	管理	S	S	S	GC
5.1	软件需求危险分析	工程	S	S	S	GC
5.2	概要设计危险分析	工程	S	S	S	GC
5.3	详细设计危险分析	工程	S	S	S	GC
5.4	软件编程危险设计	工程	S	G	G	GC
5.5	软件安全性测试	工程	S	S	S	GC
5.6	软件与用户接口分析	工程	S	S	S	GC
5.7	软件更改危险分析	工程	S	S	S	GC

注:符号说明

G——试用； S——根据需要选用； 管理——安全性管理；

GC——仅设计更改时适用； NA ——不适用； 工程——安全性工程

（五）管理与控制

1. 制定系统安全性工作计划

系统安全性工作计划是实施安全性大纲最基本的文件,通常是承制方必须做的一项工作,为实现安全性大纲目标,承制方要通过计划来组织、指挥、协调、检查、监督和控制安全性的全部活动。承制方制定系统安全性工作计划的作用是:

（1）有利于管理和实施安全性大纲;

（2）反映承制方在研制工作中对安全性工作的重视程度;

（3）便于订购方评价承制方为实施和控制安全性工作所规定的各项程序;

（4）反映承制方对系统安全性要求的保证能力。

系统安全性工作计划的内容包括要实现的目标、组织及其职能,工作进度以及实施的方法。

对于大型系统在订购方对整个系统安全性工作有成熟意见时,或对于小型系统,可由订购方制定系统安全性工作计划。

2. 对供方、供应方的安全性综合管理

承制方负责研制的系统中有一些项目要通过合同转给供方、供应方（以下简称供方），承制方应将安全性要求及相应的工作通过转包合同分配给供方。承制方要确保供方所提供的设备和设施符合系统安全性要求。承制方的安全性大纲中应具有相应的管理措施。

3. 安全性大纲评审

评审是对系统研制工作从一个阶段转入另一个阶段的重要决策手段。大纲评审事实上包括了两种性质的安全性评审：

（1）安全性设计评审。主要评审安全性设计的可行性，以及系统的安全性是否达到合同规定的要求。这种评审是系统设计评审的一个重要组成部分。

（2）安全性工作评审。主要评审安全性工作项目的进展情况和关键问题。

在重大系统的研制初期，应至少每季度进行一次大纲评审，随着研制的深入，评审间隔时间可以延长。若有关的安全性鉴定部门有要求，需进行特殊的系统安全性评审。

4. 对系统安全性工作组的保障

订购昂贵、复杂或关键的系统、设备或重大设施时，若订购方有系统安全性工作组，为增强对安全性工作的管理，承制方向系统安全性工作组提供保障程度应在合同中详细规定。

5. 建立危险报告、分析和纠正措施跟踪系统

承制方或订购方应坚持填写危险日志，在确定某个危险达到或超过订购方规定的最低限度后就应立即记入危险日志，并完整地记录消除危险或降低其有关风险采取的所有措施。订购方应确定必须消除的危险和可接受危险的风险水平。

6. 试验的安全性

必须尽早拟定试验计划，考虑所需要进行危险分析的试验进度关键点和试验场所要求，并评审试验文件。

7. 系统安全性进展报告

承制方可按月或季度提交系统安全性进展报告，以便订购方及时了解系统安全性工作的进展情况。

六、测试性大纲设计

（一）大纲设计综述

订购方必须将系统测试性工作、产品测试性工作、设备测试性工作、高风险分系统测试性工作的内容，作为具体系统的测试性要求提出，承制方依据系统要求编制测试性大纲。

由于产品层次和研制要求不同，以及各种条件的限制，因而要求订购方和承制方在签订相关文件之前，按 GJB/Z 69 剪裁原则，对测试性工作项目及其要点

进行剪裁,对于不同的系统和设备,应根据研制的不同阶段,确定相应的测试性工作项目,并将费用效益作为剪裁的基本依据。

本章节重点讲述编制测试性大纲的一般应用方法,详细应用方法参见GJB2547《装备测试性大纲》附录B。

(二)大纲设计总则

1. 剪裁工作项目准则

测试性工作是系统和设备研制工作的重要组成部分。测试性工作应纳入系统和设备研制计划。

由于系统和设备的类型和研制要求不同,以及各种条件的限制,因而要求订购方和承制方在签订合同中或拟定研制任务书之前,剪裁GJB 2547规定的测试性工作项目及其内容,并将费用效益作为剪裁的基本依据。剪裁的基本要求是:

(1)删除对具体系统和设备不合适和不必要的要求;

(2)修改某些条款或补充GJB 2547中没有包括的技术要求;

(3)协调与所选用的其他标准之间重复或不一致的问题。

经过剪裁后的要求、工作内容应编入合同或技术协议书等有关文件中。

2. 测试性工作项目实施表

GJB 2547对系统和设备研制阶段的划分是:

(1)论证阶段;

(2)方案阶段;

(3)工程研制阶段和定型阶段;

(4)使用阶段。

表7-15向订购方和承制方提供了一个使用指南。它说明在每一阶段应该做哪些工作项目。

表7-15 测试性工作项目实施表

工作项目		论证阶段	方案阶段	工程研制和定型阶段	使用阶段
101	制定测试性工作评审	△	√	√	×
102	测试性评审	△	√	√	△
103	制定测试性数据收集和分析计划	×	△	√	√
201	诊断方案和测试性要求	△	√	√	×
202	测试性初步设计与分析	×	△	√	△
203	测试性详细设计与分析	×	△	√	△
301	测试性验证	×	△	√	△
注:√——适用; △—— 有选择地应用; ×——不适用					

（三）系统测试性工作

1. 论证阶段

（1）制定测试性工作计划；

（2）确定系统级故障检测和故障隔离要求；

（3）进行测试性评审,作为论证阶段评审的一部分。

2. 方案阶段

（1）制定测试性工作计划；

（2）分配诊断要求；

（3）进行测试性设计；

（4）进行测试性评审,作为方案阶段评审的一部分。

3. 工程研制和定型阶段

（1）制定并修改测试性工作计划；

（2）把测试性特性设计到每个产品中去,并评价其有效性；

（3）进行测试性评审,作为工程研制阶段评审的一部分；

（4）保证各诊断要素间的兼容性；

（5）验证测试性。

4. 使用阶段

（1）收集有关的测试性数据；

（2）采取纠正措施。

（四）产品测试性工作

组成系统或设备的测试性工作如下：

1. 初步设计

（1）如果测试性工作计划不能作为系统研制合同的一部分来制定,那么应单独制定一个测试性工作计划；

（2）把测试性特性设计到产品中去；

（3）准备每个产品的固有测试性核对表；

（4）进行测试性评审。

2. 详细设计

（1）评价每个产品的固有测试性；

（2）把测试性特征设计到产品中去；

（3）预计每个产品的测试性水平；

（4）进行测试性评审；

（5）验证产品的测试性。

（五）设备测试性工作

对某些简单较小的系统或设备,其测试性工作如下：

(1) 确定系统或设备的测试性要求;

(2) 制定测试性工作计划;

(3) 把测试性特征设计到产品中去,并评价其有效性;

(4) 收集有关的测试性数据。

(六) 高风险分系统测试性工作

在方案阶段,应特别重视那些在测试中存在高风险的分系统。测试性设计的高风险情况可能由以下原因引起:

(1) 被测功能的关键性;

(2) 难以用可承担的费用来要求的测试水平;

(3) 对 UUT,难以确定适当的测试性度量或难以验证;

(4) 由于不能达到预期的测试水平、自动化程度和其他要求,对维修性产生很大影响;

(5) 在工程研制和生产期间,分系统改进的可能性很小。

第二节 保障性验证

一、可靠性试验验证与评估

(一) 试验综述

可靠性试验一般包括可靠性研制试验、鉴定试验、验收试验和需要准确评估产品可靠性水平的可靠性增长试验。四种试验从可靠性试验的目的(不同阶段),综合安排可靠性试验时应考虑的问题和确定可靠性试验条件时应该注意的问题有所雷同,因此,将四种试验的内容进行综述。

1. 试验的目的

(1) 发现产品在设计、材料和工艺方面的缺陷;

(2) 确认是否符合可靠性定量要求;

(3) 为评估产品的战备完好性、任务成功性、维修人力费用和保障资源费用提供信息。

可靠性试验计划安排应符合上述目的的先后顺序,应强调对环境应力筛选、可靠性研制和增长试验的早期投资,以保证可靠性工作的效果和充分性,以免影响进度和追加费用。

2. 综合安排可靠性试验时应考虑

(1) 产品的可靠性试验应综合考虑能为评价和改进产品可靠性提供信息的所有试验,尽可能利用这些试验的可用信息或与这些试验结合进行,如性能试验、环境试验和耐久性试验等,以充分利用资源,减少重复费用,提高试验效率,并保证不会漏掉在单独试验中经常忽略的缺陷;

（2）机电产品的可靠性试验可与产品的耐久性试验结合进行，环境应力和工作应力的种类和量值应模拟预期使用的环境条件和工作条件。对在实验过程中发生的故障应进行分类，判明偶然性故障还是损耗性故障。

3. 确定可靠性试验条件时应该注意

（1）进行可靠性研制试验时，首先要考虑尽快激发出产品中存在的设计、材料和工艺等方面的缺陷，因此，一般尽可能采用加速应力，但如果施加的加速应力不能激发实际使用中潜在的故障，因此，需要了解产品整个寿命剖面中所能遇到的应力与其失效机理的关系；

（2）进行环境应力筛选时，首先要考虑的是尽快激发出产品制造过程中的潜在缺陷，但不能损坏产品中原来完好的部分。因此，采用加速应力，应力的大小不能超过产品的耐环境设计极限，施加应力的持续时间不能在产品中累积起不允许的疲劳损伤。一般采用快速温度循环和随机振动这两个最有效的应力组合进行，也可采用对筛选产品特别敏感的其他应力。筛选应力的大小和持续时间应根据产品特性，在 GJB 1032 等标准的基础上剪裁确定。

4. 可靠性试验与环境试验的应力关系

环境试验是可靠性试验的先决条件，他们只能互为补充，而不能相互替代。从广义来说，环境试验和环境应力筛选试验都是可靠性工程试验，而可靠性鉴定和验收试验是可靠性统计试验。

环境试验：我国范围内可能遇到的极限环境应力条件，通常根据标准和主机厂要求确定，试验环境应力为单应力。

环境应力筛选：试验应力为产品的设计极限，用于加速剔除产品的早期失效和潜在缺陷，试验环境应力为单应力。

可靠性试验：试验应力为实际使用的环境应力，一般采取实际测试、同类产品类比等方式确定，由主机厂提出。试验采用统计试验方案，环境应力为综合应力。

（二）可靠性研制试验

（1）可靠性研制试验通过向受试产品施加应力将产品中存在的材料、元器件、设计和工艺缺陷激发成故障，进行故障分析定位后，采取纠正措施加以排除，这实际也是一个试验、分析、改进的过程，即 TAAF 过程。

（2）可靠性研制试验的最终目的是使产品尽快达到规定的可靠性要求，但直接的目的在研制阶段的前后有所不同，研制阶段的前期，试验的目的侧重于充分地暴露缺陷，通过采取纠正措施，以提高可靠性。因此，大多采用加速的环境应力，以激发故障。而研制的后期，试验的目的侧重于了解产品可靠性与规定要求的接近程度，并对发现的问题，通过采取纠正措施，进一步提高产品的可靠性，因此，试验条件应尽可能模拟实际使用条件，大多采用综合环境条件。GJB 1407

规定的可靠性增长试验,可视为一种特定的可靠性研制试验。

(3) 可靠性研制试验应根据试验的直接目的和所处阶段选择并确定适宜的试验条件。目前国外开展的是可靠性强化试验(RET)或高加速寿命试验(HALT)。这类试验基本目的是使产品设计更为健壮,基本方法是通过施加步进应力,不断发现设计缺陷,并进行改进和验证,使产品耐环境能力达到最高,直到现有材料、工艺、技术和费用支撑能力无法作进一步改进为止,因此可视为在研制阶段前期进行的一种可靠性研制试验。

目前在国内一些研制单位,为了了解产品的可靠性与规定要求的差距所进行的"可靠性增长摸底试验"(或可靠性摸底试验)也属于可靠性研制试验的范畴。

(4) 承制方应尽早制定可靠性研制试验方案,并对可靠性关键产品实施可靠性研制试验。可靠性研制试验方案一般包括以下内容:

① 受试产品及其说明;

② 试验目的和要求;

③ 试验时间安排;

④ 试验环境应力的类型、水平及施加方法;

⑤ 数据的收集和记录要求;

⑥ 故障判据;

⑦ 纠正措施效果的验证等。

(三) 可靠性增长试验

(1) 可靠性增长试验是一种有计划的试验、分析和改进的过程。在这一试验过程中,产品处于真实或模拟的环境下,以暴露设计中的缺陷,对暴露出的问题采取纠正措施,从而达到预期的可靠性增长目标。

(2) 由于可靠性增长试验不仅要找出产品中的设计缺陷和采取有效的纠正措施,而且还要达到预期的可靠性增长目标,因此,可靠性增长试验必须在受控的条件下进行。为了达到既定的增长目标,并对最终可靠性水平做出合理的评估,要求试验前评估出产品的初始可靠性水平,确定合理的增长率,选用恰当的增长模式并进行过程跟踪,对试验中所使用的环境条件严格控制,对试验前准备工作情况及试验结果进行评审,必要时还应在试验过程中开展评审。

(3) 可靠性增长试验的受试样品的技术状态应能代表产品可靠性鉴定试验时的技术状态,产品的可靠性增长试验应在产品的可靠性鉴定试验之前进行,在可靠性增长试验开始前,应按 GJB 150、GJB 1032 及有关标准完成产品的环境试验和 ESS。

(4) 由于可靠性增长试验要求采用综合环境条件,需要综合试验设备,试验时间较长,需要投入较大的资源。因此,一般只对那些有定量可靠性要求、任务或安全关键的、新技术含量高且增长试验所需的时间和经费可以接受的电子设备进行可靠性增长试验。

(5) 可靠性增长试验必须纠正那些对完成任务有关键影响和对使用维修费用有关键影响的故障。一般做法是通过纠正影响任务可靠性的故障来提高任务可靠性,纠正出现频率很高的故障来降低维修费用。

(6) 对有两台以上的产品试验时,当一个产品发生故障进行纠正时,另一产品可以继续试验。

(四) 可靠性分析评价

(1) 可靠性分析评价主要适应于可靠性要求高的复杂装备,尤其是像导弹、军用卫星、海军舰船这类研制周期较长、研制数量少的装备。

(2) 可靠性分析评价通常可采用可靠性预计、FMECA、FTA、同类产品可靠性水平对比分析、低层次产品可靠性试验数据综合等方法,评价装备是否能达到规定的可靠性水平。

(3) 可靠性分析评价主要是评价装备或分系统的可靠性。评估的方法、利用的数据和评估的结果均应经订购方认可。可靠性分析评价可为使用可靠性评估提供支持信息。

(五) 寿命试验

(1) 通过寿命试验可以评价长期的预期使用环境对产品的影响,通过这些试验,确保产品不会由于长期处于使用环境而产生金属疲劳,部件到寿或其他问题。

(2) 寿命试验非常耗时且费用昂贵,因此,必须对寿命特性和寿命试验要求进行仔细的分析,必须尽早收集类似产品的磨损、腐蚀、疲劳、断裂等故障数据并在整个试验期间进行分析,否则可能导致重新设计,项目延误。

(3) 应尽早明确寿命试验要求,当可行时采用加速寿命试验的方法。加速寿命试验一般在零件级进行,有的产品也可能在部件级上进行。

(六) 使用可靠性评估与改进

1. 使用可靠性综述

(1) 装备的使用可靠性信息收集、使用可靠性评估和使用可靠性改进是装备在使用阶段非常重要的可靠性工作,通过实施这些工作可以达到以下三个目的:

① 利用收集的可靠性信息,评估装备的使用可靠性水平,验证是否满足规定的使用可靠性要求,当不能满足时,提出改进建议和要求;

② 发现使用中影响可靠性的缺陷,组织进行可靠性改进,提高装备的使用可靠性水平;

③ 为装备的使用、维修提供管理信息,为装备的改型和提出新研装备的可靠性要求提供依据等。

(2) 装备的使用可靠性信息收集、使用可靠性评估和使用可靠性改进彼此之间是密切相关的,使用可靠性信息收集是使用可靠性评估和使用可靠性改进的基础和前提。使用可靠性信息收集的内容、分析的方法等应充分考虑使用可靠性评估和改进对信息的需求。使用可靠性评估的结果和在评估中发现的问题也是进行使用可靠性改进的重要依据。应注意三项工作的信息传递、信息共享,减少不必要的重复,使可靠性信息的收集、评估和改进工作协调有效地进行。

(3) 装备的使用可靠性信息收集、使用可靠性评估和使用可靠性改进是装备使用阶段装备管理的重要内容,必须与装备的其他管理工作相协调,统一管理。使用可靠性信息的收集是装备信息管理的重要组成部分,必须统一纳入装备的信息管理系统。使用可靠性评估是战备完好性评估的一部分,应协调进行。使用可靠性改进也是装备改进的一部分,必须协调权衡。

2. 使用可靠性信息收集

(1) 应建立严格的信息管理和责任制度。明确规定信息收集与核实、信息分析与处理、信息传递与反馈的部门、单位及其人员的职责。

(2) 进行使用可靠性信息需求分析,对使用可靠性评估及其他可靠性工作的信息需求进行分析,确定可靠性信息收集的范围、内容和程序等。

(3) 使用可靠性信息收集工作应规范化。按 GJB 1775 等标准的规定统一信息分类、信息单元、信息编码,并建立通用的数据库等。

(4) 应组成专门的小组,定期对使用可靠性信息的收集、分析、储存、传递等工作进行评审,确保信息收集、分析、传递的有效性。

3. 使用可靠性评估

(1) 使用可靠性评估的主要目的是对装备的使用可靠性水平进行评价,验证装备是否达到了规定的可靠性使用要求,尽可能地发现和改进装备的使用可靠性缺陷,以及为装备的改进、改型和新装备研制提供支持信息。

(2) 使用可靠性评估应尽可能在典型的实际使用条件下进行,这些条件必须能代表实际的作战和训练条件。被评估的装备应具有规定的技术状态,使用和维修人员必须经过正规的训练,各类保障资源按规定配备到位。

(3) 使用可靠性评估应在装备部署后进行,一般可分为初始使用可靠性评估和后续使用可靠性评估。初始使用可靠性评估在装备初始部署一个基本作战单元后开始进行,后续使用可靠性评估在装备全面部署后进行。使用可靠性评估应结合装备的战备完好性评估一起进行。

(4) 应制定使用可靠性评估计划,也可包含在现场使用评估计划(见 GJB 3872)中。计划中应明确参与评估各方的职责及要评估的内容、方法和程序等。

(5) 在整个评估过程中应不断地对收集、分析、处理的数据进行评价,确保获得可信的评估结果及其他有用信息。

4. 使用可靠性改进

(1) 确定的可靠性改进项目,应该是那些对提高战备完好性和任务成功性、减少维修工作量和降低寿命周期费用有重要影响和效果的项目。

(2) 可靠性改进是装备改进的重要内容,必须与装备的其他改进项目进行充分的协调和权衡,以保证总体的改进效益。

(3) 使用可靠性改进应有专门的机构负责管理。该机构的职责是:

① 组织论证并确定可靠性改进项目;

② 制定使用可靠性改进计划;

③ 组织对改进项目、改进方案的评审;

④ 对改进的过程进行跟踪;

⑤ 组织改进项目的验证;

⑥ 编制可靠性改进项目报告等。

二、维修性试验验证与评价

(一) 试验与评价概述

1. 维修性试验的目的

(1) 发现和鉴别维修性缺陷,提供设计改进的依据;

(2) 考核、验证产品的维修性是否符合维修性定量要求;

(3) 对有关维修保障资源进行评价。

2. 维修性试验评价

(1) 维修性试验评价工作项目是通过试验和分析判定产品的维修性是否符合规定要求的过程,除了在研制阶段进行的试验与评价外,还应结合部队试用、试修进行评价。维修性验证试验本身虽不能保证产品达到所要求的维修性,但它可提高维修性设计水平并为承制方提供基础数据。

(2) 订购方应根据产品的任务要求,产品的种类以及试验费用等,确定维修性验证正式要求,并将验证与评定的范围、结构与功能层次、验证方法以及试验程序等,详细写入合同工作说明中。

(3) 订购方应按照产品的使用和其他约束条件提供信息,以便为确定试验计划提供依据。这些信息至少应包括:维修性的定性定量要求,维修环境,维修性试验时产品的使用模式以及验证的维修级别等内容。

对于每一项维修性试验,都应制定试验计划和方案,试验完成后,应提出相应的试验报告。

(二) 维修性核查

(1) 维修性核查是承制方为实现装备的维修性要求,贯穿于从可更换单元到顶层产品的整个研制过程中,不断进行的检查、核对、试验与评定工作。

(2) 维修性核查的目的是检查与不断修正维修性分析的结果,鉴别设计缺陷,以便采取纠正措施,保障维修性不断增长,最终满足规定维修性要求。

(3) 维修性核查的方法比较灵活,应最大限度地利用研制过程中各种试验

(如功能、样机、模型、合格鉴定和可靠性试验等)所获得的维修作业数据,并采用较少的和置信水平较低的(粗略的)维修性试验。

(4)在研制早期还可采用木质模型或金属模型进行演示、测算。应用这些数据、资料进行分析,找出维修性的薄弱环节,采取改进措施,以达到其维修性。

(5)维修性核查还应尽可能利用各种成熟的建模或仿真技术,如虚拟维修仿真技术,基于三维电子样机的维修性核查,有利于尽早发现设计缺陷,分析费用也比较经济。

(三)维修性验证

(1)维修性验证是一种正规的严格的检验性试验评定,即为确定装备是否达到了规定的维修性要求,由指定的试验机构进行的或由订购方与承制方联合进行的试验与评定。

(2)维修性验证通常在设计定型或生产定型阶段进行。在生产阶段进行装备验收时,如果有必要,也可进行验证。

(3)维修性验证的结果应作为装备定型的依据之一,验证试验的环境条件,应尽可能与装备实际使用维修环境一致,或非常类似。试验中维修所需要的维修人员、工具、保障设备、设施、备件、技术文件,应与正式使用时的保障计划规定一致。

(4)GJB 2072 对维修性验证试验规定了统一的试验方法和要求。如果由于特殊原因,在 GJB 2072 中找不到一种合适的方法时,则应由订购方提供其他的试验方法,后由承制方确定相应的试验方法,并经订购方认可。

(5)维修性验证试验计划,应于产品工程研制开始时基本确定,并随着研制的进展,逐步调整。该计划应包括如下内容:

① 试验组织;

② 试验进度安排;

③ 保障用物资;

④ 试验经费;

⑤ 试验准备;

⑥ 有关试验的一些基本规定;

⑦ 验证的实施方法。

(6)应在合同中明确规定订购方参加验证评审的时间与范围。未经订购方同意的任何维修性验证试验计划不得实施。

(7)试验组的组成与职责一般符合以下要求:

① 试验组的组成。试验组一般分为两个小组,即验证评定小组和维修小组。验证评定小组内应有订购方的代表参加。维修小组由熟悉被试产品维修的人员组成,如果全部为承制方的人员,则它们应具有与产品部署使用后的维修人员相当的资格和技能水平;如果全部是部队的维修人员,则他们应事先经过适当的培训。

② 试验组的职责。验证评定小组负责安排试验、监控试验和处理试验数据;维修小组负责具体实施要求的维修活动。每个试验组人员的具体职责应在详细的试验计划中规定。

(8) 试验开始前,应结合具体产品情况,由承制方与订购方协商确定有关处理下列各项的基本规则:

① 仪器引起的故障:由于仪器的不正确安装和操作而引起的产品故障,排除这些故障要花费维修时间;

② 从属故障:由原发责任故障所导致的所有从属故障,应对原发责任故障和从属故障所引起的维修时间加以区分;

③ 不合适的保障设备:在完成具体维修工作时,发现事先规定使用的保障设备不合适时,应采取相应的措施;

④ 技术手册中的不适当内容:由于技术手册中提供了不恰当、不准确或不充分的信息(例如,连接器的互换性),从而导致产品受损后诱发维修差错,由此将引起的消耗额外维修时间;

⑤ 人员数量与技术水平的统计:如果某一给定的维修工作间断地要求具有不同技能的人员时,如何按维修工作估计工作时数;

⑥ 同型拆配:应规定在维修过程中,是否允许采取同型拆配的方法,包括产品或保障设备的同型元件或组件的拆配;

⑦ 使用检查:在装备出动前、后或定期检查的某一阶段中所作的目视检查或任何维修,是否被认为是预防性维修。

(四) 维修性分析评价

(1) 维修性分析评价主要用于难以实施维修性验证的复杂设备。

(2) 维修性分析评价通常可采用维修性预计、维修性缺陷分析、同类产品维修性水平对比分析、维修性仿真、低层次产品维修性试验数据综合等方法,评价装备是否能达到规定的维修性水平。

(3) 维修性分析评价主要是评价装备或其主要组成的维修性。评价的方法、利用的数据、评价准则和评价的结果均应经订购方认可。维修性分析评价可为使用期间维修性评价提供支持信息。

三、测试性验证与分析

(一) 验证与分析综述

区分基层级维修的故障检测和故障隔离与其他维修级别的故障检测和故障隔离是有必要的。如果把某些与测试性有关的问题结合到维修性验证计划和过程中去,那么基层级维修的故障检测和隔离可以作为通常的维修性验证的一部分来验证,其他维修级别上的故障检测和隔离可以作为评价 TPS(包括评价软件、接口和文件)过程的一部分来验证。

（二）测试性验证

1. BIT 和脱机测试的关系

通过制定测试性验证计划，可以协调维修性和 TPS 验证中要验证的产品（如注入共同的故障），以便提供 BIT 结果和脱机测试结果相关的数据。这样能够及早指出在基层级维修中可能出现的不能复现的问题。

2. BIT 虚警率

BIT 虚警率是一个重要的测试性参数，它在验证过程的被控环境下是难以测量的。如果虚警率相对很高，则可以利用可靠性验证过程来验证，并且把每个 BIT 虚警作为相关故障处理，验证过程中的环境条件应能代表所期望的工作环境条件，以便在验证过程中能经历各种原因引起的虚警。

3. 预计分析模型的确认

即使注入大量故障，验证也只能提供有限的反映实际测试性水平的数据。尽管如此，确认测试性详细设计和分析所使用的预计和分析模型及其假设的正确性方面，测试性验证还是很有效的方法。如果某些假设或模型不正确，那么应利用测试性详细设计和分析重新建立模型并进行新的预计。

（三）测试性分析报告

1. 分析内容

测试性分析报告应反映有关工作项目的结果，并以统一的标准格式将这些结果编制成文件。测试性分析报告至少应在每次重大的评审之前作出修订，并且这一要求也应反映在合同要求的文件中。每次提交的测试性分析报告的内容和详细程度取决于研制阶段。表 7－16 给出了测试性分析报告的应用指南，指出哪些工作项目在评审之前由订购方审查。

表 7－16　测试性分析报告应用指南

GJB 2547 条款编号	文 件 号	方案阶段评审	工程研制（C）评审	工程研制（S）评审	设计定型评审
201.4.1	要求权衡结果的说明	√	√		
202.4.2	设计权衡结果的说明	√	√	√	
202.4.2	测试性设计数据		√	√	
202.4.3	固有测试性核对表		√		
202.4.4	固有测试性评价		√	√	
202.4.5	详细设计分析过程的说明		√	√	
203.4.3	产品测试性预计数据			√	√
203.4.4	系统测试性语句数据				√

2. 应用

承制方应利用测试性分析报告及时向有关单位通报测试性设计状况。测试性分析报告是一个不断更新的文件,它包含了测试性设计的最新信息,并在适当的技术状态控制下发布。至少在进行测试性设计非正式评审时,测试性分析报告应准确反映最新设计。

3. 测试性分析报告与测试要求文件的相互关系

在工程研制阶段进行的测试性分析和编制的测试性分析报告应作为每个UUT测试要求文件的一部分来使用。测试要求文件在负责详细硬件设计的单位和复杂测试程序研制的单位之间建立了相关界面。测试要求文件作为UUT整个性能检验和诊断步骤的源文件使用,并作为对每个UUT在它的维修环境中(无论是人工还是ATE维修)的设备的要求。测试要求文件还为UUT设计提供详细的技术状态标识和测试要求数据,以保证它们之间有相兼容的测试程序。

四、安全性验证与评价

(一)安全性验证

(1)在系统说明书、系统规范等文件中规定的安全性要求,许多需要通过分析、检查演示或试验来验证。此外,在设计和研制期间,为消除危险所采用的重新设计、控制装置、安全装置等措施也需要验证。

(2)大多数安全性验证将在系统和分系统试验计划和规范中概述,但对研制过程中判定的危险所采取的风险控制措施的验证,可能需要制定特殊的试验计划和规程。

(3)应考虑用诱发故障或模拟故障来验证安全性关键的设备和软件的可接受性及其故障模式,对研制期间所发现的危险,如果用分析或检查无法确定所采取的措施能否有效时,则应进行安全性试验以评价所采取措施的有效性,应将该试验包含在系统安全性工作计划及试验计划中。若安全性试验工作因费用高而不可行时,安全性特性或规程可由工程分析、类推、试验室试验、功能模拟或小尺寸模拟来验证,这些方法都要经过订购方的认可。应尽可能地将安全性试验纳入系统试验和演示计划中。

(二)安全性评价

安全性评价的重要性在于使用户或试验人员了解系统所有残余的不安全设计或操作特性,安全性评价应尽可能地对未能消除危险的风险进行定量的评价,以便制定控制措施、禁止事项或安全规程。

(三)安全性综合评价

(1)安全性综合评价是要验证系统的安全性设计,并对在系统的使用或试验之前所假定的风险进行综合评价。这是一种针对使用的分析,涉及系统、设备或设施的安全使用,几乎涉及到系统的各个方面。该评价可能是低风险的系统中唯一的分析工作,也可作为试验或使用前的安全性评审,以综合在更详细的危险分析中所发现的使用安全性问题。系统的低风险可能是:

① 系统主要是现成设备装配而来的,很少或根本没有新的设计;

② 是一个在其技术上或复杂程序上本来就是低风险的系统;

③ 符合国家标准、国家军用标准和行业标准及其有关规定,足以保证系统的安全性。

安全性符合有关规定的评价也可用于必须接受的有较高风险的系统(例如先进的研制项目),但仍需保证安全使用,必须识别危险并将其风险减少到可接受的水平。

(2) 安全性综合评价可以在系统研制的任何阶段进行,当有足够的信息时,就应立即开始评价工作,例如,对设备的评价应该从设备部件的设计时或从供方或供应方接受设备说明书时开始。

(3) 安全性符合有关规定的评价应包括:

① 有关安全性标准的确定及系统符合标准情况的验证。订购方可能在说明书或其他合同文件中规定了有关标准,但并不妨碍承制方应用其他适用的标准。承制方也应考察现有类似系统的安全性历史资料。验证工作可通过集中方法完成,包括分析、检查、试验等。

② 系统危险的分析与处理。即使系统全部由完全符合有关标准的设备组成,也可能由于独特的使用、接口、安装等产生危险,安全性综合评价的另一目的是确定、评价和消除这类危险,或将有关风险减少到可接受水平。为达到这一目的,评价应采用其他危险分析的技术,以保证获得安全的系统。

③ 确定特殊的安全性要求。承制方应根据上述分析得出安全性设计特性和其他必须的预防措施,确定系统安全使用及保障所需的所有安全性防护措施,包括系统以外的或承制方职责外的可行的防护措施。例如,由于合同未考虑现成设备的重新设计或改装,或承制方可能不负责提供必需的应急信号灯、防火设备或人员安全设备。因此,其风险必须用特殊的安全设备和通过培训来控制。

④ 确定危险器材及其安全使用所需的防护措施和规程。

五、互换性验证与分析

(一) 互换性综述

互换性是指两个或多个产品在性能、配合和寿命上具有相同功能和物理特征,而且除了调整之外,不改变产品本身或与之相邻产品便能将一个产品更换成另一个产品时所应具有的能力。

互换性是表述实体在尺寸和功能上与其他一个或多个产品能够彼此互相替换的能力。实体的互换性要求可用实体实行产品(包括零部件)互换或替换的组装层次表示。

1. 互换产品

具有下列两种特性的产品:

（1）在性能、可靠性和维修性等功能和物理特性方面与相似相同的产品等效；

（2）在下述条件下能用来更换其他产品：

① 无需对配合性能进行选择；

② 除调整外无需变更其本身或相邻产品。

2. 替换产品

可与其他产品互换，但实际装配中又与原始产品有所不同。替换产品在装配时，除采用通常的装配方法和连接方法外，还需要钻孔、扩孔、切割、锉修、施加垫片等。

3. 代用产品

只有在规定条件或特定用途下才能在功能方面代替其他产品，且不必改变其本身或相邻产品的产品。

（二）互换性试验检验

互换性试验检验用来检查那些受零部件和设备质量影响较大，而受生产工艺或生产技能变化影响较小的特性，以及那些要求特殊工装或特殊环境的性能。所需的受试样品数量为两个，经过试验的样品稍加整修或不加整修即可作为产品交付。

互换性试验检验的要求在产品规范的要求章节提出，在验证章节进行验证，属于质量一致性检验 A、B、C、D 项目组的 B 组检验项目。

（三）试验检验方法

按产品规范的要求，在经检验合格的同批产品中，任意抽取两个（被确认为可以互换的）产品进行相关要求的互换性试验，互换性试验可以单独试验，也可以在其他类型的试验前进行。

六、保障资源评估

（一）评估概述

通过保障资源试验与评价可以确定保障资源与装备的匹配性、保障资源之间的协调性及其品种和数量满足使用和维修要求的程度。保障资源试验与评价一般在工程研制阶段后期进行，各项保障资源的评价应尽可能综合地进行，并尽量和保障性设计特性的试验与评价尤其是与维修性验证与演示结合进行，从而最大限度地利用资源，减少重复工作，对不能在该阶段进行评价的保障资源，可在后续阶段具备条件时尽早进行。

（二）保障资源评价内容

1. 人力和人员

评价配备的人员的数量、专业、技术等级等是否合理，是否符合订购方提出的约束条件，是否满足使用与维修装备的需要。

2. 供应保障

评价设备的备件、消耗品等的品种和数量的合理性,能否满足平时和战时使用与维修装备的要求,评价承制方提出的后续备件和消耗品清单及供应建议的可行性。

3. 保障设备

评价配备的保障设备的功能和性能是否满足要求,品种和数量的合理性、保障设备与装备的匹配性和有效性,保障设备的利用率以及保障设备的保障等。

4. 训练和训练保障

评价训练的有效性以及训练装置的数量与功能能否满足训练要求。

5. 技术资料

评价技术资料是否满足使用与维修装备的需要,应对技术资料的正确性、完整性和易理解性进行评价。检查装备及保障系统的设计更改是否已反映在技术资料中。

6. 保障设施

评价保障设施能否满足使用、维修和储存装备的要求,应对其面积、空间、配套设备、设施内的环境条件以及设施的利用率等进行评价。

7. 包装、装卸、储存和运输保障

评价装备及其保障设备等产品的实体参数(长、宽、高、净重、总重、重心)、承受的动力学极限参数(振动、冲击加速度、挠曲、表面负荷等)、环境极限参数(温度、湿度、气压、清洁度)、各种导致危险的因素(误操作、射线、静电、弹药、生物等)以及包装等级是否符合规定的要求,评价包装储运设备的可用性和利用率。

8. 计算机资源保障

评价用于保障计算机系统的硬件、软件、设施的使用性,文档的正确性和完整性,所确定的人员数量、技术等级等能否满足规定的要求。

(三) 战备完好性评估

系统战备完好性评估是对一个完整的装备系统在规定的实际使用环境下进行的评估,除了可以验证装备系统是否达到规定的系统战备完好性要求外,还可以验证保障系统的保障能力和装备的使用可靠性维修性水平等。

在方案阶段应制定现场使用评估计划,应说明评估的目的、评估参数、约束条件、数据收集的方式、数据收集表格、数据传递方法和途径、数据的处理和利用以及所需的资源等。

在设计定型阶段,可以通过保障性设计特性的试验与评价和保障资源试验与评价的结果初步分析装备系统达到系统战备完好性要求的可能性,发现问题应及时采取纠正措施。在部队试验期间,应对系统战备完好性进行初步评估。

系统战备完好性评估应作为初始作战能力评估的一部分进行,一般应在装备部署一个基本作战单位、人员进行了规定的培训、保障资源按要求配备到位后,开始进行系统战备完好性评估。系统战备完好性评估应通过收集、分析现场使用、维修和供应数据进行,当评估结果达到规定的系统战备完好性要求的门限值时,则标识着保障性设计特性达到了规定的要求,也标识着保障系统已具备初始保障能力;当不能满足要求时应进行分析,提出改进建议。

在装备系统使用过程中,使用方法可以通过收集装备系统在实际使用环境下的使用、维修、供应和费用数据等,进行后续评估。为调整保障系统、装备改型和新装备研制等提供信息。

第三节　装备保障性

一、保障综述

综合保障是指在装备的寿命周期内,为满足系统战备完好性要求,降低寿命周期费用,综合考虑装备的保障问题,确定保障性要求,进行保障性设计,规划并研制保障资源,及时提供装备所需保障的一系列管理和技术活动。

订购方与承制方应合理地规划,有效地实施、监督和评价综合保障的各项工作,以实现规定的系统战备完好性要求。

(一) 保障目的与任务

(1) 综合保障的目的是以合理的寿命周期费用实现系统战备完好性要求。

(2) 综合保障的主要任务是:

① 确定装备系统的保障性要求;

② 在装备的设计过程中进行保障性设计;

③ 规划并及时研制所需的保障资源;

④ 建立经济而有效的保障系统,使装备获得所需的保障。

(二) 保障的基本原则

(1) 应将保障性要求作为性能要求的组成部分;

(2) 在论证阶段就应考虑保障问题,使有关保障的要求有效地影响装备设计;

(3) 应充分地进行保障性分析,权衡并确定保障性设计要求和保障资源要求,以合理的寿命周期费用满足系统战备完好性要求;

(4) 在寿命周期各阶段,应注意综合保障各要素的协调;

(5) 在规划保障资源过程中应充分利用现有的资源(包括满足要求的民品),并强调标准化要求;

(6) 保障资源应与装备同步研制、同步交付部队；

(7) 应考虑各军兵种间的协同保障问题；

(8) 应尽早考虑停产后的保障问题。

(三) 保障性定量和定性要求

1. 定量要求

保障性定量要求一般分为三类:针对装备系统的系统战备完好性要求;针对装备的保障性设计特性要求;针对保障性系统及其资源的要求。

1) 参数的选择

(1) 表示系统战备完好性要求的使用参数有:使用可用度、能执行任务率等,其量值是需要通过使用验证的指标。应根据装备的类型、作战任务需求、使用要求等选择适用的参数。

(2) 装备保障性设计特性要求主要包括可靠性、维修性(含测试性,下同)要求,它们由系统战备完好性要求导出,一般用与系统战备完好性、维修人力和保障资源要求有关的可靠性维修性使用参数描述,如平均维修间隔时间等。在签订合同时一般将使用参数转换为合同参数,如将平均维修间隔时间转换为平均故障间隔时间。应根据装备的类型、使用要求、产品的层次等选择适用的使用参数和合同参数。定量的保障性设计特性要求还包括运输性等其他方面的定量要求,如对运输尺寸、重量的要求,对装备受油速率的要求等。

(3) 保障系统及其资源要求用反映其能力的使用参数描述,如平均延误时间、备件利用率等。

2) 指标的确定

(1) 在论证阶段,应根据使用方案、费用约束、基准比较系统和初始的保障方案等拟定初步的系统战备完好性参数、保障性设计特性参数、保障系统及其资源参数的目标值和门限值(至少应有门限值)。

(2) 在方案阶段结束后,应最后确定一组相互协调匹配的系统战备完好性参数、保障性设计特性参数、保障系统及其资源参数的目标值和门限值(至少应确定门限值),并应将保障性设计特性参数的目标值和门限值分别转换为规定值和最低可接受值。

2. 定性要求

保障性定性要求一般包括针对装备系统、装备保障性设计、保障系统及其资源等几方面的非量化要求。装备系统的定性要求主要是指标准化等的原则性要求;装备保障性设计方面的定性要求主要是指可靠性、维修性、运输性的定性要求和需要纳入设计的有关保障考虑;保障系统及其资源的定性要求主要是指在规划保障时要考虑、要遵循的各种原则和约束条件。此外,当有特殊任务要求时还应考虑特殊的定性要求。

二、保障规划与管理

（一）制定综合保障计划

1. 目的

制定综合保障计划的目的是全面规划装备寿命周期的综合保障工作，以保证其顺利进行，达到规定的系统战备完好性要求。

2. 工作要点

（1）订购方应制定综合保证计划，其主要内容包括：

① 装备说明；

② 综合保障工作机构及其职责；

③ 使用方案；

④ 保障方案；

⑤ 保障性定量和定性要求；

⑥ 影响系统战备完好性和费用的关键因素；

⑦ 保障性分析工作的要求和安排；

⑧ 规划保障的要求；

⑨ 综合保障评审要求和安排；

⑩ 保障性试验和评价要求；

⑪ 综合保障工作经费预算；

⑫ 部署保障计划；

⑬ 保障交接计划；

⑭ 保障计划；

⑮ 现场使用评估计划；

⑯ 停产后保障计划；

⑰ 退役报废处理的保障工作安排；

⑱ 工作进度表。

（2）随着综合保障工作的进展，订购方应不断完善综合保障计划并在装备使用过程中调整。

3. 注意事项

（1）综合保障计划应与装备的其他计划相互协调。

（2）综合保障计划应明确区分订购方和承制方的工作。计划中属于订购方完成的工作，应明确有关工作的内容、进度、负责单位等；计划中要求由承制方完成的工作，应规定工作要求和进度。

（3）要求承制方完成的工作应在合同中规定。

（二）制定综合保障工作计划

1. 目的

制定综合保障工作计划的目的是全面规划承制方的综合保障工作，以满足合同中规定的保障性定量定性要求和综合保障工作要求。

2. 工作要点

（1）承制方应制定综合保障工作计划，其主要内容包括：

① 装备说明及综合保障工作要求；

② 综合保障工作机构及其职责；

③ 对影响系统战备完好性和费用的关键因素的改进；

④ 保障性分析计划；

⑤ 规划保障；

⑥ 综合保障评审计划；

⑦ 保障性试验与评价计划；

⑧ 综合保障工作的经费预算；

⑨ 部署保障工作的安排；

⑩ 保障交接工作的安排；

⑪ 停产后保障工作的安排；

⑫ 提出退役报废处理保障工作建议；

⑬ 综合保障与其他专业工程的协调；

⑭ 对供方和供应方综合保障工作的监督和控制；

⑮ 工作进度表。

（2）在研制过程中承制方应对综合保障工作计划进行完善。

3. 注意事项

（1）综合保障工作计划应全面反映合同中规定的由承制方完成的综合保障工作，并与综合保障计划相协调。

（2）综合保障工作计划应通过一定形式的评审并经订购方认可。

（三）综合保障评审

1. 目的

综合保障评审的目的是评审综合保障工作情况，以提供决策依据。

2. 工作要点

（1）订购方应在综合保障计划中规定综合保障评审要求及安排。对于由订购方主持或订购方内部的评审应明确评审项目、目的、内容、主持单位、评审时间、判据、评审意见处理等。

（2）承制方应根据综合保障计划中有关订购方主持的评审制定综合保障评审计划。在计划中还规定承制方内部评审的项目、目的、内容、主持单位、参加人员、评审时间、判据、评审意见处理等。

(3) 订购方应根据综合保障计划的安排开展或主持评审工作,作出评审结论,提出处理意见。

(4) 承制方应根据综合保障评审计划的安排开展或参加评审工作,做好评审准备,对评审提出的意见进行处理。

(5) 承制方应在综合保障评审计划中明确对供方的评审要求。

3. 注意事项

(1) 综合保障评审应与其他有关联的评审工作结合进行。

(2) 评审资料应提前送交参加评审的单位和人员,提前的天数应在合同中明确。

(3) 遗留问题的处理程序应在合同中规定;

(四) 对第三方监督与控制

1. 目的

第三方是指供方和供应方。对供方和供应方监督与控制的目的是保证转承制产品和供应成品满足规定的保障性要求。

2. 工作要点

(1) 承制方应根据供方合同的规定对供方的综合保障工作进行监督和控制。转承制合同至少包括下列有关综合保障的条款:

① 转承制产品的保障性要求;

② 供方综合保障工作的内容、范围及进度要求;

③ 对供方的监督和控制方式。

(2) 供应方提供的产品应符合有关的保障性要求,承制方应根据订货合同有关条款对供应方进行监督和控制。

3. 注意事项

(1) 承制方应及时协调各供方的综合保障工作及有关工作结果,并将协调结果通知有关供方;

(2) 承制方应将保障性分析结果及时并有针对性地提供给供方;

(3) 需要时,订购方可参与对供方的监督与控制。

三、规划保障

(一) 规划使用保障

1. 目的

规划使用保障的目的是确定装备的使用保障方案并最终制定装备的使用保障计划;

2. 工作要点

(1) 订购方应根据装备的使用方案提出装备的初步使用保障方案和已知的或预计的保障资源约束条件;

（2）承制方应通过使用工作分析，完善并优化使用保障方案，制定使用保障计划，同时为规划保障资源提供输入。

3. 注意事项

（1）由订购方提供的规划使用保障所需的信息应在合同中规定；

（2）最终承制方制定的使用保障方案和使用保障计划应经订购方认可。

（二）规划维修

1. 目的

规划维修的目的是确定装备的维修方案并最终制定装备的维修保障计划。

2. 工作要点

（1）订购方应提出装备的初步维修方案和已知的或预计的保障资源约束条件。

（2）承制方应通过故障模式影响及危害性分析，以可靠性为中心的维修分析、修理级别分析、维修工作分析、损坏模式及影响分析等保障性分析工作，完善并优化维修方案，确定各维修级别应进行的维修工作，制定维修保障计划，同时为规划保障资源提供输入。

3. 注意事项

（1）由订购方提供的规划维修所需的信息应在合同中规定；

（2）最终的维修方案和维修保障计划应经订购方认可。

（三）规划保障资源

应通过规划保障资源对规划使用保障和规划维修过程中提出的初步保障资源需求进行协调、优化和综合，并形成最终的保障资源需求。

1. 人力和人员

1）目的

规划人力和人员的目的是确定平时和战时使用与维修装备所需的人力和人员。

2）工作要点

（1）订购方应提出人员数量和技术等级等方面的约束条件；

（2）承制方应利用规划使用保障和规划维修等提供的信息，提出平时和战时使用与维修装备所需的人员数量、技术等级和专业类型等；

（3）承制方应编制人力和人员需求报告，并经订购方确认。

3）注意事项

（1）承制方在提出人力和人员需求时，应考虑现有条件，并尽量降低对人员技能的要求；

（2）承制方提出新的人员技能要求时，应尽早通知订购方，以便对人员的配备作出安排；

（3）订购方提供的信息和承制方提供的资料应在合同中规定。

2. 供应保障

1）目的

供应保障的目的是确定平时和战时使用与维修装备所需的备件和消耗品。

2）工作要点

（1）订购方应规定确定备件和消耗品品种和数量的原则和要求，并提供供应方面的约束条件；

（2）承制方应利用规划使用保障和规划维修提供的信息，提出使用与维修装备所需的初始备件和消耗品需求，编制初始备件和消耗品清单，并经订购方确认；

（3）承制方应提出满足保障性要求的后续备件和消耗品的清单，并经订购方确认；

（4）承制方应提出供应程序及方法等方面的建议。

3）注意事项

（1）应考虑战时备件和消耗品的供应要求；

（2）应考虑停产后的备件供应问题；

（3）订购方提供的信息和承制方提供的资料应在合同中规定。

3. 保障设备

1）目的

保障设备的目的是确定平时和战时使用与维修装备所需的保障设备。

2）工作要点

（1）订购方应尽早提出现有保障设备的消息，并提出保障设备的选用原则和研制的一般要求；

（2）承制方应利用规划使用保障和规划维修提供的消息，提出保障设备配套方案，编制保障设备配套目录，并经订购方确认；

（3）承制方应提出研制与采购保障设备的建议。

3）注意事项

（1）在制定保障设备配套方案时，应简化品种，优先采用现有的和通用的保障设备；

（2）应考虑战场抢修所需的保证设备；

（3）应考虑保障设备的保障问题；

（4）订购方提供的信息和承制方提供的资料应在合同中规定。

4. 训练与训练保障

1）目的

训练与训练保障的目的是确定装备使用与维修人员的训练要求及训练保障

要求。

2）工作要点

（1）订购方应提供现有训练及训练保障的有关信息及约束条件；

（2）承制方应根据规划人力和人员的结果，提出人员的训练方案建议；

（3）承制方应根据订购方的要求，制定初始训练计划和教材编写计划；

（4）承制方应编制训练器材清单，提出研制和采购训练器材的建议；

（5）订购方应制定后续的训练计划。

3）注意事项

（1）应尽量利用现有的训练条件；

（2）订购方提供的信息和承制方提供的资料应在合同中规定。

5. 技术资料

1）目的

技术资料的目的是确定使用与维修装备所需的技术资料。

2）工作要点

（1）订购方应根据有关标准和现役装备的使用经验提出技术资料要求及约束条件；

（2）承制方应根据规划使用保障和规划维修提供的信息，提出技术资料配套目录，并经订购方确认。

3）注意事项

订购方提供的信息和承制方提供的资料应在合同中规定。

6. 保障设施

1）目的

保障设施的目的是确定使用与维修装备所需的设施。

2）工作要点

（1）订购方应提供现有的保障设施的有关信息以及新建和改建设施的约束条件；

（2）承制方应利用规划使用保障和规划维修提供的信息，编制保障设施需求报告，并经订购方确认；

（3）订购方应根据承制方提出的装备所需的保障设施需求，经权衡后，制定新建设施和改建设施的计划。

3）注意事项

（1）应尽量利用现有的保障设施；

（2）应尽早提出新建保障设施需求；

（3）新建和改建设施应考虑装备发展的需要；

（4）订购方提供的信息和承制方提供的资料应在合同中规定。

7. 包装、装卸、储存和运输保障

1）目的

包装、装卸、储存和运输保障的目的是确定装备及其保障设备、备件、消耗品等的包装、装卸、储存和运输的程序、方法和所需的资源。

2）工作要点

（1）订购方应根据装备预期的使用方案、使用保障方案和维修方案提出装备及其保障设备、备件、消耗品等的包装、装卸、储存和运输要求及有关约束条件；

（2）承制方应根据 GJB 1181 制定并实施装备的包装、装卸、储存和运输大纲，确定装备及其保障设备、备件、消耗品等的包装、装卸、储存和运输的程序、方法和所需的资源。

3）注意事项

（1）应尽量选用现有的包装、装卸、储存和运输资源；

（2）订购方提供的信息和承制方提供的资料应在合同中规定。

8. 计算机资源保障

1）目的

计算机资源保障的目的是确定使用与维修装备中的计算机所需的设施、硬件、软件、文档、人力和人员。

2）工作要点

（1）订购方提出计算机资源保障方面的约束条件，如采用的计算机语言、软件开发环境等；

（2）承制方应提出装备所需的计算机资源保障要求；

3）注意事项

（1）应考虑计算机资源的后续保障问题；

（2）订购方提供的信息和承制方提供的资料应在合同中规定。

四、研制与提供保障资源

（一）研制保障资源

1. 目的

规划研制保障资源的目的是同步研制使用与维修装备所需的保障资源。

2. 工作要点

（1）订购方应根据规划保障资源的结果安排保障资源的研制；

（2）承制方应根据合同要求研制所需的保障资源，包括实施初始训练。

3. 注意事项

由承制方研制的保障资源应在合同中规定。

（二）提供保障资源

1. 目的

提出提供保障资源的目的是及时提供使用与维修装备所需的保障资源。

2. 工作要点

（1）订购方应根据规划保障资源的结果和部署保障计划，采购保障资源；

（2）订购方应根据部署保障计划向部队提供部署装备所需的保障资源；

（3）承制方应根据使用部队的反馈信息对保障资源存在的问题进行改进。

3. 注意事项

订购方在采购保障资源时，应注意保障资源的协调配套。

五、装备系统部署保障

（一）目的

装备系统部署保障的目的是保证装备部署到位，并建立经济有效的保障系统。

（二）工作要点

（1）订购方应根据装备部署计划制定部署保障计划；

（2）应根据装备部署计划和部署保障计划部署装备系统；

（3）承制方应根据使用部队的反馈信息对装备及保障资源出现的问题进行处理和改进。

（三）注意事项

在建立保障系统过程中，应做好保障的交接工作。

六、保障性试验与评价

保障性试验与评价包括保障性设计特性的试验与评价、保障资源的试验与评价和系统战备完好性评估。保障性设计特性的试验与评价主要包括可靠性、维修性等设计特性的试验与评价。

（一）保障性设计特性的试验与评价

1. 目的

保障性设计特性的试验与评价的目的是通过试验与评价发现设计和工艺缺陷，采取纠正措施并验证保障性设计特性是否满足合同要求。

2. 工作要点

（1）应按有关专业工程计划的安排，实施试验与评价；

（2）为确定和调整保障资源需求等提供输入。

3. 注意事项

（1）有关专业工程中的试验与评价应当相互协调，尽量结合进行，并与整个研制阶段的其他试验相互协调；

(2) 尽可能与保障资源的试验综合进行。

(二) 保障资源试验与评价

1. 目的

保障资源试验与评价的目的是验证保障资源是否达到规定的功能和性能要求,评价保障资源与装备的匹配性、保障资源之间的协调性和保障资源的充足程度。

2. 工作要点

(1) 应在保障性试验与评价计划中规定保障资源试验与评价的有关内容,包括试验方法、评价方法、评价准则、评价时机等;

(2) 应按保障性试验与评价计划实施保障资源试验与评价;

(3) 应编制保障资源试验与评价报告,主要内容包括保障资源的功能和性能、保障资源与装备匹配性、保障资源之间的协调性、保障资源充足程度等的评价及改进建议等。

3. 注意事项

(1) 保障资源试验与保障性设计特性试验应尽可能综合进行;

(2) 保障资源充足程度的评价与系统战备完好性评估尽可能综合进行;

(3) 各项保障资源的评价应尽可能综合进行。

(三) 系统战备完好性评价

1. 目的

系统战备完好性评价的目的是验证装备系统是否满足规定的系统战备完好性要求,并评价保障系统的保障能力。

2. 工作要点

(1) 应在现场使用评估计划中规定系统战备完好性评估的有关内容,包括评估的目的、评估参数、数据收集和处理方法、评价准则、数据收集的时间长度和样本量、评估时机、约束条件以及所需的资源等;

(2) 在部队试验期间,应对系统战备完好性进行初步评估;

(3) 系统战备完好性评估应作为初始作战能力评估的一部分进行,一般应在装备部署一个基本作战单位,人员经过了规定的培训,保障资源按要求配备到位后,开始进行系统战备完好性评估;

(4) 编制系统战备完好性评估报告,报告中应对评估过程中发现的问题进行分析,提出改进建议。

3. 注意事项

(1) 应充分利用部队试验和部队试用期间的有关信息;

(2) 承制方应按合同规定参与系统战备完好性评估工作。

第八章　质量工程管理

第一节　质量工程概论

一、质量工程内涵

武器装备的跨越式发展离不开我国的经济实力，离不开装备发展的战略和法律法规的建立和完善，同时，也离不开武器装备发展阶段系统性的质量要求。如果装备研制生产技术发展了，质量要求不高，显然会拖装备发展的后腿。可以说，武器装备建设发展的过程中，质量要求也是随着武器装备技术水平的发展不断提高，使之更适应装备建设发展的要求。

二、质量工程管理要求

（一）装备发展中的质量工程要求

1. 符合型质量要求

我国国防工业建设初期，只有简单的轻武器生产和修理能力，武器装备主要靠引进，我们对武器装备的质量要求也仅仅是适用型的质量要求。对当时部队使用的武器装备，仅仅借助国外专家的指导，依据与装备同时引进的维护手册和修理工艺文件，做好维护和修理工作。这些设计文件、工艺文件和质量保证文件，完全是国外维护、修理的方式方法，不存在对过程的要求，当时的质量工作主要体现在检验工作上。1951 年 6 月，当时主管军工的重工业部兵工总局召开全国第一届检验工作会议，制定了《兵工检验工作暂行条例》，对检验工作的任务、职责、机构、承制方与验收代表的关系实行预防监督，做了明确规定。1952 年 4 月 29 日，重工业部发出《关于加强检验工作的决定》，要求严格执行质量专责制，以保证产品质量，防止不合格品出厂。这个阶段的质量要求，处于一种符合型的质量保证模式。

2. 适用型质量要求

从第一个五年计划开始，我国的军工企业在苏联的援助下进行重点建设，建立了我国国防工业的基础，武器装备的引进和测绘仿制并存。我们学习苏联的管理模式，在厂长直接领导下建立了一套严格的质量检验制度，设置了强有力的检验机构，检验人员从原材料进厂、投料、加工、装配到成品出厂，根据设计图样和工艺文件的要求，进行一系列的检测和试验，经验证合格后，再提交军事代表检查验收。

即使从产品的形成过程到最终产品的检验验收，完全依照苏联武器装备的制造生产、试验和检验方式进行质量保证，这样的方式仅仅还是一种符合型向适用型过渡的质量把关模式。这样一套检验制度，在当时以测绘仿制后的小批生产为主的情况下，对保证产品质量起了极其重要的作用。在六十多载武器装备建设发展过程中，装备的质量管理经受了两次大的冲击，使军工产品质量产生了两次大的反复。

1）第一次质量大反复

1958 年的“大跃进”时代，片面追求高速度、高指标，不少军工企业忽视产品质量，片面追求产值，不按研制程序进行研制、生产，军品质量普遍下降。在这种情况下，1960 年 12 月 8 日—1961 年 1 月 7 日召开了以整顿军工产品质量为中心的国防工业三级干部会议。会后，根据全文通过的《关于国防工业企业中开展整风运动的指示》，从 1961 年 1 月开始，在国防工业系统自上而下地开展了整风运动，恢复健全了各项技术管理制度，企业的生产和产品质量情况逐步好转。

2）第二次质量大反复

重视产品质量的好日子没过多久，就开始了十年浩劫，1966 年—1976 年的“文化大革命”，是质量管理遭到严重破坏的 10 年，国防工业经过前次整顿建立起来的质量检验制度、生产质量责任制都被废弛，产品质量严重下降，恶性事故不断发生。十年内乱造成的恶果，反映在产品质量上积重难返，装备的质量隐患延续了很长的时间。一直到粉碎“四人帮”以后，各项目工作的彻底整顿，才使得我国武器装备的全面测绘仿制逐步走上正确发展的轨道，质量检验制度、生产质量责任制恢复了原有的作用，装备质量管理的要求，由符合型的质量要求转变为测绘仿制时代的适用型的质量要求。歼－8Ⅱ型飞机就是例之一。

3. 满意型质量要求

1）质量管理制度化

粉碎“四人帮”后，国防工业系统开展了产品质量整顿，1978 年 7 月，国务院国防工业办公室在调查研究的基础上，向国务院、中央军委报送了《关于发动群众彻底整顿产品质量的请示报告》，提出要以整顿产品质量为中心，进行企业管理的整顿，建立健全各项必要的规章制度。国务院、中央军委批转了这个报告。遵照批示，军工企业进行了全面的质量整顿，用了约 3 年时间，基本上改变了十年内乱造成的混乱状态，扭转了产品质量不好的被动局面。

针对十年内乱造成的破坏，军工企业进行的全面的质量整顿成效是显著的，在此期间逐步建立和恢复了一些质量管理制度，但是这种整顿是恢复性整顿，基础还不牢固，在质量工作上，有几个根本性的问题没有解决：一是质量第一的思想不牢固，没有真正树立起质量第一的思想；二是对质量工作的长期性、艰巨性、复杂性认识不足；三是在管理上缺乏一套科学的规章制度和方法；四是出了质量问题不能从根本上找原因，举一反三，认真查找薄弱环节，真正吸取教训。

2）全面质量管理全员化

国防科技工业传统的质量管理是以检验为主的管理，但是以检验为主的质量管理本身也有很大局限性。首先，检验是在出了质量问题之后，等到检验发现已是既成事实，时间上、经济上造成的损失已经是无可挽回了。其次，检验是重结果不重质量问题的起因，无法从根本上消除质量问题。此外，随着国防研制生产的发展，军工产品从仿制走向自行设计，技术复杂程度也不断增加，单纯依靠检验把关的方法越来越不适用了。

所以，20 世纪 70 年代末，国外质量管理经验随着改革开放传进我国，国防科技工业在恢复性质量整顿的基础上，开始学习和推行全面质量管理。

3）质量管理普及化

1979 年开始，国防工业系统推行全面质量管理，从教育培训、组织试点到逐步推广，大体花了 3 年～4 年时间。国务院国防工业办公室采取举办全面质量管理知识讨论培训班方式，着重培训国防工业各部、省（自治区、市）国防工办、部分重点企业的领导干部，依靠他们推动和指导企业开展全面质量管理。主要内容包括："用户是上帝"的观点；"以质量为中心"的管理模式；广义的质量概念；"产品质量是设计、制造出来的"；以工作质量保证产品质量的认识，全过程的质量控制，全员参与为基础的管理，群众性 QC 小组活动，始于教育、终于教育的全员培训，"用数据说话"，统计技术"七种工具"的运用和 PDCA 方法等，这些理念和方法在国防工业系统迅速传播开来。

4. 卓越型质量要求

20 世纪 80 年代中期，我国现代武器装备的研制生产日益向现代化大协作的方向发展，其中任何一个环节出了问题，都可能反映到整个装备上来，导致装备故障甚至重大事故。因此，一些管理模式已不能适应装备发展的需要了。

1）质量管理走向"依法管理"

为了推动全面质量管理深入持久地开展，淘汰一些因人而异的"人治"管理模式，1983 年初国防科技工业开始启动质量管理"立法"工作，应用全面质量管理的理论和方法，借鉴美国 MIL－Q－9858A《质量大纲要求》的构架，组织起草了《军工产品质量控制暂行条例》。"暂行条例"以对军工产品研制、生产的全过程实行全面的有效的质量控制，以期达到稳定、可靠、优质的目的，保证满足部队的使用要求，适应国防现代化的需要，为军工产品质量管理体系建设提供了法律的框架和依据。

2）质量管理走向"系统管理"

随着武器装备研制管理改革的开始，实行国家指令性计划指导下的合同制，需要质量管理进行相应的改革。同时，为了适应国防建设由临战状态转向和平时期现代化建设的需求，考虑适应对外开放的需要，原国防科工委在原《军工产品质量控制暂行条例》的基础上进行修订,1987 年 6 月由原国防科工委颁布《军工产品质量管理条例》,于 1987 年 7 月 1 日开始施行,标志着国防科技工业的质量管理进入了一个新的发展阶段。

"质量管理条例"突破了传统的质量观念,以现代质量观为指导,树立了更为科学的质量观念,包括"一次成功"的思想、系统管理的思想、预防为主的思想、实行法治的思想等。

为了指导实施评定考核,1988 年 8 月主管部门颁布试行了《"条例"的实施要求和评定导则》,并经试行修订后于 1991 年 10 月 18 日颁布了《军工产品质量管理要求与评定导则》(GJB/Z 16)。而后,以"导则"作为顶层标准建立体系框架,制定了配套的 41 项质量管理标准,构成了我国军工产品质量管理完整的法规体系和标准体系,为军工产品质量管理走向现代化、系统化奠定了基础,为从源头抓起,实施全过程质量管理提供了依据,也为现行质量管理体系的建立、持续正常运行打下了坚实的基础。

(二)装备承制方资格确认

承担武器装备研制生产任务的单位应具备装备承制资格。装备研制生产单位是武器装备研制生产质量的责任主体。各研制生产单位法人代表是本单位装备质量的第一责任人,对本单位装备研制生产质量工作全面负责。装备研制生产单位,要严格执行军工质量法规和军用标准,建立并有效运行质量管理体系,履行武器装备研制生产合同中确定的质量条款,承担相应的技术经济责任,负责装备交付部队后的售后服务。

第二节　质量管理体系

1986 年前,承担我国武器装备研制生产的军工企业全面实施了质量保证体系管理。原国防科工委从 1988 年准备(制定评定程序、培训审核员)对军工企业质量保证体系组织进行试点考核,1989 年逐步铺开,到 1992 年 5 月,先后获考核合格的单位共 587 个,占计划考核单位的 85%。不少单位领导在保证产品质量上尝到了甜头,认识到一个健全的质量保证体系是自身生存发展的需要,因而由"要我考核"转变为"我要考核"。与此同时,订购方也通过实践认识到,建立健全质量保证体系,是保证军工产品质量的根本途径,因而主动帮助厂、所加强质量保证体系建设,把质量监督的重点从产品检验验收转到监督质量保证体系正常运行上来。质量保证体系的考核工作取得了预期的成效。

一、质量管理体系综述

(一)质量管理体系建设与国际接轨

1992 年 5 月,首轮质量保证体系考核工作接近全面完成,为了适应政府职能转变的新形势,巩固、发展质量保证体系考核的成果,采用国际通行的质量管理和质量保证方法,并结合我国军工企业的实际,从 1993 年开始军工产品承制方质量保证体系考核向认证过渡。

国际上普遍采取质量认证的形式,依据是 ISO 9000 质量保证和质量管理系列标准,实施认证审核的主体是可以充分信任的第三方机构,以证书的形式证实企事业单位质量体系符合所选定的质量保证模式标准的活动。

对照考核与国际上质量体系认证,它们的性质是基本相符的。但是质量保证体系考核还存在一定的缺陷。如,体系合格的判定标准偏低,合格标准掌握不严;考核的组织上行政色彩较浓,缺乏相对独立的执行机构,客观可信度较低;授证后的维持管理不健全,监督工作尚未达到制度化、规范化;"评定要点"对民品开发、生产的质量要素兼顾不够,不利于促进军民品质量管理一体化和对外交往。国际上的一套标准和做法,为我们改进上述不足,变质量保证体系考核为认证管理提供了有益的借鉴。

为此,原国防科工委在昆明召开质量保证体系认证工作会议,研究进一步推动质量保证体系的建设、完善,将考核评审转入由第三方组织进行的、更为科学化、制度化、经常化的认证管理轨道上来,同时也有利于军工企事业参与国内外市场竞争,发展对外交往。

在这次会上,主管部门对质量保证体系从考核转向认证管理的方法、步骤,充分交换了意见,基本取得了一致。根据会议精神和工作要求,1992 年 12 月国防科工委成立了专职的认证机构——中国新时代质量体系认证中心,并开展了一系列认证的准备工作。

(1) 遵循公正的原则,由研制、生产、使用部门负责人和专家 21 人组成,成立军工产品质量保证体系认证委员会,任何一方均不占支配地位。1992 年 12 月召开了第一次会议,审议通过了《军工产品质量保证体系认证委员会章程》和认证管理办法。会议决定委员会秘书处设在中国新时代质量体系认证中心,为委员会常设办事机构。

(2) 修订完善质量保证体系评定标准。仍以《军工产品质量管理条例》和 GJB/Z 16"评定导则"为主要依据,参照 ISO 9000 和 GB/T 10300 系列标准的基本概念、结构框架和全部质量体系要求,组织编制了国家军用系列标准《质量管理和质量保证标准》(草案),国防科工委于 1993 年 10 月颁布试行。

(3) 采用 ISO 10011《质量体系审核》规定的审核程序,改进了原有的审核程序和方法。

(4) 在原有评审员中择优选拔一批同志,按国际标准要求进行再培训、考核、授证,形成一支专、兼职审核员队伍。

(5) 1994 年 2 月 27 日 ~3 月 4 日,西安飞机工业(集团)有限责任公司成为第一家接受中国新时代认证中心认证审核的试点。

由于有了质量保证体系考核的工作基础和实践经验，加上成立了专职认证机构，准备比较充分，程序比较严密，工作比较细致，因而使军工企事业单位质量体系认证的进展较为平衡顺利。

（二）A + B 质量管理体系模式

1994 年下半年开始，原国防科工委组织力量，在认真总结 1993 年《质量管理和质量保证》系列标准草案（试行）的基础上，着手制定质量管理体系的国家军用标准。同年 12 月，原国家技术监督局重新修订发布了等同采用 ISO 9000 国际系列标准，为国家军用系列标准的编制提供了重要的依据。

1996 年发布的质量管理和质量保证国家军用系列标准（GJB/Z 9001 ~ 9004），是在相应的质量管理和质量保证国家标准（GB/T 19001 ~ GB/T 19004）的基础上，增加军工产品的特殊要求编制的，确立了"A + B"的标准模式。军用系列标准的发布和实施，推动了军工产品质量管理体系建设的迅速发展，促进了军工产品质量与可靠性水平的提高。

GJB/Z 9000 ~ 9004《质量管理和质量保证军用标准》贯穿了《军工产品质量管理条例》的"一次成功、系统管理、预防为主、实行法治"的核心思想；强调了军工产品质量管理与质量管理体系建设的特殊需要；包括了诸如组织最高管理者的质量职责，新产品开发控制，试验控制，功能特性分类，设计、工艺和产品质量三大评审，保证图样质量的三级会签制度，厂（所）质量保证体系，质量信息要求等多年来军工产品质量管理行之有效的经验和方法。GJB/Z 9000 ~ 9004《质量管理和质量保证军用标准》涵盖了下列标准的主要内容：

（1）GB/T 6583《质量管理和质量保证术语》和 GJB 1405《质量管理术语》，是质量管理和质量保证术语标准，对标准应用中的最基本的、必须的以及容易引起误解的概念做了统一的描述，使人们对所涉及到的概念有一个共同的认识和理解，更好地开展质量管理工作。需要说明的是 GJB 1405 的部分术语的制订是依据 GB/T 6583 的早期版本。因此，在两个标准中的同一术语，应以 GB/T 6583 的最新版本给出的概念为准。

（2）GJB/Z 9000《质量管理和质量保证标准—选择和使用指南》介绍了与质量有关的基本概念，并为正确地选用质量管理和质量保证方面的标准提供指南。

（3）GJB/Z 9001《质量体系——设计、开发、生产、安装和服务的质量保证模式》、GJB/Z 9002《质量体系——生产、安装和服务的质量保证模式》、GJB/Z 9003《质量体系——最终检验和试验的质量保证模式》，是质量保证模式标准，是为了评价组织是否满足给定情况下质量保证需要，经标准化或经选择的一组质量体系的综合要求的标准，是外部评价组织质量保证能力的评定程序。标准中所提出的质量体系要求，是在组织质量体系的基础上，把顾客关心的影响产品质量的一些质量活动，做了三种典型的和标准化的组合，提出了控制要求。组织通过提供令人信服的证据，使顾客或第三方信任其质量保证能力能够满足要求。

（4）GJB/Z 9004《质量管理和质量体系要素—指南》是指导组织进行质量体系建设所依据的质量管理标准。它从组织内部质量管理的需要出发阐述了质量体系的原则、结构和所包括的最基本的要素。

支持性标准，是对质量管理标准和质量保证标准起技术支持作用的标准，如设计评审、工艺评审、产品质量评审、军工产品质量标识和可追溯性要求、军工产品批次管理的质量控制要求等标准属于此类标准。

（三）质量管理体系建设发展

2000年，国际标准化组织发布了经过修订后的ISO 9000族标准，国家标准也随之修订，并于2000年12月发布了新的国家标准GB/T 19000、GB/T 19001和GB/T 19004。新的2000版GB/T 19000族标准和1994版相比，有了很大的变化。GB/T 19000族标准引入了质量管理八项原则，突出了以顾客为关注焦点的思想，强化了最高管理者的作用，明确了持续改进是提高质量管理体系有效性和效率的重要手段，对文件化的要求更加灵活，采用“过程方法”结构，加强了GB/T 19001和GB/T 19004的协调一致，从而使GB/T 19000族标准具有广泛的通用性，适用于所有产品类别，不同规模和各种类型的组织。

作为96版国家军用系列标准的基础部分发生了上述的如此大的变化，使标准面临修订的迫切需要。

此外，变化的国际军事战略格局和未来高技术条件下的作战要求，使质量成为武器装备建设的核心。当时，国防建设面临新的形势，急需尽快研制出高质量的武器装备，满足国防建设和战备的需要。国家重点工程、重点型号产品，任务急、技术新、难度大，对军工产品的质量管理又提出了新的要求。

随着改革开放的不断深入，我国社会主义市场经济体制的建立，军工产品的研制、生产单位也正处于深化改革和调整之中。资产重组、体制更新、结构变更、新老人员交替，旧的体系和机制已经不能适应新的形势，新的管理模式急待形成。为此，在总结几年来实施96版国家军用系列标准经验的基础上，中国人民解放军总装备部组织力量，对GJB/Z 9000～9004国家军用系列标准进行了修订，以期使修订后的标准成为既体现与国际接轨，又能满足当时军队武器装备质量建设要求的标准。

2001年5月31日正式发布了国家军用标准GJB 9001A（同时引用国家标准GB/T 19000和GB/T 19004作为军用系列标准的组成部分），2001年10月1日实施。GJB 9001A标准是各装备管理部门对军品承制方提出质量管理体系要求和实施质量管理体系审核的依据，也是军品质量管理认证机构对军品质量管理体系实施认证审核的依据。原96版的获证客户在标准过渡转换期内基本完成了标准换版认证工作，包括后来申请认证的单位，截止到2006年已有1300余家企事业单位取得了军工产品质量管理体系认证证书。

2010年9月30日重新公布了《武器装备质量管理条例》，2010年11月1日起施行。

（四）GJB 9001A 模式确立

为了适应当前军工产品的特殊需要，在增加特殊要求方面，GJB 9001A 的内容突出了以下重点：兼顾设计、开发、生产、安装和服务，突出了设计和开发；兼顾硬件、软件、流程性材料和服务，突出了硬件和软件；兼顾产品形成的各个过程，突出了关键过程；兼顾相关方，突出了顾客。

2001版标准顺应当时特定历史时期的需求，在兼顾设计、开发、生产、安装和服务的同时，突出了对设计和开发活动的控制要求。在产品实现过程的策划中要求进行“风险分析和评估，形成各阶段风险分析文件”；在设计和开发中要求“编制产品设计和开发计划，需要时，应编制预先规划的产品改进计划”，“识别制约产品设计和开发的关键因素和薄弱环节并确定相应的措施”等。

GJB 9001A 标准中突出了硬件和软件的需要，提出了“运用优化设计和可靠性、维修性、综合保障等专业工程技术进行产品设计和开发”；“对设计和开发中采用的新技术、新器材，应经过论证、试验和鉴定”；“按软件工程方法，设计和开发计算机软件”等要求。

产品有关键特性、关键件，产品形成过程有关键过程、特殊过程，这是一种客观存在。抓不住关键，控制就失去了重点。在当前情况下抓住关键是实现产品研制一次成功的必由之路。为此，在 GJB 9001A 标准中对关键特性、关键件、关键过程从定义开始，提出了系统的控制要求。

GJB 9001A 标准在兼顾相关方要求的同时以满足顾客的要求为重点。军工产品的顾客是军方，军方对军工产品的要求和期望代表了国家的需求。因此，在 GJB 9001A 中除了充分体现满足军方对产品质量和质量管理体系的要求外，还增加了组织的某些质量活动要征求顾客同意的内容。这样做既可以加强组织与顾客的沟通，落实顾客的监督，也充分体现了以顾客为关注焦点的思想。但值得注意的是，顾客的认可或同意，不能造成责任的转移，不能免除组织提供符合要求项目的责任。

自1996年 GJB/Z 9000～9004 军用系列标准发布以来，随着军工产品质量体系认证工作的开展，系列标准的内容得到了实施，对于一些已经得到实现的质量体系要求，在 GJB 9001A 中进行了删减或简化，对于不适应当前形势发展需要的内容进行了修改，对于一些新的管理技术作了适当的引入。GJB 9001A 标准的编制和发布,是对 GJB/Z 9001 的继承和发展。

二、质量管理体系建设

(一) 建立健全质量管理体系

质量管理体系,它是由组织机构、职责、程序、过程、资源等方面构成的有机整体,也是武器装备建设发展的平台。承制方应根据承担任务的特点,为使国家和使用部门确信其产品、过程、服务能够满足规定的或潜在的质量要求,建立健全质量管理体系,并不断完善,努力适应武器装备研制、生产发展变化的需要。健全的质量管理体系一般包括:

(1) 明确的不断进取的质量目标和方针、政策;

(2) 各类人员、各职能部门的质量责任制;

(3) 能独立、客观的行使职权的质量保证组织;

(4) 完善的质量管理制度和标准、规范、程序;

(5) 有效的质量管理活动,能够确保产品形成的全过程处于受控状态;

(6) 质量记录完整,信息畅通,实施闭环管理;

(7) 设计、制造、试验、检测、分析、控制等手段满足承制产品的质量要求,并保持完好状态;

(8) 外购器材质量确有保证;

(9) 用户满意的技术服务;

(10) 质量教育坚持始终;

(11) 质量监督、审核制度化;

(12) 实施质量成本管理,达到质量和效益的统一。

(二) 建立质量责任制及部门职能

质量责任制是承制方实行经济责任制的中心环节,同形成产品质量有关的各项目职能,应在质量责任制中得到体现,做到责、权、利统一。

厂(所)长是承制方的法人代表,他必须对本单位的最终产品的质量负责,因而他要对保证产品质量的各项工作负全面责任。

厂(所)长的质量责任,应当分解落实到各个职能部门、车间和各类人员,形成层层负责,以保证在产品研制、生产、服务保障的全过程,各职能部门、车间和各类人员发挥各自的质量职能;

建立质量责任制,是全员参加质量管理的制度保证,旨在消除人的随意性和盲目性,把群众性的质量管理活动建立在岗位责任制的基础之上,成为有组织、有目的自觉行动。具体实施要求一般体现在:

(1) 明确规定了厂(所)长对本单位最终产品质量和质量管理全面负责;

(2) 根据武器装备的设计、试制、试验、生产准备、计划调度、采购供应、加工制造、产品检验、交付使用和技术服务等直接影响质量的各种职能和活动,确定各职能部门的权力和责任,并以文字形式法规化,成为各部门的责任制。职能部门的责任是,提高工作质量、工程质量,为产品质量提供可靠保证。

(3) 建立各类人员的质量责任制。应使每个岗位人员明确自己的质量职责,对于自己应该做什么,怎么做,按什么标准做,做到什么程度,以及为什么要这样做,都有透彻的了解。

(4) 质量保证组织通过实施立法、控制、检查、监督的职能,对各职能部门和车间的质量职责,进行组织、协调、评价,以保证质量责任制的执行。各职能部门和车间应定期检查,考核各类人员的质量职责执行情况。

(三) 质量保证组织设置

质量保证组织是质量专职机构的总称,按照承制方现行机构的职责分工,质量保证组织一般应包括质量(含可靠性)管理、工艺管理、测试、检验、计量、理化、标准化、外场技术服务等机构的全部或部分职能。

1. 机构设置原则

鉴于各承制方承担的武器装备任务类型、生产规模、专业技术、组织方式等不同,其质量保证组织的设置是不一样的,具体工作机构设置的原则是:

(1) 领导集中统一。为使质量保证组织的各职能机构形成一个有机的整体,领导要相对的集中统一,以便有组织的开展工作。

(2) 机构设置协调。一是质量保证组织与其他职能部门机构设置要相互协调,二是质量保证组织内部的机构设置也要相互协调,根据职责、权利不同而合理设置。

(3) 职责分工明确。质量保证组织与其他职能部门之间,质量保证组织内部的各职能机构之间,都要通过建立健全质量责任制,把职责分工明确下来。

(4) 联系渠道畅通。不论质量保证组织的机构是集中设置还是分散设置,都应通过一定的制度和程序,使机构之间保持密切联系,信息畅通。

(5) 研制单位的质量保证组织,对型号的管理可以采取职能机构与型号组织相结合的矩阵管理方式,复杂武器还可以建立型号质量师系统,协助并督促设计师系统对设计、试制、试验质量实施有效控制。

2. 组织职责

质量保证组织的主要职责是:

(1) 根据质量责任制的规定,协调、评价业务技术部门的质量职责;

(2) 组织编制质量保证文件,审查、会签有关技术(设计、工艺等)、管理文件;

(3) 参加新产品的方案论证、设计、工艺评审、工程试验、技术鉴定及产品定型,实施有效的技术状态控制;

(4) 在组织实施质量保证文件的同时,应当对检验、试验、计量人员的质量

职责实施监督,定期进行评定;

(5) 根据技术资料和质量保证文件,监督生产现场,管理检验印章,检验产品质量,保证交付使用的产品符合合同要求;

(6) 督促检查质量标准的贯彻执行,保证计量器具的量值与计量基准相一致;

(7) 负责不合格品的管理工作,检查督促有关措施的贯彻执行;

(8) 参加对供应方的考察,确认外购器材(含原材料、成件、元器件)供应单位的质量管理体系,审查合格器材供应单位名单,负责复验入厂器材质量;

(9) 负责质量信息管理,考核质量指标,参加分析质量成本,掌握质量变化趋势;

(10) 协同制定质量教育培训计划,组织群众性的质量管理活动;

(11) 编制检验规程,研究检测技术;

(12) 组织产品出厂后的技术服务。

3. 组织的任务

质量保证组织的基本任务,是将所规定的12项职责在组织上给予落实,明确各自的责任和权限,保证所有交付的产品符合合同要求,按指令性计划下达的研制、订货项目保证符合研制总要求(技术协议书)和系统规范、研制规范、产品规范和工艺规程等的要求。

4. 组织实施要求

(1) 承制方根据本单位具体情况和具体需要,本着领导集中统一、机构设置协调、职责分工明确、联系渠道畅通的原则,设置质量保证职能健全的机构;

(2) 集中设置的质量保证部门,或分散设置的质量管理和检验机构,必须在厂(所)长直接领导下开展工作;

(3) 质量保证组织在检测、查明、评价、判断和处理质量问题中,不受研制、生产进度和成本等因素的限制和人为的干扰,坚持在确保质量的前提下,求效益,保进度;

(4) 质量保证组织在履行职责中要坚持实事求是,运用科学手段和方法,正确的判断、处理质量问题;

(5) 质量保证组织所规定的12项职责,均需在组织上予以落实,明确各自的责任和权限;

(6) 明确质量保证组织与各职能部门在质量职责上的关系,处理好工作接口,在完整的质量管理体系中各司其职、各负其责;

(7) 按照闭环管理的要求,制定工作程序,保证各项质量工作按程序进行。

(四) 质量人员的权利与义务

承制方必须保障质量工作人员行使职权不受侵犯,敢于维护国家和用户的利益，抵制和揭露一切降低质量标准，以次充好，弄虚作假的行为。实施要求有以下几个方面：

（1）承制方应该加强质量工作队伍的业务技术、职业道德建设，要在组织上、制度上、舆论上保证质量工作人员正当行使职权；

（2）厂（所）长、总工程师或型号总设计师在职权范围内否决、改变质量保证部门对质量问题的处理决定时，必须签署书面文件，以示负责（所谓“在职权范围内”，是以不违反研制总要求或合同规定及有关法规为前提）；

（3）质量工作人员有越级反映质量问题的权利和义务，受行政和法律的保护。

（五）编制质量手册

质量管理手册，也称质量手册，它是承制方贯彻执行《武器装备质量管理条例》，开展质量管理工作的基本法规和程序，是本单位质量管理体系的文字表述。

1. 手册编制原则

质量管理手册的编制应当坚持指令性、系统性、可检查性的原则，具体的要求是：

（1）手册应具有指令性。手册由本单位最高领导人批准发布，是应长期遵循的法规文件。

（2）手册应具有系统性。手册所包含的内容，应按“质量环”的要求，对形成和影响产品质量的各个环节和因素，作出系统的、协调一致的规定。

（3）手册应具有可检查性。手册及其支持文件的各项规定，要有明确而又具体的定性、定量要求。

2. 手册的内容

（1）质量管理的方针、政策和目标；

（2）质量保证组织及其职责，各业务技术部门的质量职责；

（3）产品研制、生产过程的质量控制程序和标准；

（4）不合格品的管理和故障分析及纠正措施；

（5）质量信息的传递、处理程序；

（6）质量保证文件的编制、签发和修改程序；

（7）质量工作人员资格审定办法；

（8）群众性质量管理活动，以及检查、评价、奖惩办法；

（9）其他有关事项。

3. 手册实施要求

（1）按照 GJB 9001B 和 GJB 379 编制手册；

（2）定期评价手册执行情况和手册适用性；

（3）手册及其支持文件应随着认识的提高、经验的积累，以及科学技术的发展和任务情况的变化,进行相应的修改、补充、完善。

三、持续改进机制

持续改进机制的管理主要体现在年度管理评审、持续改进机制运行、FRACAS系统运行、数据统计分析应用、测量和评估等方面,其机制的改进内容有:

(一) 年度管理评审

年度管理评审的重点一般应包括:年度管理评审的输入、管理评审决议、最高管理者的改进决定及落实情况,改进的有效性评价等。

(二) 持续改进机制运行

在持续改进机制运行中,不能仅仅就问题进行改进、处理和纠正来评价一个单位的持续改进机制运行管理情况和有效性。持续改进机制运行管理的重点一般应包括:法规标准和制度、体系文件修改完善、质量方针目标改进、年度质量改进计划、内部审核、技术质量攻关、质量问题查处及"双五条"归零等。

(三) FRACAS 运行

FRACAS 运行管理的重点项目应包括:制度和规定、纠正措施委员会及常设机构、运行记录、纠正及预防措施等。例如:

承制方是否建立并运行了产品故障报告分析和纠正措施委员会;是否形成了工作制度和会议制度;产品研制生产使用中发生的严重质量问题和成批性不合格品,是否提交委员会研究分析问题的原因、确定纠正措施和处理意见,形成会议记录,并归档。

(四) 数据统计分析管理

数据统计分析管理的重点项目应包括:数据统计分析制度、规定、质量控制网络及数据采集系统、控制图表、综合分析报告等。承制方应收集、分析和确定适当的数据,包括来自监视和测量的结果以及其他有关来源的数据,以证实装备使用的适宜性和有效性。数据分析至少应提供以下信息:

(1) 顾客满意;

(2) 与产品要求的符合性;

(3) 过程和产品的特性及趋势,包括采取预防措施的机会;

(4) 供方;

(5) 有关质量管理体系正常运行的日常活动。

(五) 测量和评估管理

承制方应对产品的特性进行测量及评价,以验证产品的要求已得到满足。测量及评价的重点项目应包括:采购检验(入厂复验)、二次筛选(元器件、板级、部组件)、外包外协件验收检验、首件检验、关键特性检验、特殊过程检查、工艺纪律检查、不合格品控制、顾客满意度测量等。

第三节　全过程质量要求设计

一、方案论证的质量要求

武器装备研制中的质量要求是从武器装备论证工作环节开始的,其内容的选择应遵循武器装备论证工作的一般规律,即适用性、系统性、协调性、先进性、知识性、科学性等。适用性是提出的论证方法和要求,应充分考虑各类装备特点,各类论证和论证管理工作的实际需要,内容规范,要求具体,操作性强;系统性就是应全面体现各类武器装备论证工作的全过程,反映论证及相关领域知识理论与技术研究成果的全貌,使其构成主次分明,系统完整;协调性是指格式和涉及的内容与要求应与相关法律、法规及国家军用标准相协调,各章节在深度、广度、范围和要求等方面要互相协调一致,自身成为一个有机整体;先进性就是其内容应充分反映当代科学技术发展的特点和论证研究中的前沿问题,反映未来高技术战争对武器装备建设和发展的新要求,展示当代科学技术和军事技术领域发展的最新水平,对论证和相关基础研究的各种新成果,也应进行系统整理和吸收;知识性是对各专业涉及到的名词、术语与基本方法以及相关的知识,各种计算公式、模型等的来源、主要特点、使用方法及应注意的问题等都要详细叙述清楚,力求知识完备;科学性就是内容选择及整体结构科学合理,引证资料来源清楚、内容准确可靠、文理通顺、语言表达严谨、逻辑性强。本节从装备研制的论证阶段开始,重点叙述武器装备研制中质量要求的不同特征。

(一) 论证工作概述

在任何一项工作中,论证工作的作用是至关重要的,论证是决策的依据,论证是武器装备建设和发展的先期工作,论证是武器装备发展过程中的重要环节。论证工作首先要简述论证的定义、学科特性、基本原理、论证工作的一般方法以及论证工作的发展概况等。其基本任务主要阐述以下两个方面的内容,一是整个论证工作任务,二是完成一个具体论证项目的任务。

(二) 论证基本原则

论证的特点主要阐述以下方面的内容,论证要有导向性和政策性;论证工作的相对独立性;论证方法的严密性和科学性;论证结论的咨询性。论证的一般原则,主要有以下方面的内容:必要性、可行性、先进性、经济性、系统性、标准化、可用性和综合优化的原则。具体的原则,可根据不同武器装备类别和具体论证的内容与特点来确定。

(三) 论证分类及程序

武器装备论证可以根据不同的研究对象和论证任务,分为发展战略论证、体制系列论证、规划计划论证、型号论证和专题论证等5种类型。专题论证又包括装备(技术)引进论证、报废退役论证、军选民品论证、改装论证等。本书主要是重点阐述型号论证的相关内容。

论证工作的基本程序主要阐述各类论证课题从源头开始,至整个论证工作结束所经过的各个阶段、每个阶段的工作内容和要求、完成任务的标识及质量控制措施等问题,对参加论证的人员素质和论证工作的管理提出具体要求。

(四) 策划质量要求

在论证和方案阶段从顶层策划武器装备质量工作,必须着眼武器装备的使命任务和未来战场环境,以提高武器装备作战效能为目的。重点针对影响装备环境适应性、突防能力、抗电磁干扰能力、毁伤效果等突出因素,采用先进技术和科学方法,立足装备作战和保障需求,承制方进行武器装备战术技术指标论证的同时,应进行可靠性、维修性、保障性、测试性、安全性等指标论证。提出定性定量的装备质量特性要求。装备质量特性的论证结果要作为论证阶段的《研制立项综合论证报告》和《研制总要求》的重要内容,一并论证报批。与此同时,对可靠性、维修性、保障性、测试性、安全性等提出的定量指标和定性要求,与其他功能指标和系统质量要求一并编入《系统规范》以及《研制规范》。其主要质量要求是:

(1) 在战术技术指标论证中,按照规范的装备质量指标体系,开展可靠性、维修性、保障性、测试性、安全性等战术技术指标的论证,提出新研武器装备的寿命剖面、典型任务剖面、维修保障要求,突出做好环境适应性、电磁兼容性和毁伤效果等及其他约束条件的论证,提出可靠性、维修性、保障性、测试性、安全性等贴近实战条件的验证与考核要求,制定初始验证与考核方案,承制方对战术技术指标进行评审时,一并对可靠性、维修性、保障性、测试性、安全性等指标进行评审,评审通过后,纳入《研制立项综合论证报告》。

(2) 在装备保障要求论证中,按照体系配套、系统配套和保障配套的要求,开展人力与人员、备件和消耗品供应、保障设备、技术资料、训练与训练保障、保障设施等保障资源的需求论证,制订装备初始保障方案。

(3) 要开展战术技术性能、可靠性、维修性、保障性、测试性、安全性等质量特性和保障资源要求的综合分析,评估装备研制、采购、维修保障和使用的风险,重点分析各项目质量特性要求的变化对装备研制进度、作战效能等的影响,提出对策措施。

(4) 要大力开展武器装备的通用化、系列化、组合化论证,优化品种系列,消除低水平的重复研制,提高武器装备的综合保障能力。要制定型号标准化工作计划,建立型号标准化工作体系,进行标准化需求分析和论证,提出型号的标准化要求和型号标准体系,承制方关键节点的标准化评审或审查,并对标准的实施进行监督。

二、工程研制的质量要求

系统工程管理的特点之一,是对武器装备研制分阶段进行。型号研制总体单位在深入分析使用方对型号提出的战术技术指标要求外,就是分阶段提出型号研制质量工作的总体策划后的质量要求,指导型号研制全过程的质量工作。例如:在方案阶段,必须进一步确认可靠性、维修性、保障性、测试性、安全性等指标的考核和验证方法,明确寿命剖面、典型任务剖面,进行评审后纳入型号分配基线的《研制规范》。同时,建立健全型号质量师系统、可靠性工作系统,明确其质量责任和工作程序,提出应采用的各项目质量工程技术,规范质量控制和质量保证工作,从研制源头开始,逐阶段提出质量工作要求。

(一)提出可靠性工程设计与试验

可靠性工程是指为达到航空装备的寿命、可靠性、维修性、保障性、测试性、安全性等品质要求而进行的有关设计、试验、生产和维修保障等一系列工作。承制方应根据研制合同的具体规定和《研制规范》的要求,全面开展可靠性工程的设计、试制、试验工作。

需要解释一点,为什么有的产品技术文件提出三性指标即可靠性、维修性、保障性要求,有的产品技术文件提出六性指标即可靠性、维修性、保障性、测试性、安全性和环境适应性。这主要与产品层次、安全度以及电子产品与机械产品有一定的关系。系统和重要分系统或设备级的产品指标有六性指标要求即可靠性、维修性、保障性、测试性、安全性和环境适应性;一般电子产品技术文件只提四性指标要求即可靠性、维修性、测试性和环境适应性;涉及安全的机械产品没有测试性,但增加了安全性要求。以工程研制阶段为例,一般要求是:

(1)承制方为实施可靠性、维修性、保障性、测试性、安全性和环境适应性大纲制定可靠性、维修性和保障性、测试性、安全性和环境适应性工作计划。按照GJB 841《故障报告、分析及纠正措施系统》标准,建立故障审查承制方和故障报告、分析及纠正措施系统等。

(2)承制方按技术协议书或研制规范的要求,开展可靠性、维修性、保障性、测试性、安全性和环境适应性等各项设计工作。重要三级以上产品的有关项目必须进行设计、工艺和产品质量评审,有关项目清单均应审签并按规定上报。

(3)承制方须按照国家军用标准和型号可靠性工程规范、指南等技术文件,进行可靠性工程分析与设计。在初步设计、详细设计、试制和试验后,以及首次试飞前,根据型号可靠性工程工作计划及研制合同的要求,分层次进行可靠性工程评审,并按规定的方法验证可靠性、维修性、保障性、测试性、安全性和环境适应性设计。

(4)承制方在设计和试制过程中,应采用优化设计和先进的制造工艺,充分开展性能试验、环境试验、仿真试验，对关键、重要系统、设备必须进行环境应力筛选试验、可靠性工程试验或可靠性增长试验等；试验中发现和暴露的设计缺陷和故障隐患必须及时予以消除。改进设计后，要进行补充验证，所有装机电子产品，必须百分之百完成环境应力筛选。

（二）提出技术状态标识

技术状态管理的四大功能是标识、控制、纪实和审核。技术状态标识是技术状态管理的关键，如果装备没有按产品层次进行技术状态标识，那么，技术状态管理就是一句空话，层次管理、批次管理就不可能存在，技术状态控制也就无从谈起了，只不过是装备出现什么问题解决什么问题而已。这实际上是用单一产品的技术管理替代了系统管理中的技术状态管理，说明我们目前的管理模式仍然停留在装备的引进修理、测绘仿制年代的一、二代装备的研制水平上。技术状态标识在技术状态管理中，它的第一个功能首先是分解，就是在研制新型号的论证阶段之时，依据 GJB 2116《武器装备研制项目工作分解结构》进行产品层次分解，形成一层层、一个个具有独立功能特性和物理特性的技术状态项。在进行技术状态项分解的同时，按 GJB 2737《武器装备系统接口控制要求》提出接口及质量保证要求。这些接口和质量保证要求，通过不同阶段、不同状态形成的六份专用规范，充分描述了技术状态标识后技术状态项的名称、功能、项目文件和质量要求。因此，技术状态管理的三个基线即六个规范（系统规范、研制规范、产品规范、软件规范、工艺规范、材料规范）文件的控制，是技术状态管理的关键，也是使用方技术状态管理监督的关键。

为了配合技术状态管理，每个技术状态项在文字上进行技术状态标识（分解）后，在型号的研制过程中，这些技术状态项需要在试制或生产过程中集成，按照 GJB 630A《飞机质量与可靠性信息分类和编码要求》中第 3 条的定义，即由零件、部件、组件、设备、分系统向系统集成。在集成的过程中，同样存在对技术状态项进行标识，此时的标识仅是产品标识的一种。按照 GJB 726A《产品标识和可追溯性要求》中第 4.1 条和第 5.1.2 条要求，承制方应依据产品特点及生产和使用的需要，对采购产品、生产过程的产品和最终产品，采用适宜的方法进行标识。产品标识的方法有成型法、印记法、涂敷法、附带法和其他等五种方法。在装备研制过程中，用得比较多的是“附带”法，附带法就是在相关的文件（如技术文件、各种大纲、规程和表格）上进行标识，并随产品同步流转或将标识制作在标签、套管、标牌、铭牌等载体上，再以粘贴、挂系或固定的方法附加在产品上或相关区域。

（三）提出装备质量设计

型号研制单位要建立先进的设计理念，按照研制总要求和研制合同及技术协议书的要求，扭转过去那种只有技术设计才是设计的传统设计理念，立足武器装备的作战效能，全面开展以战术技术性能、可靠性、维修性、保障性、测试性、安全性等质量特性为内容的质量设计。要根据产品的特点，充分运用有关的国家军用标准 GJB 450A《装备可靠性工作通用要求》、GJB 368B《装备维修性工作通用要求》、GJB 3872《装备综合保障通用要求》、GJB 2547《装备测试性大纲》、GJB 900《系统安全性通用大纲》等标准和技术规范，制定并贯彻型号可靠性、维修性、保障性、测试性、安全性工程设计程序（设计程序——将产品的某项战术或技术指标的定量、定性要求及使用和保障约束转化为具体的产品设计），按照性能先进、安全可靠、保障高效的要求，开展战术技术性能与可靠性、维修性、保障性、测试性、安全性一体化设计。武器装备的系统、分系统和设备等产品层次都应按 GJB 1391《故障模式、影响及危害性分析程序》开展故障模式影响及危害性分析，采取有效措施彻底消除重大隐患。各类装备要严格新技术与成熟技术集成应用的适应性验证，并运用 GJB 150《军用设备环境试验方法》和 GJB 1389A《系统电磁兼容性要求》开展环境适应性和电磁兼容性及毁伤效果分析，提高在对抗条件下的实战能力。开展防差错设计分析，从设计源头上消除误安装、误操作的隐患。要创造条件，运用 GJB 2873《军事装备和设施的人机工程设计程序》优化人机界面，方便使用维护。要按照 GJB 1330《军工产品批次管理的质量控制要求》、GJB 1269A《工艺评审》和 GJB / Z 106A《工艺标准化大纲编制指南》并行研究优化制造工艺，开展工艺可靠性、稳定性设计，为批量生产创造条件。

（四）提出质量评审要求

武器装备在研制过程中的质量评审，按总装 2005 年 387 号《高新武器装备质量工作的若干要求》的要求，是三个评审即设计评审、工艺评审和产品质量评审。武器装备研制、生产单位在质量管理体系文件中，必须建立分级、分阶段的设计质量、工艺质量和产品质量评审制度并严格执行评审。对技术复杂、质量要求高的产品，还应当分别进行可靠性、维修性、保障性、测试性和安全性以及计算机软件、元器件、原材料等专题的评审。

1. 分级评审

在产品实现过程中，分级对产品的评审一般有四个级别的评审，分车间（室）级，厂（所）级，厂（所）级评审合格后上升到军事代表与厂（所）级的评审，对于待（鉴定）定型的产品只有经过军事代表与厂（所）级的评审通过后，才能联合上报机关申请审查（鉴定）定型。GJB 2102《合同中质量保证要求》中第 4.4.6 条明确，产品实现过程中，“规定使用部门主持或参加的审查活动和要求。明确转阶段或节点时，使用部门参与的方式。凡提交使用部门主持审查的工作项目，承制方应确认合格”。按标准规定的要求理解，凡军事代表参加评审审查的工作项目，承制方至少有两个级别的评审合格记录，这也是承制方对产品质量保证要求的基本内容之一。

2. 分阶段评审

在武器装备研制过程中，分阶段（或状态）对产品实现过程进行评审，一般有八次评审或审查，即①论证阶段转入方案阶段的评审（主机承制方或一级装备，有此次评审）；②方案阶段转入工程研制阶段的工程设计（初样机）状态的评审；③工程设计（初样机）状态转入样机制造（正样机）状态的评审；④样机制造（正样机）状态转入科研试飞状态（主机为调整状态）的评审；⑤科研试飞状态转入设计定型状态的审查；⑥设计定型会议审查；⑦设计定型产品转入生产定型状态的审查；⑧生产定型会议审查。

注1：[1995]技综字第2709号《常规武器装备研制程序》第十四条规定，研制单位负责武器装备的设计、试制及研制试验。除飞机、舰船等大型武器装备平台外，一般进行初样机和正样机两轮研制。

注2：[2002]空字第1号《中国人民解放军空军装备研制管理工作条例》第四十九条明确，研制过程中，按照合同规定组织各种技术审查或者参加承研单位主管部门组织的各种技术评审；结束工程设计转入样机制造前，组织空军有关单位进行技术审查，审查承研单位是否在分配基线的规范下，进行详细设计，以保证研制工作的风险减至最小。

分级分阶段的评审是承制方对武器装备研制生产实施质量保证措施的关键环节，其结果应满足可追溯性要求。但经多年的武器装备研制生产过程的检查发现，存在以下方面的问题和不足，应引起我们的高度重视：

(1) 分级评审走过场的现象比较明显，尤其是车间级和厂所级的评审，存在质量评审计划不周密，研制过程评审记录不连续，还有些厂所级评审记录的追溯性差等问题。

(2) 分阶段评审走形式，为应付检查而评的状况比较突出。有时连续检查两个阶段的评审记录竟然没有一条意见和建议，但检查已评审过的质量保证文件时问题却十分明显，法规和国家军用标准欠使用和不使用的状况非常突出。

(3) 提交评审的文件资料不明确，不清楚在什么阶段应该准备给专家评审哪些文件。这样的评审是不会有好的效果。假如产品有问题，对评审过的文件是无法追溯的，有时甚至无文件可追溯。

承担武器装备研制项目的单位，在武器装备论证、研制、生产、试验和维修工作中一定要做到：根据总部有关文件要求，在型号研制转阶段前和重大试验前，以及出现重大质量问题和事故时，承制方应接受总部分管有关装备的部门、军兵种装备部和军工集团公司对其的质量专题检查，审查可靠性、维修性、保障性等工作的正确性和有效性，针对设计、工艺存在的问题和缺陷，提出整改建议。型号研制单位在产品设计、试制、试验过程中，要承制方同行或外部专家对产品质量设计方案、设计程序及质量设计的有效性进行评审，及早发现并纠正设计缺陷。质量评审要严肃、客观、公正,全面地反映各种问题和意见。接受评审的单位要如实记录评审人员提出的各种问题和异议,拉条挂帐,认真按“双五条”要求归零。即:GJB 1405A 附录 A《双五条》是表述质量问题技术归零的五条要求,是定位准确、机理清楚、问题复现、措施有效、举一反三;质量问题管理归零的五条要求是过程清楚、责任明确、措施落实、严肃处理、完善规章。凡未进行专题质量评审或评审中发现未完成规定的质量设计、试验工作及质量工作不满足规定要求的,不得转入下一个研制阶段。

(五)提出器材质量控制要求

装备的元器件和原材料(以下简称器材)是装备质量的基础,是装备固有可靠性水平的基石。承制方应在装备的研制、生产及使用过程,对器材的选择、采购、监制、验收、筛选、保管、使用、评审、失效分析、信息管理等全过程进行质量与可靠性管理。应有负责器材质量与可靠性的管理机构及人员,制定专业人员培训计划及继续教育,保证其业务素质,并根据装备研制生产需要,集中配置必要的器材检测筛选手段,制定装备的器材质量与可靠性控制要求,及型号器材优选目录等有关管理规定。电子产品还应按 GJB 3404 之附录 A 的要求,进行元器件选用全过程的元器件批次管理,提高元器件质量和可靠性。

型号总体单位要承制方制订本型号的器材优选目录,明确规定型号可选用的器材的品种、规格和供货渠道,优先推荐选用能满足质量要求的国产器材,严格限制使用进口器材,严格控制选用优选目录外的器材。

器材使用单位必须清楚掌握所使用器材的品种、规格、数量及质量状态,严格禁止使用已禁用、淘汰及质量等级不符的器材。对已超过库存期的器材必须经过超期复验合格方能继续使用。对进口的关键或断档的器材,要积极稳妥地制定国产替代方案,抓紧承制方攻关,努力实现立足国内供货保障。对所使用的元器件,装机前必须百分之百进行二次筛选,原材料必须进行百分之百入厂复验,关键重要器件应开展破坏性物理分析(DPA)。未完成上述规定要求的器材不得装机使用。

器材研制生产单位要积极开展进口的关键或断档器材的研制工作,保证交付产品的技术指标、规格、质量等级和使用条件等能够满足型号的使用要求,不得擅自调整、更改已鉴定或已订购产品的技术指标和质量状态,批次不合格的所有产品不得提供使用。

在装备研制生产、使用维修过程中,为了严格控制器材选用全过程质量,笔者根据 GJB 3404《电子元器件选用管理要求》的要求,编制了控制器材选用把好 10 关,供参考:

1. 选择关

承制方要制定型号器材优选目录作为设计选择、质量与可靠性管理、采购的依据。应严格按优选目录选择器材,超目录选择要严格审批。对器材实施动态管理,新研制器材或对器材有特殊要求时,应与器材承制方签订技术协议书,明确性能、功能和质量保证要求,通过技术鉴定的器材方可用于装备。在选择过程中,要把好以下几个方面的工作:

1) 坚持选择原则

在选择原则上首先做到六点:

(1) 器材的性能指标和质量等级等技术标准要满足装备使用要求;

(2) 优先选择经实践证明质量稳定、可靠性高、有发展前景的标准器材;

(3) 应最大限度的压缩器材品种、规格和承制方;

(4) 未经设计定型的器材不能在交付的装备中使用;

(5) 优先选择有良好的技术服务、有质量保证、供货及时、价格合理的器材,对关键器材要质量认证并符合要求;

(6) 在满足质量要求的前提下,性能价格比相当时,应优先选用国产器件。

2) 编制优选目录

承制方应在方案阶段由器材质量管理部门负责,设计师系统等人员参加,按上述原则,编制器材优选目录。各分系统单位可根据需要,在型号装备目录选择的基础上,进一步优选压缩规定的优选范围。根据装备的可靠性要求,在GJB/Z 299B 或 MIL - HDBK - 217F 中选取相应器材的质量等级。国产器材应以国家军用标准和相关技术规范(或编制相关材料规范)作为依据选取。进口器材应以美国军用标准和欧空局颁布的有关技术标准为依据选取。

3) 细化目录内容

器材优选目录内容一般包括:

(1) 名称;

(2) 型号、规格;

(3) 主要技术参数;

(4) 外形、封装;

(5) 材料规范;

(6) 质量等级;

(7) 承制方;

(8) 新旧或国内外型号对照。

4) 编制目录程序

器材优选目录的编制程序一般应按:

(1) 成立优选目录编制组,提出编制实施计划;

(2) 调研收集器材使用要求、国内生产质量及选用国外情况;

(3) 提出征求意见稿,广泛征求意见;

（4）汇总分析意见，编制送审稿；

（5）承制方审查，编制报批稿；

（6）呈报审批（产品定型或鉴定时一并批复）。

5）目录动态管理

优选目录的管理要求如下：

（1）经批准的优选目录可用标准或指令性文件发布；

（2）根据器件质量变化和使用中信息反馈情况，应对优选目录实施动态管理；

（3）质量部门应监督优选目录的执行情况；

（4）严格按优选目录选择器件，超目录选择应填表上报，并经主管部门审查后，报总设计师批准。

2. 采购关

承制方应按质量管理体系要求，严格把好采购关，在采购环节首先应做好以下几个方面的工作：

（1）编制相关采购制度文件和采购的程序文件，并按规定的程序履行审批手续，并定期审核有效性；

（2）根据程序文件要求签订订购合同，合同的内容要写明订购器材的名称、型号规格、数量、材料规范、质量等级、验收方式、生产日期、防护要求、生产工艺及特殊要求等条款；

（3）对用调拨、调剂方式取得的器材，应符合有关器材的材料规范、质量等级等要求，并具有质量证明文件及商务保证；

（4）器材应有储存期要求，采购时应严格控制器材的生产时间和数量；

（5）进口器材应按正规渠道采购，其他要求应参考国内要求执行，不准采购无质量证明的进口器材。

3. 监制关

凡在合同中规定了监制要求的器材，承制方应有监制资格的人员，按订购器材批次到承制方进行监制。监制应按规定的技术标准和管理要求执行，并做好下述工作：

（1）订购单位应对承制方提出监制要求，并制定相应的文件（质量监制书）；

（2）订购单位按上述文件，对器材承制方的生产线、检测设备、生产工艺、质量保证措施及关键生产工序等进行监制；

（3）在监制过程中，如有问题双方应及时协商解决，难以解决的严重以上问题，应及时报上级主管部门。

4. 验收关

器材的验收质量在装备研制过程中，应由装备的设计和质量检验部门共同把好订购器材的质量验收关，其工作内容：

（1）需要到承制方验收的器材，应按合同规定到承制方验收，承制方应按最终产品的检验规程检验合格后，提交订购单位验收；

（2）对质量有保证的器材或订购单位验收条件有限，可委托承制方代验，经承制方代验的产品，到货后订购单位应立即进行检验或验证，对有问题的器材应及时处理；

（3）订购器件应有生产日期（或生产批次号）、质量等级的标识，并应与质量证明文件相符。根据产品规范（材料规范）要求，按产品批次进行复验；

（4）进口器材到货后，应在规定时间内按器材规定的材料规范进行复验，根据需要由指定的器材检测机构或失效机构按批次和品种对半导体器件进行破坏性物理分析（DPA），以评价其质量和可靠性；对无检测手段的进口器件，一般不能用于装备，有特殊情况要采用，必须报经总设计师批准后方可用于装备；

（5）经器材检验机构等部门检验及复验合格的器材，应作为装机的依据，凡无检验及复验合格证的器材不能装机使用。

5. 筛选关

器材的筛选是武器装备研制过程的工序行为，也是质量控制的重要手段，从源头控制装备质量是完全必要的，筛选工作要求主要有以下几个方面：

（1）器材的筛选应由器材承制方按技术标准和订货合同要求进行出厂前的筛选（一次筛选）；

（2）订货单位在器材验收合格后，根据型号要求（合同要求）进行补充筛选（二次筛选）；

（3）二次筛选应根据需要由使用单位主管部门委托有资质器材检测单位按有关规定进行；

（4）筛选条件和筛选后的检验判据，由订购单位根据装备要求及器件技术标准确定；

（5）对国产器件除非另有规定，凡有下列情况之一者必须进行第二次筛选，合格后方能装机使用：

① 生产厂没有进行筛选；

② 器材所进行的筛选，其筛选条件低于订购单位要求；

③ 器材供应单位虽已按有关文件要求进行了筛选，但不能有效刨除某种失效模式。

（6）对进口器材应按所选器材质量等级的材料规范进行二次筛选。

6. 保管关

承制方应按质量管理体系要求，制定有关器材储存与保管的程序文件，明确规定存放、入库检查、定期检查、出库复查、超期复验及器材失效后的补发等要求

及操作程序,并贯彻执行。在保管过程中,尤其注重以下四个环节:

(1) 储存与保管条件。器材的储存与保管必须符合储存保管条件,特别对需要防潮、防腐、防锈、防老化、防静电等有要求的器件更应妥善保管。

(2) 存放要求。器材的库房分一般库房和受控库房。库房存放应做到不同品种分类分批存放,库房内应标识明显、存放合理、排列有序、安全、整洁,温湿度应有记录。

(3) 定期检验。在库房存放过程中应对有定期测试要求的器材进行定期质量检验。发现不合格品应及时做出标记、记录和隔离处理。

(4) 超期复验。应根据需要制定器材储存期要求,对超过储存期要求的器材一般不应采用,关键部位不准采用。在特殊情况下要采用的,装机前按规定进行超期复验,符合要求后才能采用。

7. 使用关

合理选择器材是装备形成的关键,为了在使用环节提高器材的使用可靠性,除了采用降额设计、热设计、环境防护设计等可靠性设计技术外,还应加强以下10个环节的管理:

(1) 编制使用指南。各承制方应根据承研承制装备需求,制定器材使用指南,并按规定执行。

(2) 降额设计。在电路设计中应对器件实施降额设计,具体方法按 GJB/Z 35 执行。

(3) 热设计。在电路设计中,应对器材进行热设计,具体方法按 GJB/Z 27 进行。

(4) 出库复查。器材出库使用时,必须按以下要求进行复查:

① 应根据装备使用器材有效储存期要求,制定装备用器材储存期规定文件,报经总设计师批准后执行;

② 装机使用的器材,必须符合该装备用器材储存期文件规定的要求。

(5) 装机前检查。一是器材装机前必须按有关规定进行性能检测,符合要求的方能装机使用;二是由整机设计单位(如603所)提供整机生产单位(如172厂)的器材,必须经过检验并有产品合格证,经整机生产单位核对,复测合格后方能装机使用。

(6) 更改和代料。器材涉及到品种规格、质量等级、生产厂点更改及国产与进口器材替换时,必须按设计文件管理制度与规定,办理器材的更改和代料的审批手续。

(7) 不合格品处理。此时不合格品的处理是指入厂检验发现器材如果不合格,应采取哪些正确的处理步骤:

① 自器材入厂检验开始(含下厂验收),凡发现器材不符合有关文件规定

的，均属于不合格品；

② 当入厂检验不合格时，应根据合同的要求决定接受或拒收；

③ 入厂筛选出的不合格品，应按筛选有关规定处理；

④ 确认的不合格品，应一律进行记录、隔离和分析处理；

(8) 失效器材的处理。装机、调试、试验过程中发现器材失效时，应由检验人员开出器材失效分析任务卡，并经失效分析和质量主管部门确认属于器材质量问题后，方能按有关规定办理报废更换手续，例如：元器件不合格品的管理应按 GJB 3404 附录 B 执行。

(9) 器材的防静电要求。承制方必须制定严格的静电敏感器件操作使用规程，按静电防护的有关标准和规定，对器材采取必要的静电防护措施。

(10) 器材的防辐射要求。有特殊需要时，应按有关规定对防辐射加固器材进行辐射总剂量和宇宙射线灵敏度检测。

8. 失效分析关

失效分析工作一般由器材失效任务的所属单位提出。失效器材的管理按 GJB 3404 附录 C 执行。

(1) 失效分析机构应对分析结果负责，并按时给出器材失效分析报告；

(2) 对属批次性质量问题的器材失效，需要时应邀承制方器材技术专家确认分析结果，对确属批次性质量问题的，要及时发出器材质量问题报警、通报（格式参照 GJB 3404 之表 3）；

(3) 失效分析机构要对失效分析过的器材统一编号、存档备查；

(4) 应将失效分析报告及时反馈给器材供应单位和上报有关单位；

(5) 根据失效分析结果，建议有关部门采取有效纠正措施，防止失效重复发生。

9. 评审关

根据装备研制的要求，在不同研制阶段或状态，承制方有关专家对选用器材的质量和可靠性进行评审。其内容是：

(1) 器材的选用是否符合优选目录的要求，超目录选用是否报批；

(2) 是否符合器材规定的储存期要求；

(3) 是否按规定进行了验收、复验与筛选；

(4) 是否对失效器材进行了失效分析、信息反馈及采取了有效纠正措施；

(5) 对半导体器件破坏性物理分析（DPA）不合格问题的处理情况；

(6) 对器材的更改是否按规定办理了审批手续；

(7) 对器材的使用（降额设计、热设计和安装工艺等）是否符合有关规定。

10. 信息管理关

承制方在建立器材管理制度，指定有关部门收集、处理、保管、定期发布器材选用全过程的质量与可靠性信息的基础上，还应着重抓好以下几个方面的工作：

（1）制定器材质量信息的收集、传递、反馈、统计、分析与故障处理等信息管理办法。

（2）建立器材使用全过程质量档案，其内容包括器材管理文件、优选目录、选择、采购、验收、复验、筛选、失效分析、使用、问题处理等各种器材数据资料。

（3）在装备研制过程中，应重视有关器材数据的收集、处理、储存和利用，建立装备器材数据库，并实施计算机联网管理。装备信息管理系统应提供下列查询项目：

① 器材优选目录，实际使用器材目录；

② 可靠性试验数据；

③ 环境适应性试验数据；

④ 筛选项目、筛选合格率；

⑤ 实际选用器材批质量数据；

⑥ 器材失效分析数据；

⑦ 半导体器件 DPA 数据；

⑧ 器材发放与装机清单；

⑨ 合格器材供应单位名单；

⑩ 进口器材型号品种、质量等级及货源。

（4）要满足装备器材批质量管理的需要，要能及时提供有关器材失效分析数据、DPA 数据等质量与可靠性数据。

（六）提出外包产品质量控制

按标准要求，应制定外包产品质量控制文件对其进行质量控制，识别并建立外包和采购过程，编制合格供方目录，作为选择供方和采购的依据。

1. 外包产品概述

外包产品含外协产品。“产品”是有“产品层次”概念的。产品层次具有很大的相对性，往往不能严格加以区分。按 GJB 6117《装备环境工程术语》中 2.1.3 条规定，产品由简单到复杂的纵向排列顺序，一般为：零件、部件、组件、设备、分系统和系统等六个层次，每个层次都叫产品，因此，产品与产品的内涵是不一样的。由此，配套产品也是有层次的，产品层次不一样，配套产品的技术协议书的质量保证要求、验收方法及验收规程是不尽一致的。验收规程是依据技术协议书，将供方的质量保证文件即检验规程提供给承制方后编制的，采用验收规程验收供方交付给承制方的产品，既解决了对产品验证依据的连续性、一致性，也避免了不必要的技术纠纷，合法合理。

合同或技术协议书的签订形式往往是系统或分系统与设备签定技术协议书；分系统与设备签定技术协议书；设备与组件、部件签定技术协议书较为多见。关于配套产品的质量控制方面,笔者注意到一个事实,在技术协议书中,重视技术性能功能、接口要求,易忽略质量保证要求。例如,系统与设备签定的技术协议书中,质量保证要求按 GJB 3900A《装备采购合同中质量保证要求的提出》中第 5.2 条要求的内容,一是将质量保证要求直接写入合同文本;二是增加合同附件,将质量保证要求列表。在贯彻标准的情况调研中,技术协议书或合同文本的样式各异,有的技术协议书中,质量保证要求既没有写入合同文本,也没有设合同附件。另外,在供方提供的质量保证文件中,缺少供方最终产品的检验规程。承制方是按验收规程接受产品的,那么编写验收规程的依据又是什么文件呢?编写验收规程的依据应该是供方最终产品的检验规程。所以在技术协议书的质量保证文件中,供方应提供最终产品的检验规程。同理,不同产品层次的技术协议书中,都应提供产品的质量保证文件——最终产品的检验规程。

值得我们思考的是,许多承制方最终产品的检验是用工艺规程的工序控制文件替代产品质量控制文件。其做法是,当产品的工序轮到检验工步时,就等于进行了最终产品的检验后,提交配套。此做法是不符合 GJB 1442A《检验工作要求》的要求的。同时,失去了检验规程是质量保证文件的含意,也失去了设计、工艺和质量三部门用不同的方式方法和手段确保产品质量的重要意义。

2. 外包过程控制

承制方应根据外包(外协)过程的技术复杂程度策划外包(外协)过程,外包(外协)合同或技术协议书中应明确产品质量要求和控制程度,并进行评审,实施前得到批准。顾客要求时,应经顾客同意,监督外包(外协)过程的执行并保持记录。

各承制方在研制合同或技术协议书和采购合同中,要明确规定配套产品质量保证要求、验收方法及验收规程和承制方操作使用、研制试验和维修保障等必须的图样、说明书、技术数据、试验数据等技术资料,并按合同规定的质量要求和验收规程进行验收。对关键、重要配套产品,承制方缺乏入厂复验和试验条件的,应到供方进行监制验收。

供方必须认真执行承制方提出的质量要求和规范要求,履行合同约定的质量保证责任,接受政府主管部门、军事代表机构和订货单位的质量监督,按期保质保量完成外协、配套产品的研制生产任务。

3. 采购控制

承制方应根据采购的技术复杂程度策划采购过程,采购合同或技术协议中应明确产品质量要求和控制程度,在与供方沟通前,应确保规定的采购要求是充分与适宜的。

承制方应确定并实施检验或其他必要的活动,确保采购的产品满足规定的采购要求。承制方应根据供方提供的检验规程，编制采购产品的验收规程，承制方应保持采购产品的验证记录。当委托供方进行验证时，应规定委托的要求并保持委托和验证记录。

4. 供方控制

当确认对提供的产品不合格负责时，承制方应向供方提出采取纠正措施的要求，并将其结果作为评价供方措施的有效性条件。

三、生产过程的质量要求

军工战线的技术人员有一句俗语，产品质量是设计出来的，不是制造出来的。设计策划质量及质量要求，我们在前节已叙述，此处不再赘述。换句话说，产品设计之初的质量要求，在生产过程中不贯彻、不落实或者不采取行之有效的方式方法，产品质量一样没有保证。要想在生产过程中确保产品质量，我们必须采用科学的、规范的方式方法，按工程管理程序，保证生产过程中质量要求都落到实处。

（一）实施技术状态控制

研制生产单位要保证投产产品技术状态受控，投产产品的技术状态必须按定型时的技术状态固化。对元器件、原材料、软件、外协配套件的替代和状态更改，必须进行系统分析与考核验证，履行审批手续。各类更改要有记录、有标识、可追溯。对未经批准，擅自更改技术状态的单位和个人，要按规定追究其经济和法律责任。

（二）工序过程质量控制

生产单位要制定型号产品生产质量保证大纲，明确批生产产品工序质量控制要求和措施，生产质量保证大纲须经军事代表认可。要充分合理配置生产过程资源条件，进行工艺攻关、工艺优化，提高过程能力，特别是关键工序能力。要积极开展生产工艺过程故障模式影响分析，消除工艺缺陷，确保工艺质量的稳定。要加强关键工序的标识、检验、测试，开展全工序能力测评。要强化岗位质量责任制，加大操作人员技能培训和考核力度，严格执行“二检”制度，即：自检和专检。彻底杜绝错装、漏装、多余物等操作失控造成的质量问题。凡未按上述要求进行工艺、工序控制的，不得进行产品批量生产。

（三）保证装备软件开发质量

按照《军用软件质量管理规定》表述，军用软件是指装备或装备组成部分的软件。换句话说，军用软件有两种形式，一种就是软件的装备，也称软件产品；另一种是装备组成部分的软件，也称产品软件或嵌入式软件。总装备部有关文件要求，这两种军用软件，订货部门必须纳入型号研制计划和产品配套表，独立进行成本核算。

军用软件质量管理规定还要求，总装备部按照国家军用标准和有关规定对软件研制单位进行软件研制能力评价,对软件测评机构进行认可,并以合格名录形式予以发布。未达到规定的软件研制能力要求的单位,不能承担软件研制任务;未经认可的软件测评机构不能承担软件测评任务。因此,型号总体单位必须制定型号软件开发设计规范,编制软件规范,统一软件语言、技术文档和质量保证的要求,清楚掌握该型号软件的品种、数量、规模、运行开发环境、测试项目和测试内容,并建立型号软件产品库,对软件技术状态实施监控。软件开发单位必须严格按软件工程化要求进行开发,严格软件配置管理,建立软件设计更改审批程序,关键重要软件的设计更改必须报总设计师审批。各软件开发单位必须建立软件的开发库、受控库和产品库。

对所有新开发的软件,开发单位必须严格执行国家和军队有关软件质量管理的规定和《军用软件产品定型管理办法》的要求,实施软件质量管理,完成定型测评。

(四) 量化质量控制与试验技术

在承制方要大力推进"强化基础、提高能力、军民结合、跨越发展"的国防科技发展战略,坚持有所为,有所不为,遵循突破关键技术带动全局发展的客观规律。要加强质量关键技术手段的研究,加强质量、可靠性与综合保障关键技术的攻关,实施可靠性专项工程,承制方开展质量论证、设计、试验、评价、保障等技术手段开发,形成有自主知识产权的质量、可靠性系统工程技术体系和规范,加速成果工程化和推广应用,增强武器装备全寿命周期的质量保证能力。

生产单位要积极推行量化生产过程的工艺质量控制技术。运用统计过程控制(SPC)、6σ管理、实验设计法(DOE)等统计技术和管理方法,实时分析监控生产过程质量,减少产品让步,控制质量波动,提高生产过程的稳定性和产品质量的一致性。运用环境应力筛选剔除电子产品早期缺陷,凡未经环境应力筛选的电子产品不得出厂。严格进行环境例行试验,保证批生产产品质量稳定,凡例行试验批不合格的产品不得交付。

(五) 控制研制生产交叉风险

承制方要积极稳妥地做好研制生产交叉项目的科学决策,严格执行提前投产的决策程序,确需提前投产时由研制生产单位和军事代表机构共同拟制提前投产方案,提出提前投产项目申请;由主管部门对承制方提前投产决策条件进行评审,重大项目由军兵种报总装备部批准后实施。

要严格限定提前投产条件,掌握好以下三条原则。

(1) 武器装备的主要技术性能经试验验证确认已经达到,试验中所暴露的问题已基本得到解决,其分系统或设备经过研制试验考核验证,技术状态可以冻结;

(2) 完成提前投产技术风险、进度风险、费用风险的分析与评估;

(3) 在生产合同、协议中明确提前投产风险的技术经济责任,在此基础上,方可就武器系统或分系统、设备的提前投产进行决策,否则,不得提前投产。

(六) 加强安全生产管理

生产单位要严格按安全生产要求和工艺规程承制方装备生产,特别要加强弹药、引信等火工品、危险品的安全生产,严格管理、规范操作、全程监控、责任到人,消除生产过程的各种安全隐患,杜绝重大安全事故发生。

(七) 同步完成配套工作

在装备交付时,研制生产单位必须按合同向部队提供使用、维护、修理需要的技术资料、备品备件器材、专用检测修理设备工具、修理设施建设要求、人员培训要求等保障资源,制订售后服务工作计划,帮助部队建立并形成等级修理能力;必须及时向部队提供必要的产品质量证明文件和所需的技术数据,为部队制定装备使用与保障方案奠定基础。凡在交付装备时没有按上述要求同步交付配套保障资源的,军方有权拒付相应的订货经费。

四、使用过程的质量要求

武器装备在20世纪90年代后期经历了跨越式发展,使部队接收服役的新装备以及执行重大专项任务的机型越来越多。近年来,部队军事训练任务量在以往基础上增加百分之十,且手段和方式呈现多样化即“练在复杂电磁环境、练在黄昏拂晓、练在高原低谷、练在大洋远海”,不断提高以打赢信息化条件下局部战争为核心的完成多样化军事任务能力。领先使用机型和新机交付数量多,重大专项任务连续集中,因此,装备技术服务保障任务十分繁重,对科研订货系统和工业部门技术服务水平以及保障能力提出了更高要求,对新装备前期研制生产过程、产品质量和工作质量是一次综合的考验。为加速促进新装备尽快形成战斗力,我们必须做好以下方面的工作:

(一) 技术服务走访

按照确定的技术服务重点机型范围,依据新机交装和部队领先使用计划安排,在现场会前,由各主机承制方和驻主机承制方军事代表牵头,组织有关配套单位赴部队开展质量走访,对部队提出的使用期间暴露的各类质量问题进行认真梳理,积极与部队沟通,必要时与部队共同研究制定改进措施并加以贯彻落实。

(二) 技术服务保障

各主机承制方和军事代表重点围绕机型和发动机,认真落实主机负责制要求,充分发挥“龙头”作用,组织各配套单位加强技术力量和资源的投入,全力做好技术服务保障工作。提前与各部队进行沟通和交流,尽早掌握部队军事训练期间技术服务保障需求,并根据实际情况,制订具体的新机领先使用跟飞、质量问题处理、技术通报贯彻落实、技术支援保障、备件器材保障、深化培训带教等方面的全年外场技术服务工作计划和安排,确保各项任务的完成。

(三) 备件供应保障

各主机承制方和军事代表要根据往年外场技术服务保障经验,开展预想预测,组织各配套单位制定各型飞机和发动机航材备件保障需求清单,并抓紧时间完成备件的生产准备,同时,采取前置或建立区域性维修备件库等办法,筹备一定数量的周转备件,供外场排故使用。在紧急情况下,需开辟备件绿色通道,采取生产现场调用、从待交付飞机上拆卸、利用紧急投产等手段筹措备件,确保外场使用需要,并根据部队实际使用情况不断修订完善初始备件和随机备件清单。

(四) 装备使用培训

各主机承制方和军事代表要加强与部队的沟通协调,组织配套单位制定针对性强的使用培训和带教计划。对于首次交付开展领先使用的机型,要针对不同使用环境和使用维护特点,加强与军内外有关院校和研究所的联系和沟通,提高教材编制的针对性、适用性,以满足不同层次、不同对象、不同时机的培训需要。根据部队军事训练任务形势和特点,要认真组织分层、分类、分专业的技术培训,大力推广并积极采用多媒体教学、电子教材、模拟器等先进教学手段和工具,提高培训质量,使部队尽快掌握新装备的使用维护知识和技能,确保各项任务的完成。

(五) 保障经费投入

历年来,为保证新机顺利开飞、重大任务完成以及在日常技术服务过程中,各主机承制方和配套单位投入了大量人力、物力和经费,提供了有力保障,保证了各项任务的完成。新装备在未到达部队之前,各主机承制方和配套单位应根据已交付机型、数量情况和今年交付计划以及任务特点,进一步加强外场技术服务保障经费和各方资源的投入,制定详细的经费预算安排,并按计划及时落实。

(六) 安全使用管理

军事代表和承制方要协助装备使用部队高度重视新装备的安全使用管理,完善新装备安全操作规程,明确装备安全操作、使用和保管要求,重点加强弹药、引信、火工品等安全防护措施。装备使用、维护、修理、保管人员必须经培训考核合格后,方可上岗操作。要严格按照装备的操作规程和安全保证要求进行使用、转运、日常保管和处理,坚决杜绝重大安全事故的发生。

(七) 使用与维修能力建设

军事代表和承制方要积极协助新装备的使用部队,加强装备使用管理与维修保障法规建设。要结合部队使用与维修保障实际,在完善新装备的储存、保管、使用、维护、修理等方面进行必要的授课、培训和制度建设,协助新装备使用部队认真执行装备使用与维护规程、维修质量管理等技术法规文件,充分发挥、保持、恢复武器装备的使用效能。在装备训练一线建立军民一体、平战结合的装备维修保障体系。如此同时，积极协助装备维修保障单位要大胆采用先进的技术，加速利用信息化技术提升装备维修保障水平，重点推进电子维修保障手册、自动识别技术、信息采集技术、综合测试与诊断技术的应用，不断提高装备维修保障能力。

（八）在役装备质量改进

在新装备使用中，承制方要与使用部队加强对新装备使用、维护、保障的联系，对训练、演练中暴露的各类问题，属设计制造质量的，要及时报告，反馈给研制生产单位。研制生产单位要主动为装备使用部队做好售后服务工作，提高服务质量。对部队反映的问题能在部队解决的，承制方要组织技术力量立即解决；需要返厂解决的问题，要抓紧实施，限期解决。凡涉及装备战术技术指标更改的装备改进，必须按程序报批，任何人不得擅自更改。

军事代表要加强在役装备的质量改进和可靠性增长工作，重点解决影响装备使用安全和战备完好的问题，促进新装备质量与可靠性水平的持续提高。针对故障率高的产品，采取攻关改进和适当加大备品备件储备的措施，及时快捷地消除装备故障。同时，军事代表还应根据在役装备的质量改进，实施可靠性增长工作，申报军内科研和技术革新项目，提高在役装备的固有可靠性水平。

第四节　产品质量保证管理

一、质量保证组织的活动

（一）型号三师管理

型号三师系统在不同产品层次的项目管理中应起质量保证的组织作用。在型号研制过程的工程技术、经费管理、进度安排、技术状态管理、合同管理、综合保障、试验和质量保证等方面制定制度和规定，组织调度，处理随机发生的问题，保证合同按计划、按质量完成。三师系统的一般管理职责是：

（1）行政指挥系统负责技术质量工作的组织、计划、协调和资源保证。行政总指挥是型号研制的行政方面的组织者、指挥者，是行政方面、型号质量的直接责任人，对本型号质量负责，对任命单位负责。

（2）总设计师是武器装备研制的技术方面组织者、指挥者、重大质量问题的决策者，是技术方面的直接责任人，对任命单位负责。总设计师系统负责武器装备研制的设计、试制、试验工作，其中型号可靠性工作系统，负责制定、实施型号可靠性、维修性、保障性、测试性、安全性大纲和工作计划。

（3）总质量师是装备研制质量监督管理方面的组织者、指挥者。总质量师系统在行政指挥系统的领导下开展质量策划和质量管理，负责制定质量工作计划、质量保证大纲,在实施过程中进行管理、监督并提供技术支持。

(二) 质量工作计划

质量工作计划是总质量师系统在行政指挥系统的领导下,开展质量策划和质量管理的第一步,质量师系统将设计部门编制并通过设计评审的零级网络图,根据研制总进度的节点要求,策划设计、工艺和产品质量和分级分阶段评审的时间、内容和要求以计划网络图的形式具体安排,即称Ⅰ级网络图,这个图是制定每年质量工作计划的依据性文件,也是型号在研制过程中的质量控制文件。各承制方的质量师系统依据总质量师系统的Ⅰ级网络图,编制形成各分系统、设备的Ⅰ级网络图或工作计划,严格控制型号研制过程的质量活动。

承制方制定的年度质量工作计划应单独形成文件,内容策划齐全,主要在研在产产品的质量保证工作应明确、具体。年度质量工作计划按规定经军事代表审签。

(三) 质量评价

1. 质量评价内涵

质量评价是质量管理体系建设的需要,也是质量保证组织活动的重要环节,更是武器装备发展建设的需要。在武器装备研制中,必须对一些重点要素进行评价,才能客观地、公正地反映装备研制的管理质量、产品及过程质量和质量管理建设的水平,才能真正评价出一个质量管理体系运行的有效性,从本质上揭示日常体系建设、运行中存在的问题,才能使评价起到推动、促进武器装备建设发展的作用。

2. 质量评价要素

在武器装备研制生产过程中,将研制相关过程的管理质量、产品及过程质量和质量管理基础等重大活动划分为:体系文件质量、管理质量、顾客沟通效果、产品研制管理、外包过程与采购控制、工艺管理质量、产品试验验证、产品质量保证、产品交付管理、人力资源、质量信息管理、基础设施及现场管理等十二个重点要素进行评价。

3. 质量评价项目

1) 体系文件质量

承制方的质量管理体系文件,应当充分体现GJB 9001B标准的要求,满足组织的规模和承担的任务需要,并能为实施对质量管理体系进行量化评价提供依据。体系文件应编制规范、控制要求具体、修订及时、现行有效。重点评价的项目是:质量手册、规范性文件、记录和质量方针及目标。

如在评价质量手册时,看是否合理、准确规定了质量管理体系的范围,体现了质量工程的系统管理要求,对标准要求的删减是否征得了顾客同意;规定的质量管理机构及职能、各级各部门的质量职能、各级负责人和各类人员的质量责任是否明确、具体、易于执行和落实；质量管理体系各过程的功效及相互之间的作用表述是否清晰，接口关系是否明确、具体；是否明确规定了应编制的质量管理体系有关规范性文件，必要时应当予以引用。

2）体系管理质量

体系管理质量是武器装备研制管理的基础，也是研制生产管理的平台，质量评价中体系管理质量涉及的项目是：管理机构、职能和职责、领导作用、管理评审、年度质量工作计划、内部审核、持续改进、全员参与等项目的内容。

如在评价领导作用时，评价最高管理者对质量管理体系进行的策划，是否满足了质量目标和标准的要求，并确保在质量管理体系变更过程中保持其完整性，确保实现其管理承诺；最高管理者是否确保了顾客能够及时获得产品质量问题的信息，质量管理部门（检验管理部门）是否确保了独立行使职权，对产品的最终质量负全责；最高管理者是否正式任命一名能参加质量管理体系决策的最高管理层成员为质量管理者代表，并赋予相应的质量管理职责和权限。质量管理者代表应组织和确保质量管理体系所需过程得到建立、实施和保持，及时报告质量管理体系的业绩和改进需求，组织教育，确保提高满足顾客要求的意识，组织并参加质量管理体系运行有效性的审核和检查。

3）顾客沟通

顾客沟通是武器装备研制工程管理的重要环节，也是质量评价的最重要的要素，它包含合同管理、售后服务、用户走访、信息沟通和顾客满意度测量等五个方面，如在评价售后服务要素中，评价组织是否建立满足产品售后服务需要的服务工作机构、配置售后服务需要的人员、制定管理制度和职责并形成文件；组织是否对技术咨询、安装或维修、备件及配件等提供资源保证，必要时组织服务人员到使用现场服务；组织应对操作复杂的产品制定培训大纲，编制技术培训教材，组织对顾客的技术培训并有实施记录；产品的使用技术资料应随产品的改进发展，修订补充完善，确保配置到位，现场服务记录完整、齐全等要求。

4）产品研制管理

产品研制管理是质量评价的主体之一，该要素包括：系统策划、研制阶段划分、标准化管理、设计质量保证、技术状态管理、软件工程化管理、试制过程控制、试验项目策划和鉴定或定型管理等项目。如评价技术状态管理项目时：

（1）组织在产品研制生产中是否实施了技术状态管理，建立了技术状态管理制度，明确了技术状态项选取准则，编制并实施产品技术状态管理工作计划，并按规定征得军事代表同意，形成技术状态管理工作记录，按规定成立由相关专业人员参加的技术状态管理委员会，设立日常办公机构；

（2）组织是否策划形成了各级产品技术状态项汇总表，每个技术状态项都应按相关标准要求形成整套技术状态文件；

(3) 组织是否在产品研制生产中，按以下四个方面展开技术状态管理工作：

① 技术状态标识。技术状态标识包括根据产品结构，选择技术状态项目，将技术状态项目的物理特性和功能特性以及接口关系和随后的更改控制要求、标识特征、项目编码等形成文件，并将文件规定的技术要求和内容，落实和标识到图样、技术文件和资料中；

② 技术状态控制。技术状态项文件确立后，控制技术状态变更的所有活动；

③ 技术状态纪实。技术状态纪实是对所建立的技术状态项文件建立的更改状态和已批准更改的执行状况所做的正式记录和报告；

④ 技术状态审核。技术状态审核是确定功能特性和物理特性是否符合技术状态项文件而进行的检查。

5) 外包过程与采购控制

外包过程与采购控制是质量评价的关键要素，也是武器装备形成的重要环节，在质量评价组织是否按标准和质量手册的要求，识别并建立外包和采购过程，制定控制文件并确保贯彻落实，是否根据供方提供产品的能力评价和选择供方，建立合格供方目录，作为选择供方和采购的依据。外包过程与采购控制包括：外包过程控制、采购控制、供方控制等项目。

如评价外包过程控制时，组织是否根据外包过程的技术复杂程度，策划外包过程，外包合同中是否明确产品质量要求和控制程度，是否进行评审，实施前得到批准；组织是否根据分承包方的检验规程，编制验收产品的验收规程；顾客要求时，是否经顾客同意，是否监督外包过程的执行并保持记录。

评价采购控制项目时，组织是否根据采购的技术复杂程度策划采购过程，采购合同中是否明确产品质量要求和控制程度，在与供方沟通前，是否确保规定的采购要求是充分与适宜的；组织是否确定并实施检验或其他必要的活动，确保采购的产品满足规定的采购要求。组织是否编制采购产品的复验准则和复验规程，顾客要求时，应经顾客同意。组织是否保持采购产品的验证记录。当委托供方进行验证时，应规定委托的要求并保持委托和验证的记录。

6) 工艺管理质量

工艺管理质量是质量评价的重要环节，也是装备形成的核心手段。工艺管理质量包括机构和职责、工艺设计、工艺技术文件、工艺控制等项目。如工艺控制评价时：

(1) 工艺控制是否做到管理制度齐全、要求明确，各项重大控制行为和活动均有计划、实施有记录、结果有报告。组织应在产品生产现场加强工艺纪律检查活动，要形成年度计划及适宜的检查频次，实施要有记录。

(2) 图样工艺审查。在产品技术设计完成、投入试制前，是否由工艺管理部门组织工艺人员开展设计图样和资料的工艺性审查，完成图样资料的工艺审签后，提交试制准备情况检查。图样资料的工艺性审查，应有审查的具体规定和技术要求，审查过程应有记录，重大问题的设计改进建议应有文字分析报告。

(3) 原材料入厂复验（或电子元器件二次筛选）。原材料入厂复验工作必须按照《××型产品原材料入厂复验项目及技术要求》（或电子元器件二次筛选）及相关操作规程的要求实施，记录齐全，重大问题处理应有分析和试验测试报告。

(4) 技术状态更改。按相关标准及制度规定，对技术状态更改必须实施控制管理，重大更改必须经试验验证，并经军事代表同意。

(5) 工艺流程超越。组织是否对工艺流程严格实施控制，已经优化的工艺流程一般不允许超越，确需变更时，要经过试验验证后，而后更改工艺规程。

(6) 生产过程试验。组织是否重视产品零部件生产过程中的各类试验，根据产品的技术和工艺设计特点及要求，编制试验大纲、试验规程，建立试验表格、形成试验结论、完成试验报告并作好试验记录。

(7) 工艺鉴定。组织是否重视产品的工艺鉴定工作，对试制中的新工艺必须完成技术鉴定。对优化、细化和基本成熟的生产工艺，要适时展开产品的工艺鉴定，固化工艺文件，按规定比例配齐工夹器量具，每项工艺鉴定都要形成文件和记录。

7）产品试验验证

产品试验验证是质量评价的关键环节，也是装备研制、生产过程各项技术指标符合性、鉴定性考核确认的手段。产品试验验证包括工程专门试验、鉴定和定型试验、交付试验等项目。在试验管理规定中，组织是否加强对产品试验验证的管理，形成管理规定，是否明确各项试验必须有试验计划（试验任务书）、试验大纲、试验规程以及试验前准备检查，各项试验必须按要求实施，并进行试验中或试验后的质量评审；在试验记录中，组织是否加强了对试验记录的管理，是否建立了试验前准备及检查、试验过程测试、试验更改、试验评审等记录。

如在交付试验的评价中，组织是否重视装备的交付试验工作，按照产品规范和相关标准要求，研究制定各类试验计划，编制试验大纲、试验规程，组织试验工作，形成试验记录，编报试验报告。日常交付试验时组织是否按照产品试验大纲的要求，编制交付试验和检验规程，组织实施试验工作，形成试验测试记录，完成试验报告，并作为产品提交的依据。环境例行试验时组织应按照产品规范和相关标准要求,编制环境例行试验大纲及试验规程,提交顾客批准,并协助军事代表做好样机选择、过程测试、试验后检查、恢复工作,形成试验记录,联合编报试验报告形成试验结论,并作为产品批次交付的依据。可靠性验收试验时组织应按照产品规范和相关标准要求,编制可靠性验收试验大纲及试验规程,提交顾客批准,并协助军事代表做好样机选择、过程测试、试验后检查、恢复、评审等工作,形成试验记录,协助编报试验报告形成试验结论,并作为产品批次交付的依据。

8）产品质量保证

产品质量保证是质量评价的主题,也是装备质量的直接体现,产品质量的好坏与产品质量保证的条件、方法有直接关系。产品质量保证内容包括:质量评审、首件鉴定、关键工序控制、不合格品控制、FRACAS 系统、质量问题攻关、检验管理等项目。如在评价检验管理项目时,应评价组织是否设立专门的检验管理机构,检验人员和检验工作实行一级管理,并采取措施确保其独立行使职权;评价组织是否建立检验管理制度,编制检验管理的程序文件,根据产品的技术特点和生产流程的需要,设立检验类型、检验岗位和检验要求;评价组织是否根据产品规范和相关标准的要求,编制产品最终检验和特种检验的检验规程,产品零、部、组件等均应在工艺规程中编制“检验图表”,并符合检验要求;评价检验记录即组织是否建立检验记录的管理制度,并形成文件,根据检验的类别,编制检验记录表格,并加强对检验记录表格的管理和归档工作,确保产品质量的可追溯性。

9）产品交付管理

产品交付管理的评价包括:最终检验、文件审查、交付检验、“四随配套”检查、封存包装检查、合格证明文件审签和接装管理等项目。如在评价接装管理项目时,评价组织是否在交装前对顾客人员进行使用和维护培训,编制各类培训教材,协助军事代表组织顾客接装人员进行现场培训,并形成培训记录;评价在顾客接装人员对产品接装检查过程中,组织的配检人员是否做好问题记录,对问题进行答疑和处理后,由军事代表签署接装检查单。

10）人力资源

人力资源是质量评价的重要条件,也是装备研制生产建设发展的基础。人力资源包括:人力资源编配、岗位培训、岗位考核、质量文化和特殊资职管理等项目。如对岗位培训项目进行质量评价时,评价组织是否设立培训管理机构,配置适宜的人员和设施,制定符合标准要求的岗位培训计划,经批准后实施;组织是否按年度岗位培训计划,编制各类培训大纲及教材,经评审后实施;组织是否建立培训考核制度,编制培训考核方案和计划并在培训后实施考试,做好考核记录。

11）质量信息管理

质量信息管理是质量评价的重要要素，也是装备研制生产过程的重要环节。质量信息管理包括机构和职责、信息管理实施、网络技术应用、数据库建设、数据分析和文档管理等项目。如信息管理实施评价时，评价组织对收集的质量信息（包括采购信息）是否进行分析、处理和应用，开展有效性评价，并形成信息管理记录。产品质量信息管理应满足顾客的需要。

12）基础设施及现场管理

基础设施及现场管理是武器装备研制生产过程中的基础条件，也是质量评价的最基础、最重要的要素。基础设施及现场管理包括定置管理、环境控制、设备管理、工具管理、产品防护、库房管理、厂房管理和配套建设等项目。如对产品防护评价时，评价组织是否重视产品防护管理，制定产品防护制度和要求，在产品的研制生产过程中，应加强产品静电防护、储运过程防护和产品环境防护，以免产品意外受损；评价组织识别、验证、保护和维护供其使用或构成产品一部分的顾客财产，如果顾客财产发生丢失、损坏或发现不适用的情况，应及时向顾客报告，并保持记录。

4. 质量评价技术

质量评价技术是对相关对象进行评价判定时运用的工具、手段和技能。质量评价时，应当运用科学的评价技术，准确、有效地评价出公正的结果。可选择但不限于下述量化评价技术：

1）精密测试

用精确、精密的设备对实物评价对象进行计量测试。

2）数据分析

利用数理统计的技术和方法，对收集到的数据或数值类的审核事实进行处理、分析、判定。

3）对比分析

将审核事实与标准要求以及相同类型的成熟事例作对比，进行差异分析，找准判定要点。

4）仿真模拟

将审核事实的工作机理、运作模式、环境条件等进行仿真模拟，依据试验结果做出评价结论。

5）推理分析

将收集到的审核事实采取逻辑推理、判定发展趋势、揭示隐含本质，做出量化评价结论。

6）专家诊断

对审核事实的证据、表象等，召集相关专家进行研究分析和综合判定，做出量化评价结论。

5. 质量评价方法

质量评价方法是对相关对象进行评价判定时运用的工具、手段。质量评价时，应当运用科学的评价方法，准确、有效地评价出公正的结果。可选择但不限于下述评价方法：

1）制度评价

按照一定的程序和方法，对管理制度中规定的管理职责、工作重点、运行程序和目标要求等，依据审核事实，对管理制度的合理性、适用性、先进性和可操作性等进行剖析评价，称为制度评价方法。制度评价方法是指围绕一个评价对象的评价，必要时，可专门设计一个“制度评价程序”，明确评价节点、评价对象、评价内容和评价要求，规定指标量值和评价技术手段，并规定评价结果自下而上的汇集程序。

2）过程调查评价

过程调查评价方法是指围绕一个评价对象的实施过程和形成过程，运用适宜的技术手段，对重点环节、控制措施、过程记录、运行结果等进行调查、分析和判定，为量化评价寻求切合实际的评价证据。过程调查评价方法需要明确调查的过程、调查的内容、调查的手段和调查展开的程序，并形成调查表。过程调查评价方法一般适用于各类、各层次的过程评价。

3）抽样检查评价

抽样检查评价方法是指围绕一个评价对象的样本群，运用适宜的抽样技术手段实施抽样检查或抽样检验，获取评价证据，进行量化评价。抽样检查评价方法，必须明确是抽样检查还是抽样检验、样本数量、检查或检验内容、判定指标和原则，对检查或检验结果进行分析、判定和量化，做出评价结论。

4）测试测量评价

测试测量评价方法是指对一个可以测定评价证据的评价对象运用适宜的技术手段和方法进行测试或测量，获取评价证据，进行量化评价。测试测量评价方法，需要明确测试或测量技术手段、项目内容、指标量值、操作程序、显现形式和判定原则，对测试或测量结果进行分析、判定和量化，做出评价结论。

5）会议评价

会议评价方法是指对一个评价对象，通过召开专家和相关专业人员会议，经分析讨论、综合研究，可以做出评价结论的评价活动方式。会议评价方法应预先制定会议方案，明确评价对象、评价内容、评价程序和专家及相关专业人员数量，并要求事先准备评价意见。对会议的综合评价意见进行分析、判定和量化，做出量化评价结论。产品质量评价要素和项目一览表见表8－1。

表8-1 产品质量评价要素和项目一览表

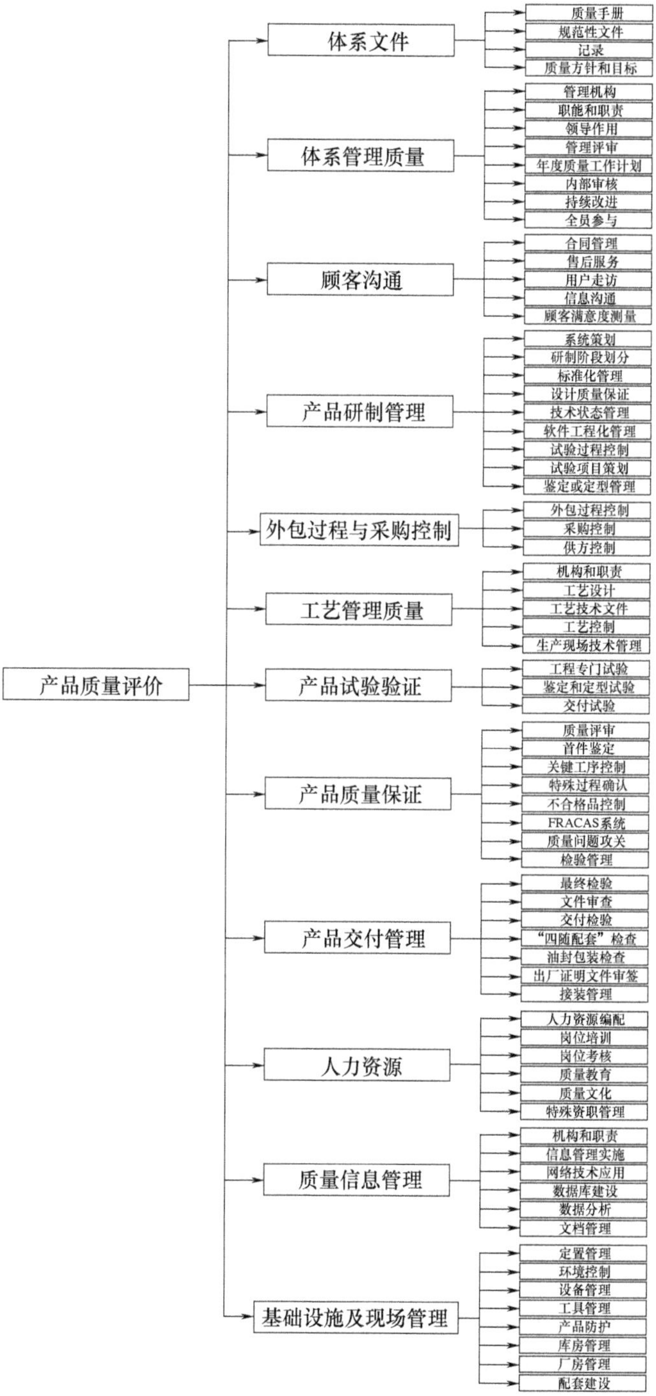

- 产品质量评价
  - 体系文件
    - 质量手册
    - 规范性文件
    - 记录
    - 质量方针和目标
  - 体系管理质量
    - 管理机构
    - 职能和职责
    - 领导作用
    - 管理评审
    - 年度质量工作计划
    - 内部审核
    - 持续改进
    - 全员参与
  - 顾客沟通
    - 合同管理
    - 售后服务
    - 用户走访
    - 信息沟通
    - 顾客满意度测量
  - 产品研制管理
    - 系统策划
    - 研制阶段划分
    - 标准化管理
    - 设计质量保证
    - 技术状态管理
    - 软件工程化管理
    - 试验过程控制
    - 试验项目策划
    - 鉴定或定型管理
  - 外包过程与采购控制
    - 外包过程控制
    - 采购控制
    - 供方控制
  - 工艺管理质量
    - 机构和职责
    - 工艺设计
    - 工艺技术文件
    - 工艺控制
    - 生产现场技术管理
  - 产品试验验证
    - 工程专门试验
    - 鉴定和定型试验
    - 交付试验
  - 产品质量保证
    - 质量评审
    - 首件鉴定
    - 关键工序控制
    - 特殊过程确认
    - 不合格品控制
    - FRACAS系统
    - 质量问题攻关
    - 检验管理
  - 产品交付管理
    - 最终检验
    - 文件审查
    - 交付检验
    - “四随配套”检查
    - 油封包装检查
    - 出厂证明文件审签
    - 接装管理
  - 人力资源
    - 人力资源编配
    - 岗位培训
    - 岗位考核
    - 质量教育
    - 质量文化
    - 特殊资职管理
  - 质量信息管理
    - 机构和职责
    - 信息管理实施
    - 网络技术应用
    - 数据库建设
    - 数据分析
    - 文档管理
  - 基础设施及现场管理
    - 定置管理
    - 环境控制
    - 设备管理
    - 工具管理
    - 产品防护
    - 库房管理
    - 厂房管理
    - 配套建设

（四）年度管理评审

管理质量体现了领导职责和机构职能。承制方的最高管理者、管理者代表和各级领导干部的质量管理职责是否明确、是否落实，是质量管理体系能否建设好和质量管理体系能否有效运行的核心。各级、各部门的质量管理职能是否明确、分配是否合理、履行是否到位，质量管理体系运行是否有序和有效，应当作为年度管理评审的重要方面。评价管理评审是否按策划规定的时间开展质量管理体系评审，并保持评审记录；管理评审的输入是否符合标准和《质量手册》的要求，内容完整、齐全；管理评审的改进决定和措施，是否专门形成文件，明确改进的相关工作内容和职责；对改进决定和措施的落实是否实施跟踪检查，并有检查记录。

二、质量保证项目

武器装备研制过程中，工程管理的目的是保证产品质量，是通过操纵者的工作质量，产品形成过程的技术管理质量和产品质量等方面综合体现其管理，即保证能力，具体项目：

（一）产品质量管理

在产品质量管理项目中，按工程管理的规律及基本原则还可细化为设计质量、试验验证质量、质量检验、生产质量、交付质量等五个项目的内容，以便读者在装备工程研制的质量控制与监督管理过程中，概念清晰、内容明确、方法正确，能积极发挥其作用。其内容分别是：

（1）设计质量管理是对包括产品原理、结构设计、技术指标、图样、规范等的管理；

（2）试验验证质量管理包括零件、部件、组件、设备、分系统、系统等六个产品层次的技术状态项的管理；

（3）生产质量管理包括技术状态项更改、流程优化、技术改进、操作控制等的管理；

（4）质量检验管理包括检验机构、检验制度、检验规程、检验技术、检验质量等的管理；

（5）交付质量管理包括交付试验、交付检验、四随配套、提交检验、包装运输、服务质量等的管理。

（二）过程质量管理

过程质量管理包括现场（设计、生产和试验）技术质量管理、工艺管理、不合格品管理和首件鉴定、过程质量控制、特殊过程确认、产品质量评审。

（三）工作质量管理

工作质量管理包括文件质量、年度质量计划、质量责任制、人员素质、制度规范执行、质量记录等。

三、产品质量保证要求

产品质量保证要求是针对具体产品为满足研制总要求(或技术协议书)或合同要求而制定的产品质量保证文件,是开展全部质量活动的总体规划和产品质量其他方面的要求。编制质量保证大纲,最主要的是弄清产品和合同的每一个特殊要求与风险点,然后采取相应的质量保证措施,规定必须的工作项目,明确质量要求和具体责任者,提出检查、控制的方法,掌握实施要点。质量保证大纲的编制应注重如下环节:

(一) 分析产品特点

全面分析产品和质量保证要求,识别那些新的、不熟悉的、缺乏经验、前无先例等不常见的要求,对特殊的要求逐一进行分析,提出需要解决的问题,包括管理、试验、检测等手段。

(二) 特殊要求分析

根据对产品特殊要求的分析,编制质量保证大纲。大纲中的一般性要求,可引用质量手册及其程序文件的规定。

(三) 征询使用方意见

编制质量保证大纲过程中,应征询军事代表的意见。大纲编完后,按照法规的规定,提请军事代表会签或批准,然后付诸实施。根据承制方产品质量状况和不断提高产品适用性的要求,制定年度质量计划,确定新的质量目标。

(四) 编制质量保证大纲

编制的质量保证大纲,应规定质量工作的原则与质量目标、管理职责、设计要求、软件工程化要求、特殊过程和关键过程的要求、标识和可追溯性要求、监视和测量要求以及顾客沟通和顾客财产等要求。由于产品的类别不同,从事军工产品研制、生产的组织在编制大纲时,可以根据产品特点或合同要求以及研制、生产的不同阶段,对大纲编制的内容进行剪裁。

1. 制定大纲的依据

制定大纲的依据性文件一般包括:与产品有关的法律法规、相关标准的要求;合同、研制总要求(技术协议书)和型号研制的专用规范及顾客的质量保证要求;组织的质量方针、质量目标和质量管理体系文件等;产品研制、生产计划和相关资源;组织应满足内部或外部的质量要求;供方的质量状况;其他相关的计划,如项目计划、环境、健康和安全、安全性与信息管理计划等。

2. 编制大纲的基本要求

大纲的基本要求:大纲应由质量部门或项目负责人在产品研制、生产开始前,确定产品实现所需要的过程后组织制定。大纲实施前应经审批。合同要求时,大纲应提交顾客认可。大纲应明确组织或供方满足质量要求所开展的活动及可能带来的风险,并对采购、研制、生产和售后服务等活动的质量控制作出规定，如①组织各部门实施产品质量保证的职责、权限及相互关系；②根据产品应达到的功能、性能、可靠性、维修性、安全性、可生产性、人机工程和其他质量特性要求，提出各阶段相应的质量控制措施、方法和活动，对可能出现的问题或故障提出预防和纠正措施及检查方法，保证在研制、生产各阶段实现上述要求；③质量保证活动所应提供的人力、物力、财力及时间、信息等资源保证要求。产品应按 GJB 450A、GJB 368B、GJB 900、GJB 3872、GJB 2547 和 GJB 150 等标准的要求，分别编制可靠性、维修性、测试性、保障性、安全性和环境适应性等专业大纲，并作为本大纲的组成部分。适当时，大纲应进行修改，修改后的大纲应重新履行审批手续，必要时，再次提交顾客认可。

3. 大纲的实施与检查

大纲实施时，组织应制定工作程序和操作规程，对每项活动的目的、范围、工作内容、执行人员、工作（操作）方法、控制方法和记录要求、时间、地点以及所需材料、设备和文件等做出明确规定。

组织应按研制总要求或技术协议书及合同要求，对大纲贯彻执行情况、产品符合要求的程度进行检查。检查可结合内部质量审核、型号质量师系统的检查或设计评审等活动进行。

检查应由独立的检查组或检查范围无直接责任、具备资格的检查人员按规定进行。

检查结束后应形成书面报告，呈现被检查单位的负责人。被检查单位应根据报告中提出的问题和存在的薄弱环节及时采取纠正措施，并进行跟踪检查，以保证纠正措施的针对性和有效性并得到落实。

4. 大纲编制的基本内容

1）范围

大纲的试用范围一般包括：

（1）所适用的产品或特殊的限制；

（2）所适用的合同范围；

（3）所适用的研制或生产阶段。

2）质量工作原则与质量目标

组织应制定质量工作总原则，一般包括：产品质量工作总要求；技术上应用或借鉴其他产品的程度；采用新技术的比例；技术状态管理的要求；设计的可制造性。

组织应制定质量目标，一般包括：对产品或合同规定的质量特性满意程度；可靠性、维修性、测试性、保障性、安全性和环境适应性指标等；顾客满意的重要内容。质量目标一定是可测量的。

3）管理职责

大纲应明确各级各类相关人员的职责、权限、相互关系和内部沟通的方法，以及有关职能部门的质量职责和接口的关系,并作为整个产品保证工作系统的一部分。

4）文件和记录的控制

大纲应对研制、生产全过程中文件和记录的控制作出规定。当控制要求与组织的质量管理体系文件要求一致时,可直接引用。成套资料应符合 GJB 906A 的规定。

5）质量信息的管理

大纲中应明确规定为达到产品符合规定要求所需要的信息,以及实施信息的收集、分析、处理、反馈、储存和报告的要求。对发现的产品质量问题应按要求实施质量问题归零,并充分利用产品在使用中的质量信息改进产品质量。

6）技术状态管理

组织应针对具体产品按 GJB 3206A 的要求策划和实施技术状态管理活动,明确规定技术状态标识、控制、纪实和审核的方法和要求。技术状态管理活动应从方案阶段开始,在产品的全寿命周期内,应能准确清楚地表明产品的技术状态,并实施有效的控制。

7）人员培训和资格考核

根据产品的特点,大纲应规定对参与研制、生产、试验的所有人员进行培训和资格考核的要求。当关键加工过程不能满足要求,工艺、参数或所需技能有较大改变,或加工工艺较长时间未使用时,应规定对有关人员重新进行培训和考核的要求。

8）顾客沟通

大纲应规定与顾客沟通的内容和方法:产品信息,包括产品质量信息;问询、合同或订单的处理,包括对其修改;顾客反馈,包括抱怨及其处理方法。

9）设计过程质量控制

（1）任务分析。组织应对产品任务剖面进行分析,以确认对设计最有影响的任务阶段和综合环境,通过任务剖面分析,确定可靠性、维修性、保障性、安全性、人机工程等各种定量和定性因素,并将结论纳入规范作为设计评审的标准。

（2）设计分析。组织应遵循通用化、系列化、组合化的设计原则,对性能、质量、可靠性、费用、进度、风险等因素进行综合权衡,开展优化设计。通过设计分析研究,确定产品特性、容差以及必要的试验和检验要求。

（3）设计输入。①组织应确定产品的设计输入要求,包括产品的功能和性能、可靠性、维修性、安全性、保障性、环境条件等要求,以及有关的法令、法规、标准等要求。设计输入应形成文件并进行评审和批准。②组织应编制设计规范和文件,以保证设计规范化。设计规范和文件应符合国家和国家军用标准的要求。

为使设计采用统一的标准、规范，在进行设计前，应编制文件清单，供设计人员使用。

(4) 可靠性设计。大纲应规定按可靠性大纲，实施可靠性设计工作项目。

(5) 维修性设计。大纲应规定按维修性大纲，实施维修性设计工作项目。

(6) 测试性设计。大纲应规定按测试性大纲，实施测试性设计工作项目。

(7) 保障性设计。大纲应规定按保障性大纲，实施保障性设计工作项目。

(8) 安全性设计。大纲应规定按安全性大纲，实施安全性设计工作项目。

(9) 环境适应性设计。大纲应规定按环境适应性大纲，实施环境适应性设计工作项目。

(10) 元器件、零件和原材料的选择和使用。大纲应规定按 GJB 450A 工作项目和工作项目中的规定选择和使用元件器、零件和原材料。按 GJB/Z 35 的要求开展元器件降额设计。

(11) 软件设计。大纲应规定按 GJB 437、GJB 438、GJB 439、GJB 2786 和 GJB/Z 102 的要求对软件进行开发、运行、维护和引退进行工程化管理并按 GJB 5000 的规定进行软件的分级、分类，对软件整个生存周期内的管理过程和工程过程实施有效的控制。

(12) 人机工程设计。大纲应规定编制人机工程大纲的要求，在保证可靠性、维修性、安全性的条件下，能确保操作人员正常、准确的操作。

(13) 特性分析。大纲应按 GJB 190 的原则进行特性分析，确定关键性(特性)和重要性(特性)。

(14) 设计输出。大纲应规定设计输出的要求，一般包括：①满足设计输入的要求；②包含或引用验收准则；③给出采购、生产和服务提供的适当信息；④规定并标出与产品安全和正常工作关系重大的设计特性如操作、储存、搬运、维修和处置的要求；⑤根据特性分类，编制关键件、重要件项目明细表，并在产品设计文件和图样上作相应标识。设计输出文件在放行前得到批准。

(15) 设计评审。大纲应根据产品的功能级别和管理级别，按 GJB 1310 的有关要求，规定需实施分级、分阶段的设计评审。当合同要求时，应对顾客或其代表参加评审的方法做出规定。如需要，应进行专项评审或工艺可行性评审。

(16) 设计验证。大纲应规定所要进行的设计验证项目及验证方法。在整个研制过程中，应能保证对各项验证进行跟踪和追溯；在转阶段或靶场试验前，应对尚未经过试验验证的关键技术、直接影响试验成功或危及安全的问题组织同行专家和专业机构的人员进行复核、复算等设计验证工作。

(17) 设计确认/定型(鉴定)。大纲应依据所策划的安排，明确规定确认的内容、方式、条件和确认点以及要进行鉴定的技术状态项目，根据使用环境，提出要求并实施。

(18) 设计更改的控制。大纲应规定按 GJB 3206 实施设计更改控制的具体要求。

10) 试验控制

大纲应制定实施试验综合计划,该计划包括研制、生产和交付过程中应进行的全部试验工作,以保证有效地利用全部试验资源,并充分利用试验的结果。

大纲应规定按 GJB 450A、GJB 1407、GJB 368B、GJB 1032 的要求对可靠性研制试验、可靠性鉴定试验、可靠性增长试验、维修性验证试验和环境应力筛选试验进行质量管理,以及按 GJB 1452 的规定进行大型试验质量管理的要求。

11) 采购质量控制

(1)采购品的控制。

① 大纲应按 GJB 939、GJB 1404 和 GJB/Z 2 要求规定采购所需的文件,内容包括:

a. 对具有关键(重要)特性的采购产品,应规定适当的控制方式;

b. 选择、评价和重新评价供方的准则,以及对供方所采用的控制方法;

c. 适用时,对供方大纲或其他大纲要求的确认及引用;

d. 满足相关质量保证要求(包括适用于采购产品的法规要求)采用的方法;

e. 验证采购产品的程序和方法;

f. 向供方派出常驻或流动的质量验收代表的要求。

采购信息所包含的采购要求应是充分与适宜的。

② 大纲应规定采购新研制产品的质量控制要求、使用和履行审批的手续,以及各方应承担的责任。

③ 需要时,对供方的确认应征得顾客或其代表的同意。

(2) 外包过程的控制。大纲应规定在产品实现过程中,对所有外包过程的控制要求,一般包括:

① 正确识别产品在实现过程中所需要的外包过程;

② 针对具体的外包过程如:设计外包、试制外包、试验外包和生产外包等过程,制定相应的控制措施和方法;

③ 对外包单位资格的要求;

④ 对外包单位能力的要求(包括设施和人员要求);

⑤ 对外包产品进行验收的准则;

⑥ 对外包单位实行监督的管理方法等。

12）试制和生产过程质量控制

大纲应对试制、生产、安装和服务过程作出规定，包括：

① 过程的步骤；

② 有关的程序和作业指导书；

③ 达到规定要求所使用的工具、技术、设备和方法；

④ 满足策划安排所需的资源；

⑤ 监测和控制过程（含过程能力的评价）及产品（质量）特性的方法，包括规定的统计或其他过程的控制方法；

⑥ 人员资格的要求；

⑦ 技能或服务提供的准则；

⑧ 试用的法律法规要求；

⑨ 新产品试制的控制要求。

（1）工艺准备。在完成设计资料的工艺审查和设计评审后应进行工艺准备，一般包括：

① 按产品研制需要提出工艺总方案、工艺技术改造方案和工艺攻关计划进行评审。

② 对特种工艺应制定专用工艺文件或质量控制程序。

③ 进行过程分析，对关键过程进行标识，设置质量控制点及规定详细的质量控制要求；

④ 工艺更改的控制及有重大更改时进行评审的程序；

⑤ 试验设备、工艺准备和检测器具应按规定检定合格；

⑥ 有关的程序和作业指导书。

在工艺文件准备阶段，按 GJB 1269A 的有关要求，实施分级、分阶段的工艺评审。

（2）元器件、零件和原材料的控制。大纲应规定器材（含半成品）的质量控制要求及材料代用程序，确保：

① 合格的元器件、零件、原材料和半成品才可投入加工和组装。

② 外购、外协的产品应进厂复核、筛选合格，附有复验合格证或标记，方可投入生产。使用代用料时，应履行审批手续。

③ 在从事成套设备生产时，储存的装配件和器材应齐全并作出适当标记。

④ 经确认易老化或易受环境影响而变质的产品应加以标识，并注明保管有效日期。

⑤ 元器件选用、测试、筛选符合规定的要求。

（3）基础设施和工作环境。大纲应明确针对具体产品或服务的基础设施、工作场所等方面的特殊要求。

当工作环境对产品或过程的质量有直接影响时,大纲应规定特殊的环境要求或特许,如:清洁室空气中的粒子含量、生物危害的防护等。

(4) 关键过程控制。大纲应规定按工艺文件或专用的质量控制程序、方法,对关键过程实施质量控制的要求。

(5) 特殊过程控制。大纲应根据产品特点,明确规定过程确认的内容和方式,特殊过程确认包括:

① 规定对过程评审和批准的准则;

② 对设备的认可和人员资格的鉴定;

③ 使用针对具体过程的方法和程序;

④ 必要的记录,如:能证实设备认可、人员资格鉴定、过程能力评定等活动的记录;

⑤ 再次确认或定期确认的时机。

(6) 关键件、重要件的控制。大纲中应明确按 GJB 909 的有关规定对关键件、重要件的质量进行控制。

(7) 试制、生产准备状态检查。大纲中应明确按 GJB 1710A 的规定对试制、生产准备状态的质量进行控制。

(8) 首件鉴定。大纲中应按 GJB 908A 的有关规定,明确首件鉴定的程序和内容。

(9) 产品质量评审。大纲中应明确按 GJB 907 的有关规定,对产品质量进行评审,明确评审中提出的问题,由谁负责处理,要求保存评审记录和问题处理记录。

(10) 装配质量控制。大纲应规定对装配质量进行控制的要求,包括编写适宜的装配规程或作业指导书等。

(11) 标识和可追溯性。按 GJB 726A 的有关规定对产品标识和有可追溯性要求的产品进行控制。按 GJB 1330 有关规定对批次管理的产品进行标识和记录。

(12) 顾客财产。大纲应规定对顾客提供的产品如材料、工具、试验设备、工艺装备、软件、资料、信息、知识产权或服务的控制要求,包括:验证顾客提供产品的方法;顾客提供不合格产品的处置;对顾客财产进行保护和维护的要求;损坏、丢失或不适用产品的记录与报告的要求。

(13) 产品防护。在储存、搬运或制作过程中,对器材(含半成品)或产品应采取必要的防护措施,并明确规定:按 GJB 1443 的要求,对搬运、储存、包装、防护和交付等活动进行控制;确保不降低产品特性,安全交付到指定地点的要求。

(14) 监视和测量。大纲应规定对产品进行监视和测量的要求和方法,包括：

① 所采用的过程和产品（包括供方的产品）进行监视和测量的方法和要求；

② 需要进行监视和测量的阶段及其质量特性；

③ 每一个阶段监视和测量的质量特性；

④ 使用的程序和接受准则；

⑤ 使用的统计过程控制方法；

⑥ 测量设备的准确度和精确度，包括其校准批准状态；

⑦ 人员资格和认可；

⑧ 要求由法律机构或顾客进行的检验或试验；

⑨ 产品放行的准则；

⑩ 检验印章的控制方法；

⑪ 生产和检验共用设备用作检验手段时的校验方法；

⑫ 保存设备使用记录，以便发现设备偏离校准状态时，能确定以前测试结果的有效性。

a. 过程检验。大纲应按 GJB 1442A 的要求，依据检验规程对试制和生产过程进行过程检验，做好原始记录。

b. 验收试验和检验。在加工装配完成后，应进行验收试验和检验：验收试验和检验的操作应按批准的程序、方法进行；验收试验和检验结束后，均应提供产品质量和技术特性数据；在试验和检验中心发生故障，均应找出原因并在采取措施后重新试验和检验。

c. 例行试验（型式试验）。应按规定进行例行试验，并实施必要的监督，以保证产品性能、可靠性及安全性满足设计要求，根据环境条件的敏感性、使用的重要性、生产正常变化与规定公差之间的关系、工艺变化敏感度、生产工艺（过程）的复杂性和产品数量确定所需测试的产品，并征得顾客的认可。

d. 无损检验。应按 GJB 466 和 GJB 593 的有关规定对无损检验进行控制。

e. 试验和检验记录。大纲应规定保存试验、检验记录的要求，并根据试验或检验的类型、范围及重要性确定记录的详细程度。记录应包括产品的检验状态，必要的试验和检验特性证明、不合格品报告、纠正措施及抽样方案和数据。

（15）不合格品管理。大纲应规定对不合格品进行识别和控制的要求，以防止其非预期使用或交付。有关不合格品的标识评价、隔离、处置和记录执行 GJB 571A 的规定。

（16）售后服务。当合同有要求时，大纲应按协议或合同要求组织技术服务队伍到现场，指导正确安装、调试、使用和维护，及时解决出现的问题。

四、质量保证活动

承制方的产品质量保证活动，是质量管理的重要方面，也是内部质量控制、质量验证、质量监督必不可少的重要环节。如质量检验的管理模式,对检验队伍能否独立行使质量监督职能和职责,排除各种因素的干扰,真正起到产品质量把关的作用,是衡量承制方是否真正重视产品质量工作的一面镜子。因此,在产品质量保证活动中,把质量评审、首件鉴定、特殊过程确认、关键工序控制、不合格品管理、质量检验和质量问题攻关等列为质量保证的重点要素融于过程工作,以此完善和提高实物质量,确保产品质量满足交付要求。

(一) 质量评审

质量评审是指设计评审、工艺评审和产品质量评审。质量评审工作是承制方根据型号质量工作计划(又称Ⅰ级网络图),有组织地对型号文件、产品进行分级分阶段的设计评审、工艺评审和产品质量评审,建立质量评审制度和程序。其内容分别是:

1. 设计评审

设计评审是在决策的关键时刻,组织同行专家、配套主机和军事代表等有关方面代表,通过对设计工作及其成果进行详细审查、评论,评价设计符合要求的程度,发现和纠正设计缺陷,加速设计的成熟,批准设计提供决策咨询。设计评审主要是对方案、方法、技术关键、技术状态、计算机软件和可靠性等重点问题,进行深入审查和讨论,把集体智慧和经验运用于设计之中,弥补主管设计人员知识和经验的局限性。对设计项目的领导者和使用部门来说,设计评审是对设计质量监督控制的重要管理手段。

设计评审表如表8-2所列。

表8-2 设计方案评审表

项目名称		性 质	设 计
项目负责人		评审等级	军 厂
研制阶段	方案阶段	主办单位	
评审地点		评审时间	
提交评审资料	① 研制合作协议(技术协议书) ② 系统(或分系统)级技术文件或系统规范的要求 ③ 设计方案		
评审意见	×××××××设计方案依据主要技术要求,对产品进行设计。方案内容全面,结构完整,合理可行,基本满足技术要求,符合相关标准、规范要求,可以开展下一步设计工作。 评审组同意××××××××××设计方案通过评审。 评审组长: 年 月 日		

承制方应在研制阶段或状态，依据 GJB 1310A 的要求，开展分级（车间级、厂所级、军事代表与厂级之间和两部级组织的评审及审查）分阶段（方案、工程研制的工程设计或样机制造以及定型阶段）的设计评审工作，形成评审记录，并作为技术设计质量的控制措施和确定状态的依据。

2. 工艺评审

工艺评审是对工艺总方案、生产说明书等指令工艺文件、关键件、重要件、关键工序的工艺规程、特种工艺文件进行评审，评价工艺符合设计要求的程度，及时发现和消除工艺文件的缺陷，保证工艺文件的正确性、合理性、可生产性和可检验性。

在研制阶段，承制方应依据 GJB 1269A 的要求，开展分级分阶段的工艺评审工作，形成评审记录，并作为工艺设计质量的控制措施和确定状态的依据。工程研制阶段工程设计状态初样机工艺评审参见表 8－3，工程研制阶段样机制造状态正样机工艺评审参见表 8－4。

表 8－3　工程研制阶段工程设计状态（C 状态）工艺评审

<table>
<tr><td>项目名称</td><td></td><td>性 质</td><td>工　艺</td></tr>
<tr><td>项目负责人</td><td></td><td>评审等级</td><td>军　厂</td></tr>
<tr><td>研制阶段</td><td>工程研制阶段工程设计状态（C 状态）初样机</td><td>主办单位</td><td></td></tr>
<tr><td>评审地点</td><td></td><td>评审时间</td><td></td></tr>
<tr><td>提交评审资料</td><td colspan="3">① 工艺总方案
② 工艺规程
③ 试制设计图样及相关工艺资料
④ 关键工序的工艺规程
⑤ 工艺指令性文件
⑥ 工艺标准化综合要求（初稿）</td></tr>
<tr><td>评审意见</td><td colspan="3">工艺分析、要求符合产品结构、特性的设计要求，工艺路线清晰，材料消耗可控，工艺总方案及相关工艺文件正确、规范、可操作，符合标准化要求，装配人员具备上岗资格，特殊过程工艺文件协调一致，所选调试工装设备、仪器满足设备装配调试需要，基本满足试制要求。
评审组同意型号＋名称＋工艺总方案及相关工艺文件通过评审，可以转入样机制造状态（S 状态）正样机研制工作。

评审组长：
年　　月　　日</td></tr>
</table>

表 8-4　工程研制阶段样机制造状态(S 状态)工艺评审

项目名称		性 质	工 艺
项目负责人		评审级别	军　　厂
研制阶段	工程研制阶段样机制造状态(S 状态)正样机	主办单位	
评审地点		评审时间	
提交评审资料	① 工艺总方案 ② 工艺标准化综合要求 ③ 工艺规程(G) ④工艺文件和相关工装设备资料		
评审意见	工艺分析、要求符合产品结构、特性的试生产设计要求,工艺路线清晰,材料消耗可控,工艺总方案和工艺文件规范、正确可行,符合标准化要求,装配人员具备上岗资格,特殊过程工艺文件协调一致,所选调试工装设备、仪器满足设备装配调试需要,满足试生产要求。 评审组同意型号 + 名称 + 工艺总方案;型号 + 名称 + 工艺标准化综合要求和型号 + 名称 + 工艺规程及相关工艺文件资料通过评审,可以转入下一步工作。 评审组长: 年　　月　　日		

3. 产品质量评审

产品质量评审是在产品检验合格之后,交付分系统、系统试验(或是转阶段、状态)之前,对产品质量和制造过程的质量保证工作进行的评审,重点审查技术状态的更改情况及后效,制造过程的偏离许可、器材代用以及缺陷、故障的分析和处理情况,运用数据评价该批产品性能的一致性、稳定性、对环境的适用性、可靠性,执行质量保证文件的情况,质量凭证和原始记录、产品档案的完整性。产品质量评审由设计、工艺、标准化、质量保证部门和军事代表参加,根据产品层次、关键节点还应邀请同行专家、供方代表参加评审会。评审应有明确的结论,并形成评审报告。

在研制阶段,承制方应按 GJB 907A 要求,开展分级分阶段的产品质量评审工作,形成评审记录,并作为产品质量控制的措施和确定产品技术状态的依据。方案阶段的产品质量评审见表 8-5。

表 8-5　方案阶段产品质量评审表

项目名称		性　质	产品质量
项目负责人		评审等级	军　　厂
研制阶段	方案阶段	主办单位	
评审地点		评审时间	
提交评审资料	① ×××图样及相关技术文件 ② ×××标准化大纲 ③ ×××可靠性大纲 ④ ×××维修性大纲 ⑤ ×××研制规范		
评审意见	按照研制合作协议及主要技术要求和相关标准、规范的要求，编写了试制项目质量保证文件，可以规范试制中的质量保证工作。 评审组同意××××项目通过产品质量评审，可以转入工程研制阶段工程设计状态的初样机(C状态)研制工作。 评审组长： 年　　月　　日		

4. 转阶段(或状态)评审

本阶段或状态的设计评审、工艺评审和产品质量评审工作已完成，但三个评审所提出的问题是否已经在相关文件、图样中更改，需要转阶段(或状态)会议审查合格后，方可转下一阶段或状态工作。工程研制阶段工程设计状态的初样机产品质量评审参见表8-6。

表 8-6　工程研制阶段工程设计状态的初样机产品质量评审表

项目名称		性 质	产 品 质 量
项目负责人		评审等级	军　　厂
研制阶段	工程研制阶段工程设计状态(C状态)初样机	主办单位	
评审地点		评审时间	
提交评审资料	① ×××图样 ② ×××试制过程记录 ③ 安全性分析报告 ④ 产品质量保证大纲 ⑤ 综合保障大纲 ⑥ 工程研制阶段(C状态)产品试制报告		
评审意见	××××金属陶瓷刹车片动、静片，按照产品质量保证大纲要求开展工作。对试制和试验工作中暴露的技术、质量问题已解决。产品的试制贯彻了通用化、系列化、标准化要求，原始记录完整，质量保证大纲运行有效。试制样件质量稳定，对设计、工艺评审中专家提出的问题已归零。满足试生产要求。 评审组同意×××××项目通过工程研制阶段工程设计状态(C状态)初样机评审，可以转入样机制造状态(S状态)的正样机工作。 评审组长： 年　　月　　日		

5. 分级分阶段评审实施要求

（1）根据产品的功能级别和管理级别，划分评审级别；根据研制程序或零级网络图，编制质量控制图，设置评审点；

（2）将评审工作纳入研制计划，在组织上、时间上、经费上给予必要的保证；

（3）根据产品特点，制定设计评审、工艺评审和产品质量评审的实施办法，并严格执行；

（4）评审前要做好被评审文件的准备，编写阶段工作总结报告，对影响成败和存在疑虑等要求重点审核的问题列出清单；

（5）记录评审的过程和重点审查的问题，评审结论要正式形成书面文件，写出评审报告，提交主管决策者和军事代表。

（二）首件鉴定

承制方应按 GJB 190 和 GJB 908A 的要求策划确定首件鉴定项目，应分级分批地进行首件鉴定工作，通过鉴定查工艺规程、查设备能力、查操作技能、查检验规程是否满足要求，做到文档齐全，标识和记录清晰，确保首件鉴定质量。

1. 首件鉴定范围

首件鉴定范围应包括：

（1）试制产品；

（2）在生产（工艺）定型前试生产中，首次生产的新的零、组件，但不包括标准件、借用件；

（3）在批生产中产品或生产过程发生了重大变更之后，首次加工的零、组件，如：

① 产品设计图样中有关关键、重要特性以及影响产品的配合、形状和功能的重大更改；

② 生产（工艺）过程方法、数控加工软件、工装或材料方面的重大更改；

③ 产品转厂生产；

④ 停产两年以上（含两年）等。

（4）顾客在合同中要求进行首件鉴定的项目。

2. 首件鉴定内容

在首件鉴定过程中，承制方应对试制、生产过程和能够代表首次生产的产品进行全面的检验及审查，以证实规定的过程、设备及人员等要求能否持续地生产出符合设计要求的产品。

1）生产过程的检验和审查

对生产过程的检验和审查的内容主要有：

(1) 生产过程的运作与其策划结果的一致性。按规定的生产过程的作业文件(工艺规程、工作指令等)进行作业,并采用过程流程卡(或工艺路线卡,GJB 9001A 中 7.5.3.a 条款称随工流程卡)对过程的运作进行控制。

(2) 对特殊过程确认的检查。当生产过程中含有特殊规程时,检查其特殊过程用于生产之前已进行了确认,过程参数获得了批准。

(3) 器材合格。生产过程中使用的器材经进货检验且有合格证明文件。对于组合件,具有其零、组件合格状态及可追溯性标识的配套表。

(4) 生产条件处于受控状态。为生产过程所提供的资源和信息,涉及基础设施、工作环境、人员资格以及文件和记录均处于受控状态。

(5) 生产过程文实不符的现象已解决。当生产过程及其资源条件与生产作业文件(工艺规程、工作指令等)不一致时,应按规定办理更改、偏离许可或例外转序的批准手续,并进行记录。

2) 产品的检验和审查

对产品检验和审查的内容主要有:

(1) 产品特性的符合性。产品的质量特性是否符合设计图样的要求。

(2) 不合格项目重新鉴定的结果。当有的质量特性不符合要求时,对不合格项目应重新进行首件鉴定,确定是否符合要求。

(3) 对于毛坯(铸件、锻件),首件鉴定的意见还应包括用户试加工合格的结论意见。

3. 首件鉴定程序

1) 首件鉴定目录

(1) 承制方应按首件鉴定范围(第一条)确定应进行首件鉴定的零、组件,并编制《首件鉴定目录》(见本书附录 9),具体列出需鉴定的零、组件号、版次、名称等。对于采用相同的生产过程和方法且具有形同特性的产品的首件鉴定可选择有代表性产品进行;

(2)《首件鉴定目录》应经工艺技术部门编制并经质量部门会签;

(3) 对于第一条(4)中鉴定的项目,质量部门编制并经军事代表会签。

2) 标识

承制方应对生产过程和产品有关文件进行标识,确保对零、部、组件首件鉴定的可追溯性。其标识范围:

(1) 生产过程使用的作业文件(工艺规程、工作指令等)上作“首件鉴定”标识;

(2) 随零、部、组件周转的过程流程卡(工艺流程卡)上作“首件”标识;

(3) 首件零、部、组件作“首件”标识或挂“首件”标签;

（4）产品检验记录上做“首件”标识；

（5）数控加工的计算机软件源代码文档上作“首件”标识。

3）生产过程的检验

承制方应根据《首件鉴定目录》安排首件生产过程的检验，在首件生产过程中，按“生产过程的检验和审查的内容”的要求实施检验。

4）产品的检验

承制方应按“产品的检验规程和审查内容”的要求对产品进行检验，确保检验原始记录完整，并按检验原始记录填写《首件鉴定检验报告》（见本书附录10）。

5）重新首件鉴定

首件鉴定不合格时，承制方应查明不合格的原因，采取相应的纠正措施，并按“生产过程的检验”和“产品检验”的要求重新进行首件鉴定或针对不合格项目重新进行首件鉴定，记录最终的产品检验结果。

6）对生产过程和产品检验结果的审查

承制方应按“首件鉴定”的要求，对生产过程和产品检验的结果进行全面的审查，其内容有：

（1）审查人员。

① 对生产过程和产品检验结果审查的组织工作应由其《首件鉴定目录》编制部门负责，参加审查的人员应包括《首件鉴定目录》会签的代表；

② 当首件鉴定作为生产（工艺）定性的一部分时，应邀请军事代表参加对生产过程和产品检验结果的审查。

（2）审查的依据和凭证。

① 对生产过程检验结果的审查应依据其生产过程的作业文件（工艺规程、工作指令等）对首件的过程流程卡（工艺路线卡）、首件生产过程原始记录（见本书附录11）、特殊过程的作业文件、器材合格证明文件或零、组件配套表等进行审查；

② 对产品检验结果的审查应依据其产品图样对《首件鉴定检验报告》（见本书附录10）进行审查，当发现有不合格项时，应审查重新鉴定后的检验记录和重新首件鉴定的检验报告，必要时可以进行实测。

（3）审查报告。

对生产过程和产品检验结果审查后应形成审查报告（见本书附录12），并作为合格与否的结论。

7）对生产过程作业文件的确定

首件鉴定合格后，承制方应对其使用过的作业文件（工艺规程、工作指令、数控加工的计算机软件源代码文档等)进行确认,并加盖“鉴定合格”标识。

4. 首件鉴定记录

承制方应保存首件鉴定的记录,主要是:

(1)《首件鉴定目录》(见本书附录9);

(2) 首件生产过程流程卡(工艺路线卡);

(3)《首件生产过程原始记录》(见本书附录11);

(4)《首件鉴定检验报告》(见本书附录10);

(5)《首件鉴定审查报告》(见本书附录12)。

(三) 关键过程控制

关键过程也称关键工序。关键过程是对形成产品质量起决定作用的过程。关键过程一般包括形成关键、重要特性的过程;加工难度大、质量不稳定、易造成重大经济损失的过程等。关键件(特性)、重要件(特性)是型号设计人员在方案阶段,按照GJB 190特性分析列出的,并在图样上标明,汇总于项目明细表;关键工序由工艺部门根据设计方案及图样确定,并在工艺文件中标明,汇总于项目明细表。其范围、实施方法和实施要求分别是:

1. 关键过程的确定

(1) 形成关键、重要特性的工序;

(2) 加工难度大、质量不稳定,出废品后经济损失较大的工序;

(3) 关键、重要外购器材的入厂检验工序。

2. 关、重件的控制

对复杂武器装备的单元件(特性),应当编制关键件(特性)、重要件(特性)项目明细表,对关键件(特性)、重要件(特性)的设计参数和制造工艺必须从严审查。

(1) 单元件分类。单元件分类是设计工作的一项重要任务。设计人员在对产品功能特性分析、可靠性预计和故障模式、影响及危害程度分析的基础上,按故障后果的严重性、故障发生的概率,将单元件划分为关键件、重要件和一般件。同样对那些在组合装配过程中需要保证的质量特性,如间隙、紧度、匹配、兼容等,划分为关键特性、重要特性和一般特性。关键件(特性)、重要件(特性)必须在图样和技术文件上标明,并汇集编制明细表。

(2) 控制原则。复杂武器装备,是指那些技术密集、质量和可靠性要求高、结构复杂、单元件众多的产品,如导弹、火箭、飞机、坦克、装甲车辆、自行火炮、舰艇、鱼雷、雷达、自动化指挥系统及其关键分系统,以及相当复杂或可靠性要求较高的配套件、附件等。复杂产品的质量和可靠性,主要取决于产品最薄弱的环节,及“关键的少数”。对少数关键件(特性)、重要件(特性)实行重点控制,是事半功倍地保证整个产品质量的重要办法。

（3）关、重件的控制程序。

① 根据 GJB 190 要求和产品特点，确定功能特性分类原则；

② 在产品设计中进行功能特性分析，找出影响产品功能、性能和可靠性的关键特性、重要特性，形成功能特性分析报告；

③ 根据关键特性、重要特性的分类，对单元件和组合、装配部位划分为关键件（特性）、重要件（特性）及一般件（特性），前两项必须在设计图样和技术文件上进行标识；

④ 将设计意图切实贯彻到制造工艺文件中去；

⑤ 在设计评审和工艺评审中，将功能特性分析文件以及关键件（特性）、重要件（特性）的设计参数和制造工艺作为重点评审内容之一；

⑥ 编制关键件（特性）、重要件（特性）项目明细表，并交工艺、质量保证部门会签。

3. 控制方法

（1）在工艺规程中，对关键工序提出明确的质量控制要求，必要时选用可控制图；

（2）百分之百检验；

（3）详细填写质量记录，确保可追溯性；

（4）对不合格品严加控制；

（5）实行批次管理，限额发料，确保数目清楚，不丢不混。

4. 实施要求

（1）根据 GJB 909A 编制控制文件；

（2）工艺部门组织分析关键（特性）、重要（特性）设计图样资料，确定形成关键（特性）、重要（特性）的关键工序，编制工序质量控制程序，并定期分析验证其工程能力；

（3）对首件产品进行首件二检，记录实测数据并作首件标识；

（4）考核关键工序受控率，评价工序质量控制程序的有效性；

（5）适用时，应用统计技术进行关键过程的质量控制。

（四）特殊过程确认

特殊过程亦称特种工艺，通常包括：化学、冶金、生物、光学、电子等过程。在机械加工中，常见的有：铸造、锻造、焊接、表面处理、热处理以及复合材料的胶接等过程。特殊过程直观不易发现、不易测量或不能经济地测量产品内在质量特性的形成过程。因此，在正式生产之前，应对特殊过程（特种工艺）进行确认，以证实其实现所策划的结果的能力。

承制方应根据策划确定的特殊过程，按照相关制度及标准要求，实施特殊过程的确认工作。对项目的实施过程、操作要求、参数记录等进行检查，对特殊过程的产品进行测量，并做好记录，形成特殊过程确认表。

1. 特殊过程控制内容

（1）确认过程参数并对其控制方法和环境条件做出明确规定，对过程参数变更、设备变更或间歇式生产，需要时，应按有关规定，重新进行特殊过程的确认；

（2）使用的机器设备、仪器仪表、工作介质和环境条件必须定期进行检定，并确保状态标识醒目；

（3）辅助材料具有合格证明，必要时，进行入厂复验；

（4）特殊过程的质量记录内容完整，有效且状态受控；

（5）适用时，应按照顾客要求在特殊过程使用前进行鉴定和批准。

2. 特殊过程实施要求

（1）根据有关特种工艺质量控制的国家军用标准，制定并执行特种工艺的技术文件和质量控制程序；

（2）对设备、仪器仪表、工作介质和工作环境进行周期检定，记录实测数据，合格者给出合格标识，不合格者或超出检定周期者给出“禁用”标识；

（3）改善无损检测手段。特种工艺加工的产品经检验后，必须及时作出合格与否的识别标记；

（4）检验人员对生产现场负有监督控制的责任和权限。

（五）不合格品管理

1. 管理概述

产品的不合格品管理包含对检验人员职责及要求、审理系统及其审理人员的要求和不合格品审理、处理、追溯等要求。

承制方应制定并执行不合格品管理的识别、隔离、审理和记录控制程序，建立不合格品审理系统，并定期分析工作情况，不断完善、改进和优化。按不合格品审理系统的职责，对不合格品进行分级审理，并保证其独立行使职权，如果要改变其审理结论时，应由最高管理者签署书面决定并存档备查。

不合格品审理人员应具有审理的资格，并经最高管理者授权，需要时，应征得顾客或其代表的同意。审理系统的人员应由设计、工艺、质量、生产、采购等有关部门人员组成。不合格品审理常设机构一般设置在质量部门或技术部门，研制阶段对不合格品进行审理时，应由设计师系统提出审理意见。

检验人员能鉴别产品质量，涉及符合性和适用性两种不同的判断。检验员的职责是按照技术文件（过程检验可以用工艺规程，最终产品用检验规程）检验产品，判断产品的符合性，正确作出合格或不合格的结论。对不合格品的处理，属于判断适用性的范畴，因而不能要求检验员承担处理不合格品的责任和拥有相应的权限。所以，检验员就是按技术文件规定检验产品，作出合格或不合格的结论。

对检验员的要求，承制方应以文件明确规定检验人员在判断产品符合性方面的职责，严格按照产品的检验规程或工艺文件（标准样件或实件）检验产品，正确判明产品合格与否，对不合格品作出识别标记，填写拒收单，隔离不合格品等，同时应明确规定检验员不承担不合格品处理的责任。

当对不合格品拟作让步使用或返修的处理，因而涉及合同（技术协议书）规定的产品性能、寿命、互换性、可靠性、维修性时，应办理偏离许可或让步申请，取得使用单位同意后再作处理。

承制方应分析不合格品产生的影响，查明原因、分清责任、落实纠正措施，防止不合格品重复发生。应按 GJB 726A 的规定对不合格品做好标记，并及时采取隔离或控制措施，防止非预期使用或交付，对返工或返修后的产品应重新进行检验，并做好记录。

不合格品的审理意见，仅对当次被审理的不合格品有效，不能作为以后审理不合格品或验收其他同类产品的依据。

2. 处置方式

不合格品的处置方式一般可包括：

（1）返工；

（2）返修；

（3）报废；

（4）让步接收；

（5）降级使用；

（6）退回供方。

3. 审理系统职责和权限

不合格品审理系统包括审理小组、审理常设机构、审理委员会。审理系统按不合格品管理制度展开工作。

1）不合格品审理小组职责与权限

（1）不合格品审理小组（或人员）负责处理可返工或明显报废的轻度不合格品；

（2）负责将职责范围内的不能处置的不合格品提交常设机构；

(3) 负责监督所处置的不合格品纠正或纠正措施的落实情况；

(4) 负责管辖范围内不合格品的统计、上报工作。

2) 不合格品审理常设机构的职责和权限

(1) 负责审理由审理小组(或人员)提交的不合格品和职责范围内的不合格品；

(2) 履行审理委员会日常办事机构的职能,对委员会提出的处置意见组织实施；

(3) 负责将严重不合格品或不能处置的不合格品提交审理委员会；

(4) 归口管理不合格品并对纠正措施的制定与实施进行监督；

(5) 负责不合格品的统计与分析工作；

(6) 负责建立不合格品审理档案；

(7) 负责涉及不合格品的事项与顾客沟通。

3) 不合格品审理委员会的职责与权限

(1) 负责严重不合格品的审理；

(2) 负责审理由常设机构提交的不合格品；

(3) 负责对重大问题制定的纠正与预防措施进行审查。

注:需要时,可邀请顾客或其代表参加评审,但他们不属于审理委员会的成员。不合格审理委员可吸收相关专业人员组成专题审理小组,对不合格品进行专题审理。

4. 审理程序

(1) 检验人员在发现不合格时,应做好以下工作:

① 按 GJB 726A 的规定做好标识及时进行隔离。当隔离不可行时,应采取有效控制措施,防止与合格品混淆；

② 认真填写《不合格品通知/审理单》(不合格品通知/审理单格式参见 GJB 571A 附录 B),并加盖检验员印章；

③ 将《不合格品通知/审理单》送交审理小组(或人员)处置。

(2) 审理小组对返工或明显报废的不合格品,可直接填写审理意见,签字后送交责任部门进行实施,否则,提交常设机构处置。

(3) 常设机构在接到《不合格品通知/审理单》后,按职责范围组织有关人员进行审理,提出并填写审理意见后提交责任部门组织实施,否则,提交审理委员会处置。

(4) 不合格品审理委员会负责对常设机构提交的不合格品进行审理,并填写处置意见后提交责任部门组织实施。

(5) 涉及让步接收、降级使用的不合格品,应根据产品所处的阶段和需要,提交设计师系统或由军事代表处置。经设计师系统或军事代表填写处置结论并签名、盖章后由常设机构提交责任部门组织实施。

(6) 责任部门收到《不合格品通知/审理单》后,应按审理结论处置不合格品,并从人、机、料、法、环、测等方面,找出不合格产生的原因,制定纠正措施。

5. 跟踪管理

(1) 责任单位收到不合格品审理文件后,应立即对正在加工的同一图(代)号的产品采取措施,以防止不合格品的继续发生。

(2) 经不合格品审理委员会确定需要追回的不合格品,应书面通知有关单位或顾客。

(3) 责任部门所制定的纠正与预防措施应提交主管部门审查,并由常设机构进行跟踪管理,监督其实施情况。

(4) 不合格品审理小组、不合格品审理常设结构应定期对发生的不合格品进行统计和分析,并形成不合格品统计分析报告,作为分析和评价产品质量、质量管理体系运行情况以及降低内、外部质量损失的依据。

(六) 质量检验

1. 质量检验一般原则

(1) 承制方应设立专门的检验管理机构,检验人员和检验工作实行一级管理,并采取措施确保其独立行使职权。

(2) 承制方应建立检验管理制度,编制检验管理的程序文件,根据产品的技术特点和生产流程的需要,设立检验类型(即进货检验、过程检验和最终检验)、检验岗位和检验要求。

(3) 承制方应根据产品规范和 GJB 1442A 中 5.3.3 条款要求,编制产品最终检验和特种检验的检验规程。产品零、部、组件等均应在工艺规程中设置检验工序,编制“检验图表”,按随工流程卡实施检验,并符合检验要求。进货检验应依据供方提供的检验规程,编制验收规程。

(4) 检验记录。承制方应建立检验记录的管理制度,并形成文件。根据检验的类别编制检验记录表格,并加强对检验记录表格的管理和归档工作,确保产品检验的可追溯性。

2. 检验队伍管理

(1) 检验人员与检验印章。检验人员是质量把关的专职人员,检验印章是检验人员的资格证明,为了确保不合格的器材不投产,不合格的再制品不运行,不合格的零件、部件和组件不装配,不合格的成品(零件、部件和组件)不出厂,必须确保检验人员素质,加强检验印章的管理,真正做到:

① 承制方应对检验印章统一设计、刻制并实行注册管理，确保印章的唯一性；

② 检验人员应通过岗位培训，考核合格并取得检验员资格后，才能领取检验印章，检验人员调换岗位或增加新的检验内容时，必须重新进行培训、考核，合格者使用的检验印章交旧领新；

③ 检验印章应专人、专印、专用，不得借用或挪作他用，遗失印章应及时声明；

④ 检验人员退休、免职或长期脱岗（日历时间6个月以上），检验印章应收回并销毁。

（2）检验人员职责和权限：

① 依据检验技术文件和工艺技术文件要求，对采购的产品、半成品（在制品）、成品合格与否作出判断，并对结果的正确性负责；

② 按产品监视和测量要求及 GJB 726A 的规定，对产品的检验状态进行标识；

③ 做好检验、试验记录并及时归档；

④ 负责授权范围内不合格品的处理；

⑤ 有权越级反映产品质量检验问题。

3. 产品最终检验

（1）检验或试验的内涵。产品的检验、试验，应当严格按照国家军用标准、产品规范和检验规程的要求，经过检验、试验验证的成品（零件、部件和组件）、半成品和外购器件，应当有合格标识或合格证明书。

（2）检验和试验依据。为客观的、正确的评定产品质量，必须使检验、试验工作有法可依，如产品规范、检验规程、试验大纲、试验规程和相关的技术标准，作为产品最终检验、试验工作的依据。否则，检验、试验结果视为无效。

（3）检验、试验品状态管理。为了确保产品生产过程有条不紊，成品（零件、部件和组件）、半成品和外购器件均应有质量识别标识。凡经过检验合格的，应有合格标识并附有证明文件；不合格的，应有不合格标识，应严格隔离；无质量标识和证明文件的，则视为不合格，不得入库、发放、流转和交付，任何接收单位或个人均有权拒收。

（七）质量问题处理

1. 问题处理综述

在装备研制中，承制方应编制装备研制、生产、使用过程中质量问题的处理原则、分类、管理职责和程序的相关规定。应重视质量问题的攻关解决，并形成质量问题攻关制度，对于重复发生和影响使用的严重或重大质量问题，应成立质量问题攻关小组，采取拉条挂账、攻关销号的方法彻底解决，达到技术和管理

“双五条”归零要求。

2. 问题处理原则

(1) 坚持质量第一。

(2) 坚持实事求是、尊重科学。

(3) 坚持预防为主、持续改进。

(4) 坚持分级、分类处理。

(5) 坚持装备全系统、全寿命管理。

(6) 坚持原因找不出不放过、责任查不清不放过、纠正措施不落实不放过。

(7) 坚持有利于保证装备质量、有利于提高装备完好率、有利于增强部队战斗力。

(8) 坚持装备质量问题归零的要求。

3. 质量问题分类

(1) 装备质量问题是指装备质量特性未满足要求而产生或潜在产生的影响并可能造成一定损失的事件。装备质量问题按偏离规定要求的严重程度和发生损失的大小通常分为三类,即一般质量问题、严重质量问题、重大质量问题。

① 一般质量问题。对装备的使用性能有轻微影响或造成一般损失的事件。

② 严重质量问题。超出一般质量问题,导致或可能导致装备严重降低使用性能或造成严重损失的事件。

③ 重大质量问题。超出严重质量问题,危及人身安全、导致或可能导致装备丧失主要功能或造成重大损失的事件。

(2) 某一具体装备可根据装备特点,按照(1)的要求制定具体的分类方法。

4. 处理程序

1) 调查核实

(1) 装备研制或生产过程中发生质量问题后,承制方应进行现场调查、核实情况、做好记录,必要时进行拍照、录像、收集实物并保护现场。调查核实的内容主要包括:

① 装备的名称、型(代)号、图号、规格、批次、数量及所处的阶段;

② 质量问题发生的时间、地点、时机、环境条件、责任人及涉及的范围;

③ 质量问题现象和发生过程;

④ 质量问题对装备研制、生产和使用造成的影响。

(2) 装备研制或生产过程中,承制方应对发生质量问题的装备以及与该装备有关联的装备做出标识,并采取隔离等控制措施。

(3) 装备使用过程中发生质量问题,承制方应同使用部队按(1)的要求进行调查核实，对发生质量问题的装备以及与该装备有关联的装备做好标识，并采取隔离等控制措施。

2）初步判定

（1）装备研制或生产过程中，承制方应分析质量问题对装备的影响程度、需要解决的迫切性，并初步判定质量问题的性质，对质量问题进行分类。

（2）装备使用过程中，使用部队应独立或会同军事代表室及承制方按（1）的要求初步判定质量问题的性质。

3）报告情况

（1）属于装备研制或生产过程中的严重质量问题，军事代表室应在48小时内向军事代表局报告；重大质量问题，军事代表室应在24小时内向军事代表局报告，军事代表局应及时向装备主管机关（部门）报告。

（2）属于装备使用过程中的严重、重大质量问题，使用部队应及时向装备主管机关（部门）报告。报告的主要内容应包括调查核实的基本情况和拟采取的处理措施。

4）定位分析

（1）装备研制或生产过程中，承制方应对质量问题进行分析、论证和试验，查找原因，属于严重、重大质量问题，装备主管机关（部门）应组织、参加有关工作，并组织审查。

① 承制方应选择适宜的质量问题分析方法。采用工程分析方法时，应通过对发生质量问题的装备进行测试、试验、观察、分析，确定故障部位，查清原因并弄清故障产生的机理。采用统计分析方法时，应收集同类装备的生产数量、经历的试验和使用的时间、已发生的故障数等，寻求该装备此类故障出现的概率和统计规律。分析结论应归属明确。

② 承制方应通过试验或模拟试验复现故障现象，以验证定位的准确性和机理分析的正确性。对于可能造成灾难性危害和重大损失的故障，以及不易实现复现的故障，应进行原理性复现。

③ 承制方应在质量问题发生、发展的全过程中分析、查找质量管理的薄弱环节、漏洞和死角，责任单位和责任人员应归属明确。

（2）装备使用过程中，装备主管机关（部门）应审理使用部队上报的装备质量问题报告，组织进行调查核实、查清原因。属于承制方的原因，应按定位分析的要求做进一步分析；属于使用部队的原因，责任单位及责任人员应归属明确。

（3）承制方应会同军事代表室和/或使用部队应对质量问题的影响和危害程度进行分析。分析的范围主要包括：

① 质量问题对装备的性能、使用、维修及安全性的影响和危害；

② 对已交付出厂装备、在制装备的影响；

③ 对有配套关系和使用中有关联的其他装备的影响；

④ 对履行合同的影响、使用人员健康影响等。

（4）装备研制过程中，对装备质量问题的定位分析应以设计师系统意见为主。

5）采取措施

（1）承制方应制定纠正、预防措施和实施计划，并通过试验验证措施的有效性和实施的可行性。对严重、重大质量问题，应按规定上报，必要时组织评审。

（2）属于设计、工艺等技术问题，承制方应对发生质量问题的装备进行处置，并在设计、工艺等技术文件中落实措施。

（3）属于重复性质量问题以及有章不循或无章可循等管理问题，承制方应修改完善质量管理体系及其文件和相关的技术文件。

（4）属于使用部队使用、管理不当，应建议使用部队修改完善装备操作使用规程及有关管理规章。

（5）承制方应举一反三，将质量问题的信息反馈给相关单位，检查有无可能发生类似模式或机理的问题，并采取纠正措施和预防措施。

（6）当装备质量问题的处理涉及售后技术服务时，承制方应按 GJB 5707 的要求执行。

（7）当装备质量问题的处理涉及更改装备技术状态时，承制方应按 GJB 5709、3206A 的要求执行。

（8）当装备质量问题的处理涉及更改研制总要求或合同中有关质量条款时，承制方应会同军事代表在试验验证后，按规定上报，待批准后按规定实施。

（9）当装备质量问题的处理涉及装备定型工作时，应按《军工产品定型工作规定》的要求执行。

（10）装备研制过程中，对装备质量问题的处理措施应以设计师系统意见为主。

6）归零评审

（1）对严重、重大质量问题以及重复出现的一般质量问题，承制方应编制归零报告并进行归零评审。

（2）对承制方完成的技术归零报告和管理归零报告，军事代表室应进行预先审查，并确认会签。

（3）承制方对归零评审的组织应建立工作程序，完善工作内容，制定客观、公正的评审准则。

(4) 对由于客观原因暂时不能全面完成技术归零,但通过采取有效措施并经实际分析或试验验证等方法,确保不影响后续试验和工作的质量,军事代表可同意承制方转入下一阶段工作。

7) 资料归档

(1) 装备质量问题处理过程中信息的收集与处理按 GJB 1686A 的要求执行。

(2) 装备研制和生产过程中,承制方应收集、整理装备质量问题处理全过程的资料并形成档案。档案一般应包括以下主要内容:

① 现场记录;

② 检验、试验数据、故障图片、录相;

③ 会议记录、纪要;

④ 技术报告(包括分析、鉴定、归零评审报告等);

⑤ 有关文件(包括各类请示、报告、上级指示、批复等)。

第九章　监 督 管 理

第一节　监督管理综论

一、监督管理概述

1949年11月人民解放军成立空军，1949年12月，组建空军工程部，下设器材处采购订货科，也就是订货部的前身，2003年11月订货部与科研部合并，成立科研订货部。这60多年订货系统有订货工作管理体制，科研系统有科研工作管理体制，军事代表系统隶属于订货工作管理体制。空军装备部成立科研订货部，即一种新的管理体制——科研订货工作一体化管理体制诞生了。

（一）订货工作管理体制简述

1949年12月，组建空军工程部。1951年6月，空军工程部编设订货处，并在沈阳、天津、上海设置了三个订货小组。1952年2月8日，空军向航空工业6个重点承制方派出第一批11名军事代表，标识着空军军事代表工作开始起步。1954年5月，空军成立十大部，军事订货部为其中之一，编制干部154人，沈阳、天津、上海三个订货小组改为订货办事处。1958年4月，军队编制体制调整，军事订货部改为订货部，归建空军工程部，成为空军工程部的一个二级部。各军区空军成立军区空军工程部订货处，负责本区范围的订货工作，军事代表按地域归入各军区空军管理，航空订货系统最初的三级管理体制（空军—军区空军—驻厂军事代表室）正式形成。1959年沈阳、天津、上海三个订货办事处撤消。1969年9月，空军工程部和军区空军工程部撤销。空工订货部与空后航材部合并，各军区空军工程部订货处与各军区空军后勤部航材处合并，订货工作和军事代表工作由空后航材部和各军区空军后勤部航材处负责。1976年5月，军委决定恢复空军"四大部"建制，订货部和订货处同时恢复，分别归建空军航空工程部和军区空军航空工程部。从1976年成立的航空工程部到1992年改名为装备技术部，到1998年成立的装备部，订货部一直是其所属二级部。

作为中间一级订货工作管理机构的军事代表局，则是从初期的三个订货小组，扩建到三个地区订货办事处，后又整编为军区空军航空工程部订货处的基础上组建的。1994年，按照总参关于军事代表机构整编的通知精神，各军区空军航空工程部订货处和贵阳军事代表办事处统一整编为沈阳、北京、西安、上海、广州、成都、贵阳7个军事代表局，隶属空军装备技术部建制领导。

1. 空军航空订货系统主要职责

空军创建初期，航空订货工作以国外订货为主。当时由于我国还没有自己的航空工业，为了保证新建几所航校的训练，筹建一批航空兵部队以及抗美援朝作战的需要，空军先后四次向苏联订货。在国内，主要是采购一些五金机械，委托修理、试制和生产一些消耗器材。

1952年以后，航空订货工作逐步扩展到国内订货。那时国家已经创建了航空工业，相继成功仿制出了雅克－18、米格－17飞机以及维修所需的零备件，标识我国航空工业已经开始了从修理到制造的过渡，订货工作的重点也相应转向了国内。

随着国防事业的进一步发展，航空工业又由仿制逐步走向了自行设计、自行研制，从而决定了订货工作必然要由委托修理走向新品订货，由零备件订货走向整机订货。

随着工作范畴的不断扩大，工作深度也在不断拓展。首批军事代表派出时，其主要任务是“监督承制方按时完成修理计划”，注重的是完成数量。而后，经过几次大的质量问题的冲击，中央军委确立了“军工产品，质量第一”的方针，订货工作的中心开始由注重数量向注重质量转变。再发展到后来，节省军费开支、控制军品价格也成为订货工作的重要内容，这样，“质量”、“进度”、“价格”构成了订货工作三要素，成为航空订货系统工作的重点。

按照航空订货系统三级机构，首先介绍一下订货部的职责。订货部是空军航空订货业务工作的归口管理部门，在空军首长和空装党委的领导下，主要负责空军航空装备国内及国外订货计划落实、质量监督、检验验收、技术服务、对外索赔、航空产品价格审核，参与航空装备购置费管理工作。主要履行以下职责：

（1）制订航空订货工作的原则、制度和发展规划，拟订空军航空订货系统军事代表机构的设立、调整和组编方案。

（2）负责落实航空装备、设备和零备件的国内与军援军贸订货计划，组织签订和履行订货合同，完成订货任务。

（3）控制订货产品质量标准，组织实施订货产品质量监督和检验验收，协商有关工业部门研究处理技术质量问题。参与新产品的研制、鉴定和定型工作，督促工业部门开展技术服务工作。

（4）组织对引进产品的检验验收和进口飞机消耗性器材的国产化工作。

（5）与工业部门协商航空订货产品价格，参与订货经费管理，负责办理订货产品货款结算和编报决算。负责航空军事代表系统的财务管理和审计工作，制订航空军事代表业务经费分配计划。

（6）统一管理空军国外订货的计划编报，参与或组织国外订货工作的考察、谈判、签约、监造、培训、检验、索赔和技术服务工作。

（7）协同政治部搞好航空军事代表干部队伍的建设工作。指导军事代表局的业务工作和军事代表室的全面建设。组织开展在职业务培训、订货理论研究和法规建设等工作。

其次，简要介绍一下军事代表局和军事代表室的职责。

（1）军事代表局是空军装备部派出的区域性管理机构，作为一级党委和机关，直接领导和管理所属军事代表室的全面工作，并按照上级机关的工作要求，检查、督促、帮助、指导军事代表室完成各项任务。

（2）军事代表室是空军航空订货系统的基层单位，主要负责航空订货工作的具体实施，保证军队按照国家计划得到性能先进、质量优良、价格合理的航空武器装备。

2. 空军航空订货工作的责任和使命

订货工作贯穿于装备研制、生产和使用的全过程，是装备工作不可分割的一部分，订货工作的开展直接关系到空军装备发展建设规划的落实，关系到新机战斗力的形成和提高，关系到空军装备质量建设的成效。

军事代表是航空订货系统的主体，各级领导和各级机关对军事代表工作很重视。国务院、中央军委专门颁发《中国人民解放军驻厂军事代表工作条例》，全面规范了军事代表的工作。军委、总部两次召开全军驻厂军事代表工作会议，肯定了军事代表工作的重要性，对如何做好军事代表工作提出了要求。在第二次会议上，时任军委副主席刘华清在讲话中明确指出："驻厂军事代表是全军武器装备建设的一支不可缺少的重要力量，在我军的现代化建设中起着重要的作用"。因此，我们必须清醒地认识到装备订货工作在武器装备建设中具有的重要意义和我们肩负的历史使命。

（二）科研订货工作管理体制

1. 空军科研订货机构设置

2003年军队编制体制调整，空装订货部与科研部合并成立科研订货部。科研订货部的成立，从体制上改变了长期以来空军装备科研订货工作分段管理的传统模式，使空军航空武器装备科研订货工作步入了一体化管理体制的新阶段。空军航空武器装备科研订货工作管理体制，是空军装备发展管理体制的重要组成部分，对提高装备科研订货工作整体效能、推进武器装备建设发展具有十分重要的作用。

科研订货部成立后，航空科研订货系统三级机构和管理关系没有变化，各军事代表局仍保留，军事代表室在2004年调整精简时，数量、人员有所减少。

2. 空军科研订货部的主要职责

（1）组织拟制分管装备研制、订货工作的规划计划和有关法规制度；参与空军装备建设的发展战略、规划计划、体制系列拟制工作。

(2) 组织分管装备型号研制及改进改型的实施工作。负责组织开展型号研制立项论证和评审;负责组织订立装备型号研制和改进改型的合同及管理等工作;负责组织遴选承研承制方的招投标工作;参加型号立项论证计划和年度研制计划的拟制工作。

(3) 负责组织分管装备的科研试验、试飞和试用等设计定型前的有关管理工作。组织工业部门承担现役装备加改装科研工作;负责组织三级航空军工产品定型和鉴定工作,参加一、二级航空军工产品定型鉴定工作;负责提出演示验证预研项目的需求意见,参加演示验证预研项目的综合论证、计划拟制、实施管理和军内科研的有关工作;组织拟定新型装备的综合保障大纲;提出装备交付技术状态意见。

(4) 归口管理分管装备订货工作。负责提出分管装备订货计划的建议;负责落实由工业部门承制承修的订货和修理计划;负责订立由工业部门承担的订货、修理和加改装合同,组织并会同有关部门订立由工业部门承担的器材备件和航空维修保障装备订货合同;负责协调工业部门向部队、航空修理承制方提供装备使用、修理的技术资料。

(5) 负责组织分管装备的研制、生产过程技术质量监督及军检验收。组织研究处理研制、生产、使用中有关技术质量问题;组织承研承制方开展技术服务;组织建立和领导研制、生产监督管理体系;组织实施承研承制方资格审查和质量管理体系第二方审核。

(6) 负责分管装备的审价工作。拟制定、调价方案;负责组织空军向工业部门订货、承修的装备及器材、设备审价工作;负责军内单位承制的航空装备、四站装备订货和空军航空修理承制方飞机、发动机修理的审价工作。

(7) 负责分管装备的寿命和可靠性增长管理工作;归口负责空军试飞部队、靶场建设有关工作;负责组织分管装备的国外技术引进和装备、器材备件国产化工作;参与分管装备引进的立项、订立合同和履约等有关工作。

(8) 管理使用分管装备有关业务经费。负责提出年度研制、购置经费的使用、拨付意见;会同综合计划部呈报型号研制经费拨付申请;负责经费的结算和预、决算编报;负责由工业部门承担的飞机、发动机大修经费的结算。

(9) 归口管理空军军事代表的共同性业务工作。组织拟制总体建设方案、共同性管理工作的法规制度和人才队伍建设的规划计划。负责航空系统军事代表和分管直属单位的行政管理、业务建设工作。

军事代表局、军事代表室的职责在原来的基础上增加了研制监督管理工作内容。

(三) 军事代表制度

军事代表是空军装备科研订货工作的主体,是军队派驻工业部门,代表军方监督质量、审核价格、督促进度的专门力量，是连接部队和工业部门的桥梁与纽带，是空军装备建设不可缺少的一支重要队伍。加强军事代表队伍建设是搞好航空装备订货工作的重要基础和保证。军事代表室成立60多年来，各级领导和各级机关十分重视军事代表工作。国务院、中央军委专门颁发《中国人民解放军驻厂军事代表工作条例》，全面规范了军事代表的工作。军委、总部两次召开全军军事代表工作会议，肯定了军事代表工作的重要性，对如何做好军事代表工作提出了要求。空军于1999年召开了军事代表工作会议，明确了军事代表在新的历史时期的工作目标、任务和要求。2002年，四总部下发了《军事代表局工作规范》和《驻厂军事代表室工作规范》(简称“两个《规范》”)，空军四大部联合转发了“两个《规范》”，并提出了具体的贯彻落实意见。空装党委、首长和机关对军事代表队伍建设十分关心，空装首长经常深入军检一线检查指导工作，帮助基层军事代表解决了大量实际困难和问题，有力地推动了军事代表队伍建设的持续发展。

空军航空军事代表系统在空装党委和首长的正确领导下，不辱使命、默默无闻、无私奉献，较好地完成了各个历史时期的订货任务，有力地促进了部队战斗力的提高。在空军部队作战训练、军事演习、抢险救灾、国庆阅兵以及香港回归等重大任务中，提供了卓有成效的装备订货保障和强有力的技术支援。特别是在新时期军事斗争准备工作中，军事代表战斗在装备研制生产一线，充分发挥职能作用，有力地保证了“撒手锏”武器装备建设的质量和进度。60多年来，航空订货系统为部队完成作战训练任务提供了有力的保障，军事代表系统在完成这些任务中做了大量的工作，为空军武器装备建设做出了重大贡献。

军事代表工作经历了多次曲折，特别是军事代表制度的“废”与“立”，引起过中央领导的关注。在党中央、国务院和各级领导的关心支持下，军事代表制度才得以建立、坚持并不断完善和发展。

(1) 初创时期(1952年—1955年)。1952年2月8日，根据国家航空工业主管部门领导的要求，空军向沈阳一一二厂、一一一厂，哈尔滨一二二厂、一二零厂，南昌三二零厂，株洲三三一厂6个飞机、发动机制造厂派出第一批11名驻厂检验员，这就是空军实行军事代表制度的开端。随又派出8名团级干部任总军事代表，到1952年年底共向7个承制方派出51名军事代表。1952年2月8日，标识着空军军事代表工作的起步，成为空军军事代表工作值得纪念的日子；1953年5月，空军和工业部门联合颁发《空军军事代表暂行工作细则》。

(2) 调整阶段(1956年1月—1966年5月)。这十年，军事代表室的数量和人员在增加，工作面在扩展，工作中遇到的问题和矛盾也比较多，这个时期的调整是前进中的调整，是逐步走向成熟和完善的调整，实质就是努力探索中国模式的军事代表工作。一是思想认识、工作姿态和工作作风的调整；二是质量责任和职权范围的调整;期间,颁发了规范军事代表工作的三个条例一个办法:如1956年空军和工业部门联合颁发《中国人民解放军空军驻各工业部门各承制方军事代表工作条例》;1961年中共中央、国务院颁发《中国人民解放军驻厂军事代表暂行条例》;1963年空军工程部制订下发了《关于驻厂军事代表检验验收产品和签署技术文件的暂行办法》;1964年中共中央、国务院颁发《中国人民解放军驻厂军事代表工作条例》。

(3) 动荡阶段(1966年5月—1977年10月)。1971年3月,空军下达编制命令,撤消军事代表,改设订货联络小组,军事代表亦改称为联络员,空军军事代表制度第一次被取消。随后歼六、强五、直五等飞机相继因质量问题大批返厂排故,严重影响部队训练,引起周总理关注,多次作过批示,航空工业产品质量进行整顿,提出要恢复军事代表;1972年4月,空军决定恢复军事代表制度,订货联络小组恢复为军事代表室;1975年11月,国务院、中央军委发文,取消军事代表制度,只在各有关地区、企业设立装备订货办事处和装备订货站。军事代表制度第二次被取消。

(4) 健康发展(1977年10月—)。1977年8月,邓小平同志在军委座谈会上指出:“装备就是要求质量,要设军事代表,要派好的”。1977年10月,国务院、中央军委发出了关于恢复军事代表制度的通知,军事代表工作从此步入了新的历程。1978年,各军区空军工程部按编制组建新成立的军事代表室,选调人员补充军事代表队伍(当时航空军事代表的编制为2210人);1979年10月,订货部在上海召开全系统总军事代表工作会议,探讨对现行某些规章制度和工作方法进行改革,把订货工作提高到一个新水平的可行性,拉开了航空订货工作改革的序幕;1983年5月,总参谋部规定全军军事代表的共同性工作由总参装备部归口管理,1984年在总参装备部成立全军军事代表办公室;1983年12月和1990年1月,三总部先后两次联合召开有国务院各工业部门参加的全军军事代表会议,组织交流经验,共商建设大计。会议充分肯定了军事代表制度,宣布要把军事代表制度作为一种根本制度长期坚持下来;1989年9月,国务院、中央军委颁发了新的《中国人民解放军驻厂军事代表工作条例》,充分肯定了军事代表制度,进一步明确了军事代表的基本任务和职责,把军事代表工作法制化更推进了一步。

(四) 三十年改革创新发展

1977年恢复军事代表制度以来,空军航空军事代表30多年的工作,经历了不断改革、创新和发展的战斗历程,特别是党的十一届三中全会以后,紧紧围绕着国家经济体制的变化、军委的战略部署、空军装备建设要求,针对不同历史时期航空科研订货工作面临的新形势与新任务,结合自身特点和现实工作需要,就一些理论专题多次召开理论研究会议或工作会议,总结工作经验,探讨改革思路，实践改革措施，从而使航空科研订货工作逐步走上科学化、规范化、现代化道路，军事代表系统的建设也得到不断的发展。

1979 年 10 月，订货部在上海召开全系统总军事代表工作会议，探讨对现行某些规章制度和工作方法进行改革，拉开了航空订货工作改革的序幕。

2002 年 10 月，在成都组织了航空装备订货工作改革研讨活动，提出了落实“四个机制”，推行一个中心，实现两个突破，强化三个管理的航空装备订货工作改革发展思路，明确了 21 项改革重点工作任务。其中，“落实四个机制”，是新世纪对空军航空装备订货工作的根本要求，是指导空军航空装备订货工作改革的根本指针；“推行一个中心”，以合同制为中心，构建新的航空装备订货管理体系——这是空军航空装备订货工作改革的重要方向；“实现两个突破”，在推行招标投标和转换价格管理机制上取得突破——这是空军航空装备订货工作改革的重要内容；“强化三个管理”，通过推行合同制，强化对“质量、进度、价格”三要素的管理，不断提高装备订货工作整体效益——这是空军航空装备订货工作改革的根本目的。

二、基本要求

1977 年 10 月恢复军事代表制度以来，各级机关非常重视军事代表工作，从制度上、组织上、工作上保证了军事代表工作的健康发展。

为加强对军事代表工作的管理，发挥军事代表在武器装备建设中的重要作用，保证中国人民解放军按照国家计划得到性能先进、质量优良、价格合理的武器装备，1989 年 9 月国务院、中央军委发布了《中国人民解放军驻厂军事代表工作条例》(以下简称条例)，《条例》规定，在承担军工产品型号研制和定点生产任务的企业、事业单位(以下称作承制方)，实行军事代表工作制度，由军队向重点承制方派出军事代表。规定了军事代表的组织结构和工作关系、明确了基本任务和职责内容，基本要求包括：

(一) 军事代表的任务

军事代表是军队为执行武器装备建设计划向承制方派出的代表，根据国务院、中央军委关于军工产品研制、生产和质量管理的规定，完成以下方面的任务：

(1) 检验验收。检验验收是通过对产品的技术质量进行鉴定，做出合格与否的判定，同意或者否决产品出厂。检验验收是军事代表任何时候都不能松懈的重要工作，它体现了军事代表的“把关”作用，是产品流入部队的最后一道关口。检验验收的正确实施. 有赖于军事代表对产品各项指标的准确掌握和操作技术的熟练运用。

(2) 生产过程的质量监督。这主要体现在对合同的实施过程中进度、质量、品种等方面的监督，即监造。要通过对生产的要素、过程、条件的监督，维持产品性能不降低，使其符合规定的技术要求。这也是对检验验收工作的前伸。

(3) 参与军工产品研制的质量保证。这是军事代表工作的再前伸。参与研制活动的目的,是为了确保产品"优生",为生产过程的质量监督工作打下基础。

(4) 对军工产品提出订价意见。这是军事代表工作经济性的表现,是开展产品经济性监督的重要内容。提出订价意见是在军事代表充分掌握承制方经济活动、产品成品组成等活动的基础上进行的。

(5) 负责军队与承制方的联络。军事代表是连接军队与承制方的纽带和桥梁,也是军厂之间的联络员。在产品使用过程中的技术服务中,在反馈部队使用信息上,军事代表担负着重要的作用。这种联络作用,对部队战斗力的形成和保持,有极大作用。

(二) 军事代表的职责

《条例》还规定了军事代表的六项职责,这六项职责是军事代表神圣的使命,是衡量军事代表"军方意识"强弱的标准。

(1) 实施合同监督。根据军队有关规定或经授权,代表军方签订经济合同,发挥对合同的监督职能,承担合同规定的权利、义务和经济责任,监督承制方按合同规定按时、按质、按量、按品种交付产品,满足部队需要。

(2) 实施质量监督与检验验收。通过各种手段,确保生产的高质量,把好产品的出厂关,防止不合格品流入部队。

(3) 参与新品研制。新品型号研制关系到空军发展,新品研制中的技术状态、进度、质量和费用,军事代表都应详尽掌握,以确保产品优生,满足空军战斗力发展的需要。

(4) 实施经济性监督。产品经济性涉及国家利益和军费使用效益。产品成本是调节国家和企业经济利益的杠杆。经济性监督要在了解和掌握企业经济活动、产品的经济要素基础上进行。军事代表要以军方身分提出产品订价意见,完成订价、结算等事宜。

(5) 加强军队与企业之间的联系。发挥好桥梁和纽带作用,这是由军事代表地位所确定。只有生产和使用两方顺利沟通,才真正完成国民经济的良性循环,军队战斗力也有了相应保证。

(6) 作好战时动员工作。军事代表是国家战时动员的组成部分。战时的扩大再生产,军工企业首当其冲,军事代表要有"居安思危"的战略观念和军人意识。

三、监督依据

从目前我国的军事代表制度、武器装备质量的监督管理和武器装备的定型管理以及军事代表的基础性建设都有一整套法律法规,是武器装备研制生产、定型、质量监督管理的依据性文件,必须贯彻落实。

(1) 国务院、中央军委发布的《中国人民解放军驻厂军事代表工作条例》是军队向重点承制方派出军事代表的法律法规性文件。

(2) 为了加强对武器装备质量的监督管理,提高武器装备质量水平,根据《中华人民共和国国防法》和《中华人民共和国产品质量法》编制的《武器装备质量管理条例》,规定了武器装备质量管理的基本任务是:依照有关法律、法规,对武器装备质量特性的形成、保持和恢复等过程实施控制和监督保证武器装备性能满足规定或者预期要求。

(3) 为了加强军工产品定型工作的管理,保证军队装备的性能和质量,促进国防现代化建设,2005 年 9 月国务院、中央军委颁发的《军工产品定型工作规定》。

(4) 1991 年 8 月,空军和航空航天工业部颁发了《中国人民解放军驻厂军事代表工作条例实施细则》(航空类),条例实施细则进一步规范了军事代表的工作,使军事代表制度在军队和工业部门有了更加深厚的基础。

(5) 1994 年 7 月,组建军事代表局,军事代表脱离军区空军,归属空军装备技术部下属的地区军事代表局管理(2004 年空军装备技术部整编为空军装备部),这是在管理制度上的一个新举措。2001 年 1 月,四总部联合下发了《军事代表局工作规范》和《驻厂军事代表室工作规范》(简称"两个《规范》"),两个《规范》是新形势下加强和改进军事代表工作的重要文件,对于进一步发挥军事代表队伍的作用,加强军事代表局、室全面建设,提高军事代表工作规范化、制度化水平,促进军事代表工作持续、健康、稳定发展,具有重要意义。

第二节　计划合同

武器装备研制工程计划管理工作应包含合同类别及文本内容、合同准备、合同洽签和合同日常管理等四个方面,其内容是:

一、合同类别及文本内容

为适应社会主义市场经济和武器装备体制调整改革的需要,加强武器装备科研、订货合同规范化建设和管理工作,依据《中华人民共和国国防法》、《中华人民共和国合同法》、《中国人民解放军驻厂军事代表工作条例》等法律法规,拟制合同类别及文本内容,供参考;

合同类型是依据使用方正式下达的订货计划与国内承制工业企业(以下统称承制方)签订的型号研制合同,航空装备订货合同,飞机、航空发动机修理合同,航空零备件订货合同,一、二线维修检测设备订货合同等合同类型,下面对合同类型及文本内容进行详细介绍:

1. 研制合同及文本

新型装备研制年度计划根据各军兵种新型装备研制五年计划、本年度经费指标、上年度计划结转项目和本年度新上项目等情况组织有关单位分别拟制，经总汇平衡后按照规定程序上报总装备部审批，然后组织执行。例如：空军武器装备研制实行合同制，是通过招标等形式择优选定具备研制资格的单位，与之订立研制合同。研制合同是进行研制管理和军事代表质量监督的主要依据。

需要说明的是，在装备研制的不同阶段，六个专用规范都应纳入研制合同。但由于专用规范编制的阶段（时间）不一样，其研制合同的内容也是不一样的，例如：在装备研制的论证阶段，系统规范是描述系统的功能特性、接口要求和验证要求的，其应与《主要作战使用性能》的技术内容协调一致。系统规范一般由承制方从论证阶段开始编制，随着研制工作的进展逐步完善，到方案阶段结束前经订购方主管研制项目的业务机关正式批准（或组织专家审查通过），纳入方案阶段的研制合同。

在工程研制阶段，研制规范是描述分系统或产品的功能特性、接口要求和验证要求的。属研制规范范畴的软件规范描述软件产品的工程需求、合格性需求和验证要求及接口需求、数据要求和验证要求等，其应与《研制总要求》的技术内容协调一致。研制规范一般由承制方从方案阶段开始编制，随着研制工作的进展逐步完善，到工程研制阶段技术设计结束前经订购方主管研制项目的业务机关正式批准（或组织专家审查通过），纳入工程研制阶段的研制合同和纳入分承包的研制合同（或技术协议书）中。

2. 订货合同及文本

航空装备订货合同，是专指空军购置各型飞机、航空发动机、副油箱、降落伞等列装航空装备的合同。

航空装备订货合同采用条文式文本，其标准合同文本，由装备订货部门负责编制，经征求有关承制方意见，商相关部门后，报装备部门批准。其主要内容：

合同标的及依据：品种、型（代）号、数量、价格、交付进度（节点）、运输方式、依据文件（研制总要求或技术协议书、系统规范、研制规范和产品规范）等；交付技术状态；质量保证要求；履约期限，即合同起始和终止时间；售后技术服务；价款、经费结算方式；违约责任及争议的解决；合同变更及合同解除、终止；保密条款；其他要约。

合同文本的附件，主要是指因文字数量、表格无法列入合同文本中，而合同双方均认为应履约的一些文件。附件等同合同正文具有同等法律效用。

3. 飞机、航空发动机修理合同及文本

修理合同文本编制。飞机、航空发动机修理合同采用条文式文本，其标准合同文本，由装备订货部门负责编制，经征求有关承制方意见，商相关部门后，报装备部门批准。

合同文本内容。参照《航空装备订货合同》的文本内容确定，但在飞机、航空发动机进厂交接、修理技术方案、修理后的技术状态、验收出厂方式、质量保证与质量监督等方面,需进行适当调整。

其他合同文本。其他装备送承制厂修理的合同文本,可参照拟制。

4. 零备件(含一、二线维修检测设备)订货合同及文本

零备件订货合同。航空零备件订货合同,专指为满足航空武器装备的技术保障工程所需而订购的航空零备件订货合同。

零备件订货合同文本编制。零备件订货合同一般采用表格式文本,其标准合同文本由装备订货部门负责编制,经征求有关承制方意见,商相关部门后,报装备部门批准。

合同文本内容:

合同标的及依据:产品名称、图号、单位、数量、产品价格、交付进度、入库单位、依据文件(产品规范、软件规范、材料规范和工艺规范)等;质量保证要求;质量监督与检验验收;货款结算方式及期限;运输方式;售后技术服务;合同的变更;违约责任;其他要约。

二、合同准备

1. 订货合同准备

订货合同准备工作应以订货计划为依据组织实施。使用方各有关上级部门所提出的订货计划,均应有经费保障。

2. 订货计划送达

装备订货计划送达。航空装备订货计划、军援军贸和航空装备补充订货计划,在上级主管部门批准后,由装备综合计划部门及时送达装备订货部门。

修理计划送达。下一年度送工业部门修理的飞机、发动机修理计划、补充计划,在上级主管部门批准后,由装备外场部门及时送达装备订货部门。

零备件订货计划送达。下一年度的一、二线维修检测设备和航空零备件(含援外)订货计划,由装备外场部门、航材部门、工管部门于每年 5 月 15 日前送达装备订货部门。

专项目订货计划送达。专项目订货、新机初始航材备件订货、追加订货等计划拟定后,由装备外场部门、航材部门、工管部门及时送达装备订货部门。

注意事项。使用方各部门送达的订货计划,应按承制厂为单位编制,并提供文本和软盘。

航空零备件和一、二线维修检测设备订货计划核准。

零备件订货计划核准。空装订货部汇总各类航空零备件和一、二线维修检测设备订货计划,进行初步核准和编排处理后下发。

局订货计划汇编。军事代表局组织所属军事代表室对订货计划的准确性、可行性进行核准、请询和汇编。

订货计划核准要求。空装订货部汇总订货计划草案核准情况，将计划中需变更的部分和意见通告有关业务部门确认，各有关业务部门应在30天内回复意见，逾期按取消处理。

3. 合同启动

航空装备订货计划和送工业部门飞机、航空发动机修理计划及航空零备件和一、二线维修检测设备订货计划，由装备订货部门办理一报一批手续后，统一下达各军事代表局和军事代表，启动合同签订工作。

三、合同洽签

1. 订货合同文本起草

军事代表室接到启动合同的通知后，应按照订货计划和各类合同的标准文本与承制方起草订货合同。军事代表局应加强帮助指导，督促检查。

2. 订货合同招标

对符合招标条件的订货项目，可采取招标竞争的方式与中标单位洽签合同。订货合同招标工作实施细则，由装备订货部门制订。

3. 评审与审核

合同评审。承制方应按GJB 9001B《质量管理体系 要求》中第7.2.2条，评审与产品有关的内容。评审应在承制方向使用方作出提供产品承诺（如：提交标书、接受合同或订单及接受合同或订单的更改）之前进行。并应确保：

（1）产品要求已得到规定；

（2）与以前表述要求不一致的合同（技术协议书）或订单的要求已得到解决；

（3）承制方有能力满足规定的要求；

（4）风险得到识别和有能力解决。

合同审核。一般情况下军事代表还应组织订货合同的审核，以确定承制方能否实现合同要求，具体组织形式和审核内容由双方商定。

4. 订货合同草签

装备合同草签。航空装备订货合同，飞机、航空发动机修理合同，航空装备补充订货合同，军援军贸订货合同等，由军事代表以军方为户头，分类逐项目与承制方草签。

评审合同草签。军事代表在接到承制方已通过合同评审的报告，并确认已具备同承制方签订合同的条件后，与承制方法人代表草签订货合同，在军事代表栏签章，上报装备订货部门。

其他合同草签。航空零备件订货合同，专项目订货合同，新机初始航材备件订货合同，一、二线维修检测设备订货合同，追加订货合同及援外备件订货合同等，由使用方以收货单位为户头分类逐项目与承制方草签。

合同价格。合同价格必须是经国家批准的现行有效价格。不允许签订开口合同或擅自变更价格。

追加、紧急订货合同价格。追加、紧急订货产品的合同价格，军事代表应根据实际情况，实事求是、最大限度地节省军费开支和保证订货计划落实的原则，与承制方合理协商需要变动的价格，按规定程序办理报批手续后实施。

5. 合同报批

合同二报二批。草签后的各类订货合同由装备订货部门负责办理二报二批手续。其中航空零备件和一、二线维修检测设备订货合同，由计划提出部门在草签的订货合同上加盖收货单位章后报批。

合同金额管理。单份合同金额在500万元以下的，报装备部门主管审批；单份合同金额在500万元（含）以上的，经装备部门审定后，报上一级机关审批。

6. 合同签署

各类订货合同经批准后，由装备订货部门在合同订货主管部门栏内签章，合同即生效。

四、合同日常管理

1. 合同节点检查

对合同进度监督，主要采用节点检查方式进行。检查节点应在合同中明确，一般可设置在生产计划及安排、生产准备、加工制造、组装调试、试验试飞及交付发运等阶段。开展节点检查工作的有关方式，可纳入订货合同，也可按与承制方商定的实施办法进行。订货合同的节点检查由装备订货部门、军事代表局和军事代表分别组织实施。

2. 合同管理报表

航空装备订货交付月报表由军事代表报装备订货部门，抄送军事代表局；航空零备件订货交付月报表，由军事代表报军事代表局汇总后上报装备订货部门。

3. 订货经费支付

订货经费支付按合同约定办理。

4. 合同变更与纠纷

合同变更。合同约定内容需变更时，应经双方协商一致，采取重新订立合同或订立补充协议的方法办理。

合同违约协商。若承制方难以按合同约定的进度足数交付订货产品时，军事代表应查清原因，与承制方商定解决措施，提前（两个月）上报装备订货部门处理，并抄报有关部门。

合同纠纷。有关合同费用方面的纠纷，均应本着实事求是、互相理解的原则按合同有关条款的约定协商处理。

质量责任问题的处置。产品交付后，在使用过程中出现质量问题时，按合同约定和《中国人民解放军驻厂军事代表工作条例实施细则(航空类)》等规定处理。

违约的处置。航空武器装备订货中,发生的违约情况,按合同约定和国家、军队的有关规定处置。

其他纠纷的处置。对合同条款的理解有争议的,应当按照合同所使用的词句、合同的有关条款、合同的目的、惯例及诚实信用原则,协商确定该条款的真实意思。对产品的错发、运输途中的毁损、丢失等事故,按合同约定处理。

五、合同评估

各类订货合同在产品交付、货款结算后,由军事代表同承制方进行合同完成情况评估,如有遗留问题应专题上报。

六、厂际配套订货合同(协议)

驻供需双方的军事代表应根据国务院、中央军委《中国人民解放军驻厂军事代表工作条例》要求,代表军队签订经济合同,履行经济合同规定的相应权利、义务和经济责任;参加厂际间配套产品订货合同(协议)的签订工作,合同经供需两厂四方签字盖章后生效。未经驻供方军事代表检验验收的配套产品,一律不准装机,由驻承制方军事代表负责把关。

第三节　成本监督

一、研制成本构成

国防研制项目计价成本,包括从项目的论证阶段到生产定型前所发生的设计费、材料费、外协费、专用费、试验费、固定资产使用费、工资费、管理费等八项目内容。其计价范围和计算方法如下:

(一)设计费

指项目研制过程中需要发生的论证费,调研费,计算费,技术资料的购买、复制和翻译费,设计用品费,设计评审费,设计跟产费等。计算方法为:

(1)论证、调研、设计评审、设计跟产等费用,按预计参加人次乘以人均费用(本单位人员工资费除外)计算;

(2)支付外单位计算费用 = Σ(计算时数 × 小时费用率)。

(二)材料费

指项目研制中研制产品必须耗用的各种原材料、辅助材料、外购成品和元器件的费用(包括购买、运输和整理筛选所发生的费用),以及专用新材料应用试验费、型谱外专用电子元器件研制费和燃料动力费等。计算方法为:

(1)原材料费用 = Σ(原材料预计耗用量 × 计划单价);

(2)构成产品实体的外购成品费用(不含分承包或外协的部件) = Σ(外购

成品件数×计划单价）；

（3）研制项目在研制过程中（试验过程除外）直接消耗的水、电、风、气、煤、燃油、天然气等动力燃料费用，均按计划单价和耗用数量计算。

在计算材料费用时，可适当考虑受订货起点限制所增加并且应在该项目研制费中分担的费用。

（三）外协费

指项目研制中由于研制单位自身的技术、工艺和设备管理等条件的限制，必须由外单位协作所发生的协作加工费用，包括工艺外协和工件外协等（不含项目承包单位拨付分承包单位的研制费）。

（四）专用费

指专用于某一项目的费用。

（1）专用测试设备仪器费。指项目研制过程中确需购买或自制的专用测试设备仪器的费用，包括购置费、运输费、安装调试费，自制设备仪器的料工费等。一个单位同时承担两个以上的军品（含民品）研制项目，共用的专用设备，其购制费在某一受益研制项目的成本应按使用工时比例法分摊计算。计算方法为

$$专用设备仪器购置费 = \sum(某设备台数 \times 单位计划单价)$$

$$自制专用设备仪器费 = \sum(某设备台数 \times 单位计划成本)$$

某项目应分摊的设备仪器费

$$= \sum\left(\frac{某项目计划使用工时数}{全部项目计划使用工时总数} \times 共用的专用设备仪器费\right)$$

（2）专用工艺装备费。指为项目研制进行工艺组织所发生的费用。包括：工艺规程制定费、专用工艺研究费、工艺装备购制费。设计定型前的工装费可直接列入研制项目成本，试生产阶段的工装费在研制成本和生产成本中各负担50%。计算方法为

$$设计定型前的工装费 = \sum(设计费 + 材料费 + 加工费)$$

$$试生产阶段的工装费 = \sum(设计费 + 材料费 + 加工费) \times 50\%$$

（3）零星技术措施费。指为完成研制任务而必须对现有设施条件进行的单项目价值在10万元以下的零星技术改造或零星土建工程费。包括设计、施工、材料消耗、器件购置等费用。计算方法为

$$零星技术措施费 = \sum(规定限额内的单项目计划成本)$$

（4）样品样机购置费。指为项目研制必须购置的并能反映研制项目整体或部分性能、特征、结构、原理及技术指标的实物所需的费用。计算方法为

$$样品样机购置费 = \sum(样品样机台数 \times 计划单价)$$

（5）技术基础费。指为配合本研制项目需直接开支的标准、计量、情报等技术基础费用。

（五）试验费

指项目研制过程中用于工艺试验、仿真试验、综合匹配试验、例行试验、可靠性试验、阶段性试验、定型试验、储存试验和打靶、发射、试飞、试航、试车等各种试验验证费用，包括试验过程中所消耗的动力燃料费，陪试品、消耗品的费用，研制单位外场试验的技术保障及参试人员补助费用。在军队试验基地和其他承担指令性试验任务的单位进行试验时，研制单位按国家规定的收费标准支付军队试验基地和其他承担指令性试验任务的单位直接消耗性费用（没有收费规定的，可与军队试验基地和其他承担指令性试验任务的单位协商）。计算方法为

试验费用 = Σ[预计次数（或小时数）×每次（或每小时）计划费用]

（六）固定资产使用费

指项目应分摊的研制单位按规定比例分类计提的固定资产使用费。其中：研制用设备仪器按5%计提，研制用房屋建筑物按2%计提。计算方法为：研制事业单位固定资产使用费，按研制用设备仪器原值的5%和研制用房屋建筑物原值的2%之和计算，然后再对某项目按工时比例分摊，即

$$A = \frac{B}{P}\left[\sum[C] + \sum[D]\right] \times E$$

式中 A——某项应分摊使用费；

B——某项年均计划工时；

C——研制用设备仪器原值×5%；

D——研制用房屋建筑物原值×2%；

E——研制年限；

F——年计划总工时。

企业和自收自支事业单位的固定资产折旧费应按《工业企业财务制度》的有关规定计提，并按《军品价格管理办法》中规定的费用分摊方法计算。

凡使用某国防研制项目下的国防研制试制费和国家专项基建技改投资购置建设的设备仪器和房屋建筑物，在该项目研制期内不得计提固定资产使用费。

（七）工资费

指经财政部等认定没有事业费拨款的科研单位（包括自收自支的事业单位）、高等院校及各类企业中从事军品研制人员的工资、奖金、津贴、补贴和职工福利费等工资性支出。具体分摊计算方法为

某项目应分摊人工费 = 年直接从事该项目研制标准人数×年人均计划工资费用×研制年限

（八）管理费

指研制项目应分摊的管理费。包括劳保用品费、办公费、公用水电费、会议费、差旅费、取暖费、外事费、交通运输费、图书资料费、研制及办公用房屋建筑物

修缮费、专用设备仪器维修费、环境保护费、低值易耗品摊销费、研制器材毁损和报废(盘亏减盘盈)费、科技培训费、保险费、审计费、业务招待费等。

各级管理费总额一般不超过本条款1~6项目合计数的15%(从事某项目研制的一线职工年人均国防研制试制费投资超过5万元以上时,管理费应低于15%),远离城市的偏远地区的研制单位,管理费比例可适当提高,一般不超过20%。

军队使用部门和研制主管部门不得从国防研制项目计价中计提管理费。

(九) 收益

研制项目计价收益,按计价成本(不包括拨付分承包单位的研制费)扣除外购成品附件费、外购样品样机费、专用设备仪器购置费后的5%计算。

有国拨事业费的单位,其计价收益计算基数中,包括从事该项目研制的人员工资费支出。

(十) 不可预见费

指对技术复杂、研制周期长、难度大的研制项目计价时,针对研制过程中可能出现的各种不可预见因素,预先考虑的预备费用。研制项目的不可预见费,应根据研制项目的大小、研制周期的长短和技术难易程度等具体情况确定比例,原则上不超过计价成本的5%。

二、生产成本构成与计算

(一) 价格构成

装备价格由装备定价成本和按装备定价成本5%的利润率计算的利润两部分组成。

(二) 成本构成

装备定价成本是指制定装备价格时所依据的计划成本,包括制造成本和期间费用两部分。

两个或者两个以上生产单位生产同种同质装备的装备价格,原则上应当由有关生产单位平均的装备定价成本和按平均的定价成本5%的利润率计算的利润两部分组成。

(三) 制造成本构成

装备制造成本包括直接材料、直接工资和其他直接支出、制造费用、装备专项费用。

(四) 直接材料

直接材料包括生产单位在生产过程中预计消耗的原材料、辅助材料、备品配件、外部协作件、外购半成品、燃料、动力、包装物以及其他直接材料(包含进项增值税额)。

(五) 直接工资和其他支出

直接工资和其他直接支出包括生产单位直接从事装备生产人员的工资、奖金、津贴、补贴和福利费等。

（六）制造费用

制造费用包括生产单位所属的分厂、车间等基层单位的组织和管理装备生产人员的工资、福利费，房屋、建筑物和机器设备折旧费及修理费，试验检验费，取暖费，水电费，办公费，差旅费，运输费（包含营业税），劳动保护费，低值易耗品损失和修理期间的停工损失等费用。

制造费用的分摊：装备与民品能各自独立核算制造费用的，装备制造费用直接计入装备制造成本。装备不能独立核算制造费用的，装备制造费用按生产单位当年装备计划任务总工时（包含当年军贸产品任务工时，下同）和民品计划任务总工时（包含分厂、车间自揽工时，下同）平均计算分摊，计算公式如下：

$$A = \frac{B}{D} \times C$$

式中 A——装备制造费用分摊额；

B——制造费用；

C——装备计划任务总工时；

D——装备计划任务总工时 + 民品计划任务总工时。

（七）军品专项费用

根据装备的生产特点和实际情况，生产单位可以将下列特殊消耗的费用，作为装备专项费用一次或者分次计入装备制造成本：

(1) 外购专用原材料、元器件等，由于订货起点和质量筛选（不含在消耗定额中包括的）等有关生产产品规范的限制所发生的扣除预计残值后的净损失费用；

(2) 装备在生产中进行各种性能、寿命和破坏试验以及试飞、打靶等定期试验所发生的扣除预计残值后的净损失费用；

(3) 原材料、外购件等入库和装备生产中必需的各种理化试验、测试试验以及工艺试验等所需费用；

(4) 在现有装备生产图样要求和生产用产品规范以外，为满足装备订货的需要，邀请有关单位进行的跟产技术服务费用；

(5) 装备生产专用工艺装备及其备用件和装备生产必需的单台价值在 5 万元以下的零星仪器设备购置费用；

(6) 装备油封、包装、运输、售后服务以及按产品规范规定的交付状态必需的有关工具、测试设备、备件和资料等费用；

(7) 工装费、会议费和专家咨询费等装备生产定型费用扣除工装费 50% 后的费用，复产鉴定费，以及专项战略武器的试生产等一次性专用费用；

(8) 国家规定的其他装备专项目费用。

前款第(1)项、(7)项所列费用一次性分摊后,再有后续装备订货的,应当相应核减费用。

(八)期间费用

期间费用包括管理费用和财务费用两部分,按照财政部颁发的《工业企业财务制度》规定的开支内容执行。

期间费用的分摊:期间费用分别管理费用和财务费用进行分摊。根据国家批准保留的装备生产能力和装备生产任务等情况,按照下列方法分别计算分摊:

(1)生产单位当年装备、民品计划任务总工时达到制度总工时的75%或者75%以上的,装备管理费用按生产单位当年装备、民品计划任务总工时平均计算分摊,计算公式如下:

$$A = \frac{B}{D} \times C \tag{9-1}$$

式中 A——装备管理费用分摊额;

B——管理费用;

C——计划任务总工时;

D——装备计划任务总工时+民品计划任务总工时。

(2)生产单位当年装备、民品计划任务总工时达不到制度总工时的75%,但是装备计划任务达到国家批准保留的装备生产能力的90%或者90%以上的,装备管理费用按生产单位当年装备、民品计划任务总工时平均计算分摊,计算公式适用式(9-1)。

(3)生产单位当年装备、民品计划任务总工时达不到制度总工时的75%,并且装备计划任务达不到国家批准保留的装备生产能力90%的,装备管理费用按照下列顺序计算分摊:

① 先按生产单位当年制度总工时的75%计算装备一般管理费用分摊额,计算公式如下:

$$A = \frac{B}{C} \times D \tag{9-2}$$

式中 A——装备一般管理费用分摊额;

B——管理费用;

C——装备计划任务总工时;

D——制度总工时×75%。

② 再按国家批准保留的装备生产能力总工时与当年装备计划任务总工时之差,乘以管理费用与75%制度总工时之比,再乘以闲置费用分摊系数,计算出装备闲置能力费用分摊额,计算公式如下:

$$A = B \times \frac{B}{E} \times D \tag{9-3}$$

式中　A——装备闲置能力费用分摊额；

B——装备保留能力总工时—装备计划任务总工时；

C——管理费用；

D——闲置费用分摊系数；

E——制度总工时 ×75%。

③ 按装备管理费用分摊额与装备闲置能力费用分摊额之和，计算出装备管理费用分摊额，计算公式如下：

装备管理费用分摊额 = 式(9 - 2) + 式(9 - 3)

在式(9 - 3)中，闲置费用分摊系数划分为四个档次，即生产单位当年装备计划任务占国家批准保留的装备生产能力的比重分别为 75% 至 90%（包含 75%）、50% 至 75%（包含 50%）、20% 至 50%（包含 20%）和 20% 以下的，其所对应的闲置费用分摊系数分别为 30%、25%、15% 和 10%。

（4）装备财务费用能直接计入装备定价成本的，应当直接计入；不能直接计入的，装备财务费用按生产单位当年装备计划任务总工时和民品计划任务总工时平均计算分摊，计算公式如下：

$$A = \frac{B}{D} \times C \qquad (9-4)$$

式中　A——装备财务费用分摊额；

B——财务费用；

C——装备计划任务总工时；

D——装备计划任务总工时 + 民品计划任务总工时。

有装备预付款的，装备财务费用分摊额应当相应扣减装备预付款按规定的利率计算出的利息。

（5）生产单位生产两种或者两种以上装备的，生产单位应按照《军品价格管理办法》的第二十五条、第二十七条和第二十八条的规定计算装备制造费用、管理费用和财务费用的分摊总额后，再按某一种装备计划任务工时与装备计划任务总工时的比，乘以费用分摊总额，计算出某一种装备费用分摊额，计算公式如下：

$$A = \frac{B}{E} \times C \qquad (9-5)$$

式中　A——某装备费用分摊额；

B——某装备计划任务工时；

C——费用分摊总额；

D——装备计划任务总工时。

（6）生产单位分别按照下列方法核定民品计划任务总工时：

① 在装备计划任务达不到国家批准保留的装备生产能力的条件下，民品计划

任务总工时低于制度总工时与国家批准保留的装备生产能力总工时差额的75%的，按此差额75%核定；高于此差额的75%的，按民品计划任务总工时核定。

② 在装备计划任务达到国家批准保留的装备生产能力以上的条件下，民品计划任务总工时低于制度总工时与装备计划任务总工时差额的75%的，按此差额的75%核定；高于此差额的75%的，按民品计划任务总工时核定。

(7) 按照国家劳动定员标准，制度总工时按照下列公式计算：

制度总工时 = 月工作日数(21.5) × 日工作小时数(8) × 月数(12) × 出勤率(95%) × 作业率(80%) × 生产单位职工总数 × 生产单位一线基本职工比重系数

劳动部对劳动用工指标另有规定的，从其规定。

(8) 分别核定国家批准保留的装备生产能力总工时：

① 国家批准的保留方案中明确具体装备保留数量的，应当按该装备的批准保留数量和批准保留方案时的单位工时定额，核定国家批准保留的装备生产能力总工时。

② 国家批准的保留方案中未明确具体装备保留数量的，应当以本装备订货年度前3年该种装备平均的订货量与前3年装备总平均的订货量的比，乘以批准保留方案时的该种装备的单位工时定额，再乘以批准保留生产能力总量计算后，累加核定国家批准保留的装备生产能力总工时，计算公式如下：

$$A = \sum \left(\frac{B}{D} - C \right) \tag{9-6}$$

式中 A——国家批准保留的装备生产能力总工时；

B——前3年某装备平均订货量；

C——前3年装备总平均订货量；

D——单位工时定额 × 批准保留生产能力总量。

(9) 装备和民品的单位工时定额，由生产单位根据国家有关规定拟订，经军事代表室核实，报送工业主管部门，工业主管部门审查后，报送国务院价格主管部门和国务院财政部门备案。

装备和民品的单位工时定额，可以根据装备订货数量和技术指标等因素，每隔3年调整一次。

(10) 装备定价成本的构成项目，应当参考装备生产期间的物价上涨指数等情况，按计划数额予以核定。

三、装备价格审核及监督

(一) 价格审核的一般规则

(1) 集中统一国家定价；

(2) 职能部门归口管理；

(3) 四级机构分工负责；

(4) 军兵种不同组织形式。

(二) 价格审核的基本要求

(1) 按计划实施；

(2) 用数据说话；

(3) 依章法办事；

(4) 做到三清楚四坚持；

(5) 遵循会计核算规则；

(6) 准确把握审价时机。

(三) 价格审核的一般程序

(1) 装备生产厂家按规定编制产品价格计算书，提出报价方案，并向驻厂(所)军事代表室报价。

(2) 驻厂(所)军事代表室在收到装备生产厂家的报价意见后，应立即组织人员对价格计算书进行审核，并在一个月内(大型装备可在两个月内)提出审核意见。

(3) 装备生产厂家的报价方案经驻厂(所)军事代表室审核同意后，双方应将报价方案连同有关资料联合报送工业主管部门，抄送军队装备订货部门，抄报国务院价格主管部门。

(4) 工业主管部门收到装备生产厂家和驻厂(所)军事代表室的联合报告后，应在一个月内提出定价建议，连同有关资料报送国务院价格主管部门审批。

(5) 国务院价格主管部门收到工业主管部门的定价建议和有关资料后，应在一个月内确定装备价格，批复工业主管部门，并抄送军队装备订货部门。

(6)凡国务院价格主管部门委托工业主管部门负责制定的装备价格，装备生产厂家和驻厂(所)军事代表室的联合报告可不再抄报国务院价格主管部门。工业主管部门应在收到装备生产厂家和驻厂(所)军事代表室的联合报告后的一个月内确定装备价格，批复生产厂家，抄送军队装备订货部门，并抄报国务院价格主管部门。

(四) 一般装备成本审核程序

1. 准备阶段

(1) 了解被审查装备的基本情况；

(2) 分析被审查单位提供的定、调价文字报告；

(3) 确定审查工作的重点、目标；

(4) 确定审价小组人员的组成与分工；

(5) 确定审价工作的进度和要求。

2. 熟悉装备情况

(1) 听取生产单位介绍生产、经营、管理、财务等经济状况；

（2）了解产品性能、结构、特点，查看产品技术文件（含图样），考察生产现场及生产情况；

（3）核实研制费用开支情况。

3. 收集产品成本资料

（1）生产单位财务成本计划与财务成本决算报表；

（2）原材料及配套件的材料消耗定额和价格依据；

（3）上级主管部门下达的产品良品率或元器件筛选率考核指标；

（4）燃料、动力费实际和计划总额的分配去向及单价；

（5）实际发生的工资总额和上级工业主管部门批准的计划年度工资总额指标及分配去向，全厂职工人数与分布情况；

（6）专用原材料、元器件、专用工装、设备的目标和价格，专用测试、检验、试验和其他军品专项目费用；

（7）生产单位制度总工时、军品保留能力工时，军品、民品任务总工时，单位产品工时定额，实耗工时；

（8）工时变动统计（包括工艺变更、产品结构变更、主要材料变更、随机备件变更等）；

（9）生产单位制造费用、期间费用计划与实际汇总表；

（10）生产单位固定资产使用、分类、折旧情况及折旧费分配汇总表；

（11）工业主管部门下发的财务成本方面的法规文件；

（12）其他需要说明的事项。

4. 确定审查重点

（1）分析综合资料（年度性报告及文件等）；

（2）分析产品成本资料；

（3）分析相关技术资料；

（4）分析经营管理方面的资料；

（5）分析外联方面的资料。

（五）装备定价审批和处理权限

（1）属国家物价主管部门审批的装备价格，由国务院工业主管部门与军队装备订货主管部门协商，提出定价建议，报国家物价主管部门审批；

（2）属国务院工业主管部门审批的装备价格，由国务院工业主管部门与军队装备订货主管部门协商、制定和批准价格，报国家物价主管部门备案；协商如不能取得一致意见，由国家物价主管部门协调、处理价格争议；

（3）属省、自治区、直辖市的物价主管部门或省级工业主管部门审批的装备价格，由上述部门与驻厂（所）军事代表室或其上级单位协商，制定和批准价格，并上报备案；协商如不能取得一致意见，由所属国务院工业主管部门与军队装备订货主管部门协调、处理价格争议；

(4) 装备定价的批价文件由国家物价主管部门、国务院工业主管部门、省(自治区、直辖市)物价主管部门或省级工业主管部门根据各自的权限下达。

第四节　技术监督

一、技术审查

(一) 审查概述

技术审查是为装备研制过程功能、分配和产品基线的形成、确定、发展和落实而进行的工作。承制方应根据武器装备的技术复杂程度、承研承制的能力、经费和进度等综合情况进行裁剪,并在技术协议书或合同附件(工作说明)中指定技术状态项并对审查项和内容作出具体规定。

(二) 审查分类

装备研制过程中技术审查的类别有：

(1) 系统要求审查；

(2) 系统设计审查；

(3) 软件规格说明审查；

(4) 初步设计审查；

(5) 关键设计审查；

(6) 测试准备审查；

(7) 功能技术状态审核；

(8) 物理技术状态审核；

(9) 生产准备审查。

(三) 审查要素

1. 系统要求审查

系统要求审查一般在论证阶段后期或方案阶段初期,在完成系统功能分析或系统要求的工作分解结构初步分配后进行。

2. 系统设计审查

系统设计审查在方案阶段后期,要求分配结束时,可结合研制方案审查进行。

3. 软件规格说明审查

软件规格说明审查一般应在工程研制阶段初期,即系统设计审查之后,在确定软件分配基线和软件技术状态项概要设计之前进行。

4. 初步设计审查

初步设计审查应在已具备硬件研制规范,硬件技术状态项试验计划,软件概要设计文档，软件测试计划，计算机软件运行和保障文件等初稿之后，在详细设计开始之前进行。

5. 关键设计审查

关键设计审查应在硬软件详细设计已经结束，计算机资源综合保障文档、软件用户手册、计算机系统操作员手册、软件程序员手册和固件保障手册等运行和保障文件已经修改完善后，硬件正式投入制造和软件编码、测试前进行。

6. 测试准备审查

测试准备审查在提供了软件测试规程和完成了规定的计算机软件部件测试和软件技术状态项目测试之后，在软件技术状态项目正式测试之前进行。

7. 功能技术状态审核

每一个技术状态项都应进行功能技术状态审核，承制方应成立技术状态审核组，审核组成员应有代表性和相应的资质，在正式的技术状态审核之前，承制方应自行组织内部的技术状态审核，并采取必要措施配合开展技术状态审核。

8. 物理技术状态审核

每一个技术状态项都应进行物理技术状态审核，承制方应成立技术状态审核组，审核组成员应有代表性和相应的资质，在正式的技术状态审核之前，承制方应自行组织内部的技术状态审核，并采取必要措施配合开展技术状态审核。

9. 生产准备审查

生产准备审查只是在功能技术状态审核或物理技术状态审核进行之前即需要安排生产时并经过专门批准后进行，可以由承制方单独进行。

（四）审查内容及要求

1. 系统要求审查及要求

系统要求审查用以审查承制方的研究分析结果以确定是否为满足作战使用要求所做的工作已充分和正确，并确定承制方系统工程管理的初始工作方向。

系统要求审查旨在通过对系统要求（用于研究确定系统规范）的分析和权衡研究报告的审查，对其正确性和完善性取得共识。

典型的审查项目包括下列分析研究的结果（根据需要而定）：

（1）满足作战使用要求的途经分析；

（2）功能流程分析；

（3）初步要求分配；

（4）系统安全性；

（5）人素工程分析；

（6）价值工程研究；

（7）寿命周期费用分析；

(8) 效费比分析；

(9) 权衡研究(例如将系统功能确定在硬件、固件、软件中)；

(10) 保障性分析；

(11) 专业工程研究(如可靠性分析、维修性分析、武器综合、电磁兼容性、常规条件下的生存力/易损性分析、检验方法分析、环境考虑等)；

(12) 系统接口研究；

(13) 规范的产生；

(14) 风险分析；

(15) 综合试验规划；

(16) 生产性分析计划；

(17) 技术性能检测计划；

(18) 工程综合；

(19) 资料管理计划；

(20) 技术状态管理计划；

(21) 初步的制造计划；

(22) 人员、技术等级分析；

(23)重大事件(0级)网络图。

2. 系统设计审查及要求

1) 审查要求

系统设计审查用以评定分配到分系统、设备的技术要求,包括为满足系统要求所进行的相应试验要求是否最优化及可追溯性、协调性、完整性和风险性。该审查包含对整个系统要求(即用于使用、维修、试验、训练的硬件,计算机软件,设施,人员和初期综合保障考虑)的审查。还包括系统工程管理活动(例如:任务和要求分析,功能分析,要求的分配,制造方法或工艺选择,风险分析,效费比分析,保障性分析,权衡研究,系统内外的接口研究,综合试验计划,专业工程研究和技术状态管理)的总体分析,通过系统工程管理产生以上系统设计的研究结果。对于下列资料的正确性和完善性应取得共识:

(1) 系统规范；

(2) 研制费用；

(3) 初步使用方案；

(4) 寿命周期费用分析；

(5) 软件需求规格说明和接口需求规格说明初稿；

(6) 可能时,还有主项目和关键项目的研制规范。

2) 审查内容

审查系统工程管理活动,包括系统工程过程的各个环节,例如:

（1）任务和要求分析；
（2）功能分析；
（3）要求的分配；
（4）效费比分析；
（5）工程综合；
（6）生存性、易损性（包括在核战条件下）；
（7）可靠性、维修性、可用性；
（8）电磁兼容性；
（9）保障性分析（可包括维修方案、保障设备方案、维修、供应和软件保障设施等）；
（10）系统安全（重点放在系统危害分析和安全试验要求的确认）；
（11）安全保安；
（12）人素工程；
（13）运输性（包括包装和装卸）；
（14）系统质量特性（如重量、重心、惯性矩等）；
（15）标准化大纲；
（16）电子战；
（17）价值工程；
（18）系统扩展能力；
（19）风险分析；
（20）技术性能检测计划；
（21）生产性分析和制造；
（22）寿命周期费用；
（23）质量保证大纲；
（24）环境条件；
（25）训练和训练保障；
（26）重大事件（“0”级）网络图；
（27）软件开发方法。

3. 软件规格说明审查及要求

1）审查概述

软件规格说明审查是对软件技术状态项目的软件需求规格说明和接口需求规格说明中规定的要求进行审查。可以对集中在一起的一组技术状态项目的软件规格说明进行审查，但对每一个技术状态项目应单独处理。目的是向使用部门证明软件需求规格说明、接口需求规格说明和使用方案是充分的，能建立起软件技术状态项目概要设计的分配基线。

2）审查内容

（1）软件技术状态项的功能概括，包括每一功能的输入、处理和输出；

（2）软件技术状态项的全部性能要求，包括对执行时间、存储要求和类似的约束；

（3）构成软件技术状态项的每一软件功能之间的控制流程和数据流程；

（4）软件技术状态项同系统内、外所有其他技术状态项目之间的所有接口要求；

（5）标明测试等级和方法的合格鉴定要求；

（6）软件技术状态项的特殊交付要求；

（7）质量要素要求，即：准确性、可靠性、效能、整体性、可用性、维护性、测试性、灵活性、便携性、重复使用性和兼容性；

（8）系统的任务要求及其有关的使用和保障环境；

（9）整个系统中计算机系统的功能和特征；

（10）重大事件网络图，更新软件有关文档。

4. 初步设计审查及要求

1）审查概述

初步设计审查是对技术状态项目或一组功能上有联系的技术状态项目的基本设计途径的技术审查。应对研制规范、试验方案、接口控制文件和系统布局图样等的有效性和完善性取得技术上的共识，确保满足系统规范的要求。对于每一个技术状态项目，根据其研制性质和范围，和合同附件工作说明的规定，可一次完成审查，或分几次完成。也可对一组技术状态项目进行集中审查，但均应单独处理每一个技术状态项目。集中审查也可像单一技术状态项目那样，分成几次来完成。还应对技术、费用和进度等有关的风险性进行审查。对于软件，应对软件设计文档，软件测试规程和计算机系统操作员手册、软件用户手册、软件程序手册、计算机资源综合保障文档等运行和保障文档初稿的有效性和完善程度取得技术上的共识，确保满足系统规范的要求。

2）审查内容和要求

（1）硬件技术状态项一般性审查内容。

① 研制规范中的初步设计综合和所包含的接口要求，以及由此产生的接口控制文件；

② 权衡研究和设计研究的结果；

③ 功能流程框图，对要求进行分配的资料和原理图；

④ 设置布置图和初步设计图；

⑤ 研制试验资料；

⑥ 环境控制和热设计；

⑦ 按电磁兼容性计划审查初步设计的电磁兼容性；

⑧ 安全工程初步意见；

⑨ 生存性和易损性（包括在核战条件下）初步意见；

⑩ 有关可靠性、维修性和可用性的资料；

⑪ 初步重量数据；

⑫ 技术状态项目研制进度表；

⑬ 全尺寸样机、模型、实验模型或原型样机（视条件而定）；

⑭ 生产性和制造方面的初步意见（即材料、工装、试验设备、工艺方法、设施人员技能、检验技术），查明供货情况。

⑮ 价值工程初步意见；

⑯ 运输性、包装和装卸初步意见；

⑰ 人素工程和生物医学等方面的初步意见；

⑱ 标准化初步意见；

⑲ 随系统提供的固件，程序逻辑图和重编程序及指令翻译算法描述，制造，封装（集成技术和标准模块等），特殊设备以及开发试验和辅助固件所需的支持软件；

⑳ 寿命周期费用分析；

㉑ 武器相容性；

㉒ 腐蚀防护和控制初步意见；

㉓ 产品质量保证大纲；

㉔ 保障设备要求。

（2）软件技术状态项目一般性审查内容。

① 功能流程框图，包括将软件需求规格说明、接口需求规格说明的要求，分配到软件技术状态项目的各个软件顶层部件中的软件功能流程。

② 存储器配置资料，将每一软件技术状态项目作为一个整体说明存储器配置给各个顶层部件的方法，包括确定配置中所使用的定时、定序要求及有关的设备限制。

③ 控制功能说明，即软件技术状态项目的执行控制和启动、恢复特性的说明，其中包括起动系统操作方法和能够将系统从故障状态恢复过来的特性。

④ 软件技术状态项目的结构，应说明软件技术状态项目的顶层结构，选择各软件模块的理由，在计算机资源的约束范围内将要使用的开发方法及开发、维护软件技术状态项目结构和存储器配置所需的任何支持程序。

⑤ 保密性，提供在软件技术状态项目内为保密所采用技术的说明。

⑥ 可再入性，确认可供利用的可再入性要求的文件和执行可再入性程序技术的说明。

⑦ 说明计算机软件开发设施的可利用性、充分性和计划利用情况。

⑧ 承制方应提供独特的设计特征(可能存在于使用于计算机软件开发设施中的计算机软件顶层部件中,但不存在于安装在操作系统中的计算机软件顶层部件中)有关的信息。承制方应提供对于操作系统并不明确需要但对于帮助软件技术状态项开发所必须的支持程序的设计信息。

⑨ 开发工具,指在合同中并不要求交付,但在软件开发期间需要使用的一切特殊模拟、数据的简化或多用途工具。

⑩ 测试工具,指在合同中并不要求交付,但在产品开发中需要使用的任何专用测试系统、测试数据、数据简化工具、测试规程等。

⑪ 采购现货设备的规范和用户技术资料、手册等;查明功能、指令和接口等特征及未满足规范之处。

⑫ 保障资源,指系统在作战部署期间为支持软件和固件所必需的资源,如作战和保障的硬件和软件、人员、专门技能、人的因素、技术状态管理、试验和设施与空间。

⑬ 运行和保障文档,及计算机系统操作员手册、软件用户手册、软件程序员手册、固件保障手册和计算机资源综合保障文件等的初稿,应审查其技术内容同顶层设计文档的相容性。

⑭ 更新自上次审查以来提供的同软件有关的文档。

(3) 保障设备的一般审查内容。

① 根据实际情况,审查硬件技术状态项和软件技术状态项中适用的审查项目;

② 确认测试性分析结果,例如,在可修理的集成电路板有无测试点可用,是否能把故障隔离到需要的修理等级;

③ 审查是否尽可能地使用现货保证设备;

④ 审查保障设备需求文件中需提前采购的保障设备的进展情况;

⑤ 审查保障设备安装、检查要求和测试保障要求的进展情况;

⑥ 审查保障设备的可靠性、维修性和可用性;

⑦ 确认保障设备的综合保障要求和选定他们的理由;

⑧ 审查校准要求;

⑨ 说明保障设备的用户计数资料、手册的可获得性;

⑩ 核实建议的保障设备同系统维修方案的相容性;

⑪ 如果未进行保障性分析,则要对各个供选用的保障方案的保障设备权衡研究的结果进行审查,对已有的保障设备和印制电路板测试器应审查在外场使用中获得的维修性数据,审查使用单功能或多功能保障设备对使用新保障设备的系统费用差异,审查新保障设备的技术可行性;

⑫ 审查系统中的计算机资源和自动测试设备中的计算机设备的相互关系,

将此关系同机内自检设备的研制联系起来,以减少对复杂的保障设备的需要;

⑬ 核实机上维修相对离机维修任务权衡研究结果,包括保障设备影响;

⑭ 审查保障设备需求清单的更改。

5. 关键设计审查及要求

1) 审查概述

承制方应对每一技术状态项进行关键设计审查,确保反映在硬件产品规范初稿、软件设计文档、接口设计文档和工程图样中的详细设计结果满足硬件研制规范和软件顶层设计文档中规定的要求。同时还应根据技术、费用和进度,审查所有关系到每个技术状态项目的技术风险。对于软件,还应对软件设计文档、接口设计文档、软件测试文档(包括软件测试说明及规程、开发测试说明、规程及结果)、计算机资源综合保障文档、计算机系统操作员手册、软件用户手册、软件程序员手册和固件保障手册等的有效性和完善程度取得共识。对于复杂或大型的技术状态项,关键设计审查可分步骤进行。

2) 审查内容和要求

硬件技术状态项一般性审查内容如下:

(1) 硬件产品规范初稿中反映的详细设计应充分满足研制规范的要求;

(2) 硬件技术状态项目的详细工程图样,包括原理图;

(3) 详细设计在下列各方面是否适当:电气设计、机械设计、环境控制和热设计、电磁兼容性、电源和接地、电气和机械接口的相容性、质量特性、可靠性、维修性、可用性、系统安全工程、生存性和易损性(包括在核战条件下)、生产性和制造、运输性、包括和装卸、人素工程和生物卫生要求(包括生命保障要求)、标准化、设计对综合保障的权衡研究,保障设备要求;

(4) 接口控制图样;

(5) 全尺寸样机、模型、实验模型和原型样机;

(6) 设计分析和试验数据;

(7) 系统配置文件;

(8) 制造的初步准备,关键材料、关键工艺和工装已解决;

(9) 价值技术状态更改建议;

(10) 寿命周期费用;

(11) 所有固件的详细设计资料;

(12) 审查防腐蚀措施是否落实,保证所选用的材料能适应工作环境;

(13) 产品质量保证大纲的贯彻情况。

6. 测试准备审查及要求

1) 审查概述

测试准备审查是对承制方软件技术状态项目的测试准备情况所进行的一项

正式审查。测试准备审查的目的是让使用部门确定承制方是否已经准备好开始软件技术状态项目测试。对开发测试说明和结果、软件测试规程、计算机系统操作员手册、软件用户手册和软件程序员手册的有效性和完善程度应达到技术上的共识。

2）审查的内容

（1）要求的更改。自软件规格说明审查以来对已批准的软件需求规格说明或接口需求规格说明所有影响软件技术状态项测试的任何更改。

（2）设计的更改。自初步设计审查和关键设计审查以来对软件设计文档和接口设计文档所有影响软件技术状态项目测试的任何更改。

（3）软件测试计划和说明。对批准的软件测试计划和软件测试说明的任何更改。

（4）软件测试规程。进行软件技术状态项目测试时所用的测试规程，包括测试不正常和修正后的重新测试规程。

（5）计算机软件部件集成测试情况、程序和结果。计算机软件部件集成测试情况及在进行测试中所用的规程和测试结果。

（6）软件测试资源。开发设施的硬件、使用部门提供的软件、测试人员、支持测试的软件和器材的状况、包括测试工具的合格鉴定要求，以及对软件要求及其相关测试之间可追溯性审查。

（7）测试限制。确认所有软件测试限制。

（8）软件的问题。软件存在问题状况的综述，包括所有软件技术状态项目和测试支持软件的已知差异。

（9）进度表。剩余重大工作的进度表。

（10）文档的更新。对所有已交付的资料项目（如计算机系统操作员手册、软件用户手册和软件程序员手册等）的更新。

7. 功能技术状态审核及要求

每一个技术状态项都应进行功能技术状态审核，承制方应成立技术状态审核组，审核组成员应有代表性和相应的资质，在正式的技术状态审核之前，承制方应自行组织内部的技术状态审核，并采取必要措施配合开展技术状态审核，其内容是：

（1）功能技术状态审核可与设计定型工作结合进行。根据产品的复杂性，功能技术状态审核可以分步进行，与产品的技术审查（（评审）工作）相结合。

（2）待审查的试验数据应从拟正式提交设计定型的样机的技术状态试验中随机采集，如果未制造设计定型样机，则应从第一个（批）生产件的试验数据中随机采集。

（3）功能技术状态审核的具体开展如下：

① 审核承制方的试验程序和试验结果是否符合技术状态文件的规定；

② 审核正式的试验计划和试验规范的执行情况，检查试验结果的完整性和准确性；

③ 审核试验报告，确认这些报告是否准确、全面地说明了技术状态项的各项试验；

④ 审核接口要求的试验报告；

⑤ 对那些不能完全通过实验证实的要求，应审查其分析或仿真的重复性及完整性，确认分析或仿真的结果是否已保证技术状态项满足其技术状态文件的要求；

⑥ 审核所有已确认的技术状态更改是否已纳入了技术状态文件并已经实施；

⑦ 审核未达到质量要求的技术状态项是否进行了原因分析，并采取了相应的纠正措施。

⑧ 审查偏离许可、让步清单；

⑨ 对软件与硬件集合成一体的技术状态项，除进行上述审核外，还可进行必要的补充审核。

(4) 功能技术状态审核完成后，审核组织者应向有关各方发放审核纪要。审核纪要至少应记录功能技术状态审核的完成情况和结果，以及解决遗留问题所必需的措施。审核纪要还应给出功能技术状态审核的结论，即认可、有条件认可或不认可。

(5) 对于产品的转产、复产，应重新进行功能技术状态审核。

8. 物理技术状态审核及要求

每一个技术状态项都应进行物理技术状态审核，承制方应成立技术状态审核组，审核组成员应有代表性和相应的资质，在正式的技术状态审核之前，承制方应自行组织内部的技术状态审核，并采取必要措施配合开展技术状态审核，其内容是：

(1) 物理技术状态审核应在功能技术状态审核完成之后进行，必要时，可与功能技术状态审核同步。物理技术状态审核可与生产定型工作结合进行；如无生产定型，可与设计定型工作结合进行。根据产品的复杂性，可开展预先的物理技术状态审核。预先的物理技术状态审核可与产品质量评审工作结合进行。

(2) 待审查的试验数据和检验数据应从按正式生产工艺制造的首批(个)生产件的试验和检验中得到。

(3) 在进行物理技术状态审核之前，承制方应将订购方批准和承制方自身批准的全部技术状态更改纳入到适用的技术状态文件，并形成新的、完整的文件版本。

(4) 物理技术状态审核的具体开展如下：

① 审核各技术状态项有代表性数量产品图样和相关工艺规程(或工艺卡，下同)，以确认工艺规程的准确性、完整性和统一性，包括反映在产品图样和技术状态项上的更改。

② 审核技术状态项所有记录，确认按正式生产工艺制造的技术状态项的技术状态准确地反映了所发放的技术状态文件。

③ 审核技术状态项首件的试验数据和程序是否符合技术状态文件的规定；审核组可确定需重新进行的试验；未通过验收试验的技术状态项应由承制方进行返修或重新试验，必要时，重新审核。

④ 确认技术状态项的偏离、不合格是在批准的偏离许可、让步范围内；

⑤ 审核技术状态项的使用保障资料，以确认使用保障资料的完备性和正确性。

⑥ 确认分承制方在制造地点所做的检验和试验资料；

⑦ 审核功能技术状态审核遗留的问题是否已经解决；

⑧ 对软件与硬件集合成一体的技术状态项，除进行上述审核外，还可进行必要的补充审核。

(5) 物理技术状态审核完成后，审核组织者应向有关各方发放审核纪要。审核纪要至少应记录物理技术状态审核的完成情况和结果，以及解决遗留问题所必需的措施。审核纪要还应给出物理技术状态审核的结论，即认可、有条件认可或不认可。

(6) 对于产品的转产、复产，应重新进行物理技术状态审核。

9. 生产准备审查及要求

1) 审查概述

承制方进行生产准备审查的目的是核实系统的设计、计划和有关的准备工作是否已达到了能够允许生产，而不存在突破进度、性能和费用限制或其他准则之类的不可接受的风险程度。生产准备审查包括考虑与生产设计的完整性与可生产性，以及与为开展和维持可行的生产活动而需进行的管理准备和物质准备有关的问题。生产准备审查只有在功能技术状态审核或物理技术状态审核进行之前即需要安排生产时并经过专门批准后进行。可以由承制方单独进行。

2) 审查内容

生产准备审查应包括下列审查内容，可以根据系统的特点对审查的内容进行剪裁。

(1) 设计方面。

① 从生产角度看，设计风险低。

② 设计(包括系统、分系统、设备等)的技术审查已经完成，性能、可靠性、维

修性和保障性等的验证已经完成。

③ 系统的技术状态可以最后确定,设计更改活动已经稳定,不符合性已经解决。

④ 设计的不完善部分已经明确,不会给生产带来重大风险。

⑤ 设计已达到标准化大纲要求。

⑥ 只有在为满足性能所必须的情况下,才使用贵重而紧缺的材料。

⑦ 生产图样已经齐备。

(2) 生产方面。

① 承制方的生产能力可以满足所要求的年批量。

② 所需的承制方设施、生产设备、专用工具(工装)和专用试验设备已经具备。

③ 需要的熟练生产工人,在数量上足以满足生产的需要。

④ 拟定了所需人员的培训、考核计划。

⑤ 材料和外购已有可靠来源,长生产周期的器材已经订货并可满足生产的需要。

(3) 工艺方面。

① 工艺总方案、工具(工装)选择原则、工艺规程等工艺文件已经备齐。

② 重要工艺已经攻关解决。

③ 有关辅助制造的计算机软件已开发成功。

④ 专用工具(工装)已经按工艺总方案设计制造,检定合格。

⑤ 标准样件已经制定。

(4) 管理方面。

① 质量保证体系可持续有效地运作。

② 综合生产计划已经拟定。

③ 生产成本计划已经定制。

④ 运用价值工程方法和寻求降低费用的措施已经拟定。

⑤ 产品质量保证大纲已经实施。

⑥ 技术状态管理计划已经定制。

⑦ 计算机辅助管理的软件已经开发成功。

(5) 综合保障方面。

① 交付所需的文件、备件、工具和设备等已经确定并可满足系统的交付进度。

② 培训教材、教具和其他器材已经准备就绪。

③ 使用中需要的保障、检测设备已经研制出来,生产能满足系统的交付进度。

10. 技术审查时间表

技术审查的时间安排极为重要,过早或过晚都会对研制工作的进展带来不利的影响。从制订计划的角度而言,安排技术审查时间的一个好办法是将技术审查同文件资料的要求联系起来,因为这些技术审查就是审查承制方这些文件资料。确定技术审查的时间还取决于承制方是否能提供硬件和软件,以及能否完成有关试验。表9-1给出了审查项目对应的审查时机和提供的文件资料,根据具体系统的不同还会有变化。各项技术审查的时间表可以要求作为承制方投标书的一部分或作为系统工程管理计划的一部分。

表9-1 研制阶段技术审查文件资料对应表

审查项目	审查时机	主要文件资料
系统要求审查	论证阶段后期,方案阶段初期进行	用于研究确定系统规范的系统要求的分析和权衡研究报告
系统设计审查	方案阶段后期,可作为技术方案的审查进行	系统、研制规范,使用方案文件初稿,软件需求规格说明和接口需求规格说明初稿,分析,权衡研究,系统布局图样
软件规格说明审查	工程研制阶段初期,系统设计审查之后软件技术状态项设计之前进行	软件需求规格说明、接口需求规格说明、使用方案文件
初步设计审查	方案阶段或工程研制阶段在详细设计开始之前进行	研制规范,系统布局图样,软件顶层设计文档,软件测试方案,软件运行和保障文档初稿
关键设计审查	工程研制阶段正式投入样机制造前	工艺、材料、软件、产品规范初稿和引用文件,全套图样,软件设计文档,接口设计文档,软件运行和保障文档,非正式测试说明或测试程序,软件开发手册
测试准备审查	工程研制阶段进入软件正式测试前	软件测试程序,非正式软件测试(开发测试)结果
功能技术状态审核	工程研制阶段结束后,可结合定型进行	试验计划,试验说明,试验程序,软件测试报告,软件正式测试后修正的软件运行和保障文档
物理技术状态审核	通常在工程研制阶段后或生产阶段结束时可结合定型进行	最终的工艺、材料、软件、产品规范及引用文件和图样,全套图样包括毛坯图样,软件产品规范,版本说明文件等成套技术资料
生产准备审查	经过批准,在技术状态审核之前主要验证试验已基本完成之后	规格,图样,工艺文件

（五）技术审查双方责任

1. 使用方责任

（1）担任审查会议主持人,在承制方首席代表的协助下开好会议;

（2）每一次审查前,认真做好各项准备,包括准备在会议上提出的意见;

（3）对承制方提供的项目和资料、报告、样机等认真提出审查意见;

（4）确定会议记录人员并审查每日的会议记录,保证其反映了使用部门的重大意见;

（5）宣布审查结果,确认、有条件确认或不确认工作,可否进行下一步工作是否需要再进行审查;

（6）按行动项目的要求,做好应由使用部门完成的工作任务。

2. 承制方责任

（1）做好会议准备,包括会议汇报提纲;

（2）确定会议首席代表,协助主持人开好会议;

（3）负责向使用部门建议参加会议的分承制方;

（4）认为对分析有用并可通过使用部门获得的信息资料,应在审查之前提出要求;

（5）审查每日的会议记录,保证其反映了承制方的重大意见;

（6）按行动项目的要求,做好应由承制方完成的工作任务。

二、技术状态更改

（一）技术状态更改概述

技术状态更改是技术状态控制的重要环节。在技术状态控制的任务中包括:制定控制技术状态更改、偏离许可和让步的管理程序和方法;控制技术状态更改、偏离许可和让步;确保已批准的技术状态更改申请及偏离许可、让步申请得到准确实施。

（二）技术状态更改原则

技术状态更改应遵循论证充分、试验验证、各方认可、审批完毕、落实到位的原则。

（三）技术状态更改分类

1. 概述

技术状态更改一般分为Ⅰ类、Ⅱ类和Ⅲ类。承制方可根据行业特点细化技术状态更改类别,但应经订购方认可。

2. Ⅰ类技术状态更改

下列更改均属于Ⅰ类技术状态更改:

（1）更改功能基线、分配基线,致使下列任一要求超过规定的限值或容差值:性能和功能;可靠性、维修性、测试性、保障性、安全性、生存性、环境适应性和电磁兼容性等特性;外形尺寸、质量、质心、转动惯量;接口特性;规范中的其他重要要求。

(2) 设计定型后,更改产品技术状态文件。对产品质量的影响达到(1)中所规定的程度,或者对下列一个或多个方面产生重大影响:技术状态项及其零、部、组件的互换性;已交付的使用手册、维修手册;与保障设备、保障软件、零备件、训练器材(装置、设备和软件)等的兼容性;技能、人员配备、训练、生物医学因素或人机工程设计。

3. Ⅱ类技术状态更改

下列更改均属于Ⅱ类技术状态更改:

(1) 设计定型前,更改不属于功能基线、分配基线的技术状态文件,对满足产品要求有影响;

(2) 设计定型后,更改产品技术状态文件,对产品质量有影响,但没有达到2条(2)中所规定的程度。

4. Ⅲ类技术状态更改

勘误译印、修正描图、统一标注方法、进一步明确技术要求等不影响满足产品要求或产品质量的更改和补充。

(四) 技术状态更改一般程序

一般程序包括:判定技术状态更改需求;确定技术状态更改类别;编制技术状态更改申请;评审技术状态更改申请;审批技术状态更改申请;编制技术状态更改通知;实施并检查技术状态更改。

1. 判定技术状态更改需求

应判定技术状态更改的必要性和可行性,必要时开展验证。如确有需要,承制方和订购方均可提出技术状态更改需求。

2. 确定技术状态更改类别

在编制技术状态更改申请之前,应明确技术状态更改的类别。当订购方和承制方有分歧时,经双方协商后由订购方最后决定。设计定型后,属于Ⅰ类(1)中所规定的技术状态更改,且达到重大程度时,应视为产品改型,按相应研制程序办理手续。

3. 编制技术状态更改申请

(1) Ⅰ类技术状态更改和Ⅱ类技术状态更改应编制技术状态更改申请。Ⅲ类技术状态更改可直接编制技术状态更改通知。

(2) 承制方或订购方均可编制技术状态更改申请,一般由承制方统一编制。

(3) 技术状态更改申请应有标识,标识号应具有唯一性。

(4) Ⅰ类技术状态更改申请的内容一般应包括:

① 更改申请的标识号;

② 申请提出的单位、日期;

③ 更改的类别;

④ 更改的技术状态项的名称、编号;

⑤ 受影响的其他技术状态项的名称、编号;

⑥ 受影响的技术状态文件的名称、编号;

⑦ 受影响的产品的范围(包括在制品、制成品、在役品等);

⑧ 更改理由简要说明;

⑨ 更改内容;

⑩ 更改带来的影响(包括对作战使用要求、战术技术指标、质量、进度、费用等的影响);

⑪ 更改实施方案(含实施日期)。

(5) 技术状态更改申请应附必要的支持技术状态更改的资料(如试验结果与分析、保障性分析、费用分析等资料);

(6) 其他类技术状态更改申请内容可参照Ⅰ类技术状态更改申请的内容进行适当剪裁。

4. 评审技术状态更改申请

(1) 应根据技术状态更改类别和所处产品寿命周期阶段确定评审组织方式。

(2) 评审内容一般包括:受更改影响的技术状态项及其零、部、组件;更改的效果:包括不进行更改的影响和更改可以为产品带来的改进;更改所产生的费用和更改实施进度。

5. 审批技术状态更改申请

(1) Ⅰ类技术状态更改申请和设计定型后的Ⅱ类技术状态更改申请应经订购方审批。

(2) Ⅲ类技术状态更改申请和设计定型前的Ⅱ类技术状态更改申请应由承制方自行审批,并通知订购方。

6. 编制技术状态更改通知

(1) 应将经批准的技术状态更改申请的内容形成技术状态更改通知。技术状态更改通知的形式一般有更改单或修改单、技术通报等。

(2) 技术状态更改通知一般由承制方编制。订购方认为必要时,可组织编制Ⅰ类技术状态更改通知。

(3) Ⅰ类技术状态更改通知和设计定型后的Ⅱ类技术状态更改通知应经订购方认可。

(4) Ⅲ类技术状态更改通知和设计定型前的Ⅱ类技术状态更改通知应送订购方备案。如订购方对技术状态更改的类别有异议时,经双方协商后最终由订购方决定。当确定为Ⅰ类技术状态更改或设计定型后的Ⅱ类技术状态更改,承制方应及时中止技术状态更改通知发放和实施，补充执行Ⅰ类技术状态更改或设计定型后的Ⅱ类技术状态更改审批程序。

7. 实施并检查技术状态更改

（1）应及时将经批准的技术状态更改纳入技术状态文件，当影响到进度、费用改变时应订立合同或协议。

（2）应检查技术状态更改的实施，确保产品、技术状态文件、保障设备及训练器材的一致性。必要时应进行验证。

三、文件监督

（一）文件监督概述

承制方各类文件的质量，是武器装备研制的重要环节，是质量管理水平、工程管理水平和质量管理体系建设水平的直接反映，也是质量管理体系有效运行和产品质量控制、质量保证能否高水平展开的最基础、最直接的保证。文件监督要达到三个目的，一是审查判断承制方技术文件的技术参数、指标是否符合研制总要求及技术协议书或合同的要求；二是审查技术文件的编写质量是否满足法规、标准规定的内容要求；三是符合性检查技术文件的编写是否满足三个会签、两个审查和一个批准的手续要求。特别是技术文件、体系文件和管理文件等的编制审批、更改修订、规范性、协调性、操作性、追溯性，都能直接影响文件的执行和指导作用。因此，在文件质量的监督中，应该把技术文件、体系文件和规范性文件等列为质量管理基础的重要要素进行评价。在武器装备研制过程中，技术状态项逐步形成产品，各类文件的无缝联接是至关重要的，如技术方案中的技术要求，通过系统规范、研制规范和产品规范等逐级、逐层次下传形成规范性文件指导工程研制工作。技术方案中工艺管理要求，通过工艺总方案、工艺标准化综合要求、各类工艺规程（装配工艺规程、电装工艺规程、调试工艺规程等）和随工流程卡，逐级、逐层次转换成操作性文件，形成产品。

（二）文件质量

1. 技术文件

技术文件也称指导性技术文件，是为军事技术和技术管理等活动提供有关资料或指南的一类标准。在GJB 0.1中，规定了军用标准和指导性技术文件（可统称为标准）的结构和编写规则、技术文件的目的性、统一性、协调性、适用性、不同语种版本的等效性和采用国际标准等要求，例如：

1）目的性

标准的目的是通过规定明确而无歧义的条款，促进军事活动建立最佳秩序，获得最佳军事、经济效益。标准应：

（1）具有其规定范围所需的完整性；

（2）全文协调一致、简明、准确、逻辑性强；

(3) 充分考虑军事需求和最新技术水平;

(4) 为未来技术的发展提供框架;

(5) 为未参加标准编制的相关人员所理解。

2) 统一性

(1) 同一标准和系列标准内,其结构、文体和术语以及符号、代号应统一。系列标准的结构及其章条的编写也宜相同。类似条文应采取类似措辞,相同条文应采用相同措辞。

(2) 同一标准和系列标准内,同一术语应指称同一概念,同一概念应使用同一术语表述。选用的每个术语应只有唯一的含义。

3) 协调性

同一标准和系列标准内的要求相互协调,并应与基础通用标准的有关条款相协调。

4) 适用性

标准内容应便于实施,并易于剪裁被其他标准引用。

5) 不同语种版本的等效性

当提供标准的其他语种版本时,不同版本应保证在结构和技术上的一致。

6) 采用国际标准

等同采用国际标准的标准时,其结构应与被采用的国际标准一致。采用国际标准的其他规则见 GB/T 20000.2。

2. 规范性文件

(1) 为质量管理体系建设和有效运行所编制的制度、规定及相关运行程序,文件控制能满足 GJB 9001B—2009 标准的要求和体系运行需要。

(2) 规范性文件认真贯彻了相关的法律法规和有关标准的要求,体现了系统管理的理念和方法,为相关操作性文件的编制规定了相应的原则和运行要求。

3. 记录文件

(1) 记录应作为质量管理体系文件,实施严格的控制和管理,并有相应的制度规定和操作要求。程序应包含对供方产生和保持的记录的控制要求。

(2) 根据产品实现和质量管理的需要,有记录的总目录和各种记录格式,能反映出质量管理体系运行和产品实现过程的各项工作纪实。

(3) 各种记录填写整齐、清晰、准确,标识、储存、保护、检索等要求执行良好,产品技术参数的检验记录有实测数据和合格判定。

(4) 记录归档,满足产品质量可追溯性和技术状态管理的要求,保存时间应与产品寿命周期相适应。

4. 质量手册

(1) 合理、准确规定了质量管理体系的范围,体现了质量工程的系统管理要

求,对标准要求的删减应合理并征得顾客同意;

(2) 规定的质量管理机构及职能、各级各部门的质量职能、各级负责人和各类人员的质量责任,明确、具体、易于执行和落实;

(3) 质量管理体系各过程的功效及相互之间的作用表述清晰,接口关系明确、具体;

(4) 明确规定了应编制的质量管理体系有关规范性文件,必要时应当予以引用。

5. 体系文件

承制方的质量管理体系文件,应当充分体现GJB 9001B标准的要求,满足承制方的规模和承担的任务需要,并能为实施对质量管理体系进行评价提供依据。体系文件应编制规范、控制要求具体、修订及时、现行有效。

第五节　试 验 监 控

一、试验监控概述

试验监控一般是指使用方监督控制的试验项目。按定型阶段分,在设计定型阶段使用方监控的试验项目有:环境鉴定试验(环境适应性)、电源特性试验、电磁兼容性试验、互换性试验、可靠性鉴定试验、强度试验、耐久性试验、定型试飞试验等;生产定型阶段使用方监控的试验项目有:部队试用试验、工艺鉴定试验、定型试验、可靠性验收试验等。使用方为了在小批试生产、批生产中考核产品的质量一致性,依据产品规范中装备质量一致性检验的要求,进行环境验收试验检验(A组试验)、互换性试验检验(B组试验)、环境例行试验检验(C组试验)和可靠性验收试验检验(D组试验)等工作,以下在试验类型及时机章节中,重点介绍三种试验的方法和基本要求。

二、试验监控一般要求

(一) 试验前准备状态检查

产品试制、试验过程中,承制方必须保证产品质量特性与有关文件相一致,严格控制技术状态更改,进行试制、试验前的准备状态检查,履行首件鉴定程序,组织产品质量评审等工作。为了保证试制、试验工程质量,在产品试验前应对准备工作进行检查,其内容分别是:

(1) 理论设计结果;

(2) 试验目的、要求;

(3) 试验大纲文件;

(4) 数据采集要求;

（5）试验设备和仪器仪表的校验情况；

（6）受试产品的技术状态；

（7）试验过程中使用的故障报告、分析与纠正措施系统；

（8）岗位设置、人员职责等；

（9）试验规程。

（二）试验前准备状态检查的实施要求

（1）制定并执行试验过程的质量控制措施。

（2）试验过程出现设计、工艺的更改，以及偏离许可、让步和代料等影响产品技术状态改变的情况，均须执行论证、审批程序和记录报告制度。

（3）制定并执行试验过程前准备状态检查程序，记录检查情况和遗留问题。

三、试验类型及时机

（一）环境例行试验

环境例行试验是订购方利用企业的资源，对小批试生产（或批生产）产品是否符合质量要求的批次性验收试验，是确保交付产品批次质量的重要环节。在试验监督过程中，应依照相关法规和产品规范要求，发挥军方主导作用，确保产品的交付质量。在环境例行试验过程中，重点关注以下几个方面。

1. 受试样机

应在环境验收试验后检验合格的批生产产品中，按产品规范规定的比例数随机抽取。

2. 测试设备

检查仪器仪表的精度、量程和计量周期是否符合要求；试验设备是否鉴定并有合格证及有效期标识。

3. 过程检测监控

依据产品规范的要求，对样件进行测试，试验箱封闭与打开应征得订购方同意。订购方独立或参与现场测试，出现问题时，应对受试样件（或部、组件）、测试仪器的更换按规定严格控制。

4. 质量问题处理

订购方应参与故障分析排除和纠正措施验证，确定质量问题性质和所涉及的范围，决定是继续试验还是判为一次提交失败；对于二次提交原则上应采取样件加倍方案，对于大型复杂产品的加倍，可以根据实际情况，针对故障单元进行加倍；对于试验中出现设计缺陷问题，除修改技术文件外，应当编制实施计划和技术通报，在厂内和出厂的所有产品上落实。

5. 试验报告签署

订购方应签署测试记录，审查确认试验报告。在承制方总工程师或技术负责人签署后送总代表签署。

6. 试验样件

试验样件一般情况下,按产品规范的规定处理。通常航空电子产品例行试验样件,如果完成了耐久性试验项目,其试验样件按规定是不能交付装机的,样品所有权归军方,由军事代表按文件要求处理。有些产品的归属问题还应根据产品规范、成本分析报告中军工专项费用分摊情况处理。而有些大型复杂产品的环境例行试验样件,做完性能或功能试验后需要交付的样件,应按规定的要求进行整修,并按正常提交程序验收合格后交付。

机械产品的环境例行试验(型式试验),如发动机做完50h功能试验后,经恢复后仍可交付。如果做完耐久性试验后,不允许交付。样件由军方按相关文件处理。

(二)可靠性鉴定试验

(1)可靠性鉴定试验目的是向订购方提供合格证明,即产品在批准投产之前已经符合合同规定的可靠性要求。可靠性鉴定试验必须对要求验证的可靠性参数值进行估计,并作出合格与否的判定。必须事先规定统计试验方案的合格判据,而统计试验方案应根据试验费用和进度权衡确定。可靠性鉴定试验是设计定阶段的试验,应按计划要求及时完成。以便为设计定型提供决策信息。

(2)订购方对可靠性鉴定试验的要求应纳入合同。对新设计的产品、经过重大改进的产品,一般应进行可靠性鉴定试验,必要时,还包括新系统选用的现成产品(关键的)。

(3)鉴定试验之前应具备下列文件:经批准的试验大纲、详细的鉴定试验程序、产品的可靠性预计报告、功能试验报告、环境试验报告、环境应力筛选报告等。

(4)可靠性鉴定试验是统计试验,用于验证研制产品的可靠性水平。要求试验条件要尽量真实,因此要采用能够提供综合环境应力的试验设备进行试验,或者在真实的使用条件下进行试验。试验时间主要取决于验证的可靠性水平和选用的统计试验方案,统计试验方案的选择取决于选定的风险和鉴别比,风险和鉴别比的选择取决于可提供的经费和时间等资源。但在选择风险时,应尽可能使订购方和承制方的风险相同。

(5)可靠性鉴定试验应当在订购方确定的产品层次上进行,用于鉴定试验的产品的技术状态应能代表设计定型的技术状态。为了提高效费比,可靠性鉴定试验可与产品的鉴定试验(产品定型试验)结合一起进行。

(三)可靠性验收试验

(1)可靠性验收试验的目的是验证交付的批生产产品是否满足规定的可靠性要求。这种试验必须反映实际使用情况,并提供要求验证的可靠性参数的估计值;必须事先规定统计试验方案的合格判据;统计试验方案应根据费用和效益加以权衡确定;可靠性验收试验方案应经订购方认可。

（2）可靠性验收试验一般抽样进行。在建立了完善的生产管理制度后可以减少抽样的频度(该抽样比例在产品规范中应作明确规定),但为保证产品的质量,不能放弃可靠性验收试验。

（3）可靠性验收试验是质量一致性检验的一种形式,是D组检验的内容。

（4）确定可靠性验收试验。凡在研制总要求及技术协议书中,有成熟期目标值指标的设备及组件,总设计师系统应在系统规范中,提出该试验的要求及试验的方式方法。各承制方应根据系统规范的要求,逐级在研制规范和产品规范中,明确的提出该试验的要求及试验的方式方法,并按照产品规范和相关标准要求,编制可靠性验收试验大纲及试验规程,提交顾客审签,并协助军事代表做好样机选择、过程测试、试验后检查、恢复、评审等工作,形成试验记录,协助编报试验报告形成试验结论,并作为产品批次交付的依据。

（四）可靠性试验注意事项

可靠性试验是产品的一项重要试验,它耗费的时间长、资源多,许多平时意想不到的问题可能会在试验中出现,对于大型复杂电子产品更是如此。由此,每一项可靠性试验,都应制定试验计划和方案,试验程序及质量保证措施等文件。试验完成后,对每一项试验应出具相应的试验报告。

根据以往参加这项工作的经验,提出以下几点需要注意的问题,供实际工作中参考。

1. 可靠性预计与试验方案

（1）可靠性鉴定试验方案中的 θ_1 为最低可接受值(下限值)通常也是产品可靠性鉴定试验的考核值;θ_0 为上限值,它随选取的试验方案鉴别比而不同。试验方案中的 α 为生产方风险,是指产品达到可接收的可靠性值,而在试验中被判拒收的风险;β 为使用方风险,是指产品达不到可接收的可靠性值,而在试验中被接收的风险。在军品试验中,通常选择相同的风险率($\alpha=\beta$),风险率越高,试验时间越短;试验时间越长,试验的结果越能反映产品的真实可靠性水平。

（2）在对承制方可靠性预计的审查中,除了关心预计方法是否合理符合相关标准外,重点关注预计结果。预计结果应不小于所选方案中的 θ_0 值,通常应为最低可接收值 θ_1 的1.5倍~3.0倍,具体鉴别比值由试验方案决定。产品的基本可靠性低,难以保证鉴定试验的高概率通过。

2. 试验测试项目的确定原则

鉴定试验大纲需要军事代表签署,测试项目要经军事代表认可,试验前军事代表可以根据产品的特性对试验检测项目提出适当调整地意见。测试项目的确定主要遵循以下原则:一是测试项目是否涵盖产品的功能、关键技术指标和我们关心的参数;二是在试验室环境可操作的条件下和规定的时间内能够完成测试。

3. 重视试验前的老练筛选

受试样机必须在试验前进行老练筛选,剔除早期失效,以保证产品的可靠性水平得到真实反映。对受试样机采取的筛选手段,原则上应当落实到生产工艺中。

4. 提前进行试验前设备的安装、交联等准备工作

这是一项减少工作周期、费用、提高工作效率的工作,对大型复杂产品尤为重要。工作要提前进行,尽可能提前把问题和困难想得多一些、全面一些,以避免反复。

5. 备件、仪器仪表、相关技术资料的准备

试验用的仪器仪表必须符合测试项目的进度要求,并在计量有效期内;产品规范、使用维护说明书、排故用的技术资料应齐备;作为备件用的单元、模块、部件等,应是检验合格的产品。

6. 寿命器件要提前申明

受试样机如果有寿命器件,其在试验开始前所消耗的寿命时间应于试验前承试方申明,如果试验中超过规定寿命的器件失效,可以不计为相关失效。

7. 摸底和其他试验中暴露问题应归零

所谓的问题归零就是要找到问题的真正原因,采取的措施验证有效,故障模式得以消除。这也是试验前评审的一项重要内容,归零工作还需要得到与会专家的认可。

8. 军事代表要对技术状态进行确认

在试验前军事代表要对受试样机的技术状态进行确认,它体现在两个方面:一是受试样机的技术状态与固化的设计定型状态相符;二是试验前样机性能测试符合产品规范的要求。

9. 试验过程中维护应当谨慎

通常试验初期和维护后发生故障的概率比较高。如果试验过程中产品工作正常,在进行试验允许的维护工作时,一般应尽可能少换器件与拆卸,避免由此人为引入故障。

第六节　质量保证监督

一、试制和生产前准备状态检查

产品在研制过程的试制前和生产阶段的生产前(含试生产、间歇或转厂生产),组织应对试制或生产的准备状态进行全面系统的检查,对其开工条件作出评价,以确保产品能保质、保量、按期交付并规避风险。

(一)状态检查一般要求

(1)组织应根据产品的特点、生产规模、复杂程度以及准备工作的实际情况

等,可以集中,也可以分级分阶段地进行产品的试制和生产准备状态检查。

(2) 组织应对试制和生产准备状态进行检查并实施有效控制。根据产品特点列出检查项目单,记录检查结果,对存在的问题应制定纠正措施,并进行跟踪,以保证检查活动的全面性、系统性和有效性。

(3) 组织应将产品试制和生产有关的准备状态信息纳入质量信息管理系统。

(4) 组织应将产品试制和生产有关的准备状态检查纳入研制、审查计划。

(二) 试制准备状态检查内容

1. 设计文件

(1) 设计文件和有关目录应列出清单,其正确性、完整性应符合有关规定和产品试制要求;

(2) 设计文件应经过三级审签(校对、审核、批准),并按规定完成工艺性审查、标准化审查和质量会签;

(3) 对复杂产品应进行特性分类,编制关键件(特性)、重要件(特性)项目明细表,并在产品技术文件和图样上作出相应的标识;

(4) 设计文件的更改应符合相应的规定。

2. 试制计划

(1) 应制定试制计划,并审批;

(2) 试制产品的数量、进度和质量应符合最终产品交付及合同要求。

3. 生产设施与环境

(1) 产品试制过程中必要的技术措施(包括基础设施、工作环境等)应满足产品试制的要求。

(2) 生产设备处于完好状态,能满足产品质量要求,专用设备应经过检定合格。对新增加的设备要按规定进行试运行,经检定合格后方可使用。

(3) 生产设施与工作现场的布置,应能保证试制过程的安全以及产品与工艺对环境的要求。

4. 人员配备

(1) 应确保负责配合现场生产的设计、工艺、等技术人员和管理人员具备相应的资格,在数量上和技术水平上符合现场工作的要求。

(2) 应按产品生产的过程及各工序和工种的要求,配备足够数量、具有相应水平的操作、检验和辅助等人员。各类操作和检验人员应熟悉本岗位的产品图样、技术要求和工艺文件,并经培训、考核按规定持有资格证书。

5. 工艺准备

(1) 应制定了工艺总方案并经过评审;

(2) 工艺文件配套齐全,能满足产品试制要求,并按规定进行了校对、审核、批准三级审签，标准化审查和质量会签；

（3）关键件、重要件，关键过程、特殊过程均已识别并确认，有明确的质量控制要求，并纳入相应的工艺文件；

（4）产品试制所必要的工艺装备，已经过检验和试用检定，并具有合格证明；

（5）检验、测量和试验设备应配套齐全，能满足产品试制要求，并在检定有效期内；

（6）采用的新技术、新工艺和新材料，已进行了技术鉴定并符合设计要求；

（7）产品试制、检验和试验过程中所使用地计算机软件产品应经过鉴定，并能满足使用要求。

6. 采购产品

（1）采购文件的内容应符合有关要求，并已列出采购产品清单，对采购产品的质量、供货数量和供货期限已作出明确规定，且按规定进行了审批。

（2）外购、外协产品应有明确的质量控制要求，对供方的质量保证能力进行了评价，并根据评价结果编制了合格供方名录，作为选择、采购产品的依据。

（3）对采购产品的验证、储存和发放应有明确的质量控制要求，并实施了有效的控制；

（4）对采用新产品，应按规定进行了验证、鉴定，并能满足产品的技术要求；

（5）采购清单所列产品应订购落实，到货产品应按规定进行入厂（所）复验。对未到货的产品应有措施保证不会影响生产。凡使用代用品的产品，应经过设计确认并办理了审批手续。

7. 质量控制

（1）产品质量计划（质量保证大纲）的内容应能体现产品的特点，能满足研制总要求或技术协议书及合同要求，并制定了相应的质量控制程序、方法、要求和措施；

（2）应在识别关键过程和特殊过程的基础上制定了专用的质量控制程序，并确保这些过程得到有效的控制；

（3）已制定技术状态管理程序，能保证产品在试制过程中对技术状态的更改得到有效控制；

（4）已制定不合格品控制程序，能确保对试制过程中出现的不合格品作出标识并得到有效控制；

（5）试制所用的质量记录表格已准备齐全。

（三）生产准备状态检查内容

1. 设计文件

（1）产品设计图样和主要设计、试验、检验、验收、使用等技术文件，应完整、准确、协调、统一、清晰，并能满足生产的需要；

（2）定型（或鉴定）遗留的问题已经得到解决；

（3）设计更改已按规定的程序，实施了严格的控制，并符合规定要求。

2. 生产计划与批次管理

（1）生产计划的制定应做到全面、协调，能保证均衡生产，其生产进度应满足产品交付的要求；

（2）已制定了完善的批次管理程序，并对成品、在制品转批的管理做出了明确的规定。

3. 生产设施与环境

（1）生产设施应按工艺准备的要求配套齐全，并保证安全；

（2）生产设备应能满足产品批量生产的要求，按规定保养、检修、鉴定，并作出相应的标识。

（3）当生产工艺、设备使用和测量对温度、湿度、清洁度、振动、电磁场、噪声等环境有特殊要求时，其生产环境应符合规定的要求，并有相应的控制手段和记录。

4. 人员配备

（1）应确保负责生产现场的设计、工艺等技术人员和管理人员具备相应资格，在数量上和技术水平上符合现场工作的要求。

（2）应按产品生产的过程及各工序和工种的要求，配备足够数量、具有相应技术水平的操作、检验和辅助等人员。各类操作、检验人员应熟悉本岗位的产品同样、技术要求和工艺文件，并经培训、考核按规定持有资格证书。

5. 工艺准备

（1）已制定完整的工艺文件（如工艺总方案、工艺标准化综合要求等）并经过了审签；

（2）关键工艺技术已得到解决，并纳入了工艺规程或其他有关文件；

（3）应按规定的要求进行了工艺评审，对关键件、重要件工艺文件以及特殊过程的工艺文件进行了评审；

（4）在产品研制的基础上，工艺规程、作业指导书等各种技术文件已经确定，能满足批量生产的质量和数量的要求；

（5）生产现场的工艺布置、工位器具的配备，应按批量生产的要求，符合工序的性质和加工程序，并实施了定制管理；

（6）工艺装备、检验、测量和试验设备等，应按批量生产配备齐全，其准确度和使用状态应能满足批量生产的要求，并编制了检修、检定计划；对检验和生产共用的工艺装备、调试设备，应有控制程序保证能按规定鉴定或校准；

（7）关键过程的控制方法已确定并纳入了工艺规程，必要时，应采取统计技术进行控制，以减少加工中的变异；

（8）已制定特殊过程的质量控制程序和有关工艺文件，能对其实施有效的控制；

（9）对产品制造、检验和试验所用的计算机软件，已经过鉴定，并确保能满足生产使用的要求。

6. 采购产品

（1）对提供采购产品的供方已进行质量保证能力和产品质量的评价，并编制了合格供方名录和采购产品优选目录；

（2）应在批准的合格供方名录和采购产品优选目录中选择供方和产品，并在质量、数量、交货期方面，能满足批量生产的需求；

（3）应有完善的采购产品入厂（所）复验、筛选、检测的程序，且工作条件已经具备；

（4）应按规定的要求，实施了对采购产品的入库、储存、发放的控制，其采购产品的储存条件应能满足规定的要求。

7. 质量控制

（1）产品质量计划（质量保证大纲）已经修订完善，并进行了评审；

（2）首件鉴定工作已经完成，并有逐工序及最终检验合格结论，制造工艺应符合设计要求；

（3）应有规定的程序，能对产品生产过程和产品质量实施有效的控制；

（4）应有规定的要求，对设计、工艺文件及材料、设备的技术状态，实行严格控制；

（5）对识别的关键过程和特殊过程，已制定了专用的质量控制程序，并能实施有效的控制；

（6）已制定适用于批生产的不合格品控制程序；

（7）对产品实现的过程应能实现监视和测量，并按制定的程序能实施有效的控制。

二、生产过程质量监督

（一）产品质量符合工艺设计文件要求

保证产品质量符合经生产（工艺）定型批准的设计、工艺文件，以及合同所提要求，是组织生产及其质量管理的目标和依据。承制方在生产过程质量管理中首先做到：

1. 履行生产订购合同

生产订购合同，应准确、全面地反映订购单位的需求，包括产品的技术状态、数量、价格、交货期、质量保证要求。当生产订购合同确需更改时，供需双方必须协商一致，按规定履行审批程序。

2. 合同实施要求

（1）供需双方应对合同草案中的质量保证要求进行分析和确认。

（2）承制方应建立合同分析程序，以保证正确理解合同所提要求。分析合同用以确认：一是规定的要求是合适的；二是与投标不一致的要求已得到解决；三是具有满足合同所提要求的能力。

（3）合同分析结果要形成文件。

（4）承制方在合同分析时，应与使用方交换意见，以保证双方对合同所提要求的理解一致，并明确接口关系。

（二）生产操作质量监督

生产操作过程的最基本要求，即基本生产条件应做到：人、机、料、法、环、测等必须处于受控状态，生产操作所必需的生产条件，由生产、技术、设备、动力、供应、教学、工具、劳动、人事、技安、质量保证等部门，通过履行各自质量职能给予充分保证。

1. 生产操作管理要求

（1）工艺文件、作业指导书和质量保证文件符合设计和合同要求；

（2）生产、试验设备和工艺装备经检定合格；

（3）原材料、元器件，在制品和成件经认定合格；

（4）工作环境符合规定；

（5）操作人员经考核合格。

2. 生产操作实施要求

（1）设计、工艺文件、作业指导书和质量控制文件，是进行生产操作的依据，必须保证文文相符、完整清晰、现行有效。生产现场使用的文件（随工流程卡或流转卡等）不得随意涂改。数控、程控所用的软件，在投入使用前，须经运行验证合格和检验人员确认。

（2）现场使用的试验设备、工艺装备和检测器具，均应按规定进行周期检定，作出检定合格标识。超过检定周期或校验不合格的，必须标记“禁用”，不得使用。

（3）外购原材料、元器件和外协、外包成件必须进行入厂复验、筛选、按验收规程进行检验验收合格，附有合格证或标记，方能投入加工、组装。在制品必须具有上一道工序的合格证明，方可继续加工或组装。

（4）当工艺对温度、湿度、清洁度等环境条件有要求时，必须在要求的环境中进行生产操作，并记录实测数据。

（5）坚持文明生产，实行定制管理。

（6）操作人员技术水平，必须满足岗位的要求，并持有考核合格证书。操作人员进行操作前，必须消化有关工艺技术文件，核实其他生产条件，确认符合要求后方能开始工作。

（7）现场检验人员对上述生产条件，负有监督控制的责任和权限。

（三）批次管理监督

批次管理的主要目的之一是保持同批产品质量的可追溯性，一旦出现质量问题，即能迅速查清产品的涉及范围，有针对性的采取纠正措施。批次管理一般适用于连续性成批生产的产品。

1. 批次凭证管理

批次凭证的管理包括批次凭证的建立、填写、传递和保管，首先是批次凭证的建立和传递，如随工流程卡等需流动的批次凭证，应随该批产品传递。从外购器材进厂验收到成品出厂，全过程、各环节的批次凭证，应相互衔接、准确传递。

在下列文件中必须具有批次的栏目，并相应记录批量、质量状况、责任者、检验者等，首先做到管理的凭证及内容要符合批次管理的要求：

（1）器材验收、保管、发放单据；

（2）特种工艺的质量记录；

（3）产品制造过程中随工流程卡；

（4）产品装配、调试记录；

（5）材料代用和不合格品处理单据；

（6）产品出厂的质量证明；

（7）备件出厂的质量证明；

（8）其他有关文件。

2. 外购器材批次管理

外购器材的批次管理对采购、验收和库存分别提出了明确的要求，其内容是：

（1）采购要求。主要外购器材应具有批号（或炉号）标识和该批次的质量证明文件；同种器材在采购时应尽量减少供应单位和批号（或炉号）的数量。

（2）验收要求。外购器材应具有批号（或炉号）标识；外购器材批次标识和质量保证文件相符；根据产品规范要求，应按批次进行复验。

（3）库存要求。按批入库、按批建账、按批建卡，必须做到账、物、卡相符；按批号（或炉号）和产品规范要求，分批进行保管，严防混批，批次标识卡片必须置于醒目位置；按批发放，先入库先发放；在库存和生产过程中发现不合格器材，应注明批号，并按 GJB 571A 处理。

3. 加工批次管理

加工过程的批次管理包括批次的确定、投料要求和加工要求等，以下对投料和加工过程提出了明确要求：

（1）批次的确定。根据生产任务和产品规范要求，确定生产批次。

（2）投料要求。按批投料，每批一般应采用同批号（或炉号）器材；器材要有明显批号（或炉号）标识，如果需切割或分离应作标识转移，并有记载。

（3）加工要求。产品或零部件必须按批加工，在规定的部位，打印明显的批次标识，并在批次凭证中记录；凡无法在表面打印标识的产品和零部件，应采用适当方式，以明确其批次，并在批次凭证中记录；在同一个批的产品加工期间，要保持加工人员，设备及加工工艺的稳定性；出现不合格品时，必须当批及时处理完毕，对于不能跟批的返修品，要重新建立批次凭证，安排后续加工；产品或零部件必须按批周转，批与批之间应严格控制和区分，严防混批。

4. 装配批次管理

（1）构成产品的各组装件，应有批次凭证和标识；

（2）组装件批次标识应与产品装配配套文件相符；

（3）产品装配时，应采用同批组装件进行组装，若不能时，应办理转批手续后，采用技术状态相同的相邻批次的组装件；

（4）在装配过程中出现废品时，应凭废品单到库房补领，并在有关凭证上及时更改批次号；

（5）装配完工的产品，应有明显的批次标识。

5. 检验批次管理

（1）产品或零部件必须按批进行检验；

（2）批次凭证上批号、数量应与实物相符；

（3）不合格品按批隔离，及时处理；

（4）产品或零部件检验后，应按批做好凭证记录。

6. 保管批次管理

（1）产品或零部件应按批保管，批次要有明显的标识；

（2）产品或零部件应按批发放，先入库先发放；

（3）产品或零部件收发时，应按批做好有关凭证记录。

7. 交验批次管理

（1）产品的合格证上必须有产品的批次号；

（2）按批提交军事代表验收；

（3）单独订货的备件，应有该备件的批次标识。

8. 包装、运输、储存批次管理

（1）按产品的批次进行包装，严禁混批；

（2）产品的包装物上按有关规定，应做明显的批次标识；

（3）产品要按批运输，如若干批同时运输时，应有隔离措施；

（4）产品储存应按批次存放，应有明显的批次标识。

9. 综合实施要求

（1）按批次建立随工流程卡，详细记录投料、工序加工、总装、调试、出厂的数量、质量、责任者、检验者，并存档备查。

(2) 产品的批次标识与原始记录保持一致。

(3) 实行批次管理的产品,做到"五清六分批",即:

五清:产品批次清、质量状况清、原始记录清、数量清、炉批号清;

六分批:分批投料、分批加工、分批转工、分批入库、分批装配、分批出厂。

三、生产过程技术状态更改监督

生产过程主要指的是小批试生产过程或批生产过程,在产品形成过程中的零、部、组件的材料、加工工序、工艺装备的任一项发生更改;生产、试验设备的变更;以及零、部、组件的外包外协厂家变更和技术状态更改,都可能会涉及到已交付使用的武器装备的技术状态的改变。因此,进行更改前必须进行系统分析、论证和工程试验验证,严格履行审批手续,并加强全过程技术状态纪实管理,做到生产过程的武器装备技术状态"文文一致,实物与实物一致,文实相符"。在生产过程中对产品技术状态更改控制、纪实管理重点方面是:

(一) 原材料(元器件)更改

因停产和国外禁运等原因,原配套的原材料(元器件)需要变更的,一般应做好以下工作:

(1) 首先应提供变更后的技术方案、试验验证记录或报告,以证明更改的正确性,并符合技术协议书或合同的要求;

(2) 供方提供的新的原材料(元器件),必须经承制方配套试验验证和使用验证,并有试验验证及测试记录和使用结论方可使用;

(3) 更改完善"合格供方名录";

(4) 根据新的技术参数、质量要求,更改完善入厂复验规程。

(二) 加工工序更改

加工工序更改是指装配、调试程序的更改。因生产、试验设备变更或工、夹、模、测等工艺装备的变更,产品的加工工序如机加工序、装配工序、调试工序等工序变更,承制方一般应做好以下方面的工作:

(1) 应提供产品首件鉴定文件,有鉴定合格并满足生产要求的正确结论;

(2) 应提供产品首批首件检验的原始记录,并附有变更的最终产品的"检验规程"等质量保证文件,承制方更改产品的"验收规程";

(3) 应提供更改完善产品工艺规程和随工流程卡(流转卡)以及相关图样、技术文件的工作计划。

(三) 设备与工装更改

设备与工装更改,设备是指监视与测量装置。提供生产过程使用的监视与测量装置与工装等应符合有关文件的要求,并处于受控状态。如确需变更时,应做好以下工作:

(1) 设备修理、调试、安装合格后,应进行试用和鉴定,经确认合格后,方可投入使用；

（2）提供生产过程中使用的数控加工程序，在其首次使用前或更改后，应按有关规定确认或重新确认；

（3）标准工装必须经鉴定合格后，方可作为制造和验收产品的依据；

（4）设备应具有合格证明文件和标识，并按规定的要求进行鉴定合格；

（5）按规定的要求和周期对设备进行了保养和维护，并有设备的完好标识；

（6）当产品特性需要由设备、工装精度保证时，应检测其精度，确保设备、工装的精度满足需要。

（四）外包厂家变更及技术状态更改

外包含外包和外协。《中国人民解放军驻厂军事代表工作条例》第三十三条要求，“武器装备研制、生产单位应当对其外购、外协产品的质量负责，对采购过程实施严格控制，对供应单位的质量保证能力进行评定和跟踪，并编制合格供应单位名录。未经检验合格的外购、外协产品，不得投入使用”。控制采购过程内容是：

（1）外协产品的配套厂家，产品因材料、加工工序、工艺装备的技术状态更改和设备的变更。应提供产品首件鉴定文件和首件检验记录，以及变更的“检验规程”等产品的质量保证文件，以便承制方统一更改产品的“验收规程”，如关键件、重要件和关键工序的外协，还应提供对工艺规程、随工流程卡（流转卡）等工艺技术文件更改的方式方法以及记录，以便统一更改相关工艺文件。

（2）外包产品的材料、加工工序、工艺装备的技术状态更改和设备的变更。外包产品与外协产品的唯一区别就是，外包产品的工艺文件是配套厂家编制，外包单位根据产品的技术方案、产品图样等技术文件编制工艺文件和工艺图样。更改与变更后的技术状态纪实工作自行闭环。产品更改后的首件鉴定文件和首件检验记录，以及变更的“检验规程”等产品的质量保证文件，应提供承制方更改产品的“验收规程”。

（3）外包外协产品的技术状态更改、设备变更，必要时双方应以增补技术协议书内容的方式，满足产品质量保证的要求。

（五）技术文件更改

技术文件包括设计、工艺和质量及产品图样和试验规程等文件。《中国人民解放军驻厂军事代表工作条例》第十三条指出，已经定型的产品图样、技术文件、试验规程，任何一方不得擅自进行修改或者增减。如因生产和使用上的需要，必须变更时，应当视不同情况，按下列规定处理：

（1）勘误性的修改，由承制方处理，并通知军事代表室；

（2）影响产品战术技术性能、结构、强度、互换性、通用性的修改，按国家有关军工产品定型工作的规定办理；

（3）其他一般性修改、补充，由军事代表室和承制方双方按有关规定协商处理；

（4）变更图样，应当遵守国务院有关主管部门关于图样（纸）管理制度的规定。

（六）综合实施要求

（1）严格实施完整、统一的技术状态管理，重点做好技术状态控制和技术状态纪实工作。

（2）对技术资料实施有效控制，保证生产、检验现场和各个职能部门所使用的技术文件、工艺文件和图样是现行有效的。失效的技术资料，及时从所有使用点上同时废除。

（3）严格控制技术状态更改。更改前要充分考虑其对系统和相邻、相关的零、部、组件的影响及相关的技术状态更改，并经论证、试验、履行审批程序。

（4）所有的技术状态更改，必须按技术状态纪实的要求，记录论证、试验、审批和执行更改的情况，并符合 GJB 726A 要求，具有可追溯性。

四、产品自检和专检监督

（一）首件二检的内涵

首件自检和专检，统称首件二检（GJB/Z 9004 质量管理和质量体系要素—指南的 11.4 条款中，过程控制管理是首件三检，即自检、互检和专检）。首件二检不同于首件鉴定，其目的主要是防止成批性让步、返修、报废的预先控制的手段。

（二）首件二检时机

首件二检一般适用于逐件加工形式。凡每个工作班开始加工，该班产品有三件以上的，或生产中更换操作者，更换或重调工艺装备、生产设备的，或工艺技术文件做了更改的，第一件产品加工完成后，均必须经操作者自检、检验员专检，确认合格后方可继续加工后续产品。

（三）首件二检的实施要求

（1）制定首件二检制度，明确规定适用范围、控制手段、方法和程序；

（2）首件二检应填写实测记录，并在首件上做出标记，以便质量追踪；

（3）首件二检如出现不合格情况，应及时查明原因，采取纠正措施，然后重新进行首件加工、二检，直到合格；

（4）执行首件二检，不能取代加工过程中的抽检、巡检。

五、产品交付质量监督

保证产品的交付质量是承制方质量管理和质量控制的关键环节，产品交付质量能否满足使用需求，是承制方质量保证能力和水平的集中反映，也是质量管理体系是否有效运行的最终体现。产品交付质量的好坏,直接影响部队的使用维护和装备战斗力生成。因此,在质量管理体系认证审核量化评价标准中,应该把交付产品的质量保证,列为使用方产品质量监督的重点要素。交付质量一般体现在以下 7 个方面。

(一) 产品最终检验

(1) 承制方应建立产品最终检验制度和规定并形成程序文件;

(2) 技术状态项应依据产品规范的要求,编制检验规程,产品最终检验应依据检验规程实施,并做好记录。

(二) 文件审查

(1) 质量记录审查。承制方在完成产品的交付检验和问题处理后,将成套产品质量记录提交军事代表审查,答疑和处理问题后,由军事代表签署质量记录审查单。

(2) 状态更改审查。承制方应对生产中发生的更改单、超越单、不合格品审理单等,进行清理审查。

(3) 质量证明文件审查。承制方应对配套成品的质量证明文件进行清理、填写审查单并会同交付产品的质量证明文件,提交军事代表审查,进行答疑和问题处理后,由军事代表签署质量证明文件审查单。

(三) 交付检验

承制方应依据产品检验规程,编制产品交付检验提交单和问题处理单,办理提交手续,协助军事代表完成产品的交付检验和问题处理。

(四)"四随配套"检查

承制方在"四随配套"装箱前,应对技术文件、配套备附件、测量设备和其他保障资源等的种类和数量进行全面检查,成套提交军事代表检查,进行答疑和问题处理后,由军事代表签署"四随配套"检查单。

(五) 封存包装检查

承制方应按产品规范和相关标准的规定,对产品的封存包装和储运计划等进行检查后,提交军事代表检查,进行答疑和问题处理后,由军事代表签署封存包装检查单。

(六) 合格证明文件审签

合格证明文件是指产品履历本和产品合格证。承制方在产品的交付检验完成后,质量管理部门应将合格证明文件(履历本或合格证)及提交审签资料提请最高管理者签署后,提交军事代表验收产品,验收合格后,总军事代表在合格证明文件上审签。

(七) 接装管理

(1) 交装前培训。承制方在交装前应对接装人员进行使用和维护培训,编制各类培训教材，协助军事代表对接装人员进行现场培训，形成培训记录。

（2）接装检查。在接装人员对产品接装检查过程中，承制方的配检人员应做好问题记录，对问题进行答疑和处理后，由军事代表签署接装检查单。

第七节　质量问题查处

一、质量问题处理原则

（1）对可能危及人身安全、导致产品丧失主要功能或造成严重经济损失的重大质量问题，军事代表应督促承制方查清原因、明确责任、制定措施，认真加以解决。

（2）重大质量问题发生后，总军事代表应根据问题的性质和危害程度做出是否停止检验验收的决定，并向上级业务主管部门报告有关情况，提出是否中止或解除合同的意见或建议。

（3）对技术难度大、解决周期长的重大质量问题，军事代表应督促和协助承制方采用“拉条挂账，攻关销号”等方法开展技术攻关。需要双方上级业务主管部门协调批准的攻关项目，应及时上报并按批复要求执行。

（4）涉及已交付产品需要排故的问题，军事代表应与承制方商定处理方案后，联合报上级业务主管部门，并按批复要求执行。

（5）军事代表应建立产品技术质量问题档案，以保证产品质量可追溯和查证。

二、质量问题分类

（1）装备质量问题是指装备质量特性未满足要求而产生或潜在产生的影响或可能造成一定损失的事件。装备质量问题按偏离规定要求的严重程度和发生损失的大小通常分为三类，即一般质量问题、严重质量问题、重大质量问题。

① 一般质量问题。对装备的使用性能有轻微影响或造成一般损失的事件。

② 严重质量问题。超出一般质量问题，导致或可能导致装备严重降低使用性能或造成严重损失的事件。

③ 重大质量问题。超出严重质量问题，危及人身安全、导致或可能导致装备丧失主要功能或造成重大损失的事件。

（2）某一具体装备可根据装备特点，按照第一条的要求制定具体的分类方法。

三、质量问题处理程序

1. 调查核实

（1）装备研制或生产过程中发生质量问题后，军事代表室应会同并监督承

制方进行现场调查、核实情况、做好记录,必要时进行拍照、录像、收集实物并保护现场。调查核实的内容主要包括:

① 装备的名称、型(代)号、图号、规格、批次、数量及所处的阶段;

② 质量问题发生的时间、地点、时机、环境条件、责任人及涉及的范围;

③ 质量问题现象和发生过程;

④ 质量问题对装备研制、生产和使用造成的影响。

(2) 装备研制或生产过程中,军事代表室应监督承制方对发生质量问题的装备以及与该装备有关联的装备做出标识,并采取隔离等控制措施。

(3) 装备使用过程中发生质量问题,使用部队应按 1.(1)的要求进行调查核实,对发生质量问题的装备以及与该装备有关联的装备做好标识,并采取隔离等控制措施。

2. 初步判定

(1) 装备研制或生产过程中,军事代表室应监督、会同承制方根据调查核实的情况,以及质量问题对装备的影响程度、需要解决的迫切性,按偏离规定要求的严重程度和发生损失的大小分为三类,即一般质量问题、严重质量问题、重大质量问题。初步判定质量问题的性质,并对质量问题进行分类。

(2) 装备使用过程中,使用部队应独立或会同军事代表及承制方按初步判定质量问题的类型,初步判定质量问题的性质。

3. 报告情况

(1) 属于装备研制或生产过程中的严重质量问题,军事代表应在 48 小时内向军事代表局报告;重大质量问题,军事代表室应在 24 小时内向军事代表局报告,军事代表局应及时向装备主管机关(部门)报告。

(2) 属于装备使用过程中的严重、重大质量问题,使用部队应及时向装备主管机关(部门)报告。报告的主要内容应包括调查核实的基本情况和拟采取的处理措施。

4. 定位分析

(1) 装备研制或生产过程中,军事代表室应监督并参加承制方对质量问题进行的分析、论证和试验,查找原因。属于严重、重大质量问题,军事代表局、装备主管机关(部门)应组织、参加有关工作。

① 军事代表室应会同承制方选择适宜的质量问题分析方法。采用工程分析方法时,应通过对发生质量问题的装备进行测试、试验、观察、分析,确定故障部位,弄清故障产生的机理。采用统计分析方法时,应收集同类装备的生产数量、经历的试验和使用的时间、已发生的故障数等,寻求该装备此类故障出现的概率和统计规律。分析结论应归属明确。

② 必要时,军事代表室应监督承制方通过试验或模拟试验复现故障现象,

以验证定位的准确性和机理分析的正确性。对于可能造成灾难性危害和重大损失的故障,以及不易实现复现的故障,应进行原理性复现。

③ 军事代表室应监督承制方在质量问题发生、发展的全过程中分析、查找质量管理的薄弱环节、漏洞和死角,责任单位和责任人员应归属明确。

(2) 装备使用过程中,装备主管机关(部门)应审理使用部队上报的装备质量问题报告,组织进行调查核实、查清原因。属于承制方原因的,应坚持质量第一的要求做进一步分析。属于使用部队原因的,责任单位及责任人员应归属明确。

(3) 军事代表室、承制方和/或使用部队应对质量问题的影响和危害程度进行分析。分析的范围主要包括:

① 质量问题对装备的性能、使用、维修及安全性的影响和危害;

② 对已交付出厂装备、在制装备的影响;

③ 对有配套关系和使用中有关联的其他装备的影响;

④ 对履行合同的影响、使用人员健康影响等。

(4) 装备研制过程中,对装备质量问题的定位分析应以设计师系统意见为主。

5. 采取措施

(1) 根据装备质量问题的定位分析情况,军事代表室决定是否暂停验收。停止验收与恢复验收按 GJB 3677A 的要求执行。

(2) 军事代表室应监督承制方制定纠正、预防措施和实施计划,并通过试验验证措施的有效性。对严重、重大质量问题,军事代表局、装备主管机关(部门)应提出建议或意见,必要时组织评审。

(3) 属于设计、工艺等技术问题,军事代表室应监督承制方对发生质量问题的装备进行处置,并在设计、工艺等技术文件中落实措施。

(4) 属于重复性质量问题以及有章不循、无章可循等管理问题,军事代表室应监督承制方修改完善质量管理体系程序文件。

(5) 属于使用部队使用、管理不当,使用部队应修改完善装备操作使用规程及有关管理规章。

(6) 军事代表室应监督承制方举一反三,将质量问题的信息反馈给相关单位,检查有无可能发生类似模式或机理的问题,并采取预防措施和纠正措施。

(7) 军事代表室和/或使用部队应根据装备质量问题的性质和危害程度,提出开展装备质量整顿和改进的建议。

(8) 当装备质量问题的处理涉及售后技术服务时,军事代表室应监督承制方按 GJB 5707 的要求执行。

(9) 当装备质量问题的处理涉及更改装备技术状态时,军事代表室应监督承制方按 GJB 5709 的要求执行。

（10）当装备质量问题的处理涉及更改研制总要求或合同中有关质量条款时，装备主管机关（部门）应征求有关单位意见，并组织论证，认为确有必要时，应向原提出单位和批准机关提出更改意见。

（11）当装备质量问题的处理涉及装备定型工作时，应按《军工产品定型工作规定》的要求执行。

（12）装备研制过程中，对装备质量问题的处理措施应以设计师系统意见为主。

6. 归零评审

（1）对严重、重大质量问题以及重复出现的一般质量问题，军事代表室应根据军事代表局的要求监督承制方编制归零报告并进行归零评审。使用管理不当造成的装备质量问题，使用部队应形成管理归零报告。

（2）军事代表室应对承制方完成的技术归零报告和管理归零报告进行预先审查，并确认会签。装备主管机关（部门）应对使用部队的管理归零报告进行审查。

（3）军事代表室应监督承制方归零评审的组织建立规范的工作程序，完整准确的工作内容，客观公正的评审准则。

（4）军事代表应参加并监督归零评审的实施，重点把握下列内容：

① 质量问题定位的准确性和唯一性；

② 质量问题产生的原因、机理清楚，无不确定因素；

③ 问题复现试验的条件与发生问题的一致性；

④ 纠正措施经过有效验证，并落实到相关文件中；

⑤ 发生问题的责任明确，并进行了处理，改进措施落实到位。

（5）归零评审未通过，应采取以下措施：

① 军事代表室应提出不进行阶段评审、阶段转移的意见并上报军事代表局；

② 军事代表室应提出不进行装备定型（鉴定）试验或设计、生产定型的意见，对用于定型（鉴定）试验和部队试用的装备不应在其质量证明文件上签字或盖章；

③ 装备主管机关（部门）应不同意承制方进行阶段转移；

④ 军事代表室应对已验收合格的装备暂不转入下道工序或暂不出厂。

（6）对由于客观原因暂时不能全面完成技术归零，但通过采取有效措施并经实际分析和/或试验验证等方法能确保不影响后续试验和工作的质量问题，军事代表室可同意承制方转入下一阶段工作。

（7）军事代表室应跟踪并监督承制方落实评审意见和建议。

（8）严重或重大质量问题处理完毕后，军事代表室应向军事代表局书面报告。

7. 资料归档

（1）装备质量问题处理过程中信息的收集与处理按 GJB 1686A 的要求执行。

（2）装备研制和生产过程中，军事代表室应收集、整理装备质量问题处理全过程的资料并形成档案。装备使用过程中，使用部队应收集、整理装备质量问题处理全过程的资料并形成档案。档案一般应包括以下主要内容：

① 现场记录；

② 检验、试验数据、故障图片、录像；

③ 会议记录、纪要；

④ 技术报告（包括分析、鉴定、归零评审报告等）；

⑤ 有关文件（包括各类请示、报告、上级指示、批复等）。

第八节　质量管理体系监督

一、体系监督综述

《军工产品质量管理条例》规定："国务院有关业务主管部门应当根据本条例的规定，对承制方的质量管理体系进行考核；考核合格后，方可承担军工产品的研制、生产任务。"这项规定对贯彻落实"条例"是强有力的推动，对调动企事业单位搞好质量管理体系建设的积极性，从根本上提高企事业单位的管理素质，保证国防科技工业健康发展有着深远的意义。军事代表对承制方质量管理体系监督的方式主要有：体系日常监督、参加体系第二方认定审核和专项审核、参与体系内审和第三方认证。

为规范承制方质量管理体系二方审核监督和军事代表体系日常监督（以下简称二方审核）工作，推动"竞争机制、评价机制、监督机制、激励机制"的建立，促进承制方提高质量保证能力，确保使用方按计划得到满足使用要求的武器装备，装备部业务主管部门依据国家认证认可机构的有关要求和《中国人民解放军装备条例》、《中国人民解放军驻厂军事代表工作条例》等规定，组织开展武器装备承制方二方审核和军事代表体系日常监督以及过程质量审核和产品质量审核等工作。军事代表开展对承制方质量管理体系监督，是武器装备建设适应形势发展的重要改革措施，是强化质量监督工作的有效拓展，是提高军事代表质量监督整体效果。军事代表开展质量管理体系监督，是保证产品质量的需要，是促进承制方不断提高质量保证能力的需要，也是推行军事代表质量监督工作改革的需要。

二、体系二方审核监督

（一）二方审核监督概述

二方审核是指由产品使用单位组织的证明承制方质量管理体系符合相关法律法规和标准要求的合格评定活动。二方审核工作坚持客观、公正、科学、规范的原则，贯彻持续改进的思想，促进承制方的质量管理体系建设水平不断提高。二方审核工作由装备部领导，组织管理工作由装备部业务主管部门负责，日常工作由机关质量审核认定中心承办。

（二）监督职责

1. 部级机关监督管理职责

装备部业务主管部门在二方审核工作中履行下列职责：

（1）贯彻落实总部有关装备质量工作的指示和要求，拟制二方审核工作的有关法规；

（2）规划装备部二方审核工作及制定装备部年度二方审核计划；

（3）负责审核员的注册、培训和管理；

（4）负责与国家认证认可机构进行工作协调；

（5）组织对承制方的二方审核工作；

（6）指导军事代表局开展二方审核工作；

（7）组织年度二方审核定级评审，通报二方审核定级情况。

2. 局级机关监督管理职责

军事代表局在二方审核工作中履行下列职责：

（1）提出并上报本局年度二方审核计划；

（2）协助装备部二方审核组开展审核工作；

（3）按照装备部下达的年度二方审核计划，实施本局承担的二方审核工作；

（4）指导军事代表室开展二方审核不符合项整改的预验证（以下简称预验证）工作；

（5）负责本局审核员队伍建设的有关工作。

3. 军事代表室监督职责

军事代表室在二方审核工作中履行下列职责：

（1）向上级机关提出审核建议；

（2）协助审核组与受审核单位进行沟通；

（3）向审核组客观、真实地反映受审核单位质量管理体系的建立和运行、过程控制、产品实物质量和技术服务等情况；

（4）参与审核工作，了解现场审核情况；

（5）监督纠正措施的落实和保持；

（6）负责预验证，向审核组织单位申请验证。

（三）审核员管理

1. 审核员基本条件

（1）具有大学本科以上学历、中级以上专业技术职务、五年以上军工产品质量监督工作经历；

（2）经培训考核合格，获得国家注册实习审核员资格。审核员分为国家注册实习审核员、审核员、高级审核员三个级别。

2. 审核员管理要求

审核员按照国家认证认可机构的有关要求进行管理，由装备部业务主管部门负责组织实施。

1）审核员培训

（1）取证培训。审核员的取证培训由装备部机关统一组织，由国家培训机构承训。培训人数根据二方审核工作需要确定。

（2）专业发展。审核员应按国家有关管理规定进行专业发展，不断丰富专业知识，掌握审核技能，积极参加培训，撰写论文或著作，提高审核能力。

2）审核员使用

（1）审核组长由装备部业务主管部门指定的国家注册高级审核员或审核员担任；

（2）审核员由装备部业务主管部门根据二方审核的任务需要派遣和任用。

3）审核员素质评定

现场审核结束后，审核组长、审核组织单位的主管人员和高级审核员，对审核员、实习审核员的能力和素质进行评价，填写《审核员/实习审核员素质评价表》，报装备部业务主管部门。

4）审核员资格保持与晋升

（1）在现级别内满足资格保持条件，素质评价达到规定要求的审核员，由装备部业务主管部门负责将其审核经历报国家认证认可机构，保持注册资格；

（2）在现级别内满足晋级条件，素质评价优秀的审核员，装备部业务主管部门审定后为其申报晋级。

5）审核员资格暂停与注销

（1）对不履行审核员职责、不遵守审核员行为准则或经证实不适合承担审核工作的审核员，由装备部业务主管部门审定，报国家认证认可机构撤销其注册资格，并收回注册证书。

（2）审核员有下列情况之一的，经装备部业务主管部门审定，暂停其审核员资格：

① 违反审核纪律，工作不认真，责任心不强，不执行审核计划，不服从领导；

② 专业审核能力弱，不能按要求准确发现和正确判断问题；

③ 审核态度粗暴,不能客观、公正处理问题,影响现场审核正常进行;

④ 不注重专业发展,未能按要求完成专业培训;

⑤ 沟通、协调、语言和文字表达能力差,缺乏协作精神;

⑥ 对于退休、退役和调离本系统的审核员,一般不再安排审核。

(四) 审核组

审核组由国家注册审核员及其他人员组成,至少包括一名国家注册高级审核员。审核组人数根据工作需要确定,必要时可聘请技术专家或邀请工业部门派观察员参加。

由军事代表局组织的二方审核,装备部业务主管部门视情派人参加,了解现场审核情况。

1. 审核组长职责

(1) 编制二方审核计划,实施文件审查;

(2) 组织审核准备和审核组内部会议;

(3) 组织现场审核,对审核内容、审核进度、审核客观性和审核纪律负责;

(4) 主持首、末次会议;

(5) 审签审核员提交的不符合项报告和文件审查报告;

(6) 编制审核报告;

(7) 对审核员、实习审核员的能力和素质进行评价;

(8) 填写二方审核定级打分表。

2. 审核员职责

(1) 实施文件审查;

(2) 编制审核检查单;

(3) 向受审核部门传达和阐明现场审核要求;

(4) 按二方审核计划开展现场审核;

(5) 向组长报告审核情况,参与审核报告的编制;

(6) 编制不符合项报告;

(7) 填写二方审核定级打分表。

3. 见证人职责

(1) 按二方审核计划开展见证工作,填写审核表现报告;

(2) 对审核员、实习审核员的能力和素质进行评价;

(3) 必要时,承担组长分配的审核任务。

4. 观察员职责

(1) 了解掌握二方审核情况;

(2) 了解掌握受审核单位质量管理体系建设和运行、过程控制、产品实物质量和技术服务等情况;

（3）与审核组织单位沟通现场审核的有关情况；

（4）督促受审核单位持续提高质量管理水平和产品质量保证能力。

（五）审核依据与时机

1. 审核依据

（1）国家和军队有关法规和标准；

（2）合同；

（3）国家军用标准《质量管理体系要求》和部门军用标准《航空军工产品承制方质量管理体系要求》；

（4）质量管理体系文件的有效版本；

（5）现行有效的技术文件和作业指导书。

2. 审核时机

（1）根据武器装备发展和科研订货需要，有建立合同关系意向时；

（2）在合同执行过程中，验证质量管理体系是否持续满足规定要求时；

（3）质量管理体系发生重大变化时；

（4）产品发生严重质量问题时；

（5）审核期限到期时；

（6）其他特殊情况下需要进行审核时。

（六）审核实施

1. 审核准备

（1）组长依据装备部年度二方审核工作计划，在文件审查的基础上，编制二方审核计划，经与受审核单位沟通，报审核组织单位批准后实施；

（2）现场审核前，组长主持召开审核组内部预备会，介绍审核准备情况，明确人员分工，提出现场审核要求；

（3）审核员在审查质量管理体系文件及其他相关资料基础上，编写文件审查报告和现场审核检查单；

（4）召开座谈会，听取军事代表室对受审核单位质量管理体系建立和运行、过程控制、产品实物质量和技术服务等方面的评价和意见。

2. 现场审核

（1）组长主持召开首次会议；

（2）按照二方审核计划确定的内容，采取现场检查文件和质量记录、观察工作现场等方式，收集客观证据；

（3）审核组交流审核情况，确定当天的不符合项；

（4）编制不符合项报告；

（5）召开审核组内部会议，汇总审核情况，确定本次审核的不符合项，讨论评价意见和审核结论；

（6）分别与军事代表室和受审核单位领导沟通现场审核情况，就评价意见和审核结论交换意见；

（7）组长主持召开末次会议。对受审核单位质量管理体系建立和运行、过程控制、产品实物质量和技术服务等方面提出评价意见。

3. 审核报告

（1）组长负责编制审核报告，提出审核结论及建议，对其准确性和完整性负责；

（2）审核报告报审核组织单位审定后发布。

4. 资料归档

（1）审核资料由审核组织单位负责归档，需要归档的内容见附件。

（2）由军事代表局组织的二方审核，在现场审核结束后的10天内，向装备部业务主管部门报告现场审核情况。

（七）不符合项整改与验证

1. 现场审核结束

现场审核结束后，驻受审核单位军事代表室应督促受审核单位，按规定的时间要求进行整改，制定并落实不符合项纠正措施，及时将进展情况向审核组织单位报告。

2. 整改工作完成

整改工作完成后，驻受审核单位军事代表室负责对整改情况进行预验证。对发现的问题，应督促受审核单位继续整改，同时将情况上报审核组织单位。预验证合格后，由驻受审核单位军事代表室向审核组织单位申请验证，同时报告预验证情况和相关证据。

3. 验证工作

由装备部业务主管部门组织的审核，可委托有关军事代表局进行验证。验证组组长由装备部业务主管部门指定。

4. 验证后续工作

经验证，纠正措施落实不到位的项目，由驻受审核单位军事代表室继续督促落实，并由军事代表局负责验证。

5. 定级依据

验证结果作为二方审核定级的重要依据。装备部业务主管部门视情对纠正措施落实情况进行抽查。

（八）评价意见与审核结论

1. 评价意见与审核结论

审核组根据受审核单位质量管理体系的符合性（健全、基本健全、不健全）、有效性（有效、基本有效、失效）、适宜性（具备质量保证能力、基本具备质量保证能力、不具备质量保证能力)及审核中发现的不符合项的性质、数量及分布情况,综合提出审核评价意见和审核结论。

2. 审核报告

审核组织单位对审核组提出的评价意见和审核结论进行审查、复核,以审核报告的形式发有关单位。

3. 审核结论

(1) 一级。质量管理体系健全,运行有效,具备质量保证能力,在审核中发现少量离散的一般不符合项。

(2) 二级。质量管理体系健全,运行基本有效,具备质量保证能力,在审核中发现少量相对集中的一般不符合项。

(3) 三级。质量管理体系基本健全,运行基本有效,基本具备质量保证能力,在审核中发现较多相对集中的一般不符合项。

(4) 四级。质量管理体系不健全,运行失效,不具备质量保证能力,在审核中发现严重不符合项或系统性、区域性问题。

对发生产品严重或重大质量问题的受审核单位,原则上定为三级或四级。

(九) 审核定级及其作用

1. 审核定级会议

装备部业务主管部门年底组织二方审核定级会议,根据现场审核、不符合项整改验证、产品实物质量和定级打分等情况,征求有关单位意见,综合评议提出定级方案,报装备部批准后,以通报形式下发。

2. 有效期限

质量管理体系被评为一级、二级、三级的承制方,二方审核的有效期限分别为五年、四年、三年;被评为四级或当年未定级的承制方,第二年重新进行二方审核。

3. 质量问题与级别

质量管理体系被评为一级、二级、三级的承制方,因产品质量问题导致等级事故发生,或质量管理体系出现系统性问题时,撤销其一级、二级、三级承制方资格;产品发生严重质量问题或质量管理体系出现较严重问题时,暂停其一级、二级、三级承制方资格。

4. 承制方名录

质量管理体系被评为三级(含三级)以上的承制方,按总装备部《装备承制方资格审查通用要求》,应优先推荐申请资格审查,经审查合格后,推荐注册《装备承制资格名录》。

5. 定级与定价

军事代表室应参加产品成本价格分析活动,了解和掌握承制方质量成本总体构成,并依据二方审核定级情况,提出产品审定价激励措施的建议。

6. 定级与采购

在安排武器装备科研订货任务、招标采购产品、预付采购经费时，质量管理体系被评为一、二级的承制方予以优先。

7. 实行挂牌发证制度

装备部对质量管理体系被评为三级（含三级）以上的承制方，授予相应的牌匾和证书。

三、军事代表体系日常监督

（一）体系日常监督概述

质量管理体系有效运行的动力，不仅源自体系自身，还来自体系内外监督系统的有效监督。军事代表作为使用方的代表，工作在研制生产第一线，既了解产品的设计、工艺和检验，又了解产品的使用，既熟悉产品的生产过程，又熟悉承制方的管理活动。由于工业主管部门对企业质量管理体系的监督鞭长莫及，只能进行定期的考评，因此，军事代表的工作之一就是对企业质量管理体系进行监督。一般质量保证机构见图9-1。

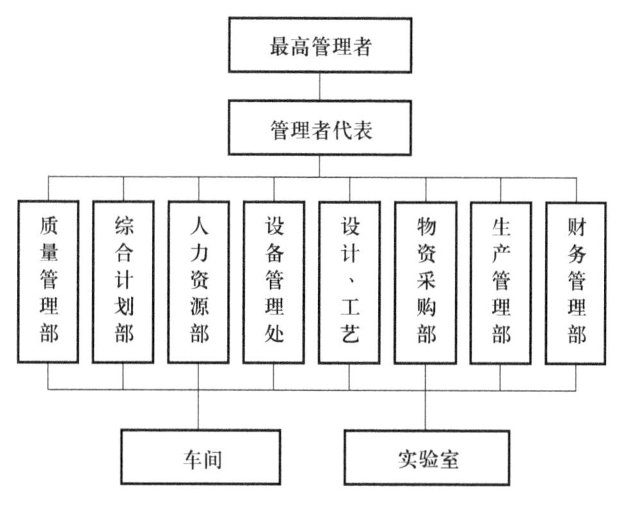

图9-1 一般质量保证机构图

对承制方质量管理体系的监督主要是审查质量体系文件的适用性和监督质量管理体系文件的有效实施，可分为初审和日常监督。

初审在承制方建立质量管理体系时实施，重点是审查质量手册、程序文件应符合所选定的质量保证模式标准的规定要求，体现承制方的特点和产品特点，具体从结构和内容两个方面，按照完整性、协调性、适用性要求进行审查，提出意见，书面提交给承制方。

（二）体系日常监督要点

日常监督主要是检查质量手册和程序文件的宣贯执行情况，以及其更改、换版的受控情况。各类人员熟悉质量手册和程序文件的有关内容;质量管理体系发生变化时,相关文件应及时更改,并按照规定办理审批手续;各部门和生产现场的质量手册和程序文件应是现行有效版本。具体的监督要点是:

1. 最高管理层

对最高管理层检查:询问和问卷式方式。监督内容一般包括:制定实施质量方针和质量目标,规定质量职责和权限,提供充分的资源,指定管理者代表和进行管理评审。

(1) 所制定的质量方针和质量目标应充分反映用户需求,量化可测,具有可达性;经常组织质量方针、目标的宣贯学习;质量方针、目标为全体职工所熟悉和理解。

(2) 在质量体系文件中明确各项质量职能的责任单位,明确各级人员质量活动的职责权限和相互关系。

(3) 质量部门在最高管理者领导下,独立行使职权,特别是检验部门应实行一级管理。

(4) 为满足产品设计、开发、生产、安装和服务的需要,提供了充足的资源,包括人力资源、基础设施、工作环境和信息等,并根据实际需要适时调整。

(5) 最高管理者指定了管理者代表,规定其职责,并赋予相应权力。

(6) 各级领导熟悉自己岗位职责。

(7) 管理评审能按规定的时间间隔(两次间隔不长于12个月)举行,评审的结论和意见建议应形成书面文件并及时归档;评审提出的改进建议能按时落实。

(8) 质量管理的八项原则。

2. 质量管理部门

对质量管理部门的检查方式:查计划、查文件、查记录。监督内容一般包括:质量目标的策划、体系文件管理、产品质量评审、不合格品控制、纠正和预防措施、质量记录、内部质量审核、统计技术和质量信息等。

(1) 制定的年度质量目标计划具体,可测量;上年度质量目标实施、检查和落实情况。

(2) 对质量体系文件的编制、批准、发放、更改控制情况。

(3)《质量保证大纲》符合规定要求。

(4) 产品质量评审提出的质量问题归零。

(5) 不合格品审理机构是否健全;按照规定的程序审理不合格品,纠正措施得到落实;不合格品管理符合要求。

(6) 质量记录的保管、检索、保存期限和处理符合要求。

(7) 内部质量审核有计划,有实施记录,对不合格项采取纠正措施并进行跟踪验证。

(8) 建立信息渠道,运用质量和可靠性信息,研究制定预防措施,不断改进产品质量。

(9) 明确统计技术应用的项目；对统计技术应用实施控制。

3. 检验部门

对检验部门的检查方式：检查文件、记录和现场检查。监督内容一般包括：产品的进货、过程和最终检验；检验和试验规程；外包产品的验收规程；检验和试验记录；重要试验的控制和检验印章控制等。

(1) 制定的年度质量目标计划具体，可测量；上年度质量目标实施、检查和落实情况。

(2) 编制产品检验、试验规程。

(3) 根据外包单位提供的检验规程，编制外包产品的验收规程。

(4) 按岗位合理配备人员；检验员经过培训，持证上岗。

(5) 印章管理严格；专人专用；领取或收缴有记载。

(6) 检验和试验使用的工具、设备应按规定的周期间隔进行校准；生产与检验共用的工装、设备，使用前得到校验。

(7) 按规定的要求进行进货检验；“紧急放行”时应严格审批，并征得军事代表同意。

(8) 按规定的要求进行过程检验；“例外放行”必须是可追回的产品，并有标识。

(9) 按规定标识产品的检验和试验状态。

(10) 检验记录应能清楚地表明其所依据的验收标准及其验收结果。

4. 售后技术服务部门

对售后技术服务部门的检查方式：检查计划、文件和记录。监督内容一般包括：外场技术质量信息能在规定时间内及时处理；主动开展质量外访，了解使用方需求；新装备首批装备部队后，按要求开展技术培训工作，到部队开展现场服务，及时解决出现的质量问题，并得到部队验证；对使用中出现的质量问题进行统计分析，不断改进产品质量。

(1) 制定的年度质量目标计划具体，可测量；上年度质量目标实施、检查和落实情况。

(2) 外场技术质量信息及时处理。

(3) 主动了解使用方需求；

(4) 复杂产品首批装备部队后，按要求开展技术培训工作，进行现场服务；

(5) 信息的统计和质量改进。

5. 计量部门

对计量部门的检查方式：检查计划、文件、记录和现场。监督内容一般包括：明确检验、测量和试验设备的控制范围，配备满足测量任务精度要求的设备，按标准的控制程序规定内容进行校准和维护及标准量传的控制等。

(1) 制定的年度质量目标计划具体,可测量;上年度质量目标实施、检查和落实情况。

(2) 所有检验、测量和试验设备进行登记、造册、建档。

(3) 配备的检测设备、计量器具满足产品测量精度要求。

(4) 检测设备、计量器具按规定的周期间隔进行检定。

(5) 发现检验、测量或试验设备偏离校准状态时,应评定已检验和试验结果的有效性,并形成文件。

(6) 检验、测量和试验设备应带有表明其校准状态的合适的标识。

(7) 校准应有适宜的环境条件。

(8) 检定校准有记录。

6. 计划部门

对计划部门的检查方式:检查文件、记录。监督内容一般包括:合同评审,合同修订,计划落实等。

(1) 制定的年度质量目标计划具体,可测量;上年度质量目标实施、检查和落实情况;

(2) 签订销售合同前进行评审;

(3) 合同的修订;

(4) 按合同要求交付产品;

(5) 保存合同评审和执行情况的记录。

7. 设计部门

对设计部门的检查方式:检查文件、记录、试验现场。监督内容一般包括:设计控制程序文件、设计和开发的策划、设计输入、设计输出、设计评审、设计验证、设计确认和设计更改的控制。

(1) 制定的年度质量目标计划具体,可测量;上年度质量目标实施、检查和落实情况。

(2) 承制方应对每项设计和开发活动进行策划,并编制设计开发计划。计划应阐明或列出应开展的活动,配备充足的资源,规定完成这些活动的负责人和职责,委派具备资格的人员完成,明确接口。

(3) 严格按照设计控制程序要求,实施分阶段的设计控制,前一阶段活动未达到要求时,不能转入下一阶段。

(4) 总设计师系统根据产品研制总要求或技术协议书和研制合同,按标准要求,编写设计、试验规范;规范应按规定经有关部门(含军事代表)会签或签署;规范应具有指令性、正确性、实用性、协调性,作为控制和评价设计、试验工作的准则。

(5) 对产品性能、可靠性、维修性、安全性和保障性进行系统分析,综合权衡,求得最佳费用效能。

(6) 采用的新技术、新器材,经过充分论证、试验和鉴定。

(7) 对复杂产品的单元件(特性),编制关键件(特性)、重要件(特性)项目明细表,并在产品设计文件和图样上作相应标识。

(8) 建立图样和技术文件的三级审签(校对、审核、批准)制度、工艺和质量会签制度、标准化审查制度。

(9) 设计输入应形成文件并经过评审和批准,内容应包括:战术技术指标、功能要求、环境要求、适用的法律法规要求、设计、试验应遵循的准则和规律等;设计输入文件应与合同、任务书、标准等文件的要求一致;应规定设计输入更新的方式和途径。

(10) 设计输出应形成文件,其内容应能够依据设计输入要求,予以验证和确认;设计输出形式可以是图样、规范、指导书、软件、程序等;设计输出文件发放前,应进行评审和批准;当采用核审方式时,核审人员与原设计人员不能为同一人,同时,还应按规定进行工艺和质量会签、标准化审查等。

(11) 按计划节点进行分级分阶段的设计评审;参加评审的人员具有代表性和相应能力;评审应有结论,评审中提出的问题应采取措施并闭环管理;保存评审的记录。

(12) 按计划和规定的方法进行设计验证;验证输出结果是否满足输入的要求;参加验证的人员应具备资格;验证依据的文件、使用的设备等处于受控状态;验证中出现的问题和采取的措施应实行闭环管理;保持验证过程的记录。

(13) 按计划的时机实施设计确认;确认的结果应能反映产品特定的预期用途和要求的满足程度;设计确认中的检查、试验和证实必须在受控条件下进行,其结果应予以记录,对出现的问题应采取措施,并实行闭环管理。对需要定型(鉴定)的产品,应按定型工作条例和定型委员会的要求完成准备工作。

(14) 所有设计更改实施之前应由有资格的被授权人员审核、批准;以确定更改是否会影响到已批准的设计评审、验证或确认的结果;当某一局部作更改时应评价其对整体的影响;涉及到已定型产品的更改,应按照规定履行审批手续;所有的设计更改都应有记录并形成文件,并及时通知所有相关方。

(15) 对研制部门技术状态管理的监督主要有:技术状态标识,技术状态控制,技术状态纪实,技术状态审核四方面的内容。

8. 工艺部门

对工艺部门的检查方式:检查文件、记录和现场。监督内容一般包括:工艺评审、试制前准备状态检查、首件鉴定、特殊过程确认、关键过程管理和工装设备管理等。

(1) 制定的年度质量目标计划具体,可测量;上年度质量目标实施、检查和落实情况;

(2) 编制各型产品的工艺规程；

(3) 工艺评审；

(4) 首件鉴定；

(5) 关键过程的控制；

(6) 特殊过程的确认；

(7) 工艺评审及工序过程连续监控的记录。

9. 档案、标准化部门

对档案、标准化部门的检查方式：检查文件、记录、文档现场。监督内容一般包括：确保质量体系运行的各个场所都能得到相应文件的有效版本，防止使用失效/作废文件。

(1) 制定的年度质量目标计划具体，可测量；上年度质量目标实施、检查和落实情况；

(2) 文件和资料（包括外来文件）收、发有记录盖受控章；

(3) 失效、作废文件收回或盖作废章；

(4) 产品《标准化大纲》符合规定要求；

(5) 建立了《有效文件目录》；

(6) 文件资料的管理及保管环境符合要求。

10. 采购部门

对采购部门的检查方式：检查计划、文件、记录和库房现场。监督内容一般包括：对供方评价、采购资料控制、采购产品验证、对新研制采购产品的控制以及采购产品保管、防护等。

(1) 制定的年度质量目标计划具体，可测量；上年度质量目标实施、检查和落实情况。

(2) 对供方的质量保证能力的评价；

(3) 按“合格器材供应单位名单”采购器材；

(4) 采购产品的运输、入厂、入库、交接、复验、保管、发放及环境等按照规定执行；

(5) 采购新研制的配套产品必须通过了技术鉴定；

(6) 统计分析采购器材的质量动态。

11. 人力资源部门

对人力资源部门的检查方式：检查文件和记录。监督内容一般包括：人员考核培训管理是否归口管理；有无年度考核培训规划，各有关车间科室是否有具体的培训计划，并能按计划开展培训工作；各种人员的培训、考核、发证工作是否登记建档，保存培训记录。

(1) 制定的年度质量目标计划具体，可测量；上年度质量目标实施、检查和落实情况；

（2）人力资源需求分析；

（3）年度培训计划；

（4）培训和效果评价记录；

（5）发证记录。

12. 设备管理部门

对设备管理部门的检查方式：检查计划、文件、记录和维修现场。监督内容一般包括：承制方应配备适合于设计开发、生产、安装和服务的设备；对设备进行维修，保持功能和加工精度。

（1）制定的年度质量目标计划具体，可测量；上年度质量目标实施、检查和落实情况；

（2）设备台账和设备档案（包括自制设备、租用设备）；

（3）编制设备大修和维修计划；

（4）新安装和经过大修的设备精度调整记录；

（5）设备维修计划的完成情况及验收记录。

13. 生产部门

对生产部门的检查方式：检查文件、记录和库房现场。监督内容一般包括：均衡生产，产品批次管理，产品的搬运、储存、包装、发运和交付。

（1）制定的年度质量目标计划具体，可测量；上年度质量目标实施、检查和落实情况；

（2）生产作业计划满足均衡生产的要求；

（3）产品具有可追溯性；按照"五清"、"六分批"要求进行管理；

（4）成品、半成品入库、搬运、储存、包装按规定执行；

（5）对外协作加工项目，按"采购"要素的规定控制。

14. 财务部门

对财务部门的检查方式：检查文件和记录。监督内容主要包括：质量成本管理与分析。

（1）制定的年度质量目标计划具体，可测量；上年度质量目标实施、检查和落实情况；

（2）质量成本经济分析报告、质量成本技术分析报告；

（3）年度、季度质量成本分析报告经最高管理者签阅；

（4）质量成本执行情况的考核；

（5）质量成本原始资料。

15. 生产现场

（1）制定的年度质量目标计划具体，可测量；上年度质量目标实施、检查和

落实情况;

(2) 现场使用的图样、文件是现行有效版本;

(3) 现场环境条件符合规定;

(4) 现场所用设备、器具处于良好状态并有合格标识;

(5) 现场所用器材有明显的合格标识;

(6) 人员经过上岗前培训,持证上岗;

(7) 执行"首件检验"制度;

(8) 产品工序间的周转落实相应的防护措施;

(9) 实施监视和测量;

(10) 现场原始记录完整准确,无随意涂改。

16. 包装、交付、发运过程

(1) 交付的产品满足合同规定,并配齐随机备件、工具、设备、资料;

(2) 按照合同的要求,准时、准确将产品发送到用户。

(三) 军事代表实施体系监督要求

1. 监督内容

军事代表对承制方质量管理体系监督的主要内容:

(1) 质量管理体系要求的删减是否合理,并征得军事代表同意;

(2) 质量方针和目标、质量手册、程序文件、支持性文件、质量记录等质量管理体系文件;

(3) 质量管理体系运行与过程受控情况;

(4) 质量管理体系不符合项纠正及持续改进情况;

(5) 产品实物质量稳定情况;

(6) 影响质量管理体系有效运行的其他因素。

2. 体系日常监督方式

军事代表实施质量管理体系日常监督,可采取机动检查和了解质量动态两种方式进行,分军事代表室、业务组、主管军事代表三级实施。军事代表室应制定质量管理体系日常监督年度计划并实施,一般每年覆盖全要素、全过程、全部门一次。

3. 参加二方审核

军事代表应参加上级对其主管承制方质量管理体系进行的二方审核,并做好以下工作:

(1) 督促并协助承制方做好受审核准备工作,向审核组长提供制定二方审核计划所需的文件资料;

(2) 协助审核组做好现场审核工作,向审核组汇报承制方质量管理体系日常运行的有效性、产品质量状况、技术服务情况及存在的问题,指定人员参加二方审核全过程活动，参加审核组召开的沟通会，并交换审核意见；

（3）督促承制方按商定的时限，对审核组开具的不符合项、观察项进行整改，对整改情况进行预验证，并按规定上报预验证情况；

（4）协助验证审核人员做好现场验证工作；

（5）两年内，对二方审核开具的不符合项、观察项进行追踪式监督，每季度向上级机关报告追踪检查情况。

4. 参与第三方认证审核

军事代表应参与承制方质量管理体系的第三方认证审核工作。主要内容有：

（1）参加承制方质量管理体系申请认证前的自查活动，对发现问题提出改进意见或建议。

（2）审查会签《军工产品承制方质量管理体系认证申请表》。

（3）参加第三方审核组召开的认证审核首、末次会议和用户座谈会，如实反映情况，客观公正地提出评价意见。掌握审核中发现的问题，并督促承制方进行整改。

（4）向上级业务主管部门报告认证审核情况，并提出是否同意注册的结论意见。

5. 建立健全厂际间质量管理体系

军事代表应督促承制方完善产品外包、外协过程质量控制制度，建立健全厂际间质量管理体系，有效控制外包、外协过程质量。

6. 审核问题处理

军事代表室组织开展质量管理体系审核，对于发现的问题，应区别情况进行处理：

（1）对产品质量影响不大的一般不符合项，应以书面形式向承制方提出，督促其采取纠正措施，并对措施落实情况进行验证检查。

（2）对严重影响正常生产和产品质量的严重不符合项，应以书面形式向承制方提出，督促其迅速采取有效措施予以解决。必要时，报经上级业务主管部门同意后，总军事代表可做出暂停检验验收的决定，并要求承制方进行整顿。

（3）发现承制方质量管理体系运行失效，应及时报上级业务主管部门商请承制方主管部门责令其限期改正。必要时，建议认定或认证机构对承制方质量管理体系进行审核。

第九节　定型准备工作监督

一、工作监督概述

军事代表对定型准备工作的监督主要在两个方面，一是围绕型号研制阶段各项工作的检查,包括策划、设计、制造、试验、质量保证条件及落实、工艺过程的管理等,检查承制方过程文件的可追溯性情况和验证产品的质量情况及小批试生产能力,是否符合相关标准的要求;二是检查定型会议审查的样品、技术文件资料的准备情况,是否符合 GJB 1362A 的要求。

二、设计定型前的检查

产品在设计定型前,军事代表应组织相关人员(包括承制方)从型号研制的论证阶段、方案阶段和工程研制阶段的设计状态、样机制造状态,依据研制总要求或技术协议书,研制合同和相关标准的要求,进行系统的检查,及时修改、完善提出的问题。

(一)论证阶段的检查

(1)根据承制方技术储备、设计、试制、试验等能力资源情况,检查其提出的具备承担型号研制任务的能力评价意见,是否合理公正;

(2)检查战术技术指标的调研和论证,已明确的战术技术指标和使用要求,是否合理可行,并已得到验证;

(3)检查型号研制总要求的论证,制定的系统规范是否符合标准要求,能否规范技术状态基线文件的编制;

(4)检查承制方总体技术方案的初步论证情况,对型号研制经费、资源保障条件、研制风险分析及周期预测等意见是否合理可行;

(5)检查承制方组织的型号研制技术经济可行性分析及必须的验证试验工作,对型号技术性能预计实现水平和技术可行性等提出评价意见,是否合理可行;

(6)检查型号研制的系统配套情况,了解配套产品的具体要求及接口关系,根据配套产品的技术特点,提出研制配套分工建议是否合理可行,并已落实。

(二)方案阶段的检查

(1)检查在方案论证中,对指标、质量、进度、经费和风险进行综合平衡后,是否选取的最佳方案;在方案设计评审中,是否将总体技术方案实现途径,系统构成,新技术、新工艺、新材料、新配套成品的采取及主要关键技术等方面,提出的意见已全部落实,并具有可追溯性。

(2)检查承制方编制的设计方案,履行审签手续后按规定联合上报,并附《设计方案论证报告》。

(3)检查承制方编制型号项目策划书、型号研制规范、研制计划或零级网络图,并对其组织的评审和审签,是否符合标准要求。

(4)根据研制计划或零级网络图制定的质量控制计划,建立的产品质量档案,是否进行动态管理。

(5)依据批准的《研制总要求》参加技术协议(研制合同)洽签,协议(合同）中应明确规定由军事代表参加合同管理的责任、权利及质量保证内容；军事代表应作为使用方代表，参加配套产品技术协议的洽签，审查技术协议各项指标符合要求后履行签署手续等活动，是否符合标准要求。

（6）检查承制方对研制装备功能基线的论证、确认和分配，建立技术状态项及技术状态文件，实施全过程技术状态管理，是否符合规范的要求。

（7）检查承制方编制型号标准化大纲和质量保证大纲、可靠性、维修性、保障性、测试性、安全性、软件质量控制和环境适应性大纲，审签是否符合规范要求；参加设计评审后，提出的评审意见和建议是否更改完善。

（8）检查承制方根据设计方案等设计要求编制的工艺总方案，拟制的工艺标准化综合要求（草案），是否审签并符合规范要求。

（9）检查承制方制定的研制程序，是否明确分阶段质量控制内容，行政指挥系统、质量师系统及设计师系统人员的质量职责，是否建立贯彻标准化综合要求的技术文件清单。

（10）检查参与软件开发策划、软件需求分析，提出的意见或建议是否落实；经审签的软件开发计划和配置管理计划等质量管理文件，是否编制向航定办提出软件重要度等级的建议书或报告。

（11）检查承制方进行的关键、难点技术攻关和样机设计、试验验证等情况，以及参加原理样机评审，并结合设计评审意见，是否更改或完善型号设计，已拟制图样和技术资料，并符合转阶段的条件。

（三）工程研制阶段的检查

工程研制阶段含工程设计状态、样机制造状态和科研试飞状态等三种工作状态，军事代表在工程研制阶段检查的主要内容及要求如下。

1. 工程设计状态（C 状态）

（1）检查承制方按主机单位编制的优选目录选择供方，审签合格供方目录，按要求进行元器件采购和二次老化筛选。

（2）检查功能特性分类情况，承制方是否按标准草拟关键件、重要件特性分析报告及关键件、重要件明细表。

（3）检查样机试制前的准备工作。检查型号设计图样原理的成套性和正确性，以及进行三级审签、工艺审查、标准化检查、质量会签情况，是否符合国家军用标准和规范的要求。

（4）检查样机摸底或验证测试时，样机功能、性能及交联接口等各项目技术指标是否符合相关规范的要求，针对暴露的问题，承制方是否改进完善设计，符合标准要求。

（5）检查承制方是否按 GJB 1310A、GJB 1269A、GJB 907 标准的要求，对产品进行分级、分阶段的设计评审、工艺评审和产品质量评审，并改进完善设计工作;对产品工程设计质量及是否达到分系统交联试验和地面联试条件等的评审意见是否合理、可行、符合标准要求。

(6) 检查承制方是否组织软件规格说明的评审,提出改进的意见或建议是否归零。

(7) 检查分系统交联试验和系统地面联试情况,是否符合规范的要求;检查试验和联试中存在的问题,承制方是否改进完善设计,具有可追溯性。

(8) 检查设计评审、工艺评审和产品质量评审结论和分系统交联试验、系统地面联试及存在问题解决情况;检查转状态评审(C 状态转 S 状态),并根据评审意见,追踪图样资料的更改、改版和整理归档工作情况。

(9) 检查承制方草拟的最终产品的检验规程,并对其进行审查,确认其符合研制总要求及研制合同、技术协议和系统规范、研制规范等要求后,方可对产品检验规程进行签署。工程设计状态技术状态项内容控制见本书图 5-3。

2. 样机制造状态(S 状态)

(1) 检查可靠性预计和可靠性、维修性指标分配和可靠性设计及审查是否符合军用标准和规范的要求;

(2) 检查是否按研制网络图规定的节点和 GJB 1310A 的要求,进行分级、分阶段的设计评审工作,提出评审意见并会签;是否按照软件开发计划参加软件的概要设计评审和详细设计评审,文件资料可追溯性强;

(3) 检查关键件、重要件特性分析情况,是否对关键件、重要件明细表进行修编;

(4) 检查技术文件、图样、工艺文件等资料的成套性及编制质量,是否符合标准和规范要求。主要有:

① 检查工程制造图样资料的完整、协调、统一、准确,是否符合标准化要求;

② 检查是否依据产品图样和设计要求,编制装配、调试工艺规程,关键件、重要件、关键工序的工艺文件,特种工艺文件等工艺文件;

③ 检查是否按 GJB 190、GJB 909 的要求,对关键件(特性)、重要件(特性)的确定及图样、技术文件进行标识;

④ 检查承制方编写产品规范、材料规范、工艺规范、软件规范情况,重点检查产品规范是否满足批复、研制合同、技术协议及有关标准要求,是否对技术指标及测试方法进行了合理细化;检查技术说明书、使用维护说明书、调试说明书、软件用户手册等技术文件的编制质量,是否符合标准和法规要求。

(5) 检查工程样机的试制质量,主要有:

① 检查工装、设备、测试器具等生产资源准备情况,承制方是否严格按 GJB 908 要求进行首件鉴定;按 GJB 1269A 的要求参加工艺评审,对工艺文件执行情况,新工艺、新技术、新设备的采用情况及批生产的工序能力等,是否提出评审意

见并归零;审签产品试验规程和选定标准样件,并符合规范要求。

② 检查承制方对器材及二次配套产品进行质量控制,元器件应力筛选规范的执行是否符合规范要求。

③ 检查系统主要成品的关键设计试验和试验情况,试验结果及评审是否符合规范要求。

④ 检查承制方对交试的工程样机进行联合检验和必要的环境适应性试验,内容、程序和试验要求是否合理、符合规范要求。

(6) 检查工程研制阶段质量保证大纲、可靠性保证大纲的执行情况,是否符合规范要求,并逐条落实。

(7) 根据软件测试计划,检查承制方开展软件自测试和三方测试,审签软件的文档,是否符合规范要求。

(8) 检查样机试制、试验过程中存在的质量问题,是否全部解决;采用“拉条挂账,攻关消号”的项目,是否已制定计划和措施并逐一解决。

(9) 检查已确认检验和试验合格、接口正确、配套完整的辅机产品,合格证明文件办理情况;是否按照 GJB 907 要求参加产品质量评审,满足质量、安全性等要求后,方可进行转状态(放飞)评审,交付装机并参加系统地面试验和试飞。样机制造状态技术状态项内容控制见本书图 5 -4。

3. 科研试飞状态

科研试飞状态时,辅机产品在交付之前应已具备定型状态,科研调整试飞结束评审后,飞机经批准直接进入定型状态考核。因此,在此状态之前检查的内容是:

(1) 检查《地面试验大纲》及《试飞大纲》评审和系统地面试验情况,评审、试验的问题是否完善解决,并符合规范要求;

(2) 检查样机试制、试验及试飞过程进行技术状态控制,并进行标识和文字描述,是否合理、规范、有效,对更改过程和实施情况的记录和报告,是否完整、并具有可追溯性;

(3) 样机完成大纲的科研试飞科目经评审后,飞机转入设计定型试飞状态,检查试飞程序是否符合大纲、规范要求。

装备科研试飞状态技术状态项内容控制见本书图 5 -5。

三、设计定型准备的检查

(1) 检查承制方是否按照 GJB 1362A 中 5.2 条的要求审查设计定型样品并满足要求,确认型号研制达到设计定型试验条件后,联合上报试验申请报告是否符合 GJB 1362A 中 5.3 条的要求。

(2) 检查设计定型试验、试飞大纲审查和软件测评试飞是否满足规范要求;试飞是否严格按照试验、试飞大纲规定的程序和内容对试验前准备和试验条件进行了检查和试验前评审；对试验、试飞和软件测评中出现的危及安全或影响性能指标的严重、重大质量问题，是否及时解决；在专门承试单位进行的试验，试验结论由承试单位给出，驻承试方军事代表是否审签了试验结论报告。

(3) 检查参加关键技术攻关、新技术、新工艺、新材料及配套产品的试验和鉴定工作是否符合相关标准要求。

(4) 检查可靠性、维修性、保障性、测试性、安全性、环境适应性、软件等专业工程的技术审查和验证，审查验证试验结论，是否符合规范要求。

(5) 检查承制方对产品关键件、重要件的分类原则；审查特性分析报告，审签关键件(特性)、重要件(特性)项目明细表和关键工序清单，是否符合规范要求。

(6) 检查承制方开展综合保障工作情况，综合保障建议书是否按规定要求上报；产品“四随”清单，初始备件推荐清单，一、二线可更换件和二线保障设备清单等保障资源文件是否审签，并符合标准和规范要求。

(7) 检查承制方是否按规定做了设计定型前的预审工作：

① 承制方全面总结了型号研制及定型试验情况，完善了产品图样、规范等技术资料，产品技术状态符合研制总要求或技术协议书，对存在的技术问题已有明确结论。

② 已按照 GJB 1362A 中 7.2.1 条，产品设计定型文件资料完整、准确、统一、协调。

③ 产品标准化、系列化和通用化符合要求的程度及新材料、新工艺、新技术等鉴定完成情况，基本满足要求。

④ 配套产品鉴定及元器件、原材料和外协件等定点情况，承制方编制的《合格器材供应单位名单》已审签，并基本符合标准和规范要求。

⑤ 按照 GJB 1710A 的要求，承制方加工制造、检测试验及质量保证等能力满足小批试生产要求的情况。

⑥ 召开了产品设计定型预审工作会议，确认研制总要求或合同中规定的产品功能和性能，已通过试验验证并达到要求；各类定型文件资料按要求准备就绪；生产保证措施和质量保证能力满足要求；设计定型前暴露的质量问题均已解决，符合设计定型标准和文件要求，已具备提交设计定型审查的条件。

⑦ 承制方提出的产品设计定型遗留问题及解决措施，已提出评价意见后上报，并有明确批复。

⑧ 军事代表对产品设计定型(鉴定)的意见，符合规范要求；其内容包括：研制过程质量监督主要工作、地面试验和试飞试验情况、对重大问题的处理结果、遗留问题的影响程度和处理意见、对承制方有关定型文件的真实性评价、对产品是否可以进行设计定型审查的意见等。

⑨ 预审通过后，由总军事代表签署产品规范、试验规范及有关图样等技术资料，并符合规范要求。

(8) 经确认产品达到设计定型要求时，军事代表会同承制方按照相关要求联合上报的设计定型申请报告，并符合标准要求。

(9) 设计定型文件和技术资料经批准后，军事代表应督促承制方做好图样和技术资料的转版工作，完善工装设备，做好小批试生产工作。

四、生产定型准备的检查

(1) 检查承制方优化产品工艺、完善生产条件建设情况，是否开展生产工艺过程故障模式影响分析，消除工艺缺陷，确保工艺质量稳定，为产品生产定型创造条件的情况。

(2) 检查承制方是否解决了设计定型遗留问题，并将解决情况报告航定办和业务主管部门。

(3) 检查承制方是否严格按照设计定型批复，控制小批生产的数量和时限；解决了小批生产中暴露的质量问题，并符合标准和规范的要求。

(4) 检查承制方是否按《军工产品定型工作规定》和上级有关要求，组织了生产定型(鉴定)委员会，对试生产产品和生产条件进行鉴定，并做好如下工作：

① 审查了指令性工艺文件、工装设备、工艺规程、生产说明书、设计更改、标准样件等，评价其满足批量生产要求情况；

② 参加了主要组、部、零件的工艺鉴定，并签署意见；

③ 审查了批生产产品技术状态和质量水平，确认符合生产定型(鉴定)要求；

④ 完成了“四随”配套目录及保障设备清单的修订工作，全面落实了使用方意见，并按规定上报业务主管部门批准。

(5) 当产品具备生产定型(鉴定)条件时，军事代表已会同承制方按规定要求提出定型试验申请，其内容符合标准要求。

(6) 检查生产定型试验，试验结论报告，并符合标准要求。

(7) 检查承制方按照 GJB 1362A 要求进行定型工作准备预审，重点内容：

① 检查产品经过定型(鉴定)试验、试用考核，性能是否稳定，质量是否良好；

② 检查设计定型遗留的问题是否已经解决，承制方编制的报告是否合理，并满足标准要求；

③ 检查设计图样、产品标准和试验规程是否完整、准确、协调、统一，是否文文相符、文图相符，并满足批生产要求；

④ 检查工艺资料是否完整、配套、正确，工装设备是否齐全、良好，并满足批生产的需要；

⑤ 检查零、部、组件是否符合质量标准,配套成品和专用检测设备是否完成生产定型(鉴定),原材料、元器件是否定点供应,满足标准要求;

⑥ 检查生产工艺路线是否确定、固化,操作检验人员是否持证上岗,并满足规范要求;

⑦ 检查成批生产的工艺布置和生产线是否已固化,技术人员是否得到锻炼并掌握了相应技术,符合规范要求;

⑧ 检查批生产是否具备成套交付条件,“四随”目录清单是否合理,并满足使用要求。

(8) 检查经预审确认承制方已具备批量生产条件且制造工艺稳定,定型文件齐备,定型准备就绪后,军事代表可会同承制方联合提出生产定型申请报告。

(9) 检查军事代表是否参加生产定型审查会议,并报告对产品生产定型(鉴定)的意见。

(10) 生产定型经批准后,军事代表应督促承制方及时向航定办上报生产定型文件,做好图样和技术资料的转版工作,做好批生产工作。

附录1　工程研制阶段的初样机(C状态)工艺评审表——模板

评审表

<table>
<tr><td>项目名称</td><td></td><td>性 质</td><td>工 艺</td></tr>
<tr><td>项目负责人</td><td></td><td>评审等级</td><td>军　　厂</td></tr>
<tr><td>研制阶段</td><td>工程研制阶段初样机
(C状态)</td><td>主办单位</td><td></td></tr>
<tr><td>评审地点</td><td></td><td>评审时间</td><td></td></tr>
<tr><td>提交评审资料</td><td colspan="3">① 工艺总方案
② 工艺规程
③ 试制设计图样及相关工艺资料
④ 关键工序的工艺规程
⑤ 工艺指令性文件
⑥ 工艺标准化综合要求(初稿)</td></tr>
<tr><td>评审意见</td><td colspan="3">工艺分析、要求符合产品结构、特性的设计要求,工艺路线清晰,材料消耗可控,工艺总方案及相关工艺文件正确、规范,可操作,符合标准化要求,装配人员具备上岗资格,特殊过程工艺文件协调一致,所选调试工装设备、仪器满足设备装配调试需要。基本满足试制要求。
评审组同意型号+名称+工艺总方案及相关工艺文件通过评审,可以转入样机制造状态。

评审组长:
年　　月　　日</td></tr>
</table>

附录2　工程研制阶段的正样机(S状态)工艺评审表——模板

评审表

项目名称		性 质	工 艺
项目负责人		评审级别	军　　厂
研制阶段	工程研制阶段正样机 (S状态)	主办单位	
评审地点		评审时间	
提交评审资料	① 工艺总方案 ② 工艺标准化综合要求 ③ 工艺规程(G) ④ 工艺文件和相关工装设备资料		
评审意见	工艺分析、要求符合产品结构、特性的试生产设计要求,工艺路线清晰,材料消耗可控,工艺总方案和工艺文件规范、正确可行,符合标准化要求,装配人员具备上岗资格,特殊过程工艺文件协调一致,所选调试工装设备、仪器满足设备装配调试需要,满足试生产要求。 评审组同意型号+名称+工艺总方案;型号+名称+工艺标准化综合要求和型号+名称+工艺规程及相关工艺文件资料通过评审,可以转入下一步工作。 评审组长: 年　　月　　日		

附录3　产品规范——模板

密级____
版次____
状态____

（产品型号、名称）产品规范
（模板）

共　×　页

（单位名称）

目　　次

*（产品型号、名称）*产品规范

1 范 围

本规范规定了*（产品型号、名称）*（以下简称*型号*）的成套性、外部接口以及技术要求、试验方法、验收规则、标识、包装、运输和储存。

本规范适用于*（型号）*研制、生产和技术服务，是编制检验规程和检验验收规程以及试验大纲和试验规程的规范性依据。

2 引用文件

下列文件中的有关条款通过引用而成为本规范的条款。凡注日期或版次的引用文件，其后的任何修改单（不包括勘误的内容）或修订版本都不适用于本规范，但提倡使用本规范的各方探讨使用其最新版本的可能性。凡不注日期或版次的引用文件，其最新版本适用于本规范。

GJB 0.2—2001　军用标准文件编制工作导则　第2部分：军用规范编写规定

GJB 150　军用设备环境试验方法

GJB 151A—1997　军用设备和分系统电磁发射和敏感度要求

GJB 152A—1997　军用设备和分系统电磁发射和敏感度测量

GJB 179　技术抽样检查程序及表

GJB 181　飞机供电特性及对用电设备的要求

GJB 450A　装备可靠性工作通用要求

GJB 1909A　装备可靠性维修性保障性要求论证

GJB 6387—2010　专用规范编写规定

部标或行业标准（符合要求）

研制合同

技术协议书

3 要求*（本章根据产品的特点，可酌情剪裁）*

3.1 概述

规定表征其功能、作用等大的方面的描述。

*(产品型号、名称)*是× × ×*(产品名称、类别)*,型号为× × × ,它采用了*(关键技术、体制等)*。*(型号)*配装在× × × 飞机上,是飞机× × × 系统的重要组成部分,为飞机提供× × ×*(作用)*,并与× × × 、× × × 、× × × 、× × × 等分系统一起,使× × × 飞机具备× × × 能力*(功能)*。

*(型号)*由× × × 、× × × 、× × × 和× × × 等× × × 个 LRU 组成,其主要工作方式如下:

(1) × × × ;

(2) × × × ;

(3) × × ;

……

3.2 一般要求

(规定外观、重量等一般性参数的量值。)

3.2.1 重量

*(型号)*的重量不大于× × kg;体积:小于× × m^3。

(试验方法见 4.2.1.1 条)

3.2.2 配套性

*(型号)*的配套性见附表 3 - 1。

附表 3 - 1 *(型号)*的配套性

序号	LRU 名称	代号	数量	序号	LRU 名称	代号	数量
1	× × ×	LRU01	× 件	4	× × ×	LRU04	× 件
2	× × ×	LRU02	×件	5	× × ×	× × ×	× 套
3	× × ×	LRU03	× 件	6	× × ×	× × ×	× 套

(试验方法见 4.2.1.2 条)

3.2.3 外观

产品电镀、油漆外表面质量良好,表面无明显划痕和缺陷。所有紧固件齐全,连接牢固,并具有可靠的防松措施。印制板、组件锁紧机构牢固。

产品具有下述标识:

(1) 名称;

(2) 型号;

(3) 代号；
(4) 批次号；
(5) 生产单位；
(6) 制造日期。
(试验方法见 4.2.1.3 条)

3.2.4 **气密性**

××× 充压至××× MPa,××× min 后,气压大于××× MPa。
(试验方法见 4.2.1.4 条)

3.3 详细要求(*可根据具体协议以及实际情况进行调整、剪裁和增添*)

(给出型号的各种功能以及功能在各种模式下的详细参数要求)
……

3.3.12 **整机耗电**

27V DC:$I \leqslant \times$A
单相*(或三相)* ~115V 400Hz:$I \leqslant \times$A
(试验方法见 4.2.2.12 条)

3.3.13 **互换性**

*(型号)*各设备、组件、部件和零件能与其他成套合格(*型号*)的对应产品互换。
(试验方法见 4.2.2.13 条)

3.3.14 **低温工作及低温储存**

储存温度:-55℃,保温 24h 后,恢复常温,*(型号)*能开机工作；
工作温度:-45℃,保温 2h 后测试,*(型号)*能正常工作。
(试验方法见 4.2.2.14 条)

3.3.15 **高温工作及高温储存**

储存温度:+70℃,保温 48h 后,*(型号)*能开机工作；
工作温度:+60℃,保温 2h 测试,*(型号)*能正常工作。
(试验方法见 4.2.2.17 条)

3.3.16 温度－高度*（主要根据具体协议）*

温度：×××℃，×××℃；
高度：×××m～×××m；
时间：×××min。
（试验方法见4.2.2.16条）

3.3.17 温度冲击

温度：－55℃～＋70℃；
温度保持时间：1h；
温度转换时间：≤5min；
循环次数：3次。
（试验方法见4.2.2.17条）

3.3.18 加速度

在承受附表3－2给出的工作加速度之后，*（型号）*的工作应符合其规范要求。*（型号）*各组件在结构上应能承受住附表3－2给出的结构加速度。

附表3－2 在*（型号）*安装处的加速度值

方向	前	后	上	下	左－右
轴	X	X	Z	Z	Y
工作加速度	2.1g	4.64g	8.1g	5.25g	3.28g
结构加速度	3.15g	6.69g	12.15g	7.88g	4.92g

（试验方法见4.2.2.18条）

3.3.19 冲击

冲击脉冲波形及容差见GJB 150.18—86中试验五的图1。
峰值加速度：15g；
持续时间：$t=11$ms；
两次冲击时间间隔应大于6t；
冲击次数为X、Y、Z轴正、负方向各三次。
冲击试验后，*（型号）*结构完好，通电工作应满足本规范要求。
（试验方法见4.2.2.19条）

3.3.20 随机振动

按照 GJB 150.16—86 中用于第五类设备*(喷气飞机)*的试验方法和附图 3－1 的加速度功率谱密度进行随机振动功能试验,*X*、*Y* 和 *Z* 三个轴向,每个轴向试验时间 1h。耐久试验量值是功能振动的 1.6 倍,时间为 2.5h,试验完后,样机结构上不应出现变形、裂纹和其他的机械损伤。

整机做振动试验时,应按 GJB 150.16 第 2.3.5.1 条和图 27 的要求选取重量衰减因子。

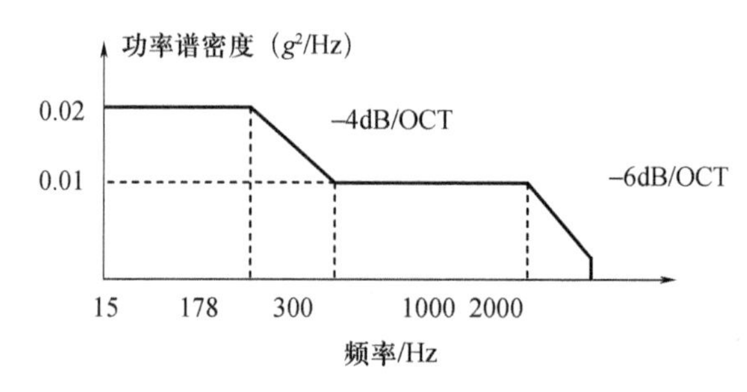

附图 3－1 随机振动功率谱

(试验方法见 4.2.2.20 条)

3.3.21 湿热

低温: +30℃;
高温: +50℃;
相对湿度:95%;
试验周期:10 个周期,每个周期为 24h。
(试验方法见 4.2.2.21 条)

3.3.22 霉菌

温度: +30℃ ~ +25℃之间交变;
相对湿度:90% ±5%;
交变周期:24h,其中前 20h 保持温度 +30℃ ±1℃,后 4h 保持温度 +25℃ ±1℃,对湿度 90% ±5% 至少 2h,用于温湿度变化的时间不超过 2h;
试验菌种:黑曲菌、黄曲菌、杂色曲菌、绳状青霉、球毛壳霉;
试验周期:28 天。
试验后,*(型号)*的材料和工艺应满足 GJB 150.10—86 的要求。
(试验方法见 4.2.2.22 条)

3.3.23 盐雾

盐液氯化钠含量:(5 ±1)%;

盐液 pH 值:6.5 ~7.2;

试验温度: +35℃;

试验时间:48h。

在按 GJB 150.11—86 的规定进行持续时间 48h 的盐雾试验过程中,*(型号)*的构件材料、处理、喷漆和最终涂层应无损害。

(试验方法见 4.2.2.23 条)

3.3.24 电磁兼容性

*(型号)*应通过在 GJB 151A—97 和 GJB 152A—97 中规定的下述项目的电磁兼容性测试:CE 102、CE 107、CS 101、CS 106、RE 102 和 RS 103。

(试验方法见 4.2.2.24 条)

3.3.25 电源试验

根据技术协议的规定,*(型号)*应为× × × 类用电和供电设备,应满足 GJB 181 中对其电源适应性的各项要求,主要有:稳态、50ms 断电试验、耐尖峰电压、耐电压浪涌、对飞机上电力系统的影响。

(试验方法见 4.2.2.25 条)

3.3.26 可靠性

平均故障间隔时间(MTBF):设计定型时× × × h,成熟期目标值× × × h。

(试验方法见 4.2.2.26 条)

3.3.27 维修性

平均外场维修时间(一级维护 MTTR):× × × min。

(试验方法见 4.2.2.27 条)

4 验 证

4.1 检验规则

按照 GJB × × ×(如 GJB 1442A《检验工作要求》)制定检验规程。

4.1.1 检验责任

除另有规定外,承制方负责完成产品规范规定的所有检验。订购方或上级检定机构有权对产品规范和本规范规定的任一检验项目进行检查。

4.1.2 合格责任

*(型号)*必须符合产品规范要求。本规范的检验为承制方整个检验体系或质量大纲的一个组成部分。若合同中有本规范未规定的检验要求,承制方保证所提交检验的*(型号)*符合合同要求。

质量一致性检验不允许提交明知有缺陷的*(型号)*。也不能要求订购方接收有缺陷的产品。

4.1.3 检验分类

本规范规定的检验分类如下:

(1) 鉴定检验(见 4.1.6 条);

(2) 质量一致性检验(见 4.1.7 条)。

4.1.4 检验依据

检验以下列文件为依据:

(1) 订购合同;

(2) 订购方与承制方商定的协议书、样机或样件;

(3) 产品规范。

上述文件如有抵触,优选顺序为(1),(2),(3)。但必须符合相关标准要求。

4.1.5 检验条件

除另有规定,所有检验应在 GJB 150.1 第 3.1 条规定的环境条件下进行。

4.1.6 鉴定检验

4.1.6.1 鉴定检验

*(型号)*设计、生产、制造工艺有较大改变或停产后恢复生产以及转厂生产等,应进行鉴定检验。

4.1.6.1.1 检验样本

除另有规定,鉴定检验的样本一般不少于三套(台)。

4.1.6.1.2 检验项目、顺序及方法

除另有规定,鉴定检验应按附表 3-3 所列项目和顺序进行。

附表 3-3　检验项目和顺序

序号	检验项目	技术要求条号	检验方法条号	鉴定检验	质量一致性检验			
					A 组	B 组	C 组	D 组
1	重量	3.2.1	4.2.1.1	√		√		
2	配套性	3.2.2	4.2.1.2	√		√		
3	外观	3.2.3	4.2.1.3	√	√			
4	气密性	3.2.4	4.2.1.4	√	√			
5	技术性能	3.3.1 ~ 3.3.11	4.2.2.1 ~ 4.2.2.11	√	√			
6	整机耗电	3.3.12	4.2.2.12	√	√			
7	互换性	3.3.13	4.2.2.13	√		√		
8	低温工作及低温储存	3.3.14	4.2.2.14	√			√	
9	高温工作及高温储存	3.3.15	4.2.2.15	√			√	
10	温度-高度	3.3.16	4.2.2.16	√			√	
11	温度冲击	3.3.17	4.2.2.17	√			√	
12	加速度	3.3.18	4.2.2.18	√			√	
13	冲击	3.3.19	4.2.2.19	√			√	
14	随机振动	3.3.20	4.2.2.20	√			√	
15	湿热	3.3.21	4.2.2.21	√			√	
16	霉菌	3.3.22	4.2.2.22	√				
17	盐雾	3.3.23	4.2.2.23	√				
18	电磁兼容性	3.3.24	4.2.2.24	√				
19	电源试验	3.3.25	4.2.2.25	√				
20	可靠性	3.3.26	4.2.2.26	√				√
21	维修性	3.3.27	4.2.2.27	√				

4.1.7　质量一致性检验

质量一致性检验是对批生产(*型号*)质量的符合性检验。

质量一致性检验分为 A、B、C、D 四组检验。

4.1.7.1　A 组检验

A 组检验在 4.1.5 条规定的条件下进行,检验项目及顺序见附表 3-3。

4.1.7.1.1　检验方式

一般采用全数检验。

4.1.7.1.2　检验步骤

按产品规范或合同规定的要求，编制检验规程进行检验。

4.1.7.1.3　合格判据

被检(*型号*)，只有当全部被检项目合格后，才能判该产品A组检验合格。否则，判该(*型号*)不合格。

4.1.7.1.4　重新检验

对A组检验不合格的产品，承制方应进行分析，查明原因，采取措施，且证明措施有效可行，可重新提交检验。重新提交时应将重新提交的检查批与其他初次检查批分开，并标明重新检查批标识。

若重新检验合格，判该组(*型号*)A组检验合格。若重新检验仍不合格，则判该组产品A组检验不合格，作拒收处理。在问题未解决以前，订购方可以停止下批(*型号*)的检验。

4.1.7.2　B组检验

B组检验在4.1.5条规定下进行，检验项目及顺序见附表3-3。

4.1.7.2.1　检验周期

小批量生产时，每批做一次B组检验，当一批不足10套(台)时，每累计10套(台)产品做一次B组检验；大批量生产时，每批次抽取二套(台)进行B组检验。

4.1.7.2.2　抽样方案

从A组检验合格的批中随机抽取二部，进行B组检验。

4.1.7.2.3　合格判据

所有检验项目均满足技术要求，判为B组检验合格。

4.1.7.2.4　重新检验

对B组检验不合格的产品，承制方应进行分析，查明原因，采取措施，且证明措施有效可行后，并对B组所检验代表的全部产品采取纠正措施，再经A组检验合格，可重新进行B组检验。重新进行B组检验的项目、顺序与第一次相同，重新进行检验时要采取加严方案。若仍不合格，则判B组检验不合格，做拒收处理。问题未解决前，订购方可以停止下批产品的A组检验。

4.1.7.2.5　样品处理

经B组检验合格批中发现的有缺陷样品，承制方负责修理，并经检验合格后可按合格品交付。

4.1.7.3　C组检验

C组检验项目及顺序按附表3-3的规定进行。

4.1.7.3.1 检验周期

小批量生产时，每批做一次C组检验，当一批不足20套(台)时，每累计20套(台)产品做一次C组检验；大批量生产时，每批次抽取一套(台)进行C组检验。

4.1.7.3.2 抽样方案

从A组检验合格的批中随机抽取，进行C组检验。

4.1.7.3.3 合格判据

所有检验项目均满足技术要求，判为C组检验合格。

4.1.7.3.4 重新检验

如果C组检验不合格，则应停止产品的验收和交付，承制方应将不合格情况通告订购方或合格鉴定单位，在查明原因及采取措施后，可重新提交检验。重新检验应采取加严方案，并根据订购方或合格鉴定单位的意见进行全部试验或检验，或只对不合格项目进行试验或检验。若重新经检验仍不合格，则应将不合格情况通告合格鉴定单位；若重新检验合格，则判C组检验合格，恢复产品的验收和交付。

4.1.7.3.5 样品处理

经受C组检验的样品，承制方应将发现的和潜在的缺陷修复或更换，再次经A组检验合格后，可按合同规定交付。

4.1.7.4 D组检验

D组检验项目见附表3-3。

4.1.7.4.1 检验周期

根据合同执行。

4.1.7.4.2 样品抽取

D组检验的样品应从A组检验均合格的批产品中随机抽取。

4.1.7.4.3 实施检验

按承制方与订购方联合编制的并经上级有关部门批复的试验大纲和试验程序进行。

4.1.7.4.4 合格判据

只有当被检验的产品通过D组检验后，才判该产品D组检验合格。否则，判产品D组检验不合格。

4.1.7.4.5 重新检验

如果D组检验不合格，承制方应将不合格的情况通告订购方或订购单位，在查明原因采取纠正措施后，经过试验证明设计、制造工艺缺陷已经消除，并将纠正措施落实到D组检验所代表的批产品上后可重新提交D组检验。若重新检验仍不合格，应将不合格情况通告订购方或合格鉴定单位。并由订购方与承制方对存在问题进行协商处理,如不能取得一致意见,则报请上级主管部门裁决。

若重新检验合格,则判D组检验合格,恢复产品的验收和交付。

订购方与承制方对质量问题处理如有异议,报主管部门裁决。

4.1.7.4.6 样品处理

D组检验的样品做完试验后,不能直接交付,应同使用方协商恢复处理合格后,方可交付使用。

4.2 检验方法

对产品进行测试时,所用的仪器参考附录3-A试验仪器清单,设备连接参见附录3-B试验框图,测试内容参见附录3-C测试项目表。

4.2.1 一般要求的检验

4.2.1.1 按"3.2.1重量"的试验方法及要求,编制试验规程进行试验。

在磅称上称*(型号)*各LRU及附件的重量。

4.2.1.2 按"3.2.2配套性"的试验方法及要求,编制试验规程进行试验。

按照《×××飞机成品技术协议书》或订货合同的要求,检查产品的配套性。

4.2.1.3 按"3.2.3外观"的试验方法及要求,编制试验规程进行试验。

外观及标识用目测法检查。

4.2.1.4 按"3.2.4气密性"的试验方法及要求,编制试验规程进行试验。

在增压接口进行充气,增压至×××MPa,×××min后,气压大于×××MPa,即符合要求。

4.2.2 详细要求的检验

4.2.2.1~4.2.2.11 *将技术性能的检验项目(略)编入试验规程。*

4.2.2.12 按"3.3.12整机耗电"的试验方法及要求,编制试验规程进行试验。

产品按图B连接,产品处于×××工作方式,将产品用单相交流115V/400Hz和直流27V电源分别串入电流表或用钳形表读出电流值。

(1) +27V DC:电流不大于×××A;

(2) 单相*(或三相)* ~115V/400Hz:总电流不大于×××A。

4.2.2.13 按"3.3.13互换性"的试验方法及要求,编制试验规程进行试验。

用两套(台、组、部、零)合格产品进行互换性试验。

在标准环境条件下,按规定的设备、组件、部件、零件等产品相应组合进行互换,互换后性能不会改变。

4.2.2.14　对“3.3.14 低温工作及低温储存”的试验方法

按照 GJB 150.4 编制试验规程进行试验。

低温工作试验方法:

将试验箱温度降温至 -45℃±2℃,温度变化率 -5℃/min,保温 2h 后,试验样机通电工作。试验中和试验后,按规定项目进行性能检测,应符合本规范要求。

低温储存试验方法:

将试验箱降温至 -55℃±2℃,温度变化率 -5℃/min,保温存储 24h。能通电工作,即为符合要求。

4.2.2.15　对“3.3.15 高温工作及高温储存”的试验方法

按照 GJB 150.3 编制试验规程进行试验。

高温工作试验方法:

将试验箱温度升至 +60℃±2 ℃,温度变化率 5℃/min,保温 2h 后,试验样机通电工作。试验中和试验后,按规定项目进行性能检测,应符合本规范要求。

高温储存试验方法:

将试验箱升温至 +70℃±2℃,温度变化率 5℃/min,保温存储 48h。能通电工作,即为符合要求。

4.2.2.16　对“3.3.16 温度 - 高度”的试验方法

按照 GJB 150.6 编制试验规程进行试验。

将试验样机按要求装入温度压力试验箱内,进行性能检测后,关闭试验箱门,降温至 +10℃±2℃(-40℃±2℃),保温 1h。开启真空泵抽气,使箱内的气压降至×××m 高度,保持×××min 后,试验样机通电,产品准备状态约×××min,工作约×××min,在工作时间内,按规定项目进行性能检测,应符合本规范要求。

4.2.2.17　对“3.3.17 温度冲击”的试验方法

将试验样机装入低温试验箱内,降温至 -55℃±2℃,保温 1h,在 5min 内将试验样机转入 +70℃±2℃的高温试验箱,保温 1h。如此反复冲击三个周期。然后将试验箱再恢复到标准大气压条件,待试验样机达到温度稳定后,通电检测,应符合本规范要求。

4.2.2.18　对“3.3.18 加速度”的试验方法

随飞机考核,或按照 GJB 150.15 编制试验规程进行试验。

4.2.2.19　对“3.3.19 冲击”的试验方法

按照 GJB 150.18 中试验五的图 1 编制试验规程进行试验。

4.2.2.20　对“3.3.20 随机振动”的试验方法

按照 GJB 150.16 编制试验规程进行试验。

启动振动试验台,按规定的功率谱密度进行功能试验,在每个轴向的测试时间为1h,试验前、中(振动30min后)、后各加电一次,通电检测,时间为完成检测所需时间,测试结果应符合本规范要求。

耐久试验前、后各加电一次,通电检测,测试结果应符合本规范要求。

4.2.2.21　对“3.3.21 湿热”的试验方法

按照GJB 150.9要求,编制试验规程进行试验。

在试验前、中(第5个周期和第10个周期接近结束前)、后进行性能检测,应符合本规范要求。

4.2.2.22　对“3.3.22 霉菌”的试验方法

按照GJB 150.10要求,编制试验规程进行试验。

试验后,产品的材料和工艺应满足GJB 150.10的要求。

4.2.2.23　对“3.3.23 盐雾”的试验方法

按照GJB 150.11要求,编制试验规程进行试验。

在按GJB 150.11的规定进行持续时间48h的盐雾试验过程中,产品的构件材料、处理、喷漆和最终涂层应无损害。

4.2.2.24　对“3.3.24 电磁兼容性”的试验方法

按照专业国军标(如GJB 152A)制定《*(型号、名称)*电磁兼容性试验大纲》,并按试验规程规定进行。

4.2.2.25　对“3.3.25 电源试验”的试验方法

按照GJB 181中相应类别用电设备的要求编制试验规程进行试验。

4.2.2.26　对“3.3.26 可靠性”的试验方法

根据合同要求,制定《*(型号、名称)*可靠性鉴定试验大纲》,并按可靠性鉴定试验试验规程进行试验。

4.2.2.27　对“3.3.27 维修性”的试验方法

根据合同要求,制定《*(型号、名称)*维修性保障大纲》,并按编制的试验规程进行试验。

5　交货准备

5.1　标识

标识应符合GB 191—90的规定,文字应正确、清晰、整齐美观,字母和字体应符合机械制图字体要求。颜色应色泽鲜明,不应因运输和储存的变化而褪色或脱落。

5.1.1 标识制作

标识应采用直接喷刷印字(或图)的方法制作。

5.1.2 箱面标识

包装箱箱面标识,包括收发货标识,储运指示标识和箱号标识。

5.1.2.1 收发货标识

收发货标识应包括(仅适用于批量生产时):

(1) 产品箱号;

(2) 货号;

(3) 数量;

(4) 箱体外形尺寸:长×宽×高(m);

(5) 总重量:kg;

(6) 发货日期: 年 月;

(7) 到站(港)及收货单位;

(8) 发站(港)及发货单位。

5.1.2.2 储运指示标识

箱面上应有"向上""怕湿""小心轻放"等标识。

5.1.3 箱号标识

成批生产时,产品应有箱号标识。

5.2 包装

应根据结构、外形尺寸、重量、运输、储存条件设计包装箱,在符合保护产品的前提下,尽量做到包装紧凑和成本低廉。

5.2.1 装箱

5.2.1.1 装箱环境条件

包装间应清洁、干燥、具有良好的光线和通风条件,不允许有腐蚀性物质存在,环境条件为

(1) 温度:5℃ ~35℃;

(2) 相对湿度:45% ~75%。

5.2.1.2 包装前对产品表面处理

根据产品不同情况在包装前应对产品表面清洁、干燥及防腐蚀处理。

5.2.1.3　随箱文件

随箱文件应包括如下内容:

(1) 随机文件;

(2) 装箱清单。

随箱文件应装入防水袋中封装,放在包装箱内的明显且易取部位。

5.2.2　包装箱

(1) 包装箱采用防水胶合板制作;

(2) 箱体应结构合理,有足够强度,开启方便,外表面应涂绿色保护漆;

(3) 包装箱应附有把手;

(4) 包装箱应按重量和箱体大小用包角等进行加固。

5.2.3　防护措施

5.2.3.1　防潮

产品用厚型塑料袋封装(且袋内装干燥剂后放入包装箱内作为防潮措施)。

5.2.3.2　防振

根据产品外形尺寸,采用塑料作为产品固定、支撑和隔离措施,将产品固定在包装箱内。

5.3　运输

产品包装件最大外形尺寸和重量应符合运输部门的承运要求。

5.4　储存

5.4.1　储存时间

*(型号)*的储存期为3年。储存期从军代表装箱铅封之日算起。

5.4.2　储存前检查

根据装箱清单检查产品的数量、外观。

若发现外包装受损或订购方认为有必要可对内装物进行机械和电气性能检查,若有问题应及时报告处理。

5.4.3　储存规则

长期储存的产品,不允许去掉塑料包装袋。

产品不应与有腐蚀性、易燃、易爆品混放。

包装箱应堆放在高于库房地面30cm的枕木上,离墙壁40cm以上,以便空气流通。

5.5 对仓库的要求

库房的大气条件为:

(1) 温度:15℃~35℃;

(2) 相对湿度:20%~80%。

5.6 保证期

在正常使用条件下,保证期为3年或300飞行小时。

6 说明事项

(需特别说明或强调的事项)

附录3-A 试验仪器清单

附表3-A 试验仪器清单

序号	名称	型号	数量	备注
1	××××	××××	×	或性能相当的仪器
2	××××	××××	×	或性能相当的仪器
3	××××	××××	×	或性能相当的仪器
4	××××	××××	×	或性能相当的仪器
5	××××	××××	×	或性能相当的仪器
6	××××	××××	×	或性能相当的仪器

附录 3 – B　试验框图

根据产品层次试验项目画试验连接图(*试验连接框图*)

附图 3 – B　(*型号、名称*)试验连接图

附录 3 – C　测试项目表

附表 3 – C　测试项目表

序号	验收项目	技术要求条号	检验方法条号	技术指标	检验结果			备注
					调试	检验	军检	
1	外观	3.2.3	4.2.1.3					
2	气密性	3.2.4	4.2.1.4					
3	技术性能	3.3.1 ~ 3.3.11	4.2.2.1 ~ 4.2.2.11					
4	整机耗电	3.3.12	4.2.2.12					

附录4 文件封面标识——模板

密级____
版次____
状态____

型号(或代号) + 名称 + 文件主题

承制单位：

附录5　技术说明书编制指南

密级____
版次____
状态____

技术说明书编制指南

共 × 页

（单位名称）

目　　次

1　主题内容与适用范围

本标准规定了航空军工产品技术说明书的编制内容、格式和要求。

本标准适用于航空军工产品技术说明书的编写。

2　引用标准

GB/T 8170 数值修约规则与极限数值的表示和判定。

3　一般要求

3.1　航空军工产品技术说明书(以下简称技术说明书)是了解、使用航空装备的重要依据,其内容应全面、准确地反映产品的技术状况,说明产品的工作原理,它还应包括必要的使用限制和操作维修原理及要求。

3.2　技术说明书通常分为初稿、试用本和正式本。初稿在产品设计定型试验前提供,试用本在产品设计定型时提交,正式本在产品生产定型时完成。正式本必须符合本标准的规定。

3.3　根据产品的具体情况,技术说明书可以编写成一册,也可以编写成若干册。

3.4　技术说明书通常与使用维修说明书分别编写,技术简单的产品可将使用维修的内容纳入技术说明书中。

3.5　技术说明书由研制、生产单位负责编写和印制。

3.6　技术说明书的繁、简,按下列准则规定:

(1) 对于新技术、新结构的产品应详细说明;

(2) 对于使用难点、操纵复杂和不易理解的问题应详细说明;

(3) 对于与安全性有关的问题,应特别加以说明;

(4) 对于常用的技术内容可以简化。

3.7　技术说明书的产品名称和型号及其配套设备的名称和型号一律使用装备的正式名称和型号,不得使用产品的研制代号和其他名称。

3.8　技术说明书一般无版权保护。

3.9　技术说明书不应做广告宣传,不署编写者的姓名,不标产品研制和生产研制单位的标识,应署产品研制、生产单位的名称和代号。

3.10　根据产品的具体情况,经订货部门同意,技术说明书可定秘密级或机密级,不得定绝密级。

3.11 技术说明书修改和补充时，修改的技术说明书应注明与原版本的差别，并提出对原版本的处理意见。产品在生产过程中如有重要改变，需要补充技术说明时，应随更改的产品提供技术说明书更改补充件。产品改型时应编写新的技术说明书。

4 详细要求

4.1 内容

4.1.1 组成

产品技术说明书的内容通常包括：

(1) 产品用途和功能；

(2) 产品性能和数据；

(3) 产品的组成、结构和工作原理；

(4) 产品技术的特点；

(5) 产品配套及其交联接口关系；

(6) 产品在使用维修中的限制和注意事项；

(7) 附录、附图；

(8) 索引。

4.1.2 要求

4.1.2.1 产品用途和功能

产品用途和功能要叙述产品[系统、分系统、功能组件(设备)]的使用和功能，也要叙述它与其他产品[系统、分系统、功能组件(设备)]交联后的功能。

4.1.2.2 产品性能和数据

产品性能和数据，应是上级批准或合同规定的性能和数据。

4.1.2.3 产品组成、结构和工作原理

产品组成可按系统或配套产品的形式叙述，也可按功能组件叙述；产品结构要指明产品[系统、分系统、功能组件(设备)]的基本构造；产品[系统、分系统、功能组件(设备)]的工作原理主要叙述产品[系统、分系统、功能组件(设备)]实现用途和功能所基于的物理、化学、数学等基本原理。叙述时应结合产品[系统、分系统、功能组件(设备)]的具体情况，以定性概念为主，配以适当的框图、线路图、分解图和数学公式。尽量避免冗长的理论论证和数学推导。电子计算机及其控制的系统不必详细地叙述源程序和设计原理。

4.1.2.4　产品技术特点

产品技术特点，通常包括以下内容：

(1) 战术技术性能方面的特点；

(2) 技术体制方面的特点；

(3) 技术措施（途径、方案）方面的特点；

(4) 结构方面的特点；

(5) 采用新材料、新工艺方面的特点；

(6) 环境适应性方面的特点

(7) 可靠性、维修性方面的特点；

(8) 其他。

4.1.2.5　产品配套及其交联接口关系

技术说明书应对产品的配套状况及外部交联接口（包括机械、电气、管路等）进行详细的说明，有定量数据的应列出其数据。

4.1.2.6　产品在使用中的限制和注意事项

必要时，技术说明书应对产品[系统、分系统、功能组件（设备）]在使用中有关安全、保密及特殊问题加以说明。

4.1.2.7　附录、附图

技术说明书中的某些内容，必要时，可用附录、附图的形式给出。

4.1.2.8　索引

根据需要，可以编写索引。

4.2　表述要求

4.2.1　文字

4.2.1.1　技术说明书的文字表达应准确、简明、通俗易懂、逻辑严谨，避免产生不易理解和不同理解的可能性；宜用文字的用文字，宜用图表的用图表。

4.2.1.2　语句应简单，一个句子应限于一个单一的意思；段落应清晰，一个段落应限于表达一个单一的概念；尽量避免使用冗长的语句和段落。

4.2.1.3　技术说明书使用的外语术语和缩写词，在第一次出现时应注明其含义及其完整词语。

4.2.2　数值

一般使用阿拉伯数字；尽量避免使用分数，而采用小数。数值修约应符合GB/T 8170 的规定。

4.2.3 计量单位、术语、符号和代号

4.2.3.1 技术说明书的计量单位、术语、符号、代号应统一。

4.2.3.2 应采用国家法定计量单位。如果使用非法计量单位,应给出换算关系。

4.2.3.3 同一术语应表达同一概念,同一概念应用同一术语来表达。

4.2.3.4 数学符号、物理量符号、计量符号以及其他符号、代号应符合有关规定,并和产品上标注的符号、代号一致。

4.2.4 公式

公式应排在居中的位置,通常应按章编号,编号形式为 1－1、2－3,分别表示第一章第一个公式和第二章第三个公式,公式和编号之间用"……"连接。公式中符号的意义和计量单位应注释在公式下面,每条注释均应另行书写。

例如:

$$\theta = D(1 - e^{\frac{t}{\tau}}) \qquad (2-1)$$

式中 θ——试验样品温升,℃;

D——高温和低温变化幅值,℃

e——自然对数的底;

t——试验时间,s;

τ——热时间常数,s。

4.2.5 图

4.2.5.1 示图和图样应尽量安排在有关条文附近,并与条文的内容相呼应。图样的绘制应符合有关国家标准、专业标准的规定。

4.2.5.2 技术说明书中的图,一般应按章编图号,图号形式为图 1－1、图 2－3,分别表示第一章第一个图和第二章第三个图,图号与图名之间空一个字的位置,写在图下居中位置。

4.2.5.3 图的注释序号应从该图的左上角以阿拉伯数字按顺时针顺序编号;如果不能按顺时针顺序编号,则按从左到右、从上到下的顺序编号。

4.2.5.4 当技术说明书中附属的图较多时,可以集中编排。

4.2.6 表格

表格应尽量安排在有关条文附近,并与条文的内容相呼应。技术说明书中的表格,一般应按章编表号,表号形式为表 1－1、表 2－3,分别表示第一章的第一个表和第二章第三个表,表号与表名之间空一个字的位置,写在表上居中

位置。

4.2.7 标点符号

标点符号的用法应符合1990年3月国家语言文字工作委员会、中华人民共和国新闻出版署发布的《标点符号用法》。

4.2.8 简化字

简化字应采用国务院正式发布、实施的简化汉字,不得自撰。

4.2.9 注

技术说明书中的条文中应尽量少用注,如果必须使用时,则安排在所在页的末尾。图注和表注安排在图和表的下面。同一页中有多处注时用注①、注②、……顺序安排;"注"字另起一行空两个字书写,后面加冒号,接着写注释的内容。

4.2.10 引用标准

技术说明书提出不应引用标准,如果必须引用标准时,应将引用的标准作为技术说明书的附录给出。

4.2.11 提示

技术说明书中凡属警告、小心和注意的内容应以醒目的方式表示,书写和印刷时每行的行首和行尾均减少两个汉字的位置,并在全部内容的上、下分别加粗实线、粗虚线和细实线。

4.2.12 照片

产品照片应特点突出,轮廓分明,色调适中,没有严重的阴影和杂乱无章的前景和背景。

4.2.13 章、条

技术说明书的章和隶属于章的条应有标题。

4.2.14 页码

技术说明书页码通常按章编排,如果内容少时也可按册编写。目次单独编页码;产品照片和扉页不编页码;按册编写页码时,应省去章号。页码形式为:

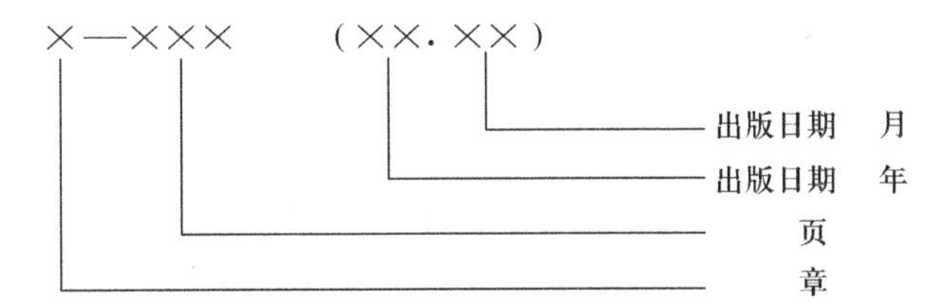

4.3　格式和版面要求

4.3.1　幅面尺寸

出版印刷技术说明书通常应采用 787mm × 1092mm 规格纸张的 16 开（184mm × 260mm）幅面，允许误差为 ±2mm。

4.3.2　纸张

出版印刷技术说明书应使用 70g 以上规格的白纸。

4.3.3　编排

技术说明书通常按下列顺序编排：

（1）封面；

（2）扉页；

（3）产品照片；

（4）目录；

（5）正文；

（6）附录、附图；

（7）索引；

（8）封底。

4.3.3.1　封面

4.3.3.1.1　单册技术说明书的封面格式见附图 5 - 1，多册技术说明书的封面格式见附图 5 - 2，字体、字号见附表 5 - 1。

4.3.3.1.2　除非另有规定，封面为天蓝色。

4.3.3.1.3　当技术说明书的厚度超过 10mm 时，在书脊上应印书名、编号和编写单位，格式见附图 5 - 3，字体见附表 5 - 1。

4.3.3.2　扉页

4.3.3.2.1　单册技术说明书的扉页格式见附图 5 - 4，字体、字号见附表 5 - 1。

4.3.3.2.2　多册技术说明书的扉页格式见附图 5 - 5，字体、字号见附表 5 - 1。

4.3.3.3　产品照片

在技术说明书扉页和目次之间应有反映产品全貌的全幅照片。

4.3.3.4　目次

4.3.3.4.1　目次的内容应和章、条一致,并有页码。

4.3.3.4.2　目次格式见附图5-6,字体、字号见附表5-1。

4.3.3.5　正文

4.3.3.5.1　正文的右页格式见附图5-7,左页格式见附图5-8。

4.3.3.5.2　章应从新的右页印起,章号与标题之间空一个字连续书写。

4.3.3.5.3　条号和标题(或正文)之间空一个字连续书写;与章直接相连的条,章和条之间空一行。

4.3.3.5.4　有标题的条不应印在页的最末一行。

4.3.3.5.5　正文中的图和表不宜缩小时,允许扩大幅图,但不得超过两倍,印刷时只允许单面印刷。

4.3.3.6　附录、附图

技术说明书的附录、附图集中装订在正文后面,其格式同正文。最大幅面一般不得超过8倍。

4.3.3.7　索引

索引的格式和字体、字号同正文。

4.3.3.8　封底

封底通常不印有关印刷单位等信息。

附表5-1　产品技术说明书各页字号和字体

序号	页别	位 置	文 字 内 容	应用铅字的字号和字体
1	封面	第1行	密级	三号黑体
2	封面	第2行	产品名称	一号宋体
3	封面	第3行	“技术说明书”	特号宋体
4	封面	第4行	分册名称①	二号宋体
5	封面	倒第1行	编写单位	二号宋体
6	书脊	上	说明书名称	宋体
7	书脊	中	册编号①	黑体
8	书脊	下	编写单位	宋体
9	扉页	左第一行	密级	四号宋体
10	扉页	右第一行	出版日期	四号宋体
11	扉页	第2行	产品名称	一号宋体
12	扉页	第3行	“技术说明书”	特号宋体
13	扉页	第4行	册编号①	三号宋体
14	扉页	第5行	册名称①	三号宋体
15	扉页	下部方框内	分册编号及名称①	四号宋体
16	目次	第1行	“目次”	三号宋体
17	目次	正文	目次正文	五号宋体
18	各右页	第1行	书名　页码	五号宋体
19	各左页	第1行	页码　书名	五号宋体
20	各页	正文	说明书中的数字和文字	五号宋体
21	右页	正文	章、条的编号和标题	五号黑体
22	各页	正文	文中的注、图注、角注	小五号宋体
23	各页	正文	表格中的数字和文字	小五号宋体
24	各页	正文	图中的数字和文字	小五号宋体
25	各页	正文	提示用“警告”、“小心”、“注意”	五号黑体
26	附录		附录编号及名称	五号黑体
27	附图		附图编号及名称	五号黑体
28	索引		标题	五号黑体
①:适用于有分册时				

密级____
版次____
状态____

（产品名称）

技术说明书

（单　位）

184

260

附图 5－1

密级——
版次——
状态——

（产品名称）

技术说明书

第　册

（单　位）

260

184

附图 5－2

（产品名称）

技术说明书

（单位）

（产品名称）

技术说明书

第 册

（单位）

附图 5－3

密级　　　　　　　　　　　　　　　　　　　20— 版式

（产品名称）

技术说明书

260

184

附图 5 - 4

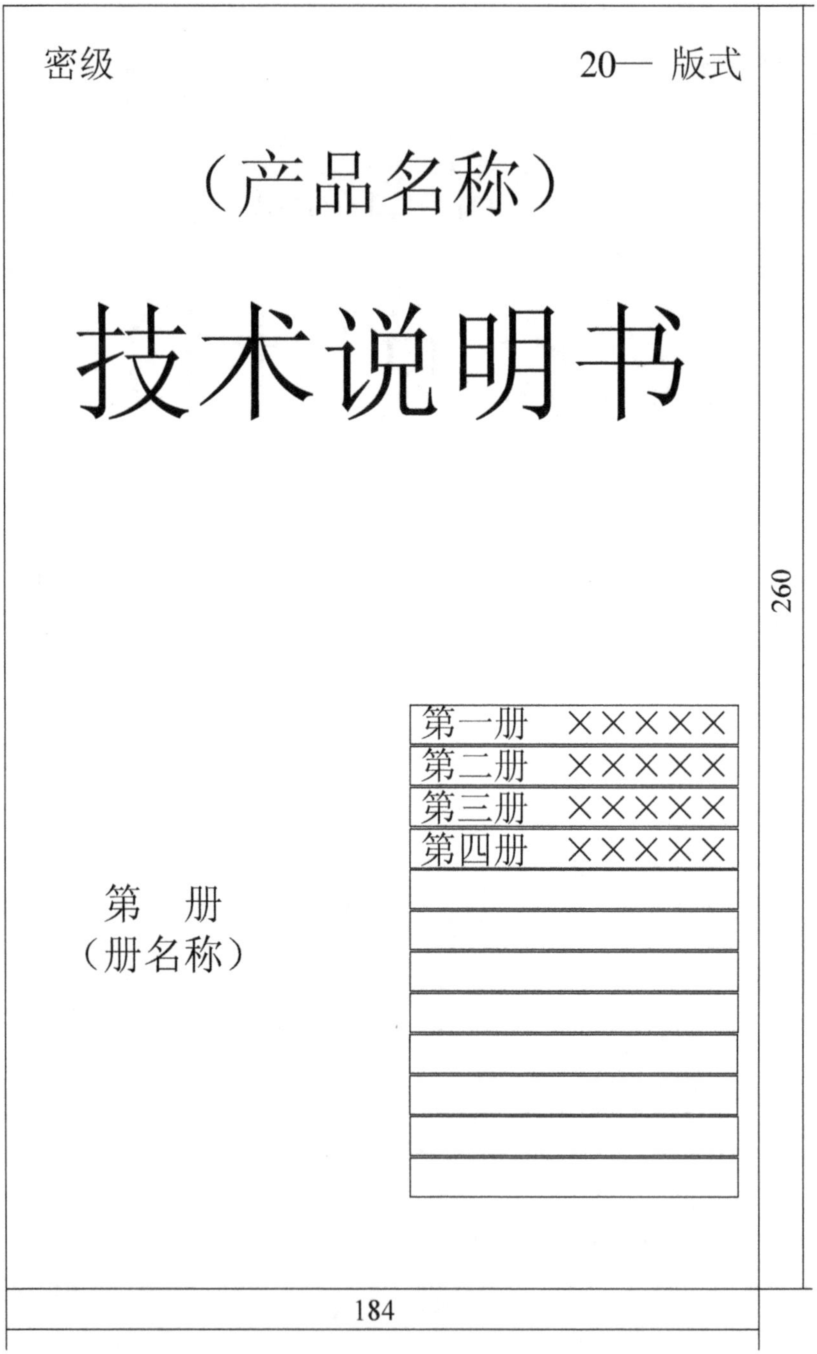

密级　　　　　　　　　　　　20— 版式

（产品名称）

技术说明书

第一册　×××××
第二册　×××××
第三册　×××××
第四册　×××××

第　册
（册名称）

260

184

附图 5－5

目　次

260

184

附图 5－6

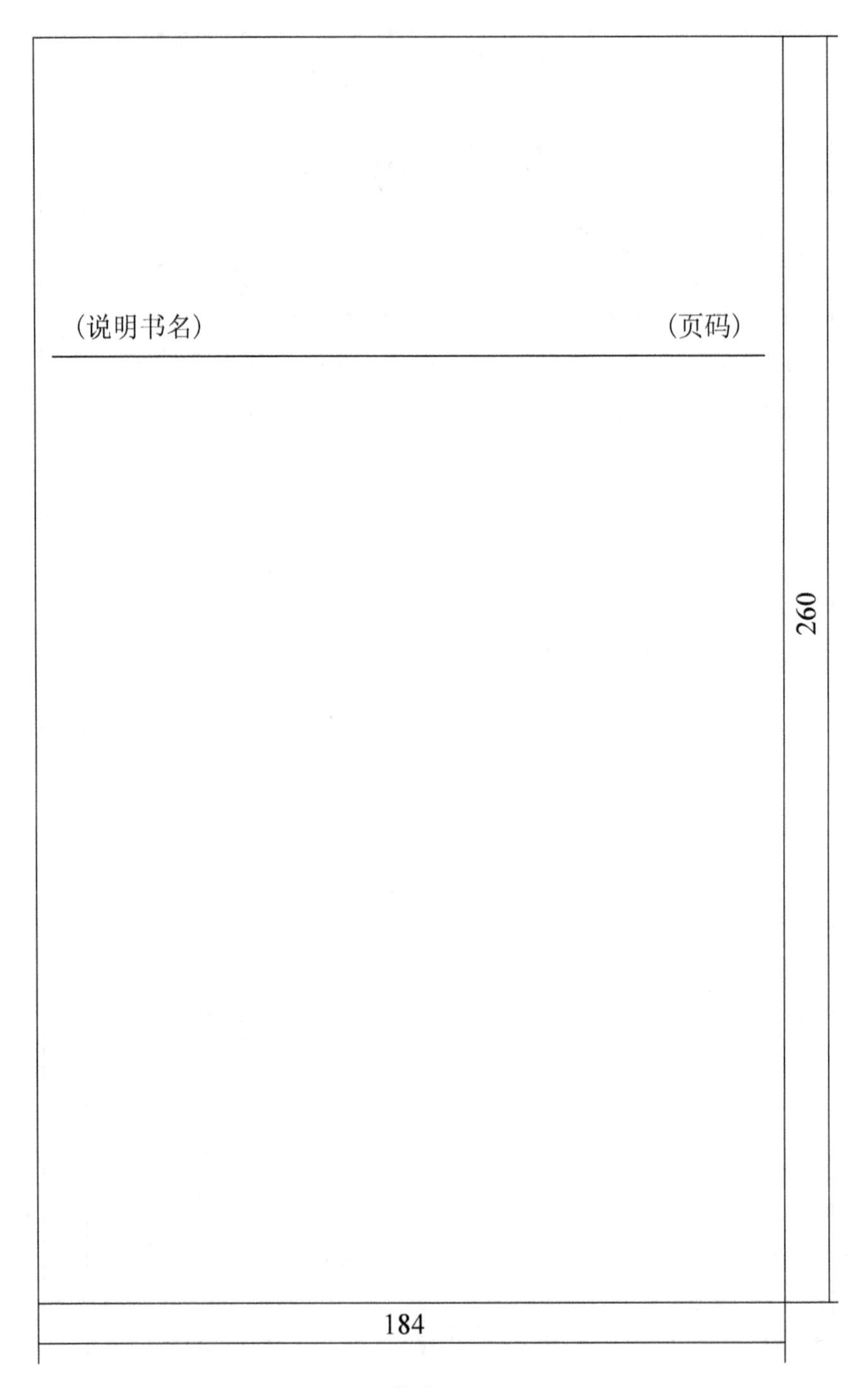

附图 5－7

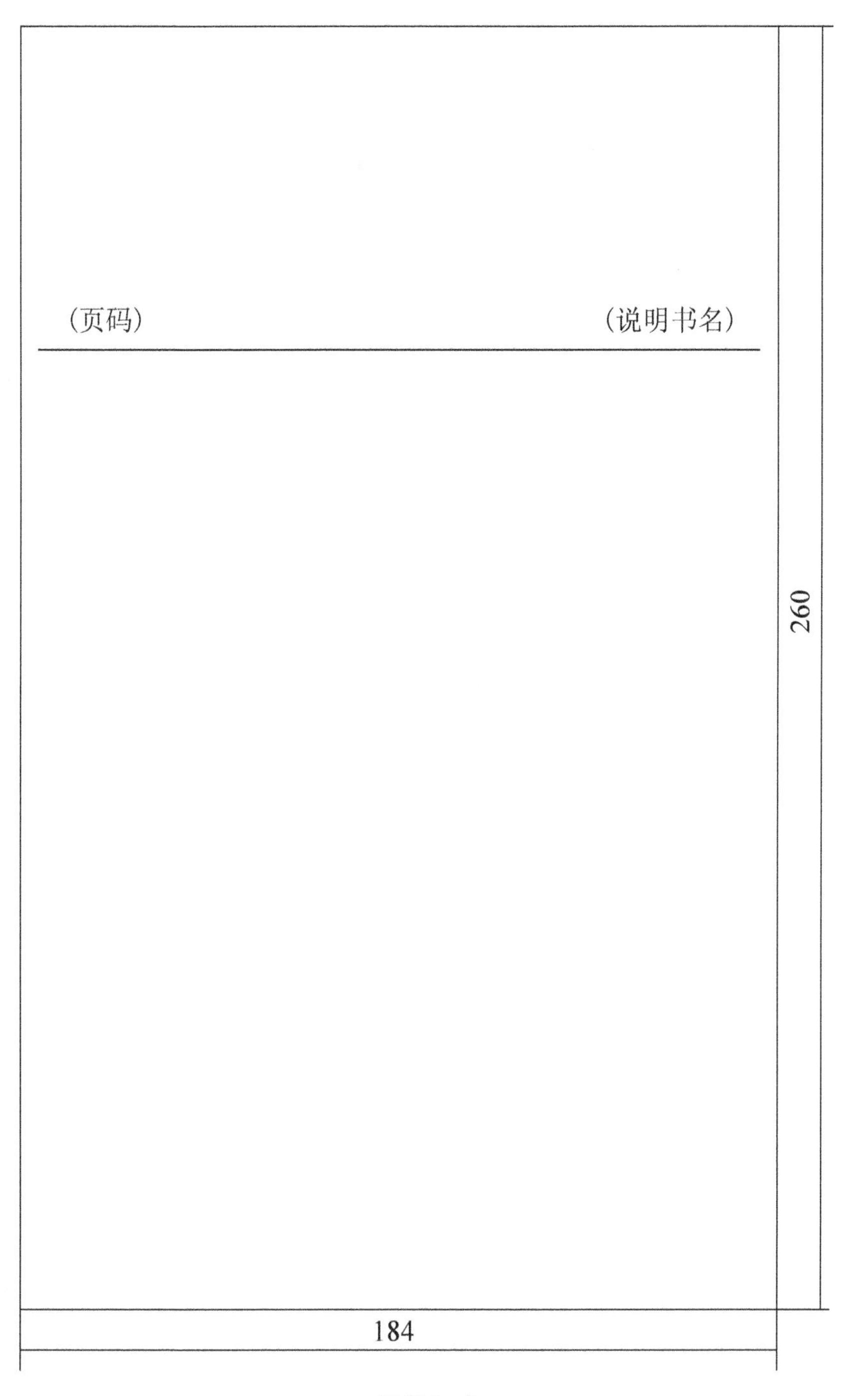

附图 5 – 8

附录6　技术状态管理程序——模板

密级____
版次____
状态____

技术状态管理程序(模板)

共×页

单　　位

技术状态管理程序

1 范 围

本标准规定了技术状态管理的工作程序，适用于军品型号/项目研制过程的技术状态标识、控制、纪实和审核活动。

2 引用标准

GJB 3206A	技术状态管理
GJB 2116	武器装备研制项目工作分解结构
GJB 2737	武器装备系统接口控制要求
GJB 571A	不合格品管理
Q/××××	产品技术文件审批签署制度
Q/××××	技术文件更改规范

3 定 义

3.1 技术状态

在技术文件中规定的并且在产品中达到的功能特性和物理特性。

3.2 技术状态项

能满足最终使用功能，并被指定作为单个实体进行技术状态管理的硬件、软件或集合体。

3.3 技术状态标识

选择和确定每个技术状态项所需的技术状态文件并指定其标识号，建立技术状态基线并标识和发放其技术状态文件的活动。

3.4　技术状态控制

技术状态基线建立后，为控制技术状态项的更改而对提出的更改建议（技术状态更改、偏离许可、让步）所进行的论证、评定、协调、审批和实施的活动。

3.5　技术状态纪实

为表明研制过程和交付的产品的技术状态，对已确定的技术状态文件、提出的更改状况和已批准更改的执行情况所作的正式记录和报告。

3.6　技术状态审核

为确定技术状态项是否符合其技术状态文件所进行的检查。

3.7　技术状态文件

规定技术状态项的要求以及设计、生产和验证所必需的技术文件。

3.8　技术状态基线

在技术状态项研制过程中的某一特定时刻，被正式确认、并被作为今后研制、生产活动基准的技术状态文件。

3.9　功能基线

经正式确认的用以描述产品系统或独立研制的技术状态项以及下列内容的文件：功能特性；接口特性；验证上述特性是否达到规定要求所需的检查。

3.10　分配基线

经正式确认的用以描述技术状态项以及下列内容的文件：从产品的系统或高一层技术状态项分配给该技术状态项的功能特性和物理特性；技术状态的接口要求；附加的设计约束条件；验证上述特性是否达到规定要求所需的检查。各技术状态项分配基线的总合，形成满足产品系统功能基线目标的技术途径。

3.11　产品基线

经正式确认的用以描述技术状态项以及下列内容的文件：技术状态项所有必需的功能特性和物理特性；被指定进行生产验收试验的功能特性和物理特性；为保障技术状态项合格所需的试验要求。

3.12 技术状态更改

在技术状态项研制、生产过程中,对已正式确认的现行技术状态文件所做的更改。

3.13 偏离许可

技术状态项制造之前,对该技术状态项的某些方面在指定的数量或者时间范围内,可以不按其已被批准的现行技术状态文件要求进行制造的一种书面认可。允许偏离许可时,对其已被批准的现行技术状态文件不做更改。

3.14 让步

对接受下述技术状态项的一种书面认可:在制造期间或检验验收过程中,发现某些方面不符合已被批准的现行技术状态文件规定要求,但不需修理或用经批准的方法修理后仍可使用(即让步接收或让步使用)。

4 技术状态管理程序

4.1 技术状态标识

4.1.1 选择技术状态项

4.1.1.1 选择的时机

当确定了研制/开发项目之后,应对需管理和控制的技术状态项进行选择并确定研制过程中技术状态管理的活动要求。技术管理部门应在论证阶段或方案阶段的初期组织并协助型号/项目组进行项目结构分解,选定高层次的技术状态项以确定功能基线,在工程研制阶段初期或其之前选定较低层次的技术状态项以确定分配基线。

4.1.1.2 选择的程序

对项目结构分解后,委托外研的分项目,应选择技术状态项,总的程序是选择那些功能特性和物理特性能被单独管理,以达到项目总的最终使用性能的项目作为技术状态项,同时应考虑经费和人力的承受能力。一般情况下,可将下述项目选为技术状态项:

(1) 产品系统、分系统级项目和跨单位、跨部门研制的项目;

(2) 在风险、安全、完成作战任务等方面具有关键性的项目;

(3) 采用了新技术、新设计或全新研制的项目;

(4) 与其他项目有重要接口的项目和共用分系统；

(5) 单独采购的项目；

(6) 使用和维修方面需着重考虑的项目。

选择的技术状态项应与顾客充分协商后，在产品实现过程策划的输出文件（质量保证大纲或质量计划）中予以规定。

4.1.2 建立技术状态基线

4.1.2.1 技术状态基线的类别

一般应建立三种技术状态基线，即功能基线、分配基线和产品基线，并分别由功能技术状态文件、分配技术状态文件和产品技术状态文件来表述。这三种基线应循序渐进地描述产品系统与技术状态项的要求，功能基线和分配基线为工程研制和形成的产品技术状态文件提供依据，产品基线为其后的生产和交付提供依据。

4.1.2.2 技术状态基线的形成

1）功能技术状态文件（功能基线）

功能技术状态文件，即：合同、协议、按上一级系统规范分解下来的项目研制规范等适用文件。主要内容为：功能特性（如系统能力、技术指标、可靠性、维修性、测试性、安全性、环境适应性、运输性、电磁兼容性、生产性、互换性、人机工程、计算机资源要求、综合保障要求、人员与训练要求）、接口要求和验证要求等。

在论证阶段，主机所在机关的组织下，配合完成研制总要求的编制后，并适时编制草拟的系统规范，经机关组织评审后，作为与分系统、设备等签定技术协议书的依据；辅机单位的技术管理部门应协助计划管理部门组织对产品要求、顾客要求进行评审，在合同及相关文件中明确产品的功能特性、接口要求、技术状态管理要求，经顾客确认后，建立功能基线。功能基线的内容应与《研制总要求》的技术内容协调一致。

2）分配技术状态文件（分配基线）

分配技术状态文件，即研制方案、技术说明书、技术要求及验收程序、研制规范（对软件配置项目来说是软件规范）、接口控制文件及其他适用文件。主要内容：功能特性（包括从系统或高层技术状态项分配给该技术状态项的指标、可靠性、维修性、测试性、安全性、环境适应性、运输性、电磁兼容性、生产性、互换性、人机工程、计算机资源要求、综合保障要求、人员与训练要求）、接口要求、附加的设计约束条件和验证要求等。

在方案阶段，应按技术协议书要求编制形成分配基线所要求的分配技术状态文件（如研制方案、技术说明书、分系统或设备的技术要求及验收规程、研制规范等),通过方案评审并经顾客确认后,建立分配基线。分配基线的内容应与《技术协议书》的技术内容协调一致。

3) 产品技术状态文件(产品基线)

产品技术状态文件为提供定型/鉴定所需的成套技术资料中的下述文件:

(1) 产品规范;

(2) 工艺规范;

(3) 软件规范;

(4) 材料规范;

(5) 工程图样;

(6) 技术说明书;

(7) 使用维护说明书。

其他技术文件(各类汇总表及清单)。这些文件共同构成产品技术状态的全套技术资料。产品技术状态文件应说明技术状态项必需的物理特性和功能特性以及证明达到这些性能要求所必需的验收检验方法。

在工程研制阶段,应按技术协议书或合同要求进行工程设计和产品试制,在产品定型之前编制完成产品基线所要求的产品技术状态文件,经功能技术状态审核和物理技术状态审核(如定型审批)后确立产品基线。产品基线是产品批量生产的依据。通过设计定型或鉴定审查的技术状态文件,经批复后作为小批试生产的依据文件。

4.1.2.3 各种技术状态基线之间的关系

形成三种技术状态基线的三类技术状态文件,是从功能技术状态文件到分配技术状态文件以及产品技术状态文件的三类文件,每类文件中,下层次衔接上层次的技术状态文件,三类文件间和层次文件之间应相互协调具有可追溯性,而且下层次文件应对上层次文件进行扩展和细化。如果层次文件间或三类文件间出现矛盾,其优先顺序是:三类文件间为功能技术状态文件、分配技术状态文件和产品技术状态文件;层次为系统级、分系统级、设备级、组件级、部件级和零件级。

4.1.2.4 技术状态文件的保持

技术状态基线建立后,应将所有现行已批准技术状态文件的原件归档进行控制并保持,并满足厂、所《文件控制程序》的相关要求。

4.2 技术状态控制

本条仅适用于对技术状态项的功能技术状态文件、分配技术状态文件和产品技术状态文件的控制。

厂所设立技术状态管理委员会,科研管理机构设立技术状态控制的常设机构。技术状态管理委员会,由厂所主管领导、产品/项目技术负责人、主任(副主任)设计师及技术管理、生产计划和质量管理等部门代表组成,负责按决策权限审查技术状态更改建议和偏离许可、让步申请,预审Ⅰ类技术状态更改,审批Ⅱ类技术状态更改。

4.2.1 对技术状态更改的控制

顾客和本所都可对现行已批准的技术状态文件提出技术状态更改的建议。

4.2.1.1 技术状态更改分类

按控制权限的不同,将技术状态更改分为以下两类:

1) Ⅰ类技术状态更改

由顾客或有关上级领导机关批准的技术状态更改。

(1) 影响合同中下列任一要素的更改:

① 合同经费;

② 合同保证或担保;

③ 合同规定的交付要求,合同重大事件安排。

(2) 研制过程中,更改功能技术状态文件、分配技术状态文件,致使下列要求超出规定限值或规定容差者:

① 性能;

② 可靠性、维修性或生存性;

③ 重量、平衡、惯性矩;

④ 接口特性;

⑤ 电磁特性;

⑥ 规范中的其他重要要求。

(3) 生产过程中,更改产品技术状态文件,致使对功能技术状态文件或分配技术状态文件的影响达到本条(2)款所述程度或者影响下列因素者:

① 顾客提供的设备;

② 安全性;

③ 与接口技术状态项、保障设备或保障软件、备件、训练器材或训练装置、设备和软件等的兼容性;

④ 已交付的使用和维修手册;

⑤ 技术状态项和其零、组件的互换性;

⑥ 技能、人员配备、训练、生物医学因素或人机工程设计。

2) Ⅱ类技术状态更改

本厂、所自行控制的技术状态更改,即:4.2.1.1 之1)以外的技术状态更改。Ⅱ类技术状态更改又分为堪误性更改和实质性更改。

4.2.1.2　技术状态更改流程

本所提出技术状态更改的工作流程如附图 6－1 所示。

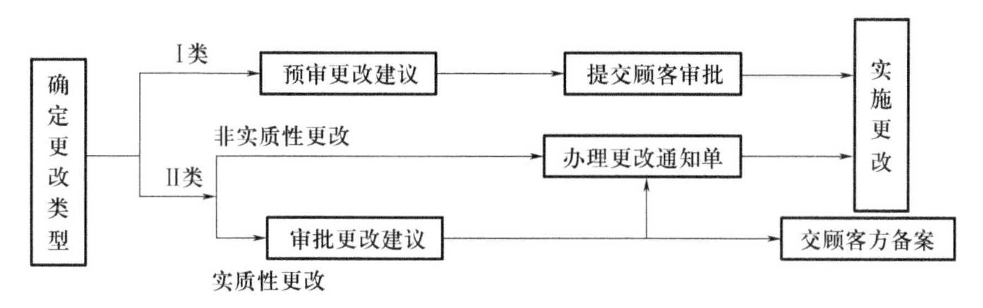

附图 6－1　技术状态更改工作流程

4.2.1.3　确定技术状态更改类别

型号线/项目组成员根据研制实际情况，进行必要的分析和论证，提出技术状态更改意向，同时按 4.2.1.1 规定的原则确定技术状态更改类别，Ⅰ类技术状态更改和Ⅱ类技术状态更改中的实质性更改需填写并办理“技术状态更改建议审批表”。如Ⅰ类技术状态更改建议应包括下述内容：

（1）要更改的产品名称（型号）、技术状态项和技术状态文件的名称和编号；

（2）建议单位名称和提出日期；

（3）更改内容及更改理由；

（4）更改的迫切性及更改方案；

（5）更改带来的影响（包括受影响的项目、文件、性能参数、进度、综合保障、接口等）；

（6）更改所需费用估算；

（7）更改的实施日期。

提出的Ⅰ类技术状态更改建议还应附有必要的资料（如试验数据与分析、保障性分析、费用分析等），以论证和说明更改的必要性和更改带来的影响。

技术状态更改建议（ECP）的编号由技术状态管理部门统一编制。

推荐采用以下编号形式：产品型（代）号－顺序号（2 位）－年号（4 位）。

4.2.1.4　技术状态更改的审批

Ⅰ类技术状态更改，经技术状态控制委员会相关部门审签或各有关的协作单位协调，产品/项目技术负责人签署后，由技术状态控制部门送交顾客方审批。对重大更改和定型状态的技术状态更改，还应报上级主管机关批准。

Ⅱ类技术状态更改中的实质性更改，“技术状态更改建议审批表”经技术状态控制委员会相关部门审签和产品/项目技术负责人批准后，技术状态管理部门送交顾客方备案。如顾客方对技术状态更改类别有异议，则由技术状态控制委员会与顾客方协商后决定。

Ⅱ类技术状态更改中的非实质性更改（如勘误、完善视图等），直接办理“设计更改通知单”，按被更改文件的原审批路径进行审批。

4.2.1.5　实施更改

技术状态更改建议经批准后，按承制方《设计文件更改规范》要求实施更改。

4.2.2　对偏离许可、让步的控制

4.2.2.1　总要求

在办理偏离许可、让步时，一般应参照4.2.1的要求进行。除特殊情况外，一般不能申请涉及安全性及致命缺陷的偏离许可、让步和影响产品使用或维修的偏离许可、让步。经批准的偏离许可、让步仅在指定范围和时间内适用，并不构成对功能技术状态文件、分配技术状态文件或产品技术状态文件的更改。应在技术状态项制造之前办理偏离许可的申请和审批手续。

4.2.2.2　提出偏离许可、让步申请

办理偏离许可、让步应提出偏离许可、让步申请。偏离许可申请的内容一般包括：编号，标题，技术状态项名称及编号，受影响的文件，偏离许可、让步内容，有效期限，适用范围，对进度、性能、接口、软件、综合保障、费用的影响，相应的措施等。偏离许可申请由型号线/项目组以“偏离许可审批单”（参见附表6－3）的形式提出，让步申请由检验验收人员以“不合格品审理单”的形式提出。

4.2.2.3　审批偏离许可、让步申请

“偏离许可审批单”的签署、审批权限与被偏离许可的设计文件相同或高一级别，对涉及关键、重要特性和产品功能特性的偏离许可，应征得顾客或其代表的同意。在规定的偏离许可期限或范围内，被批准的“偏离许可审批单”应附在原设计文件上做为产品生产、试验、验收的依据，验收记录应注明“偏离许可审批单”的编号。

对研制、生产过程中的让步申请（不合格品审理单），按GJB 571A《不合格品管理》的有关要求进行处置。

4.3　技术状态纪实

4.3.1　记录

技术状态纪实应记录技术状态标识和技术状态控制过程中的有关事项和数据，包括相应的零件号、组件号、序列号、版本、标题、日期、发放状态、更改、偏离许可、让步等内容，为技术状态进展过程中实施有关管理提供可追溯性。

4.3.2 报告

对实施技术状态管理的项目或产品系统,技术管理部门应组织技术状态纪实系统阶段性或不定期地向顾客、相关部门和供方(必要时)发送下述不同类型的报告:

(1) 技术状态项及其技术状态基线文件清单;

(2) 当前(设计或生产)的技术状态状况;

(3) 批量交付产品的技术状态更改、偏离许可和让步状况报告;

(4) 技术状态更改实施和验证的状况报告。

4.3.3 分析

技术管理部门应组织进行以下分析:

(1) 对所报告的问题进行分析,以查明问题的动向;

(2) 评定纠正措施,验证它是否已解决了相应的问题,或是否又产生了新的问题。

4.4 技术状态审核

技术管理部门应与顾客方共同组织成立审核组,在产品/项目定型或鉴定时进行功能技术状态审核和物理技术状态审核,有关要求可按产品定型中相关规定执行,并满足下述4.4.1和4.4.2规定的审核内容。

4.4.1 功能技术状态审核

4.4.1.1 审核要求

功能技术状态审核的数据必须从拟正式提交的设计定型(鉴定)样机的技术状态试验中采集,如果未制造设计定型(鉴定)样机,则从第一个(批)生产件的试验数据中采集。

技术管理部门应组织编写并向功能技术状态审核组提供一份概要(如研制总结),叙述每个受审核技术状态项的试验结果和结论。概要除一般地介绍技术状态项的试验工作情况外,还应说明未得到满足的技术状态项的要求及其解决办法和技术状态项的技术状态更改情况。

审核内容包括:

(1) 试验程序和试验结果是否符合系统规范或研制规范的要求;

(2) 正式的试验计划和试验规范的执行情况,试验结果的完整性和准确性;

(3) 试验报告是否准确、全面地说明了技术状态项的各项试验;

(4) 审核接口要求的试验报告;

(5) 对那些不能完全通过试验证实的要求,应审查其分析或仿真的充分性及完整性,确认分析和仿真的结果足以保证技术状态项满足其技术状态文件的要求;

(6) 所有已被批准的技术状态更改是否已纳入了技术状态文件并已经实施;

(7) 未达到质量要求的技术状态项是否进行了原因分析,并采取了相应的纠正措施;

(8) 对计算机软件配置项,除进行上述审核外,还可进行必要的补充审核;

(9) 审查偏离许可和让步清单。

4.4.1.2 审核后工作

功能技术状态审核完成后,技术管理部门应进行下列工作:

(1) 公布功能技术状态审核会议记录;

(2) 在技术状态纪实的记录中记录功能技术状态审核的完成情况和结果;

(3) 指定责任部门负责完成遗留的工作。

4.4.2 物理技术状态审核

4.4.2.1 审核要求

物理技术状态审核是依据技术状态项的设计文件对按正式生产工艺制造的技术状态项的技术状态进行的最终考核,应确保技术状态文件规定的验收试验要求足以满足技术状态项生产验收的需要。物理技术状态审核后确立产品基线。

审核工作内容包括:

(1) 审查由顾客方主持人规定的每个硬件技术状态项的有代表性数量的工程图样和相关的工艺规程(工艺卡),以确认工艺规程(工艺卡)的准确性,并保证它们包括了反映在工程图样和产品硬件上的更改;

(2) 审查技术状态项的所有记录,确认按正式生产工艺制造的技术状态项的技术状态准确地反映了所发放的工程资料;

(3) 审查技术状态项的试验数据和程序是否符合产品规范的要求,审核组可确定需重新进行的试验,未通过验收试验的技术状态项应返修或重新试验,必要时,重新进行审核;

(4) 确认供方的产品在制造地点所做的检验和试验资料;

(5) 审查功能技术状态审核遗留的问题是否已经解决;

(6) 对计算机软件配置项目,除进行上述审核外,还可进行必要的补充审核。

对已发放的工程文件和质量控制记录的审核,应确保这些文件如实反映了按正式生产工艺制造的技术状态项的技术状态。

4.4.2.2　审核后工作

物理技术状态审核完成后，技术管理部门应进行下列工作：

(1) 公布物理技术状态审核会议记录；

(2) 在技术状态纪实的记录中，记录物理技术状态审核的完成情况和结果；

(3) 指定责任部门负责完成遗留的工作。

5　记 录 表 格

5.1　技术状态更改建议审批表

附表6-1　技术状态更改建议审批表

<table>
<tr><td colspan="4">技术状态更改建议(ECP)编号：</td><td colspan="2">第 1 页 共 2 页</td></tr>
<tr><td colspan="2">产品/项目名称</td><td colspan="2"></td><td>更改性质</td><td>□Ⅰ类
□Ⅱ类</td></tr>
<tr><td colspan="2">产品/项目代号</td><td></td><td>合同/协议名称</td><td colspan="2"></td></tr>
<tr><td colspan="2">合同编号</td><td></td><td>建议提出单位</td><td colspan="2"></td></tr>
<tr><td>更改
说明</td><td colspan="5">更改原因：
□ 设计改进
□ 设计错误
□ 配套要求
□ 内部接口变化
□ 外部(用户)要求
□ 更该内容：(可加附页)

更改提出人：　　　　日期：　　　　部门审核：</td></tr>
<tr><td colspan="6">更改方案、可行性论证及验证情况(可加附页)：</td></tr>
<tr><td colspan="6">更改的迫切性：</td></tr>
<tr><td colspan="2" rowspan="5">更改带来的影响</td><td colspan="4">性能参数：</td></tr>
<tr><td colspan="4">可靠性、维修性：</td></tr>
<tr><td colspan="4">综合保障：</td></tr>
<tr><td colspan="4">内外接口：</td></tr>
<tr><td colspan="4">进度：</td></tr>
<tr><td colspan="2">受影响的项目</td><td colspan="4">□系统、分系统：
□部件及专用工装：</td></tr>
</table>

附表6-2　技术状态更改建议审批表

<table>
<tr><td colspan="3">技术状态更改建议(ECP)编号：</td><td colspan="2">第 1 页 共 2 页</td></tr>
<tr><td>产品/项目名称</td><td colspan="2"></td><td>更改性质</td><td>□I类　□ II类</td></tr>
<tr><td>产品/项目代号</td><td></td><td>合同/协议名称</td><td colspan="2"></td></tr>
<tr><td>合同编号</td><td></td><td>建议提出单位</td><td colspan="2"></td></tr>
<tr><td>更改说明</td><td colspan="4">更改原因：□设计改进　□设计错误　□配套要求
□内部接口变化：　□外部(用户)要求：
更改内容：(可加附页)

更改提出人：　日期：　部门审核：　日期：</td></tr>
<tr><td colspan="5">更改方案、可行性论证及验证情况(可加附页)：</td></tr>
<tr><td colspan="5">更改的迫切性：</td></tr>
<tr><td rowspan="5">更改带来的影响</td><td colspan="4">性能参数：</td></tr>
<tr><td colspan="4">可靠性、维修性：</td></tr>
<tr><td colspan="4">综合保障：</td></tr>
<tr><td colspan="4">内外接口：</td></tr>
<tr><td colspan="4">进度：</td></tr>
<tr><td>受影响的项目</td><td colspan="4">□系统、分系统：

□部件及专用工装：</td></tr>
</table>

（续）

<table>
<tr><td colspan="2">技术状态更改建议（ECP）编号：　　　　　　第 2 页 共 2 页</td></tr>
<tr><td>受影响的文件</td><td>□技术文件：
□图样：
□软件程序：
□</td></tr>
<tr><td colspan="2">实施更改所需费用（费用计算、来源）：</td></tr>
<tr><td colspan="2">需说明的其他事项（如对已验收或已交付产品的处置）：</td></tr>
<tr><td colspan="2">产品更改的实施计划：

更改起始时间或批（套）次</td></tr>
<tr><td rowspan="5">技术状态控制委员会审批</td><td>技术管理部门对更改类别的审查意见：

签字：　　　　日期：</td></tr>
<tr><td>生产管理部门对已制品更改实施性的审查意见：

签字：　　　　日期：</td></tr>
<tr><td>计划管理部门对更改影响进度、经费的审查意见：

签字：　　　　日期：</td></tr>
<tr><td>质量管理部门对更改后测试验收性的审查意见：

签字：　　　　日期：</td></tr>
<tr><td>型号/项目技术负责人审批/预审（Ⅱ类更改/ Ⅰ类更改）：

签字：　　　　日期：</td></tr>
<tr><td colspan="2">Ⅰ类更改顾客方审批意见：

审批人职务：　　　　签字：　　　　日期：</td></tr>
<tr><td colspan="2">领导机关审批意见（重大更改）：

审批人职务：　　　　签字：　　　　日期：</td></tr>
</table>

5.2 偏离许可审批单

附表6-3 偏离许可审批单

产品型(代)号		产品名称	被偏离许可技术状态文件名称		被偏离许可技术状态文件代号
偏离许可内容	基线文件要求：		偏离许可后要求： 提出日期：		
偏离许可原因			偏离许可适用范围期限		
对其他要求的影响	受影响的项目	影响程度			
	性能指标：				
	接口要求：				
	软件程序：				
	综合保障性				
	进度				
	费用				
	其他				
提出(拟制)			审　核		
会签	电路主管		校　对		
	结构主管				
	质量主管		总设计师		
顾　客　代　表　审　批					
单位					
审批人					
日期					

附录7　环境鉴定试验大纲——模板

密级____
版次____
状态____

(产品型号、名称)环境鉴定试验大纲(模板)

共 × 页

(单位名称)

目　　次

1 范 围

本大纲规定了（*产品型号、名称*）在环境条件下工作适应性的考核方法。（*用于说明试验任务*）

本大纲适用于（*产品型号、名称*）*设计定型或鉴定阶段*（*生产定型或鉴定阶段*）的环境鉴定试验。（*用于说明适用的产品及试验性质*）

2 引 用 文 件

……（*用于说明试验条款规定引用的标准、文件*）

GJB 150　　军用设备环境试验方法

GJB 181　　飞机供电特性及对用电设备的要求

GJB 4239　　装备环境工程通用要求

（*产品型号、名称*）技术协议书

（*产品型号、名称*）产品规范

3 一 般 要 求

3.1 试验的标准大气条件

温度：15℃～35℃；

相对湿度：20%～80%；

气压：试验场所的气压。

3.2 试验条件允许误差（*叙述对试验条件允许公差的要求*）

（1）温度：试验样机附近测量系统的温度应在试验温度的2℃以内，其温度梯度不超过1℃/m，或总的最大值为2.2℃（试验样机不工作）；

（2）相对湿度：控制传感器附近空气的相对湿度应在被测值的5%以内；

（3）气压：±5%；

（4）振动频率：±2%，低于25Hz为±1/2Hz；

（5）加速度：±10%。

其他规定的允许误差按照GJB 150系列标准中的有关试验方法执行（*如试验产品有特殊试验条件要求的应说明*）。

3.3 试验用仪器仪表和测试装置的精度(*叙述对试验用仪器仪表和测试装置精度的要求*)

用于控制或监测试验参数的仪器仪表和测试装置的精度在试验前必须检验,并符合国家规定有关标准或计量部门的检定规程,其精度不应低于试验条件允许误差的1/3。

3.4 试验设备(*叙述试验用设备应符合的条件*)

承试单位提供的试验设备应满足试验项目对试验设备提出的性能要求。

3.5 预处理(*必要时*)

在每项试验开始之前,根据需要对试验样机进行预处理,以消除或部分消除样机过去试验所受的影响。

3.6 试验样机

……(*用于说明试验样机应符合的条件,选取原则,达到的技术状态*)

试验样机应由军代表从检验验收合格的产品中根据相关要求和实际情况随机抽取。

3.7 试验样机在试验设备中的安装(*用于说明产品在试验中安装要求,应模拟实际使用状态安装连接*)

按照 GJB 150.1 中 3.5.3 款的要求,根据具体的试验设备,对试验样机进行安装和连接测试仪器。

试验样机安装完后,应通电进行检查,不应发生因安装不当而造成故障。

3.8 试验中对试验样机的供风条件(*产品有通风要求时应做说明*)

3.9 试验前准备状态检查(*对试验样机、试验设备、试验条件、安全保障等内容检查符合试验准备要求后方可进行试验*)。

产品承制、承试单位应联合双方军代表对试验样机、试验设备、试验条件、安全保障等内容进行检查,确认符合试验准备要求后方可进行试验。

3.10 合格判据*(列写产品按照试验方法试验检验的合格判据)*

当试验样机发生下列任何一种情况时,则被认为不合格:
技术指标*(此处写明受试样机试验时需测试的技术指标及满足指标的要求)*;
结构的损坏影响了试验样机功能;
不能满足安全要求,或出现危及安全的故障;
试验样机出现某些变化(如部分被腐蚀)使其不能满足维修要求;
设备有关标准和技术文件规定的其他判据。

3.11 试验中断处理*(列写试验中断处理的原则)*

参照 GJB 150.1 中第 3.6 节的规定进行处理。

3.12 试验记录

……*(此处用于说明试验过程记录情况,如试验设备、仪器仪表的检查结果、运行情况,试验条件,试验中记录的试验样机性能检测数据等)*

4 详 细 要 求

(试验项目根据产品合同、协议、规范等具体要求增减内容)。

4.1 温度试验

4.1.1 低温储存试验

4.1.1.1 试验条件

(1) 试验温度: × ×℃*(按有关标准或技术文件规定)*;

(2) 持续时间:试验样机温度降至 × ×℃达到稳定后保持 24h *(或按有关标准或技术文件规定)*;

(3) 试验箱:应符合 GJB 150.4 中第 3 节的规定。

4.1.1.2 试验程序

(画出低温储存试验剖面并配以文字说明)。

4.1.1.2.1 试验样机在试验设备中的安装

在标准大气条件下,按照 3.7 节的要求,将试验样机安装在试验设备的中央,连接测试仪器和试验样机的电缆、通风管道。

4.1.1.2.2 初始检测

在标准大气条件下按程序开机和通风(需要时)。测试并记录 3.10 中参数。

4.1.1.2.3　试验

以不大于10℃/min的温度变化率将试验箱内温度降到××℃,达到温度稳定后保温24h *(或按有关标准或技术文件规定)*。

4.1.1.2.4　恢复

试验样机在试验箱内以不大于10℃/min的变化率恢复到标准大气条件,直至试验样机达到温度稳定。

4.1.1.2.5　最终检测

同4.1.1.2.2。

4.1.1.2.6　合格判据

测试数据的合格判据应符合3.10条。

4.1.2　低温工作试验

4.1.2.1　试验条件

(1) 试验温度:××℃*(按有关标准或技术文件规定)*。

(2) 持续时间:××h *(按有关标准或技术文件规定)*。

(3) 试验箱:应符合GJB 150.4中第3节的规定。

4.1.2.2　试验程序

(画出低温工作试验剖面并配以文字说明)。

4.1.2.2.1　试验样机在试验设备中的安装

同4.1.1.2.1节。

4.1.2.2.2　初始检测

同4.1.1.2.2节。

4.1.2.2.3　试验

以不大于10℃/min的温度变化率,将试验箱内温度下降到××℃保温××h,按程序开机和通风(需要时)。在低温工作时,测试3.10节所规定的技术参数并做记录。

4.1.2.2.4　合格判据

试验样机在低温××℃工作时,测试数据的合格判据应符合3.10条。

4.1.2.2.5　恢复

同4.1.1.2.4节。

4.1.2.2.6　最终检测

同4.1.1.2.5节。

4.1.2.2.7　最终检测合格判据

测试数据的合格判据为符合3.10条。

4.1.3 高温储存试验

4.1.3.1 试验条件

(1) 试验温度:××℃,相对湿度≤15%*(按有关标准或技术文件规定)*。

(2) 持续时间:温度升至××℃温度稳定后保温48h *(或按有关标准或技术文件规定)*。

(3) 试验箱:应符合GJB 150.3中第3节的规定。

4.1.3.2 试验程序

(画出高温储存试验剖面并配以文字说明。)

4.1.3.2.1 试验样机在试验设备中的安装

同4.1.1.2.1节。

4.1.3.2.2 初始检测

同4.1.1.2.2节。

4.1.3.2.3 试验

以不大于10℃/min的温度变化率将试验箱内温度上升到××℃保持不变,保温48h。

4.1.3.2.4 恢复

试验样机在试验箱内以不大于10℃/min的变化率恢复到标准大气条件,直至试验样箱达到温度稳定。

4.1.3.2.5 最终检测

同4.1.1.2.2。

4.1.3.2.6 合格判据

测试数据的合格判据应符合3.10条。

4.1.4 高温工作试验

(画出高温工作试验剖面并配以文字说明)。

4.1.4.1 试验条件

(1) 试验温度:××℃*(按有关标准或技术文件规定)*。

(2) 持续时间:温度××℃保温××h *(按有关标准或技术文件规定)*。

(3) 试验箱:应符合GJB 150.3中第3节的规定。

4.1.4.2 试验程序

4.1.4.2.1 试验样机在试验设备中的安装

同4.1.1.2.1节。

4.1.4.2.2 初始检测

同4.1.1.2.2节。

4.1.4.2.3　试验

以不大于10℃/min的温度变化率将试验箱内的温度××℃保温××h后，按程序开机和通风。在高温工作时，测试3.10节所规定的技术参数并做记录。

4.1.4.2.4　合格判据

试验样机在高温××℃工作时，测试数据的合格判据应符合3.10条。

4.1.4.2.5　恢复

同4.1.1.2.4节。

4.1.4.2.6　最终检测

同4.1.1.2.5节。

4.1.4.2.7　合格判据

测试数据的合格判据应符合3.10条。

4.1.5　**温度冲击试验**

4.1.5.1　试验条件*(按有关标准或技术文件规定)*

(1) 试验温度：高温××℃，低温××℃；

(2) 试验温度保持时间：××h；

(3) 转换时间：不大于5min；

(4) 循环次数：3次；

(5) 试验箱：应符合GJB 150.5中第3节的要求。

4.1.5.2　试验程序

(画出温度冲击试验剖面并配以文字说明)。

4.1.5.2.1　初始检测

同4.1.1.2.2节。

4.1.5.2.2　试验

(1) 试验样机放置试验箱内，并将试验箱的温度降至××℃，保温××h；

(2) 在5min内将试验样机转换到已调节至××℃的高温试验箱内保温××h；

(3) 高温阶段结束后，在5min内将样机转换到已调节至××℃的低温试验箱内保温××h；

(4) 重复(1)，(2)和(3)条的试验，以完成三个循环周期。

4.1.5.2.3　恢复

将试验样机从试验箱内取出后，在标准大气条件下进行恢复，直至试验样机达到温度稳定。

4.1.5.2.4　最终检测

同4.1.1.2.5节。

4.1.5.2.5　合格判据

测试数据的合格判据为符合 3.10 条。

4.2　温度－高度试验

4.2.1　空中低温连续工作

4.2.1.1　试验条件*(按有关标准或技术文件规定)*

(1) 试验温度高度：××℃—××km。

(2) 持续时间：试验箱内温度达××℃，保温××h，调节箱内的高度(压力)为××km 后，持续××min。

(3) 试验箱要求：应符合 GJB 150.6 第 3 节要求，即温度变化的最高速率不大于 10℃/min。压力变化的最高速率不大于 1.7kPa/s，复压时试验箱注入的空气应干燥，清洁，不被污染。

4.2.1.2　试验程序

(画出空中低温连续工作剖面并配以文字说明)。

4.2.1.2.1　试验样机在试验设备中的安装

在标准大气条件下，按照 3.6 节的要求，将试验样机安装在试验设备的中央，连接测试仪器和试验样机的电缆、通风管道(需要时)。

4.2.1.2.2　初始检测

在标准大气条件下按程序开机和通风。测试并记录 3.10 中的参数。

4.2.1.2.3　合格判据

标准大气条件时，测试数据的合格判据应符合 3.10 条。

4.2.1.2.4　试验和中间检测

以不大于 10℃/min 的温度变化率将试验箱内的温度降到××℃保持××h，调节试验箱内高度(压力)为××km，然后按程序开机和通风，工作××min。在工作时间内对样机进行性能检测并记录。

4.2.1.2.5　合格判据

温度－高度为××℃、××km 时，测试数据的合格判据应符合 3.10 条。

4.2.1.2.6　恢复

试验样机在试验箱内恢复到标准大气条件，直至试验样机达到温度压力稳定。

4.2.1.2.7　最终检测

在标准大气条件下按程序开机和通风，测试并记录 3.10 中的参数。

4.2.1.2.8　合格判据

标准大气条件时，测试数据合格判据为符合 3.10 条。

4.2.2 空中高温连续工作

……*(内容同4.2.1 条,将低温改为高温)*

4.3 湿热试验

4.3.1 试验箱(室)

承试单位提供的试验箱(室)应符合 GJB 150.9 中第 3 条的要求。

4.3.2 试验条件*(按有关标准或技术文件规定)*

高温高湿阶段:温度 × ×,湿度 × ×;
低温高湿阶段:温度 × ×,湿度 × ×;
试验周期:10 周(24h 为一周)。

4.3.3 试验程序

4.3.3.1 预处理

将试验样机置于标准大气条件下,直至温度稳定。

4.3.3.2 初始检测

在标准大气条件下,按程序开机和通风,进行电性能测试,并记录 3.10 节中的参数。

4.3.3.3 试验样机在试验箱(室)中的安装

在标准大气条件下,按照 3.6 节的要求,将试验样机安装在试验设备的中央,连接测试仪器和试验样机的电缆。

4.3.3.4 试验

本试验以 24h 为一个周期,每周期分为升温、高温高湿、降温和低温高湿四个阶段。

4.3.3.4.1 升温阶段

在 2h 内,将试验箱(室)温度由 30℃ 升到 60℃,相对湿度升至 95%。温湿度的控制应能保证试验样机表面凝露。

4.3.3.4.2 高温高湿阶段

在 60℃ 及相对湿度 95% 条件下至少保持 6h。

4.3.3.4.3 降温阶段

在 8h 内将试验箱(室)温度降到 30℃,此期间相对湿度保持在 85% 以上。

4.3.3.4.4 低温高湿阶段

当试验箱(室)温度达到 30℃后,相对湿度应为 95%,在此条件下保持 8h。

4.3.3.4.5　重复4.3.3.4.1至4.3.3.4.4,共进行10个周期试验。

4.3.3.4.6　中间检测

在第5个周期及第10个周期接近结束前,试验样机处于温度30℃,相对湿度95%的条件下,测量电性能,并记录3.10条中的参数。

4.3.3.4.7　恢复

试验样机应在试验箱(室)内恢复到正常大气条件,或移出试验箱(室)放置直至达到温度稳定。

4.3.3.4.8　最后检测

在正常的试验标准大气条件下至少放置2h后,进行电性能测试,并记录3.10条中的参数。

4.3.3.5　合格判据

测试的数据应符合3.10条要求。

4.4　霉菌试验

4.4.1　对试验箱的要求

承试单位提供的试验箱(室)应符合GJB 150.10中第3条的要求。

4.4.2　试验周期

……*(即列出试验时间)*。

4.4.3　试验的温度和湿度

……*(试验的温度湿度条件)*。

4.4.4　试验菌种

……*(列出试验采用菌种)*。

4.4.5　试验要求

……*(列写霉菌试验有关要求)*。

4.4.6　最后检测

试验结束后立即检测试样表面并详细记录霉菌生长部位、覆盖面积、颜色、生长形式、生长密度和生长厚度。必要时可拍摄照片,并用放大镜进行观察。

4.4.7　合格判据

……*(按有关标准或技术文件规定进行)*。

4.5 盐雾试验

4.5.1 试验箱(室)的要求

承试单位提供的试验箱(室)应符合 GJB 150.11 中第 3 条的要求。

4.5.2 对盐溶液的配制、盐溶液的 pH 值、盐雾沉降率要求

……*(按有关标准或技术文件规定进行)*。

4.5.3 试验温度

试验有效空间内的温度为××℃。

4.5.4 试验时间

……*(按有关标准或技术文件规定进行)*。

4.5.5 试验程序

4.5.5.1 预处理

……*(明确试验前对样机的采取的处理措施)*。

4.5.5.2 初始检测

按 GJB 150.11 中 4.2 条进行。

4.5.5.3 试验

4.5.5.3.1 空载试车

……*(用于说明试验准备条件)*。

4.5.5.3.2 测定盐溶液的沉降率和 pH 值

4.5.5.3.3 试验样品放置

……*(受试样机在试验箱中的放置要求)*。

4.5.5.3.4 试验样机预热

将试验箱(室)的温度调整到××℃,使试验样机的温度稳定时间至少 2h 后,才可喷雾。

4.5.5.3.5 连续喷雾时间

按 GJB 150.11 中 2.5 条规定。连续喷雾时间,每 24h(或 12h)检测盐雾沉降率和 pH 值一次,沉降率不符合 GJB 150.11 中 2.3 条要求时,则此段时间的试验需按第 4.4 条有关试验中断处理。

4.5.6 恢复

试验结束后,试验样机在试验的标准大气条件下放置 48h 进行恢复、干燥。

4.5.7 最后检测

试验样机按 4.5.5.2 条进行全面直观检查并记录。

4.5.8 合格判据

……*(按有关标准或技术文件规定进行)*。

4.6 加速度试验

4.6.1 加速度设备

……*(对试验用设备提出的要求)*。

4.6.2 试验样机的安装

试验样机按以下方向定向：

(1) 向前:试验样机前端朝向离心机旋转轴;

(2) 向后:向前安装方向倒转 180°;

(3) 向上:试验样机顶部朝向离心机旋转轴;

(4) 向下:向上安装方向倒转 180°;

(5) 向左:试验样机左侧朝向离心机旋转轴;

(6) 向右:试验样机右侧朝向离心机旋转轴。

4.6.3 试验条件

……*(用于说明加速度试验条件)*。

4.6.4 加速度试验程序

4.6.4.1 初始检测

在加速度试验之前,试验样机在标准大气条件下按程序加电和通风,并进行电性能检测和外观检查,并记录 3.10 条中的参数。

4.6.4.2 试验样机在试验设备中的安装

在标准大气条件下,按照 3.6 节的要求,将试验样机安装在试验设备的中央,连接测试仪器和试验样机的电缆。

4.6.4.3 加速度试验

按照加速度量值、加载、卸载速率和持续时间进行加速度功能试验。

4.6.4.4 中间检测*(技术文件有要求时)*

记录有关参数。

4.6.4.5　最后检测

加速度功能试验后按程序加电和通风。对试验样机测试并记录3.10条中的参数。

4.6.4.6　合格判据

测试的数据应符合3.10条要求。

4.7　冲击试验

4.7.1　冲击设备

……*（此处列写对冲击用设备的要求）*。

4.7.2　冲击波形及容差、试验量值、方向与次数

……*（用于说明冲击试验中采用的冲击波形及容差、试验量值、方向与次数要求）*。

4.7.3　测量仪器

冲击设备的测量仪器应满足GJB 150.18中3.2条的要求。

4.7.4　冲击试验程序

4.7.4.1　试验样机的安装

……*（列写试验样品的安装方式及要求）*。

4.7.4.2　加速度传感器的安装

……*（列写监测用的加速度传感器的安装方式）*。

4.7.4.3　冲击波形调校

……*（列写试验前对冲击波形的调校要求待冲击波形连续两次满足要求后换上试验样品进行）*。

4.7.4.4　初始检测

在冲击试验前，试验样机在标准大气压条件下按程序加电和通风，对电性能检测以及外观检查，并记录3.10条中的检测数据。

4.7.4.5　冲击试验

试验样机沿3个相互垂直轴的6个轴向每个方向施加3次（共18次）冲击。相临两次冲击的间隔时间以两次冲击在试验样机上造成的响应不发生相互影响为准，一般不应小于5倍的冲击持续时间。

4.7.4.6　中间检测

每轴冲击试验结束后加电检测。

4.7.4.7　合格判据

测试的数据应符合3.10条要求。

4.8　振动试验

4.8.1　振动试验方法

……*(按有关标准或技术文件规定要求列写)*。

4.8.2　试验设备

……*(列写对振动设备的要求)*。

4.8.3　振动参数容差

……*(列写振动参数要求)*。

4.8.4　夹具的安装

……*(列写对振动夹具的安装要求)*。

4.8.5　试验样机安装

……*(列写对产品的安装要求)*。

4.8.6　试验条件

……*(列写振动试验分类(如功能、耐久)、试验量值、及试验持续时间等要求)*。

4.8.7　振动试验程序

4.8.7.1　初始检测

在振动试验之前,试验样机在标准大气条件下按程序加电和通风。对电性能检测以及外观检查,并记录3.10条中的检测数据。

4.8.7.2　试验样品安装后的检测

试验样机安装后检查外观结构,确定试验前的状态并检测电性能,不应发生安装不当而造成故障。

4.8.7.3　按振动试验条件进行振动

……*(振动过程中需测试指标时应做好记录)*。

4.8.7.4　最后检测

加速度功能试验后按程序加电和通风。对试验样机加电测试并记录3.10

条中的参数。

4.8.7.5　合格判据

当试验样机结构出现残余变形、裂纹和其他机械损伤，电性能指标不符合3.10条中的要求时，均应认为不合格。

……*（列写其他有关试验项目）*。

4.9　电源试验

4.9.1　电源试验方法

……*（按GJB 181 或有关技术文件规定明确用电设备类别，列写具体试验项目）*。

4.9.2　试验设备

……*（列写对供电设备的要求）*。

4.9.3　试验样机安装

……*（列写对产品的安装要求）*。

4.9.4　试验条件

……*（根据GJB 181 的要求列写具体电源试验项目的要求）*。

4.9.5　电源试验程序

4.9.5.1　初始检测

在各电源项目试验之前，试验样机在标准大气条件下按程序加电和通风。对电性能检测以及外观检查，并记录3.10条中的检测数据。

4.9.5.2　进行各电源项目的试验

在各电源项目的试验过程中注意观察并测试其各项指标应满足3.10条中的要求。每个电源具体项目试验完毕后均应测试，作为此项目的终测值和下一项目的初测值并做好相应记录。

4.9.5.3　最后检测

所有电源试验项目完成后按程序加电和通风。对试验样机加电测试并记录3.10条中的参数。

4.9.5.4　合格判据

当试验样机出现试验中或试验后电性能指标不符合3.10条中的要求时，均应认为不合格。

5 试验报告

环境试验结束后，应由承试单位形成试验报告*（包括试验目的、试验起止时间、试验用设备、仪器仪表、设备运行记录、测试记录、参加试验人员名单等内容）*，给出试验结论。*（在试验中如出现故障应附有故障报告表、分析表、及纠正措施报告表等）*。

故 障 报 告 表

编号：

<table>
<tr><td>产品名称</td><td></td><td rowspan="2">型号</td><td rowspan="2"></td><td rowspan="2">生产厂（所）</td><td rowspan="2"></td></tr>
<tr><td>工作单元代码</td><td></td></tr>
<tr><td>出厂编号</td><td></td><td>出厂日期</td><td></td><td>故障发现日期</td><td></td></tr>
<tr><td rowspan="2">故障发生时机</td><td></td><td>工作时间</td><td></td><td rowspan="2">故障发现方式</td><td rowspan="2"></td></tr>
<tr><td></td><td>循环次数</td><td></td></tr>
<tr><td>所属系统</td><td colspan="2"></td><td>故障报告单位</td><td></td><td></td></tr>
<tr><td colspan="6">故障现象及原因：</td></tr>
<tr><td colspan="6">故障后果：</td></tr>
<tr><td colspan="6">填表：　　　　校对：　　　　审定：</td></tr>
<tr><td colspan="6">故障核实：</td></tr>
<tr><td colspan="6">核实人：　　　　核对：　　　　审定：</td></tr>
<tr><td colspan="6">故障审查组织意见：
签字：　　　　年　月　日</td></tr>
<tr><td colspan="6">质量部门处理意见：
承办人：　　　　审核：　　　　使用方代表：</td></tr>
</table>

故 障 分 析 报 告 表

编号：

<table>
<tr><td>故障报告表
编　　号</td><td></td><td>故障产品
名称及型号</td><td></td></tr>
<tr><td colspan="4">故障简述：</td></tr>
<tr><td colspan="4">分析意见：</td></tr>
<tr><td colspan="4">纠正措施：</td></tr>
<tr><td colspan="4">填表：　　　　　　校对：　　　　　　审定：</td></tr>
<tr><td colspan="4">故障审查组织意见：

签字：　　　　年　月　日</td></tr>
<tr><td colspan="4">质量部门处理意见：

承办人：　　　　　　审核：　　　　　　使用方代表：</td></tr>
</table>

纠正措施实施报告表

编号：

<table>
<tr><td>故障报告表
编　　　号</td><td></td><td>故障分析报
告表编写</td><td></td></tr>
<tr><td>故障产品名称
及型号</td><td></td><td>实施日期</td><td></td></tr>
<tr><td>实施单位</td><td></td><td>实　施　人</td><td></td></tr>
<tr><td colspan="4">纠正措施：</td></tr>
<tr><td colspan="4">实施效果：</td></tr>
<tr><td colspan="4">遗留问题：</td></tr>
<tr><td colspan="4">填表：　　　　　　　　校对：　　　　　　　　审定：</td></tr>
<tr><td colspan="4">故障审查组织意见：

签字：　　　　年　　月　　日</td></tr>
<tr><td colspan="4">质量部门处理意见：

承办人：　　　　　　　审核：　　　　　　　审定：</td></tr>
<tr><td colspan="4">故障发现单位验证结果：

填表：　　　　　　　　审定：　　　　　　　使用方代表：</td></tr>
</table>

附录 8　可靠性大纲——模板

密级____
版次____
状态____

*(产品型号+ 名称)*可靠性大纲
(模板)

共 × 页

(单位名称)

目　　次

1　范　围

1.1　主题内容

*《产品型号名称*可靠性大纲》(以下简称本《大纲》)规定了*(产品型号名称)*可靠性工作的目的、工作项目、内容,是*(产品型号名称)*可靠性工作的指令性文件。

1.2　适用范围

本《大纲》适用于*(产品型号名称)*研制各阶段。

2　引用文件

GJB/Z 23　　可靠性和维修性工程报告编写一般要求
GJB 450　　装备研制与生产的可靠性通用大纲
GJB 813　　可靠性模型的建立和可靠性预计
GJB 1909A　　装备可靠性维修性保障性要求论证
《××型飞机可靠性大纲》
(……主要列举与编制大纲有关的标准、规范和文件,排列顺序为国标、国军标、航标、其他行业标准、企标、规范和文件。)

3　一般要求

3.1　可靠性大纲的目标

(主要是围绕改善产品战备完好状态,提高任务完成能力,减少对维修人力和后勤保障的要求,提供管理信息和提高费用效益等宗旨而制定的目标。)

3.2　可靠性定量要求

(主要是依据《战技指标批复》或《成品技术协议书》给出的设计定型最低可接收值和成熟期目标值。)

3.3　可靠性管理

(明确与可靠性有关的组织机构或工作系统,工作内容及职责。《管理手

册》或《程序文件》中已有具体规定的可以引用。）

3.4 可靠性工作项目

（主要以可靠性工作项目实施表的形式反映产品实施可靠性工作的项目、完成形式、工作类型、涉及的研制生产阶段等。可靠性工作项目可根据产品技术特点和复杂程度由顾客与承制方共同协商确定。大型复杂产品的可靠性工作项目，至少应包括GJB 450 附录A 表A1 所规定的工作项目，简单产品的可靠性工作项目可依据表A1 所列工作项目适当进行剪裁。）

4 详 细 要 求

4.1 制定可靠性工作计划

4.1.1 目的

制定一个综合考虑*（产品型号名称）*可靠性大纲规定的所有项目的可靠性大纲计划。

4.1.2 要求

（明确组织及其职能、工作进度安排、实施的方法等。）

4.1.3 工作结果

文本形式的可靠性大纲计划。

4.2 对分承制方和供应方的监督与控制

4.2.1 目的

通过对转承制单位和供应单位的监督和控制，并按需要采取及时的管理措施，确保大纲要求的实现。

4.2.2 要求

该活动开始于项目研制初期，并延续到项目研制结束。

4.2.2.1 ……*考察分承制方质保能力等*……

4.2.2.2 ……*在转包合同中提出转包产品可靠性要求（有可靠性指标要求的）等*……

4.2.2.3 ……*要求分承制方参加故障报告闭环系统等*……

4.2.2.4 ……*提出元器件筛选要求等*……

4.2.2.5 ……*参加分承制方的设计评审、试验评审等*……

……

4.2.3 工作结果

4.2.3.1 可靠性规范

4.2.3.2 工作说明书

4.2.3.3 分承制单位、供应单位可靠性大纲指南

4.3 可靠性大纲评审

4.3.1 目的

保证按规定的里程碑实施可靠性大纲，以便实现整机、分机等功能单元的可靠性要求。

4.3.2 要求

4.3.2.1 ……*工作说明书(SOW)规定的全部可靠性任务的进展情况*

4.3.2.2 ……*全部可靠性分析、失效细节分析、试验计划的进程*

4.3.2.3 ……*与转承制单位可靠性大纲相关的问题*

4.3.2.4 ……*零部件、元器件和设计问题*

4.3.3 工作结果

可靠性活动项目的调整。

4.4 建立故障报告、分析及纠正措施系统(FRACAS)

4.4.1 目的

建立一个收集、分析和记录故障，以确保故障原因和记录纠正措施的闭环系统。

4.4.2 要求

(应明确FRACAS 建立的时间(研制阶段一开始)、运行的程序、信息的传递和归档方式。)

4.4.3 工作结果

4.4.3.1 故障报告
4.4.3.2 故障分析报告
4.4.3.3 纠正措施报告
4.4.3.4 情况报告

4.5 故障审查及组织

4.5.1 目的

评审失效趋势、重大失效(故障)和纠正措施,确保采取恰当的纠正措施,并及时作出记录。

4.5.2 要求

(应明确对FRACAS 运行过程实施监控的要求,这项工作内容应与《武器装备质量管理条例》、《武器装备研制设计师系统和行政指挥系统工作条例》的规定相协调。)

4.5.3 工作结果

(明确完成的形式。)

4.6 建立可靠性模型

4.6.1 目的

可靠性模型用于系统、分系统、设备的可靠性进行定量分配和评估。

4.6.2 要求

(应明确建立基本可靠性和任务可靠性框图及数学方法,规定可靠性框图及数学模型一般应包括的内容。)

4.6.3 工作结果

可靠性模型(用于可靠性分配、预测和评估)。

4.7 可靠性分配

4.7.1 目的

定量的可靠性要求一旦确定之后,将它们分配到下一层次(下一功能等级),并分别作为其可靠性要求。可靠性分配应在研制初期进行。

4.7.2 **要求**

(明确产品的可靠性定量分配值和分配方法。强调分配到产品LRU 及SRU级功能单元或模块的可靠性量值应作为其重要的设计输入之一,同时,对产品可靠性影响较大的功能单元或模块在选择分承制方时,应提出相应的选择原则和监控要求。)

4.7.3 **工作结果**

4.7.3.1 可靠性目标值报告

4.7.3.2 可靠性分配报告

4.8 可靠性预计

4.8.1 **目的**

可靠性预测是对系统、分系统、设备的基本可靠性、任务可靠性和风险率作出估计,并评定所建议的设计方案是否达到规定的可靠性要求。

4.8.2 **要求**

(明确可靠性预计的方法和数据来源,对可靠性预计报告的一般性内容做出规定。有相应标准和手册涉及相关内容的可以引用。)

4.8.3 **工作结果**

可靠性预计报告。

4.9 故障模式、影响及危害度分析

4.9.1 **目的**

通过系统的研究,找出潜在的设计上的薄弱环节。

4.9.2 **要求**

(明确故障模式、影响及危害度分析的方法和各研制阶段该项工作的技术管理要求,规定分析报告应包括的一般性内容。有相应标准涉及相关内容的可以引用。)

4.9.3 工作结果

4.9.3.1 故障模式、影响及危害度分析报告
4.9.3.2 故障树分析报告

4.10 潜在电路分析

4.10.1 目的

假定所有组件均正常工作的情况下,分析那些能引起功能异常或抑制正常功能的潜在电路。

4.10.2 要求

(至少对完成任务和安全起关键性作用的组件和电路规定进行电路分析的方法及包括的内容。)

4.10.3 工作结果

潜在电路分析报告。

4.11 制定元器件大纲

4.11.1 目的

提高系统的固有可靠性、维修性和任务成功概率,减少元器件品种,减少后勤保障费用和系统寿命周期费用。

4.11.2 要求

对所选用元器件的原则、标准和方法做出规定。

4.11.3 工作结果

4.11.3.1 元器件大纲
4.11.3.2 优选元器件目录

4.12 电子元器件和电路的容差分析

4.12.1 目的

……

4.12.2 要求

（规定电路容差分析的方法和内容，有标准涉及相关内容的可以引用。）

4.12.1 工作结果

电子元器件和电路的容差分析报告。

4.13 确定可靠性关键件和重要件

4.13.1 目的

……

4.13.2 要求

（规定确定关键件、重要件应采用的方法和关键件、重要件清单包括的内容。）

4.13.3 工作结果

关键件、重要件清单。

4.14 确定功能测试、包装、储存、装卸、运输、维修与产品可靠性的影响

4.14.1 目的

为了确定功能测试、包装、储存、装卸、运输及维修对可靠性的影响。

4.14.2 要求

（确定该工作项目的要点和应注意的事项，有标准或《程序文件》涉及相关内容的可以引用。）

4.14.3 工作结果

4.14.3.1 统计评价及分析程序

4.14.3.2 各因素影响报告

4.15 环境应力筛选（ESS）

4.15.1 目的

确定和消除因不良元器件、工艺缺陷和其他异常现象造成的早期失效。

4.15.2 要求

（规定ESS 的级别、工作要求和方法，有标准涉及相关内容的可以引用。）

4.15.3 工作结果

每一类受试项目的 ESS 试验大纲。

4.16 可靠性增长试验

4.16.1 目的

在研制阶段为系统的解决可靠性问题提供一个基础，它也是生产开始之前为排除重复出现的故障而采取的综合纠正措施。

4.16.2 要求

（确定可靠性增长试验的工作内容和要求。至少应对可靠性增长试验计划和可靠性增长试验程序包括的内容做出规定，有标准涉及相关内容的可以引用。）

4.16.3 工作结果

4.16.3.1 可靠性增长试验大纲；
4.16.3.2 可靠性增长试验程序；
4.16.3.3 试验结论和评估报告。

4.17 可靠性鉴定试验

4.17.1 目的

检验产品是否达到最低可接受值。

4.17.2 要求

（确定可靠性鉴定试验的工作内容和要求。至少应对可靠性鉴定试验大纲包括的内容和试验的评审工作做出规定，有标准涉及相关内容的可以引用。）

4.17.3 工作结果

4.17.3.1 鉴定试验计划
4.17.3.2 鉴定试验报告

4.18 可靠性验收试验

4.18.1 目的

验证批生产(*产品型号名称*)的可靠性。

4.18.2 要求

(确定可靠性验收试验的工作内容和要求,有标准涉及相关内容的可以引用。)

5 组织机构

5.1 设置原则

5.1.1 与技术责任制相协调

5.1.2 设置的机构形式有利于可靠性工作的开展和达到可靠性目标要求

5.2 型号线技术责任制

*(产品型号名称)*在设计师系统内实行各级技术责任制。

6 附录

(根据需要,大纲可以设立附录。)

附录9 首件鉴定目录

生产单位：				产品型号：	
序号	零(组)件号	版次	关、重件标识	零(组)件名称	备注
编制：				审批	
会签				批准	

附录10 首件鉴定检验报告

产品型号	零(组)件号	版次	零(组)件名称	零(组)件可追溯性编号

设计特性			检验和试验			
序号	图样要求	特性标识	测量结果	测量设备	检验、试验人员	备注

检验和试验结论	
编制:	批准:

注① “图样要求”栏中记录所有图样要求,例如图样上带有名义值和公差的尺寸特性、图样附注等;

② 特性标识是指关键性或重要特性的标识;

③ 如果在检验和试验中使用的是专用测量设备时,在“测量设备”栏中记录其设备的编号;

④ 当发现不符合的特性时,在“备注”栏中注明是否重新进行了首件鉴定及其“首件鉴定试验报告”的编号

附录11　首件生产过程原始记录

生产单位：　　　　　　　　　　　　　　　　　　　　　　　　编号

产品型号	零(组)件号	版 次	零(组)件名称		
工艺文件编号/版次、日期			流程卡编号(批次号)		
序号	存在问题		处理意见	检验人员	日期

附录12　首件鉴定审查报告

<table>
<tr><td>产品型号</td><td colspan="2">零(组)件号</td><td>版 次</td><td>零(组)件名称</td><td>零(组)件序号</td></tr>
<tr><td></td><td colspan="2"></td><td></td><td></td><td></td></tr>
<tr><td colspan="4">首件鉴定检验报告编写</td><td colspan="2"></td></tr>
<tr><td>项目</td><td>序号</td><td colspan="2">鉴定内容</td><td>鉴定结果</td><td>备注</td></tr>
<tr><td rowspan="5">生产过程检验</td><td>1</td><td colspan="2">生产过程按要求运作</td><td></td><td></td></tr>
<tr><td>2</td><td colspan="2">特殊过程事先经过确认</td><td></td><td></td></tr>
<tr><td>3</td><td colspan="2">器材合格</td><td></td><td></td></tr>
<tr><td>4</td><td colspan="2">生产条件处于受控状态</td><td></td><td></td></tr>
<tr><td>5</td><td colspan="2">生产过程文实不符的现象已解决</td><td></td><td></td></tr>
<tr><td rowspan="2">产品检验</td><td>1</td><td colspan="2">产品质量特性的符合性</td><td></td><td></td></tr>
<tr><td>2</td><td colspan="2">不合格项目重新鉴定的符合性</td><td></td><td></td></tr>
<tr><td>鉴定结论</td><td colspan="5"></td></tr>
<tr><td>审查人员</td><td colspan="3"></td><td>批准</td><td></td></tr>
<tr><td colspan="6">注:① 在对首件鉴定的状况进行审查时,如发现不符合规定要求时在“备注”栏中加以说明;
② 鉴定结论可分为合格或不合格;
③ 当不适用时,在“鉴定结果”栏中注明“不适用”</td></tr>
</table>